21世纪普通高校计算机公共课程规划教材

大学计算机基础教程

(第2版)

陈国君 陈尹立 主编

李星原 李福清 陈力 李梅生 编著

清华大学出版社

北 京

内容简介

本书是以教育部高等教育司组织制定的《高等学校文科类专业大学计算机教学基本要求》(以下简称《基本要求》)为指南,紧密围绕《基本要求》中提出的教学目标和知识点,以非计算机专业学生为主要教学对象而编写的。本教材以 Windows 7、Office 2010 和 IE8 作为背景,系统地介绍了 Windows 7、Office 2010 和 IE8 的基本内容和使用方法,讲述概念清楚、层次分明、举例恰当。在本教材的应用软件部分还介绍了目前比较常用的 360 安全卫士、会声会影视频编辑软件和数据恢复工具软件 EasyRecovery 的使用方法和技巧。

图书在版编目(CIP)数据

大学计算机基础教程/陈国君,陈尹立主编. --2 版. --北京: 清华大学出版社,2014(2024.8重印)
21 世纪普通高校计算机公共课程规划教材
ISBN 978-7-302-37044-4

Ⅰ. ①大… Ⅱ. ①陈… ②陈… Ⅲ. ①电子计算机-高等学校-教材 Ⅳ. ①TP3

中国版本图书馆 CIP 数据核字(2014)第 143024 号

责任编辑:刘向威
封面设计:何凤霞
责任校对:焦丽丽
责任印制:杨 艳

出版发行:清华大学出版社
网　址:https://www.tup.com.cn, https://www.wqxuetang.com
地　址:北京清华大学学研大厦 A 座　**邮　编**:100084
社 总 机:010-83470000　**邮　购**:010-62786544
投稿与读者服务:010-62776969,c-service@tup. tsinghua. edu. cn
质量反馈:010-62772015,zhiliang@tup. tsinghua. edu. cn
课件下载:https://www.tup.com.cn,010-83470236
印 装 者:三河市君旺印务有限公司
经　销:全国新华书店
开　本:185mm×260mm　**印　张**:23.25　**字　数**:562 千字
版　次:2011 年 8 月第 1 版　2014 年 9 月第 2 版　**印　次**:2024 年 8 月第12次印刷
印　数:30501~31000
定　价:49.00 元

产品编号:057710-02

第2版 前言

自《大学计算机基础教程》第1版面市以来，受到了教师和学生好评，市场反映非常热烈，虽已多次印刷，仍已售罄。在广大读者的要求下，出版社决定新出第2版，以满足广大读者的需求。在第2版中，保留了原教材结构严谨、逻辑清晰、叙述详细、通俗易懂、便于自学等优点，同时又收集了广大读者的意见和建议，使得该版教材在内容组织、表达方式等方面均与最新计算机等级考试的内容保持同步。这样既满足了广大学生计算机等级考试的需求，也更适合当前教学的需要。该书以优化的知识体系，通俗易懂的讲解方式，灵活实用的举例而深受读者的欢迎，这也是催生该书改版的主要原因。由于计算机技术发展很快，加之作者水平有限，书中难免有不足之处，欢迎广大读者斧正。

在此对清华大学出版社的大力支持，表示衷心的感谢！

作　者

2014年6月

第1版 前言

科学技术的飞速发展，知识更新的日新月异，尤其是计算机及网络技术的应用和普及，使得整个地球数字化气氛越来越浓重。计算机应用以其所具有的非凡渗透力与亲和力，已经深入到人类生产和生活的各个领域，对社会的进步和经济的发展产生了巨大影响，显示出了它难以估量的价值，各行各业都不能无视计算机这项高科技产物的发展。

随着计算机软硬件产品的不断升级换代，客观上要求高等院校的计算机教学内容也必须随之更新。计算机基础课程讲授的是大学生毕业后工作和生活中都必须具备的计算机知识，无论是工作中还是生活中都离不开在计算机网络平台上对文字、表格、图表等的应用，因而了解计算机的基本原理、基础知识，掌握互联网的基本应用，利用现代办公软件以及互联网从事商务、办公以及企业经营管理活动，已成为大学生特别是财经类院校的学生必须掌握的知识。因此，在网络平台上对计算机的各种应用和现代办公软件的掌握，已成为大学计算机基础课教学的核心内容。为此教育部高等教育司组织制定的《高等学校文科类专业大学计算机教学基本要求》(以下简称《基本要求》)明确了高等学校大学生计算机基础教育的目标和任务。

由于教材是体现教学内容和教学方法的知识载体，是进行教学的基本工具，也是深化教育教学改革、全面推进素质教育、培养创新人才的重要保证，所以本教材以《基本要求》为指南，紧密围绕《基本要求》中提出的教学目标和知识点，以财经类专业学生为主要教学对象而编写。本教材以 Windows XP、Office 2007 和 IE8 作为背景，系统地介绍了 Windows XP、Office 2007 和 IE8 的基本内容和使用方法，概念清楚、层次分明、举例恰当。

本书可以作为高等院校各相关专业计算机应用课程教材，也可作为自学教材用书。全书共分 7 章，编写分工如下：

第 1 章由陈国君编写；第 2 章由李星原编写；第 3 章由李福清编写；第 4、5 章由陈力编写；第 6、7 章由李梅生编写。

本套教材分为主教材和习题与实验教材两册，本书是《大学计算机基础教程》，实验教材名为《大学计算机基础教程习题解答与实验指导》。主教材侧重于概念、基本原理和应用的讲解，各种软件的使用方法均通过操作实例来介绍。习题与实验教材中的习题部分搜集了一些以巩固所学知识为目的和在课后答疑过程中学生经常提到的典型问题，并给出相应的参考答案，以利于学生对知识的掌握；而实验部分精心设计了许多与日常生活、学习关系密切的实验项目，旨在提高学生的学习兴趣，强化学生动手能力的培养。同时为了方便广大师生的教学与学习，我们还制作了与教材相配套的电子教案，需要有关资料的师生可登录清华大学出版社网站进行下载。

全书由陈国君、陈尹立教授担任主编，由陈国君最后审定。由于编者水平所限，计算机技术发展又十分迅速，书中缺点和错误在所难免，敬请读者斧正。

编　者

2011年2月

目录

第1章 计算机基础知识

本章主要介绍计算机的发展概况，以及计算机系统的组成，包括硬件系统和软件系统，计算机的分类、特点和技术指标等概念。目的是帮助读者初步建立计算机系统的整体概念和掌握常用术语，为学习后续各章的内容打下基础。同时还讲述了计算机未来的发展趋势，给学生一个展望空间。

本章主要内容：

- 计算工具的发展
- 了解计算机的发展历史，掌握计算机系统的组成、硬件系统和软件系统。理解计算机系统的层次结构。掌握计算机的特点、分类、应用及主要性能指标
- 理解计算机中的信息表示，包括数值和非数值信息的表示，掌握常用数制及其转换
- 了解计算机的进一步发展趋势
- 了解计算机病毒的基本知识，掌握计算机病毒的防治

1.1 计算机的产生和组成

电子计算机简称计算机，又称电脑，是20世纪最伟大的发明之一。计算机并不仅仅是一台代替人工完成复杂计算的机器，确切地说应叫"信息处理机"，因为它将人们听到的事实和看到的景象等进入大脑的原始资料经过处理后变成有用的信息。在人类社会的发展中，每一阶段都有其特定的技术用来对信息进行处理，各阶段所使用的处理技术和手段各不相同。在社会经济信息系统中，人是最原始的、也是最基本的"信息处理机"。最初，人是通过其自身的各种感觉器官收集外界的数据，靠手势、语言来传递信息；而信息的存储与加工则是靠个人的头脑。随着社会和技术的发展，人们逐渐发明创造出各种物理设备来提高信息处理的能力与效率。计算机这一伟大的科技成果极大地推动了人类社会的发展，人类已进入了一个前所未有的信息化社会。计算机成为人们工作和生活中不可缺少的现代化工具。

1.1.1 计算工具的演变和发展

人类所使用的计算工具随着生产力的发展和社会的进步以及人们的需求，从简单到复杂，从低级到高级不断地发展。

1. 我国古代的计算工具

据史料记载，甄鸾是南北朝时著名的数学家和天文学家。他一生撰注多种数学著作，其中最重要的是注释了唯一一部记载我国古代计算工具的《数术记遗》。《数术记遗》系中国古算书，位列我国算术的"十经"之一，介绍了我国古代14种算法，除第14种"计数"为心算无

须计算工具外,其余13种均有计算工具,分别是:积算(筹算)、太乙算、两仪算、三才算、五行算、八卦算、九宫算、运筹算、了知算、成数算、把头算、龟算和珠算。"珠算"之名,首见于此。珠算被称为我国"第五大发明",至今仍在加减运算和教育启智领域发挥着电子计算机无法替代的作用。唐宋以后,《数术记遗》中所述13种算具,除珠算沿用至今外,其他算具均相继失传。

1992年,曾长期师从李培业教授进行珠算研究的经济师程文茂,率先破译了失传一千多年的"太乙算",并发明出"太乙算棋"。1999年,程文茂又发明了"世界算盘","世界算盘"不仅能随意拆卸拼装俄罗斯、日本及中国的10珠、5珠和7珠算盘,而且可将失传的"太乙算、两仪算、三才算和珠算"四种古算具一一再现。2002年5月下旬,程文茂受汉中石门十三品的启发,依据李培业的《汉中甄鸾古算十三品草图》,历经10年时间潜心研究,在国内第一个完整、系统、科学地将我国古代13种计算工具恢复旧制的"古算十三品"制作完成。13种算具中,最令程文茂兴奋的是"九宫算"。因为以往人们所熟悉的所有计算方法,均为"数动位不动"的位置制,而"九宫算"则为位动数不动。

2. 计算工具的发展

人类在同大自然的斗争中,创造并逐步发展了计算工具。早在公元前3000年,中国人就发明了算筹,春秋时代(前722年—前481年)有了竹筹计数,以后演变为人类历史上最早的计算工具——算盘。我国唐末创造出算盘,南宋(1274年)已有算盘和歌诀的记载。

1633年,奥芙特德(Oughtred)发明了计算尺。

1642年,法国数学家帕斯卡(B. Pascal)用齿轮式加法器制成第一台机械计算机。

1671年,德国数学家莱布尼茨发明了用步轮控制的自动四则运算机器。

1822年,英国著名数学家查尔斯·巴贝奇(Charles Babbage,1791—1871)设计成功了差分机(他从1812年开始设计),可用来制作对数和三角函数表,其精度可达6位小数。该差分机利用卡片输入程序和数据。

1834年,巴贝奇设计完成了一台更高级的分析机。这台机器的设计构思,已经和现代计算机十分相似,它有"存储库"、"运算室",在穿孔卡片(只读存储器)中存储程序和数据,基本实现了控制中心(类似于今天的CPU)和存储程序的设想。

3. 电子计算机的问世

自从公元17世纪,欧洲人发明了对数计算器,后来又发明了机械式的手摇计算机、电动机械计算机之后,20世纪初,英国人Boole创立了"布尔代数",为电子计算机的诞生奠定了理论基础。用两个电子管等元件构成的双稳态触发器来表示二进制数"0"和"1",又为电子计算机的诞生奠定了物质基础。1946年美国宾夕法尼亚大学摩尔学院与美国军方阿伯丁弹道实验室研制成功了第一台电子管组成的电子数字积分器和计算机(Electronic Numerical Integrator and Computer,ENIAC),翻译成中文叫埃尼阿克,如图1.1所示。它长30.48米,宽1米,占地面积约63平方米,30个操作台,约相当于10间普通房间的大小,重达30吨,耗电量150千瓦,造价48万美元。它包含了17468个真空管,7200水晶二极管,1500个中转器,70000个电阻器,10000个电容器,1500个继电器,6000多个开关,每秒执行5000次加法或400次乘法,是手工计算的20万倍。虽然现在看来它很低级,但它奠定了现代计算机科学和技术的发展基础。

图 1-1 第一台电子计算机——ENIAC

ENIAC 用了 6000 多个开关和配线盘来指示计算机，因此，每当进行不同的计算时，科学家们就要切换开关和改变配线，这使得当时从事计算的科学家看上去更像在干体力活。经分析科学家们总结出了 ENIAC 本身存在两大缺点：一是没有存储器；二是用布线接板进行控制，计算速度也就被这一工作抵消了。针对 ENIAC 存在的问题，被称为现代计算机之父的美籍匈牙利数学家冯·诺依曼(John von Neumann，1903—1957)提出了另一个全新的通用计算机方案——EDVAC(埃德瓦克)方案。在该方案中，冯·诺依曼提出了三个重要的设计思想。

(1) 计算机由五个基本部分组成：运算器、控制器、存储器、输入设备和输出设备。

(2) 采用二进制形式表示计算机的指令和数据。

(3) 将程序(由一系列指令组成)和数据存放在存储器中，并让计算机自动地执行程序，这就是"存储程序和程序控制"思想的基本含义。

"存储程序和程序控制"通俗地讲就是把原来通过切换开关和改变配线来控制的运算步骤，以程序方式预先存放在计算机中，然后让其自动计算。

ENIAC 的发明仅仅表明计算机的问世，对以后研制的计算机没有什么影响。而 EDVAC 方案才真正对后来的计算机在体系结构和工作原理上具有重大影响。该方案也成了后来计算机设计的主要依据。在 EDVAC 中采用了"存储程序"的概念，以此概念为基础的各类计算机统称为冯·诺依曼计算机。EDVAC 的发明才为现代计算机在体系结构和工作原理上奠定了基础。60 多年来，虽然计算机系统从性能指标、运算速度、工作方式、应用领域等方面与当时的计算机有很大差别，但基本结构没有变，都称为冯·诺依曼计算机。由此可见，时至今日，计算机的设计仍然沿用这一思想。但是，冯·诺依曼自己也承认，他的关于计算机"存储程序"的想法都来自图灵，因此图灵也被称为现代计算机之父。

1.1.2 电子计算机的发展

自 ENIAC 诞生以来，伴随着电子器件的发展，计算机技术有了突飞猛进的发展。计算机的体系结构也已发生了重大变化。人们根据计算机所采用的逻辑元器件的演变把计算机发展划分了四个时代。

第一代(1946—1957)电子管计算机：这一代计算机采用电子真空管和继电器作为逻辑元件构成处理器和存储器，并用绝缘导线将它们互连在一起。这使它们的体积比较庞大，运算速度相对较慢,运算能力也很有限。第一代计算机的使用也很不方便,输入计算机的程序必须由0和1组成的二进制码表示,且只能进行定点数运算。虽然电子管计算机相比之前的机电式计算机来讲,无论是运算能力、运算速度还是体积等都有很大的进步,但电子管元件也存在许多明显的缺点,如在运行时产生的热量太大、可靠性较差、工作速度低、价格昂贵、体积庞大以及功耗大等缺点,这些都使计算机的发展受到限制。

第二代(1958—1964年)晶体管计算机:晶体管的发明,标志着人类科技史进入了一个新的时代。与电子管相比,晶体管具有体积小、质量轻、寿命长、发热少、功耗低以及速度高等优点。采用晶体管元件代替电子管成为第二代计算机的标志。

第三代(1965—1970年)集成电路计算机:集成电路的问世催生了微电子产业,采用集成电路作为逻辑元件成为第三代计算机的最重要特征,微程序控制开始普及。此外,系列兼容、流水线技术、高速缓存和并行处理机等也是第三代计算机的特点。

第四代(1971年至今)大规模和超大规模集成电路计算机:随着集成电路技术的迅速发展,采用大规模和超大规模集成电路及半导体存储器的第四代计算机开始进入社会的各个角落。计算机逐渐开始划分为通用大型机、巨型机、小型机和微型机。出现了共享存储器、分布存储器及不同结构的并行计算机,并相应产生了用于并行处理和分布处理的软件工具和环境。

超大规模集成电路(VLSI)工艺的日趋完善,使生产更高密度、更高速度的处理器和存储芯片成为可能。这一代计算机系统的主要特点是大规模并行数据处理及系统结构的可扩展性,这使计算机系统不仅在构成上具有一定的灵活性,而且大大提高了运算速度和整体性能。现将计算机发展的各阶段总结成表1.1。

表1.1 计算机发展的各阶段

器件＼阶段	第一代 1946—1957	第二代 1958—1964	第三代 1965—1970	第四代 1971年至今
电子器件	电子管	晶体管	中、小规模集成电路	大规模和超大规模集成电路
主存储器	阴极射线管或汞延迟	磁芯、磁鼓	磁芯、磁鼓、半导体存储器	半导体存储器
外部辅助存储器	纸带、卡片	磁带、磁鼓	磁带、磁鼓、磁盘	磁带、磁盘、光盘、U盘
处理方式	机器语言、汇编语言	监控程序、连续处理作业、高级语言编译	多道程序、实时处理	实时、分时处理、网络操作系统
运算速度	几千秒～几万次/秒	几十万秒～百万次/秒	百万秒～几百万次/秒	几百万秒～万亿次/秒

总之,计算机从第一代发展到第四代,已由仅仅包含硬件的系统发展到包括硬件和软件两大部分的计算机系统。由于技术的更新和应用的推动,计算机一直处在飞速发展之中。依据信息技术发展性能价格比的摩尔定律,即计算机芯片的性能每18个月翻一番,而价格减一半。该定律的作用从20世纪60年代以来,已持续50多年。

1.1.3 微型计算机的发展

微型计算机(Personal Computer)简称微机或PC,是计算机中应用最普及、最广泛的一类。它是由微处理器、存储器、总线、输入输出接口及其相应设备组成，也属冯·诺依曼型计算机。

今天，微型计算机已真正进入到了千家万户，它在功能上、运算速度上都已超过了当年的大型机，而价格却远低于大型机。真正实现了其大众化、平民化和多功能化的设计目标。微机的发展大致经历了如下几个阶段。

第一代微机：第一代 PC 以 IBM 公司的 IBM PC/XT 机为代表，CPU 是 8088，诞生于 1981 年，后来出现了许多兼容机。

第二代微机：IBM 公司于 1985 年推出的 IBM PC/AT 标志着第二代 PC 的诞生。它采用 80286 为 CPU，其数据处理和存储管理能力都大大提高。

第三代微机：1987 年，Intel 公司又推出了 80386 微处理器。386 又进一步分为 SX 和 DX 两档，档次由低到高依次为 386SX、386DX。用各档 CPU 组装的机器，称为该档次的微机，如 386DX。

第四代微机：1989 年，Intel 公司推出了 80486 微处理器。486 也分为 SX 和 DX 两档，即 486SX、486DX。

第五代微机：1993 年 Intel 公司推出了第五代微处理器 Pentium（中文名"奔腾"）。Pentium 实际上应该称为 80586，但 Intel 公司出于宣传竞争方面的考虑，改变了 x86 传统的命名方法。其他公司推出的第五代 CPU 还有 AMD 公司的 K5、Cyrix 公司的 6x86。1997 年 Intel 公司又推出了多功能 Pentium MMX。

第六代微机：1998 年 Intel 公司推出了 Pentium Ⅱ、Celeron，后来推出了 Pentium Ⅲ、Pentium 4，主要用于高档微机。其他公司也推出了相同档次的 CPU，如 K6、Athlon XP、VIA C3 等。

第七代微机：2003 年 9 月，AMD 公司发布了面向台式机的 64 位处理器 Athlon 64 和 Athlon 64 FX，标志着 64 位微机的到来。

1.1.4 计算机系统的组成

至今电子计算机虽然在外形和性能上发生了巨大的变化，但仍然沿用冯·诺依曼通用计算机的思想。计算机系统的组成分为硬件系统和软件系统，如图 1.2 所示。硬件系统也称机器系统，软件系统也称程序系统。硬件系统是整个系统运行的物理平台，是计算机工作的基础，是计算机的躯壳；软件系统是控制和操作计算机工作的核心，是计算机的灵魂。计算机通过执行程序，在软、硬件的协同工作下而运行，两者缺一不可。

1. 计算机硬件系统

计算机硬件是计算机物理设备的总称，它由各种电子元器件和电子线路组成，是能看到的设备实体。如果一台计算机只有硬件，那么可以说它是一台精密的、不会做任何工作的"死的"电子设备，一台只有硬件设备的计算机通常称为"裸机"。

计算机软件是在计算机硬件设备上运行的各种程序及必需的数据的总称。计算机能按要求完成工作，实际上是按照事先存储在计算机内的程序（软件）的控制下一步步完成的。软件必须在计算机硬件系统下工作，硬件和软件缺一不可。

在计算机硬件系统的五个组成部分运算器、控制器、存储器、输入设备和输出设备中，运算器和控制器统称为中央处理器，或中央处理单元（Central Processing Unit，CPU）。主机

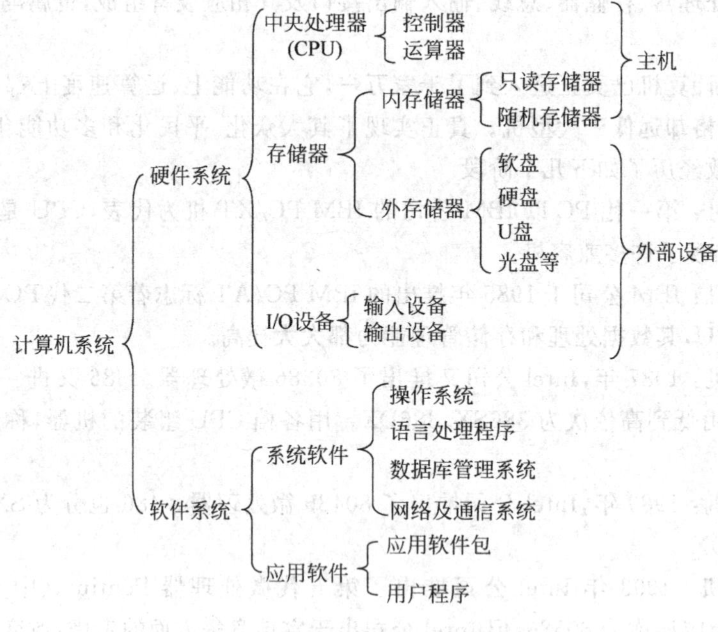

图 1.2 计算机系统的概念结构

包括 CPU 和内存,外部设备包括输入设备、输出设备和外存储器等。

(1) 控制器

控制器能指挥和控制全机协调一致地工作。如逐条读取事先存放在内存中的程序指令,对指令进行译码,发出相应控制信号。控制器主要由程序计数器、指令存储器、指令译码器等组成。

(2) 运算器

运算器又称算术逻辑单元(Arithmetic Logic Unit,ALU)。它是计算机对数据进行加工和处理的设备,不但可以完成算术运算(加、减、乘和除),而且可以完成关系和逻辑运算(比较大小、比较是否相等、与运算、或运算、非运算等)。

(3) 存储器

存储器是计算机中有记忆功能的器件,用于存放程序、参与运算的数据及运算结果。向存储器中存入数据称为写入,从存储器取出数据称为读出。存储器分内存储器(主存储器,简称内存)和外存储器(辅助存储器,简称外存)两种。内存的存取速度快,工作效率高,可以直接和 CPU 交换数据。外存一般用来存储需要长期保存的各种程序和数据,外存不能被 CPU 直接访问,必须通过内存和 CPU 交换数据。内存储器按工作原理可分为只读存储器(Read Only Memory,ROM)和随机存储器(Random Access Memory,RAM)。只读存储器中的内容只能读出不能写入,断电后也不会丢失,它用来存放计算机厂商预先一次性写入的程序和数据,所有计算机都把启动程序放在 ROM 中;而随机存储器是内容可读可写的存储器,其信息是通过电信号写入的,所以断电后其中的内容会全部丢失。我们一般说的内存储器主要指 RAM。

由于 CPU 的速度比内存速度快得多,使得 CPU 在读写内存数据时要等待,严重降低了计算机的工作速度。为了提高 CPU 读写程序和数据的速度,在内存和 CPU 之间增加了高速缓冲存储器(Cache)。在Cache中保存着内存常用内容的部分副本,CPU在读写数据时,首先访问Cache,如果数据在Cache中,就从Cache中读取,否则才去访问内存。由于Cache的读写速度更快,而且将内存中最频繁使用的指令与数据存入Cache中,加快了CPU读写数据速度,提高了计算机整体的工作效率。

(4) 输入设备

输入设备是把待输入计算机的信息转换成能被计算机处理的数据形式的设备。常用的输入设备有键盘、鼠标、磁盘驱动器、光驱、模/数转换设备、磁带输入机、数字化仪、扫描仪、手写板、触摸屏和麦克风等。

(5) 输出设备

输出设备是把计算机输出的信息转换成外界能接收的表现形式的设备。常用的输出设备有显示器、打印机、磁盘驱动器、刻录机、绘图仪、扬声器、数/模转换设备等。

2. 软件系统

计算机软件指的是以计算机可以识别和执行的操作来表示的处理步骤和有关文档,告诉计算机做些什么和按什么方法、什么步骤去做。在计算机术语中,计算机可以识别和执行的操作表示的处理步骤称为程序。计算机软件是计算机程序和相关文档。

计算机软件种类众多。通常将软件分为系统软件和应用软件两大类。系统软件是指管理、控制和维护计算机系统资源的程序集合,这些资源包括硬件资源和软件资源。例如,对CPU、内存、外设的分配与管理,对系统程序文件与应用程序文件的组织和管理等。应用软件是用户利用计算机及其提供的系统软件为解决实际问题而编制的计算机程序,是指除了系统软件以外的所有软件。

(1) 系统软件

系统软件由操作系统(OS)和各种程序设计语言及其解释与编译系统、数据库管理系统、网络及通信系统等支撑软件组成,其核心是操作系统。系统软件是计算机正常运行不可缺少的,一般由计算机生产厂家或软件开发人员研制。其中一些系统软件程序,在计算机出厂时直接写入ROM存储芯片,比如系统引导程序、基本输入输出系统(BIOS)和诊断程序等。有些安装在计算机硬盘中,如操作系统。也有些保存在光盘等活动介质上供用户购买和安装与使用,如语言处理程序等。下面介绍几种常用的系统软件。

• 操作系统

操作系统是配置在计算机中的各种硬件上的第一层软件,是其他软件运行的基础。其主要功能是管理计算机系统中的各种硬件和软件资源(如存储器管理、文件管理、进程管理和设备管理等),并为用户提供与计算机硬件系统之间的接口(如通过键盘发出命令控制作业运行等)。在计算机上运行的其他所有的系统软件(如汇编程序、编译程序和数据库管理系统等)及各种应用程序,都要依赖于操作系统的支持。因此,操作系统在计算机系统中占据着极其重要的位置,成为无论是大型机还是微型机都必须配置的软件。目前,微机上较为流行的操作系统有Windows 2000/XP/2003、Windows 7、UNIX和Linux等。

• 程序设计语言

人们为了让计算机完成某项任务,必须使用计算机程序设计语言与计算机交谈。程序设计语言就是人和计算机之间进行信息交换所使用的语言。长期以来,“编写程序”和“执行程序”是利用计算机解决问题的主要方法和手段。程序设计语言的发展是一个其功能不断完善、描述问题的方法愈加贴近人类思维方式的过程。程序设计语言主要分为机器语言、汇编语言和高级语言三大类。

机器语言(Machine Language)是一种用二进制代码,以0和1表示的、能被计算机直接识别和执行的语言。用机器语言编写的程序称为机器语言程序,它是一种低级语言。用机器语言编写的程序不便记忆、阅读和书写。通常不用机器语言直接编写程序。

汇编语言(Assemble Language)是一种用助记符编写程序时所遵守的语法规则,按汇编语言的规定和规则编写出来的程序称为汇编语言程序。汇编语言是面向机器的程序设计语言,所以它也是低级语言。汇编语言的每条指令对应一条机器语言代码,不同类型的计算机系统一般有不同的汇编语言。计算机不能直接识别和执行汇编语言程序,而必须由"汇编程序"(或汇编系统)将其翻译成机器语言程序才能运行。这种"汇编程序"就是将汇编语言程序翻译成机器语言程序的翻译程序。汇编语言适用于编写直接控制计算机操作的底层程序,它与机器硬件密切相关,不容易使用。

高级语言(High Level Language)是一种比较接近自然语言和数学表达式的计算机程序设计语言。用高级语言编写的程序一般称为"源程序",它也不能被计算机直接识别和执行。

• 语言处理程序

随着计算机语言的发展,程序设计语言越来越接近于人的习惯而脱离机器存在。由于用高级语言编写的程序,计算机不能直接执行,所以必须要用语言处理程序将其翻译成计算机能够执行的形式。也就是说要想执行源程序,就必须把用高级语言编写的源程序翻译成机器指令。翻译的方式通常有编译和解释两种方式。

编译方式是将源程序整个翻译成目标程序(即机器语言程序),然后通过链接程序将目标程序链接成可执行程序,再由计算机执行。

解释方式是将源程序逐句翻译,翻译一句执行一句,边翻译边执行,不产生目标程序,由计算机执行解释程序自动完成。

• 数据库管理系统

数据库管理系统的作用是管理数据库,具有建立、编辑、维护、访问数据库的功能,并提供给数据以独立、完整、安全的保障。按数据模型不同,数据库管理系统可分为层次型、网状型和关系型三种类型,如FoxPro、Oracle和Access都是典型的关系型数据库管理系统。

• 网络管理软件

网络管理软件是随着网络和Internet的发展而出现的,主要是指网络通信协议及网络操作系统。其主要功能是支持终端与计算机、计算机与计算机以及计算机与网络之间的通信,提供各种网络管理服务,实现共享,并保障计算机网络的畅通和安全。

(2) 应用软件

应用软件是由计算机生产厂家或软件公司或用户为支持某一应用领域、解决某个实际问题而专门研制的软件。例如:教学系统管理软件、图形处理软件、办公自动化软件、杀毒软件、收发邮件软件及游戏软件等。有了系统软件的支撑,程序员就可以利用各种程序设计语言编写出面向各行各业、实现不同功能的应用软件。虽然软件的设计还没有摆脱手工操作的模式,但随着软件技术的进步,应用软件也在逐渐地向标准化、模块化方向发展,目前已形成了用于解决某些典型问题的应用程序组合,称为软件包(Package)。

3. 计算机系统的层次结构

计算机硬件、软件和用户之间的层次结构如图1.3所示。在计算机系统的层次结构中,最低一级的是硬件系统,即裸机。它是整个系统运行的物理基础,为其上的各种软件系统提供运行平台。直接运行在硬件系统之上的是操作系统,其他各种系统软件都是在操作系统的支持下运行的,由于应用软件是在这些系统软件的支撑下由用户开发的,所以这些系统软件又称为支撑软件。在支撑软件之上的是用户开发的各种应用软件,而最上面是用户。

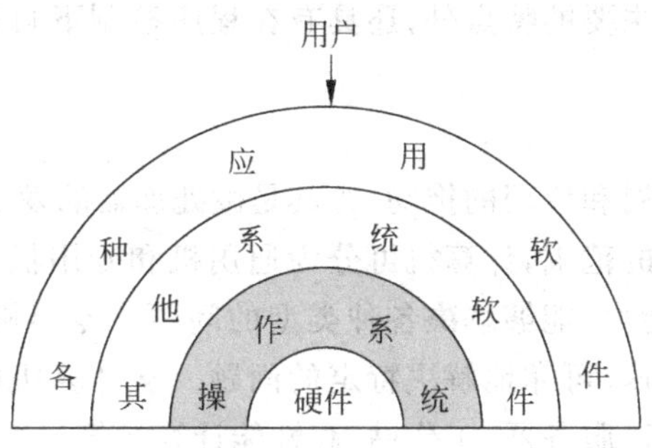

图1.3 计算机硬件、软件与用户的关系

从计算机系统的层次结构可以看出,下层是上层的支撑环境,而上层则可不必了解下层细节,只需根据约定拿来使用就行。从这个意义上说,操作系统向下控制硬件,向上支持其他软件,即所有其他软件都必须在操作系统支持下才能运行。也就是说操作系统最终把用户与物理机器隔开了,凡是对机器的操作一律转化为对操作系统的调用,所以用户使用计算机变成使用操作系统了。从这个意义上说,操作系统是用户与计算机的接口。这种层次关系为软件开发、扩充和使用提供了强有力的手段。

从另一个角度来说,也可以认为操作系统在逻辑上相当于硬件功能的扩充,而在操作系统的支持下运行的各种系统软件又相当于操作系统功能的扩充。所以可以说每安装一个软件,就相当于对计算机硬件功能的扩充。

1.2 计算机的特点、分类与作用

计算机作为一种通用信息处理工具,以其突出的特点应用在每个领域,在不同的领域,计算机的分类与作用也是不尽相同的。

1. 计算机的主要特点

运算速度快、计算精度高、具有"记忆"能力和逻辑判断能力是计算机的主要特点。计算机的运算速度从每秒几千次发展到每秒千万亿次以上。2013年6月17日,在德国莱比锡开幕的2013年国际超级计算机大会上,TOP500组织公布了最新全球超级计算机500强排行榜榜单,中国国防科技大学研制的天河二号超级计算机,以峰值速度和持续速度分别为每秒5.49亿亿次和每秒3.39亿亿次的浮点运算速度拔得头筹,这组数字意味着,天河二号运算1小时,相当于13亿人同时用计算器计算1000年。中国"天河二号"成为全球最快超级计算机。计算机运算速度快,提高了我们的工作效率,加快了科学技术的发展。如用早期的手摇计算机计算气象预报需要1～2个星期,现在用中型机或大型机只需要几分钟。计算精度高是指用计算机计算的有效数字可以达到几十位、几百位,甚至上千位,不但满足了银行、商业等对数据精确处理的要求,也为尖端科学技术的发展提供了更精确的计算工具。计算机的重要组成部分"存储器"能存储大量的信息,是计算机的记忆部件。例如能存储文字、图形、图像和声音,能存储用于计算过程的程序,以及运行程序的原始数据、计算的中间结果和最后结果。计算机不但能进行算术运算,还能进行逻辑运算,即具有逻辑判断功能,计算机可以根据给定的条件进行判断,以此来决定下一步要做的事情。

计算机除了以上几个主要的特点外,还具有在程序控制下自动工作的能力以及可靠性和通用性等特点。

2. 计算机的分类

随着计算机技术的发展和应用的推动,尤其是微处理器的发展,计算机的类型越来越多样化。根据用途及其使用的范围,计算机可分为通用机和专用机。通用机的特点是通用性强,具有很强的综合处理能力,能够解决各种类型的问题。专用机则功能单一,配有解决特定问题的软、硬件,能够高速、可靠地解决特定的问题。从计算机的运算速度和性能等指标来看,计算机主要有微型机、服务器、工作站、高性能计算机等。这种分类标准不是固定不变的,只能针对某一个时期。现在是大型机,过了若干年后可能就成了小型机。

(1) 微型计算机

微型计算机又称个人计算机(Personal Computer,PC)。1971 年 Intel 公司的工程师马西安·霍夫(M. E. Hoff)成功地在一个芯片上实现了中央处理器(Central Processing Unit,CPU)的功能,制成了世界上第一片 4 位微处理器 Intel 4004,组成了世界上第一台 4 位微型计算机 MCS-4,从此拉开了世界微型计算机大发展的帷幕。随后许多公司(如 Motorola、Zilog 等)也争相研制微处理器,推出了 8 位、16 位、32 位、64 位的微处理器。每 18 个月,微处理器的集成度和处理速度就提高一倍,价格却下降一半。

目前微型计算机已成为计算机的主流。今天,微型计算机的应用已经遍及社会的各个领域:从工厂的生产控制到政府的办公自动化,从商店的数据处理到家庭的信息管理,几乎无所不在。

微型计算机的种类很多,主要分成 4 类:台式计算机(Desktop Computer)、笔记本计算机(Notebook Computer)、平板计算机(Tablet PC)、超便携个人计算机(Ultra Mobile PC)。

(2) 服务器

服务器是一种在网络环境中对外提供服务的计算机系统。从广义上讲,一台微型计算机也可以充当服务器,关键是它要安装网络操作系统、网络协议和各种服务软件;从狭义上讲,服务器是专指通过网络对外提供服务的高性能计算机。与微型计算机相比,服务器在稳定性、安全性、性能等方面要求更高,因此硬件系统的要求也更高。根据提供的服务,服务器可以分为 Web 服务器、FTP 服务器、文件服务器、数据库服务器等。

(3) 工作站

工作站是一种介于微机与小型机之间的高档微机系统。工作站通常配有高分辨率的大屏幕显示器和大容量的内存与外存储器,具有较强的数据处理能力与高性能的图形功能。

(4) 高性能计算机

高性能计算机在过去被称为巨型机或大型机,是指目前速度最快、处理能力最强的计算机。高性能计算机数量不多,但却有重要和特殊的用途。在军事上,可用于战略防御系统、大型预警系统、航天测控系统等。在民用方面，可用于大区域中长期天气预报、大面积物探信息处理系统、大型科学计算和模拟系统等。

3. 计算机的应用

早期的计算机主要用于科学计算。随着计算机的发展，计算机的应用已经渗透到各个领域，下面介绍几个主要的应用领域。

(1) 科学与工程计算

科学与工程计算是计算机最早的应用方面。计算机用于完成科学研究和工程技术中所提出的数学问题(数值计算)，如人造卫星轨迹的计算、水坝应力的计算和气象预报的计算等。应用计算机进行数值计算，速度快、精度高，可以大大缩短计算周期，节省人力和物力。

(2) 信息处理和管理

目前计算机广泛应用于信息处理和管理。例如文字处理、数据处理、统计报表、情报检索、图书资料管理、档案管理、网络信息服务等，并广泛应用于办公自动化、银行业务、股市、商业、企业信息管理、联网订票系统和 Internet 等。

(3) 过程控制

过程控制又称实时控制，是指计算机实时采集检测数据，按最佳方法迅速地对被控制对象进行自动控制或自动调节。利用计算机进行过程控制，不仅提高了控制的自动化水平，而且大大提高了控制的及时性和准确性，从而改善了劳动条件，提高了质量，节约了能源，降低了成本。计算机广泛应用在科学技术、军事、工业和农业等各个领域的控制过程中。由于过程控制一般都是实时控制，要求计算机可靠性高、响应及时。目前在实时控制系统中广泛采用集散系统，即把控制功能分散给若干台计算机担任，而操作管理则集中在一台或多台高性能的计算机上进行。

(4) 计算机辅助系统

计算机辅助系统包括计算机辅助设计(CAD)、计算机辅助教学(CAI)、计算机辅助制造(CAM)、计算机辅助测试(CAT)、计算机集成制造(CIMS)、计算机辅助软件工程(CASE)等系统。计算机辅助设计和辅助制造结合起来可直接把 CAD 设计的产品加工出来。近年来，CIMS 又成为制造自动化技术的前沿和方向。CIMS 是集工程设计、生产过程控制、生产经营管理为一体的高度计算机化、自动化和智能化的现代化生产系统，是制造业的未来。

(5) 电子商务

电子商务是指通过计算机网络以电子数据信息流通的方式在世界范围内进行并完成的各种商务活动、交易活动、金融活动和相关的综合服务活动。例如在 Internet 上有虚拟商店和虚拟企业等提供商品，消费者在家里通过电脑选购和订购商品，再由专人送到用户手中。

(6) 人工智能

人工智能是利用计算机对人进行智能模拟，使计算机具有“模拟”人的思维和行为等能力。人工智能研究的领域有模式识别、自动定理证明、自动程序设计、专家系统、智能机器人、博弈、自然语言的生成与理解等，其中最具有代表性的两个领域是专家系统和智能机器人。专家系统是具有某个专门知识的计算机软件系统，它综合了某个领域专家们的知识和经验，使它具有较强的咨询能力。智能机器人的研究已经有很大的进展，目前已经研制出了具有一定的感知、环境辨别、语言理解、推理和归纳能力，能模仿人完成一些动作的机器人。

(7) 多媒体技术应用

把数字、文字、声音、图形、图像和动画等多媒体有机组合起来,利用计算机、通信和广播电视技术,使它们建立起逻辑联系,并能进行加工处理(包括对这些媒体的录入、压缩和解压缩、存储、显示和传输等)的技术。目前多媒体计算机技术的应用领域正在不断拓宽,除学习知识、电子图书、商业及家庭应用外,在远程医疗、视频会议中都得到了极大的推广。

(8) 计算机网络应用

计算机网络是计算机技术与通信技术相结合的产物。计算机网络技术的发展,使不同地区的计算机之间实现软、硬件资源共享,大大地促进和发展了地区间、国际间的通信和各种数据的传输及处理。这些应用包括电子商务、电子政务和网络教育等。

1.3 计算机中数据的单位和主要性能指标

利用计算机进行数据处理过程中,数据首先在计算机内表示,然后才能被计算处理。而计算机的性能指标用于衡量一台计算机的性能。

1. 计算机中数据的单位

计算机表示数据的部件主要是存储设备,数据的存储单位有位、字节、字等。

(1) 位

位称为比特,记为 bit(Binary Digit)或小写 b。位是计算机中最小的信息单位,是用 0 或 1 来表示一个二进制数位。

(2) 字节

字节称为拜特,记为 Byte 或大写 B。字节是数据存储中最常用的基本单位,计算机中八个二进制位构成一个字节,即 1Byte＝8bit。一个字节从最小的 00000000 到最大的 11111111 一共可以有 $2^8=256$ 个值。字节的内容也可以表示由 8 个二进制位构成的其他信息。要注意位与字节的区别:位是计算机中最小数据单位,字节是计算机中基本信息单位。

(3) 字

字也称为计算机字,记为 Word 或 W,是位的组合。字是信息交换、加工、存储的基本单元(独立的信息单位)。用二进制代码表示,一个字由一个字节或若干字节构成(通常取字节的整数倍)。它可以代表数据代码、字符代码、操作码和地址码或它们的组合。

2. 计算机的主要性能指标

衡量一台计算机系统的性能,应从多个角度去考虑。一般计算机系统的性能主要包括以下几个方面。

(1) 字长

字长其实就是一个字中所包含的二进制数码的位数,即字长是指 CPU 一次能处理的二进制信息的位数。字长是由 CPU 内部的寄存器、加法器和数据总线的位数决定的。它的大小直接关系到计算机的计算精度。字长越长,精度越高,速度越快,但价格也越高。所以字长是计算机硬件的一项重要指标。目前微机的字长由 32 位转向 64 位为主,传统的大、中、小型机的字长为 48 位～128 位。

(2) 内存容量

计算机中用来表示存储空间大小的基本容量单位是字节。内存的大小表示存储数据的容量大小。计算机内存的存储容量，磁盘的存储容量等都是以字节为单位表示的。

通常将 2^{10}，即 1024 字节称为 1K 字节，记为 KB(KiloByte)，读作千字节，将 2^{20} 字节记为 MB(MegaByte)，读作兆字节，将 2^{30} 字节记为 GB(GigaByte)，读作吉字节，将 2^{40} 字节记为 TB(TeraByte)，读作太字节，将 2^{50} 字节记为 PB(PetaByte)，读作拍字节。它们之间存在下列换算关系。

1B=8bit

1KB=1024B=2^{10}B

1MB=1024KB=2^{10}KB=2^{20}B

1GB=1024MB=2^{10}MB=2^{30}B

1TB=1024GB=2^{10}GB=2^{40}B

1PB=1024TB=2^{10}TB=2^{50}B

注意：硬盘厂商在标识硬盘容量时，采用的计量方法是 1KB=1000Byte，而不是 1KB=1024Byte。

(3) 运算速度

运算速度是衡量计算机性能的一项主要指标，它取决于指令的执行时间。运行速度的计算方法有多种，目前常用单位时间执行多条指令来表示，因此常根据一些典型题目，计算各种指令执行的频度以及每种指令执行的时间来折算出计算机的运算速度。直接描述计算机的运算速度(平均运算速度)用每秒钟百万条指令数(Million Instruction Per Second，MIPS)来衡量。

(4) 主频、外频和倍频

主频(Main CLK)也就是 CPU 的时钟频率，英文全称是 CPU Clock Speed，简单地说就是 CPU 运算时的工作频率，即指 CPU 在单位时间(秒)内所发出的脉冲数。主频的单位是 MHz 或 GHz，一般说来，主频越高，单位时间内完成的指令数也越多，当然 CPU 的速度也就越快了。不过由于各种各样 CPU 的内部结构不尽相同，所以并非所有的时钟频率相同的 CPU 的性能都一样。不要把 CPU 的时钟频率简单地等同于计算机的运算速度。外频是系统总线的工作频率，是由主板为 CPU 提供的基准时钟频率。正常情况下，CPU 总线频率和内存总线频率相同，所以，当 CPU 外频提高后，与内存之间的交换速度也相应地得到了提高，对提高计算机整体的运行速度影响较大。倍频则是指 CPU 外频与主频相差的倍数。三者的关系为：主频=外频×倍频。

(5) 内存总线速度

存放在外存上的数据都要通过内存进入 CPU 进行处理，所以 CPU 与内存之间的总线的速度对整个系统性能有很重要的影响。由于内存和 CPU 之间的运行速度或多或少会有差异，因此便出现了用二级缓存来协调两者之间的差异，而内存总线速度(Memory-bus Speed)就是指 CPU 与二级高速缓存(L2 Cache)和内存之间的通信速度。

(6) 存取速度

存储器完成一次读/写操作所需的时间称为存储器的存取时间或访问时间，存储器连续进行读/写操作所允许的最短时间间隔称为存取周期。存取周期越短，则存取速度越快，它是反映存储器性能的一个重要参数。通常，存取速度的快慢决定了运算速度的快慢。半导体存储器的存取周期约为几十到几百微秒(μs)。

(7) 磁盘容量

磁盘容量通常是指硬盘、光盘或U盘存储量的大小,它反映了计算机存取数据的能力。目前台式机磁盘的容量通常是500GB以上。

以上只是计算机的一些主要性能指标。在评价一台计算机的性能时应当综合考虑各项指标,并且还要考虑经济合理、使用方便和性能价格比,以能满足应用的要求为目的。

1.4 计算机中的数据表示和信息编码

日常生活中最常采用的数制是十进制(Decimal),即用0~9的10个数字来表示数据。在计算机中,所有的信息都采用二进制数来表示。在二进制系统中只有0和1两个数。所以文字、图形、音频、视频等所有要存入计算机的信息都必须转换成二进制数码形式。这是因为采用二进制(Binary)表示信息具有易于物理实现、运算简单、机器的可靠性高和通用性强等优点。此外,在编程中为了书写方便还经常使用八进制(Octal)和十六进制(Hexadecimal)。

1.4.1 计算机中常用的数制及转换

1. 数制的概念

数制是用一组固定的数字和一套统一的规则来表示数值的方法。按照进位方式计数的数制叫进位计数制。十进制即逢十进一,生活中也常常遇到其他进制,如六十进制(60秒为一分钟,60分钟为一小时,即逢六十进一)、十二进制、十六进制等。

任何进制都有它生存的原因。人类的屈指计数沿袭至今,由于日常生活中大都采用十进制计数,因此对十进制最习惯。其他进制目前也仍有应用的领域,如商业中不少包装计量单位"一打",即是十二进制;而十六进制在现代某些场合如中药、金器的计量中也还在沿用。

十进制计数的特点是"逢十进一",在一个十进制数中,需要用到10个数字符号0~9,即十进制数中的每一位都是这10个数字符号之一。在任何进位计数制中,一个数的每个位置都有一个权值。所以进位计数制涉及基数与各数位的位权两个概念。基数是指该进位计数制中允许使用的基本数码的个数。每一种进位计数制都有固定数目的计数符号。

- 十进制。基数为10,10个记数符号,0,1,2,…,9。每一个数码符号根据它在这个数中所在的位置(数位),按"逢十进一"来决定其实际数值。
- 二进制。基数为2,2个记数符号,0和1。每个数码符号根据它在这个数中的数位,按"逢二进一"来决定其实际数值。
- 八进制。基数为8,8个记数符号,0,1,2,…,7。每个数码符号根据它在这个数中的数位,按"逢八进一"来决定其实际的数值。
- 十六进制。基数为16,16个记数符号,0~9,A,B,C,D,E,F。其中A~F对应十进制的10~15。每个数码符号根据它在这个数中的数位,按"逢十六进一"决定其实际的数值。

为了区分这几种进制数,规定在数字的后面加字母D表示十进制数,加字母B表示二进制数,加字母O表示八进制数,加字母H表示十六进制数,其中十进制数可省略不加字母

D。也可以用基数作下标表示相应的进制。例如，十进制数 25 可表示为 25D 或 25，也可表示为$(25)_{10}$。

一个数码处在不同位置上所代表的值是不同的，如数字 6 在十位数位置上表示 60，在百位数上表示 600，而在小数点后 1 位表示 0.6，可见每个数码所表示的数值等于该数码乘以一个与数码所在位置相关的常数，这个常数叫做位权。位权的大小是以基数为底、数码所在位置的序号为指数的整数次幂(整数部分的个位位置序号为 0)。例如，对于十进制数来说，其个位数位置的位权是 10^0，十位数位置上的位权为 10^1，小数点后一位的位权为 10^{-1}等等。

十进制数 5938.24 的值可表示为如下的按权值展开的形式：

$(5938.24)_{10}=5\times10^3+9\times10^2+3\times10^1+8\times10^0+2\times10^{-1}+4\times10^{-2}$

小数点左边：从右向左，每一位对应权值分别为 10^0、10^1、10^2、10^3。

小数点右边：从左向右，每一位对应的权值分别为 10^{-1}、10^{-2}。

同理，二进制数$(10101.01)_2$ 可表示为如下的按权值展开形式：

$$(10101.01)_2=1\times2^4+0\times2^3+1\times2^2+0\times2^1+1\times2^0+0\times2^{-1}+1\times2^{-2}$$

小数点左边：从右向左，每一位对应的权值分别为 2^0、2^1、2^2、2^3、2^4。

小数点右边：从左向右，每一位对应的权值分别为 2^{-1}、2^{-2}。

不同的进制由于其进位的基数不同权值是不同的。

十、二、八、十六进制数之间的对应关系如表 1.2 所示。常用的几种进位计数制如表 1.3 所示。

表 1.2　十、二、八、十六进制数之间的对应关系

十进制数(D)	二进制数(B)	八进制数(O)	十六进制数(H)
0	0000	0	0
1	0001	1	1
2	0010	2	2
3	0011	3	3
4	0100	4	4
5	0101	5	5
6	0110	6	6
7	0111	7	7
8	1000	10	8
9	1001	11	9
10	1010	12	A(或 a)
11	1011	13	B(或 b)
12	1100	14	C(或 c)
13	1101	15	D(或 d)
14	1110	16	E(或 e)
15	1111	17	F(或 f)
16	10000	20	10

表 1.3 计算机中常用的几种数制

进制	二进制	八进制	十进制	十六进制
规则	逢二进一	逢八进一	逢十进一	逢十六进一
基数	2	8	10	16
基本符号	0,1	0,1,…,7	0,1,…,9	0,1,…,9,A,B,…,F
权(n 为整数)	2^n	8^n	10^n	16^n
形式表示	*B*	*O*	*D* 或省略	*H*

权的展开式：对任何一种用进位计数制表示的数据都可以写出按其权展开的多项式之和。如任意 *r* 进制数 $n=a_{n-1}a_{n-2}\cdots a_1a_0.a_{-1}a_{-2}\cdots a_{-m}$ 可表示为：

$$N=a_{n-1}\times r^{n-1}+a_{n-2}\times r^{n-2}+\cdots+a_1\times r^1+a_0\times r^0+a_{-1}\times r^{-1}+\cdots+a_{-m}\times r^{-m}$$

其中：a_i 为数字符号；r^i 为位权；*n*、*m* 为整数。

例如：

$$(375.6)_8=3\times 8^2+7\times 8^1+5\times 8^0+6\times 8^{-1}$$

$$(396.71)_{10}=3\times 10^2+9\times 10^1+6\times 10^0+7\times 10^{-1}+1\times 10^{-2}$$

$$(10101)_2=1\times 2^4+0\times 2^3+1\times 2^2+0\times 2^1+1\times 2^0$$

2. 各进制数之间的相互转换

(1) 任意 *r* 进制数化成十进制数

任意 *r* 进制数化成十进制数的方法是：按权展开各项，按十进制运算法则相加求和。如将二进制数$(10101.1)_2$化为十进制数。

$$(10101.1)_2=1\times 2^4+0\times 2^3+1\times 2^2+0\times 2^1+1\times 2^0+1\times 2^{-1}$$
$$=1\times 16+1\times 4+1\times 1+1\times 0.5=(21.5)_{10}$$

(2) 十进制数化成任意 *r* 进制数

十进制数化成任意 *r* 进制数分为两部分，整数部分和小数部分分别化，然后再将其连成一个整体。其中整数部分的化法是：除以基数(*r*)，取其余数，倒排序；小数部分的化法是：乘以基数(*r*)，取其整数，顺排序。

说明：在整数部分转换时，每次除基取余，直到商为0时为止；小数的转化过程中，每次乘基取整，直到小数部分为0时为止，但由于一个十进制小数不一定能完全准确地转换成二进制小数，如果小数部分永不为0，这时应根据精度要求转换到一定的位数为止。

【例 1.1】 将十进制数28.345化为二进制数。即$(28.345)_{10}=(\quad)_2$。

步骤1：首先是将整数部分28化为二进制数。由于十进制整数转换成二进制数，其基数为2，所以采用“除2取余”法，即把十进制数28除以2，得到一个商和一个余数，再将所得到的商除以2，又得到一个商和一个余数，如此反复除下去直到商是0为止。将所得的余数反序排列，就得到十进整数28的二进制表示形式。其操作过程如下：

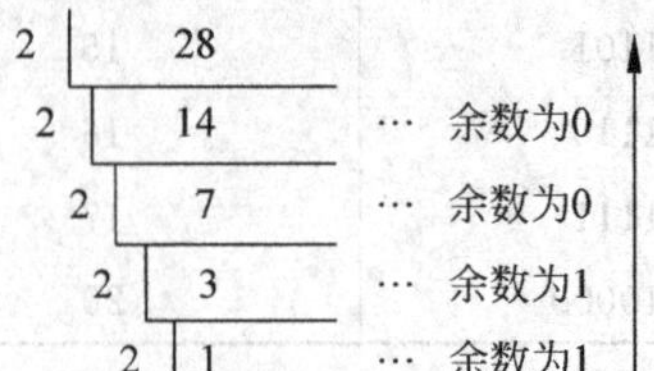

```
2 | 28
   2 | 14    … 余数为0
      2 | 7    … 余数为0
         2 | 3    … 余数为1
            2 | 1    … 余数为1
                0    … 余数为1
```

即$(28)_{10}=(11100)_2$。

步骤 2：将十进制小数部分 0.345 化为二进制数。由于十进制小数转换成二进制数，其基数为 2，所以采用“乘 2 取整”法，即把十进制小数 0.345 乘以 2，把乘积的整数部分取下来，剩下的小数部分继续乘以 2，直到结果的小数部分为 0 或二进制小数部分达到精度要求为止，最后把记录下来的各位整数部分正向排序，就得到十进小数 0.345 的二进制表示形式。其转换过程如下：

$$
\begin{array}{r l}
0.345 & \\
\times\quad 2 & \\
\hline
0.690 & \cdots\ \text{整数为 0} \\
\times\quad 2 & \\
\hline
1.38 & \cdots\ \text{整数为 1} \\
\times\quad 2 & \\
\hline
0.76 & \cdots\ \text{整数为 0} \\
\times\quad 2 & \\
\hline
1.52 & \cdots\ \text{整数为 1} \\
\times\quad 2 & \\
\hline
1.04 & \cdots\ \text{整数为 1}
\end{array}
\downarrow
$$

即$(0.345)_{10}\approx(0.01011)_2$。

综上可知$(28.345)_{10}\approx(11100.01011)_2$。

(3) 二进制数与八进制数、十六进制数之间的转换

由于三位二进制数对应于一位八进制数，四位二进制数对应于一位十六进制数，所以它们之间的转换非常方便。

① 二进制数转换八进制数

将一个二进制数转换成八进制数的方法是：从小数点开始分别向左和向右，每三位分成一组，不足三位的，整数部分在前面补零，小数部分在后面补零，然后将每三位二进制数用一位八进制数替换即可。

【例 1.2】 将二进制数 1111010110.01101 化成八进制数。

$$(001\ 111\ 010\ 110.011\ 010)_2=(1726.32)_8$$

$$1\quad 7\quad 2\quad 6\quad 3\quad 2$$

② 八进制数转换二进制数

将一个八进制数转换成二进制数的方法是将上面的方法反过来应用，即将八进制数的每一位用三位二进制数替换即可。

【例 1.3】 将八进制数$(357.42)_8$转换为二进制数。

$$(357.42)_8=(011\ 101\ 111.100\ 010)_2=(11101111.10001)_2$$

③ 二进制数转换十六进制数

将一个二进制数转换成十六进制数的方法是：从小数点开始分别向左和向右，每四位分成一组，不足四位的，整数部分在前面补零，小数部分在后面补零，然后将每四位二进制数用一位十六进制数替换即可。

【例 1.4】 将二进制数 1111010110.01101 化成十六进制数。

$$(0011\ 1101\ 0110.0110\ 1000)_2 = (3D6.68)_{16}$$

3　D　6　6　8

④ 十六进制数转换二进制数

将一个十六进制数转换成二进制数的方法是：将十六进制数的每一位用四位二进制数替换即可。

【例 1.5】 将$(5E3.A6)_{16}$化为二进制数。

$$(5E3.A6)_{16} = (0101\ 1110\ 0011.1010\ 0110)_2 = (10111100011.1010011)_2$$

⑤ 八进制数与十六进制数之间的转换

八进制数与十六进制数之间的相互转换，可以通过二进制作为桥梁进行互化。即八进制数先化成二进制数，再将该二进制数化成十六进制数，反之亦然。

1.4.2 信息在计算机中的表示与编码

计算机中的数据是指计算机能够识别并能处理的各种符号，分为数值数据和非数值数据。计算机信息处理，除了处理数值信息外，更多的是处理非数值信息。非数值信息是指字符、文字、图形等形式的数据，它不是表示数量大小，只代表一种符号，所以又称符号数据。

从键盘向计算机中输入的各种操作命令以及原始数据都是字符形式的。然而计算机只能存储二进制数，这就需要对符号数据进行编码，输入的各种字符由计算机自动转换成二进制编码存入计算机。所谓信息编码就是指采用少量的基本符号，选用一定的组合原则表示大量复杂多样信息的技术。信息编码有两大要素：基本符号的种类和符号的组合规则。

1. 英文字符编码

如前所述，计算机中的信息都是用二进制编码表示的，用以表示字符的二进制编码称为字符编码。例如，在键盘上按下字母 A 键，计算机真正接收的是 A 的二进制编码。键盘上每一个键都对应一个二进制编码。对字符的二进制编码有多种，最普遍使用的是美国信息交换标准码(American Standard Code for Information Interchange，ASCII)。它被国际标准化组织确认为国际标准交换码。有了统一的编码，便于不同的计算机之间数据通信。

ASCII 码共有 128 个字符的编码：各有 26 个大、小写英文字母的编码，10 个数字的编码，32 个通用控制符的编码和 34 个专用符号的编码。128 个不同的编码用 7 位二进制数就可以描述($2^7=128$)。虽然 ASCII 是 7 位编码但由于字节是计算机的基本处理单元，故一般仍以一字节来存放一个 ASCII 码字符。每个字节中多余出来的一位(最高位)，在计算机内部一般保持为 0 或在编码传输中用作奇偶校验位，如图 1.4 所示。表 1.4 为 7 位 ASCII 码编码表。

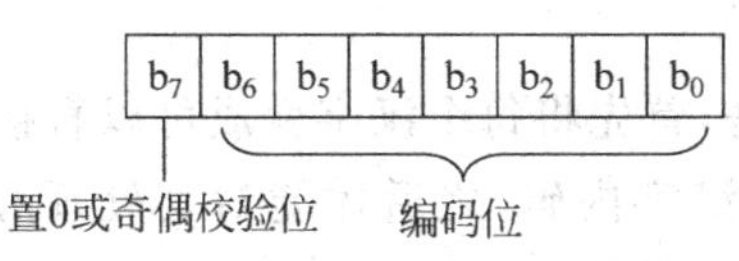

图 1.4　字节中的 ASCII 码

表 1.4　英文字符的 ASCII 编码表

字符 $b_6b_5b_4$ / $b_3b_2b_1b_0$	000	001	010	011	100	101	110	111
0000	NUL	DLE	SP	0	@	P	`	p
0001	SOH	DC1	!	1	A	Q	a	q
0010	STX	DC2	"	2	B	R	b	r
0011	ETX	DC3	#	3	C	S	c	s
0100	EOT	DC4	$	4	D	T	d	t
0101	ENQ	NAK	%	5	E	U	e	u
0110	ACK	SYN	&	6	F	V	f	v
0111	BEL	ETB	'	7	G	W	g	w
1000	BS	CAN	(	8	H	X	h	x
1001	HT	EM	)	9	I	Y	i	y
1010	LF	SUB	*	:	J	Z	j	z
1011	VT	ESC	+	;	K	[	k	{
1100	FF	FS	,	<	L	\	l	|
1101	CR	GS	-	=	M	]	m	}
1110	SO	RS	.	>	N	^	n	~
1111	SI	US	/	?	O	_	o	DEL

在键盘键入字母 A，计算机接收 A 的 ASCII 码（十六进制 41、二进制 01000001、八进制 101）后，很容易找到 A 的字形码，在显示器显示 A 的字形码，而存储的是 A 的 ASCII 码。

在英文输入方式下，存储输入的字符用一个字节，显示和打印时占一个字符的位置，即半个汉字位置，所以称半角字符。

在汉字输入方式下，输入的字符分半角字符和全角字符。默认输入的字符为半角字符（即 ASCII 字符）。存储全角字符占用两个字节，显示和打印时占一个汉字位置，每一种汉字系统都为使用者提供了输入半角字符和全角字符的功能。

字符编码有多种，除了 ASCII 码外，比较常用的还有一种扩展的 ASCII 码，该编码使用 8 位二进制位表示一个字符的编码，可表示 $2^8=256$ 个不同的字符。

2. 汉字编码

因为计算机只能识别二进制数，所以任何信息在计算机中都必须以二进制形式存放，汉字也不例外。但是汉字与英文字符相比，数量多且复杂，给计算机处理带来了困难。汉字编码技术首先要解决的是汉字输入输出及计算机内部的编码问题。根据计算机在处理汉字过程中的不同操作要求，汉字编码一般分为输入码、国标码（交换码）、机内码和字形输出码等。

数值和字符可以通过键盘“所见即所得”地输入，而汉字不能。汉字数量大，不能用一个字节的 ASCII 码来表示。因此，按照不同的目的和需要，产生了多种汉字编码系统与汉字输入法。

计算机处理汉字的过程是，首先将每个汉字变成可以直接从键盘输入的代码，即汉字的外码，然后再将输入码转换为汉字内码，之后才能对其处理和存储。汉字的输出过程则相反，即将机内码转换为汉字的字形码。

(1) 汉字输入码

为将汉字输入计算机而编制的代码称为汉字输入码，也叫外码。目前汉字主要是经标准键盘输入计算机的，所以汉字输入码都是由键盘上的字符或数字组合而成。汉字输入码是按照某种规则把与汉字的音、形、义有关的要素变成数字、字母或键位名称。如常用的微软拼音输入法输入“人”字，就要先输入代码“ren”，它是以音为主，以《汉语拼音方案》为基本编码元素，对同音字要增加定字编码，或用计算机把同音字全部显示出来后再选择定字的方法。目前流行的汉字输入码的编码方案有几十种，如以形为主的五笔字型码、以数字为主的电报码和区位码、以音为主的微软拼音输入法、智能ABC输入法、紫光拼音输入法等。

(2) 国标码

国标码(国家标准汉字交换码)是我国标准信息交换汉字编码，所以又称交换码。标准为“GB2312—80”的国标码(简称GB码)规定了信息交换用的汉字编码基本集，是用于计算机之间进行信息交换的统一编码。GB码收集了汉字和图形符号共7445个，其中汉字6763个(根据汉字使用频率，将汉字按两级存放，一级汉字3755个，按汉语拼音字母顺序排列，二级汉字3008个，按部首顺序排列)，图形符号682个。每一个汉字的国标码用2个字节表示，第一个字节表示区码，第二个字节表示位码。有些汉字系统允许使用国标区位码输入汉字。

(3) 汉字内码

汉字内码是为在计算机内部对汉字进行存储、处理和传输而编制的汉字代码，也叫机内码，简称内码。当我们将一个汉字用汉字的外码(如拼音码、五笔字型码等)输入计算机后，就通过汉字系统转换为内码，然后才能在机器内流动、处理和存储。每一个汉字的外码可以有多种，但是内码只有一个。目前对应于国标码一个汉字的内码也用2个字节存储，并把每个字节的最高位置“1”作为汉字内码的标识，以免与单字节的ASCII码产生歧义。如果用十六进制来表示，就是把汉字国标码的每个字节上加一个80H(即二进制数10000000)，所以汉字国标码与其内码有下列关系：汉字的机内码＝汉字的国标码＋8080H。

例如，已知“中”字的国标码为“5650H”，根据上述公式得：

“中”字的内码＝“中”字的国标码5650H＋8080H＝D6D0H

(4) 汉字的输出码

显示和打印的汉字是汉字的字形，称为汉字的输出码、字形码或字模。每一个汉字是一个方块字。常见的汉字输出字体有位图字体(点阵字体)和矢量字体。位图字体是用二进制矩阵来表示一个汉字。例如，用32×32点阵表示一个汉字字形，表示一个汉字每行有32个点，一共有32行。如果每一个点用一位二进制数“0”或“1”表示暗或亮，则一个32×32点阵的汉字字形占用(32×32)/8＝128个字节。一个汉字系统的所有汉字字形码组成汉字的字库。矢量字体是用数学曲线来描述汉字的。字体中包含了符号边界上的关键点、连线等信息。矢量字体的特点是可以无限放大或缩小而不变形。

在输入汉字的过程中，实际上包括了将汉字的输入码转换为机内码的工作，只不过此项工作由汉字系统中的专门程序来完成。在需要输出一个汉字时，则首先要根据该汉字的机内码找出其字模信息在汉字库中的位置，然后取出该汉字的字模信息在屏幕上显示或在打印机上打印输出。汉字编码的流程如图 1.5 所示。该流程说明当一个汉字以某种汉字输入法送入计算机后，管理模块立刻将它转换成两个字节长的国标码。如果将国标码的每个字节的最高位置 1 作为汉字标识符，就构成了汉字机内码。当需要显示汉字时，根据汉字机内码向字模库检索出该汉字的字形信息后输出，再从输出设备上得到汉字。

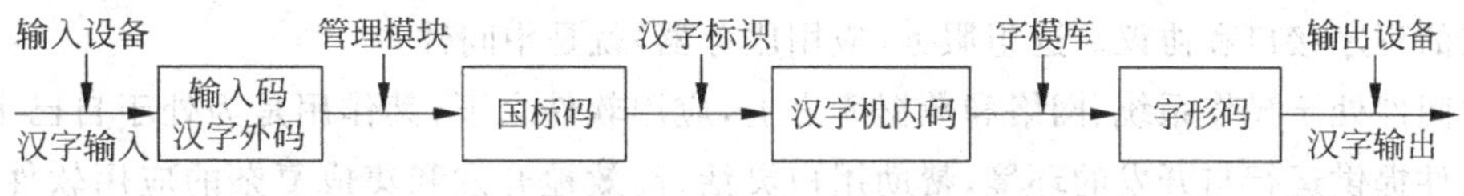

图 1.5　汉字编码流程图

3. 多媒体信息的表示

图形、图像、音频和视频等多媒体信息要在计算机中处理和存储，一样需要经过数字化，以某种二进制编码形式来表示，不过其表示形式要复杂得多。

(1) 音频的表示：声音是一种连续变化的模拟量，可以通过“模/数”转换器对声音信号按固定的时间频率采样，再把每个样本转换成数字量，这样就可以把声音存储在计算机中并进行处理了。

(2) 图像的表示：图像表示成二进制的数字化过程是先将图像分割成像素，再将像素对应的信号转换成二进制编码信息。数字图像可以分为矢量图和位图两种形式。矢量图是以数学的方式来记录图像的，由软件制作而成。位图是以点或像素的方式来记录图像的，因此，图像是由许许多多小点组成的。

1.5　计算机的新技术

与其他高新技术一样，计算机技术也是日新月异。许多技术昨天是新技术，今天已经成熟并得到广泛应用，如多媒体技术。从现今的技术角度来说，当今得到快速发展并具有重要影响的新技术有：嵌入式计算机、中间件、云计算和物联网等技术。

1. 嵌入式计算机

嵌入式计算机是指作为一个信息处理部件，嵌入到应用系统之中的计算机。嵌入式计算机与通用计算机相比，在基本原理方面没有原则性的区别，主要区别在于系统和功能软件集成于计算机硬件系统之中，也就是说，系统的应用软件与硬件一体化，类似于 BIOS 的工作方式。嵌入式系统主要由嵌入式处理器、外围硬件设备、嵌入式操作系统以及特定的应用程序等四部分组成，是集软、硬件于一体的可独立工作的“器件”，用于实现对其他设备的控制、监视或管理等功能。嵌入式系统应具有的特点是：要求高可靠性，在恶劣的环境或突然断电的情况下，系统仍然能够正常工作；许多应用要求实时处理能力，这就要求嵌入式操作系统具有实时处理能力；嵌入式系统中的软件代码要求高质量、高可靠性，一般都固化在只读存储器或闪存中，也就是说软件要求固态化存储，而不是存储在磁盘等载体中。

在各种类型的计算机中，嵌入式计算机应用最广泛，数量超过 PC。目前广泛用于各种家用电器之中，如电冰箱、自动洗衣机、数字电视机、数码照相机等。

2. 中间件技术

顾名思义,中间件(Middleware)是介于操作系统和应用软件之间的系统软件,它是一种独立的系统软件或服务程序。在中间件诞生之前,企业多采用传统的客户机/服务器的模式,通常是一台计算机做客户机使用,运行应用程序,另外一台作为服务器,运行数据库系统。这种模式的缺点是加剧了客户端和服务器端的负担,其系统拓展性也比较差。到了20世纪90年代初,出现了一种新的思想:在客户机和服务器之间增加一组服务,这些服务具有标准的程序接口和协议。这组服务(应用服务器)就是中间件。

中间件处于操作系统、网络和数据库之上,应用软件之下,其作用是为处于自己上层的应用软件提供运行与开发的环境,帮助用户灵活、高效地开发和集成复杂的应用软件,管理计算资源和网络通信。所以说中间件是连接两个独立应用程序或独立系统的软件。相连接的系统,即使它们具有不同的接口,但通过中间件相互之间仍能交换信息。执行中间件的一个关键途径是信息传递。通过中间件,应用程序可以工作于多平台或多操作系统环境。中间件是一类软件,而非一种软件,中间件不仅仅实现互连,还要实现应用之间的互操作。

目前,中间件技术已经发展成为企业应用的主流技术,并形成各种不同类别,如交易中间件、消息中间件、专有系统中间件、面向对象中间件、数据存取中间件、远程调用中间件等。

3. 云计算

云计算(Cloud Computing)的概念是由Google提出的,这是一个美丽的网络应用模式。提供资源的网络被称为"云"。"云"中的资源在使用者看来是可以无限扩展的,并且可以随时获取,按需使用,随时扩展,按使用付费。"云"也就是一些可以自我维护和管理的虚拟计算资源,通常为一些大型服务器集群,包括计算服务器、存储服务器、宽带资源等等。

云计算是并行计算(Parallel Computing)、分布式计算(Distributed Computing)和网格计算(Grid Computing)的发展。其最基本的概念,是透过网络将庞大的计算处理程序自动分拆成无数个较小的子程序,再交由多部服务器所组成的庞大系统经搜寻、计算分析之后将处理结果回传给用户。透过这项技术,网络服务提供者可以在数秒之内,达成处理数以千万计甚至亿计的信息,达到和"超级计算机"同样强大效能的网络服务。

最简单的云计算技术在网络服务中已经随处可见,例如搜寻引擎、网络信箱等,使用者只要输入简单指令即能得到大量信息。

在"云计算"时代,"云"会替我们做存储和计算的工作。因为"云"就是计算机群,而每一群包括了几十万台甚至上百万台计算机。所以"云"的好处还在于,其中的计算机可以随时更新,保证"云"长生不老。

4. 物联网

我们知道,传统的互联网通常是计算机与计算机之间进行信息交换和通信。由于计算机是由人操作的,因此,也就实现了人与人之间的相互交换信息和通信。在今后的物联网时代,除了实现人与人之间的相互交换信息和通信之外,还可以实现人与物、物与物之间进行信息交换和通信。

物联网的英文名称是The Internet of Things,顾名思义,物联网就是"物物相连的互联网"。这有两层意思:第一,物联网的核心和基础仍然是互联网,是在互联网基础之上延伸和扩展的一种网络；第二，其用户端延伸和扩展到了任何物品与物品之间进行信息交换和通信。因此，物联网的严格定义是通过射频识别装置、红外感应器、全球定位系统、激光扫描器等信息传感设备，按约定的协议，把任何物品与互联网相连接，进行信息交换和通信，以实现识别、定位、跟踪、监控和管理的一种网络。物联网的应用十分广泛，遍及智能交通、环境保护、公共安全、平安家居、智能消防、工业监测、病人护理、花卉栽培、水系监测、食品溯源、敌情侦查和情报搜集等多种领域，其应用非常广泛、前景非常广阔。

1.6 计算机的发展趋势

用计算机来模仿人的智能，包括听觉、视觉和触觉以及自学习和推理能力是当前计算机科学研究的一个重要方向。与此同时，计算机体系结构将会突破传统的冯·诺依曼提出的原理，实现高度的并行处理。为了解决软件发展方面出现的复杂程度高、研制周期长和正确性难以保证的“软件危机”而产生的软件工程也出现新的突破。那么从现有的研究情况看，未来新型计算机将可能在某些方面取得革命性突破。

计算机中最重要的核心部件是芯片。然而，以硅为基础的芯片制造技术的发展是有限的。由于存在磁场效应、热效应、量子效应以及制作上的困难，所以必须开拓新的制造技术。那么从现有的情况看，可能引发下一次的计算机技术革命的可能技术至少有纳米技术、光技术、生物技术和量子技术四种。下面介绍几种未来的新型计算机。

1. 光子计算机

光子计算机利用光子取代电子进行数据运算、传输和存储。与电子计算机相比，光子计算机具有超高速、强大并行处理能力、大存储量、非常强的抗干扰能力和与人脑相似的容错性等优点。目前光子计算机的许多关键技术，如光存储技术、光存储器和光电子集成电路等都已取得重大突破。

2. 生物计算机

生物计算机在20世纪80年代中期开始研制，其最大的特点是采用了生物芯片。生物芯片由生物工程技术产生的蛋白分子构成。在这种芯片中，信息以波的形式传播，运算速度比当今最新一代计算机快10万倍，能量消耗仅相当于普通计算机的1/10，并且拥有巨大的存储能力。由于蛋白分子能够自我组合，再生新的微型电路，使得生物计算机具有生物体的一些特点，如能发挥生物本身的调节机能自动修复芯片发生的故障，还能模仿人脑的思考机制。

3. 量子计算机

这是一种基于量子力学原理的、采用深层次计算机模式的计算机。这种模式只由物质世界中一个原子的行为所决定，而不是像传统的二进制计算机那样将信息分为0和1，对应于晶体管的开和关来进行处理。在量子计算机中最小的信息单元是一个量子比特。它是以多种状态同时出现的。这种数据结构对使用并行结构计算机来处理信息是非常有利的。量子计算机具有一些近乎神奇的性质：信息传输可以不需要时间，信息处理所需能量可以接近于零。与传统的电子计算机相比，量子计算机有以下优势：解题速度快，存储量大，搜索功能强劲和安全性较高等。

1.7 计算机病毒与防治

20世纪60年代,被称为计算机之父的数学家冯·诺依曼在其遗著《计算机与人脑》中,详细阐述了程序能够在内存中进行繁殖活动的理论。1981年11月,美国的费德·科恩研制出一种在运行过程中具有自身繁殖能力、能够探查程序的运行过程、破坏计算机软硬件系统资源、使系统不能正常运行的破坏性程序,并在全美计算机安全会议上正式定义这种程序为计算机病毒,同时对计算机病毒的传染性进行了演示。

1.7.1 计算机病毒及特点

计算机病毒的出现和发展是计算机软件技术发展的必然结果。计算机病毒是具有自身复制功能,使计算机不能正常工作的人为制造的程序。它通过各种途径传播到计算机系统中进行复制和破坏活动,严重的将导致计算机系统瘫痪。

1. 计算机病毒

计算机病毒与生物病毒有许多类似的地方,计算机一旦染上了"病毒"就有可能无法正常工作。当带有病毒的文件从一台计算机传送到另一台计算机时,病毒会随同文件一起蔓延,传染给其他的计算机。计算机病毒和生物病毒最明显的区别是,如果计算机不小心染上了"病毒",那一定是被"传染"的,计算机本身不会自动生成"病毒"。当计算机出现非正常的工作现象时,应首先考虑计算机可能染上了"病毒"。

自从1972年在ARPAnet上出现首例计算机病毒"Creeper"(藤蔓)以来,在世界各地相继出现了各种各样的计算机病毒。例如"巴基斯坦"病毒(1986年在IBM PC计算机上出现的首例病毒)、Windows病毒(1992年)、Ghosballa病毒(感染.com文件和扇区)、4096病毒、以色列病毒、Vienna病毒、CIH病毒、C盘杀手THUS、Minizip、Kriz等。

1998年流行的CIH病毒对计算机造成了极大的破坏性。它破坏硬盘数据,从硬盘主引导区开始依次往硬盘写入垃圾数据,直到硬盘数据全部被破坏为止。它有十多个变种,其中V1.2版本的CIH病毒发作日期为每年的4月26日;V1.3版本的发作日期为每年的6月26日;V1.4版本的发作日期为每月的26日。

2003年8月在Internet上广泛传播的"冲击波"病毒,利用DCOM RPC缓冲区漏洞攻击Windows系统,使系统操作异常,不停地重新启动,甚至导致系统崩溃。目前计算机病毒以各种方式在计算机网络中传播。

2. 计算机病毒的特点

(1) 破坏性。计算机病毒破坏计算机的系统资源,表现在使应用程序无法正常运行或计算机无法正常工作(瘫痪),存储在磁盘上的文件丢失或面目全非,抢占CPU、内存和磁盘资源等。

(2) 传染性。计算机病毒具有自身复制功能,能将自己的备份嵌入其他程序,从而使病毒"蔓延"。

(3) 隐蔽性。计算机病毒程序一般非常小,潜伏在其他程序文件中,不易被发现。

(4) 潜伏性与激发性。计算机病毒能长期潜伏在文件中,不会因为长时间不使用而自动消失。

计算机病毒种类很多,有的进入计算机后立即发作,破坏计算机的软件资源或使计算机无法正常工作;有的并不一定立即发作,具有可激发性,在具备了一定的外部条件下发作。例如,由病毒设计者规定的发作日期、特定文件或特定命令等,一旦条件具备即可发作,带来灾难性的后果。

1.7.2 计算机病毒的分类与危害

按病毒的寄生方式分类,计算机病毒可分为文件型病毒、操作系统型病毒(也称引导型病毒)和复合型病毒。

(1) 文件型病毒。一般有源码病毒、入侵病毒、外壳病毒和宏病毒等。这类病毒的主要特征是:入侵的对象为各类文件。文件型病毒大多入侵和破坏可执行文件,也有一些破坏非可执行文件(如数据文件、文档文件等)。

(2) 操作系统型病毒。入侵对象为磁盘的引导区。在启动计算机引导系统的过程中,计算机病毒先被执行并驻留在内存中,从而控制计算机系统。在计算机工作期间,操作系统型病毒一直隐藏在内存中,并随时将病毒传染给磁盘或连接在网络上的其他计算机。

(3) 复合型病毒。指同时具有文件型病毒和引导型病毒寄生方式的计算机病毒。这种病毒既感染磁盘的引导区,又感染可执行文件。

按计算机病毒的破坏性分类,可分为良性病毒和恶性病毒。

(1) 良性病毒。指不彻底破坏计算机系统和数据,但会大量占用CPU资源,增加系统开销,降低系统工作效率的一类计算机病毒。这种病毒多数是恶作剧者的产物。例如,通过修改磁盘的容量或"制造出"一些坏扇区使磁盘空间减少,或通过抢占CPU资源使计算机的运行速度降低等等。

(2) 恶性病毒。指破坏计算机系统或数据,造成计算机系统瘫痪的一类计算机病毒,例如通过破坏磁盘上的文件分配表使磁盘上的文件丢失。

1.7.3 计算机病毒的来源与防治

1. 计算机病毒的来源

目前,计算机病毒的来源主要是计算机网络、U盘和盗版光盘等。尤其在最近几年里,主要通过Internet传播计算机病毒。从Internet下载文件或打开邮件时,很可能同时将病毒带到本地计算机上,并且很可能使系统立即处于瘫痪状态。如果U盘在没有加写保护的情况下,在一台有病毒的计算机上使用后,U盘也有可能染上病毒。如果制作光盘的计算机系统染有病毒,在制作中会自动将病毒写入光盘。只读光盘(CD-ROM)上的病毒是无法删除的。

黑客是危害计算机系统安全的另一源头。"黑客"指利用通信软件,通过网络非法进入他人计算机系统,截取或篡改数据,危害信息安全的电脑入侵者或入侵行为。

"黑客程序"可以像计算机病毒一样隐藏在计算机系统中,与"黑客"里应外合,使"黑客"攻击计算机系统变得更加容易。

如果网络用户收到来历不明的E-mail,不小心执行了附带的"黑客程序",该用户的计算机系统的注册表信息就会被偷偷篡改,"黑客程序"也会悄悄地隐藏在系统中。当用户运行Windows时,"黑客程序"就会驻留在内存,一旦该计算机连入网络,外界的"黑客"就可以监控该计算机系统,从而对该计算机系统“为所欲为”。

2. 计算机病毒的防治

为了防止计算机系统被病毒攻击而无法正常启动,应准备系统启动盘。如果是品牌机,厂家会提供系统启动盘或恢复盘,如果是用户自己装配的,最好制作系统启动盘,以便在系统染上病毒无法正常启动时,用系统盘启动,然后再用杀毒软件杀毒。

如果使用外来的U盘,最好在使用前用查毒软件进行检查。另外,应购买正版光盘,不要随意从网络下载软件或接收来历不明的邮件。如果要下载软件或接收邮件,特别是可执行的文件,最好将其放置在非引导区磁盘的一个指定文件夹里,以便对它进行检测。

对特定日期发作的病毒,可以通过修改系统时间躲过病毒发作,但是最好的办法还是彻底清除。

如果计算机染上了病毒,文件被破坏了,最好立即关闭系统。如果继续使用,会使更多的文件遭受破坏。重新启动计算机系统后,要用杀毒软件查杀病毒。一般的杀毒软件都具有清除/删除病毒的功能。清除病毒是指把病毒从原有的文件中清除掉,恢复原有文件的内容;删除是指把感染病毒的整个文件全删除掉。经过杀毒后,被破坏的文件有可能恢复成正常的文件。

目前,杀毒软件是防治计算机病毒的主要工具。较流行的杀毒软件产品有:360杀毒软件、卡巴斯基杀毒软件、金山毒霸2011杀毒软件、瑞星杀毒软件等。

“防火墙”是指具有病毒警戒功能的程序,能连续不断地监视计算机是否有病毒入侵,一旦发现病毒立即提示清除病毒。虽然采用这种方法会占用一些系统资源,使存取文件、网络下载或接收邮件等要花费较长的时间,但连接Internet时,启动“防火墙”对防范病毒入侵是非常有效的。

本章小结

1. 电子计算机按其所使用的电子元器件来区分,到目前为止分为四代:

第一代(1946—1957)为电子管计算机;

第二代(1958—1964)是晶体管计算机;

第三代(1965—1970)是集成电路计算机;

第四代(1971年至今)是大规模和超大规模集成电路计算机。

2. 冯·诺依曼对计算机提出了三个重要的设计思想,包括:

(1) 计算机由五个基本部分组成:运算器、控制器、存储器、输入设备和输出设备。

(2) 采用二进制形式表示计算机的指令和数据。

(3) 将程序(由一系列指令组成)和数据存放在存储器中,并让计算机自动地执行程序,这就是“存储程序和程序控制”思想的基本含义。

3. 计算机系统包括硬件系统和软件系统两大部分。其中硬件系统包括运算器、控制器、存储器、输入设备和输出设备五个组成部分;而软件系统包括系统软件和应用软件。

4. 计算机的特点主要有:运算速度快、计算精度高、具有“记忆”能力和逻辑判断能力。

5. 目前通常将计算机分为微型计算机、服务器、工作站和高性能计算机等几类。

6. 计算机的主要数据单位和性能指标包括:位(称为比特,记为bit或小写b)、字节(称为拜特，记为 Byte 或大写 B）、字（记为 Word 或 W）、字长、内存容量、运算速度、主频、外频和倍频、内存总线速度、存取速度、磁盘容量等。

7. 数制是用一组固定的数字和一套统一的规则来表示数值的方法。按照进位方式计数的数制叫进位计数制。

8. 任意 r 进制数化成十进制数的方法是：按权展开各项，按十进制运算法则相加求和。

9. 十进制数化成任意 r 进制数分为两部分，整数部分和小数部分分别化，然后再将其连成一个整体。其中整数部分的化法是：除以基数(r)，取其余数，倒排序；小数部分的化法是：乘以基数(r)，取其整数，顺排序。

10. ASCII 码共有 128 个字符的编码：各有 26 个大、小写英文字母的编码，10 个数字的编码，32 个通用控制符的编码和 34 个专用符号的编码。

11. 汉字编码一般分为输入码、国标码（交换码）、机内码和字形输出码等。

12. 可能引发下一次计算机技术革命的可能技术至少有纳米技术、光技术、生物技术和量子技术四种。

13. 未来的新型计算机可能有：光子计算机、生物计算机和量子计算机。

14. 计算机病毒特点：破坏性、传染性、隐蔽性、潜伏性与激发性。

15. 计算机病毒可分为文件型病毒、操作系统型病毒（也称引导型病毒）和复合型病毒。

第2章 Windows 7 操作系统

Windows 操作系统拥有直观高效的面向对象的图形用户界面，操作简单、易学易用，用户界面统一、友好、美观，采用丰富的、与配置的设备无关的图形操作，能进行多任务处理，配置有丰富的软件开发工具等，成为应用广泛的一种操作系统。

本章主要内容：

- Windows 7 简介
- Windows 7 基本操作
- Windows 7 资源管理
- Windows 7 常用工具

2.1 Windows 7 基本概念与基本操作

操作系统是人机对话的接口，用户使用计算机必须通过操作系统才能使用计算机中的各种功能。Windows 7 是众多微机操作系统中的佼佼者，具有界面华丽、可使用方便快捷的触摸屏、硬件兼容性强、启动和关闭速度快等特点。

2.1.1 Windows 简介

通过第 1 章的学习我们知道，要使用计算机必须有操作系统软件。随着计算机硬件技术的发展，操作系统也在不断更新换代。在微机中常用的操作系统主要有：DOS、UNIX、Windows、Linux 等。

操作系统为计算机的使用者提供了人机交流的界面，这种界面一种是以 DOS 为代表的键盘命令方式，使用时必须通过键盘输入各种命令，使用难度较大；另一种是以 Windows 为代表的图形界面方式，使用时通过鼠标点击代表各种操作的图标来完成操作，这种方式显然方便易学。

Windows 操作系统，是微软（Microsoft）公司于 1985 年推出的微机操作系统。“Windows”的中文意思是“窗口”，通常称其为“视窗操作系统”，表示该系统是基于图形化界面。经过近 30 年的发展，从最早期的 Windows 1.0、2.0、3.0 版，到 Windows 95、Windows 98、Windows 2000、Windows XP 和 Windows Vista，再到今天的 Windows 7、Windows 8，前后更新了十多个版本。各版本的编号从根据内核版本号的顺序编排、到根据发布年份编排、再到赋予操作系统名称一定的寓意（如 Windows XP，其中“XP”是“Experience”的缩写，中文的意思是“体验”，表示这个新的视窗操作系统会带给用户全新的数字化体验），现又回归到根据内核版本号的顺序编排。特别值得一提的是微软公司于 2001 年推出的 Windows XP 操作系统在推出后曾甚为流行，是微软公司目前使用时间最长的操作系统，直至目前仍有大量的用户在使用该操作系统，微软公司已于 2014 年 4 月 8 日起停止 Windows XP 操作系统的对外支持服务。

Windows 7 是微软公司于 2009 年 10 月发布的，它有多个版本，分别是简易版（Starter，只提供给 OEM 厂商进行预装）、家庭普通版（Home Basic）、家庭高级版（Home Premium）、专业版（Professional）、企业版（Enterprise）和旗舰版（Ultimate）。不同的版本用于满足不同消费者的使用需求，其功能也存在较大的差异。

本章主要基于 Windows 7 旗舰版做基本功能和用法介绍，但所介绍的操作都是使用计算机的基本操作，因此这些基本功能和用法与除简易版外的其他版本基本一致。以下将 Windows 7 操作系统简称为 Windows 或 Windows 7。

2.1.2 Windows 桌面与基本操作

1. 鼠标使用的基本知识

由于 Windows 是图形界面方式的系统，因此只有通过使用鼠标才能充分发挥其操作方便、直观和高效的特点。鼠标分为机械式和光电式，并有二键和三键之分。目前常用的是光电式三键鼠标，该鼠标除了左右两个键外，中间有滚轮。

(1) 鼠标的基本操作

① 指向。指向也就是移动鼠标，使鼠标指针指向（移到）屏幕上某个对象的操作。

② 单击。在鼠标指针指向某个对象后，用食指按下鼠标左键后快速松开的操作。

③ 双击。在鼠标指针指向某个对象后，用食指在左键上连续快速地做两个单击的操作。该操作一般是用来打开应用程序或文件。

④ 右击鼠标。用中指按下鼠标右键后快速松开的操作，也就是单击鼠标右键。该操作常用来打开快捷菜单。单击鼠标右键的操作也常称为右击。

⑤ 拖动。按下鼠标左键不放，然后移动鼠标的操作。通常用此操作把对象移到另一位置后，松开鼠标左键，使该对象改变位置，此过程也称为“拖曳”。

此外，在一些应用程序中还有三击操作，通常情况下，单击、双击和三击都是指用鼠标左键进行的操作。

(2) 鼠标指针形状

当计算机处于不同的工作状态、鼠标处于不同的位置时，鼠标指针的形状将随之发生变化。也就是说，鼠标指针的形状代表着不同的含义，反映系统当前的功能状态。常见的鼠标指针的含义如表 2.1 所示。

表 2.1 常见鼠标指针形状和含义

指针符号	指 针 含 义	指针符号	指 针 含 义
↖	标准选择指针	↔ ↕	水平垂直调整指针
↖?	帮助指针，选择了帮助菜单或联机帮助	⤢ ⤡	对角线调整指针
↖⧗	后台指针，系统正在进行某操作，要求用户等待	✥	移动指针，表示此时可以移动对象
⧗	沙漏（忙）指针，系统正“忙碌”，不能进行其他操作	I	文字选择指针，此时可以输入文本

续表

指针符号	指 针 含 义	指针符号	指 针 含 义
⊘	不可用指针,当前鼠标操作无效	+	精确定位指针,在应用程序中绘制新对象
	手写指针,此时可用手写输入		链接选择指针,表明指针所在位置是一个超链接

2. 启动与关机

(1) 启动

打开显示器和主机电源,计算机会自动进行检测和加载,然后显示启动画面,如果是单用户且没有设置密码,就直接进入如图 2.1 所示的 Windows 7 的主界面。

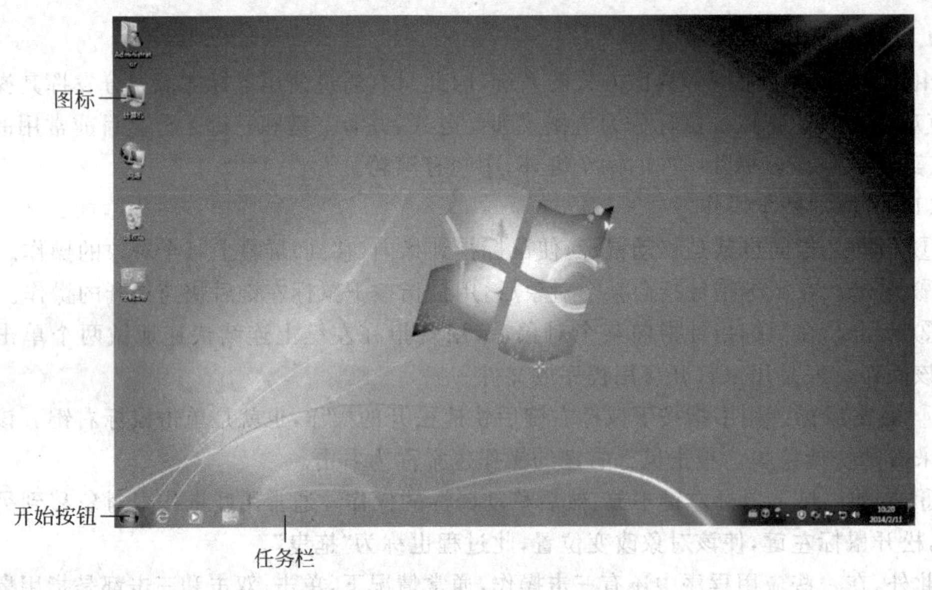

图 2.1　Windows 7 主界面

如果是多用户,则首先进入如图 2.2 所示的多用户登录界面。此时需选择用户,若用户设置了密码,还需输入正确的密码(单用户若设置密码与此相同),才能进入如图 2.1 所示的主界面。

(2) 关机

① 关机。单击【开始】→【关机】按钮,即可退出 Windows 系统。若单击【关机】按钮后,系统中还有未关闭的应用程序,系统会弹出提示信息框,提示用户是否强制结束程序的运行。在结束了所有程序的运行后才能完全退出系统。

② 切换用户。单击【开始】→【关机】按钮旁的小箭头,弹出【关机菜单】,如图 2.3 所示。单击该菜单上的【切换用户】命令,可以使计算机在当前用户所运行的程序和文件仍然打开的情况下,允许其他用户进行登录。此功能用于多个用户共享一台计算机的情况。

③ 注销。单击如图 2.3 所示的【注销】命令,将关闭当前用户的所有运行程序,系统恢复到初始状态,此时又重新回到如图 2.2 所示的登录画面(单用户且未设置密码的用户也回到此画面)。

图 2.2　多用户登录界面

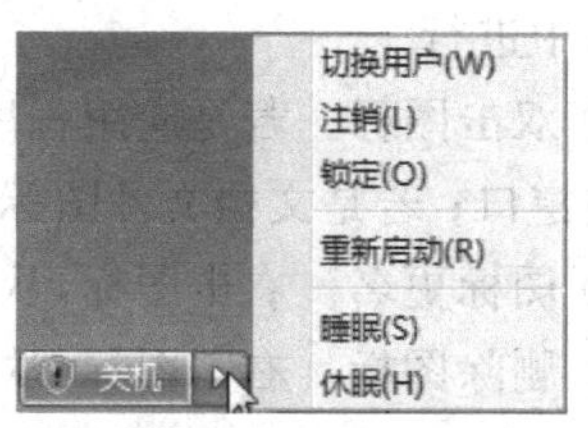

图 2.3　关机菜单

说明：当系统不能正常调用应用程序(打不开或打开后不能正常运行)时，可采用注销方法，使计算机能恢复正常运行。

④ 锁定。单击如图 2.3 所示的【锁定】命令，可使计算机在用户不退出系统的情况下，将计算机返回到用户登录界面。这时要想返回到原使用状态，需重新登录这个用户，但也可以切换到其他用户。暂时离开计算机，又不想或不便于关机，或者不想让别人看到自已所用计算机的内容，都可以锁定计算机(使用此功能时，用户应设置有密码，否则就没意义了)。

⑤ 重新启动。单击如图 2.3 所示的【重新启动】命令，计算机将保存更改过的所有 Windows 设置，并将当前存储在内存中的全部信息写入硬盘，然后重新启动计算机，这种启动方式也常称之为“热启动”。当计算机系统出现不正常(键盘输入无响应)时，可采用热启动来重启计算机。

⑥ 睡眠。单击如图 2.3 所示的【睡眠】命令，计算机进入睡眠状态。此时屏幕没有任何显示(类似关机状态)，但主机又保持着立即可用的状态，系统并未退出，计算机只是处于低消耗状态，可随时通过移动鼠标、按下键盘任意键或主机电源按钮(多个用户或单用户设置了密码时，需重新进入到用户登录界面进行登录)进行唤醒，恢复到待机前的工作状态。但由于 CPU 和内存在睡眠状态时仍需要通电，一旦主机断电，则睡眠状态立即中断，所有内存中未保存的数据将会丢失。

⑦ 休眠。单击如图 2.3 所示的【休眠】命令，计算机进入休眠状态。此时计算机会将内存中的所有数据自动保存到硬盘中，然后关机。下次一开机，就会进入到休眠前的工作状态。它与睡眠不同的是可以完全断电，但却需要占用硬盘相同于内存容量的存储空间。

⑧ 强制关机。当计算机出现“死机”等意外情况，无法用鼠标按正常步骤关机时，可按住主机电源开关片刻(十秒左右)，待主机关闭后再关闭外部设备电源即可。强制关机是非正常关机，将会丢失数据和信息，不到万不得已不要使用。

3. 桌面简介

图 2.1 所示的画面也称桌面，分别由桌面背景、图标、任务栏组成。

桌面是 Windows 的工作台，也称之为工作桌面，它是 Windows 的主屏幕空间，是图标、用户使用的各种窗口、对话框等工作项所在的屏幕，用户可以在这个桌面上进行各种操作。桌面的显示方式，如背景图案、外观、桌面主题等可由用户自己定制(见 2.1.3 节)。

(1) 图标及其基本操作

图标是图形界面系统的一个重要元素，是 Windows 中各种项目具有可操作性的图形标

识符号。图标因所标识对象不同而分为不同的类型,如文件夹图标、应用程序图标、快捷方式图标和驱动器图标等。图标下方通常有标识名(通常称之为名称)。

① 移动图标。用鼠标指向图标,然后拖动到目标位置即可,该操作既可在桌面上,也可在窗口中进行。

② 双击图标。若是应用程序图标,将启动相应的应用程序;若是文件夹图标,将打开文件夹窗口;若是文档文件图标,将启动创建该文档的应用程序并打开该文档。

③ 图标更名。右击图标,从快捷菜单中选择【重命名】命令。

④ 删除图标。右击图标,从快捷菜单中选择【删除】命令,在出现的【删除确认】对话框中,选择【是】按钮;或直接把图标移动到【回收站】图标上方,当回收站图标反显时释放鼠标即可。

⑤ 排列图标。当桌面的图标较多时,用户可以按照一定的规律对图标进行排列。方法是右击桌面空白处,从弹出的快捷菜单中选择【排序方式】命令,在出现的级联菜单中,可单击四个选项【名称】、【大小】、【项目类型】、【修改日期】中的一项来排列图标,如图2.4所示。

⑥ 隐藏图标。如果不希望桌面上显示图标,可右击桌面空白处,从快捷菜单中选择【查看】命令,在出现的如图2.5所示的级联菜单中,单击【显示桌面图标】选项。该选项是个开关选项,默认为显示桌面图标,单击该项后就取消原先的选择,桌面不再显示图标,若再次单击,则又恢复原先选择,桌面又显示图标。

⑦ 图标大小。桌面图标的大小可根据自己的需要进行设置。可右击桌面空白处,从快捷菜单中选择【查看】命令,在出现的级联菜单中,单击如图2.5所示的【大图标】、【中等图标】或【小图标】选项即可。另外,按住Ctrl键,然后通过转动鼠标滚轮可进行任意大小图标缩放。

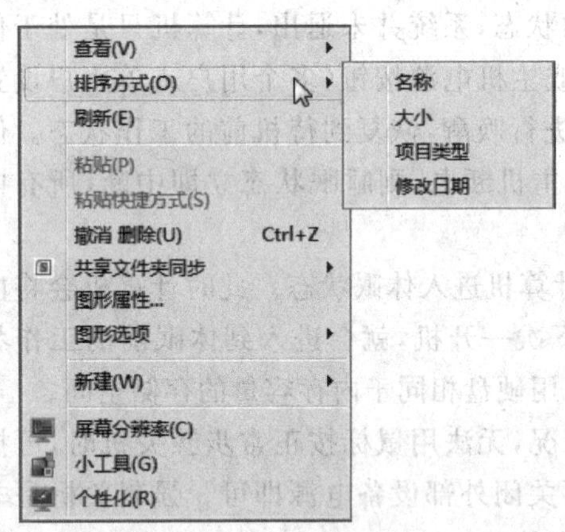

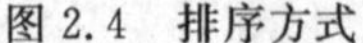
图2.4 排序方式

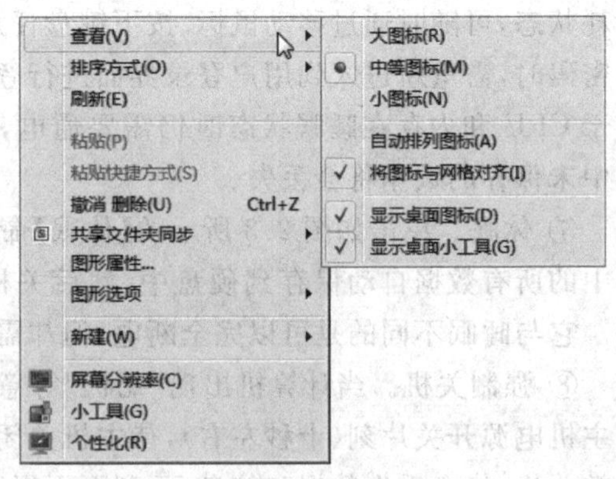

图2.5 查看

(2) 系统图标

在Windows 7中,有五个系统配置的图标,分别介绍如下。

① 用户的文件。是方便用户快速存取文件的特殊系统文件夹,通常以当前登录系统的用户名命名。该文件夹中又包含【我的视频】、【我的图片】、【我的文档】、【我的音乐】以及下载、链接等几个文件夹。当进行下载或用应用程序创建、保存文件时,系统默认的位置就是“用户的文件”文件夹或其中相应的子文件夹。

② 计算机。是一个包含了计算机中所有资源的特殊文件夹。通过如图 2.6 所示的【计算机】窗口，用户可以访问和管理系统资源，其操作方法和作用与【资源管理器】相同(见 2.2.2 节)。

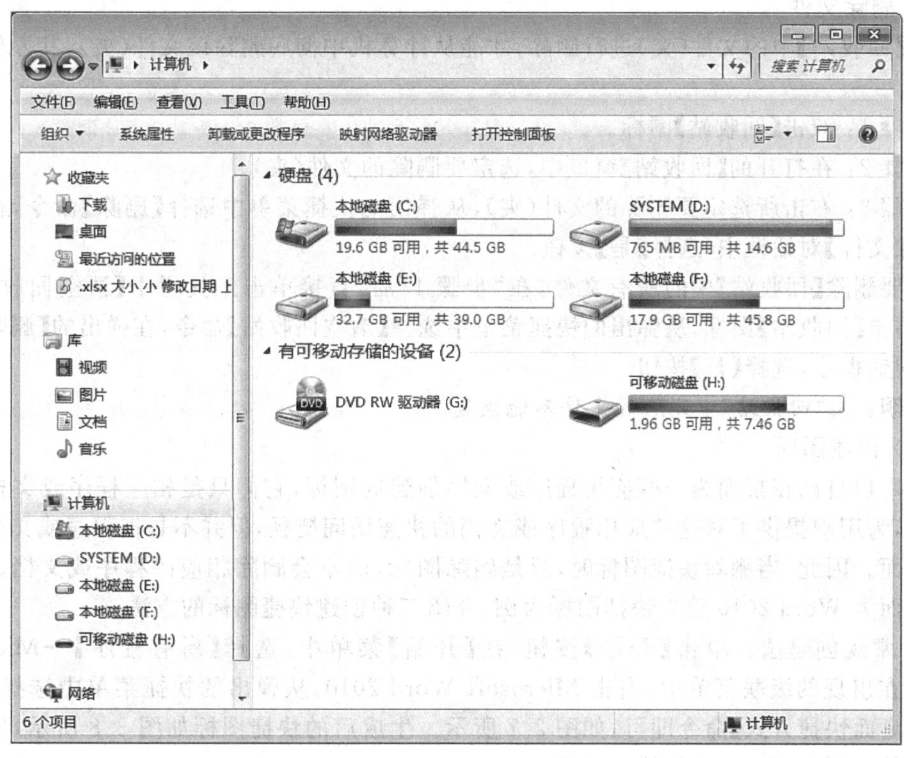

图 2.6 【计算机】窗口

③ 网络。当用户的计算机处于一个网络工作组中时，访问该网络可共享所有处在该工作组且又正在运行的计算机中的共享资源。双击该图标既可以访问这些计算机，也可进行网络设置。

④ 控制面板。也可通过【开始】菜单访问。通过控制面板，用户可以进行本地系统设置和控制操作，如添加硬件、卸载程序、管理账户和进行个性化的设置等(见 2.3.1 节)。

⑤ 回收站。回收站是用于存放用户删除的文件或文件夹(U 盘删除的文件或文件夹除外)的特殊文件夹，是系统在硬盘上的预留空间。一般情况下，默认为硬盘总容量的 10%，但用户可以通过【回收站】属性对话框窗口(右击【回收站】→【属性】)，对【回收站】的容量重新进行设置。

当用户进行删除操作时，系统并不是立即物理删除这些文件或文件夹，而是把其转至【回收站】存放，这样用户通过对【回收站】进行操作，既可以将【回收站】内的文件或文件夹恢复到原来的位置，也可以将其彻底删除。

- 恢复文件

把通过删除操作放入【回收站】的文件或文件夹恢复到原来位置，其操作步骤如下。

步骤 1：双击【回收站】图标。

步骤 2：在打开的【回收站】窗口中，选定要恢复的文件(夹)。

步骤3：单击工具栏中的【还原此项目】(若选择了多个文件，则为【还原选定的项目】)；或右击所选定要恢复的文件(夹)，从弹出的快捷菜单中选择【还原】命令；或选择菜单【文件】→【还原】命令。

• 删除文件

将【回收站】中的文件(夹)进行删除，才能从计算机中彻底删除该文件(夹)，其操作步骤如下。

步骤1：双击【回收站】图标。

步骤2：在打开的【回收站】窗口中，选定要删除的文件(夹)。

步骤3：右击所选定要删除的文件(夹)，从弹出的快捷菜单中选择【删除】命令，在弹出的【删除文件】对话框中，选择【是】按钮。

若要删除【回收站】中的所有文件，在"步骤1"后，直接单击工具栏中【清空回收站】命令，或右击【回收站】图标，从弹出的快捷菜单中选择【清空回收站】命令，在弹出的【删除多个项目】对话框中，选择【是】按钮。

说明：*在"回收站"中删除的文件不能恢复。*

(3) 快捷图标

由用户自己在桌面为一些应用程序或文档创建的图标，它们只是相应程序或文档的路径指针，为用户提供了对这些应用程序或文档的快速访问捷径，但并不是把程序或文档直接放在桌面。因此，当删除快捷图标时，只是删除图标，而不会删除相应的程序或文档。下面以在桌面为Word 2010建立快捷图标为例，介绍三种创建快捷图标的方法。

① 常规创建法。单击【开始】按钮，在【开始】菜单中，选择【所有程序】→Microsoft Office，在出现的级联菜单中，右击Microsoft Word 2010，从弹出的快捷菜单中选择【发送到】→【桌面快捷方式】命令即可，如图2.7所示。生成后的快捷图标如图2.8所示，所有快捷图标的左下角都有一个斜箭头标志。

② 右键拖放法。单击【开始】按钮，在【开始】菜单中，指向【所有程序】→Microsoft Office→Microsoft Word 2010，用鼠标右键将Microsoft Word 2010的图标拖到桌面指定位置后，释放鼠标右键，在弹出的如图2.9所示的快捷菜单中选择【在当前位置创建快捷方式】命令即可。

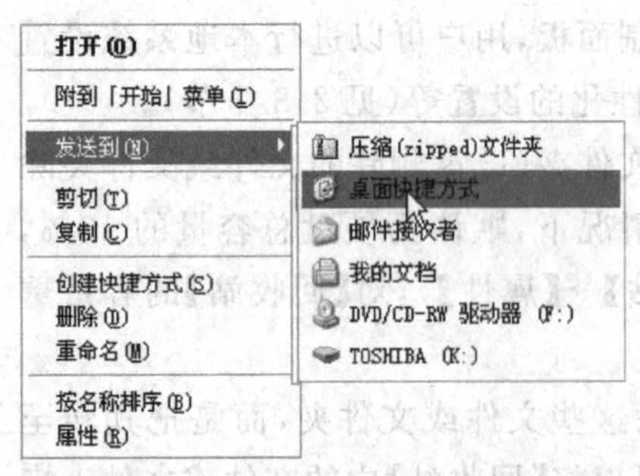

图2.7 常规创建法

图2.8 快捷图标式样

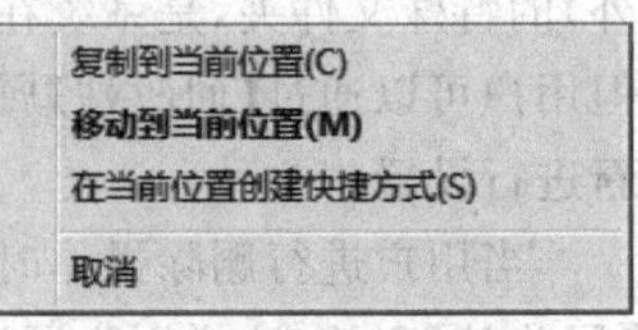

图2.9 右键拖放法

③ 左键拖放法。单击【开始】按钮，在【开始】菜单中，指向【所有程序】→Microsoft Office→Microsoft Word 2010，按住Ctrl键不放，将Microsoft Word 2010的图标拖到桌面。

(4) 任务栏及其组成

由于Windows是一个多任务系统，它允许同时运行多个程序，任务栏就是帮助用户管理运行程序的主要工具。每打开一个程序或文档窗口,就有一个带有该程序或文档名的按钮图标出现在任务栏上,用户通过在任务栏上单击按钮图标就可以选择正在运行程序或文档的窗口,当关闭窗口时,其在任务栏上相对应的按钮图标也将消失。Windows 7 默认采用大图标显示模式。

任务栏位于桌面最下部(参见图 2.1),它是一浅蓝色条形区域,其结构如图 2.10 所示。

图 2.10　任务栏

① 【开始】按钮。位于任务栏最左端,单击该按钮可以打开【开始】菜单。

② 锁定区。位于【应用程序列表】区的左端,默认包含 IE 浏览器、资源管理器和媒体播放器三个按钮图标,只要单击其中的按钮图标就会执行相应的操作(即打开相应的窗口)。用户可将其他常用程序按钮图标加到锁定区,方法是将桌面的快捷图标拖入该区域即可,也可以右击桌面或【开始】菜单中的程序图标,在弹出的快捷菜单中选择【锁定到任务栏】命令。若想要将锁定区中的某个按钮图标取消,其方法是右击该按钮图标,在弹出的菜单中选择【将此程序从任务栏解锁】命令。

③ 应用程序列表区。所有在任务栏没有锁定其相应按钮图标的程序或文档打开时,都将在该区域以按钮图标的形式显示,但只能有一个程序或文档是在前台使用,其窗口一般称之为活动窗口,其他窗口被其覆盖。活动窗口在任务栏中所对应的按钮图标呈反亮显示,若想将其他程序切换到活动窗口,只需单击相应的按钮图标进行选择即可。

④ 语言栏。用于设置汉字输入方式或中英文输入状态的切换。

⑤ 系统通知区。显示开机状态下常驻内存的程序,如反病毒软件、音量控制器和电池状态等。也可以显示系统发生某事件(如收到电子邮件或启动打印机)时所出现的通知图标。单击通知区中的图标,一般会打开相应的设置程序,可对其进行调整或设置。

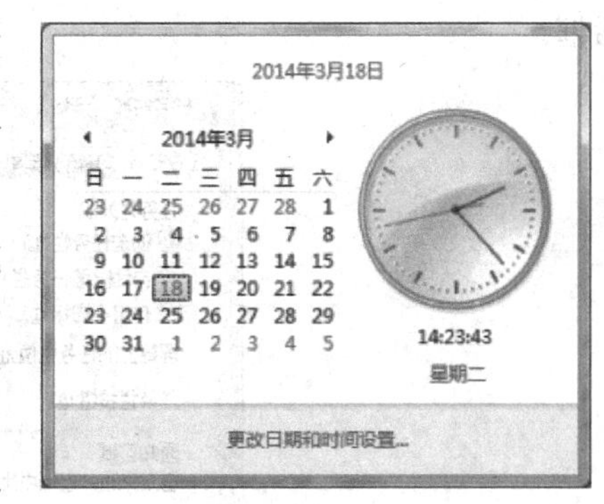

图 2.11　日期时间显示框

⑥ 时钟。显示当前的时间(时和分),当鼠标指针指向时钟时,会显示当前的年、月、日和星期几。单击时钟,可对日期和时间进行设置,其设置方法如下。

- 单击时钟弹出日期时间显示框,如图 2.11 所示。
- 单击图 2.11 中的【更改日期和时间设置】选项。弹出【日期和时间】对话框(默认为【日期和时间】选项卡),如图 2.12 所示。
- 单击图 2.12 中的【更改日期和时间】按钮,弹出【日期和时间设置】对话框,如图 2.13 所示。

• 在图 2.13 所示的【日期和时间设置】对话框中进行日期和时间设置，设置结束后单击【确定】按钮。

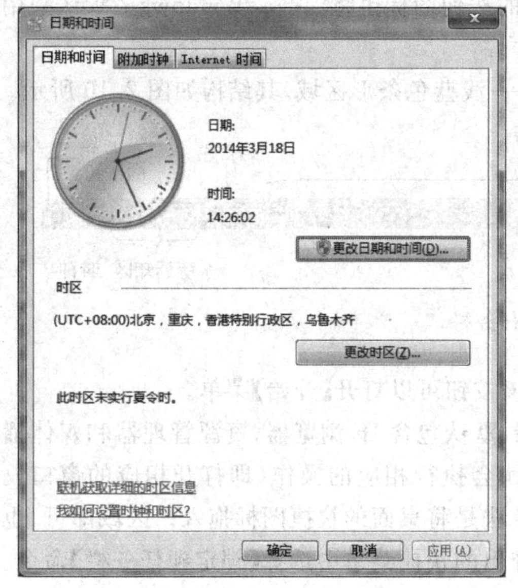

图 2.12 【日期和时间】对话框

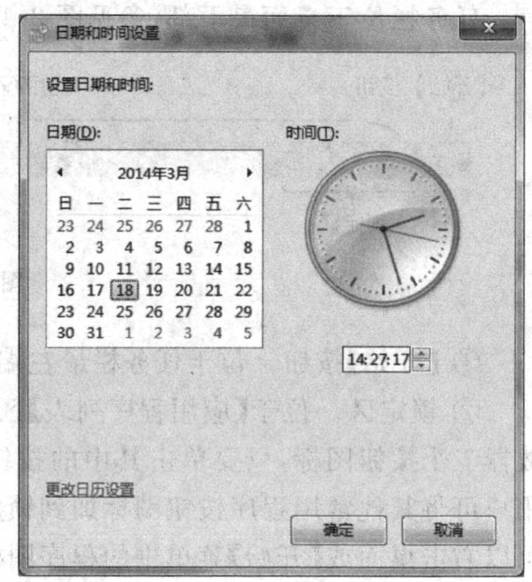

图 2.13 【日期和时间设置】对话框

⑦ 显示桌面按钮。任务栏最右侧的矩形区域是显示桌面按钮，单击该按钮会显示桌面，再单击一次该按钮，又恢复原显示状态。

(5) 任务栏的属性设置

用户可根据自己的要求，对任务栏进行个性化设置，方法是右击任务栏空白处或【开始】按钮，从快捷菜单中选择【属性】命令，弹出如图 2.14 所示的【任务栏和「开始」菜单属性】对话框。

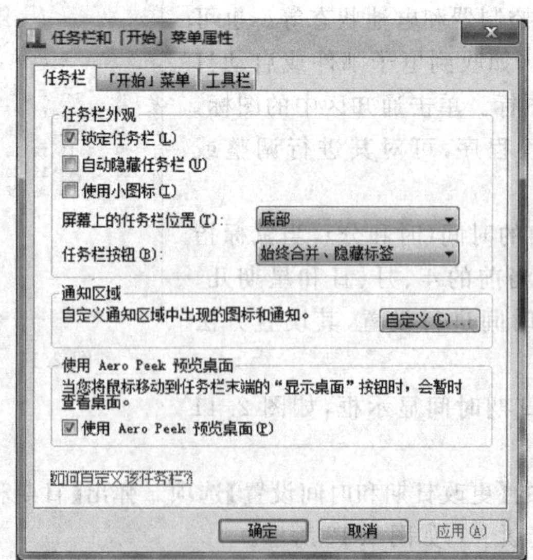

图 2.14 【任务栏和「开始」菜单属性】-【任务栏】选项卡

①【任务栏】选项卡各选项的含义如下。

- 锁定任务栏。选中该项将使任务栏锁定在选定的位置上(默认为桌面底部),取消选中后,可使用鼠标任意调整任务栏位置和大小。也可以右击任务栏空白处,从快捷菜单中选择【锁定任务栏】命令。
- 自动隐藏任务栏。选中该项可将任务栏隐藏而使屏幕显示整个桌面,需要使用任务栏时,只要将鼠标指针指向任务栏的位置,任务栏就会出现。
- 使用小图标。将任务栏中的按钮图标以小图标来显示,默认为大图标方式显示按钮图标。
- 屏幕上的任务栏位置。根据选项,可把任务栏放在屏幕的底部、左侧、右侧或顶部,默认为屏幕底部。
- 任务栏按钮。是设置运行的程序在任务栏中相应的按钮图标的显示方式。其选项分别为:【始终合并、隐藏标签】、【当任务栏占满时合并】和【从不合并】。当选择【始终合并、隐藏标签】选项时,相同的按钮图标合并为一个按钮图标,且不显示与窗口内容相关的文字标签,当鼠标指向该按钮图标时,会显示出已打开窗口的缩略图。如图 2.15 所示,是包含了五个浏览器按钮图标的合并按钮图标,单击其中的一个缩略图即可展开相应窗口为当前窗口。当选择【当任务栏占满时合并】选项时,每个打开的窗口都有一个按钮图标,且在图标旁还显示与窗口相应的文字标签,只有当任务栏过于拥挤时,才会按类合并按钮图标。若选中【从不合并】选项,则每一个打开的窗口在任务栏上都有一个带有相应文字标签的按钮图标,如图 2.16 所示。

图 2.15 【任务栏】按钮图标【始终合并、隐藏标签】的显示

图 2.16 【任务栏】按钮图标【从不合并】的显示

- 自定义。单击【自定义】按钮,打开【选择在任务栏上出现的图标和通知】对话框,如图 2.17 所示。可对系统通知区的每个图标进行【显示图标和通知】、【隐藏图标和通知】或【仅显示通知】三种单选设置。所有隐藏的图标和通知,可以通过单击系统通知区的【显示隐藏的图标】按钮▲进行查看。若单击图 2.17 中的【打开或关闭系统图标】选项,则打开【系统图标】对话框,如图 2.18 所示,此时可对【时钟】、【音量】、【网络】、【电源】、【操作中心】五个系统图标选择打开或关闭设置,若选择关闭,则不再显示该系统图标(非隐藏)。若选中图 2.17 中的【始终在任务栏上显示所有图标和通知】复选框,则所有图标(包括设置为打开的系统图标)都将在任务栏上显示图标和通知。

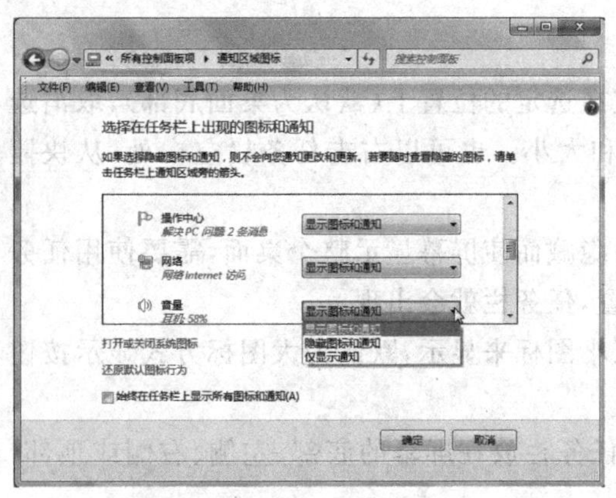

图 2.17 【通知区域图标】对话框

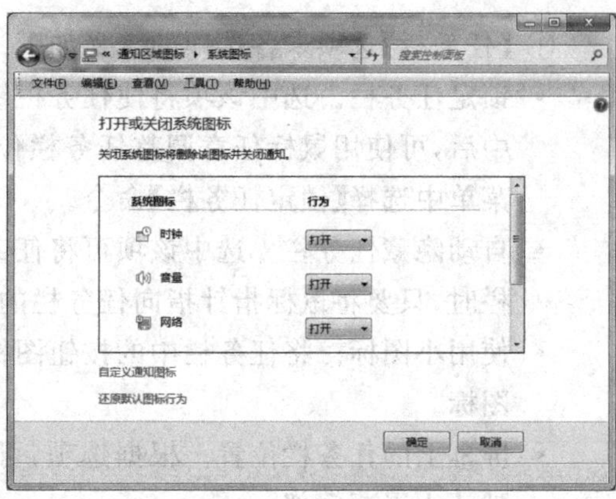

图 2.18 【系统图标】对话框

- 使用 Aero Peek 预览桌面。选择该复选框后,当鼠标指向任务栏最右端的【显示桌面】按钮时,会显示桌面,移开鼠标后又恢复原显示状态(家庭普通版此功能受限制)。

② 【「开始」菜单】选项卡

当在图 2.14 所示的【任务栏和「开始」菜单属性】对话框中选择【「开始」菜单】选项卡后,则弹出如图 2.19 所示的对话框,其中各项的含义如下。

- 自定义。单击【自定义】按钮,打开【自定义「开始」菜单】对话框,如图 2.20 所示。在该对话框中,主要定义【开始】菜单右侧系统控制区中(如图 2.25 所示)所显示的项目,以及使用菜单还是链接方式显示这些项目,还可以定义在常用程序区是采用【大图标】还是【小图标】显示程序等内容。

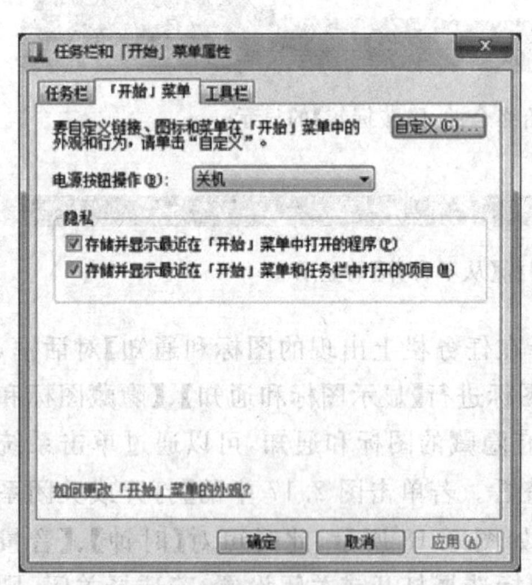

图 2.19 【任务栏和「开始」菜单属性】【「开始」菜单】选项卡

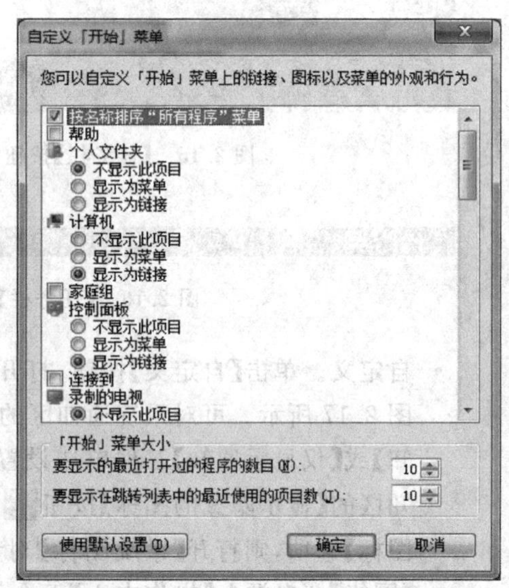

图 2.20 【自定义「开始」菜单】对话框

- 电源按钮操作。相关选项有:关机(默认)、切换用户、注销、锁定用户、睡眠和休眠六项(有些没有休眠项),若选择其中某项(如睡眠),则【开始】菜单中【关机】按钮中的【关机】两字变为【睡眠】，单击该按钮，系统将进行睡眠操作。此时若需要进行关机操作，单击【开始】按钮→【关机】菜单→【关机】命令即可。

- 存储并显示最近在【开始】菜单中打开的程序。选中该项(默认为选中)，则在【开始】菜单的【常用程序区】有最近打开过的程序图标，且这些程序图标是按使用频率从上至下排列，如图 2.25 所示。若取消选中该项，则【开始】菜单的【常用程序区】中将没有任何程序图标显示。
- 存储并显示最近在【开始】菜单和任务栏中打开的项目。选中该项，则在【开始】菜单【常用程序区】的一些程序图标(如 Word)的右侧会显示 ▸ 符号，表示之前用户已用 Word 打开或创建过多个文档项目，当鼠标指向 Word 图标时，会展开包含这些项目的菜单，单击某个项目，即可打开该项目。同时，在【系统控制区】的【最近使用的项目】中，将包含用户在此之前用各种程序创建的项目，如图 2.25 所示。

③【工具栏】选项卡

当在图 2.14 所示的【任务栏和「开始」菜单属性】对话框中选择【工具栏】选项卡后，则弹出【工具栏】选项卡对话框，如图 2.21 所示。

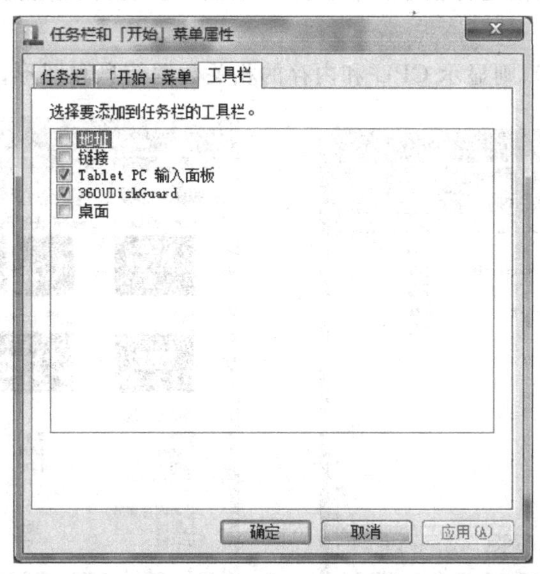

图 2.21 【任务栏和「开始」菜单属性】-【工具栏】选项卡

选中其中某项(如【Tablet PC 输入面板】)，单击【应用】或【确定】按钮，则该项内容就添加到任务栏中，单击该工具图标，会弹出【Tablet PC 输入面板】，如图 2.22 所示。【Tablet PC 输入面板】有手写(可使用鼠标)输入方式和触摸板(若非触摸屏，也可使用鼠标)输入方式，既可以输入字符，也可以输入汉字。

(6) 任务管理器

任务管理器可以提供正在计算机中运行的程序的相关信息。用户可以通过任务管理器快速查询正在运行程序的状态，或者终止不正常程序的运行、切换应用程序、运行新程序等。

右击任务栏，在弹出的快捷菜单中选择【任务管理器】命令，或同时按下 Ctrl＋Alt＋

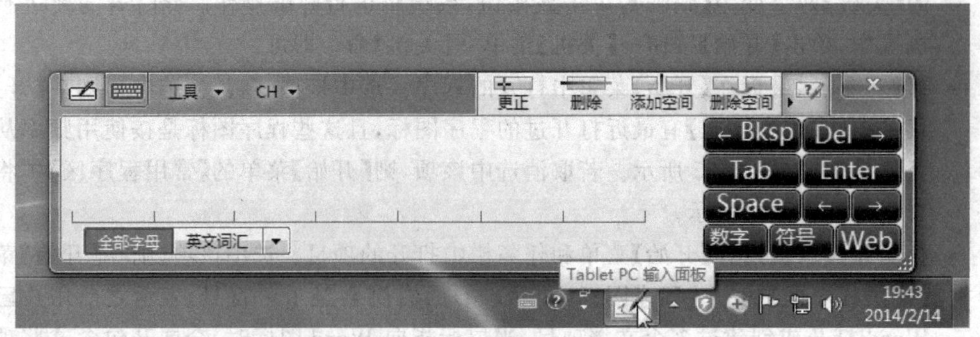

图 2.22 任务栏中的【Tablet PC 输入面板】

Delete 键,然后选择【启动任务管理器】选项,打开如图 2.23 所示的【任务管理器】窗口。

在【应用程序】选项卡中,列出了正在运行的所有程序。从中选择一个程序,单击【结束任务】按钮,可以终止该程序的运行(一般用于不能正常运行的程序);单击【切换至】按钮,可以将该程序切换为当前运行程序;单击【新任务】按钮,打开【创建新任务】对话框,可通过该框启动新程序。

选择【性能】选项卡,则显示 CPU 和内存的相关数据信息和图形,如图 2.24 所示。

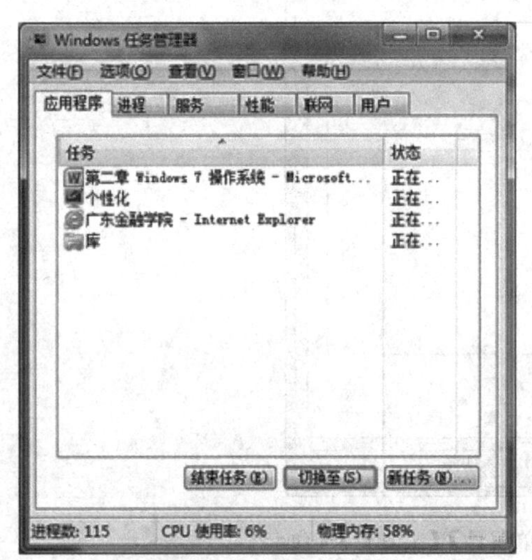

图 2.23 【任务管理器】-【应用程序】选项卡

图 2.24 【任务管理器】-【性能】选项卡

4.【开始】菜单

单击【开始】按钮、按 Ctrl+Esc 快捷键或 Windows 徽标田键,都可以进入【开始】菜单,该菜单的结构如图 2.25 所示。

【开始】菜单包括:常用程序区、【所有程序】菜单、【搜索程序和文件】栏、用户账户图标、系统控制区、【关机】按钮和关机菜单。

① 常用程序区

在【开始】菜单的左上侧,是用户最近使用过的一些应用程序的快捷方式,这些程序的排列方式会随其使用的频率而变化,使用次数多的程序会自动上移。通过常用程序区,用户可以很方便地打开自己最常用的程序。

②【所有程序】菜单

它包含了系统已安装的所有软件和系统附件等应用程序的快捷图标，在其左侧有一个▸符号，表示该命令是菜单，当鼠标指针指向【所有程序】时，会自动打开其菜单，同时【所有程序】变为【返回】，菜单符号▸也变为◂，且从右侧改到左侧，如图 2.26 所示。在命令列表中既有系统自带的应用程序，也有用户自己安装的程序，而且还有文件夹，说明还有下一级菜单，单击文件夹会打开下一级菜单，单击所选命令即可执行相应程序。

图 2.25 【开始】菜单

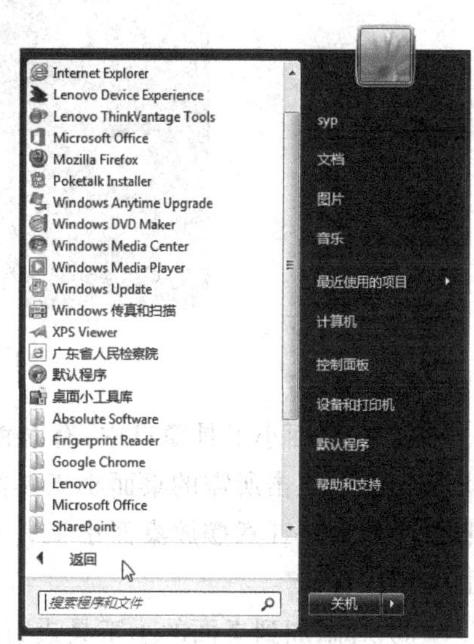

图 2.26 【所有程序】的级联菜单

③【搜索程序和文件】栏

在该栏，可以输入想要运行的程序名(如 Excel、计算器等)，也可以输入曾经打开或创建过的文件名或文件扩展名(如“第 2 章”、“docx”等)。系统会将与输入内容相关的程序或文件展示出来，供用户查看选用。输入的名称越完整，其搜索的结果就越精确。

④ 系统控制区

在【开始】菜单的右侧，用户账户图标之下的是系统控制区。该区域显示出来的各项，以及各项的显示方式(链接或菜单)可通过【任务栏和「开始」菜单属性】中【「开始」菜单】选项卡的【自定义】按钮进行设置。最上边的是登录用户的系统文件夹(图 2.25 和图 2.26 所示的登录用户名为 syp)，文档、图片和音乐是库文件夹。该区域是为用户打开已建立的项目、进行各种设置和寻求帮助提供的一个快捷途径。

⑤【关机】按钮和关机菜单

该按钮在【开始】菜单右侧的最下部，其具体使用方法已在 2.1.2 节中作了详细叙述。

2.1.3 个性化设置

在 Windows 7 操作系统中，用户可以根据自己的喜好和实际需求，在桌面添加实用的饰物、更改桌面的图标、桌面背景和桌面的显示效果，使得桌面更加美丽和更加实用。

1. 桌面小工具

桌面小工具是一组便捷的小程序，既美观又实用，用户可根据需要把它们添加到桌面，其操作方法如下。

① 右击桌面，在弹出的快捷菜单中，单击【小工具】命令，打开桌面小工具窗口，如图 2.27 所示。

图 2.27　桌面小工具窗口

② 在桌面小工具窗口中，有时钟、天气、货币(货币换算)、日历等九种桌面小工具，用户可根据需求双击所需的桌面小工具图标。桌面小工具会自动排列在屏幕右侧，用户可以按照自己的喜好任意摆放桌面小工具，也可以直接从桌面小工具窗口拖动桌面小工具到桌面的指定位置。

③ 对添加到桌面的小工具进行外观设置。每个桌面小工具都还有不同的外观设置，以添加到桌面的时钟为例，介绍其外观设置方法。

- 单击时钟图标选中时钟，在其右上角出现了【关闭】、【选项】(设置外观用)和【拖动小工具】按钮，如图 2.28 所示。
- 单击【选项】按钮 ，打开【时钟】设置对话框。
- 在【时钟】设置对话框中，进行相应的选择和输入设置，如图 2.29 所示。
- 设置完毕，单击【确定】按钮，设置效果如图 2.30 所示。

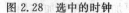

图 2.28　选中的时钟

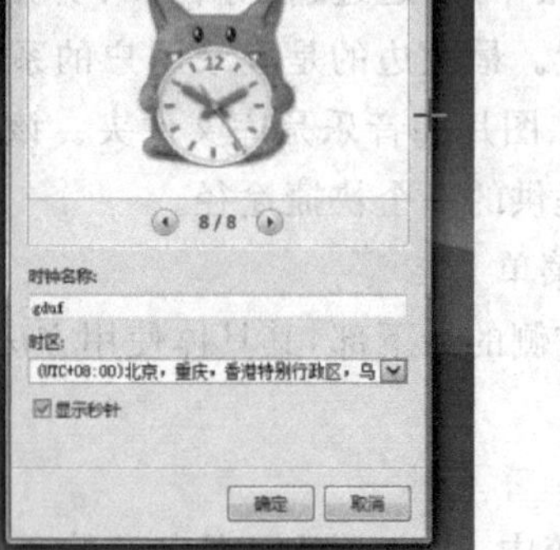

图 2.29　【时钟】设置对话框

图 2.30　时钟的设置效果

2. 更改桌面系统图标

Windows 7 操作系统中有非常丰富的图标可供用户选择使用,包括桌面的系统图标也可以进行更换。更换桌面系统图标的操作方法如下。

① 右击桌面,在弹出的快捷菜单中,单击【个性化】命令,打开【个性化】窗口,如图 2.31 所示。

图 2.31 【个性化】窗口

② 单击【个性化】窗口左侧的【更改桌面图标】选项,打开【桌面图标设置】对话框,如图 2.32 所示。

③ 选中一个想要更改图标的对象(例如:计算机),然后单击【更改图标】按钮,打开【更改图标】对话框,如图 2.33 所示。

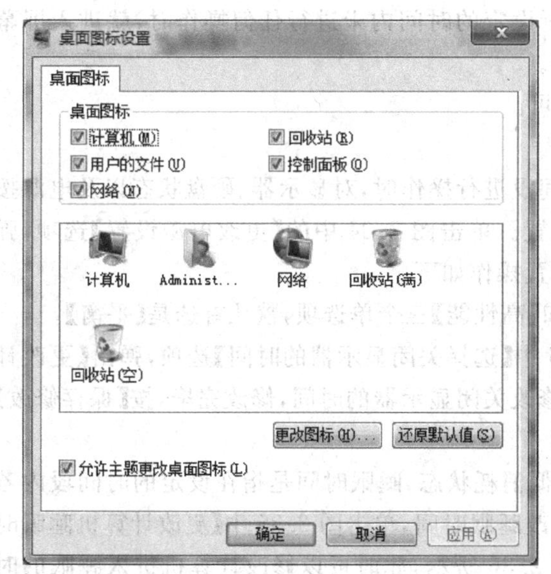

图 2.32 【桌面图标设置】对话框

图 2.33 【更改图标】对话框

④ 在图 2.33 中,选择一个想要使用的图标后,单击【确定】按钮,返回到【桌面图标设置】对话框,再按【应用】或【确定】按钮,完成图标的更改。若又想换回系统默认图标,只需在【桌面图标设置】对话框中,单击【还原默认值】按钮即可。

3. 更改桌面主题

Windows 7 操作系统为用户准备了多种风格的桌面主题,分为【Aero 主题】、【安装的主题】和【基本和高对比度主题】等类别。其中 Aero 主题能为用户提供高品质的视觉体验,并具有 3D 渲染的半透明效果。不同的主题,会有不同的背景效果和不同的窗口边框颜色。更改桌面主题的方法如下。

① 在图 2.31 所示的【个性化】窗口的主题列表区中,选择一个主题(例如: 风景)。

② 由于每个主题都有多张背景图片,因此还需为选用的主题再选一个背景。右击桌面,在弹出的快捷菜单中,单击【下一个桌面背景】命令,此时桌面背景图片会在所选主题的一组背景图片中依次更换(例如: 风景主题有六张背景图片可供依次选择)。

4. 设置屏幕保护程序

"屏幕保护程序"的作用是当用户在短时间内暂不使用计算机时,屏蔽计算机屏幕以防止他人看到用户的资料,同时又有保护显示器,以达到延长其使用年限的作用。当用户需要使用计算机时,只需移动鼠标或按下键盘任意键即可恢复显示(若设置了屏幕保护程序密码,则需输入用户登录密码),其设置方法如下。

① 在图 2.31 所示的【个性化】窗口中,单击【屏幕保护程序】选项,弹出【屏幕保护程序设置】对话框,如图 2.34 所示。

② 在【屏幕保护程序】下拉列表框中,选择一个程序(有变换线、彩带、空白、气泡、三维文字和照片等程序),此时对话框中的【显示器】会演示所选程序的动画效果供用户参考。

③ 若选择了【三维文字】或【照片】选项,还可对演示效果进行加工。单击【设置】按钮,在弹出的对话框中可对演示的内容、表面样式、旋转类型及速度等参数进行设置。单击【预览】按钮可全屏显示其效果。

④ 设置等待时间,该时间是指用户在所设定的时间内未进行任何操作时,就进入屏幕保护,即开始执行用户选定的屏幕保护程序。

⑤ 满意后单击【确定】或【应用】按钮即可。

5. 更改电源设置

电源设置是在开机状态下经过多长时间没进行操作时,对显示器、硬盘状态以及电源按钮的使用和是否开启睡眠、休眠等功能的设置。单击图 2.34 中的【更改电源设置】选项,弹出【电源选项】窗口,如图 2.35 所示,主要设置操作如下。

① 选择电源计划。有【平衡】、【节能】和【高性能】三个单选项,默认首选是【平衡】。

② 更改关闭显示器时间。单击图 2.35 中【选择关闭显示器的时间】选项,弹出【更改计划的设置】窗口,如图 2.36 所示,此时可以修改关闭显示器的时间,修改完毕,按【保存修改】按钮。

③ 更改计算机睡眠时间。睡眠是一个低消耗状态,睡眠时间是指在设定的时间段内若用户未操作计算机,则进入睡眠状态。要修改睡眠时间,单击图 2.35 中【更改计算机睡眠时间】选项,弹出【更改计划的设置】窗口,如图 2.36 所示,此时可以修改计算机进入睡眠的时间,修改完毕,按【保存修改】按钮。

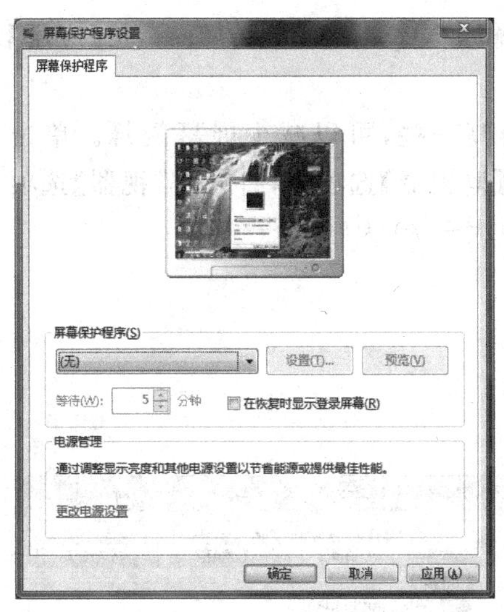

图 2.34 【屏幕保护程序设置】对话框

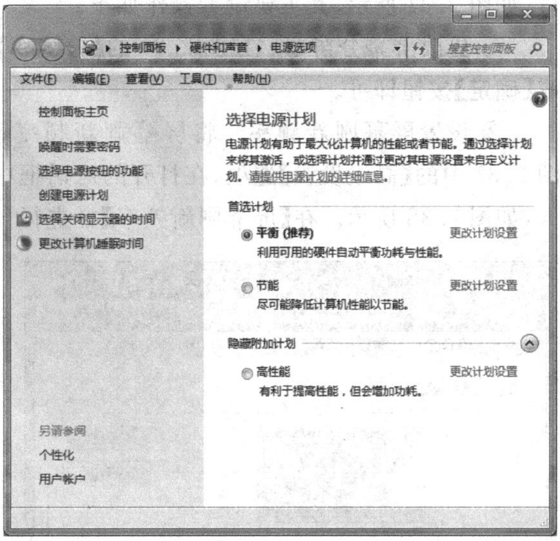

图 2.35 【电源选项】窗口

④ 设置唤醒时需要密码。计算机睡眠后被唤醒时(可通过移动鼠标、按键盘任意键唤醒计算机),需要输入正确密码,才能恢复到睡眠前的状态。单击图 2.35 中【唤醒时需要密码】选项,在弹出的【系统设置】对话框中,选择【需要密码】后,按【保存修改】按钮。

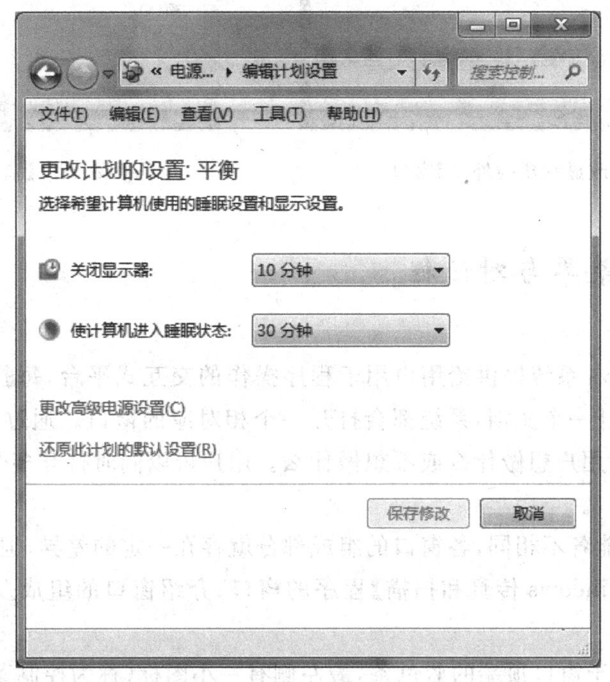

图 2.36 【更改计划的设置】窗口

6. 设置屏幕分辨率

右击桌面,在弹出的快捷菜单中,单击【屏幕分辨率】命令,打开【更改显示器的外观】窗口，如图2.37所示，其主要设置操作如下。

① 更改屏幕分辨率。在图2.37的【分辨率】下拉输入框中，输入适当的值后，按【应用】或【确定】按钮即可。

② 设置屏幕刷新频率。将屏幕刷新频率设置得高一些，可以减少屏幕闪烁。单击图2.37中的【高级设置】选项，在打开的对话框中选择【监视器】选项卡，打开【监视器】选项卡，如图2.38所示。在【屏幕刷新频率】栏进行设置(应大于70为好)。

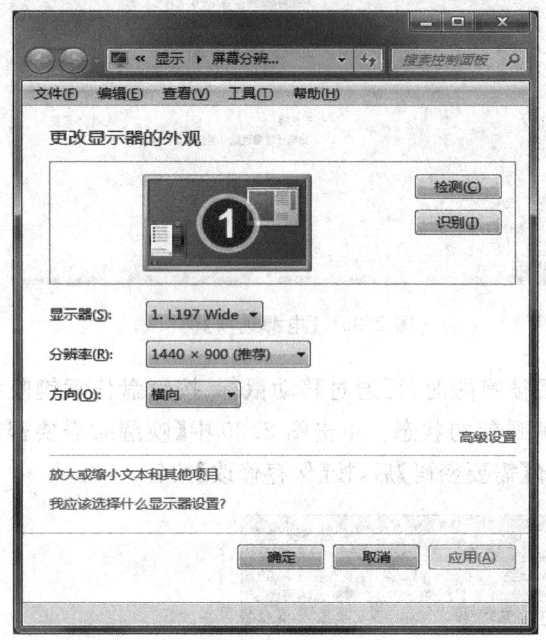

图2.37 【更改显示器的外观】窗口

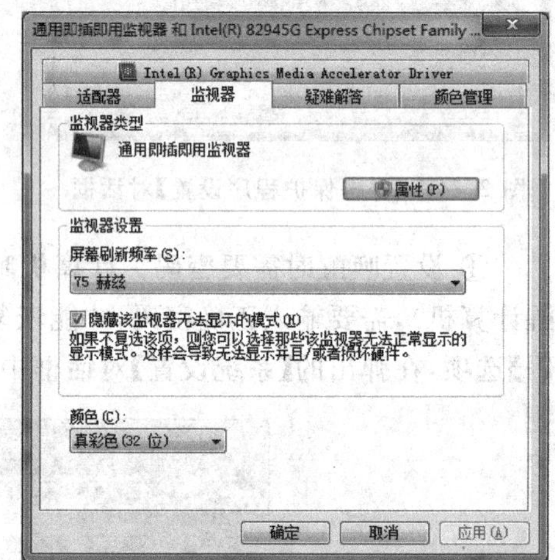

图2.38 【监视器】选项卡

2.1.4 窗口、菜单与对话框

1. 窗口组成

窗口是Windows系统提供给用户用于程序操作的交互式平台，每打开一个文件夹、每执行一个程序或打开一个文档，系统都会打开一个相对应的窗口。通过用户在窗口中的操作，计算机可以了解用户想做什么或不想做什么。用户可以同时打开多个窗口，但只有一个窗口是当前活动窗口。

由于程序的功能各不相同，各窗口的组成部分就存在一定的差异，但主要组成架构基本一样。这里采用【Windows传真和扫描】程序的窗口，介绍窗口的组成及主要部分的作用，如图2.39所示。

① 标题栏。位于窗口顶端的蓝色条，最左侧有一小图标(称为控制菜单按钮)和窗口名称，右侧是三个控制窗口大小和关闭窗口的标题栏按钮，它们分别是最小化、最大化/还原、关闭按钮。

② 菜单栏。位于标题栏的下方，由多个菜单项组成，每个菜单项都是一个下拉式菜单，其中包含有若干个菜单命令。不同的窗口有不同的菜单项，但一般都会有【文件】、【编辑】、

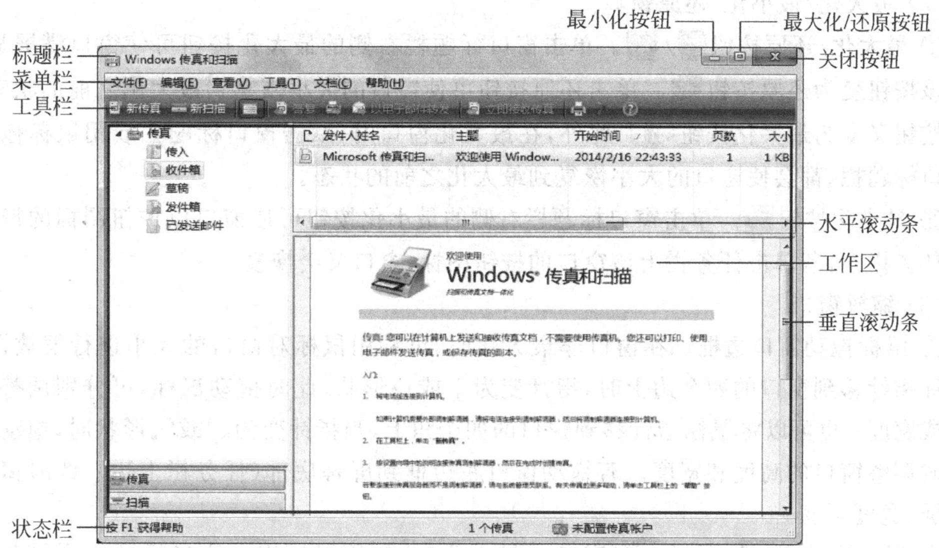

图 2.39 【Windows 传真和扫描】窗口

【查看】和【帮助】菜单。

③ 工具栏。位于菜单栏的下方，为用户提供一些常用命令的快捷按钮图标，单击这些按钮就会执行相应的命令，与通过菜单项来选择这些命令是等同的。有些窗口没有工具栏，也有些窗口会有多个工具栏。

④ 工作区。用于显示操作对象，方便用户进行操作。不同的窗口，工作区内的对象是不同的，在图 2.39 中，是用于进行传真操作的相关内容。而在记事本窗口的工作区中，是用户输入的文字和符号。文件夹窗口的工作区中，是各种图标(库、驱动器、文件夹及文件)。

⑤ 状态栏。位于窗口最下方，常用于显示提示信息和工作状态。

⑥ 滚动条(水平/垂直)。在窗口不能全部显示其包含的内容时，会在窗口或窗口内分区的右边或底部出现两头有箭头、中间有滑块的条形框，称之为滚动条。单击滚动条两端的箭头或单击滑块与箭头之间的空白处，都可以移动窗口内容，区别是：前者使窗口内容按相应方向滚动一列/行，而后者使窗口内容按相应方向滚动一屏。当然也可以直接用鼠标拖动滑块来移动窗口内容。

2. 窗口的组织与操作

(1) 打开/关闭窗口

① 打开窗口。打开窗口的方法一般有双击和单击两种方式。

- 双击。在桌面或窗口工作区中双击相应的图标。
- 单击。在任务栏中快速启动栏的图标上单击或选择【开始】菜单中的各命令项。

② 关闭窗口。为了节省资源，窗口使用完后应该及时关闭，关闭窗口的方式有三种。

- 双击窗口标题栏左端的【控制菜单】按钮(小图标)。
- 单击窗口标题栏右端的关闭按钮☒。
- 同时按下 Alt+F4 快捷键。

(2) 最大化/最小化/还原窗口

① 最大化/还原按钮□/□。单击窗口标题栏右侧的最大化按钮可使窗口满屏显示，同时该按钮变为还原按钮□。单击还原按钮可使窗口的大小恢复到最大化之前的状态，此时该按钮又变为最大化按钮□。此外，在最大化窗口时，双击窗口标题栏或用鼠标拖动一下窗口标题栏，都会使窗口的大小恢复到最大化之前的状态。

② 最小化按钮□。单击窗口标题栏右侧的最小化按钮可使窗口以按钮图标的形式缩放在任务栏上，若单击任务栏上该窗口的按钮图标，窗口又会恢复。

(3) 缩放窗口

① 鼠标拖动窗口边框。在窗口非最大化时，可利用鼠标对窗口的大小进行缩放调整。将鼠标指针移到窗口的四个边上时，指针变为↕或↔形状，此时拖动鼠标，可分别调整窗口高度或宽度；也可以将鼠标指针移到窗口的四个角上，当指针变为⤢或⤡形状时，拖动鼠标可同时调整窗口的高度和宽度。若拖动窗口底边框到屏幕底部(任务栏上边)，此时窗口高度满屏，宽度不变。

② 鼠标拖动窗口标题栏。在窗口非最大化时，使用鼠标拖动窗口标题栏到屏幕顶部(鼠标指针触到顶部)，窗口即变为最大化显示；使用鼠标拖动窗口标题栏到屏幕左端或右端(鼠标指针触到端边)时松开鼠标右键，窗口即在屏幕左端或右端以半个屏幕的大小显示窗口；若此时再用鼠标拖动窗口标题栏到屏幕左端或右端后，返回到屏幕其他地方松开鼠标右键，窗口又恢复原大小显示。

(4) 移动窗口

将鼠标指针指向窗口的标题栏，拖动鼠标到合适的位置松开鼠标即可。

(5) 窗口的预览与切换

① 通过任务栏预览切换。当鼠标指向任务栏的按钮图标时，会显示出已打开窗口的缩略图供用户预览，单击其中某个缩略图，即切换到该窗口。若任务栏是非【合并按钮】显示方式，则单击任务栏中的按钮图标即可切换至该窗口。此外，若在桌面能看到多个窗口，单击需要进行操作窗口的任何地方均可，此时该窗口会浮到所有窗口之上，成为当前活动窗口。

② 使用Alt+Tab键预览与切换。在按下Alt+Tab快捷键后，会弹出切换面板，切换面板中有当前打开的所有窗口和桌面的缩略图，且有一个是选中状态，其窗口名称(包括网址)会显示在切换面板上部，如图2.40所示，此时该窗口同时会在桌面显示出来。每按一次Tab键(按住Alt键不能松开)，选中的缩略图会依次变换，松开Alt键，即结束预览与选择。

图2.40 使用Alt+Tab快捷键预览与切换

③ 用⊞+Tab键3D动画预览与切换。在按下⊞+Tab快捷键后，会出现当前打开的所有窗口和桌面依次转换为当前窗口的动画画面，松开Tab键后动画停止，排在最前面的就是选中的窗口，如图2.41所示。每按一次Tab键(按住⊞键不能松开)，选中的窗口会依次变换，松开⊞键，即结束预览与选择(此功能家庭普通版会受到限制)。

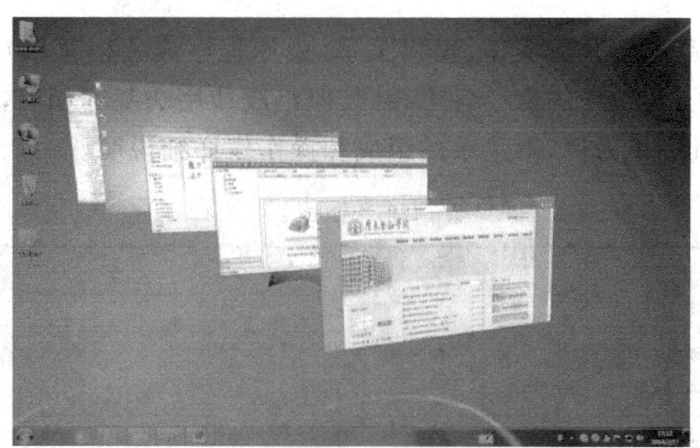

图 2.41 使用⊞+Tab 快捷键预览与切换

(6) 排列窗口

当打开多个窗口后，可对桌面上显示的窗口进行有规则的排列，以方便查看和操作。排列方法是：右击任务栏的空白处，在弹出的快捷菜单中包含【层叠窗口】、【堆叠显示窗口】和【并排显示窗口】三种排列方式。

① 层叠窗口。将桌面上的窗口层叠排列，如图 2.42(a)所示。

② 堆叠显示窗口。将桌面上的窗口以横向同时显示，如图 2.42(b)所示。

③ 并排显示窗口。将桌面上的窗口以纵向同时显示，如图 2.42(c)所示。

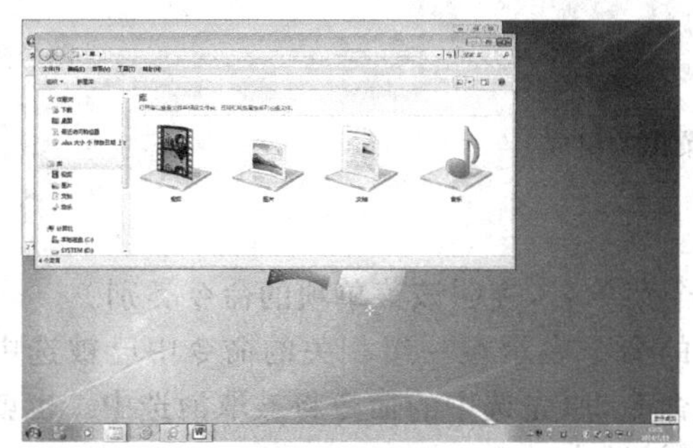

(a) 层叠窗口

(b) 堆叠显示窗口

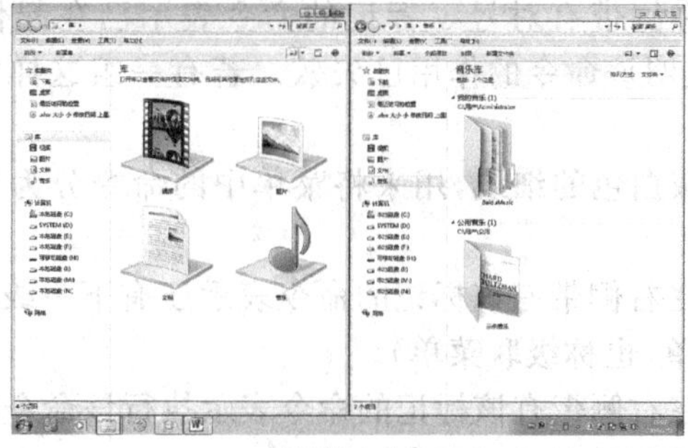

(c) 并排显示窗口

图 2.42 窗口排例

3. 菜单

系统将窗口的一系列命令分门别类地集成到一起就组成了菜单。在 Windows 中，一般有四种菜单,它们分别是:开始菜单、窗口菜单(应用程序或文档菜单)、快捷菜单和控制菜单。尽管它们的位置、所包含的命令各不相同,但组成和用法基本相同,因此以图2.43所示的【资源管理器】窗口菜单为例,对菜单的组成和操作作详细说明。

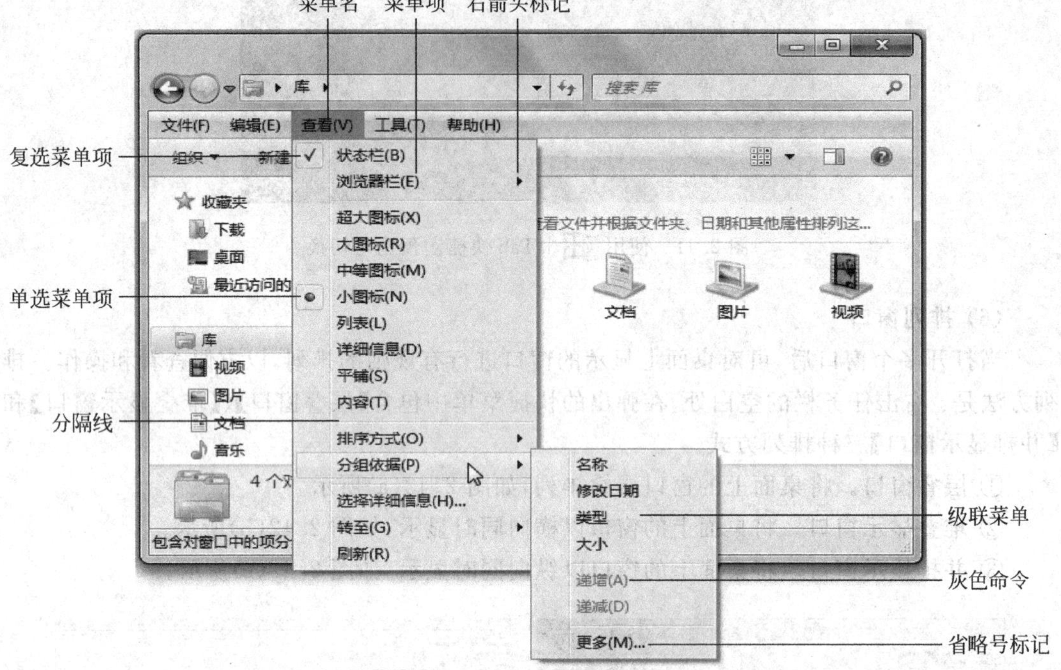

图2.43 菜单的组成

(1) 菜单组成

① 菜单名。菜单中的每一菜单项都有一个菜单名,表明该菜单项的命令类别。

② 单选菜单项。在左侧带有圆点•标记的命令表示在一组相关的命令中已被选中并已发挥作用,如果在这组相关命令中选择其他命令,原先选中的命令将被取消选中。也就是说,在一组相关的单选命令中,只能有一个命令被选中。

③ 复选菜单项。在左侧带有对号√标记的命令表示已在起作用,但再次选择该命令时,复选标记将会消失,表明该命令的作用已失效。若有一组这样相关的命令,既可以一个都不选,也可以全部选中。

④ 分隔线。是一条灰白色的细线,用来将菜单中的命令分为命令组,同组的命令一般都较为近似。

⑤ 右箭头标记▸。在右侧带有该标记的命令表示还有下一级菜单,当鼠标指针指向该命令时,会出现下一级菜单(也称级联菜单)。

⑥ 省略号标记…。在右侧带有该标记的命令表示执行该命令时,系统会打开一个对话框,用户需在对话框中完成相应输入或选择。

⑦ 灰色命令。当菜单命令为灰色时,表示目前状态下该命令不能被执行。

(2) 菜单操作

用户通过执行菜单中的各个菜单命令,就可完成想要完成的任务。菜单的使用非常简单,一般使用鼠标选择命令即可,也可以使用键盘操作。

① 打开菜单操作。单击菜单名或同时按下 Alt 键和菜单名右侧带下划线的字母键，会出现下拉式菜单，如按下 Alt+V 快捷键，就会出现如图 2.43 所示的【查看】菜单。

② 执行菜单命令。在打开的菜单中，单击需要执行的命令或按下该命令右侧的字母键即可。此外还可以用移动光标键来选择要执行的命令后，再按 Enter 键。

(3) 快捷菜单

右击不同的对象，就会出现与这个对象相关的快捷菜单，单击菜单中的某个命令就会执行相应操作。如右击桌面空白处，会出现如图 2.5 所示的快捷菜单，而图 2.7 所示的也是快捷菜单，是通过打开【开始】→【所有程序】→ Microsoft Office 菜单，然后右击 Microsoft Word 2010 出现的，为的是要在桌面为 Word 2010 建立快捷图标。

(4) 控制菜单

右击窗口标题栏左端的小图标(控制菜单按钮)，可以打开一个菜单，该菜单包含了对窗口进行移动、最小化、最大化、还原和关闭操作的命令。

4. 对话框

执行右侧带有省略号的菜单命令或执行相关【属性】命令时，会弹出一个对话框。对话框是系统与用户交互的界面，通过对话框，系统可以向用户进行提示或询问，而用户则通过对话框提供的选择及数据输入来回答提问。不同的命令，对话框的差异很大，但组成的基本元素还是相同的，下面以图 2.44 所示的几个对话框为例，来介绍对话框的主要组成元素及作用。其中，图(a)为【任务栏和「开始」菜单属性】中的【「开始」菜单】选项卡，图(b)为【大学计算机Ⅰ】文件夹属性的【常规】选项卡，图(c)为单击图(a)中【自定义】命令按钮后弹出的【自定义「开始」菜单】对话框。

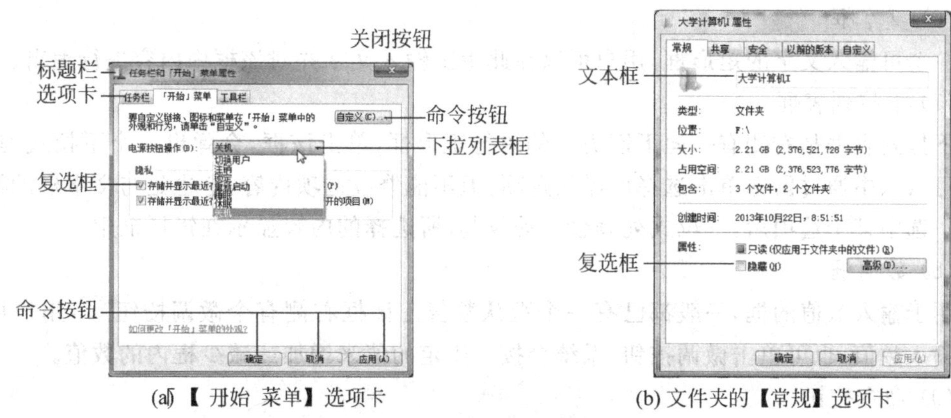

(a)【开始 菜单】选项卡

(b) 文件夹的【常规】选项卡

(c)【自定义「开始」菜单】对话框

图 2.44 对话框的组成元素

(1) 标题栏

与窗口一样,对话框也有一个蓝色的标题栏,其左侧为对话框控制按钮图标和名称,右侧为关闭☒按钮。用户可以用鼠标拖动标题栏来改变对话框的位置,但不能改变其大小。

(2) 选项卡

当对话框的内容较多时,系统将对话框按类分为几个画面,每个画面都有一个名称,依次排列在一起位于标题栏下,称之为选项卡或标签。单击其中一个选项卡,就会显示该选项卡的画面,图 2.44(a)所示的画面就是【任务栏和「开始」菜单属性】中的【「开始」菜单】选项卡对话框。

(3) 复选框

复选框左侧有个小方框□,当选中该项时方框中间会打勾,变为☑。若此时再单击该框将取消选中,小方框又变为空□。类似于菜单中的复选菜单项,在一组复选框中,既可以选其中一项或几项,也可以全选或全都不选。

(4) 单选按钮

单选按钮一般以两个或两个以上为一组,单选按钮左侧有个小圆圈○,当选中该项时圆圈中间会变为⊙。只有选择其他单选按钮后,原选中的按钮才会取消选中,小圆圈⊙又变为空圆圈○。

(5) 列表框

将选择内容集中列表于该框中,内容多时带有滚动条,供用户查阅选择,但不能修改。

(6) 文本框

一个可输入文字的矩形框,用户可以在此手工输入文字并对该框中内容进行编辑。

(7) 下拉列表框

下拉列表框是右侧有一向下箭头▼的单行矩形框,单击该框,会弹出一个下拉式列表,用户可以从中通过鼠标单击选择所需的选项,但不能修改选项内容,这也是与文本框的根本区别。选中某个选项后,下拉式列表会自动收起,所选择的内容显示在矩形框中。

(8) 数值框

用于输入数值的框,一般都已有一个默认数值。该框右侧有个微调按钮⇕,用户可以直接输入数值,也可单击微调按钮,系统会按一固定的值来增加或减少框内的数值。

(9) 命令按钮

带有文字的矩形按钮,单击命令按钮会执行一特定命令,最常见的是【确定】、【应用】和【取消】按钮。单击【确定】按钮,将保存用户在对话框中所作的修改并退出对话框;单击【应用】按钮,将保存用户在对话框中所作的修改,但不退出对话框;单击【取消】按钮,不保存用户在对话框中所作的修改并退出对话框。若命令按钮中带有省略号【…】,说明单击该按钮将会弹出一个对话框,例如单击图 2.44(a)中的【自定义】命令按钮,即弹出如图 2.44(c)所示的对话框。

2.1.5 文字输入法

1. 中文输入

Windows 中文版提供了多种中文输入法,如全拼输入法、智能 ABC 输入法、微软拼音输入法(微软拼音新体验输入风格、新体验 2010、简洁 2010)、双拼输入法和郑码输入法等，同时还可以安装五笔输入法、搜狗输入法等其他多种中文输入法。

(1) 输入法的选用

① 选择输入方法

方法 1：单击任务栏上如图 2.10 所示的语言栏(微软拼音输入是以“微软拼音新体验输入风格”为例)，在弹出的输入法菜单中选择一个输入方法，选择后任务栏中将显示该输入法的指示图标或显示输入法状态条，如图 2.45 所示。若单击任务栏中的输入法指示图标，也将弹出输入法菜单。

方法 2：同时按下 Ctrl+Shift 快捷键，可以从当前输入法按顺序切换到下一输入法，该方法总是在现有的所有中文输入法及英文输入法之间循环切换。

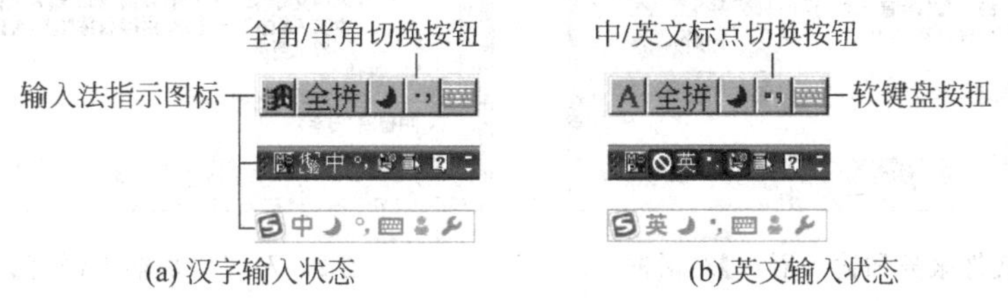

图 2.45　输入法指示图标及状态条

② 设置默认输入方法

如果希望开机后就自动进入指定的输入方法，可采用如下步骤进行设置。

步骤 1：右击任务栏中的语言栏或输入法指示图标。

步骤 2：在弹出的快捷菜单中，单击【设置】命令。

步骤 3：在弹出的如图 2.46 所示的【文字服务和输入语言】对话框的【常规】选项卡中，单击【默认输入语言】栏的下拉列表框，选择一个输入方法后(如：微软拼音新体验输入风格)，单击【确定】按钮即可。

(2) 添加和删除中文输入法

① 添加中文输入法

中文版的 Windows 系统默认安装了微软拼音(包含：微软拼音新体验输入风格、新体验 2010、简捷 2010、微软拼音 ABC 输入风格)、全拼等多种中文输入法。若用户想使用其他中文输入法，如五笔、搜狗等输入法，就需要进行输入法的安装。通常各输入法都有自动安装程序，能够自动安装。但若安装后没有在语言栏中显示出来，就需要进行添加，操作步骤如下。

步骤 1：右击语言栏或输入法指示图标，在弹出的快捷菜单中选择【设置】，弹出【文件服务和输入语言】对话框，如图 2.46 所示。

步骤 2：在【文件服务和输入语言】对话框的【常规】选项卡中单击【添加】按钮，弹出【添加输入语言】对话框，如图 2.47 所示。

步骤 3：在【添加输入语言】对话框中，选择一种想要添加的输入法后，单击【确定】按钮回到【文件服务和输入语言】对话框，然后单击【应用】或【确定】按钮即可。

② 删除中文输入法

若要想删除已有的输入法，只要在图 2.46 所示对话框的【已安装的服务】列表框中，选中想要删除的输入法，单击【删除】按钮，然后再单击【应用】或【确定】按钮即可。

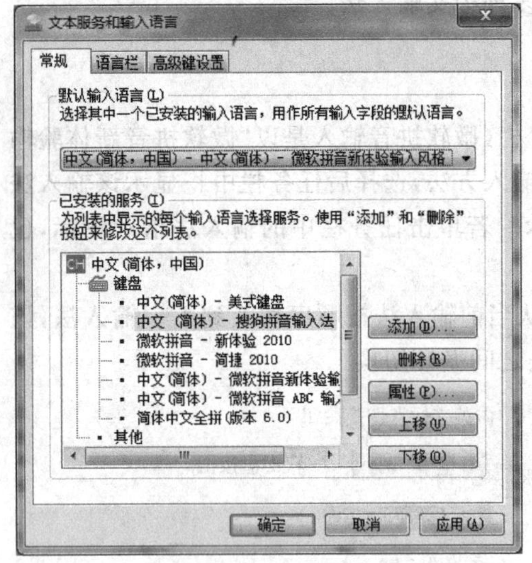

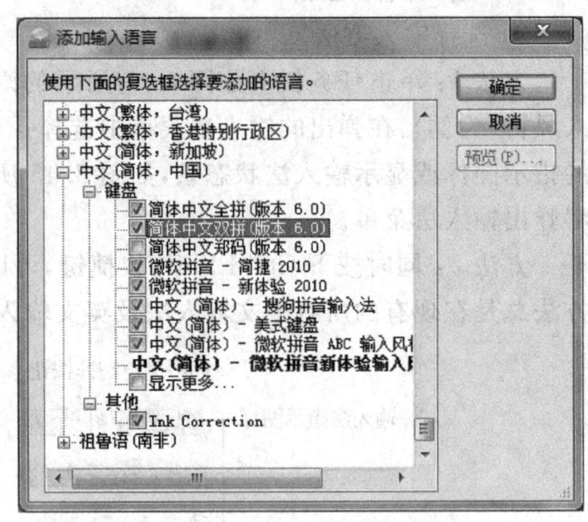

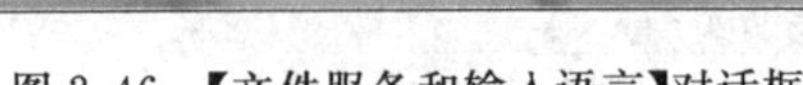
图 2.46 【文件服务和输入语言】对话框

图 2.47 【添加输入语言】对话框

2. 中、英文输入切换

① 中、英文输入状态的切换

同时按下 Ctrl+Space(空格)快捷键，可以在当前使用的中文输入和英文输入之间进行切换。每按一次 Ctrl+Space 快捷键就会使中、英文输入状态转换一次。

② 中、英文标点符号的切换

同时按下 Ctrl+.(大键盘的点)键，大部分的中文输入法都可以通过该方法在当前使用的中文标点符号输入和英文标点符号输入之间进行切换。每按一次 Ctrl+. 键就会使中、英文标点符号输入状态转换一次。

③ 半角/全角输入切换

半角输入是指输入的每个字符都是 ASCII 码中的各种符号，且只占一个标准显示位(每个汉字占 2 个标准显示位，如"a"只占同等字号汉字宽度的一半)。

全角输入是指输入的字符是 GB2312—80(《信息交换用汉字编码字符集·基本集》)中的各种符号，且占 2 个标准显示位，如 A、B、C、1、2、3 等，即与同等字号汉字同宽，应将这些字符理解为汉字。

同时按下 Shift+Space(空格)快捷键，可以在当前使用的半角输入和全角输入之间进行切换。每按一次 Shift+Space 快捷键就会使半角、全角输入状态转换一次。

2.1.6 剪贴板

剪贴板是 Windows 中各应用程序之间进行信息共享与交换的重要媒介，它是一个临时的内存区域，通过剪贴板可以在不同的应用程序之间(如 Word、Excel)、相同应用程序的不同文档之间、同一文档的不同位置上传送文本、图形、图像和声音等信息。传送信息的过程是先把要传送的内容送入剪贴板，然后再将剪贴板中的内容传送到指定位置。

使用剪贴板的操作有剪切、复制和粘贴。

(1) 剪切

将选定的内容(对象)送入剪贴板,同时清除原选定的内容(对象),该操作主要用于将信息从一处移到另一处,具体操作步骤如下。

步骤 1:选定要剪切的内容,如一段文本、一张图片及桌面或活动窗口中的图标。

步骤 2:右击选中内容,在弹出的快捷菜单中选择【剪切】命令,或选择菜单栏【编辑】→【剪切】命令,或同时按下 Ctrl+X 快捷键。

(2) 复制

将选定的内容(对象)送入剪贴板,同时保留原选定的内容(对象),该操作主要用于将信息从一处复制到另一处,具体操作步骤如下。

步骤 1:选定要复制的内容。

步骤 2:右击选中内容,在弹出的快捷菜单中选择【复制】命令,或选择菜单栏【编辑】→【复制】命令,或同时按下 Ctrl+C 快捷键。

此外按 Print Screen(也有标为 Prt Sc)键,可以把整个屏幕的画面送入剪贴板,同时按下 Alt+Print Screen 快捷键,可以把活动窗口的画面送入剪贴板。

(3) 粘贴

将剪贴板中内容传送到指定位置。对于通过【剪切】或【复制】功能送入剪贴板的内容,可通过粘贴功能将剪切板中的内容进行再现,具体操作步骤如下。

步骤 1:把光标移到指定位置。

步骤 2:在光标处右击鼠标,在弹出的快捷菜单中选择【粘贴】命令,或选择菜单栏【编辑】→【粘贴】命令,或同时按下 Ctrl+V 快捷键。

从以上操作可以看出,要把信息从一处复制到另一处,应先【复制】后【粘贴】,要把信息从一处移到另一处,应先【剪切】后【粘贴】。

2.2 Windows 资源管理器

资源管理器是 Windows 操作系统一个重要的应用程序,是操作系统对计算机软硬件资源进行管理的重要工具,通过它可以方便地显示和操作计算机中的文件及软硬件资源。

2.2.1 文件、文件夹和文件系统

1. 概述

文件是按一定方式存储于外部存储介质(如磁盘、光盘等)上的一组相关数据的集合。它是最小的数据组织单位。文件中可以存放文本、图像、影音以及数值数据等信息。

文件夹又称为目录,用于存放文件及下一级文件夹(子文件夹),使用文件夹是为了便于管理和使用存储在外部介质上的多个文件,将它们分门别类地存放。Windows 对文件夹的管理与对文件的管理同等对待。

文件系统是文件的命名、存储和组织的总体方式,所有计算机都有相应的文件系统来规定文件操作处理的各种规定和机制。Windows 7 系统之前曾分别使用过 FAT、FAT32 和 NTFS 格式的文件系统,而 Windows 7 支持 FAT32、NTFS 和 exFAT 三种格式文件系统。

FAT文件系统是初级简单的文件系统,设计使用的对象是小型磁盘,一般管理不超过4G的硬盘分区。FAT32是FAT的增强版,读写速度有大幅提升,实际管理的硬盘分区不大于32GB。而NTFS文件系统是一个在大容量磁盘上快速读写和搜索文件的文件系统(可以管理大于32GB的硬盘分区,最大可到256TB),性能上有了全面的提高。exFAT文件系统是为了解决FAT32等不支持4G及其更大的文件而推出(其管理的硬盘分区理论值为16EB,目前支持到256TB)的扩展FAT,也称作FAT64。对于闪存,NTFS文件系统并不适合使用,而exFAT文件系统更为适用。

2. 文件(夹)的命名

为了区分各个不同内容的文件(夹),需要为每个文件(夹)取一个名字,称为文件(夹)名。文件名加所有路径的总字符数不能超过260个。

文件(夹)名的组成:主文件名.扩展名,主文件名是区分不同的文件,扩展名是区分文件的不同类型。主文件名与扩展文件名之间用圆点符号"."分隔,文件夹不使用扩展名,在同一文件夹下,不能有相同的文件名。

文件名可由除"/ \ : * ? " < > |"之外的字母、数字和符号组成,若给文件命名时使用了这9个字符中的某个字符,系统会发出提示,告诉用户这9个字符不能用于文件名。

主文件名一般是由字母、数字和下划线组成,可以使用空格和圆点符号,也可以使用汉字。给文件取名最好是按照"见其名,知其意"的规则进行,以便今后能更方便的使用和管理文件。

扩展名是系统用来区分不同类型文件的,是文件名的重要组成部分。当用户打开文件时,系统会根据扩展名迅速找到相应的应用程序。一般情况下,扩展名都是系统自动定义的,不需用户自己书写。当用户需要修改文件名时,特别要注意,只修改主文件名,不要随意修改文件的扩展名,表2.2给出了常用文件扩展名及含义。

表2.2 常用文件扩展名及含义

扩 展 名	含 义	扩 展 名	含 义
.exe .com	应用程序	.sys	系统文件
.zip .rar	压缩文件	.dll	应用程序扩展文件
.doc .docx	Word文档文件	.xls .xlsx	Excel文档文件
.wav .mp3 .mid	音频文件	.txt	纯文本文件
.bmp	位图文件	.jpg .png .gif	图像文件
.avi .mpg	视频文件	.tmp	临时文件
.c .cpp	C/C++程序文件	.java	Java程序文件

3. 文件名通配符

通配符也称替代符,是用来表示文件名的符号。通配符有星号"*"和问号"?"两种,主要用于文件夹和文件名的查找。

① "*"号通配符也称多位通配符,用来表示从所在位置开始的任意多个字符。例如,"*.exe"表示所有扩展名为.exe的文件。"a*.exe"表示所有以字母"a"(包括A)开头扩展名为.exe的文件。

② "?"号通配符也称个位通配符,用来表示所在位置上的一个任意字符。"a?.*"表示所有以字母"a"(包括A)开头,且主文件名只有两个字符的所有文件。

4. **文件夹的树形结构及路径**

文件夹可以用来存放文件、快捷图标和子文件夹，若把计算机、硬盘和光盘驱动器和 U 盘(可移动磁盘)等看作是特殊的文件夹，整个文件夹的结构就像是一棵右置的树(目录树)，如图 2.48所示。主树干是“计算机”，次树干为各驱动器等，驱动器上的文件夹是支树干，其下的子文件夹是更细的分支，文件夹中的文件就是树叶。

不论是作为树叶的文件还是作为树枝的文件夹，都可以按照主树干、次树干、枝树干的顺序找到它们，这就是所谓的“路径”。

对每个文件和文件夹，可以用它所在的驱动器号、各级文件夹名以及文件名描述其位置，这种位置的表示方法称为“路径”。

路径从左至右依次为：盘符、各级文件夹名、文件名。各层次之间用左斜线“\”符号来分隔，盘符右侧第一个左斜线“\”称之为根目录。

例如：“d:\大学计算机\test\test1. doc”。

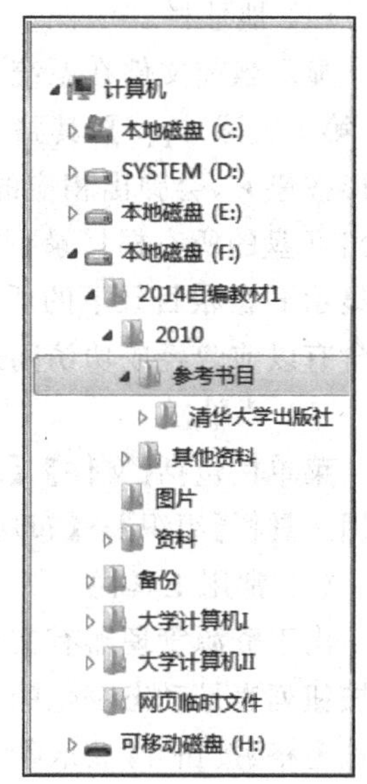

图 2.48　文件夹的树形结构

2.2.2　资源管理器简介

1. **启动资源管理器**

启动资源管理器的方法有以下几种。

方法 1：右击【开始】按钮，在弹出的快捷菜单中选择【打开 Windows 资源管理器】命令。

方法 2：选择【开始】→【所有程序】→【附件】→【Windows 资源管理器】命令。

方法 3：双击桌面【计算机】图标。

2. **资源管理器窗口**

资源管理器的窗口如图 2.49 所示。该窗口分为地址栏、菜单栏、常用工具栏和导航窗格、工作区等几部分。

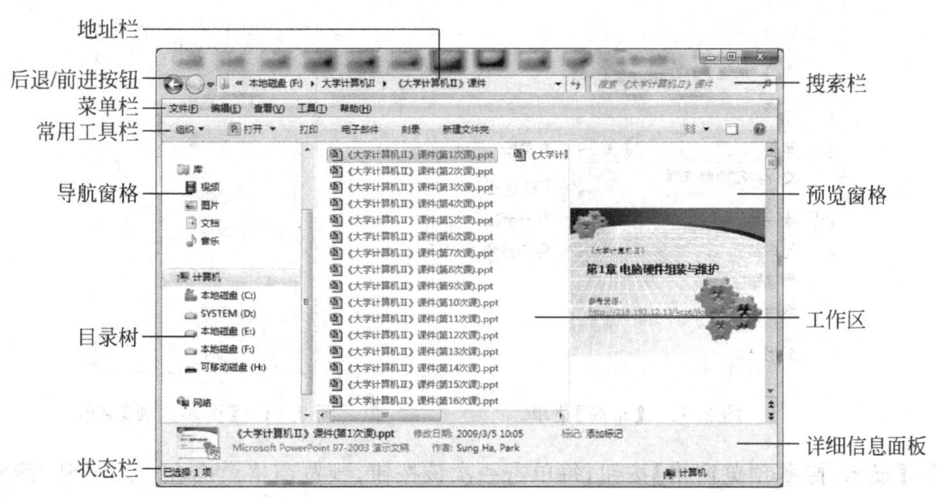

图 2.49　资源管理器的窗口

(1) 地址栏

显示当前文件在系统中的路径,图2.49所示的当前选中的文件是【《大学计算机Ⅱ》课件(第1次课).ppt】,其路径是【F:\大学计算机Ⅱ\《大学计算机Ⅱ》课件】。单击地址栏中三角形按钮▸,会弹出相应的路径菜单。例如,单击【本地磁盘(F:)】右侧的三角形按钮,将会弹出F盘的所有根目录下文件夹菜单。而若直接单击地址栏中【本地磁盘(F:)】,工作区将会显示F盘根目录下的所有文件和文件夹。单击地址栏最右边【上一位置】按钮▾,将会弹出含有以前曾经成功访问过地址的下拉菜单。

(2) 菜单栏

菜单栏包括【文件】、【编辑】、【查看】、【工具】、【帮助】五项,菜单栏可以隐藏,可通过单击常用工具栏【组织】→【布局】→【菜单栏】选项,选择显示或隐藏菜单栏。

(3) 常用工具栏

由于资源管理器有文件、文件夹、库和搜索等不同的操作,因此它的常用工具栏内的命令按钮列表是动态变化的,主要包括:【组织】下拉菜单、【更改您的视图】按钮、【显示/隐藏预览窗格】按钮和【获取帮助】按钮四个固定按钮。随着选择对象的不同,还会有【打开】、【打印】、【刻录】、【新建文件夹】、【新建库】、【共享】等按钮。

①【组织】下拉菜单是在常用工具栏中唯一的一个下拉菜单,主要集中了对文件及文件夹的相关操作命令,其中还有一个【布局】级联菜单,如图2.50所示,包含四个选项。

- 菜单栏。选择在资源管理器窗口地址栏下方是否显示菜单栏。
- 细节窗格。选择在资源管理器窗口底部是否显示详细信息面板。
- 预览窗格。选择在资源管理器窗口工作区是否显示预览窗格。
- 导航窗格。选择在资源管理器窗口左侧是否显示导航窗格。

②【更改您的视图】按钮,每单击一次该按钮,工作区中的图标显示方式就会在【列表】、【详细信息】、【平铺】、【内容】和【大图标】中依次轮换;单击旁边的【更多选项】按钮▾,将会弹出有更多显示方式的菜单供用户选择,如图2.51所示。

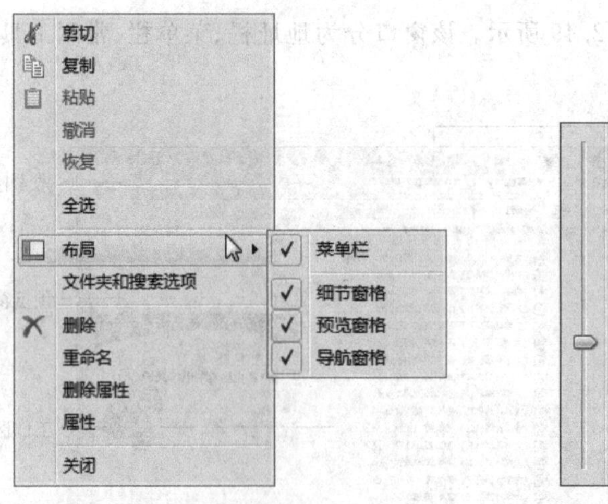

图2.50 【布局】菜单

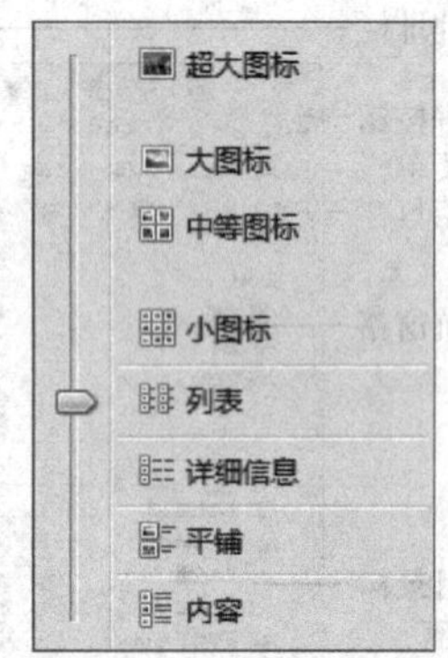

图2.51 【更多选项】菜单

③【显示/隐藏预览窗格】按钮,每单击一次该按钮,预览窗格就会在“显示”和“隐藏”之间转换一次。

④【获取帮助】按钮，单击该按钮，弹出【Windows 帮助和支持】窗口，其中的内容与用户选定的对象或工作区中的对象有关，可供用户学习参考。

(4) 导航窗格

可以使用导航窗格(左窗格)来查找文件和文件夹。还可以在导航窗格中将项目直接移动或复制到目标位置。

在有的文件夹(库)左侧有符号 ▷ 或符号 ◢ ，▷ 号表示该文件夹(库)内有还未展示出来的子文件夹(库)，单击 ▷ 号则会展开显示这些文件夹(库)，同时 ▷ 号变为 ◢ 号；◢ 号则表示该文件夹(库)内的所有子文件夹(库)都已展开显示出来，单击 ◢ 号，该文件夹将会折叠收起，同时 ◢ 号又变为 ▷ 号。若文件夹(库)左侧没有符号，表示该文件夹(库)内没有子文件夹(库)。

(5) 搜索栏

可以在搜索栏输入想要查找的文件(文件夹、库)名，系统可以在用户指定的范围内进行搜索并在工作区显示符合条件的项目，在详细信息面板显示查找到符合条件的项目总数。在输入需要查找的内容时，可使用通配符协助搜索，输入的内容越多，搜索到的结果就会越精确。为了能更快更方便地进行搜索，可以使用搜索筛选器协助搜索，并可随时设置搜索范围，还可以对搜索内容、搜索方式进行设置。

① 使用搜索筛选器搜索文件(夹)。单击搜索栏空白处可显示搜索筛选器，根据当前窗口所处的不同位置，搜索筛选器的内容也会有所不同。对于文件夹，只有【修改日期】和【大小】两项，而对于图片库，则有【拍摄日期】、【标记】、【类型】、【修改日期】四项。图 2.52 是选择【大小】筛选器时的情况，此时只要选择一个大小范围即可进行搜索。搜索筛选器可以单独使用，也可以在搜索栏输入了需要查找的字符后再添加，搜索筛选器可以叠加进行搜索。

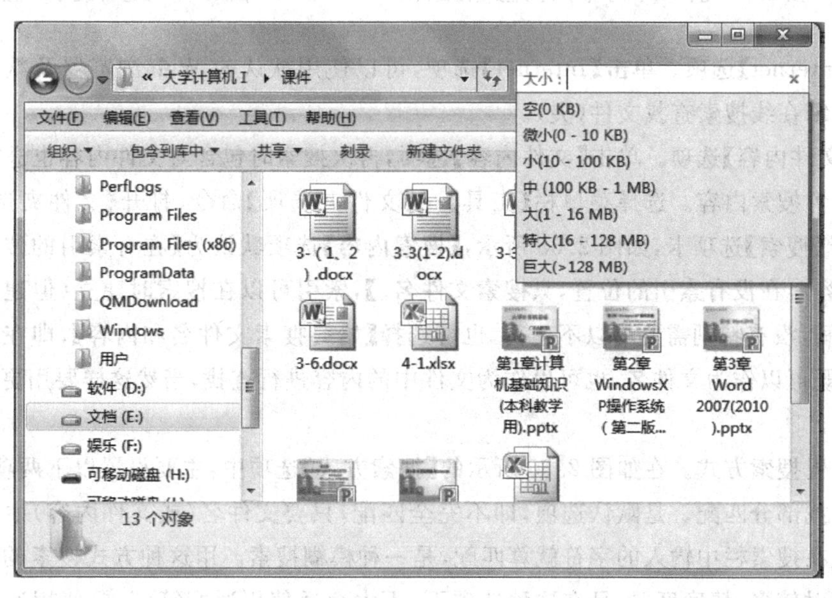

图 2.52 【大小】筛选器

② 设置搜索范围。默认的搜索范围是当前窗口，但在搜索过程中或搜索结束后，都可以随时重新设置搜索范围，再次进行搜索。只要在【在以下内容中再次搜索】提示下方选择

相应的目标位置即可。搜索结束,没有匹配项时的情况如图2.53所示。此时可以选择下列之一再次进行搜索(也适用于搜索过程中及搜索结束有匹配项的情况)。

- 【库】选项。单击【库】选项可以在所有库中中查找文件(夹)。
- 【家庭组】选项。单击【家庭组】选项可以在家庭组的所有库中查找文件(夹)。
- 【计算机】选项。单击【计算机】选项可以在所有的磁盘驱动器和可移动磁盘中查找文件(夹)。但值得注意的是搜索时间可能会很长。
- 【自定义】选项。单击【自定义】选项,打开【选择搜索位置】对话框,如图2.54所示。在【更改所选项位置】列表框中选择搜索的目标位置,然后单击【确定】按钮,即可在所选的目标范围内查找文件(夹)。

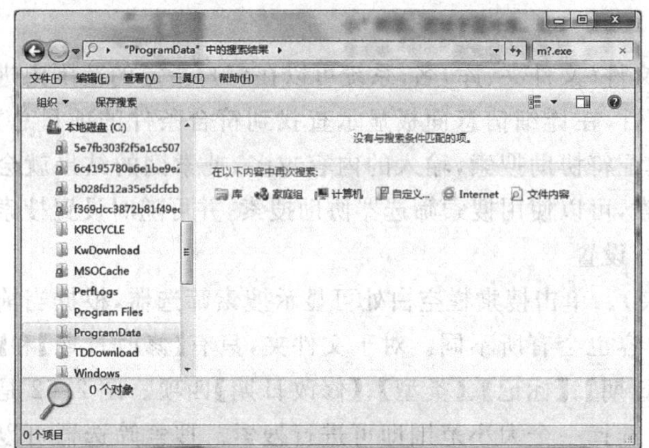

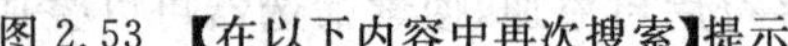

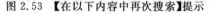

图2.53 【在以下内容中再次搜索】提示

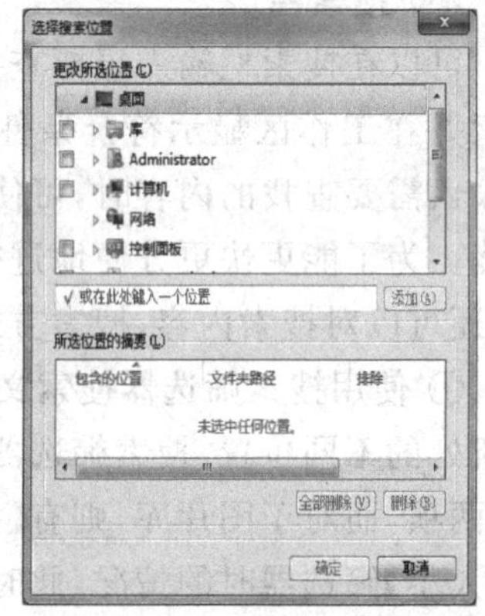

图2.54 【选择搜索位置】对话框

- 【Internet】选项。单击【Internet】选项,可以使用默认的Web浏览器及默认的搜索引擎在线搜索查找文件(夹)。
- 【文件内容】选项。单击【文件内容】选项,再次搜索时包含对文件内容也进行匹配。

③ 设置搜索内容。选择菜单栏【工具】→【文件夹选项】命令,打开【文件夹选项】对话框,再选择【搜索】选项卡,如图2.55所示,【搜索内容】选项默认为【在有索引的位置搜索文件名和内容。在没有索引的位置,只搜索文件名。】,索引可以在搜索时建立(但建立索引会要较长时间,没有特别需要可以不建)。也可选择【始终搜索文件名和内容】,即在搜索栏输入的内容既可以作为文件名,也可以作为文件中的内容进行查找,当然这样要用更多的搜索时间。

④ 设置搜索方式。在如图2.55所示的【搜索方式】选项中,主要设置以下两项。

- 查找部分匹配。是默认选项,即不完全匹配,只要文件名(或文件内容)中包含了用户在搜索栏中输入的字符就算匹配,是一种模糊搜索。用这种方式搜索的结果项目相对较多,精确度差,且在这种选项下,不太合适使用通配符(若要使用通配符进行搜索,应该取消该选项)。
- 使用自然语言搜索。选中该项可以使用逻辑运算符and、or和not来协助搜索。其书写方法及语句的含义可见表2.3。

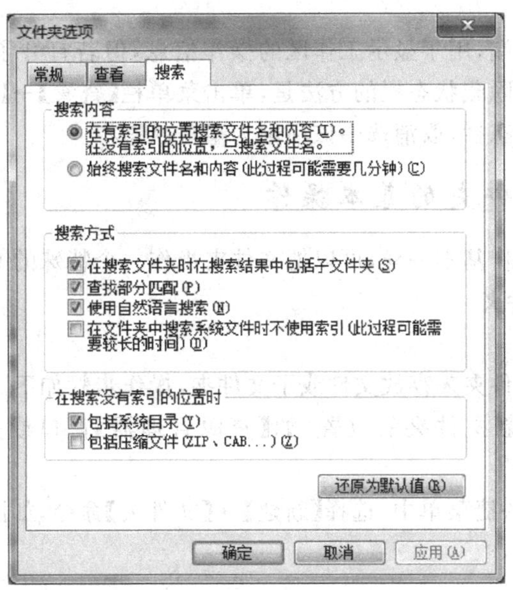

图 2.55 【文件夹选项】-【搜索】选项卡

表 2.3 自然语言搜索应用

自然语言搜索例句	含　义
a＊.exe and ＊p＊	搜索主文件名以 a 字母开头，且含有字母 p 的.exe 文件
a??.exe or b??.exe	搜索所有以 a 或 b 开头，且主文件名只有 3 个字符的.exe 文件
＊.exe not m＊.exe	搜索除主文件名以 m 字母开头以外的所有.exe 文件

⑤ 保存搜索结果。若经常要对一固定的搜索目标使用固定的搜索条件进行搜索，最好的方法就是在进行过一次搜索后，进行保存搜索结果操作。单击常用工具栏【保存搜索】命令，把以搜索条件为名称的搜索结果快捷图标添加到导航窗格的【收藏夹】中。这样下次就不必重新搜索，只要单击导航窗格该搜索结果的快捷图标，就可打开保存的搜索结果，此时可以查看到与原搜索相匹配的最新搜索结果。

(6) 工作区

工作区用来显示当前磁盘、可移动磁盘、光盘驱动器、文件夹及库中所包含的文件、文件夹和库信息。

(7) 预览窗格

在工作区窗格的左侧，当打开时可对用户在工作区窗格选中的音乐、视频、图片、文档等文件的内容进行预览。音乐、视频文件可以进行播放，文档文件可以翻页浏览，预览窗格宽度还可根据需要用鼠标进行调整。

(8) 详细信息面板

详细信息面板用来显示当前选中文件的详细信息，并能对其属性等信息进行编辑。该面板的图标有大、中、小三种显示方式，右击面板空白区域，在弹出的快捷菜单中，可以进行图标显示方式的选择。

(9) 状态栏

状态栏在窗口最下端,用于显示工作区的操作信息,但若打开了详细信息面板,状态栏就可以不要了。显示或隐藏状态栏的方法是,单击菜单栏【查看】→【状态栏】选项,选中该项即为在窗口底端显示状态栏,取消选中该项则为隐藏状态栏。

2.2.3 文件与文件夹的基本操作

文件与文件夹的操作基本一样,可以把文件夹当作一个特殊的文件。

1. 创建文件与文件夹

(1) 创建文件夹

用户可以创建新文件夹来存放文件或子文件夹,操作步骤如下。

步骤1:在要创建新文件夹的位置(如【资源管理器】窗口或是桌面的空白处)右击鼠标。

步骤2:在弹出的快捷菜单中,选择【新建】→【文件夹】命令,如图2.56所示。

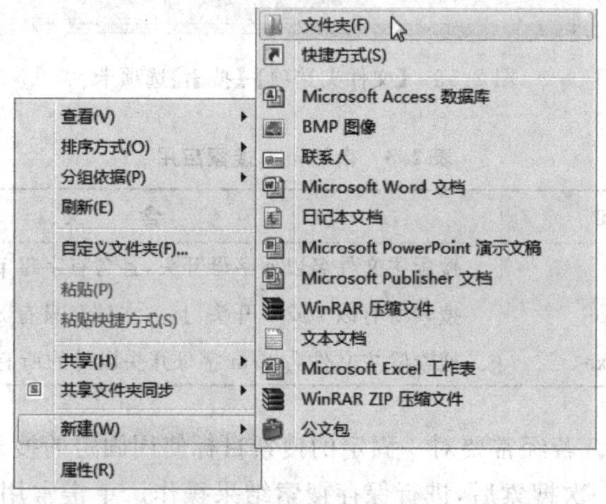

图2.56 新建快捷菜单

步骤3:输入名称,否则采用系统默认名称【新建文件夹】、【新建文件夹(2)】等。

(2) 创建文件

方法1:通过启动相应的应用程序来创建文件。

方法2:与创建文件夹方法相同,只是在上述的“步骤2”中通过图2.56所示的快捷菜单选择需要新建的文档(如文本文档、Microsoft Word文档等)即可。

2. 管理文件与文件夹

(1) 打开文件与文件夹

方法1:双击需要打开的文件(夹)图标。

方法2:右击需要打开的文件(夹)图标,在弹出的快捷菜单中,选择【打开】命令。

方法3:若需要打开的文件(夹)在窗口中(不是桌面),选择【文件】→【打开】命令。

(2) 选定文件与文件夹

为管理文件或文件夹,需要对其进行操作,操作前要先选定文件(夹)。

① 选定单个文件(夹)。单击需要选定的文件(夹)的任何部位(图标或名称)。

② 选定全部文件(夹)。选择菜单栏【编辑】→【全部选定】命令或同时按下 Ctrl＋A 快捷键。

③ 选定一组相邻的文件(夹)。要选定一组多个相邻的文件(夹),将鼠标指针移到要选定范围的一角,然后拖动鼠标(不要拖动文件),会出现一个浅蓝色的矩形框,当该矩形框把所有要选定的内容都覆盖后松开鼠标左键,被该框覆盖的文件(夹)即被选定,如图 2.57(a)所示。

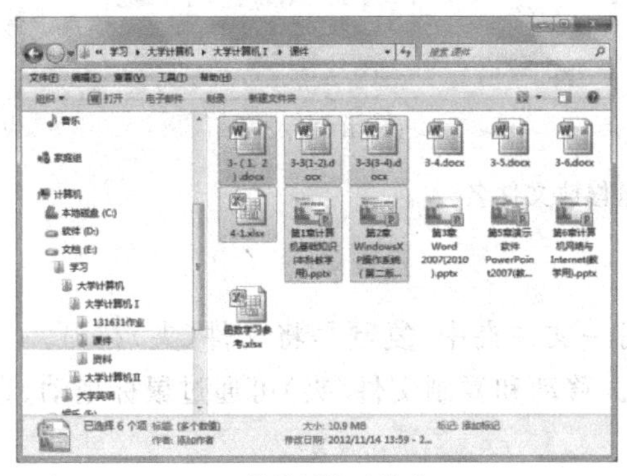

(a) 用鼠标拖动选定

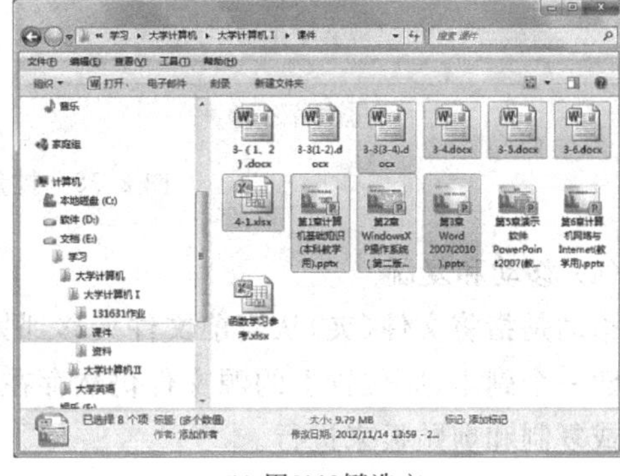

(b) 用Shift键选定

图 2.57 选定文件(夹)

④ 选定一组连续的文件(夹)。所谓连续是指文件排列的顺序,文件(夹)图标是按先行后列排列。若要选定如图 2.57(b)所示的八个文件,可先单击第一行第三个文件,然后按住 Shift 键不放,单击第二行第四个文件即可。

⑤ 选定一组不相邻的文件(夹)。按住 Ctrl 键不放,单击需要选定的文件(夹)即可,若此时再单击已选定的文件(夹),则取消选定。

对于图标在列表和详细信息显示方式下的选定方法,与上述方法类似。

(3) 重命名文件和文件夹

如新建文件(夹)时没有及时输入名称或是需要对现有名称进行更改,需用此操作。

① 单个文件(夹)的重命名

方法 1:首先选定要重新命名的文件(夹),单击该文件(夹)的名称,也可以选择常用工具栏【组织】→【重命名】命令或按 F2 键,这时名称变为反白显示,此时输入新名称即可。

方法 2:右击要重新命名的文件(夹),在弹出的快捷菜单中选择【重命名】命令,这时名称也变为反白显示,输入新名称即可。

② 批量修改文件(夹)名

若从网上或照相机中下载了一批图片,如图 2.58(a)所示,此时可以一次性对该批文件进行重命名,具体操作步骤如下。

步骤 1:选定所有需要重命名的文件。

步骤 2:选择常用工具栏【组织】→【重命名】命令或按 F2 键,当第一个文件名称(也可能是其中一个文件名称)变为反白显示时,输入新名称(例如:蝴蝶)即可,如图 2.58(b)所示。

注意:文件的扩展名是有特殊含义的,不能随意改动,否则系统可能无法识别该文件。

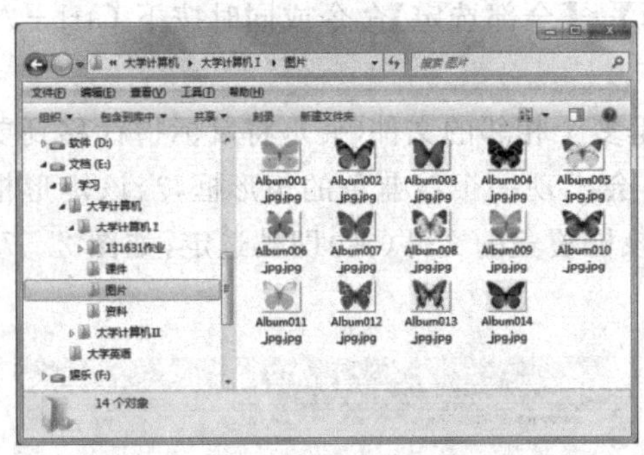

(a) 重命名之前

(b) 重命名之后

图 2.58 批量修改文件名

(4) 移动和复制

移动是指将文件(夹)从当前文件夹移到另一文件夹中,复制是将文件(夹)在另一文件夹中建一个副本,原位置上的源文件仍然存在。移动和复制文件(夹)可通过鼠标拖动、直接移动或复制和剪贴板来进行。

① 鼠标拖动

鼠标拖动一般是在【资源管理器】窗口中进行。当源文件的位置与目标位置在同一磁盘时(盘符相同),用鼠标直接拖动是进行移动,若要复制,需要同时按下 Ctrl 键;当源文件的位置与目标位置在不在同一磁盘时,鼠标直接拖动是进行复制,若要移动,需要同时按下 Shift 键,其操作步骤如下。

步骤 1:在工作区选定文件(夹)。

步骤 2:拖动所选定的内容至导航窗格上的目标位置,此时目标文件夹(库)及名称有浅蓝色的矩形条作为衬底。

步骤 3:此时注意观察鼠标指针旁是否有【+复制到×××】(×××是目标文件夹或库的名称)字样,若有表示当松开鼠标后,是进行复制操作;若此时要进行的是移动操作,则要按下 Shift 键不放,当鼠标指针旁【+复制到×××】字样自动变为【➡移动到×××】时,再松开鼠标键。若鼠标指针旁是【➡移动到×××】字样,表示当松开鼠标后,是进行移动操作;若此时要进行的是复制操作,要按下 Ctrl 键不放,当【➡移动到×××】字样自动变为【+复制到×××】时,再松开鼠标键即可。

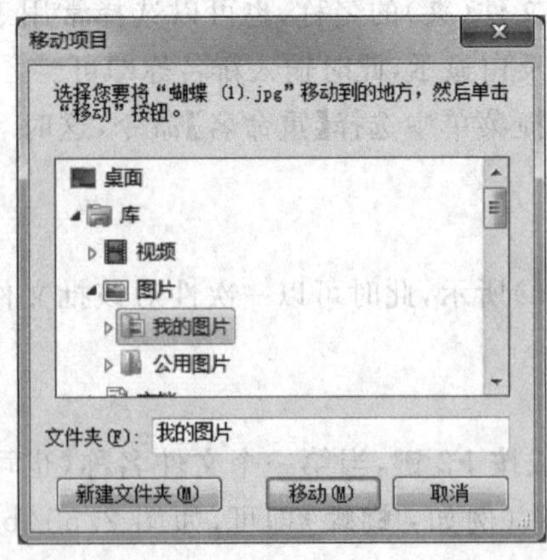

图 2.59 【移动项目】对话框

② 直接移动和复制文件(夹),操作步骤如下。

步骤 1:在工作窗口选定文件(夹)。

步骤 2:选择菜单栏【编辑】→【移动到文件夹】(或【复制到文件夹】)命令,弹出一个【移动项目】(或【复制项目】)对话框,如图 2.59 所示。

步骤 3:在对话框中选择目标文件夹(库),也可以在指定的位置新建一个文件夹。

步骤 4:单击对话框中【移动】按钮(若是【复制项目】对话框,则是【复制】按钮)。

③ 使用剪贴板

在任何窗口下都可使用剪贴板，操作步骤如下。

步骤1：在窗口选定文件(夹)。

步骤2：选择菜单栏【编辑】→【剪切】(或【复制】)命令；或右击选定的文件(夹)，在弹出的快捷菜单中选择【剪切】(或【复制】)命令；或同时按下Ctrl+X(或Ctrl+C)快捷键。

步骤3：打开目标文件夹(库)，单击菜单栏【编辑】→【粘贴】命令；或右击目标窗口空白处，在弹出的快捷菜单中选择【粘贴】命令；或同时按下Ctrl+V快捷键。

其中：【剪切】/【粘贴】是移动操作，【复制】/【粘贴】是复制操作。

④ 使用【发送到】命令复制文件(夹)，操作步骤如下。

步骤1：右击选定的文件(夹)，在弹出的快捷菜单中选择【发送到】命令。

步骤2：在出现的级联菜单中可选择【我的文档】和【U盘】等目标位置。

(5) 删除文件(夹)

删除操作是将文件(夹)放入【回收站】，但删除的若是U盘上的文件(夹)，将是永久删除而不是放入【回收站】，可以选定一个或多个文件(夹)进行以下的删除操作。

方法1：选定要删除文件(夹)，按Delete键。

方法2：右击要删除文件(夹)，在弹出的快捷菜单中选择【删除】命令。

方法3：选定要删除文件(夹)，选择常用工具栏【组织】→【删除】命令。

方法4：调整窗口大小，使桌面上的【回收站】能显示出来，用鼠标拖动要删除文件(夹)到【回收站】图标上，松开鼠标即可。

进行以上操作后，会弹出【删除文件(夹)】或【删除多个项目】对话框，此时需按【是】按钮才能完成删除操作。

说明：*在用方法1和方法2进行删除操作时，同时按下Shift键，则是直接从硬盘中删除而不放入回收站。*

(6) 压缩和解压文件(夹)

使用压缩文件可以使磁盘所占的空间减小，或是将多个文件打包成一个文件，有利于传输和备份保存。常用的压缩文件有.rar格式和.zip格式，Windows系统带有内置zip格式压缩文件管理器。

① .zip格式压缩文件的压缩和解压

.zip格式压缩文件都是放在一个扩展名为.zip的特殊文件夹中，如图2.60所示，该文件夹实际上是一个应用程序。

图2.60 压缩(zipped)文件夹

• 压缩文件夹的创建

步骤1：右击要压缩的文件(夹)，在弹出的快捷菜单中选择【发送到】命令。

步骤2：在出现的级联菜单中选择【压缩(zipped)文件夹】命令，这样就生成了一个与源文件(夹)同名的压缩文件夹，可重新对其命名。

• 向压缩文件夹中添加文件(夹)

将文件或文件夹放入压缩文件夹中(可采用拖动、复制等方法)，系统会自动对进入压缩文件夹的文件(夹)进行压缩。

• 从压缩文件夹解压文件

步骤 1：打开压缩文件夹，如图 2.61 所示，选定要解压的文件(夹)。

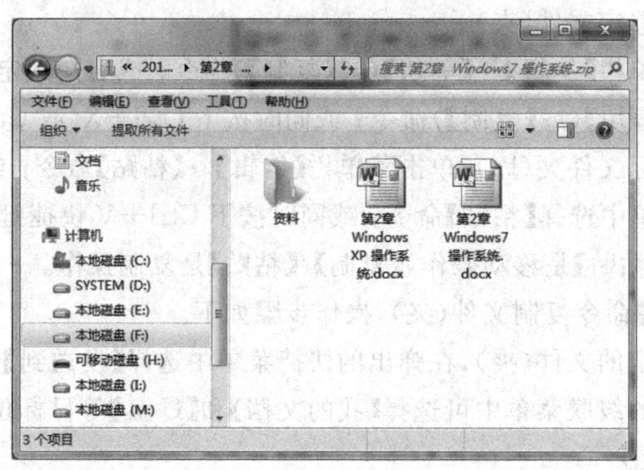

图 2.61　打开的压缩文件夹

步骤 2：单击菜单栏【编辑】→【复制到文件夹】或【移动到文件夹】命令，将选定的文件(夹)放入指定位置，或直接拖动到导航窗格的指定位置，系统会对离开压缩文件夹的文件(夹)自动进行解压。若单击常用工具栏【提取所有文件】命令(见图 2.61)，会弹出【提取压缩(zipped)文件夹】对话框，引导用户将所有文件(夹)解压后放入指定位置，原来的压缩文件继续保留在压缩文件夹中。

② .rar 格式压缩文件的压缩和解压

WinRAR 压缩文件管理器是需要另外安装。除能支持.rar 格式文件外，还能支持.rar5 和.zip 格式。.rar 和.rar5 格式压缩文件是放在一个扩展名为.rar 的压缩包中(也可以看作是特殊的文件夹)。现以.rar 格式为例，介绍 WinRAR 压缩文件管理器的使用。

• 压缩文件包的创建

步骤 1：选定要压缩的文件(夹)，选择【文件】菜单或右击所选对象。

步骤 2：在弹出如图 2.62 所示的菜单中选择【添加到压缩文件】命令，此时弹出【压缩文件名和参数】对话框，如图 2.63 所示。

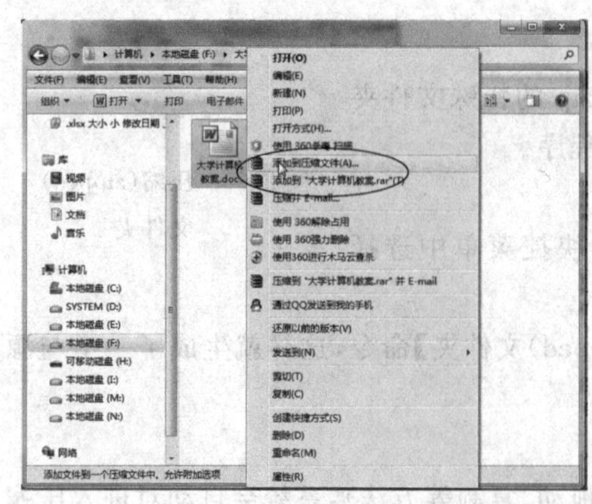

图 2.62　创建压缩文件包

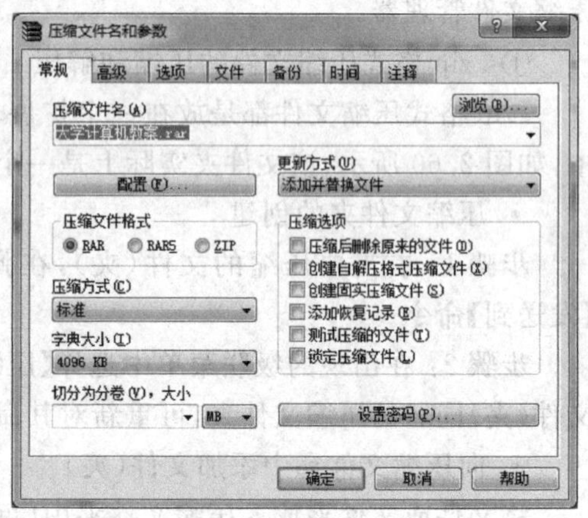

图 2.63　【压缩文件名和参数】对话框

步骤 3：在该对话框中，用户可以通过【压缩文件名】文本框更改压缩包的名称、用【浏览】命令按钮设置目标位置（默认为当前位置），设置好后按【确定】按钮，即可生成.rar 格式压缩包，如图 2.64 所示。

图 2.64 .rar 格式压缩包

若在步骤 2 时选择【添加到"大学计算机教案.rar"】项，直接在当前目录生成名为"大学计算机教案.rar"的压缩文件包。

- 向压缩文件包中添加文件（夹）

步骤 1：选定要压缩的文件（夹），单击【文件】菜单或右击所选对象。

步骤 2：在弹出如图 2.62 所示的快捷菜单中单击【添加到压缩文件】命令。

步骤 3：在弹出【压缩文件名字和参数】对话框中，选择一个已建好的压缩包文件即可。

- 从压缩文件包解压文件

步骤 1：双击需要解压的压缩包，弹出【.rar 格式压缩包】窗口，如图 2.65 所示。

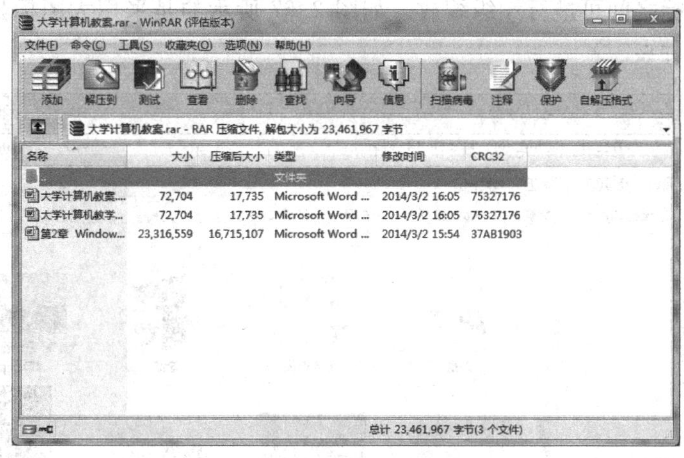

图 2.65 【.rar 格式压缩包】窗口

步骤 2：在文件列表中选择需要解压的文件（若全部解压则不用选择）。

步骤 3：单击【解压到】按钮，弹出【解压路径和选项】对话框，如图 2.66 所示。

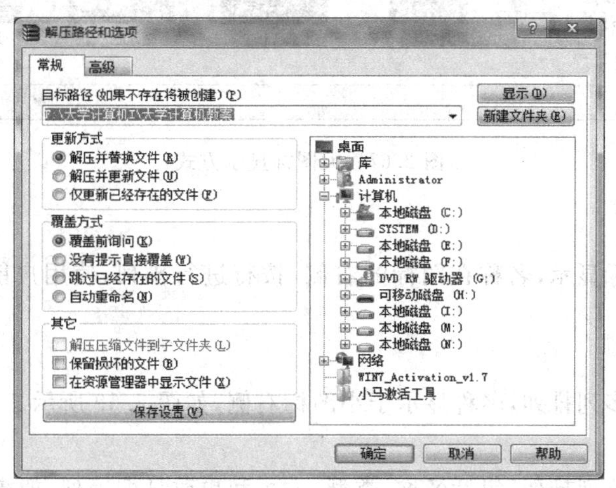

图 2.66 【解压路径和选项】对敌框

步骤4：在对话框的文件夹树中选择目标文件夹、可以在【目标路径】文本框中输入新文件名(不输入则用原文件名)，设置好后按【确定】按钮即可。

此外若是全部解压，可右击压缩包，在弹出的快捷菜单中选择【解压文件】命令，会弹出如图2.65所示的对话框，然后按步骤4操作；若选择【解压到当前文件夹】命令，则会在当前文件夹按压缩包名称生成一个解压的文件(夹)。

3. 文件和文件夹的显示方式

文件和文件夹在窗口中是以图标形式显示的，图标有多种显示方式，通过单击【查看】菜单或常用工具栏上【更改您的视图】按钮及其旁边的【更多选项】按钮 ▾ 来设置不同的显示方式。

(1) 超大图标、大图标、中图标

这三种显示方式只是大小的差异，都是图标的名称在图标之下，图片文件是以图片内容的小图来代替图标，内有图片文件的文件夹则将所包含的图片内容显示在文件夹的图标上，从小图标到大图标之间可进行无级缩放。如图2.67所示的是采用大图标显示的图片文件及含有图片的文件夹。

图2.67 大图标显示方式

(2) 小图标

采用较小的图标显示，名称在图标的右侧，按行进行排列，使用户能快速浏览内容，如图2.68所示。

(3) 列表

采用小图标按多列排列，名称显示于小图标右侧，如图2.69所示。

(4) 详细信息

采用小图标按单列排列，包括名称、类型、大小和更改日期等列，如图2.70所示。

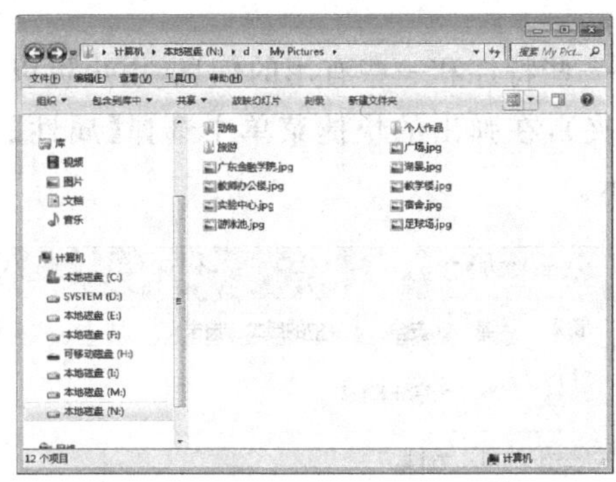

图 2.68　小图标显示方式

图 2.69　列表显示方式

(5) 平铺

平铺是系统默认的显示方式，采用中图标且名称显示在图标右侧，按行排列。除显示名称外，还显示分类信息(如文件类型、大小等)，如图 2.71 所示。

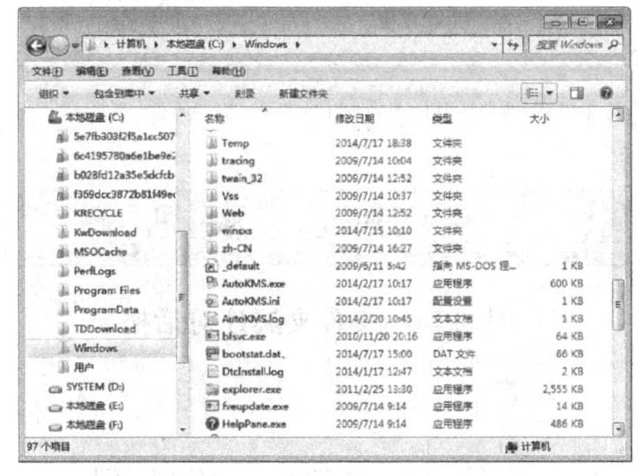

图 2.70　详细信息显示方式

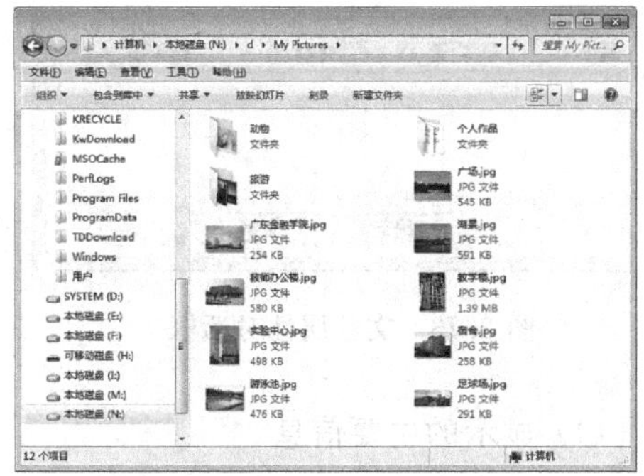

图 2.71　平铺显示方式

(6) 内容

采用的图标略小于中图标，名称显示在图标右侧。除显示名称外，还显示分类信息(如文件类型、作者、修改日期和大小等)，如图 2.72 所示。

图 2.72　内容显示方式

4. 文件和文件夹属性

每个文件和文件夹都有属性,它是系统赋予的一些特性和一些有用的信息,用户可以查看信息,也可以对一些特性进行修改。右击文件(夹),在弹出的快捷菜单中选择【属性】命令,则弹出【属性】对话框,如图 2.73 或图 2.74 所示。

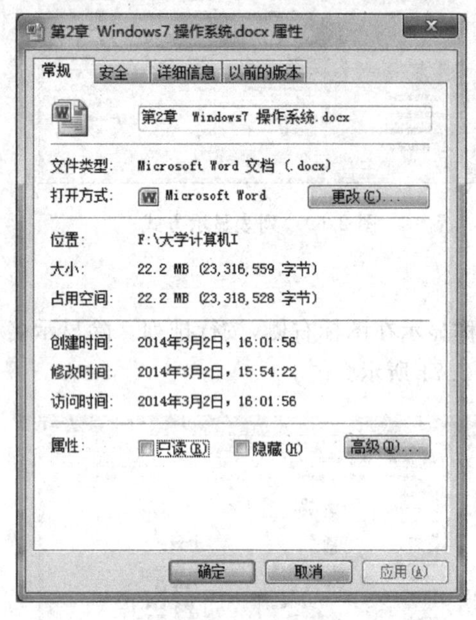

图 2.73 文件属性对话框

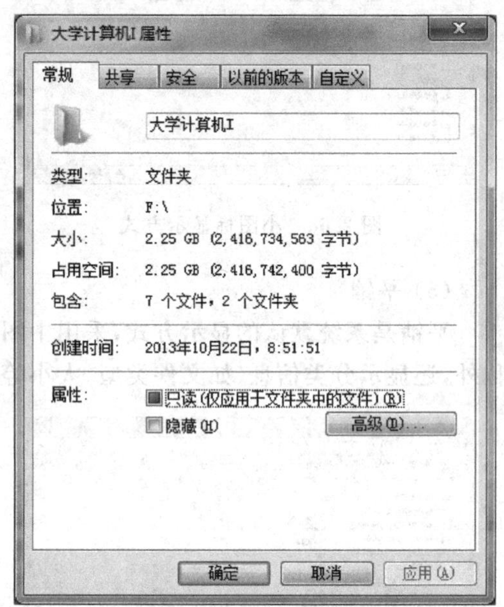

图 2.74 文件夹属性对话框

(1) 显示的主要信息

由于文件类型不同,其属性对话框有可能也不一样,文件夹与文件也不相同,但一些主要信息还是一样的,主要有:

① 是文件还是文件夹,若是文件还有文件类型、打开文件的应用程序名。

② 所处的位置和大小。

③ 包含在文件夹中的文件和子文件夹的数目。

④ 创建时间,若是文件还有最后的修改日期和访问日期。

(2) 属性设置

① 只读。若选中该项,表示该文件(夹)不能更改。若设置文件夹为只读时,会弹出文件夹【确认属性更改】对话框,如图 2.75 所示。当选择【将更改应用于此文件夹、子文件夹和文件】选项后,该文件夹内的所有文件和文件夹都将设置为只读,即都不能被修改。若文件夹取消只读选项,经【将更改应用于此文件夹、子文件夹和文件】确认后,该文件夹内的所有文件和文件夹都将取消只读。

② 隐藏。若选中该项,表示不再显示,此时若不知道名称就不能使用该文件(夹),关于显示隐藏文件的方法将在下面加以介绍。

(3) 文件夹属性的自定义选项卡

单击图 2.74 所示的【自定义】选项卡,弹出【自定义】选项卡对话框,如图 2.76 所示。其中包括【您想要哪种文件夹?】、【文件夹图片】和【文件夹图标】三个区域。

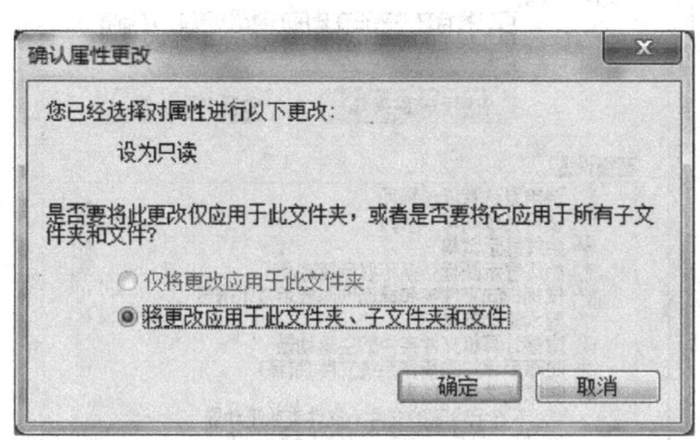

图 2.75　文件夹【确认属性更改】对话框

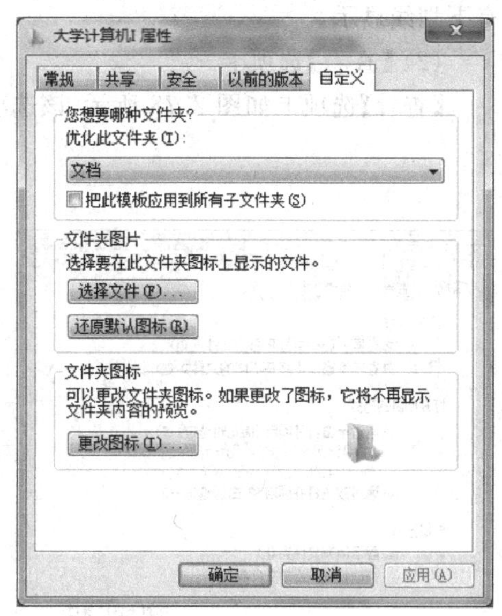

图 2.76　文件夹属性【自定义】选项卡

① 您想要哪种文件夹？可以设置该区域内的文件夹的类型。共有【常规项】、【文档】、【图片】、【音乐】和【视频】五种类型。新创建的空文件夹一般默认为【常规项】类型。若选择【图片】类型，打开该文件夹后，工具栏中会出现【放映幻灯片】按钮。

② 文件夹图片。当以中图标至超大图标方式显示时，可通过该区域内的【选择文件】按钮在该文件夹内或子文件夹中选择图片放到该文件夹图标上用以提示其内容。单击【还原默认图标】按钮，可清除所选图片。

③ 文件夹图标。可通过该区域内的【更改图标】按钮为文件夹更换图标，但更换图标后，图标上就不能再显示文件夹内的图片。

5. 文件夹选项

用户可以自己定义文件和文件夹的显示风格，方法是选择菜单栏【工具】→【文件夹选项】命令，在弹出如图 2.77 所示的【文件夹选项】对话框中进行设置。

(1)【常规】选项卡

【常规】选项卡上共有【浏览文件夹】、【打开项目的方式】和【导航窗格】三栏。

① 浏览文件夹。选中【在同一窗口打开每个文件夹】单选项(默认)，表示每打开一个窗口，如【资源管理器】或文件夹时，在任务栏上只出现一个窗口，当打开窗口中的子文件夹窗口时，原窗口将关闭。要返回到前一个文件夹窗口，需单击【返回】按钮，或按 BackSpace 键。选中【在不同窗口中打开不同的文件夹】单选项，每打开一个【资源管理器】或文件夹都会在任务栏新开一个窗口，可通过任务栏对窗口(文件夹)进行切换。

② 打开项目的方式。选中【通过双击打开项目(单击时选定)】单选项(默认)，是指单击选定项目，双击打开项目。选中【通过单击打开项目(指向时选定)】单选项，表示单击就可打开项目，但【指向时选定】又有两个单选项供用户选择，【根据浏览器设置给图标加下划线】和【仅当指向图标标题时加下划线】，前者是指文件夹中和桌面上的图标名称带下划线显示，就像网页上的链接，而后者指只有当鼠标指针停在标题上时，文件夹中或桌面上的图标标题才

有下划线显示。

(2)【查看】选项卡

【查看】选项卡如图2.78所示,该选项卡中有【文件夹视图】和【高级设置】两栏。

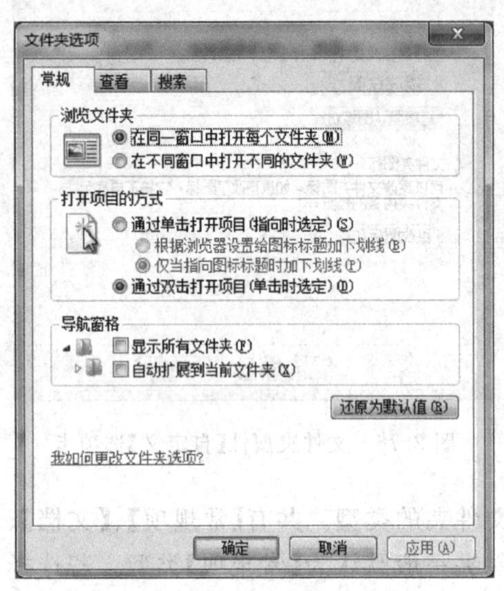

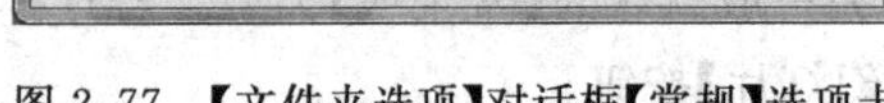

图2.77 【文件夹选项】对话框【常规】选项卡

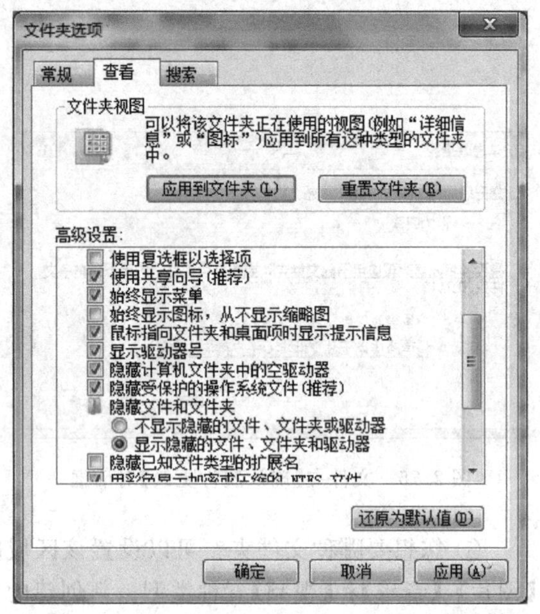

图2.78 【文件夹选项】对话框【查看】选项卡

① 文件夹视图。单击【应用到所有文件夹】按钮,可以使计算机上的所有文件夹都使用当前文件夹视图(如平铺或详细信息等)。单击【重置所有文件夹】按钮,可以将文件夹设置恢复到安装Windows后生效的文件夹设置。

② 高级设置。主要有如下功能。

- 隐藏文件和文件夹。有【不显示隐藏的文件、文件夹或驱动器】与【显示隐藏的文件、文件夹和驱动器】两个单选项,选择前者将不显示属性设为隐藏的文件和文件夹,选择后者将显示包括属性设为隐藏的所有文件和文件夹。
- 隐藏已知文件类型的扩展名。选中该项,所有已知文件类型的文件都不显示扩展名。
- 在文件夹提示中显示文件大小信息。选中该项,当鼠标指针指向文件夹时,会显示文件夹内文件的大小以及文件和子文件夹的名称。

2.2.4 库的应用

库在组织和管理计算机中的文件与文件夹方面,除了有着文件夹所具备的功能外,库还可以收集不同文件夹中的内容。可以将不同物理位置上的文件夹包含到同一个库中,然后以一个集合的形式查看和排列这些文件夹中的文件。例如,如果在外部磁盘驱动器上保存了一些图片,则可以在图片库中包含该磁盘驱动器中的文件夹,然后在该硬盘驱动器连接到计算机时,可随时在图片库中访问该文件夹中的文件。

1. 系统默认库

在系统库中,默认有视频、图片、文档和音乐四个库,在视频、图片和音乐库中还有相应的示例文件夹及文件。当用户保存与这四个库相关的文件时，系统会自动默认的目标位置就是相应的库。在库中用户可以像在文件夹中那样创建文件、文件夹，同时还可以与文件夹相同的方式浏览文件。

库可以管理多个存放在不同物理位置的文件及文件夹，并允许用户以不同的方式访问和排列这些文件与文件夹。用户可以将自己常用的文件夹包含在库中(实际上是一种链接方式)，以方便管理和设置默认保存位置；也可以自己新建库，把在计算机中所需要的文件夹包含在自建的库中；还可以把自建库或自建库中的文件夹包含在系统默认的库中。

库中文件与文件夹的显示方式与文件夹中的显示方式基本一样，但排列方式上有很大不同，更利于用户查找文件。库不同，排列方式也有所差异，下面将对较为有特点的排列方式加以介绍。

(1) 按【名称】排列

库中默认的是【文件夹】排列方式，如图 2.79 所示。而当按【名称】排列时(视频库和文档库可按【名称】排列)，不再出现文件夹图标，只有文件，如图 2.80 所示。

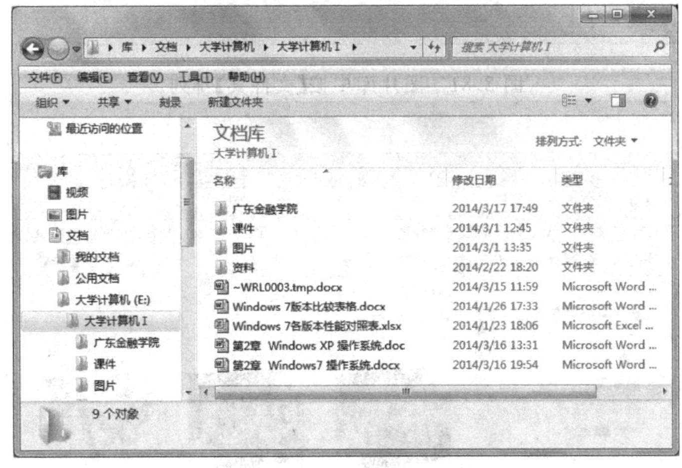

图 2.79　库中按【文件夹】排列

图 2.80　库中按【名称】排列

(2) 按【月】排列

在图片库中还可以按【月】、【日】排列，图2.81所示的是图片库【文件夹】排列方式。图2.82所示的是按【月】排列方式。

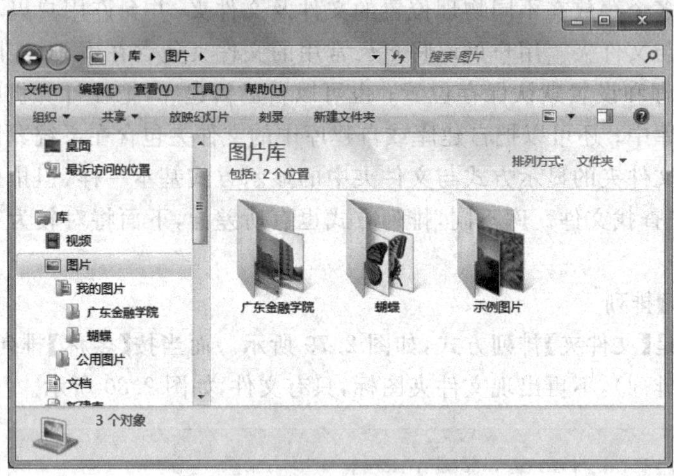

图2.81　图片库中按【文件夹】排列

图2.82　图片库中按【月】排列

2. 新建库

除了四个系统默认库，用户可根据需要为其他类型文件建新库，以便文件的组织与管理。建新库的方法如下。

① 打开资源管理器窗口。

② 单击常用工具栏【新建库】按钮，也可以右击导航窗格的【库】选项或库工作区的空白处，在弹出的快捷菜单中选择【新建】→【库】命令。此时在工作区会生成一个名为“新建库”的库图标。

③ 将新建的库名称【新建库】改名(例如：程序)，这样就新建了一个名为【程序】的库。

3. 在库中包含文件夹

在库中虽然可以新建文件夹，但更多的是将存放在其他位置上的文件夹包含到库中，其操作方法如下。

① 在资源管理器窗口选中要包含到库中的文件夹。

② 单击常用工具栏上的【包含到库中】按钮，在弹出的库列表中，选择一个库即可。也可以右击要包含到库中的文件夹，在快捷菜单中选择【包含到库中】选项，在弹出的级联菜单中选择一个库。

③ 若是要为选中的文件夹新建一个库，并将其包含到该库中，则在弹出的库列表中，选择【创建新库】命令，此时会以新建一个与选中文件夹同名的库，选中的文件夹包含在这个新库中。

2.3 Windows 常用工具

2.3.1 控制面板

通过控制面板，可以管理账户、进行个性化的设置等操作。选择【开始】→【控制面板】命令，弹出【控制面板】窗口，如图 2.83 所示。

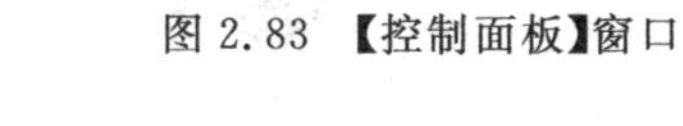

图 2.83 【控制面板】窗口

1. 用户账户管理

Windows 允许多个用户共用一台计算机，既要充分共享资源，又要将各用户所用的数据和程序相互区分开来，因此必须为每个使用者分别设立账户，使计算机能对使用者的行为进行管理，以便更好地保护用户的资料。

(1) 账户类型

Windows 7 操作系统分为三种账户：计算机管理员账户、标准账户和来宾账户。

① 计算机管理员账户。每台计算机至少有一个该账户（系统默认的管理员：Administrator，可以更改其名称）。他拥有最高的管理权限，可任意装载/删除软件、修改/删除文件（夹）、创建、更改/删除管理员账户和标准账户以及开启/关闭来宾账户。

② 标准账户。由计算机管理员账户创建，可以执行管理员账户下的几乎所有的操作，但是如果要执行影响该计算机其他用户的操作（如安装软件或更改安全设置、对其他账户进行维护等），则 Windows 可能要求提供管理员账户的密码。

③ 来宾账户。是一个特殊的受限账户，是为没有账户的人临时使用计算机而准备的。该账户不设密码，是由计算机管理员账户来设置启用/关闭，拥有最小的使用权限。

(2) 创建新账户操作步骤如下。

步骤 1：在图 2.83 所示的窗口中选择【用户帐户和家庭安全】类下的【添加或删除用户帐户】选项，弹出【管理帐户】窗口，如图 2.84 所示。

图 2.84 【管理帐户】窗口

步骤 2：选择【创建一个新帐户】选项，弹出【创建新帐户】窗口，如图 2.85 所示。

步骤 3：在【创建新帐户】窗口内的文本框中，输入新的账户名称(例如：USER03)后，在【标准用户】和【管理员】两个单选按钮中选择一个后(例如：标准帐户)，单击【创建帐户】按钮即完成创建，系统返回【管理帐户】窗口。

(3) 更改账户

在图 2.84 所示的【管理帐户】窗口中单击某个用户图标(如刚建立的 USER03)，弹出【更改帐户】窗口，如图 2.86 所示，可以进行如下更改操作。

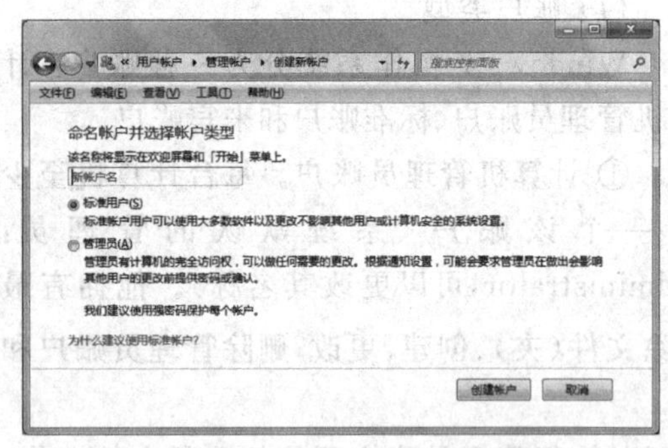

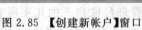

图 2.85 【创建新帐户】窗口

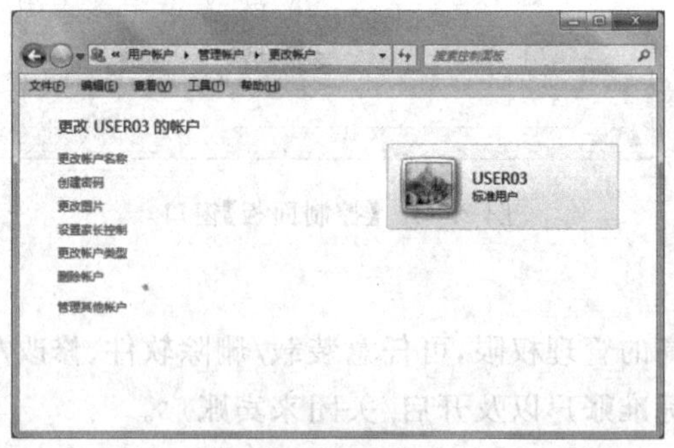

图 2.86 【更改帐户】窗口

① 更改帐户名称。单击该选项，可根据提示输入新名称后按【更改名称】按钮即可。

② 创建/更改密码。对于新建或已删除密码的用户该项显示为【创建密码】，单击该选项，弹出【创建密码】窗口，如图 2.87 所示。在【新密码】和【确认新密码】文本框中输入二次新密码后按【创建密码】按钮即可。但对于有密码用户，该项显示为【更改密码】，更改密码的操作与创建密码操作相同。

③ 删除密码。对于已有密码的用户有该选项。单击该选项，在弹出的提示窗口中单击

【删除密码】按钮即可。

④ 更改图片。若想更换用户图标需用此操作。单击该选项，弹出【选择图片】窗口，如图 2.88 所示，通过图片浏览窗口选择一个新图片后，单击【更改图片】按钮即可。

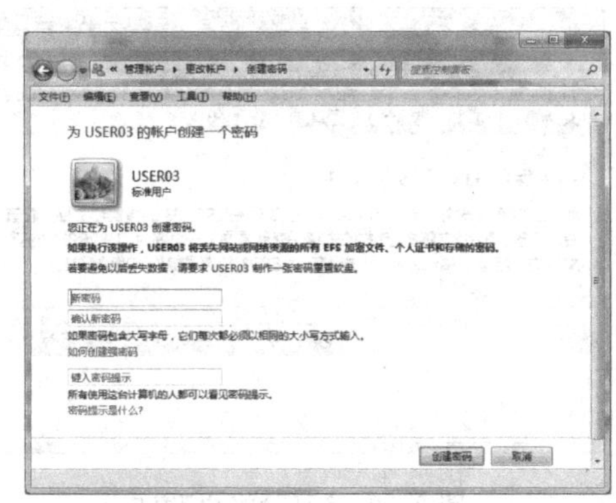

图 2.87 【更改帐户项目】窗口

图 2.88 【选择图片】窗口

⑤ 设置家长控制。操作步骤如下。

步骤 1：单击【设置家长控制】选项，弹出【家长控制】窗口，如图 2.89 所示。

步骤 2：单击【游戏分级系统】选项，弹出【游戏分级系统】窗口，如图 2.90 所示。在【您想使用哪一种游戏分级系统?】的列表中，选择一个选项后，按【确定】按钮，此时又会回到图 2.89 所示的【家长控制】窗口。

图 2.89 【家长控制】窗口

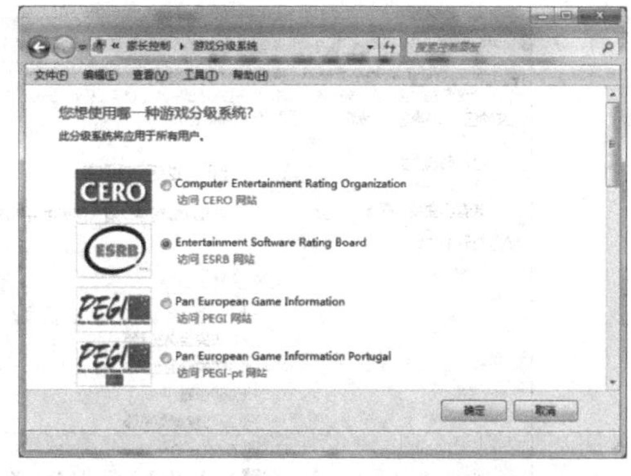

图 2.90 【游戏分级系统】窗口

步骤 3：在如图 2.89 所示的【家长控制】窗口的【用户】列表中，选择一个用户图标(如 UESR03)，弹出【用户控制】窗口，如图 2.91 所示。在【家长控制】栏选择【启用，应用当前设置】选项，然后再分别对【时间限制】、【游戏】和【允许和阻止特定程序】项进行进一步的设置即可。

⑥ 更改账户类型。单击该选项，弹出类似图 2.85 所示的【创建新帐户】窗口，不同的是没有了【新帐户名】的输入框，且【创建帐户】按钮变为【更改帐户类型】按钮，选择【标准】或【管理员】选项后，单击【更改帐户类型】按钮即可。

⑦ 删除账户。单击该选项，弹出【删除帐户】窗口，如图 2.92 所示。单击【保留文件】按

钮,表示该用户删除后,桌面上将有一个以该用户名称命名的文件夹(如USER03),用以保存该用户在桌面、收藏夹及我的文档中的文件资料,若单击【删除文件】,则不保留该用户的任何资料。

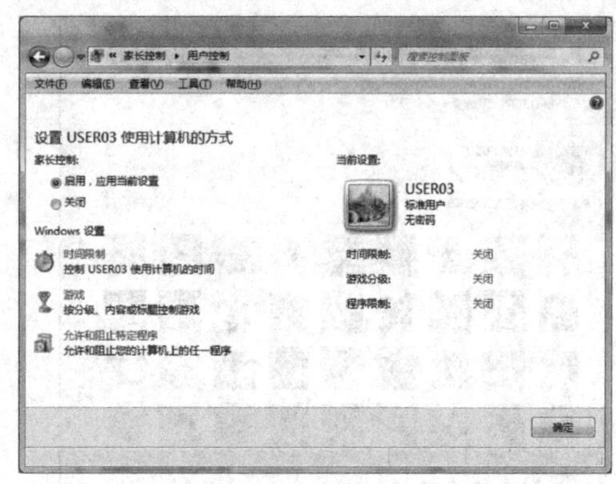

图 2.91 【用户控制】窗口

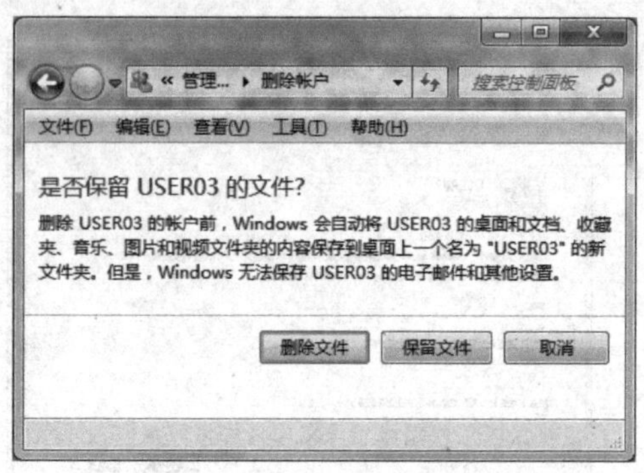

图 2.92 【删除帐户】窗口

2. 卸载/更改程序

若要删除已安装的软件,不能采用直接删除文件或文件夹的方式,而是应该执行该软件自带的卸载程序,或是通过【控制面板】提供的【卸载程序】来完成删除工作,该功能也可以更改程序。

单击【控制面板】窗口(图2.83)中【卸载程序】选项,弹出【卸载或更改程序】窗口,如图2.93所示。

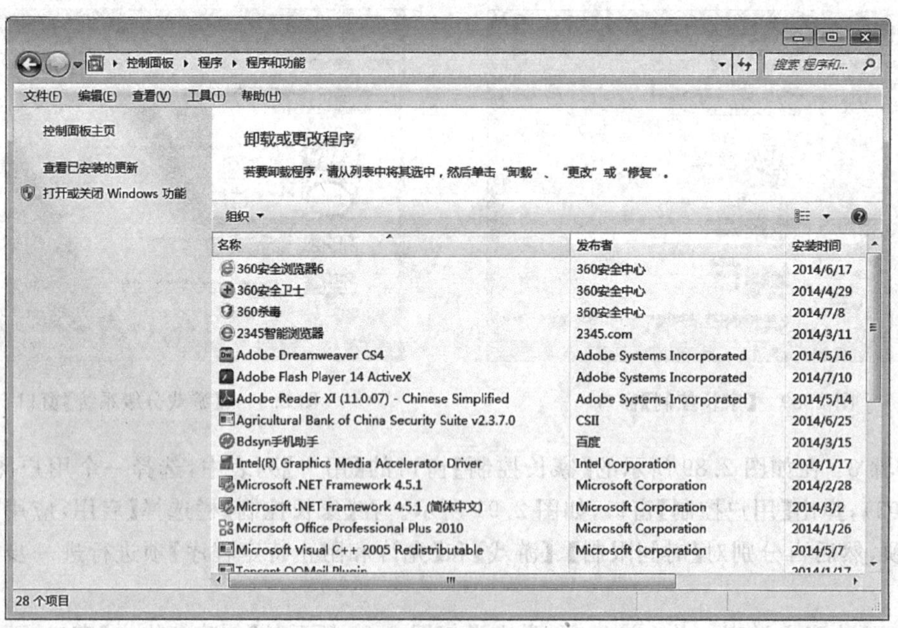

图 2.93 【卸载或更改程序】窗口

(1) 卸载/更改程序

在图2.93所示的【卸载或更改程序】窗口的已安装程序列表框中,选择要更新或删除的程序，同时还会看到在工具栏上会根据所选程序的不同，出现【卸载】或【卸载/更改】、【更改】、【修复】等按钮，其操作方法如下。

① 卸载程序。在工具栏上有【卸载】按钮，直接单击【卸载】按钮即可；若是【卸载/更改】按钮，单击该按钮后，大多数情况仍是直接做卸载，少数情况会出现【卸载与修复】选项，此时继续选择卸载选项即可。

② 更改/修复程序。在工具栏上有【更改】或【修复】按钮，直接单击该按钮，并按照提示继续即可；若是单击【卸载/更改】按钮后，出现【卸载与修复】选项，此时继续选择【修复】选项即可。

(2) 打开/关闭 Windows 功能

单击图 2.93 左侧的【打开或关闭 Windows 功能】按钮，弹出【时钟 Windows 功能】窗口，如图 2.94 所示。在【功能】列表框中，显示了可用的各功能内容。若要打开某个 Windows 功能，选择该功能旁边的复选框。若要关闭某个 Windows 功能，清除该复选框，全部选定后单击【确定】按钮。

3. 设置默认程序

设置默认程序的功能是指定用于当前(如 Internet 上网、自动启动音频应用程序等)默认程序的过程。单击控制面板中(图 2.83 所示)的【程序】选项，弹出【程序】窗口，如图 2.95 所示。单击【设置默认程序】选项，弹出【设置默认程序】窗口，如图 2.96 所示。现以选择一个默认的媒体播放器为例，说明如何进行设置。

图 2.94 【Windows 功能】窗口

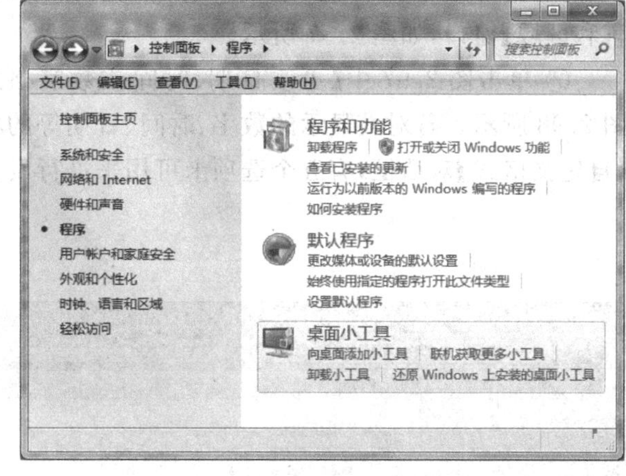

图 2.95 【程序】窗口

① 在图 2.96 所示的【程序】列表中，选择一个播放器程序(如选择 Windows Media Player)。

② 单击【将此程序设置为默认值】后，按【确定】按钮。

此外，也可以通过右击要播放的媒体文件，在打开的快捷菜单中选择【打开方式】→【选择默认程序】命令，在弹出的【打开方式】对话框中，选择 Windows Media Player 播放器即可。

经此设置后，所有可以由 Windows Media Player 播放器播放的媒体文件，在直接打开时，都会自动默认采用 Windows Media Player 播放器打开并播放。但此设置的选项仅适用

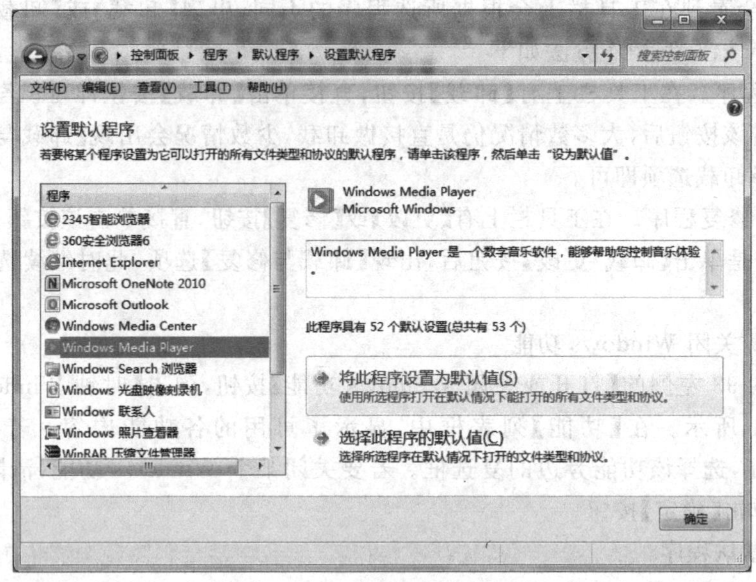

图 2.96 【设置默认程序】窗口

于设置者的用户账户，该设置不会影响到此计算机上的其他用户账户。

4. 更改数字、日期和时间的格式

① 在图 2.83 所示的【控制面板】窗口中，单击【时钟、语言和区域】选项，弹出【时钟、语言和区域】窗口，如图 2.97 所示。

② 单击图 2.97 中【更改日期、时间或数字格式】选项，弹出【区域和语言】对话框，如图 2.98 所示。若对其显示的数字、时间、日期等的格式不满意，单击【其他设置】按钮，弹出【自定义格式】对话框，有五个选项卡可用来进行设置，如图 2.99 所示。

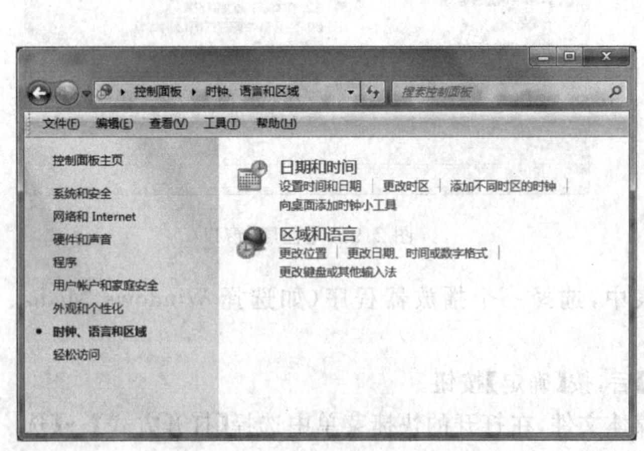

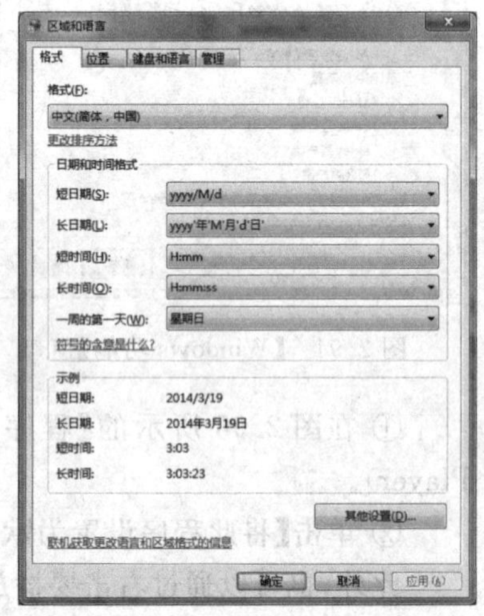

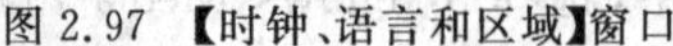
图 2.97 【时钟、语言和区域】窗口

图 2.98 【区域和语言】对话框

③【数字】选项卡。如图 2.99 所示。从中主要是定义小数的位数、是否使用千位分隔符、度量单位等。

④【货币】选项卡。从中主要是定义货币符号(如￥、$等),货币的小数位等。

⑤【时间】选项卡。如图 2.100 所示。从中主要是定义时间显示格式。

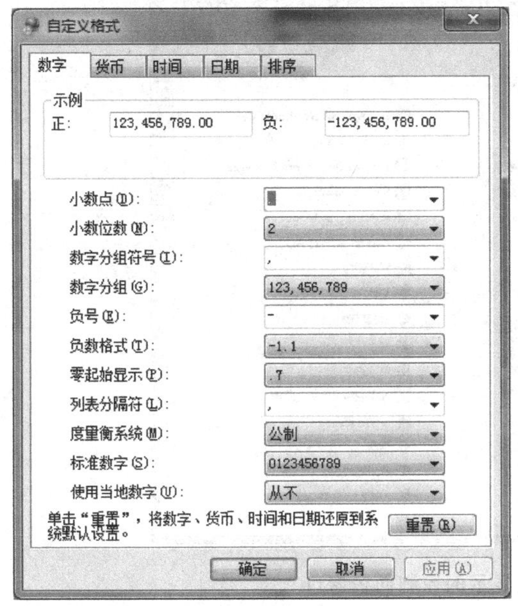

图 2.99 【自定义格式】对话框

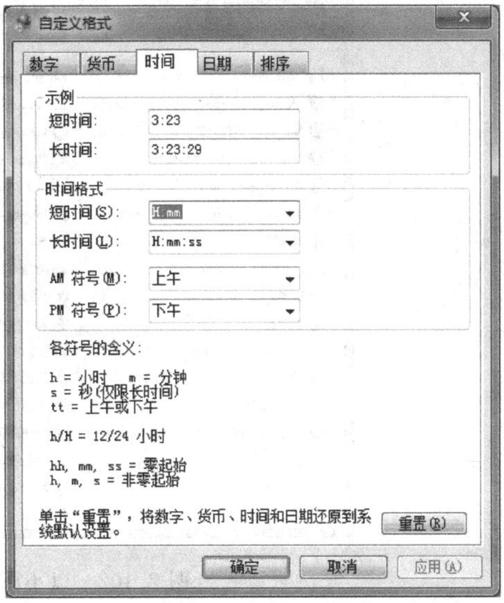

图 2.100 【时间】选项卡

⑥【日期】选项卡。如图 2.101 所示。日期所使用的分隔符号有"/"(默认)、"—"和"."三种。在【短日期格式】下拉列表框内有四种格式供选择:"yyyy/M/d"(2014/3/19)、"yy/M/d"(14/3/19)、"yyyy/MM/dd"(2014/03/19)和"yy/MM/dd"(14/03/19)。

在【长日期格式】下拉列表框内有三种格式供选择:"yyyy'年'M'月'd'日'"(2014 年 3 月 19 日)、"yyyy'年'M'月'd'日',dddd"(2014 年 3 月 19 日,星期三)和"dddd,yyyy'年'M'月'd'日'"(星期三,2014 年 3 月 19 日)。

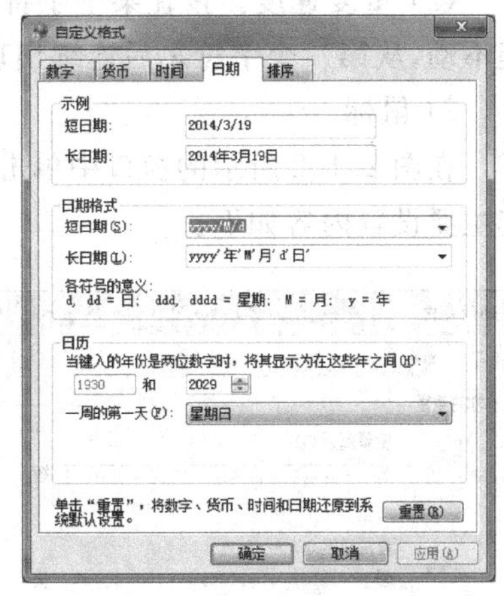

图 2.101 【日期】选项卡

当用鼠标指针指向任务栏右端的时钟时,会显示长日期。短日期可以在一些编辑软件中直接写入文档(如 Word)。

⑦【排序】选项卡。从中定义是按名称的拼音字母(默认)还是按中文的笔画顺序排序,所选的排序方法会影响程序中字符、单词、文件以及文件夹的排序方式。

5. 键盘和鼠标

在【控制面板】窗口中,单击【类别】→【小图标】选项,弹出以小图标方式显示的控制面板窗口,如图 2.102 所示。

1) 键盘

在如图 2.102 所示的窗口中单击【键盘】图标,弹出【键盘 属性】对话框,如图 2.103 所示。其主要设置内容如下。

图 2.102　以小图标方式显示的控制面板窗口

(1) 重复延迟。按住某一字符键不动,从第一个字符出现到第二个字符出现之间的时间间隔称为重复延迟,可拖动滑块设置该时间的长短。

(2) 重复速度。按住某个字符键后,该字符的重复输入速度称为重复率,即按下一字符键不动,从第二个字符之后连续出现字符的速度,可拖动滑块设置其快慢。

2) 鼠标

在图 2.102 所示的窗口中单击【鼠标】图标,弹出【鼠标 属性】对话框,如图 2.104 所示,其主要设置内容如下。

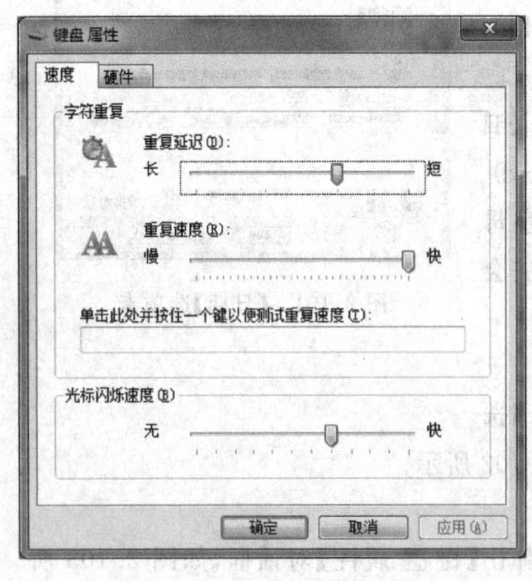

图 2.103　【键盘 属性】对话框

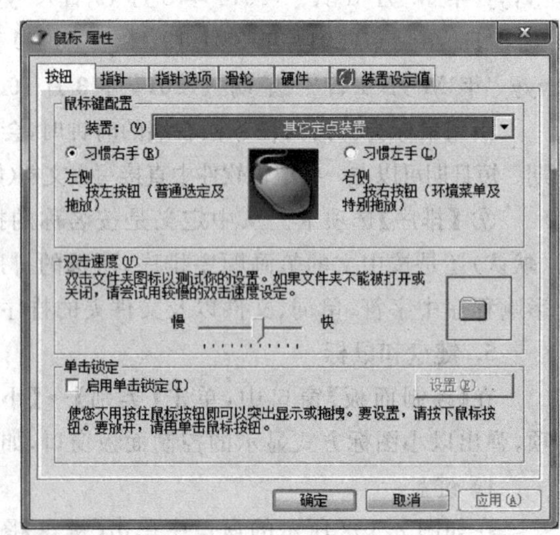

图 2.104　【鼠标 属性】对话框

(1)【按钮】选项卡基本功能包括：

① 鼠标键配置。选择该项，鼠标左右键功能切换，即右键作为单击、双击之用，左键单击是显示快捷菜单。该功能是为左手用鼠标或习惯用右击的人设计。

② 双击速度。双击速度是指组成双击的两个单击之间的时间间隔，若双击时经常不能产生应有结果时，应调慢速度。

③ 启用单击锁定。选择该项，则可通过延时松开鼠标左键的单击来锁定图标，此时拖动图标不必按住鼠标左键，再次单击即可解除锁定。选该项后若还要设置【单击锁定】时需要按住鼠标左键的时间(延时时间)，单击【设置】按钮进行设置。

(2)【指针】选项卡。选择鼠标指针的图标方案，前面介绍鼠标时的表 2.1 所列图标是【Windows 默认】方案，该选项卡中列举了多个方案可供用户选择。

(3)【指针选项】选项卡如图 2.105 所示。

可以设置多项内容，主要是鼠标指针的移动速度不要设置的太慢。

(4)【滑轮】选项卡如图 2.106 所示。

设置鼠标轮每转动一个齿格，窗口滚动的行数(默认三行)，也可选择一次一屏。

图 2.105 【指针选项】选项卡

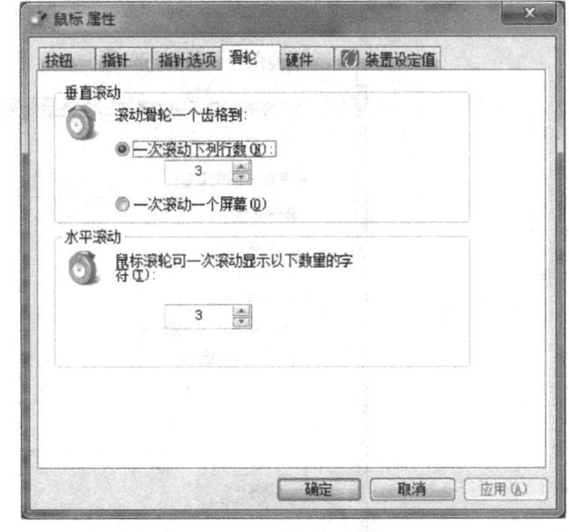

图 2.106 【滑轮】选项卡

2.3.2 系统维护工具

1. 备份和还原

备份一般是把硬盘中的数据内容和系统设置保存到移动存储设备上(如移动硬盘、光盘、U 盘等，也可以是除 C 盘以外的其他硬盘分区)。在需要时可将备份的数据恢复到原位置上。

(1) 备份

操作步骤如下。

步骤 1：选择【开始】→【所有程序】→【维护】→【备份和还原】命令，弹出【备份和还原—尚未设置 Windows 备份】窗口，如图 2.107 所示。

步骤 2：单击【设置备份】选项，进入【选择要保存备份的位置】对话框，如图 2.108 所示。

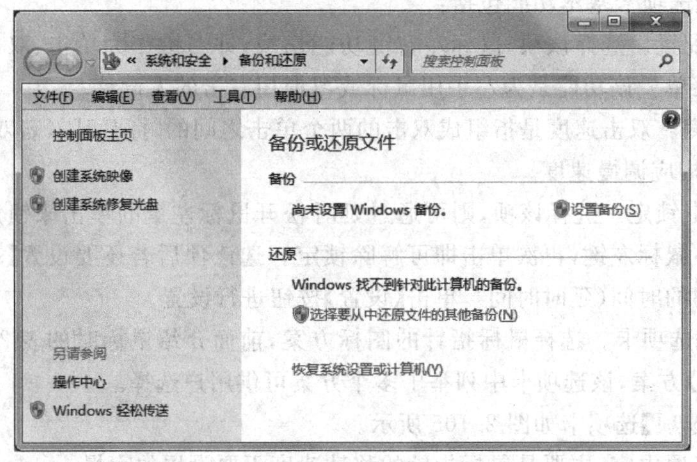

图 2.107 【尚未设置 Windows 备份】窗口

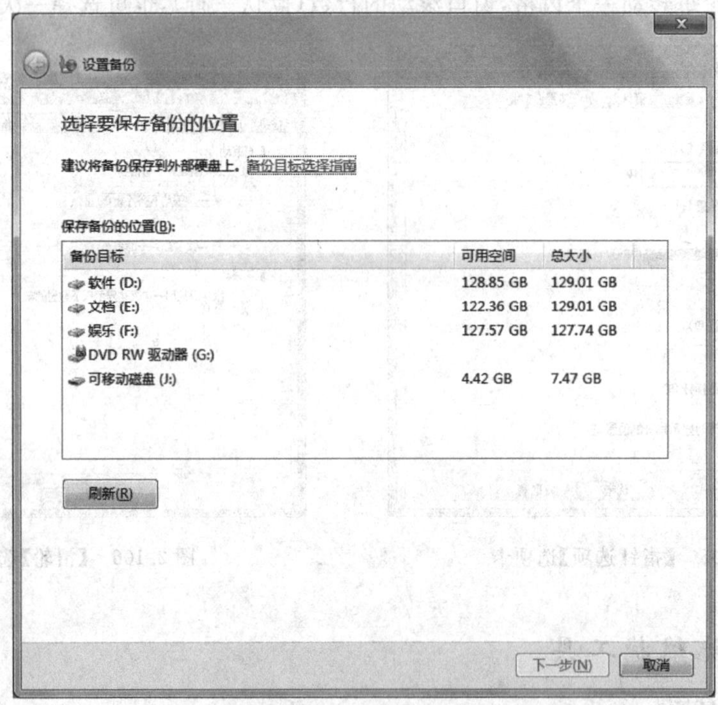

图 2.108 【选择要保存备份的位置】对话框

步骤3：在【保存备份的位置】列表中，选择一个位置(最好是原硬盘之外的位置，如移动磁盘、光盘)，单击【下一步】按钮，进入备份内容选择方式对话框，如图 2.109 所示。

步骤4：在备份内容选择方式对话框中，有两个单选项可选择。其中使用【让 Windows 选择(推荐)】选项来备份文件时，可以让 Windows 选择备份哪些有用的内容，而使用【让我选择】选项来备份文件时，用户可以选择要备份的个别文件夹和驱动器。前者可以看作是备份系统，而后者是备份重要数据。选中其中一项(如【让我选择】)。单击【下一步】按钮，进入选择备份项目对话框，如图 2.110 所示。

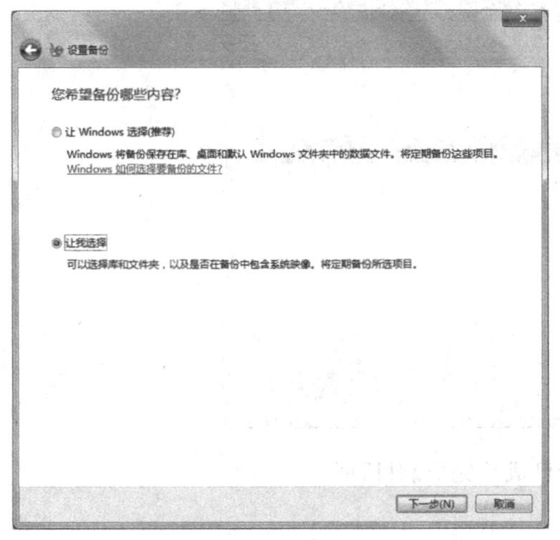

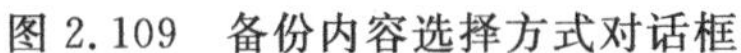
图 2.109　备份内容选择方式对话框

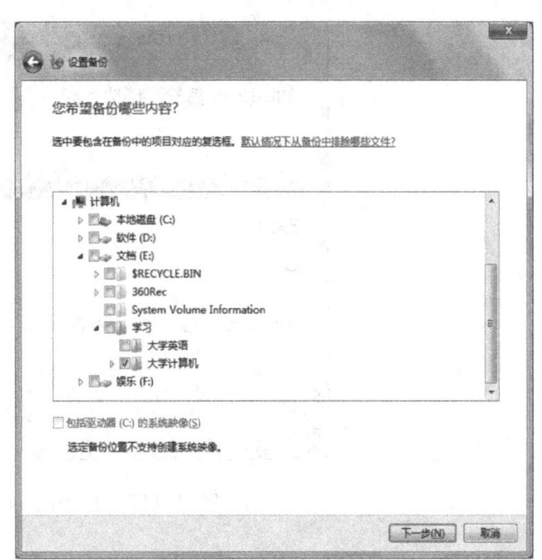

图 2.110　选择备份项目对话框

注意：*若选择第一项，将跳过【备份项目选择】对话框，进入【查看备份设置】对话框，如图 2.111 所示，需要准备足够的存储空间来存放备份文件。*

步骤 5：若在上一步选择【让我选择】选项，此时要在图 2.110 的对话框的目录树中逐一选择要备份的文件夹。例如选择了 E 盘下的【学习】文件夹下的【大学计算机】文件夹。单击【下一步】按钮，进入【查看备份设置】对话框，如图 2.111 所示。

步骤 6：在图 2.110 所示的对话框中，显示了备份位置(可移动磁盘)和要备份的项目(E:\学习\大学计算机\)。此时单击【备份计划】选项，还可以对该项目今后的备份周期进行设置，检查无误后，单击【下一步】按钮，又回到【备份设置】对话框，单击【立即开始备份】选项，则开始备份，如图 2.112 所示。

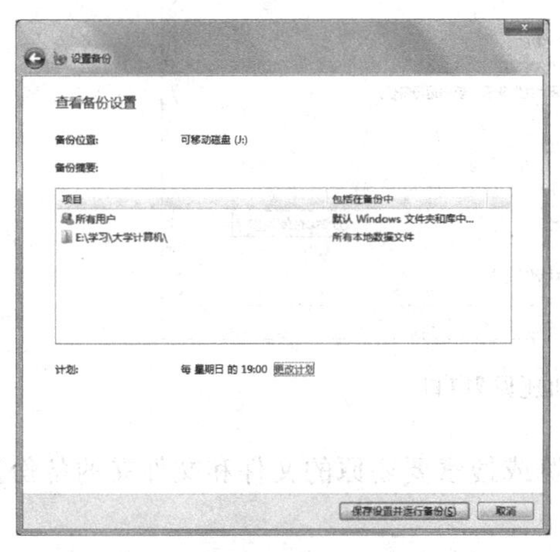

图 2.111　【查看备份设置】对话框

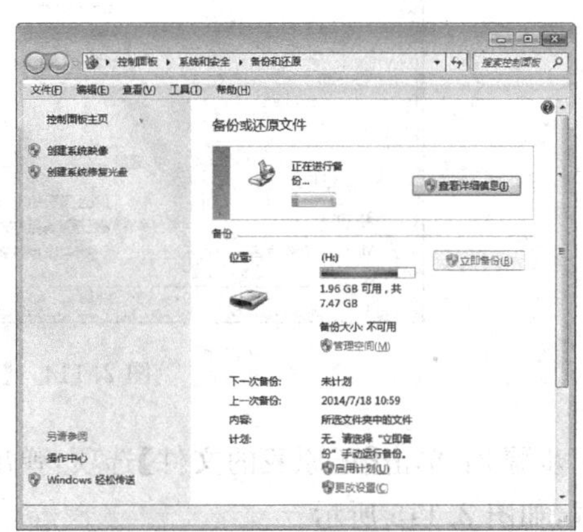

图 2.112　正在进行备份对话框

完成备份后，会弹出如图 2.113 所示的【Windows 备份已成功完成】对话框，并在指定的目标位置生成一个备份文件夹，该文件夹由系统自动命名(本例为：MICROSO-3MPEJH4)，此时按【关闭】按钮，即完成整个备份。

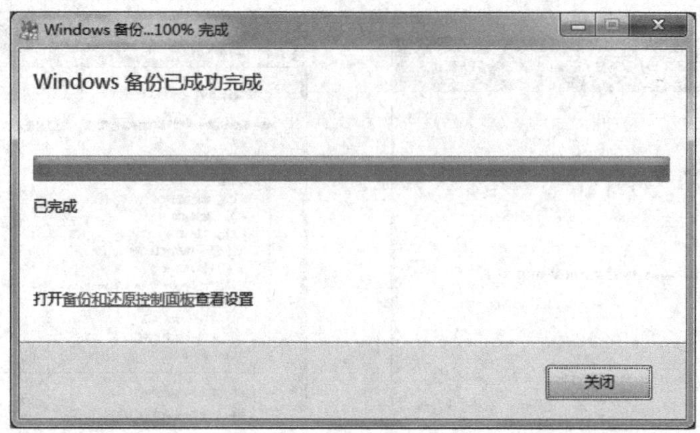

图 2.113 【Windows 备份已成功完成】对话框

(2) 还原

操作步骤如下。

步骤 1：选择【开始】→【所有程序】→【维护】→【备份和还原】命令，弹出如图 2.114 所示的【备份和还原】窗口。

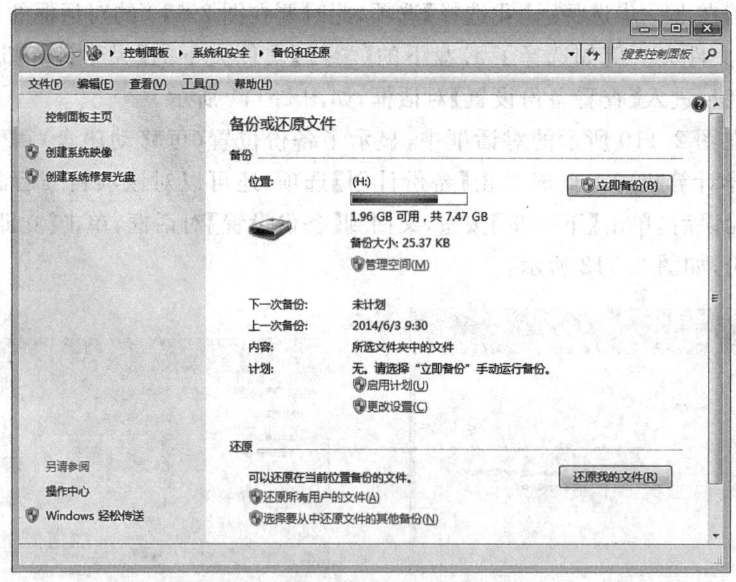

图 2.114 【备份和还原】窗口

步骤 2：单击【还原我的文件】选项，弹出【浏览或搜索要还原的文件和文件夹的备份】对话框，如图 2.115 所示。

步骤 3：若要还原所备份的部分文件，单击【浏览文件】选项，若要还原所备份的文件夹，则单击【浏览文件夹】选项(本例选择【浏览文件夹】)，在弹出如图 2.116 所示的【浏览文件夹或驱动器的备份】对话框中，选择好相应的备份磁盘和需要还原的文件夹(本例选择 j 盘上的【大学计算机】文件夹)。

图 2.115 【游览或搜索要还原的文件和文件夹的备份】对话框

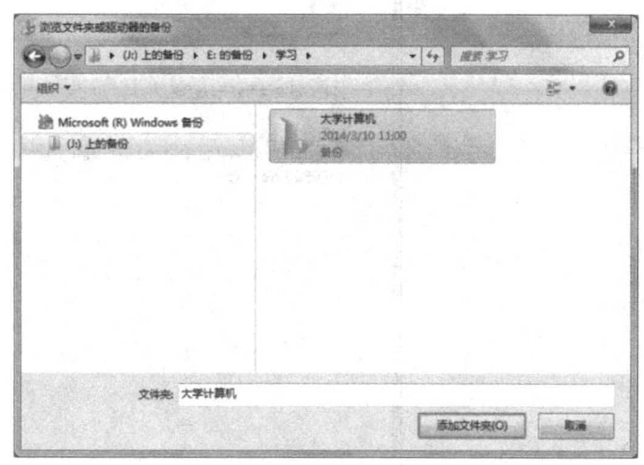

图 2.116 【浏览文件夹或驱动器的备份】对话框

步骤 4：单击【添加文件夹】按钮，在弹出类似图 2.115 的对话框中，继续单击【下一步】按钮，弹出【您想在何处还原文件?】对话框，如图 2.117 所示。

步骤 5：本例选择默认的【在原始位置】选项，单击【还原】按钮，弹出【开始还原】对话框，此时若所选择的还原位置上有与正在还原的文件同名的文件时，会弹出【此位置已经包含同名文件】对话框，如图 2.118 所示，可根据情况选择【复制和替换】、【不要复制】和【复制，但保留这两个文件】选项，若先选中【对于所有冲突执行此操作】选项，则遇到有同名文件时，都按照三个选项中所选中的方式进行操作，不再进行提示。

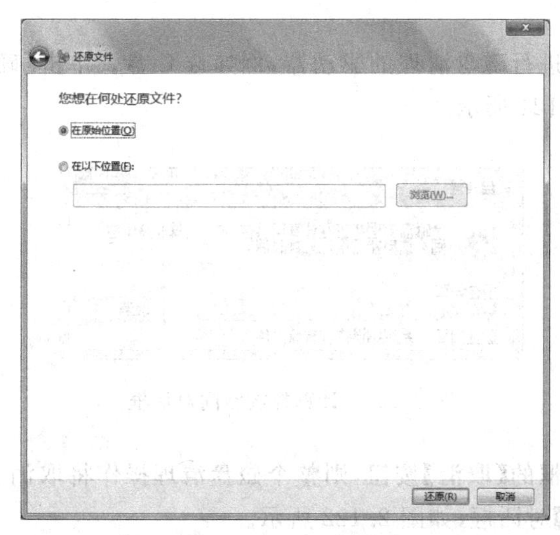

图 2.117 【您想在何处还原文件?】对话框

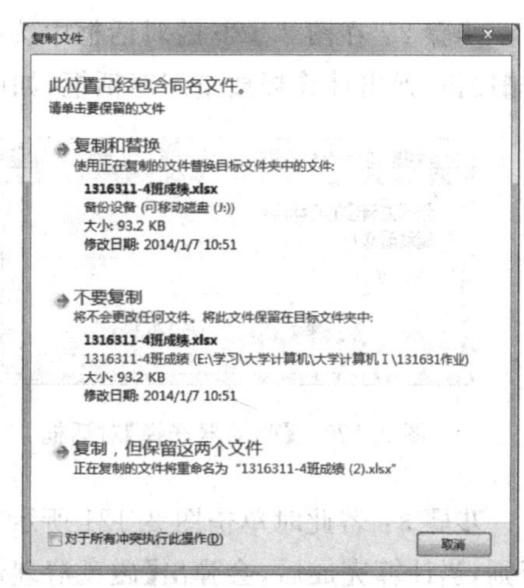

图 2.118 【此位置已经包含同名文件】对话框

步骤 6：还原结束后会弹出【还原文件—完成】对话框，如图 2.119 所示。单击【完成】按钮，即完成此次还原操作。

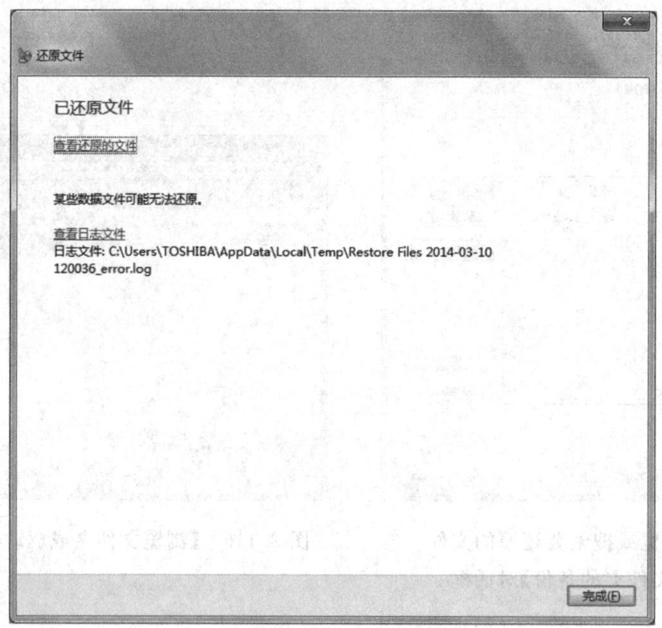

图 2.119 【还原文件—完成】对话框

2. 磁盘清理

【磁盘清理】程序可以用来清理磁盘中大量存在的临时文件和没有用的应用程序，以便释放磁盘的可用空间，以提高系统的处理速度和整体性能。因此用户应该定时进行磁盘清理工作。操作步骤如下。

步骤 1：选择【开始】→【所有程序】→【附件】→【系统工具】→【磁盘清理】命令，弹出【驱动器选择】对话框，如图 2.120 所示。

步骤 2：在图 2.120 的对话框中选择要进行磁盘清理的驱动器，例如选 C 盘。单击【确定】按钮，弹出计算释放空间对话框，如图 2.121 所示。

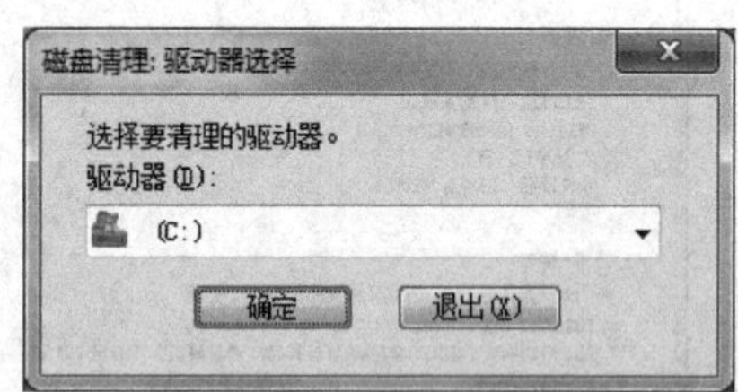

图 2.120 【驱动器选择】对话框

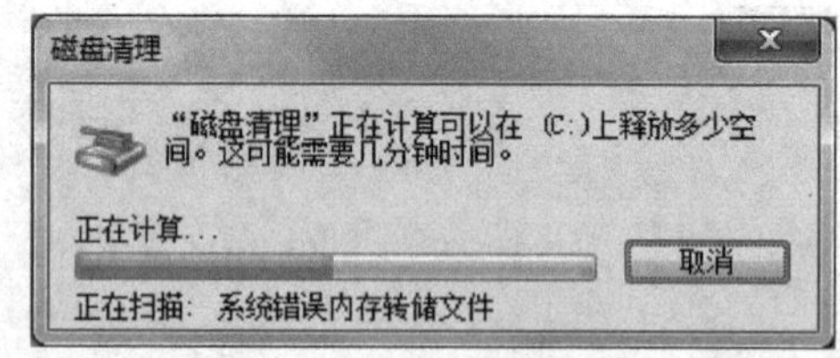

图 2.121 计算释放空间对话框

步骤 3：若此时单击图 2.121 所示对话框的【取消】按钮，则整个磁盘清理操作将取消。否则，当计算完成后，会弹出【磁盘清理信息】对话框，如图 2.122 所示。

步骤 4：在图 2.122 所示的对话框中，列出了临时文件、已不用的文件等，有些需要用户选择后才删除。选择要删除的文件，单击【确定】按钮即可。

3. 磁盘碎片整理程序

由于用户在使用计算机过程中，经常需要安装和卸载程序，建立和删除文档。频繁的操

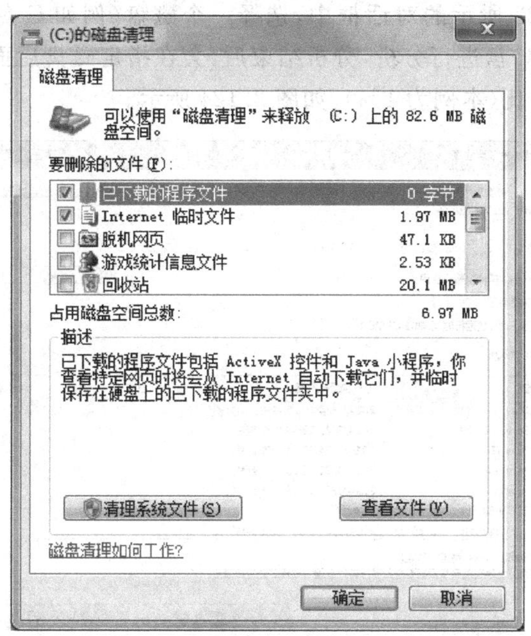

图 2.122 【磁盘清理】对话框

作加上日积月累，在磁盘上会出现很多支离破碎的文件或文件夹。破碎的文件或文件夹是指不是存放在一个连续的区域上，而是被分割在磁盘的不同区域上，所以称为磁盘碎片，它给系统的读写增加了负担，会导致计算机访问数据效率降低及系统的整体性能下降。因此与磁盘清理一样，用户应定期进行磁盘碎片整理，操作步骤如下。

步骤 1：选择【开始】→【所有程序】→【附件】→【系统工具】→【磁盘碎片整理程序】命令，弹出【磁盘碎片整理程序】对话框，如图 2.123 所示。

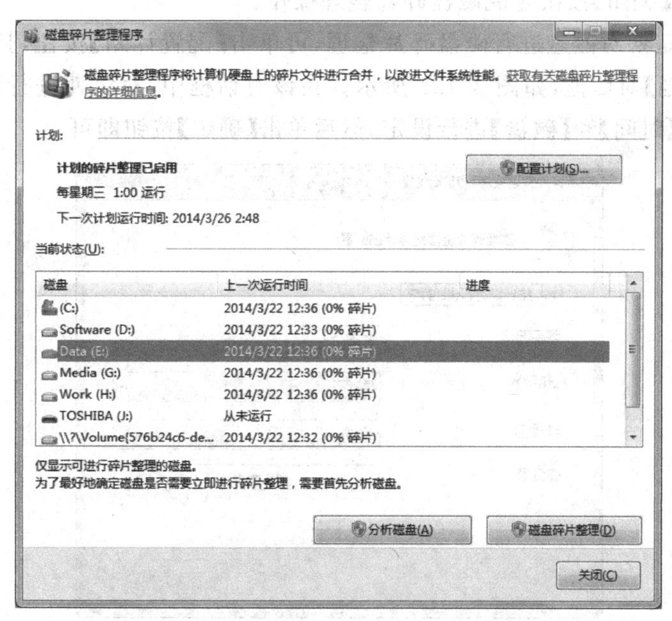

图 2.123 【磁盘碎片整理程序】对话框

步骤2：在图2.123所示的对话框中，选择一个磁盘(例如C盘)，单击【分析磁盘】按钮，系统开始对选中的C盘进行分析，分析结束后，会在指定磁盘后面显示进行磁盘分析的日期和磁盘碎片的百分比(本例为1%)，如图2.124所示。

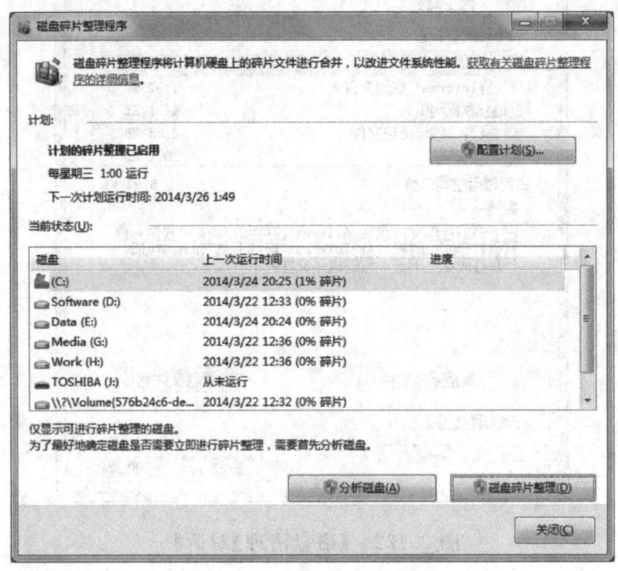

图2.124 【磁盘碎片整理程序】对话框

步骤3：根据图2.124所示对话框的提示信息，来决定是否进行磁盘碎片整理。若不需要进行磁盘碎片整理则单击【关闭】按钮，需要进行则单击【磁盘碎片整理】按钮，这时开始进行磁盘碎片整理的操作，一般时间较长，需要等待。

步骤4：整理完碎片后，会在指定磁盘后面显示进行磁盘碎片整理的日期和磁盘碎片的百分比为0，单击【关闭】按钮完成磁盘碎片整理操作。

此外如果要定期对磁盘进行磁盘碎片整理，可单击【配置计划】按钮，打开【磁盘碎片整理程序：修改计划】对话框，如图2.125所示。在该对话框中，对定期进行磁盘碎片整理的【频率】、【日期】、【时间】和【磁盘】进行设定，然后单击【确定】按钮即可。

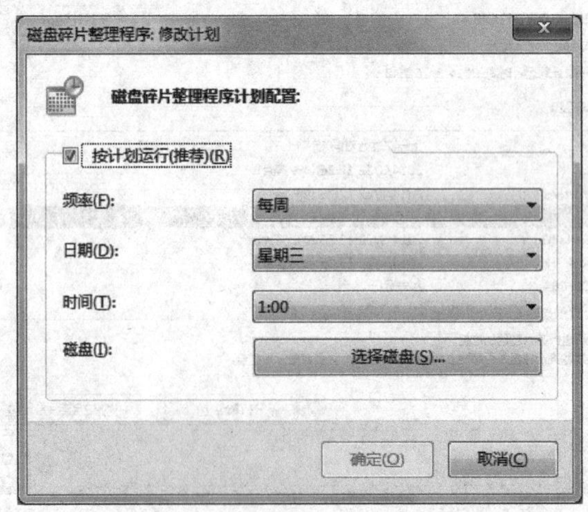

图2.125 【磁盘碎片整理程序：修改计划】对话框

2.3.3 Windows 附件程序

1. 计算器

Windows 附带的计算器,既可以进行简单计算,也可以进行科学计算和统计计算。打开计算器的方法为:选择【开始】→【所有程序】→【附件】→【计算器】命令,弹出如图 2.126 所示【标准型计算器】(默认)。

图 2.126 标准型计算器

(1) 标准型计算器

① 数字、符号的输入。既可以使用鼠标单击,也可以从键盘输入。

② 功能键的使用。几个主要功能键如下。

- ←键。删除当前显示数字的最后一位,等价按键盘的 Backspace 键。
- CE 键。清除显示数字,而保留已输入未执行的操作。等价按键盘的 Delete 键。
- C 键。清除当前的计算和显示。等价按键盘的 Esc 键。
- ±键。正负号输入键。
- √键。开平方运算键。
- MC 键。清除存储区中的所有数字。
- MR 键。恢复(在文本框显示)存储区中的数字,该数字仍保留在存储区内。
- MS 键。将显示数字保存到存储区内,将覆盖存储区中的原内容。
- M+键。将显示的数值与存储区中已有的数值相加后保存在存储区,但不显示这些数值的和。
- M-键。将显示的数值与存储区中已有的数值相减后保存在存储区,但不显示这些数值的和。

③ 菜单。有三个菜单,描述如下。

- 查看菜单。有三组选项。

■ 计算器模式选项有【标准型】、【科学型】、【程序员】和【统计信息】四个单选项。

■ 【历史记录】和【数字分组】两个复选项。【历史记录】只能用于【标准型】模式和【科学型】模式。【历史记录】跟踪计算器在一个会话中执行的所有计算,并可用于可以更改【历史记录】中的计算值。编辑计算【历史记录】时,所选的计算结果会显示在结果区域中。【数字分组】将对所显示的数字添加千分位符,即每组三个数字,每组之间用逗号“,”分隔。

■ 【基本】、【单位转换】、【日期计算】三个单选项和【工作表】级联菜单。【工作表】中的级联菜单包含四个选项:【抵押】、【汽车租赁】、【油耗(mpg)】(英里每加仑)和【油耗(l/100km)】,选择【工作表】中的选项,是通过在计算器中使用燃料经济性、车辆租用以及抵押模板来计算您的燃料经济性、租金或抵押额大小。

若选择【标准型】、【历史记录】、【数字分组】和【单位转换】(单位类型选择:面积、平方米、公顷),并在计算器输入框和转换模板中输入一个数值,其结果如图 2.127 所示。

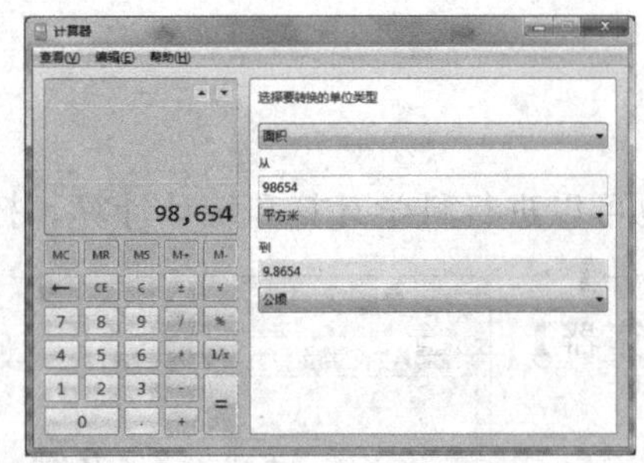

图 2.127 标准型计算器——面积单位转换

- 编辑菜单。内有【复制】和【粘贴】两个命令和【历史记录】级联菜单。
  - 使用【复制】和【粘贴】这两个命令,可以将计算结果传送到其他文档中,也可将其他文档中的数据直接粘贴到计算器文本框,免去了二次录入。
  - 当在【查看】菜单中选中【历史记录】后,此处可通过【历史记录】级联菜单,对【历史记录】内容进行【复制】、【编辑】和【清除】操作。
- 帮助菜单。内有【查看帮助】,可帮助用户了解计算器的使用。

(2) 科学型计算器

在计算器为非【科学型】模式下,单击【查看】→【科学型】选项,同时在【查看】菜单下的其他选项分别为:取消选中【历史记录】和【数字分组】复选项,选中【基本】单选项,则弹出【科学型计算器】窗口,如图 2.128 所示。单击计算器键进行所需的计算,若要求反函数,则先单击 Inv 键,如图 2.129 所示。在科学型模式下,计算器会精确到 32 位数。

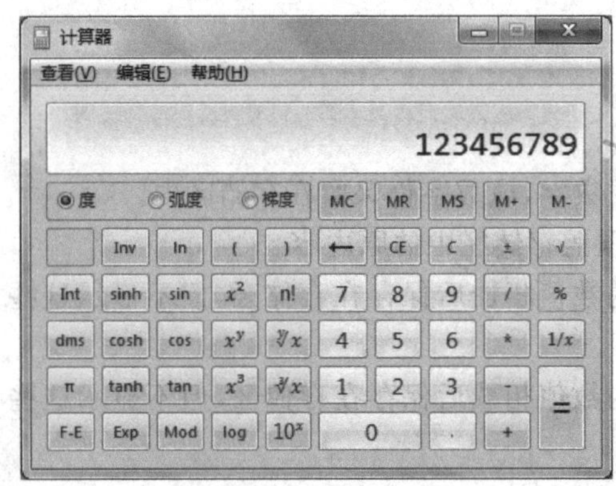

图 2.128 科学型计算器

图 2.129 科学型计算器——求反函数

2. 画图

Windows 附带的【画图】是个简单实用的绘图应用软件,该软件用于在空白绘图区域或在现有图片上创建绘图,可处理多种格式的图像,并可将结果保存为.PNG、.JPEG、.BMP 和.GIF 等格式的图像文件。

打开画图的方法:选择【开始】→【所有程序】→【附件】→【画图】命令,弹出【画图程序】窗口,如图 2.130 所示。该窗口的结构非常熟悉(如选项卡、功能区等),其中【画图】按钮是一个下拉菜单,【主页】和【查看】是选项卡,在【画图】中使用的很多工具都可以在【功能区】中找到,下面将介绍【主页】选项卡中主要画图工具的使用方法。

(1) 工具组

工具组内的工具,须用鼠标单击选取后,移到绘图区,通过按下鼠标左键或右键拖曳进行操作。

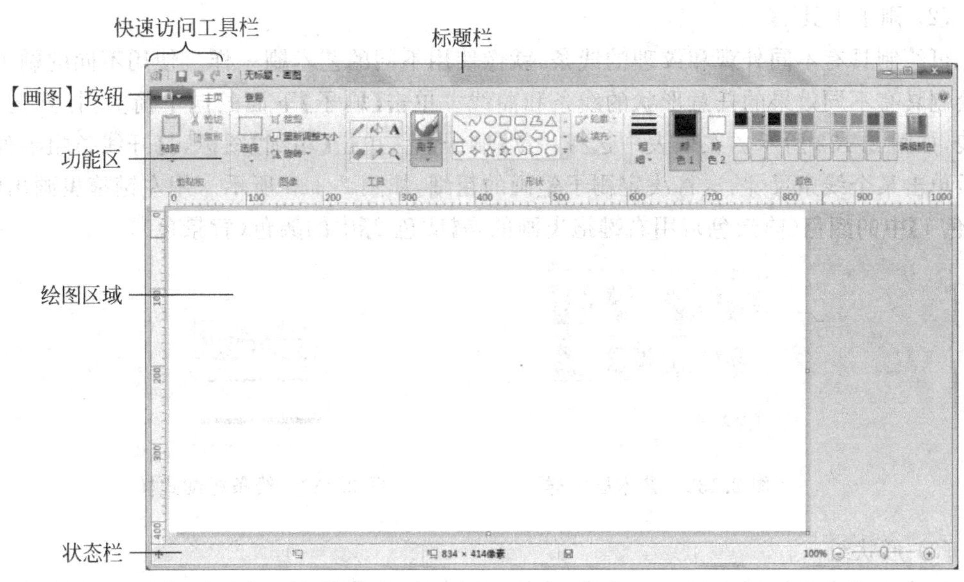

图 2.130 【画图程序】窗口

① 铅笔工具。用来在画布上拖曳鼠标画自由形状线条(画线前先到颜料盒选定颜色)。在画图的时候,用左键拖曳画出的是【颜色 1】中的颜色(前景色),用右键拖曳画的是【颜色 2】中的颜色(背景色)。

② 用颜色填充工具。用法是用鼠标左键/右键单击一个封闭区域,是该封闭区域填充上前景/背景颜色。

③ 文字工具。在画面上拖曳出写字的范围,就可以输入文字了。选择文字工具后,在功能区显示浮动的【文本工具/文本】选项卡,可通过【字体】组对字体、字号及字形进行设置,在【背景】组有两种背景样式供选择,所输入的文字采用【颜色 1】中的颜色(前景色),如图 2.131 所示。

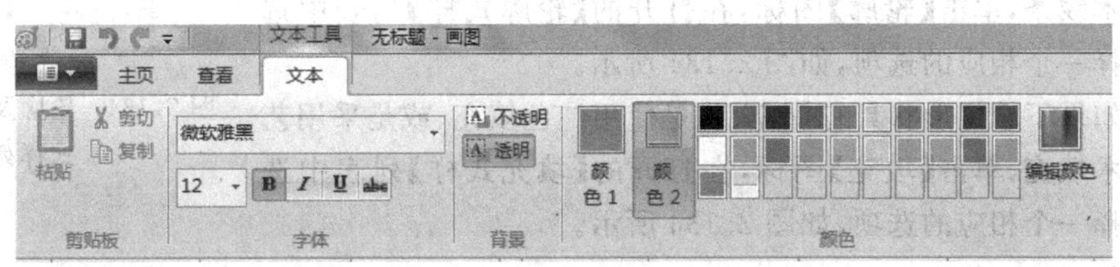

图 2.131 浮动的【文本工具-文本】选项卡

④ 橡皮工具。可以用左键或右键进行擦除,这两种擦除方法适用于不同的情况。用左键擦除是把画面上的图像擦除,并用背景色填充擦除过的区域。用右键擦除可以只擦除指定的颜色(擦除当前“颜色 1”中选定的颜色)。

⑤ 颜色选取器。用于提取单击点的颜色,以便画出与原图完全相同的颜色。

⑥ 放大镜。单击该图标是选中,再次单击该图标为取消选中。选中该项后,鼠标指针变为放大镜图标,且四周为一矩形方框,然后单击/右击方框中显示的图像部分将其放大/缩小。每单击/右击一次,可以把方框中显示的图像部分放大/缩小一次。

(2) 刷子工具

可绘制具有不同外观和纹理的线条,就像使用不同的艺术刷一样。使用不同的刷子,可以绘制具有不同效果的任意形状的线条和曲线。单击【刷子】下面的向下箭头,打开艺术刷列表,如图 2.132 所示。在列表中选择一款【刷子】后,单击【粗细】图标,打开线条粗细列表,然后单击某个线条尺寸,这将决定刷子笔画的粗细,如图 2.133 所示。用左键拖曳画出的是【颜色 1】中的颜色(前景色),用右键拖曳画的是【颜色 2】中的颜色(背景色)。

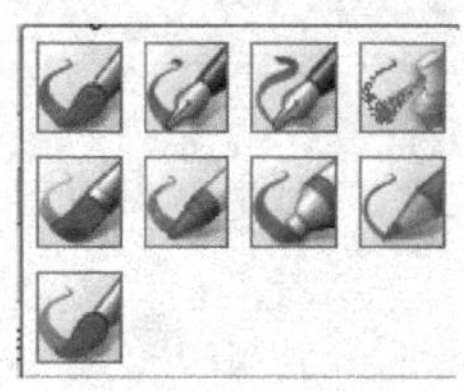

图 2.132　艺术刷式样

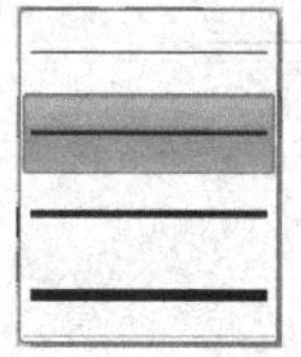

图 2.133　线条粗细式样

(3) 形状组

形状组中形状的列表框共有直线、曲线、椭圆形、矩形和圆角矩形、多边形、三角形和直角三角形、菱形、五边形、六边形、箭头(右箭头、左箭头、向上箭头、向下箭头)、星形(四角星形、五角星形、六角星形)、标注(圆角矩形标注、椭圆形标注、云形标注)、心形、闪电形等 23 个类型的形状。具体操作方法如下。

① 若要绘制对称的形状,请在拖动鼠标时按住 Shift 键。例如,若要绘制圆形,请单击【椭圆】图标,然后在拖动鼠标时按住 Shift 键。

② 选择该形状后,可以执行下列操作中的一项或多项来更改其外观。

- 若要更改线条尺寸,单击【粗细】图标,在如图 2.133 所示打开的线条粗细列表中,单击某个线条尺寸即可。
- 如果不希望形状具有边框、或是使用纯色边框、或是采用艺术线条,单击【轮廓】图标,在打开的【轮廓式样】列表中选择一个相应的选项,如图 2.134 所示。
- 如果不希望形状具有填充、或是使用纯色填充、或是采用艺术填充,单击【填充】图标,在打开的【填充式样】列表中选择一个相应的选项,如图 2.134 所示。
- 使用左键拖曳画出的形状轮廓是【颜色 1】中的颜色(前景色),而形状填充是【颜色 2】中的颜色(背景色)。
- 使用右键拖曳画出的形状轮廓是【颜色 2】中的颜色(背景色),而形状填充是【颜色 1】中的颜色(前景色)。

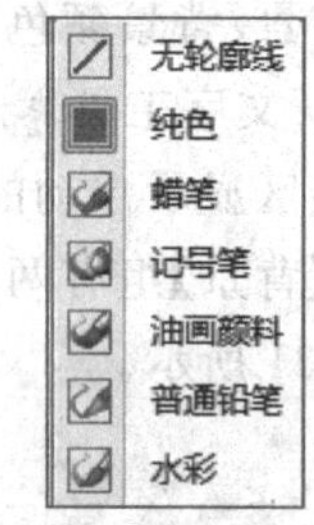

图 2.134　轮廓及填充式样列表

(4) 颜色组

颜色组中包含有【颜色 1】(前景色)和【颜色 2】(背景色)按钮、【编辑颜色】按钮及一个默认有 20 个颜色的 30 格调色板。

①【颜色 1】(前景色)按钮。选中该按钮,单击调色板中的一款颜色,该颜色即为前景颜色,并在该按钮中显示。使用鼠标左键画图时,采用该颜色。

②【颜色 2】(背景色)按钮。选中该按钮,单击调色板中的一款颜色,该颜色即为背景颜色,并在该按钮中显示。使用鼠标右键画图时,采用该颜色。

③ 定义颜色。若调色板中没有想要的颜色,可通过【编辑颜色】按钮把想要的颜色添加到调色板中,操作步骤如下。

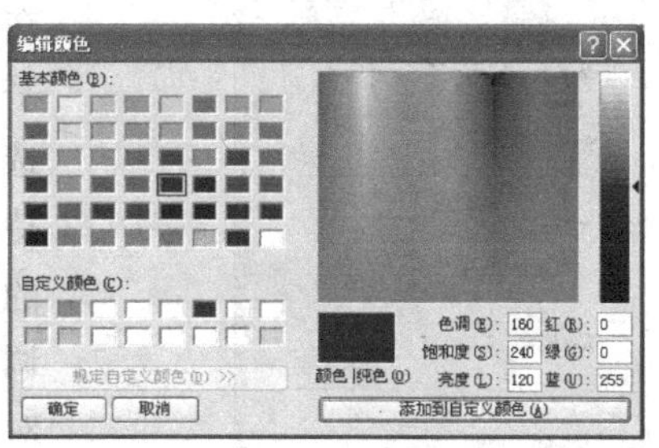

图 2.135 【编辑颜色】对话框

步骤 1:单击【颜色 1】或【颜色 2】按钮(自定义的颜色将直接添加到选中的按钮上)。

步骤 2:单击【编辑颜色】按钮,弹出如图 2.135 所示的【编辑颜色】对话框。

步骤 3:可用鼠标在【基本颜色】区选取颜色,也可以单击右侧的色板直接选取颜色,并通过调整【红】/【绿】/【蓝】或【色调】/【饱和度】/【亮度】值来选取颜色(选取的颜色在【颜色|纯色】上方的样式版中显示),选取好以后单击【添加到自定义颜色】按钮,该颜色即出现在图 2.135 所示的【自定义颜色】区内以及【颜色组】中调色板第三行的空白处和所选中的【颜色 1】或【颜色 2】按钮上。

(5) 图像组

图像组包括【选择】按钮、【裁剪】按钮、【重新调整大小】按钮和【旋转】按钮。其功能和使用方法如下。

① 选择工具。使用【选择】工具,可以选择图片中要编辑的部分,选择是为移动、复制、剪切等操作做准备。单击【选择】下面的向下箭头,打开【选择】列表,根据需要选择相应的选项,可执行以下操作。

- 若要选择图片中的任何正方形或矩形部分,单击【矩形选择】按钮,然后拖动指针以选择图片中要编辑的部分。
- 若要选择图片中任何不规则的形状部分,单击【自由图形选择】按钮,然后按住鼠标左键拖曳,只要一松开鼠标,那么最后一个点和起点会自动连接形成一个选择范围,范围内的部分即为选中。
- 若要选择整个图片,请单击【全选】按钮。
- 若要选择图片中除当前选定区域之外的所有内容,请单击【反向选择】按钮。
- 若要删除选定的对象,请单击【删除】按钮。
- 若要使选择内容变为透明以便在选择中不包含背景色,单击【透明选择】按钮。

② 裁剪。使图片中只显示所选择的部分,以便对选定的对象进行图片另存为新文件的操作。其操作方法如下。

- 单击【选择】按钮下面的箭头,然后单击要进行的选择类型。
- 拖动鼠标选择图片中要显示的部分。
- 在【图像】组中,单击【裁剪】按钮。
- 若要将剪切后的图片另存为新文件,执行【画图】→【另存为】命令,然后单击当前图片的文件类型,在【文件名】框中,键入新文件名,然后单击【保存】按钮。

③ 重新调整大小。可调整整个图像、图像中某个对象或某部分的大小。还可以扭曲图片中的某个对象,使之看起来呈倾斜状态。单击【重新调整大小】按钮,打开【调整大小

和扭曲】对话框，如图 2.136 所示，其操作方法如下。

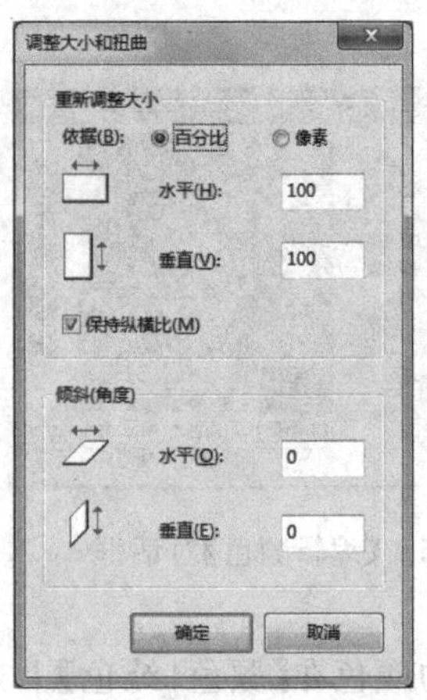

图 2.136 【调整大小和扭曲】对话框

- 调整整个图像大小，可直接在图 2.136 所示的对话框中，在【重设大小】区域中，选定【像素】或【百分比】后，在【水平】框和【垂直】框中分别输入新宽度值和新高度值；若选中【保持纵横比】复选框，以便调整大小后的图片将保持与原来相同的纵横比，只需在【水平】框或【垂直】框中的一个框中输入新值即可，然后单击【确定】按钮。
- 调整图像中某部分的大小，先选择要调整大小的区域或对象，单击【重新调整大小】按钮，在弹出的【调整大小和扭曲】对话框中，按上述方法进行设置即可，然后单击【确定】按钮。
- 扭曲对象，先选择要调整扭曲的区域或对象，单击【重新调整大小】按钮，在弹出的【调整大小和扭曲】对话框中，在【倾斜(角度)】区域的【水平】和【垂直】框中键入选定区域的扭曲量(度)，然后单击【确定】按钮。

④ 旋转。使用【旋转】可旋转整个图片或图片中的选定部分。根据要旋转的对象，可执行以下操作。

- 若要旋转整个图片，则先选定整个图片，单击【旋转】按钮，打开【旋转方式】列表，然后选择一种旋转方式。
- 若要旋转图片的某个对象或某部分，则先选定要旋转的区域或对象，单击【旋转】按钮，打开【旋转方式】列表，然后选择一种旋转方式。

(6) 编辑操作

① 移动图形。将所选取的图形在画图区内进行移位，操作步骤如下。

步骤 1：用选取工具选取需要移动的图形(有一虚线框包围图形)。

步骤 2：将光标移至所选取的图形的虚线框内，鼠标指针变为✥形状。

步骤 3：拖动鼠标到目标位置松开鼠标即可。

② 复制图形。在指定位置上产生一个与选取的图形完全相同的图形，操作步骤如下。

步骤 1：首先按照移动图形的步骤 1、步骤 2 进行操作。

步骤 2：按住 Ctrl 键不放，拖动鼠标到目标位置松开鼠标即可。

若想将图形复制到其他文档上，其操作步骤如下。

步骤 1：用选取工具选取需要复制的图形，若是复制全部内容，则执行【选择】→【全选】命令。

步骤 2：右击所选内容，在快捷菜单中选择【复制】命令，或在【剪贴板】组中，单击【复制】按钮。

步骤 3：在另一文档的指定位置右击，在快捷菜单中选择【粘贴】命令即可。

③ 删除图形。操作步骤如下。

步骤 1：用选取工具选取需要删除的图形。

步骤 2：按下 Delete 键即可，也可使用橡皮工具。

若是删除所有图形，选择【图像】组→【选择】→【全选】命令，然后再执行【删除】命令。

(7) 保存作品。操作步骤如下。

步骤1：选择【画图】→【保存】(或【另存为】)命令，弹出【保存为】对话框。

步骤2：在【导航窗格】中，指定目标位置，在【文件名】文本框中输入一个名称(默认名为：无标题)，可以在【保存类型】下拉列表框中为要保存的文件选一个类型，通常不选，默认为.PNG。

步骤3：单击【保存】按钮。

(8) 修改作品

对于未完成或做得不好的作品，以及照片、下载的图片等都可以进行编辑修改，操作步骤如下。

步骤1：选择【开始】→【所有程序】→【附件】→【画图】命令，弹出图2.130所示的【画图程序】窗口。

步骤2：选择【画图】→【打开】命令，弹出【打开】对话框。

步骤3：在【导航窗格】中，指定要打开文件的目标位置，在文件列表窗口选择要打开的文件。

步骤4：单击【打开】按钮，指定文件即被加载到画图程序的绘图区中。

步骤5：进行各种添加或修改操作，然后保存。

2.3.4 其他常用操作

1. 系统属性

在资源管理器窗口，右击【计算机】图标，在弹出的快捷菜单中选择【属性】命令，打开如图2.137所示的【系统属性】窗口。通过【系统属性】窗口，用户可以了解到一些系统信息，并作一些常用的设置。

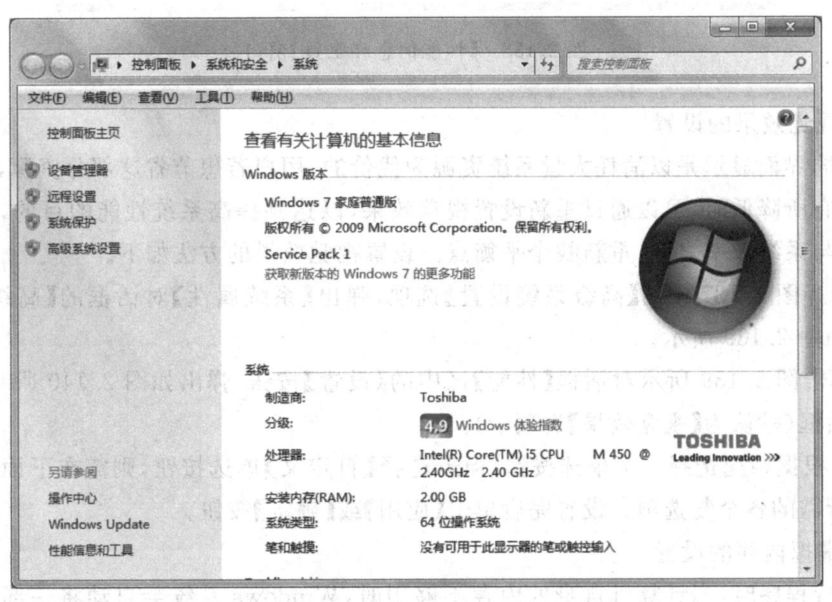

图2.137 【系统属性】窗口

(1) 查看系统的基本信息

通过【系统属性】窗口,用户可以看到计算机所用 Windows 操作系统的版本情况、CPU的型号、主频以及内存大小等基本信息。特别是【分级】项给出的【Windows 体验指数】基础分数,是对本计算机硬件的性能和总体功能的评价。

【Windows 体验指数】是通过测量计算机硬件和软件配置的功能,并将此测量结果表示为称作基础分数的一个数字。较高的基础分数通常表示计算机比具有较低基础分数的计算机运行得更好和更快(特别是在执行更高级和资源密集型任务时),并可根据该分数帮助购买与计算机性能级别相匹配的软件,但该分数并不反映计算机的整体质量。单击【Windows 体验指数】,弹出【性能信息和工具】窗口,如图 2.138 所示。在【性能信息和工具】窗口,可以看到各主要系统组件的子分数,计算机的基础分数是由最低的子分数确定的。

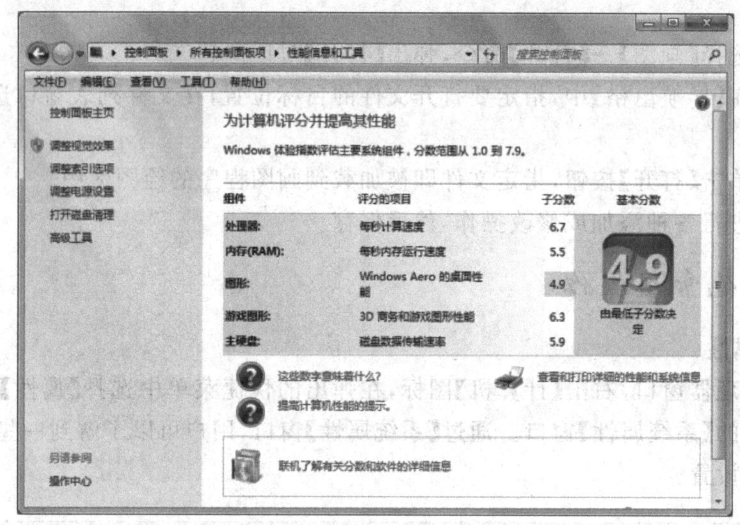

图 2.138 【性能信息和工具】窗口

(2) 视觉效果的设置

漂亮的界面显示是以消耗大量系统资源为代价的,用户若想节省这部分资源,或是感到运行速度有所降低时,可以通过重新设置视觉效果,以达到提高系统性能的目的,也就是在显示效果与系统效率之间,重新找个平衡点。设置视觉效果的方法如下。

① 选择图 2.137 中的【高级系统设置】选项,弹出【系统属性】对话框的【高级】选项卡(默认),如图 2.139 所示。

② 单击图 2.139 所示对话框【性能】区中的【设置】按钮,弹出如图 2.140 所示的【性能选项】对话框(默认为【视觉效果】选项卡)。

③ 可根据情况选择一个单选按钮,但若选择【自定义】单选按钮,则需在下面的列表框中,选择所需的各个复选项。设置完后单击【应用】或【确定】按钮。

(3) 虚拟内存的设置

在运行程序时,当计算机自身的内存不够用时,Windows 系统会自动将一部分硬盘空间当作内存来使用,这部分硬盘空间就称之为虚拟内存。适当调整虚拟内存的大小,可以提高程序运行速度,改善系统性能。设置虚拟内存的方法如下。

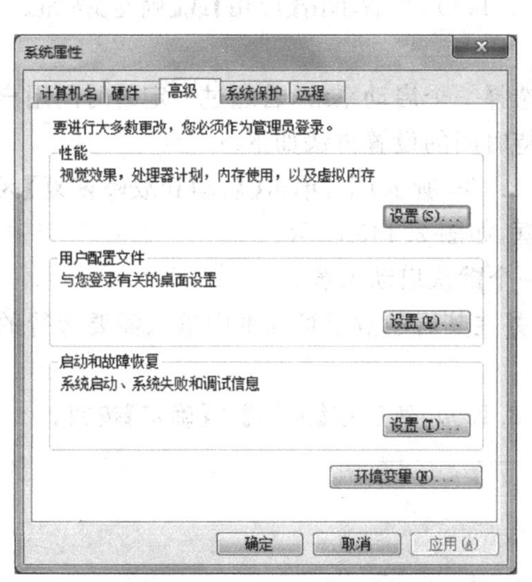

图 2.139 【系统属性】-【高级】选项卡

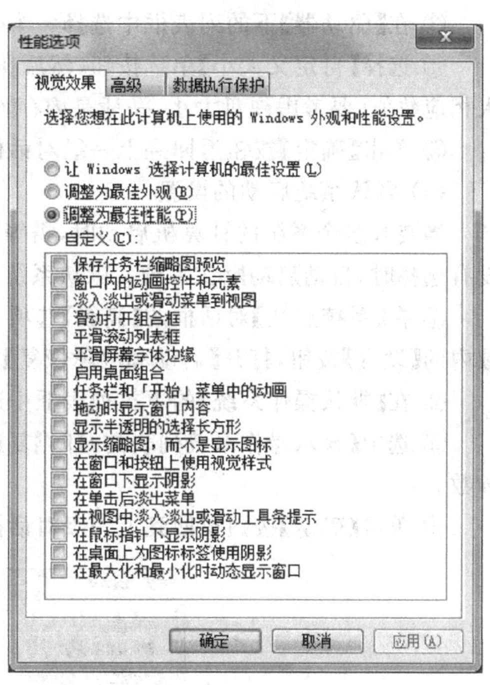

图 2.140 【性能选项】-【视觉效果】选项卡

① 在图 2.140 所示【性能选项】对话框中选择【高级】选项卡，如图 2.141 所示。

② 单击图 2.141 所示对话框【虚拟内存】区域中的【更改】按钮，弹出【虚拟内存】对话框，如图 2.142 所示。

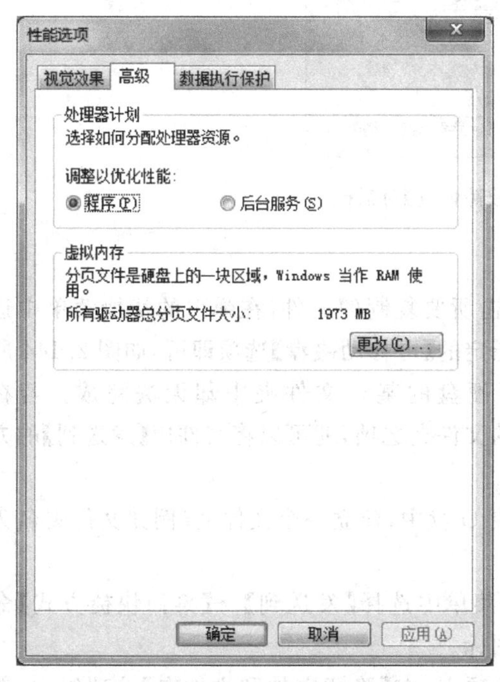

图 2.141 【性能选项】-【高级】选项卡

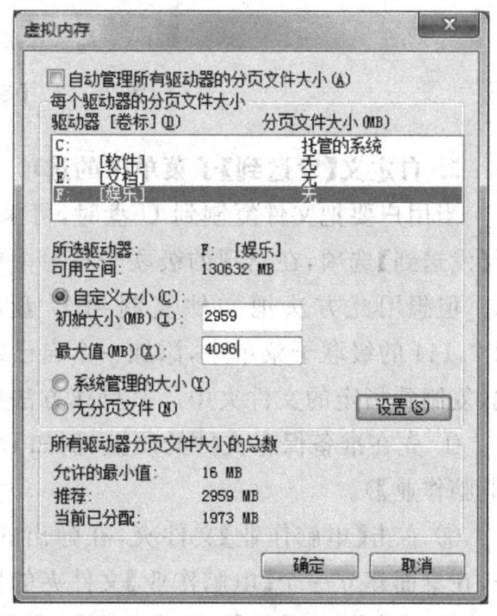

图 2.142 【虚拟内存】对话框

③ 在【驱动器】下的列表框中选择一个硬盘空间较大的硬盘分区(如 F 盘)。

④ 选择【自定义大小】单选按钮,然后在【初始大小(MB)】和【最大值(MB)】文本框中输入相应数值(要考虑硬盘大小,一般是内存容量的 1.5～2 倍)。

⑤ 单击【确定】按钮返回到上一级对话框(图 2.141),然后单击【应用】或【确定】按钮。

(4) 默认系统启动的设置

当装有多个系统的计算机启动时,需等用户选择一个启动系统,若超过一定的时间用户没有选择时,自动启动默认系统。默认系统和等待时间的设置方法如下。

① 在【系统属性】对话框的【高级】选项卡(图 2.139 所示)中,单击【启动和故障恢复】区域内的【设置】按钮,打开【启动和故障恢复】对话框,如图 2.143 所示。

② 在【默认操作系统】的下拉列表框中选择一个默认启动系统。

③ 选中【显示操作系统列表的时间】复选框,并在其后的数字输入框中输入需要等待的秒数。

④ 单击【确定】按钮返回到上一级对话框(图 2.139),然后按【应用】或【确定】按钮。

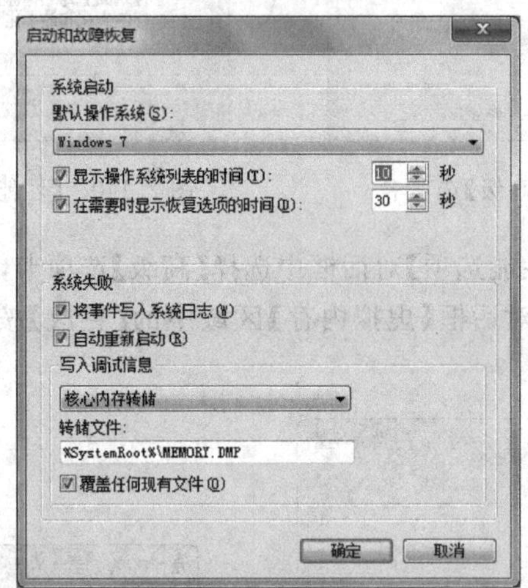

图 2.143 【启动和故障恢复】对话框

2. 自定义【发送到】子菜单中的选项

当用户要把文件复制到 U 盘时,可采用右击所要复制的文件,在弹出的快捷菜单中选择【发送到】选项,在出现的级联子菜单中单击指定的【可移动磁盘】选项即可,如图 2.144 所示。但想用此方法把文件复制到 U 盘,甚至硬盘的某个文件夹中却无法完成。若在图 2.144 的级联子菜单中,添加一个自己定义的文件夹选项,就可以将文件用【发送到】的方式,复制到指定的文件夹中。其操作方法如下。

① 先在准备保存文件的硬盘(例如 D 盘)或 U 盘中,建立一个文件夹(例如文件夹名为【电脑作业】)。

② 右击【电脑作业】文件夹,在弹出的快捷菜单中选择【发送到】→【桌面快捷方式】命令,在桌面建立一个【电脑作业】文件夹的快捷图标。

③ 单击【工具】→【文件夹选项】→【查看】选项卡,在【隐藏文件和文件夹】选项组中,单击【显示所有文件和文件夹】单选按钮。

④ 打开 C 盘的【用户\登录用户名\AppData\Roaming\Microsfte\Windows】中的 SendTo 文件夹。

⑤ 将桌面的【电脑作业】文件夹的快捷图标移至该文件夹中。此时再右击需要复制的文件，在【发送到】的级联子菜单中就会出现【电脑作业】选项，如图 2.145 所示。单击【电脑作业】选项，文件就会被复制到 D 盘的【电脑作业】文件夹中。

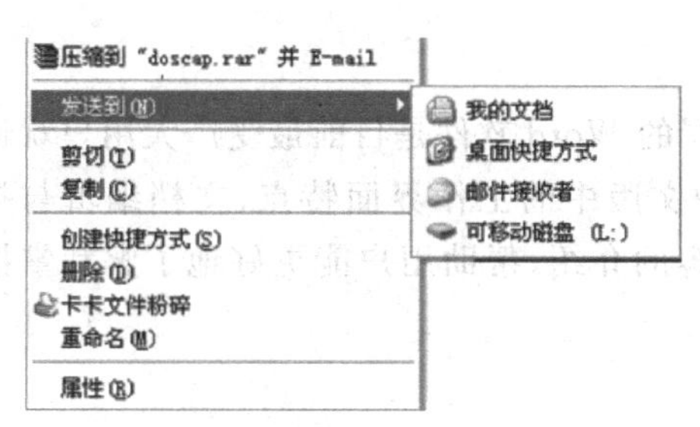

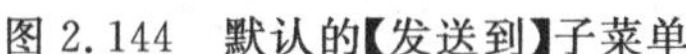

图 2.144 默认的【发送到】子菜单

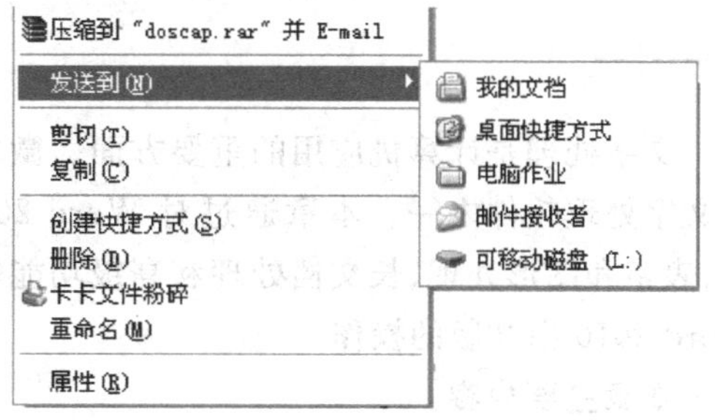

图 2.145 含有【电脑作业】的【发送到】子菜单

本章小结

1. 在"2.1 Windows 7 基本概念与基本操作"一节中，简要介绍了 Windows 7 操作系统的特点；详细介绍了桌面和图标的概念以及相关的基本操作(包括系统图标、快捷图标、回收站、任务栏的使用以及图标的打开、更名、删除、移动和排列等操作)。详细介绍了窗口、菜单和对话框的结构和使用方法。

2. 在"2.2 Windows 资源管理器"一节中，对文件和文件系统进行了描述；对文件和文件夹的命名、文件夹的树形结构及路径、文件名通配符的使用方法、资源管理器的组成结构及相关使用、文件、文件夹及库的相关操作(包括创建、打开、删除、移动和复制、重命名、压缩与解压、排列和显示方式、属性设置及搜索等)进行了详细介绍。

3. 在"2.3 Windows 常用工具"一节中，对控制面板中的账户管理(包括创建、更改和删除账户)、外观和主题(包括桌面背景与图标的设置和更改、屏幕保护程序的设置、显示器分辨率及刷新率的设置等)、卸载程序(包括打开/关闭 Windows 功能、设置默认程序)、日期和时间设置及键盘和鼠标设置等进行了详细介绍；同时还以一个简单例子的形式介绍了系统的备份与还原操作、磁盘清理与碎片整理的相关知识与操作；本章最后介绍了较为实用的计算器和画图两个应用程序和设备管理器等几个常用的操作。

通过本章各小节的学习，可使初学者对 Windows 7 操作系统有一个较为全面的认识，并能较快地熟悉和掌握 Windows 7 的基本操作方法，为今后管理和使用计算机打下良好基础。

第3章 文字处理 Word 2010

文字处理是计算机应用的重要方面。微软公司的 Word 软件是目前最受广大用户欢迎的文字处理软件之一。本章通过对 Word 2010 中文版中的工作界面特点、文档编辑与排版、表格和图形处理、长文档处理和高级功能等内容的介绍,帮助用户能更好地了解和掌握 Word 2010 中文版的操作。

本章主要内容:

- 概述
- 文档的创建与编辑
- 文档排版操作
- 表格与对象处理
- 长文档的处理
- 高级应用

3.1 概 述

3.1.1 Office 2010 和 Word 2010 简介

1. Office 2010 简介

Office 2010 是微软公司推出的新一代办公软件,开发代号为 Office 14,实际是第 12 个发行版。Office 套件由多个不同办公组件组成,这些组件各有用途,表 3.1 给出了其中常用的三个组件的名称和主要用途。

表 3.1 Office 常用组件用途

组件名称	组 件 功 能
Word	输入、编辑、排版、打印文字文档,如报告、通知、论文、申请等
Excel	处理需要计算的数据文档,如财务预算、数据统计报表等
PowerPoint	制作、编辑演示文稿和幻灯片文档,常用于讲座、产品展示等幻灯片制作

除上述三个常用组件外,Office 还包含了其他办公组件,例如,Office Professional Plus 2010(企业增强版)包括 Word、Excel、PowerPoint、OneNote、InfoPath、Access、OutLook、Publisher、Communicator、SharePoint WorkSpace 等应用程序(或称组件)。这些软件具有 Office 2010 程序的共同特点,如易学易用,操作方便,有形象的图形界面和方便的联机帮助功能,提供实用的模板,支持对象连接与嵌入(OLE)技术等。

Office 2010 提供了 32 位和 64 位两种版本,可以分别在 32 位操作系统(如 Windows

XP)和 64 位操作系统(如 Windows 7)上安装。Office 2010 和 Office 其他版本可以同时安装在同一台计算机中,只是在安装时需要选择自定义安装,不能选择升级安装,否则在安装高版本的 Office 软件程序时,会自动将低版本覆盖掉。

2. Word 2010 简介

文字处理软件 Word 主要用于日常的文字处理工作,如编辑信函、公文、简报、报告、学术论文、个人简历、商业合同、博客等,具有处理各种图、文、表格混排的复杂文件,实现类似杂志或报纸的排版效果等功能。Word 具有所见即所得、图文混排、简捷方便的表格制作和内置模板等特点。

与以前的版本相比,Word 2010 新增如下功能。

(1) 启动动画

Word 2010 一改以前版本的静态启动界面,增加了启动动画,在启动界面上增加了【取消】和【关闭】按钮,单击其中任意一个按钮,即可随时中止启动,如图 3.1 所示。

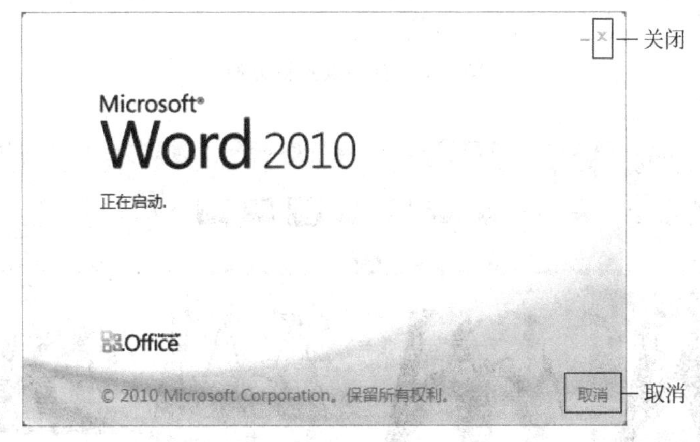

图 3.1 启动界面

(2) 【文件】管理面板

一些有关文件的操作功能,如新建、打开、保存、打印等,在 Word 2007 中,是保存在【Office 按钮】下拉菜单中的,而在 Word 2010 则放在【文件】管理面板,且功能有了极大的增强。如图 3.2 所示,对于某个打开的文档,单击【文件】选项卡,在随后展开面板中,定位到【打印】选项上,再复杂的打印操作都可以通过这个【打印面板】来完成了。

(3) 新增屏幕截图功能

在【插入】选项卡【插图】组中,Word 2010 增加了一个【屏幕截图】按钮,利用它可以将屏幕上任何未最小化到任务栏的程序窗口的显示内容(不包括自身)截取成图片并添加到当前文档的输入光标处。

(4) 新增图片编辑功能

在 Word 2010 的【图片工具/格式】选项卡中新增了一些图片编辑处理的按钮。使用【调整】组的【删除背景】功能可以快速对图片(如图 3.3(A)所示)进行"抠图"操作,如图 3.3(B)所示;【调整】组新增的【艺术效果】功能可以让用户轻松为文档中的图片添加特殊效果,如将图片设置为预设的影印效果,如图 3.3(C)所示;通过【图片样式】组新增的【图片版式】功能可以将图片转化成带图片的 SmartArt 图形,如图 3.3(D)所示。

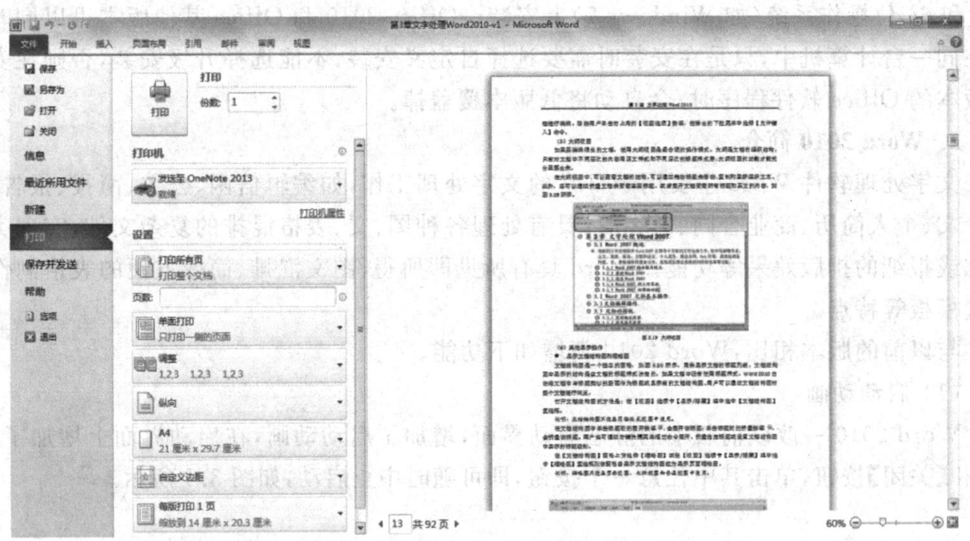

图 3.2　打印设置更方便

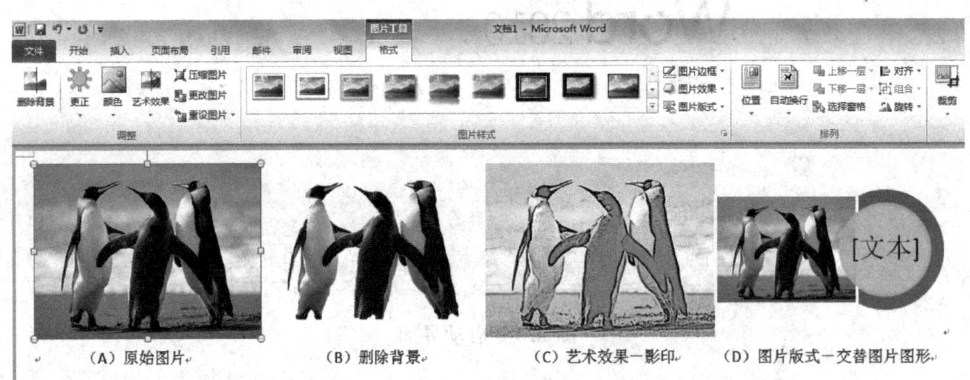

图 3.3　新增图片编辑功能

(5) 新增导航窗格

切换到【视图】选项卡中，选中【显示】组中的【导航窗格】复选按钮，展开导航窗格。利用导航窗格，可以方便地浏览文档和重排文档结构，也可在导航窗格直接搜索需要的内容，程序会自动将其进行突出显示。

(6) 新增字符效果

在 Word 2010 中，针对字符格式设置，新增了【文本效果】和 OpenType 功能。在【开始】选项卡【字体】组增加了一个【文本效果】按钮，利用此按钮可为普通文本设置阴影、轮廓、发光等特殊效果；在【字体】对话框【高级】选项卡新增了 OpenType 功能，它包括一系列连字设置、样式集及数字格式选择，可以与任何 OpenType 字体配合使用这些新增功能。

(7) 受保护视图

从网络或电子邮件获得的文档，在 Word 2010 中打开时，在窗口上方会出现一个提示，提醒用户注意文档来源是否安全，如果确认安全，单击其中的【启用编辑】按钮，可以开始编辑该文档。

3.1.2 Word 2010 的启动和退出

1. Word 2010 的启动

和其他 Windows 应用程序一样，启动 Word 2010 有多种方法，举例如下。

方法 1：用快捷方式启动 Word 2010。如果 Windows 桌面上已经建立 Word 2010 快捷方式，双击其快捷方式图标即可启动 Word 2010。这是启动 Word 2010 的最简单、最常用的方法。

方法 2：在 Windows 的【开始】菜单中启动 Word 2010。选择【开始】→【所有程序】→Microsoft Office 2010→Microsoft Office Word 2010 命令。

方法 3：在【我的电脑】或【资源管理器】中启动 Word 2010。在【我的电脑】或【资源管理器】中的 Word 2010 安装文件夹中双击 Microsoft Word 2010 应用程序图标。

说明：Word 2010 的路径通常为 C:\Program Files\Microsoft Office\Office14\WINWORD.EXE。

方法 4：在【开始】菜单中的【运行】命令中启动 Word 2010。选择【开始】→【运行】命令，在弹出的如图 3.4 所示的【运行】对话框中的【打开】文本框中输入 winword 命令或输入 Word 2010 所在的路径（或通过【浏览】按钮找到），单击【确定】按钮即可。

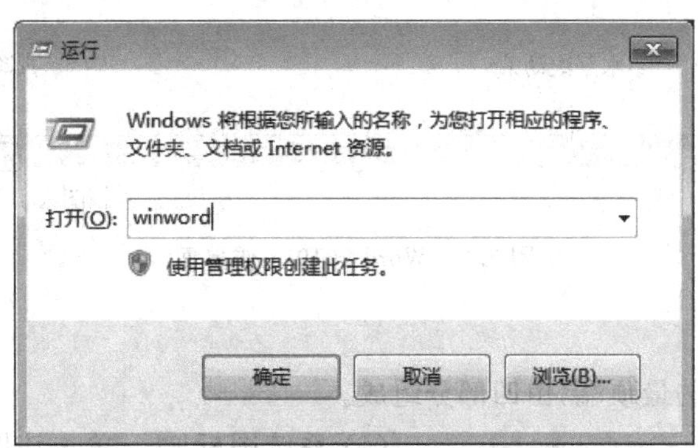

图 3.4　通过【运行】对话框启动 Word 2010

方法 5：打开 Word 文档时启动 Word 2010。双击打开某一个 Word 文档，也可以启动 Word 2010 并显示文档内容在其窗口。

2. Word 2010 的退出

退出 Word 2010 也有多种方法。

方法 1：单击 Word 2010 窗口右上角的【关闭】按钮。

方法 2：单击【文件】按钮，在下拉菜单中选择【退出】命令。

说明：如果在该下拉菜单中选择【关闭】命令，则只是关闭当前文档窗口，而非退出 Word 2010 应用程序。

方法 3：按下快捷键 Alt+F4。

方法 4：双击系统图标。

当退出 Word 2010 时，将关闭所有的 Word 文档。如果某些打开的文档修改后没有保存，系统将弹出一个提示对话框，询问用户在退出之前是否保存这些文档的修改。

3.1.3 Word 2010 工作窗口的组成元素

Word 2010 启动后的窗口如图 3.5 所示。主要有标题栏、功能区、选项卡、标尺、状态栏和工作区等部分。在操作过程中还可能出现快捷菜单等元素。选用的视图不同,显示的屏幕元素也不同。用户自己也可以控制某些屏幕元素的显示或隐藏。

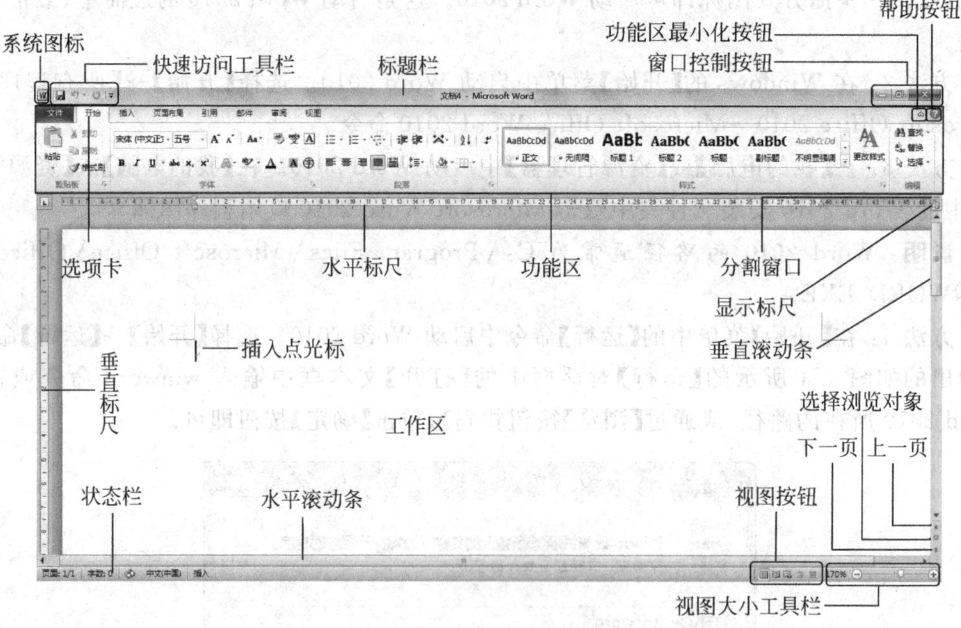

图 3.5 Word 2010 工作界面

1. 标题栏

标题栏位于窗口的最顶端,由四部分组成。

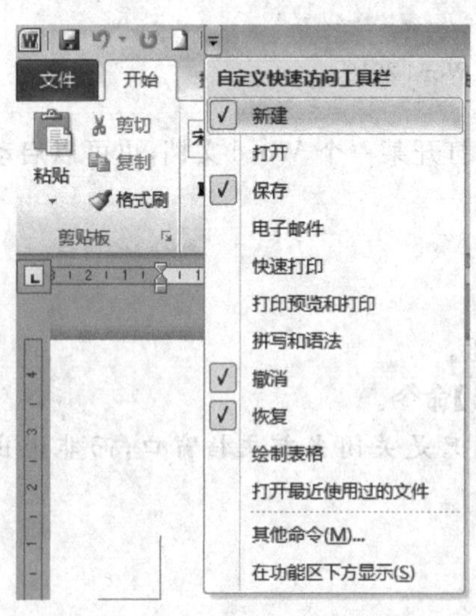

图 3.6 设置快速访问工具栏

(1) 系统图标 W。单击该图标后将弹出控制菜单,通过控制菜单可对窗口进行最大化、最小化、关闭等操作,或双击该图标可直接退出 Word。

(2) 快速访问工具栏。用户可以在【快速访问工具栏】上放置一些最常用的命令按钮。例如【新建文件】、【保存】、【撤消】、【重复】等按钮。该工具栏中的命令按钮不会动态变换。用户可以增加、删除【快速访问工具栏】中的命令按钮。其方法是:单击【快速访问工具栏】右边向下箭头按钮,在弹出的如图 3.6 所示的下拉菜单中选中或者取消相应命令的复选框即可。

(3) 标题部分 文档4 - Microsoft Word。它显示了当前编辑的文档名称。如果文档名称后有“(兼容模式)”则表示该文档存储格式是以前的 2003 版本。

(4) 窗口控制按钮 [- ▫ ×]。包含了【最小化】、【最大化/还原】和【关闭】按钮。

2. 功能区

在 Word 2010 中，已经用功能区取代了传统的菜单和工具栏。功能区包含选项卡。选项卡位于标题栏下方，每一个选项卡都包含若干个组(除了【文件】管理面板)，组是由代表各种命令的按钮组成的集合，同一组的按钮其功能是相近的。

功能区中每个按钮都是图形化的，用户可以很容易地分辨它的功能，而且 Word 2010 还增加了屏幕提示功能，即将鼠标指向功能区中的按钮时，会出现一个浮动窗口，显示该按钮的功能。如果用户要使用功能区中的命令，只需在功能区中单击相应按钮或按下键盘的 Alt 键或 F10 键，功能区就会出现下一步操作的按键提示，如图 3.7 所示。

图 3.7　按键提示

默认情况下，Word 2010 工作窗口只显示【开始】、【插入】、【页面布局】、【引用】、【邮件】、【审阅】和【视图】七个选项卡。但 Word 2010 会根据用户当前操作对象自动显示一个动态选项卡，该选项卡中的所有命令都和当前用户操作对象相关。例如，当用户选择了文档中的一个剪贴画时，在功能区中就会自动产生一个粉色高亮显示的【图片工具/格式】选项卡。

功能区中的组和按钮并不是必须显示的。如果用户在浏览、操作文档过程中需要增大显示文档的空间，可以只显示选项卡标题，而不显示组和按钮，其方法是在功能区的右边单击【功能区最小化】按钮，这时功能区中只显示选项卡名字，隐藏了组和按钮，同时该按钮名称也相应更改为【展开功能区】，再次单击该按钮，则恢复显示功能区的组和按钮。该操作快捷键是 Ctrl+F1。

在 Word 2010 中为了方便用户进行一些高级设置，在选项卡的某些组的右下角有一个【对话框启动器】按钮 ，单击该按钮可弹出相应的对话框。

3. 标尺

在 Word 2010 中，默认情况标尺是隐藏的。用户可以通过单击窗口右边框上角的【显示标尺】按钮(见图 3.5)来显示标尺。标尺包括水平标尺和垂直标尺，其中水平标尺在【页面视图】、【Web 版式视图】和【草稿】下都可以看到，而垂直标尺只有在【页面视图】下才能看到。可以通过水平标尺查看文档的宽度、查看和设置段落缩进的位置、查看和设置文档的左右边距、查看和设置制表符的位置；可以通过垂直标尺设置文档上下边距，如图 3.8 所示。

4. 工作区

Word 2010 窗口中间最大的白色区域就是工作区即文档编辑区。在工作区，用户可以输入文字，插入图形、图片、设置和编辑格式等操作。在工作区另外一个很重要的符号是段落标记↵，它用来表示一个段落的结束，同时还包含了该段落所使用的格式信息。

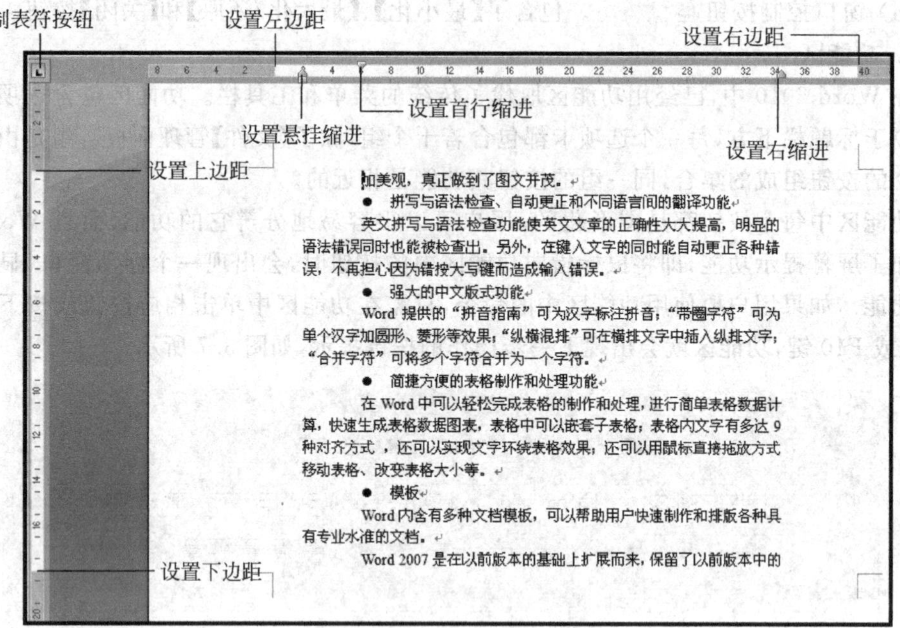

图 3.8　水平标尺和垂直标尺

5. 滚动条

Word 2010 提供了水平和垂直两种滚动条,使用滚动条可以快速移动文档。

6. 状态栏

在 Word 2010 窗口底部有如图 3.9 所示的状态栏,包括以下部分。

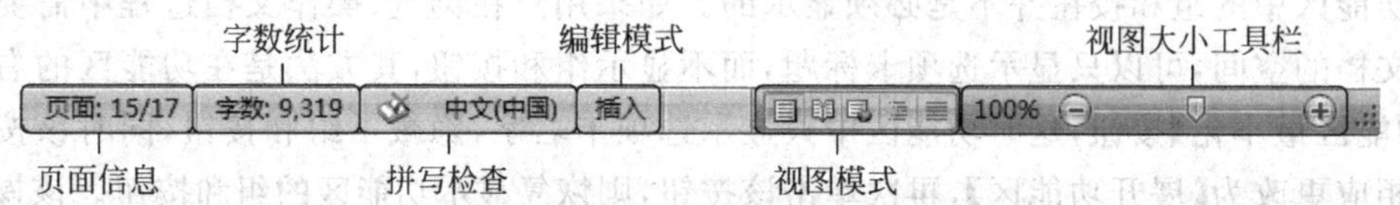

图 3.9　Word 2010 状态栏

(1)【页面信息】区。该区显示了当前页数和文档总页数。单击该区会弹出【查找和替换】对话框并显示【定位】选项卡。

(2)【字数统计】区。该区显示了当前文档的文字总字数。每个汉字、标点符号、英语单词、连续的字母或数字序列都被统计为一个字。单击该区会弹出【字数统计】对话框。

(3)【拼写检查】区。该区包含【拼写检查】按钮和【语言】按钮。单击【拼写检查】按钮会对文档进行拼写检查操作;单击【语言】按钮打开【语言】对话框,在【语言】对话框可以选择拼写检查的语言,如中文(中国)或英语(美国)。

(4)【编辑模式】区。该区显示了当前编辑模式,插入或改写。默认是插入模式,可以单击该区或者按 Insert 键将编辑模式在插入模式和改写模式之间切换。

说明:如果设置为改写模式,插入点之后的字符会被新输入的字符所覆盖。

(5)【视图模式】区。Word 2010 提供了五种视图模式,包括页面视图、阅读版式视图、Web 版式视图、大纲视图和普通。默认视图模式是页面视图。如果用户希望改变视图模式，只需在相应视图按钮上单击即可。

(6)【视图大小工具栏】164%。图标中“164%”是视图显示比例。其后是比例调节滑动条，拖动中间的滑块或者单击左右两边的一或十按钮可调节视图显示比例。用户也可以按住Ctrl键同时滚动鼠标中间滚轮来放大或缩小视图大小，具有同样的效果。

3.1.4 Word 2010 的帮助功能

在Word 2010中，取消了“Office助手”功能。如果用户需要得到系统的帮助，可以按F1键或单击功能区选项卡区域右侧的【帮助】按钮，即可打开如图3.10所示的Word 2010的帮助系统。

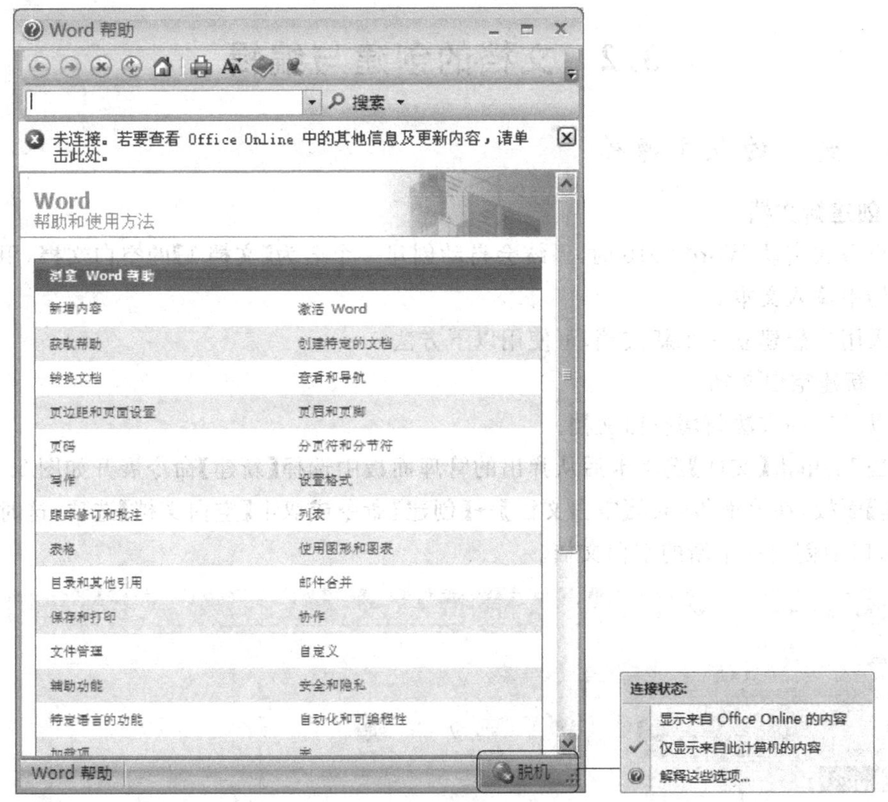

图3.10 【帮助】窗口

1. 帮助窗口的操作

Word 2010的帮助文档来自Office Online网站，因此其帮助窗口就相当于一个浏览器窗口，主要由标题栏、工具栏、搜索栏、内容显示区域和状态栏组成，用户可通过工具栏中的按钮对窗口进行操作。

说明：如果用户计算机没有接入Internet网络，可以选择使用本地计算机的帮助文档，即随Word 2010安装到本地硬盘上的帮助文档，其方法是：单击帮助窗口状态栏右边的【连接状态】按钮，在弹出的菜单中选择【仅显示来自此计算机的内容】选项即可，同时该按钮标题改为【脱机】。

2. 获取帮助

默认情况下,帮助的内容以超链接列表的形式显示在帮助窗口的开始界面中,用户单击相应的列表项即可打开链接浏览具体的帮助内容。用户也可以单击【显示目录】按钮,然后在左侧窗格显示的帮助目录中选择帮助项,在右侧窗口中即可显示帮助内容。用户也可以在搜索文本框中输入关键字,然后按 Enter 键或【搜索】按钮,即可在 Word 2010 帮助文档中进行搜索,并把搜索结果提供给用户,用户单击相应的搜索结果选项即可看到具体的帮助内容。

说明:帮助目录窗格中的形状的按钮表示一个目录,形状的按钮表示一个具体的帮助内容。

3.2 文档的创建与编辑

3.2.1 文档的基本操作

1. 创建新文档

用户每次启动 Word 2010 时,系统会自动创建一个名为【文档 1】的空白文档,用户可以在此文档中输入文本。

如果用户想建立一个新文档,可使用以下方法。

(1) 新建空白文档

有以下三种方法新增空白文档。

方法 1:单击【文件】选项卡后从弹出的管理面板中选择【新建】命令展开如图 3.11 所示的【新建】面板,在该面板选择【空白文档】→【创建】命令或双击【空白文档】选项,这时就会在 Word 窗口中创建一个新的空白文档。

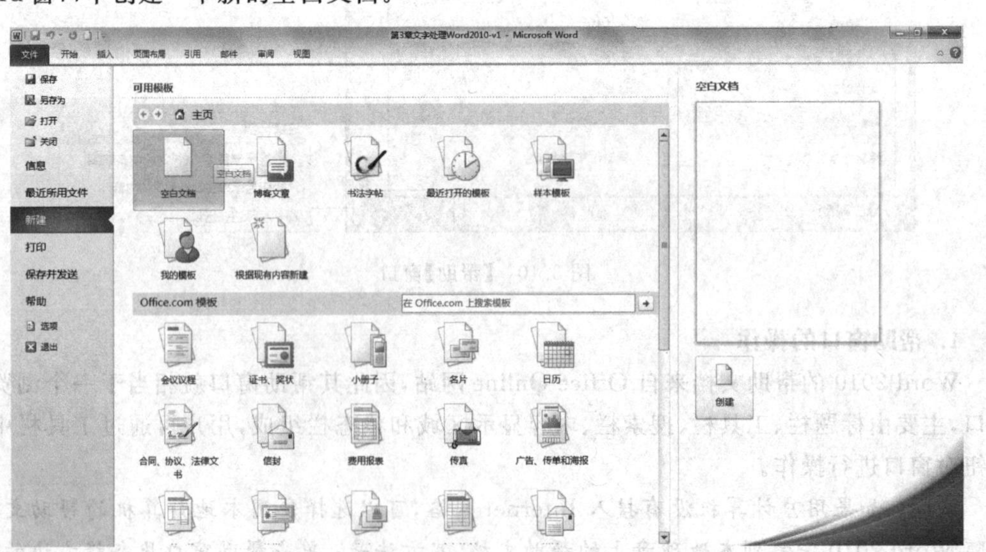

图 3.11 【新增】面板

方法2：使用快捷键Ctrl＋N新建一个空白文档，也可以依次按下键盘上的Alt、F、N和Enter键创建新的空白文档。

方法3：在【我的电脑】或【资源管理器】中打开目标文件夹，然后在空白处右击，在右键快捷菜单中选择【新建】→【Microsoft Office Word文档】，即可直接在目标文件夹中创建一个新的空白文档。

说明：*该方法虽然创建了一个Word 2010空白文档，但如果要编辑该文档，还需打开该文档。*

(2) 新建带有格式和内容的新文档

方法1：根据Word 2010提供的模板来新建。

为了解决用户的不同需求，Word 2010为用户准备了多种类型的模板。Word 2010中的模板是指扩展名为.dotx或.dotm的文件。一个模板文件针对用户的需要，预设了这一类文档的共同信息，即这类文档中的共同文字、图形、表格和共同的样式，甚至还包括预设页面版式、打印方式等。有了模板，用户在创建这一类文档时就不需要从零开始，只需打开一个模板，然后填写特定于用户自己的文字、图片或其他内容即可。在创建空白文档时，Word自动运用默认的通用模板Normal.dotm。

Word 2010把模板分成两大类，一类是【可用模板】即随Word 2010套件程序安装到本地机器硬盘的模板；另一类是【Office.com模板】即在线模板。在【新建】面板【可用模板】组选择【样本模板】选项后，会列出更多已安装到本地机器硬盘的模板；而如果在【Office.com模板】组选择某一类型模板，则需要先到Office官方网站下载后才能显示该类模板的具体样式。选择某一模板后，【新建】面板最右边一栏则会预览显示该模板的内容，并列出该模板的提供者、模板大小和打分情况。

对于已安装的模板来说，选好要使用的模板后，单击【创建】按钮，就会以这个模板为基础创建出一个新文档。而对于在线模板，则需要单击【下载】按钮从网站下载该模板，下载完成后创建新文档。

方法2：根据现有文档来新建。

用户也可以在现有文档的基础上新建文档，方法是：在【新建】面板【可用模板】组中选择【根据现有内容新建】选项打开【根据现有内容新建】对话框，在该对话框选择一个文档作为新建文档的模板后按【新建】按钮即可。

2. 打开文档

打开Word文档的方法主要有以下几种。

方法1：快速打开近期使用过的文档。

单击【文件】选项卡，在弹出的面板选择【最近所用文件】，在展开的面板的【最近使用的文档】列表中单击某个文档，即可打开该文档。

说明：*单击文档名称后面的图钉按钮可将该文档固定在【最近使用的文档】列表中。同理，在【最近的位置】列表中单击文件夹后面的图钉按钮可将此文件夹固定起来。*

方法2：启动Word 2010并打开Word文档。

在【我的电脑】或【资源管理器】中打开Word文档所在文件夹，双击Word文档图标，即可启动Word 2010并打开该文档。

方法3：通过【打开】对话框打开文档。

单击【文件】选项卡后在【文件】管理面板选择【打开】命令或在文档编辑窗口按Ctrl+F12快捷键,打开如图3.12所示的【打开】对话框。

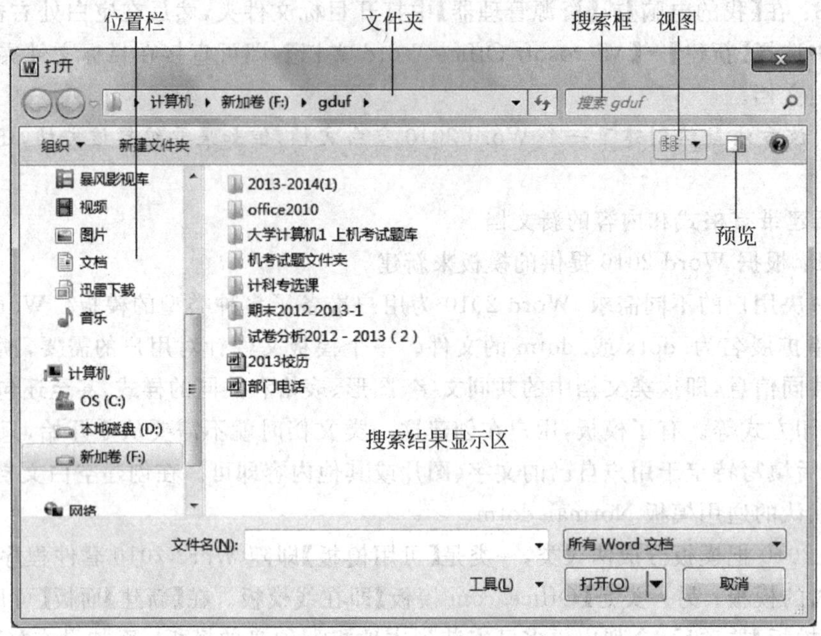

图3.12 【打开】对话框

在【打开】对话框中,除了能打开所有Word格式文档(扩展名为docx、docm、dotx、dotm、doc、htm等),还可以打开其他格式的文档,只要在【打开】对话框中的【文件类型】下拉列表中选择相应的文件类型,然后在搜索结果显示区双击要打开的文档图标或选中要打开的文档后,单击【打开】按钮即可。

如果想在打开文档之前了解文档的大致内容,可以单击【打开】对话框右上角【预览】按钮,这样会在【打开】对话框右侧开辟一个预览窗格,选中文档时,预览窗格会显示此文档的内容。

在【打开】对话框的搜索结果显示区选中一个或多个文档后,【打开】按钮成为可用状态,此时如果直接单击该按钮就可打开文档了,而如果单击该按钮右侧的下拉框,则弹出如图3.13所示的菜单。通过该菜单用户在打开文档时有了更多的选择。如不想破坏原文档内容或格式时可以以【只读】或【副本】方式打开。

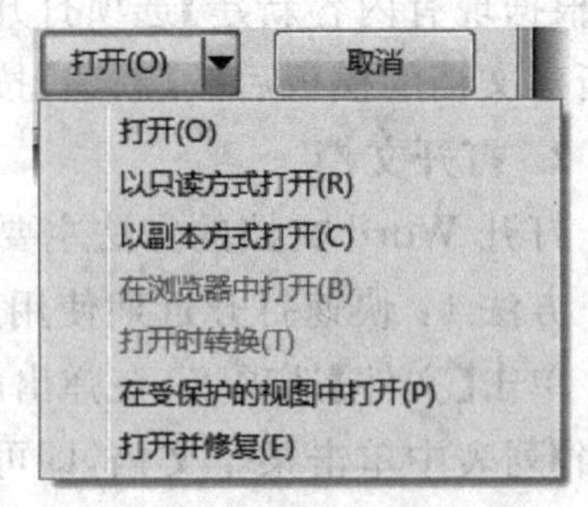

图3.13 【打开】按钮的下拉菜单

3. 保存文档

Word 2010能够保存多种格式的文档,同时针对不同的文档有不同的保存方式。

(1) 新建文档的保存

有三种保存新建文档的方法。

方法1:单击【快速访问工具栏】中的【保存】按钮。

方法 2：单击【文件】选项卡后在弹出面板中选择【保存】命令。

方法 3：按 Ctrl+S 或 Shift+F12 快捷键。

不论是采用上述哪种方法来保存一个新建文档，都将打开如图 3.14 所示的【另存为】对话框。在这个对话框中需要指定文档的保存位置和文档名。默认情况下，系统以.docx 作为文档的扩展名。

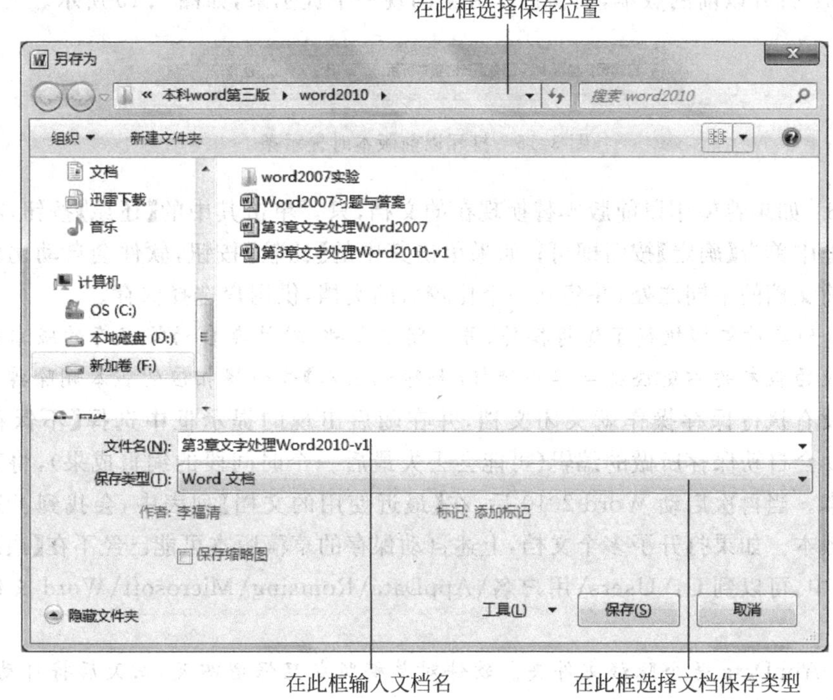

图 3.14 【另存为】对话框

(2) 保存已存在的文档

如果用户根据上面的方法保存已存在的文档，Word 2010 只会在后台对文档进行覆盖保存，即覆盖原来的文档内容，没有对话框提示，但会在状态栏中出现“Word 正在保存……”的提示信息。一旦保存完成该提示信息就会消失。

但有时用户希望保留一份文档修改前的副本，此时，用户可以执行【文件】→【另存为】命令或快捷键 F12，在【另存为】对话框里进行文档的保存，要注意的是，如果不希望覆盖修改前的文档，必须修改文档名或保存位置。

(3) 自动保存文档

为了避免意外断电或死机这类情况的发生而减少不必要的损失，Word 提供了在指定时间间隔自动保存文档的功能。Word 2010 不仅保留了这一功能，而且还做了较大的改进。设置自动保存的操作步骤如下。

步骤 1：执行【文件】→【选项】命令，打开【Word 选项】对话框。

步骤 2：在对话框左侧选择【保存】选项，然后在右侧【保存文档】组进行设置。包括文件保存格式、自动保存时间间隔、未保存就关闭时保留上次自动保留的版本、自动恢复文件位置及默认文件位置。

步骤3：单击【确定】按钮。

开启了自动保存功能后，软件就会按设置的时间间隔，执行自动保存操作。在编辑文档的过程中，随时可以打开以前保存的版本，恢复到以前的编辑状态，其操作步骤如下。

步骤1：执行【文件】→【信息】命令，展开【信息】面板，选中【管理版本】组中相应的版本，将其打开。

步骤2：打开以前的版本，在窗口上方会出现一个提示条，如图3.15所示。

图3.15　打开以前版本时提示条

步骤3：如果希望用以前版本替换现在的文档，只要单击其中的【还原】按钮，在随后弹出的提示框中单击【确定】按钮即可；如果单击其中的【比较】按钮，软件会自动比较打开的文档与当前文档的不同之处，并建立一个比较后的文档，供用户选择保存。

说明：如果对文档执行了保存操作，并关闭了文档，软件会自动将保存的版本删除。也可以在相应的版本的右键快捷菜单中选择【删除此版本】命令将相应的版本删除掉。

如果没有执行保存操作就关闭文档，并在随后出现的提示框中选择【不保存】按钮，Word 2010会自动保存所做的编辑(可能会丢失最后一个时间段的编辑成果)，将其保存一个草稿版本。当再次启动Word 2010后，在【最近使用的文档】列表中，会找到上述自动保存的草稿版本。如果打开了多个文档，上述自动保存的草稿版本可能已经不在【最近使用的文档】列表中，可以到C:\Users\用户名\AppData\Romaing\Microsoft\Word文件夹中查找、打开。

说明：AppData是个隐藏文件夹。软件对草稿版本只保留四天，四天后将自动删除。

(4) 保存为其他格式文档

在图3.14所示的【另存为】对话框中，可以在【保存类型】列表框中选择文档的保存格式。除了Word 2010最新的几种格式外，用户还会经常将文档保存为下面几种格式。

• 保存为Word 97-2003兼容格式

如果用户希望该文档能用Word 2003、Word XP、Word 2000、Word 97等老版本程序打开，文档需要保存为该格式，该文档扩展名为.doc。

• 保存为PDF

便携式文档格式(Portable Document Format，PDF)是Adobe公司制定的一种文档格式，它能够正确保存源文件的字体、格式、颜色和图片，使文件的交流可以轻易跨越应用程序和系统平台的限制。由于PDF文件可以不依赖操作系统的语言和字体以及显示设备，就能逼真地将文件原貌展现给阅读者，因此越来越多的电子图书、产品说明、公司通告、网络资料等开始使用PDF格式文件。PDF已成为世界上安全可靠地分发和交换电子文档的实际标准。XML文件规格书(XML Paper Specification，XPS)文件也是一种电子文件格式，它采用固定的页面布局技术提供固定的外观。使用XPS技术，不论是屏幕查看还是打印机打印，作者都可以保证别人查看或者打印的就是他想提供给别人的文档。

自Word 2010开始，支持直接将Word文档转换为PDF或XPS格式文档。只需在【另存为】对话框将文档保存类型设置为PDF(或XPS)即可。或执行【文件】→【保存并发送】→

【创建 PDF/XPS 文档】→【创建 PDF/XPS】命令，打开【发布为 PDF/XPS】对话框，在该对话框设置文档名和存储位置等属性后单击【发布】即可。

(5) 将文档加密保存

为了确保文档内容的安全，避免敏感信息泄漏，只允许授权的审阅者查看或修改用户文档的内容，用户可以使用密码来保护整个文档。

其操作步骤如下。

步骤 1：打开如图 3.14 所示的【另存为】对话框。

步骤 2：单击该对话框左下角的【工具】按钮，将弹出如图 3.16 所示的菜单。

步骤 3：在弹出菜单中选择【常规选项】命令，打开如图 3.17 所示的【常规选项】对话框。

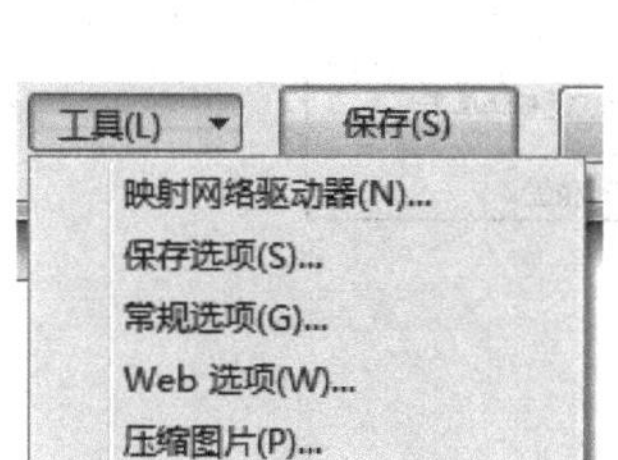

图 3.16 【工具】菜单

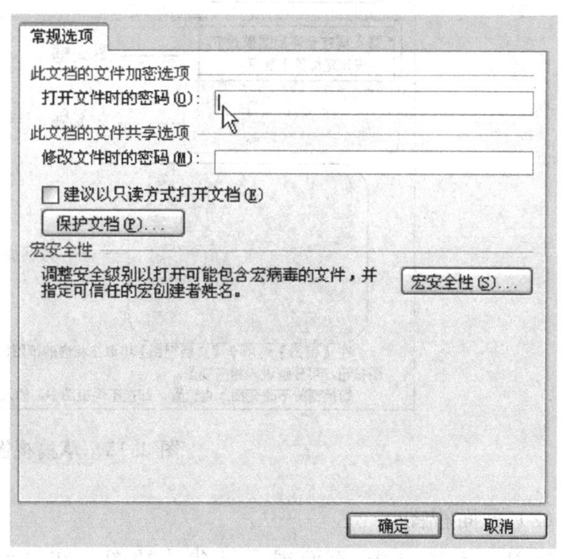

图 3.17 【常规选项】对话框

步骤 4：在【常规选项】对话框中设置【打开文件时的密码】。

步骤 5：单击【确定】按钮后，根据提示再输入一遍密码。

步骤 6：在【另存为】对话框中，设置保存文件的路径和文件名后单击【确定】按钮。

说明：修改权限密码与打开权限密码的功能不同，一个用于修改文件，一个用于访问文件。这两个密码可以同时设置，而且这两个密码既可以相同也可以不同。如果用户希望文档内容不被其他用户修改，可以启用【建议只读】功能。

4. Word 2010 的视图

视图是针对不同用户需要按不同的方式加工文档的环境。Word 2010 共为用户提供了五种文档视图：草稿视图、页面视图、大纲视图、Web 版式视图和阅读版式视图。

在功能区的【视图】选项卡【文档视图】组单击相应的视图按钮，或者在状态栏右侧单击文档视图按钮，可分别进入相应视图。

(1) 草稿视图

在草稿视图模式下，不显示复杂的格式化内容(如页眉、页脚、自选图形、分栏等)，如图 3.18 所示。草稿视图能够快速响应用户的输入、输出，易于选择文本，易于跨越分页符和分节符编辑文本。但也存在明显的缺点，即无法看到文档排版的真实情况。在多栏编排时，文本内容不是以并排多栏显示,而是成上下连续栏位显示;文档中如果使用了文本框和图片,在草稿视图模式下,文本框和图片的内容无法显示,图文框中的内容虽然能显示,但显示不到设定的位置。

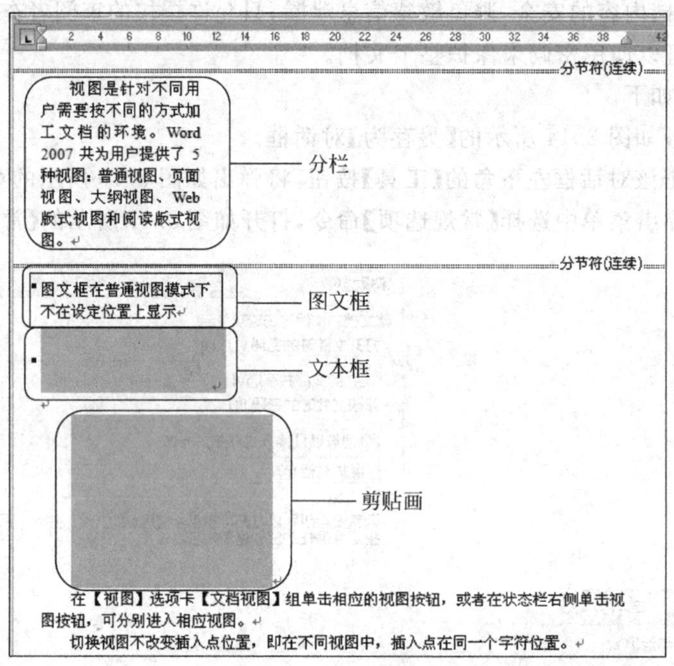

图 3.18 草稿视图

(2) 页面视图

在 Word 2010 中,页面视图是默认视图。在页面视图中,用户可以看到对象在实际打印的页面中的效果,即在页面视图中是“所见即所得”。各文档页的完整形态,包括正文、页眉、页脚、自选图形、分栏等都按先后顺序、实际的打印格式精确显示出来。

(3) Web 版式视图

有时候,用 Word 建立的文档并不打印,而只是以 Web 页的形式提供联机阅读,在 Web 版式视图中,能够很好地帮助用户编写 Web 文档。Web 版式视图比草稿视图优越之处在于它显示所有文本、文本框、图片和图形对象;它比页面视图优越之处在于它不显示与 Web 页无关的信息,如不显示文档分页,亦不显示页眉页脚,但可以看到背景和为适应窗口而换行的文本,而且图形的位置与所在浏览器中的位置一致。

(4) 阅读版式视图

在阅读版式视图模式下,Word 将不显示选项卡、按钮组、状态栏、滚动条等,而在整个屏幕显示文档的内容。这种视图是为用户浏览文档而准备的功能,通常不允许用户再对文档进行编辑。除非用户单击右上角的【视图选项】按钮,在弹出的下拉菜单中选择【允许键入】命令。

(5) 大纲视图

如果要编辑很长的文档,使用大纲视图是最合适的操作模式。大纲是文档的组织结构,只有对文档中不同层次的内容用正文样式和不同层次的标题样式后,大纲视图的功能才能充分显露出来。

在大纲视图中，可以查看文档的结构，可以通过拖动标题来移动、复制和重新组织文本。此外，还可以通过折叠文档来查看主要标题，或者展开文档查看所有标题和正文的内容，如图 3.19 所示。

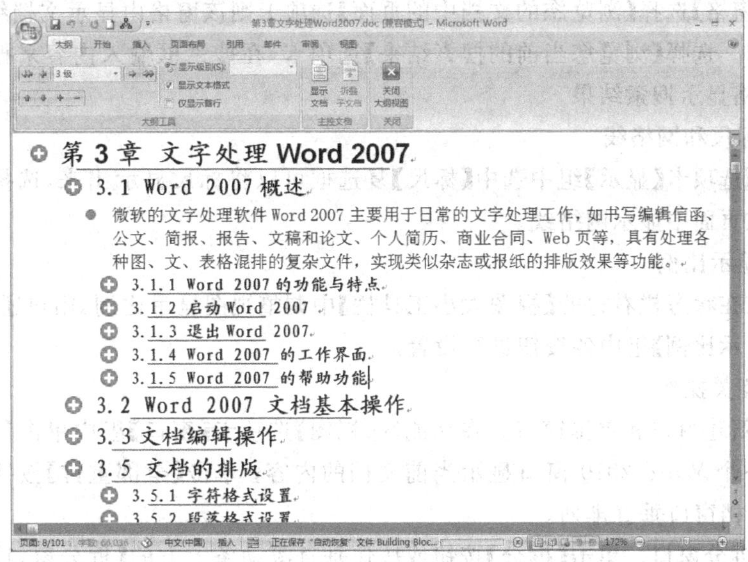

图 3.19 大纲视图

(6) 其他显示操作

• 使用【导航】窗格

若文档已经建立了文档标题，则可在【导航窗格】查看文档结构图，如图 3.20 所示，用户可以通过文档结构图对整个文档进行浏览。

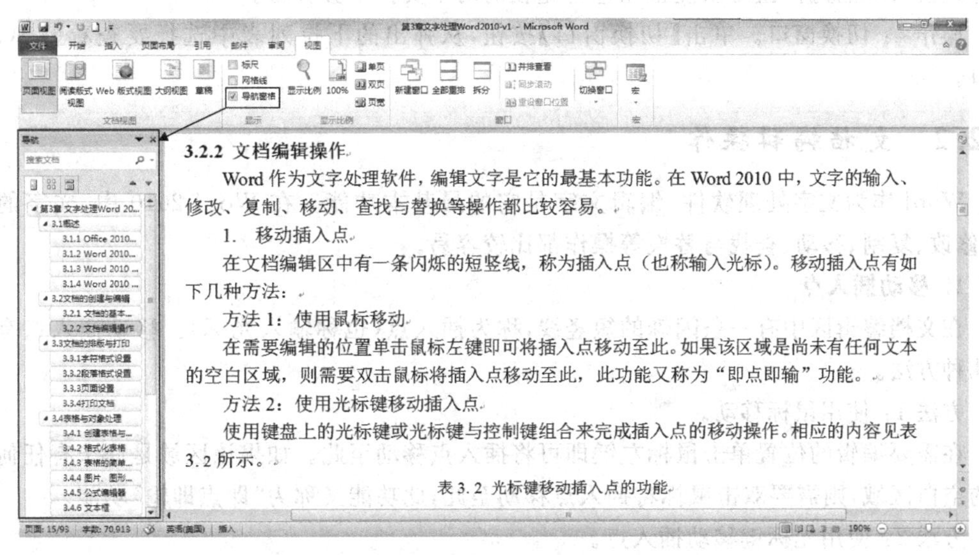

图 3.20 【导航窗格】

打开【导航窗格】的方法是：在【视图】选项卡【显示】组中选中【导航窗格】复选框。

在文档结构图中单击标题前的展开按钮,会展开该标题；单击标题前的折叠按钮,会折叠该标题。用户也可通过右键快捷菜单相应命令展开、折叠选定标题或设置文档结构图中显示的标题级别。

在【导航窗格】选择【浏览您的文档中的页面】选项卡则该窗格由显示文档结构图改为显示页面缩略图。选择【浏览您当前的搜索结果】选项卡,在搜索框输入内容来搜索文档中的文本,则该窗格显示搜索结果。

• 显示标尺和网络线

在【视图】选项卡【显示】组中选中【标尺】复选框可以将标尺显示出来,选择【网格线】复选框则可以在页面中显示网络线。

• 设置显示比例

除了可以在状态栏右边的【视图大小工具栏】中调整视图显示比例,用户还可以通过【视图】选项卡【显示比例】组中各按钮进行设置。

• 窗口相关操作

操作1：新建窗口和重排窗口。在功能区【视图】选项卡【窗口】组中单击【新建窗口】按钮可以另开一个Word 2010窗口显示当前文档的内容；单击【全部重排】按钮可以将多个Word 2010文档窗口垂直排列。

操作2：拆分窗口。单击【拆分】按钮或按住垂直滚动条上方的【拆分窗口】按钮然后在编辑区拖动可以将当前窗口分成上下两个窗格用以显示文档的不同部分。

说明：拆分窗口后,【拆分】按钮的标题改为“取消拆分”,单击【取消拆分】按钮或将窗格之间的分隔线拖离编辑区即可恢复单窗口显示。

操作3：同步比较文档。如要比较两个Word文档,可以分别打开文档后,单击【并排查看】按钮同时查看两个文档,如需同步滚动两个文档,还需使【同步滚动】按钮呈按下状态,单击【重设窗口位置】按钮可以使正在进行比较的两个文档平分屏幕。

操作4：切换窗口。单击【切换窗口】按钮,从弹出的下拉列表中选择要查看的Word窗口。

3.2.2 文档编辑操作

Word作为文字处理软件,编辑文字是它的最基本功能。在Word 2010中,文字的输入、修改、复制、移动、查找与替换等操作都比较容易。

1. 移动插入点

在文档编辑区中有一条闪烁的短竖线,称为插入点(也称输入光标)。移动插入点有如下几种方法。

方法1：使用鼠标移动。

在需要编辑的位置单击鼠标左键即可将插入点移动至此。如果该区域是尚未有任何文本的空白区域,则需要双击鼠标将插入点移动至此,此功能又称为“即点即输”功能。

方法2：使用光标键移动插入点。

使用键盘上的光标键或光标键与控制键组合来完成插入点的移动操作。相应的内容见表3.2所示。

表 3.2　光标键移动插入点的功能

按　键	功能说明
↑ ↓ ← →	将插入点移动到上一行、下一行、左一个字符、右一个字符
Home/End	移动插入点到行首/行尾
PageUp/PageDown	移动插入点到上一屏/下一屏
Ctrl+PageUp/Ctrl+PageDown	移动插入点到上一页窗口顶部/下一页窗口顶部
Ctrl+Home/Ctrl+End	移动插入点到文档开始处/文档结尾处
Ctrl+←/Ctrl+→	将插入点左移一个单词(词组)/右移一个单词(词组)
Ctrl+↑/Ctrl+↓	将插入点上移一个段落/下移一个段落

方法 3：利用定位对话框快速定位插入点。

可以在如图 3.21 所示的【查找和替换】对话框的【定位】选项卡中快速移动到文档的某一页、某一节或某一特殊部分如脚注等。

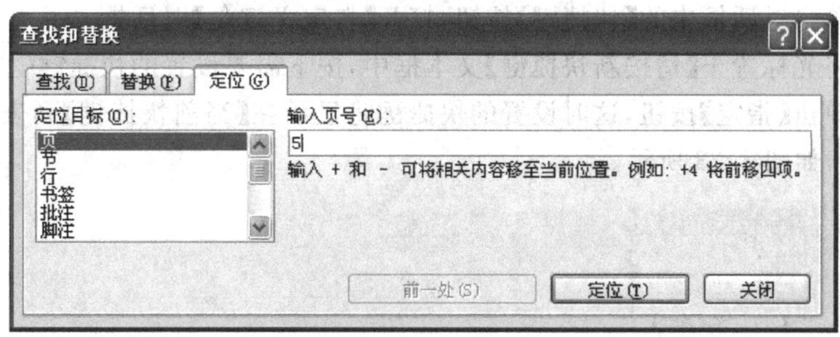

图 3.21　【定位】选项卡

方法 4：返回上次编辑位置。

按下 Shift+F5 快捷键，就可以将插入点移动到执行最后一个动作的位置。Word 2010 能记住最近三次编辑的位置，只要一直按住 Shift+F5 快捷键，插入点就会在最近三次修改的位置跳动。所以利用 Shift+F5 快捷键可以帮助用户快速地回到想要的位置。

2. 输入内容

用户在新创建的空白文档编辑区输入文本，就像在一张空白纸上写字一样。随着输入的进行，插入点光标从左向右自行移动。

(1) 输入字母和汉字

在英文输入状态，直接按下键盘上的字母键即可输入相应字母。默认情况下是输入小写字母。如果按下了 CapsLock 键，则输入大写字母。当输入汉字时，必须首先切换到中文输入法状态下。按 Ctrl+空格快捷键，可在中/英文输入法状态之间切换，按 Ctrl+Shift 快捷键可以在不同输入法之间循环切换，也可以直接用鼠标单击 Windows 任务栏右侧的输入法图标，在出现的输入法菜单中选择某一种输入法。

在“插入”工作状态下，输入字符时，插入点自动右移，而在“改写”状态下，则会用新输入字符把插入点光标所在位置后面的字符替换掉。随着输入的进行，当插入点到达右边界时，Word 2010 可以自动换行。按 Enter 键，则产生一个段落结束标记。两个段落标记之间的内容被视为一个自然段。如果段落标记没有显示出来，可以在【开始】选项卡【段落】组中单击【显示/隐藏编辑标记】按钮 。如果设置了始终显示特定的标记(例如段落标记或空格),单击【显示/隐藏编辑标记】按钮则不会隐藏该标记。可以在【Word 选项】对话框【显示】选项的【始终在屏幕上显示这些格式标记】下方设置始终在屏幕上显示的标记。

(2) 输入符号

部分符号可以从键盘直接输入。如在中文输入状态按 Shift+6 组合键可输入"……"。而对于不能从键盘输入的符号,可按下面方法来输入:在【插入】选项卡【符号】组中单击【插入符号】按钮 Ω符号 ,打开符号列表后单击所要符号,或者选择【其他符号】命令,在弹出的如图 3.22 所示【符号】对话框中双击所需的符号或选择所需符号后单击【插入】按钮即可输入。

对于经常使用的符号,则可设置符号快捷键,这样用户就可以在不打开【符号】对话框的情况下,直接按快捷键输入该符号。设置符号快捷键的步骤如下。

步骤 1:按照上述步骤打开【符号】对话框,选中需要使用的符号。

步骤 2:单击对话框中的【快捷键】按钮,打开【自定义键盘】对话框。

步骤 3:将光标置于【请按新快捷键】文本框中,按下需要设置的快捷键(如 Alt+[)。

步骤 4:单击【指定】按钮,这时设置的快捷键将显示在【当前快捷键】列表框中,表示快捷键设置成功,如图 3.23 所示。

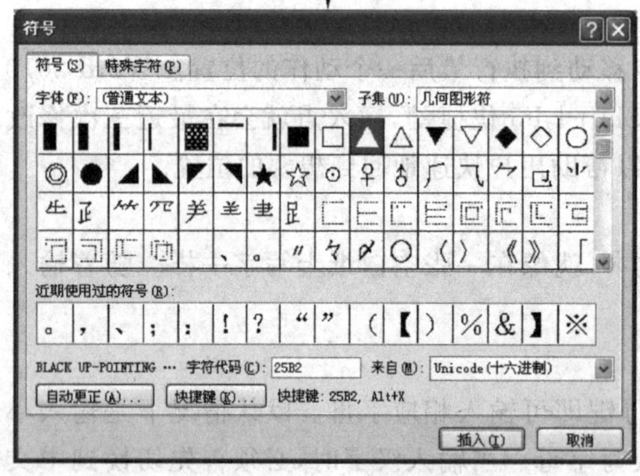

图 3.22 输入符号

图 3.23 【自定义键盘】对话框

步骤 5:单击【关闭】按钮,退出【自定义键盘】对话框,返回【符号】对话框。

步骤 6:单击【关闭】按钮,退出【符号】对话框。

今后用户在编辑文本时,若需要输入符号【,可直接使用快捷键 Alt+[。

(3) 输入时自动更正

往文档中输入内容时,可先用简单符号代替文字,再利用 Word 2010 的自动更正功能将简单符号自动更换为相应的文本。除了可以使用系统提供的自动更正词条外,用户也可以建立新的自动更正词条。其步骤如下。

步骤1：执行【文件】→【选项】命令，打开【Word选项】对话框。

步骤2：在该对话框左边选择【校对】项，然后在右边的【自动更正选项】区单击【自动更正选项】按钮，打开如图3.24所示的【自动更正】选项卡。

步骤3：选择【自动更正】选项卡，在【替换】框和【替换为】框输入自动更正的词条，如gdufcs和“广东金融学院计算机科学与技术系”。

步骤4：单击【添加】按钮，即可完成自定义自动更正词条的建立。

说明：如不希望使用自动更正功能，需在图3.24所示对话框【自动更正】选项卡中取消选中【键入时自动替换】复选框。

通过这种方法，还可以提高输入速度。例如，在文档中输入字母gdufcs后接着输入汉字或按空格键，系统自动将其替换成“广东金融学院计算机科学与技术系”。

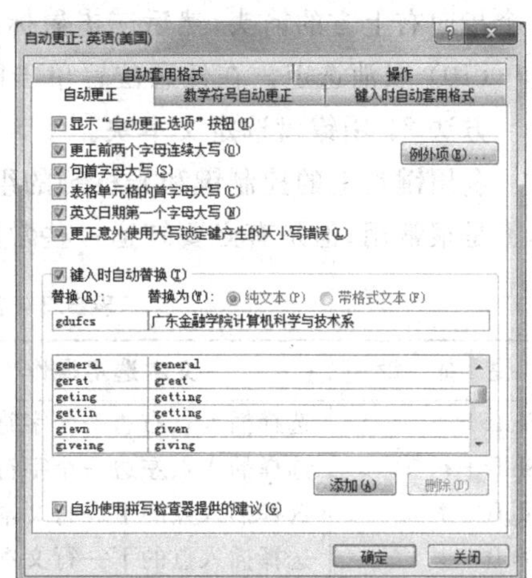

图3.24 【自动更正】选项卡

3. 选定文本块

选择文本块是很多其他操作(如剪切、复制、移动、格式化等)的前提。所谓选定文本块就是对特定的内容进行标记，一般选定的文本块会加以高亮底纹显示。

Word提供了多种选定文本块的方法，可以用鼠标，也可以用键盘。下面分别加以介绍。

方法1：使用鼠标选定文本块。

用鼠标选定文本块的方法很多，常用有以下几种。

(1) 在文本上拖动进行任意选定。将鼠标的光标定位于要选定的文本之前，然后按下鼠标左键，拖动到要选定文本的末端，然后松开鼠标左键。

(2) 使用Shift键和鼠标来进行连续选定。将鼠标的光标定位于要选定的文本之前，然后把鼠标光标移动到要选定的文本末尾，先按下Shift键再单击鼠标，Word 2010将选定两个光标之间的所有文本。

(3) 选定一个单词或一个词组。将鼠标的光标定位于单词或词组的任意位置，然后双击鼠标，即可选定一个英语单词或一个汉字词组。

(4) 选定一个句子。将鼠标的光标定位于句子的任意位置，按住Ctrl键，然后单击鼠标，即可选定一个句子。

(5) 选定一行文本。将鼠标的光标移动到该行的最左边，直至其变为一个向右上方的箭头，然后单击鼠标，即可选定一整行。

(6) 选定一段文本。将鼠标的光标定位于段内任意位置，然后三击鼠标，即可选定一个段落。将鼠标的光标移动到该段落的最左边，直至其变为一个向右上方的箭头，然后双击鼠标，也可选定一个段落。

(7) 多个文本块的选定。先选定一个文本块，再按住Ctrl键，然后使用上述方法选定文本块，可以选定多个不连续区域的文本块。

(8) 选定一块矩形区域的文本块。将鼠标的光标定位于要选定文本的一角,先按住 Alt 键,然后拖动鼠标到文本块的对角,即可选定一个矩形区域的文本块。

(9) 选定整个文档。将鼠标的光标移动到文档任意正文的最左边,直至鼠标光标变成一个指向右上方的箭头,然后三击鼠标,即可选定整个文档。

(10) 取消选定。在任意位置单击即可取消选定。

方法 2: 用键盘选定文本块。

利用键盘上的控制键和光标键的组合,也可快速选定文本块。虽然通过键盘来选定文本不是很常用,但是有必要知道一些常用的文本操作快捷键,如表 3.3 所示。

表 3.3 常用选定文本操作快捷键

快 捷 键	文本选定操作	快 捷 键	文本选定操作
Shift+→	选择插入点右边一个字符	Shift+End	选择插入点到行尾的文本
Shift+←	选择插入点左边一个字符	Shift+Home	选择插入点到行首的文本
Shift+↑	选择插入点的上一行文本	Ctrl+Shift+↑	选择插入点到段首的文本
Shift+↓	选择插入点的下一行文本	Ctrl+Shift+↓	选择插入点到段尾的文本
Ctrl+ Shift+→	选择插入点右边一个单词或词组	Ctrl+A	选定整个文档
Ctrl+ Shift+←	选择插入点左边一个单词或词组		

方法 3: 选择格式相同的文本。

如果要将文档中具有相同格式的文本选定,可以在【开始】选项卡【编辑】组中选择【选择】→【选择格式相似的文本】命令即可将文档中所有跟选定文本或插入点的格式相似的文本选定。

说明: 在【选择】下拉菜单中选择【全选】命令可以选择全部文本; 选择【选择对象】命令后指针更改为选择形状以便于在文档中选择和移动对象。

4. 文本的移动、复制和删除

(1) 移动和复制文本

移动文本指将文本移动到新位置,原位置不再保留该文本。复制文本指将文本复制到另外的位置,原位置上仍保留该文本。移动和复制文本常用下面两种方法。

方法 1: 使用鼠标。

如果是近距离移动或复制文本,可以通过拖动鼠标完成。其操作方法是: 选定文本块后,将其拖放到新位置即可。如果按住 Ctrl 键再拖动文本,则完成文本的复制操作。

方法 2: 使用剪贴板。

如果是跨屏幕或跨页移动或复制文本,用鼠标操作不太方便,此时可通过剪贴板来完成。选定相应文本块后,按下面方法进行操作。

步骤 1: 如果要移动文本,执行【开始】→【剪贴板】→【剪切】命令,或在右键快捷菜单中选择【剪切】命令,或按 Ctrl+X 快捷键,则将选定文本存放到剪贴板中,同时将选定文本从原处删除; 如果要复制文本,应执行【开始】→【剪贴板】→【复制】命令,或在右键快捷菜单中选择【复制】命令,或按 Ctrl+C 快捷键,则将选定文本存放到剪贴板中,同时选定文本留在原处不变。

步骤 2: 移动插入点到新位置,单击【剪贴板】组中的【粘贴】命令,或在右键快捷菜单中选择【粘贴】命令，或按 Ctrl＋V 快捷键，则实现文本的移动或复制。

(2) 智能粘贴

文本粘贴到目标位置后，会在文本右下角出现一个粘贴智能标记，单击此标记右侧的下拉按钮，在随后出现的下拉菜单中，可以调整相关的粘贴选项，如图 3.25 所示。其中，【保留源格式】以文本出处的源格式粘贴到目标位置；【合并格式】将文本出处的源格式和目标位置的格式进行合并处理，若两处格式发生冲突，则以目标位置格式为准；【只保留文本】只将文本内容粘贴到目标位置。

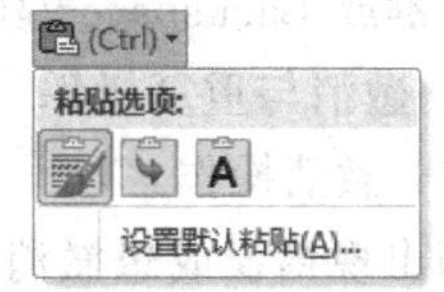

图 3.25　粘贴智能标记

(3) 选择性粘贴

在默认情况下，使用复制和粘贴功能时，会保存文本的原有格式，如字体、字号等。有时候，用户只需要数据，而并不需要格式，除了粘贴后在上述的粘贴智能标记中指定粘贴选项为【只保留文本】，也可以使用选择性粘贴。方法是：

单击【剪贴板】组中的【粘贴】按钮下方的下拉箭头，从弹出的下拉菜单中选择【选择性粘贴】命令，或按 Ctrl＋Alt＋V 组合键，都会弹出如图 3.26 所示的对话框。用户可在【形式】列表框中选择要粘贴内容的格式。一般建议选择【无格式文本】选项或【无格式的 Unicode 文本】选项以粘贴纯文本格式。

(4)【剪贴板】窗格

如果希望进行多项粘贴，则必须打开【剪贴板】任务窗格。方法是在【开始】选项卡【剪贴板】组单击右下角的对话框启动器，则可打开【剪贴板】任务窗格，如图 3.27 所示。在该窗格直接单击希望粘贴的子剪贴板，将其内容粘贴到指定位置；单击【全部粘贴】按钮可将全部内容粘贴到指定位置；单击【全部清空】按钮则可清空剪贴板上全部内容。

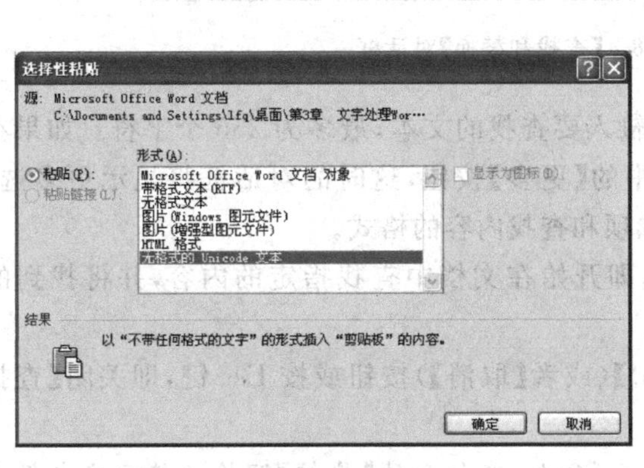

图 3.26　【选择性粘贴】对话框

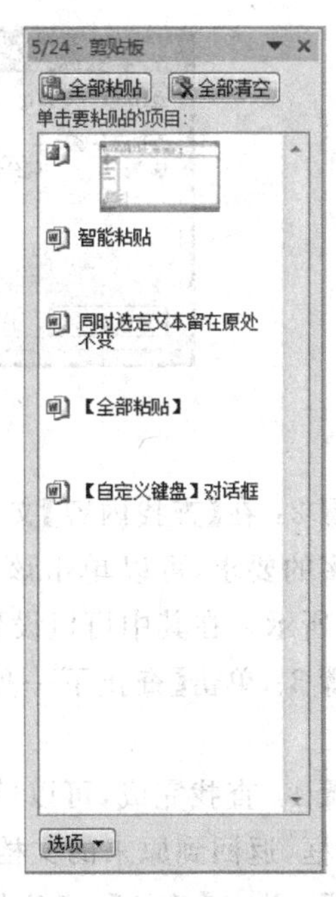

图 3.27　【剪贴板】窗格

(5) 删除文本

删除文本的方法非常简单。对于少量字符,可用 Backspace 键删除插入点前面的字符,用 Delete 键删除插入点后面的字符。如果要删除大量文本,先选定要删除的文本,然后按 Delete 键或 Backspace 键即可。

5. 撤消与重复操作

(1) 撤消操作

当出现错误或想撤消上次操作时,单击【快速访问工具栏】上的【撤消】按钮,或按 Ctrl+Z 快捷键,即可撤消最近一步的操作。如果想撤消之前的多步操作,只需重复单击【撤消】按钮或撤消快捷键,或者单击【快速访问工具栏】上【撤消】按钮右边的下拉箭头,在打开的最近操作列表中选择要撤消到某一指定操作。

(2) 重复操作

有时撤消操作本身是误操作,此时如果想恢复原来的操作,就需要使用重复操作功能。单击【快速访问工具栏】上的【重复】按钮,或按 Ctrl+Y 快捷键,即可重复最近一步的操作。

6. 查找与替换

使用 Word 的查找与替换功能,不但可以替换文字,而且还可以查找、替换带有格式的文字、分页符、段落标记和其他项目。也可以使用通配符和代码来扩展搜索。

(1) 查找文本

查找文本,可以查找各种字符出现的位置,包括中文和西文字符,也可以是标点符号或常用符号,查找到所要查找的内容,就可以在文档中进行修改,其操作步骤如下。

步骤 1: 执行【开始】→【编辑】→【查找】→【高级查找】命令,弹出如图 3.28 所示的【查找和替换】对话框。如果是在一部分文档中进行查找,必须先选定这部分内容,然后再打开此对话框。

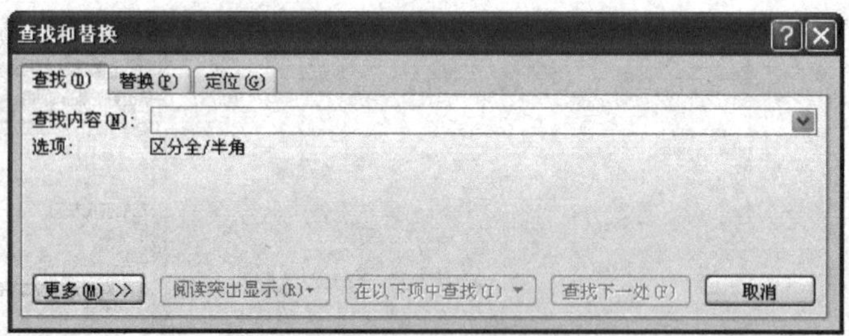

图 3.28 【查找和替换】对话框

步骤 2: 在【查找内容】文本框中,输入要查找的文本,最多为 255 个字符。如果在查找中有更多的要求,可以单击该对话框中的【更多】按钮,这时的对话框将显示更多选项,如图 3.29 所示。在其中可以设置搜索选项和查找内容的格式。

步骤 3: 单击【查找下一处】按钮,即开始在文档中查找指定的内容,并将找到的内容选定。

步骤 4: 查找完成,可以单击【关闭】(或者【取消】)按钮或按 Esc 键,即关闭【查找和替换】对话框,返回到原来的文档中。

说明: 执行【开始】→【编辑】→【查找】命令,在打开的【导航】窗格的搜索文本框中输入查找文本也可进行查找操作，若找到相关内容则给出找到的匹配总数及每个匹配选项的预览，并在文档中以黄色突出显示。可以单击想要的匹配选项，文档会自动定位到查找目标处，并以绿色显示。

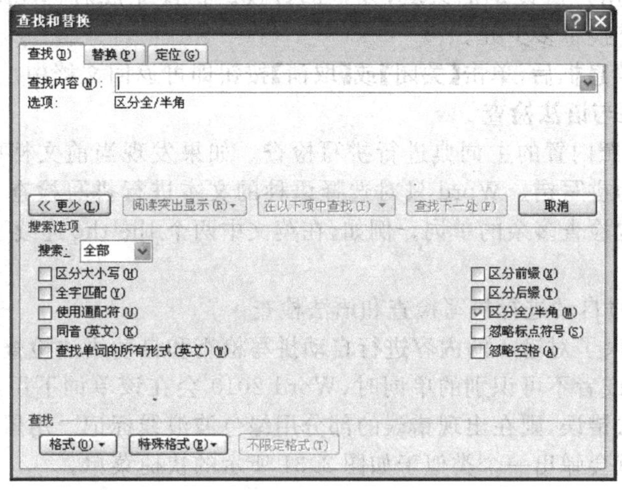

图 3.29　高级查找

(2) 替换文本

【查找】命令可以让人们找到某个特定文本的位置，而【替换】命令可以在【查找】命令的基础上对某些文本进行替换。其操作步骤如下。

步骤 1：执行【开始】→【编辑】→【替换】命令，打开【查找和替换】对话框并显示其中的【替换】选项卡，如图 3.30 所示。

说明：也可在查找的基础上选择【查找和替换】对话框的【替换】选项卡进入替换操作。

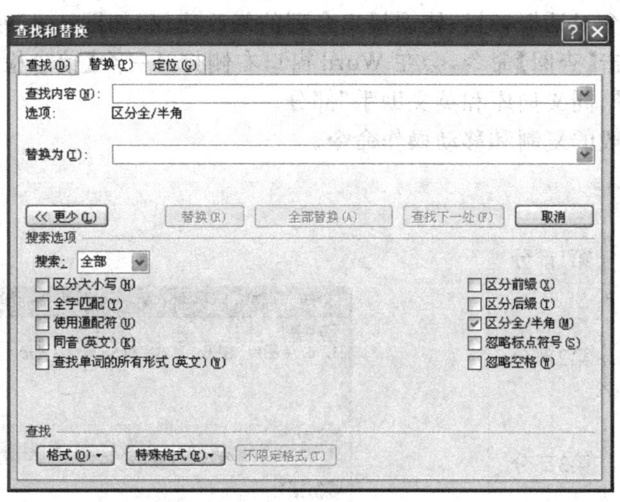

图 3.30　【替换】选项卡

步骤 2：在【查找内容】文本框中输入要查找的内容，在【替换为】文本框中输入要替换的内容。

步骤3：如果要替换带有格式的文本，则需对【查找内容】和【替换内容】分别进行格式设置。

步骤4：如果这时单击【查找下一处】按钮，则它的功能就与【查找】命令相同；如果单击【替换】按钮，则Word将把所找到的内容替换为新的内容；如果单击【全部替换】按钮，Word会查找整个文档或用户所设定的区域，并全部替换。替换完成后，Word会出现提示消息框，告知用户总共替换了多少处。

步骤5：退出消息框后，单击【关闭】或【取消】按钮即可返回文档中。

7. 文本的拼写与语法检查

通常，Word对照内置的主词典进行拼写检查。如果发现当前文档中某个词汇在该词典中找不到，即认为拼写错。Word只对选择语种的文本进行拼写检查，进行拼写检查时，除检查拼写错外，也检查多余的单词。例如，在英文中两个the the连续了，第二个the显示是多余的。

(1) 输入文本时自动进行拼写检查和语法检查

Word 2010提供了对输入的内容进行自动拼写检查和自动语法检查的功能。当文档中无意输入了错误的或者不可识别的单词时，Word 2010会在该单词下用红色波浪线进行标记，如果出现了语法错误，则在出现错误的部分用绿色波浪线标记。用鼠标在带有波浪线标记的文本上右击，就会弹出一个类似于如图3.31所示的快捷菜单。

在该快捷菜单中用分隔线将其分为四个部分。上面的第1部分是修改建议，单击某个单词，就会用该单词替换掉原来的单词。

第2部分是对错误单词进行忽略。Word只根据其内置的词典进行检查，因而有些单词它并不认识，就会把它当作错误单词提醒用户。如果用户确认自己的录入是正确的，或者用户就是要输入一个错误的单词，则可以选择【忽略】命令，这个单词下面的波浪线也会取消。如果选择【全部忽略】命令，则会忽略文档中所有该单词的拼写错误。如果选择【添加到词典】命令，会将该单词添加到字典中，Word以后便不将该单词作为拼写错误。

第3部分有四个命令。单击【自动更正】命令会弹出一个可供更正的单词列表，选中即可将其更正过来。单击【语言】命令可以设置语法和拼写检查时使用的语言。单击【拼写检查】命令，会打开一个对话框，对该错误提出合理的修改建议，如图3.32所示，用户可以根据需要进行选择。单击【查阅】命令，会在Word窗口右侧打开一个【信息检索】窗口，该窗口中的操作可参考"翻译、同义词库和英文助手"部分。

第4部分是一般的复制和移动操作命令。

图3.31　校正拼写检查

图3.32　【拼写】对话框

(2) 对已存在的文档进行拼写和语法检查

对现有的文档进行拼写检查和语法检查的方法是：执行【审阅】→【校对】→【拼写和语法】命令，或按 F7 键，Word 2010 就会启动拼写和语法检查。当遇到拼写或语法错误时，Word 2010 将打开【拼写和语法】对话框(与图 3.32 所示对话框是一样的，只是标题名称不同而已)，用户可根据自己的要求进行相应的操作。

(3) 设置拼写和语法检查选项

自动拼写和语法检查功能是可以关闭的。打开【Word 选项】对话框，在左侧单击【校对】项，在窗口右侧即可进行相应的设置。

3.3 文档的排版与打印

文档的排版是将 Word 2010 中输入的文档内容进行处理，使制作的文档更加漂亮、美观，其主要内容包括字符格式化、段落格式化和页面格式化。字符格式化是设置字符的外观，段落格式化是设置段落的外观，页面格式化是设置纸张、页边距等格式。

3.3.1 字符格式设置

1. 字符格式设置的含义

字符是汉字、字母、数字和各种符号的总称。字符格式是指字符的外观显示方式，主要包括：字符的字体和字号；字符的字形，即加粗、倾斜等；字符颜色、下划线、着重号等；字符的删除线或双删除线、上标或下标、隐藏等特殊效果；字符的修饰，即给字符加边框、加底纹、字符缩放、字符间距及字符位置等。一些字符格式的例子如表 3.4 所示。

表 3.4 字符格式示例

字符格式名称	说　明	示　例
四号黑体	先设置中文字体，然后再设置英文字体。字号有两种表示方法：一种是中文数字表示，称为“几”号字；另一种是用阿拉伯数字来表示，称为“磅”或“点”	四号黑体
12 磅 Calibri 字体		12 磅 Calibri 字体(汉字仍为宋体)
加粗	可以同时设置加粗和斜体	**加粗**
斜体		*斜体*
红色字符	设置字符的颜色	红色字符
加波浪线	除了设置下划线样式外，还可设置下划线的颜色	加波浪线
着重号	突出文字重点	着重号
删除线	一条线横穿文字，用于审核文档	~~删除线~~
双删除线	两条线横穿文字，用于审核文档	~~双删除线~~
上标下标	可以在字符效果中设置，也可以通过提升或降低字符位置达到上标或下标的效果	^{上}标$_{\text{下}}$标
隐藏	用于注释，可以不显示、打印	(示例文字隐藏，不显示)
小型大写字母	针对英文字符而言	Pentium4(正常)、PENTIUM 4(小型大写字母)、PENTIUM4(全部大写字母)

续表

字符格式名称	说　　明	示　　例
字符缩放	是指调整字符的宽高比例	正常字符、缩放 200%的字符、缩放 50%的字符
字符间距	是指字符与字符之间的距离	正常间距、加 宽 3 磅、紧缩1磅
字符边框	边框和底纹也是一种修饰文字的效果	字符边框
字符底纹		字符底纹
文本效果	相当于将艺术字效果应用于普通文本	文本映像效果

在新建空白文档中输入内容时，默认是五号字，汉字为宋体，英文字符为 Calibri 字体。用户若要改变将输入的字符的格式，只需重新设定字符、字号即可；若要改变文档中已有文本的字符格式，必须先选定文本，再进行字体、字号等的设置。

2. 设置字符格式的方法

方法 1：使用【开始】选项卡中的【字体】组按钮设置字符格式

图 3.33 所示的【字体】组中的按钮可以对字符进行字体、字号、加粗、倾斜、下划线、删除线、上标、下标、字体颜色、字符边框及字符底纹设置。主要按钮的功能说明如下。

【字体】框。字体就是指字符的形体。【字体】框中显示的字体名是用户正在使用的字体，如果选定文本包含两种以上字体，该框将呈现空白。单击【字体】下拉列表按钮，会弹出如图 3.34 所示的字体列表，从中可以选择需要的字体，其中主题字体和最近使用的字体会排列在列表的上方。

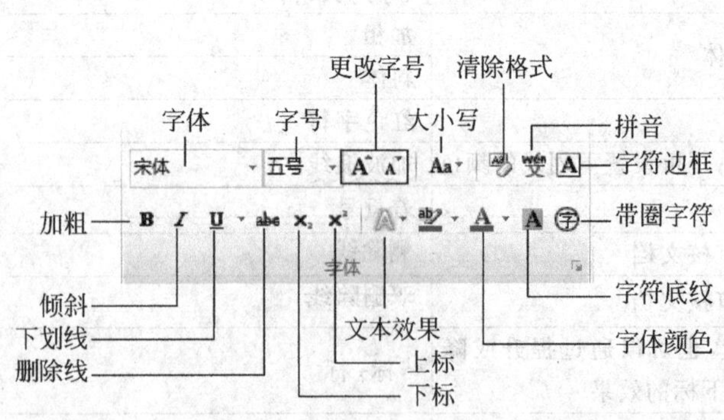

图 3.33 【字体】组用于设置字符格式的按钮

图 3.34 【字体】下拉列表

【字号】框。用于设置字号。字号是指字符的大小。用户可以在字号下拉列表中选择相应字号，也可以在字号文本框中输入所需的字号。

B 和 *I* 按钮。用于设置字形。其中 B 按钮表示加粗，其快捷键为 Ctrl+B；*I* 按钮表示倾斜，其快捷键为 Ctrl+I。它们都是开关按钮，单击一次用于设置，再次单击则取消设置。

U 按钮。用于设置下划线，其快捷键为 Ctrl+U。单击该按钮右边的下拉箭头按钮，可以打开下拉列表选择下划线类型及下划线颜色。

~~abc~~按钮。用于设置删除线。

X_2 和 X^2 按钮。分别用于设置上标和下标，其中 X_2 按钮用于设置下标，其快捷键是 Ctrl+=；X^2 按钮用于设置上标，其快捷键是 Ctrl+Shift+=。除了将选定的字符直接设置为上下标外，用户还可以用提升字符位置的方法自定义上下标。

A 按钮。用于设置文本的艺术效果，如阴影、发光或映像等。单击该按钮右侧的下拉箭头按钮，在随后弹出的文本效果下拉列表中，选择相应的文本效果，或者展开其中的某个选项(如【映像】)，选择其中的某个样式，即可为文本设置特殊效果，如图 3.35 所示。

在图 3.35 中，选择【映像选项】，打开【设置文本效果格式】对话框，通过调整其中的相关参数，可以进一步设置文本效果格式，如图 3.36 所示。

图 3.35 设置文本效果

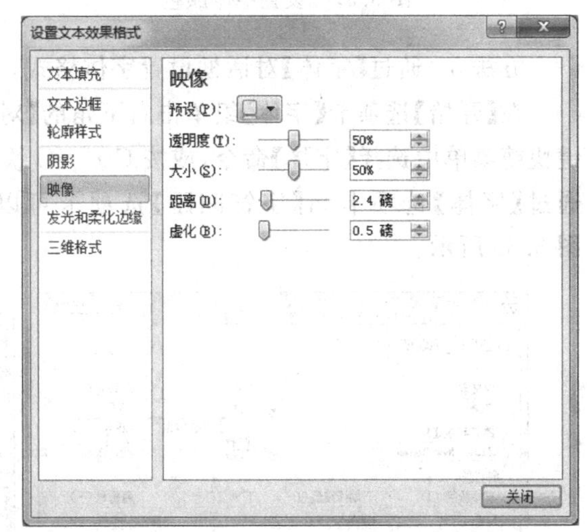

图 3.36 【设置文本效果格式】对话框

A 按钮。用于设置字体颜色。单击该按钮，可将选定字符设置为该按钮 A 下面的颜色；单击该按钮右侧的下拉箭头按钮，可从颜色列表或【颜色】对话框中选择所需颜色，如图 3.37 所示。

A 按钮。用于设置字符边框。

A 按钮。用于设置字符底纹。

说明：【字体】组中的 ab 按钮用于设置突出显示字符。突出显示并不改变字符的颜色，而只是改变选定字符的背景颜色，使文字看上去像用荧光笔作了标记一样，以区别普通文本。A 按钮用于增大字号，其快捷键是 Ctrl+Shift+>。A 按钮用于减小字号，其快捷键是 Ctrl+Shift+<。

方法2：通过浮动工具栏设置字符格式

在Word 2010中，用鼠标选中文本后，会弹出一个半透明的浮动工具栏，把鼠标移动到它上面，就可以显示出完整的屏幕提示，如图3.38所示。通过浮动工具栏可以对字符进行字体、字号、加粗、倾斜、字体颜色、突出显示等设置。该工具栏按钮功能参见【字体】组按钮功能说明。

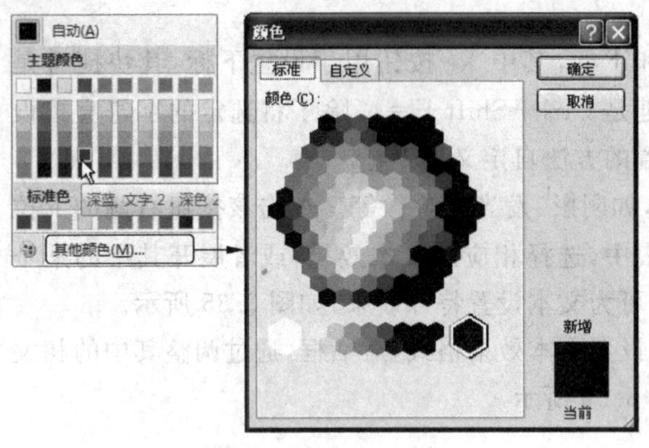

图3.37 设置字体颜色

图3.38 浮动工具栏

方法3：通过【字体】对话框设置字体格式

在【开始】选项卡【字体】组单击右下角的【对话框启动器】按钮 ，或者在选定文本的右键快捷菜单中选择【字体】命令，或按Ctrl+D快捷键，都将打开【字体】对话框。在该对话框通过【字体】选项卡和【字符间距】选项卡可以进行更细致、更复杂的字符格式设置，如图3.39所示。

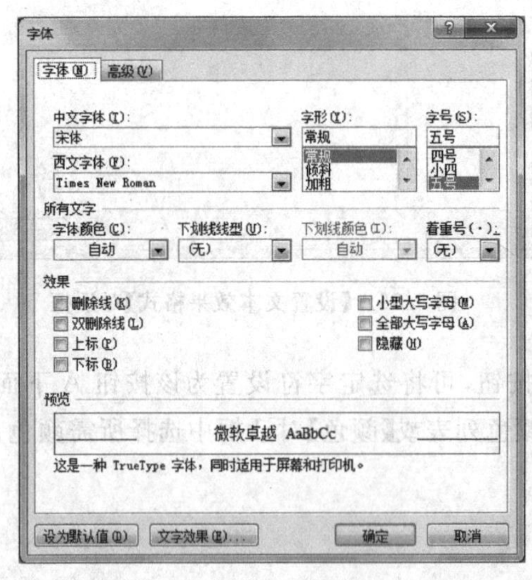

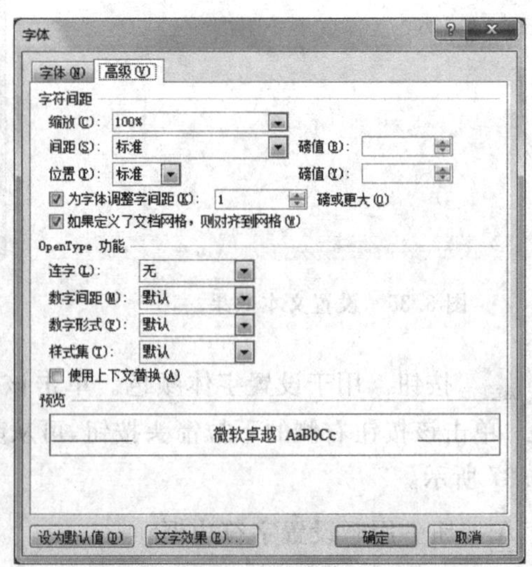

图3.39 【字体】对话框

在【字体】选项卡中可以对字符进行字体、字号、字形、字体颜色、下划线样式及其颜色、着重号、特殊效果包括删除线、双删除线、上标、下标、小型大写字母、全部大写字母、隐藏等的设置。单击【文字效果】按钮可打开如图3.36所示的【设置文本效果格式】对话框。

说明：由于设置的中文字体对中英文都起作用，因此独立设置中、英文字体时，要先设置中文字体，然后再设置英文字体。也可在【Word 选项】对话框左侧选择【高级】选项卡，然后在右侧【编辑选项】下方取消【中文字体也应用于西文】复选框使得中文字体只对中文字符起作用。

在【字符间距】选项卡中可以设置字符缩放比例、字符之间的距离、字符的垂直位置及 OpenType 功能等。

说明：【缩放】框用于设置字符的“胖瘦”。大于 100%的比例会使字符变“胖”，小于 100%的比例会使字符变“瘦”。另外一种设置方法是，在【开始】选项卡【段落】组中单击【中文版式】按钮 弹出如图 3.40 所示的下拉菜单，把鼠标指向【字符缩放】后即可在其级联菜单中设置字符缩放的比例。

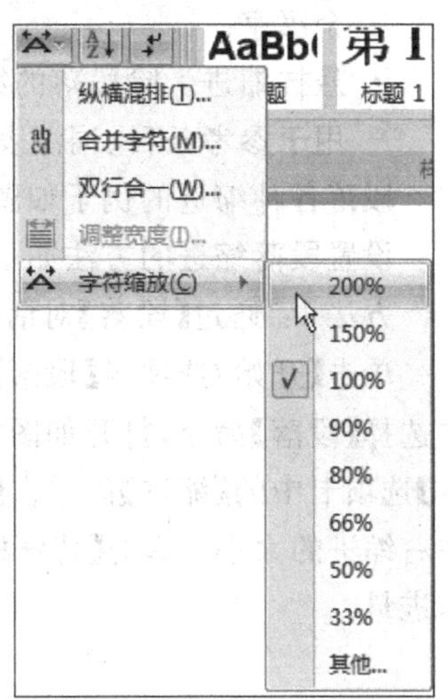

图 3.40　设置字符缩放

3. 复制字符格式

使用格式刷功能可以将选定文本的字符格式复制给其他文本，从而快速对字符格式化。其具体操作方法是选定要取其格式的文本或将插入点置于该文本的任意位置，在【开始】选项卡【剪贴板】组中单击【格式刷】按钮，此时指针呈刷子形状，用鼠标拖过要应用格式的文本即可快速应用已设置好的格式；双击【格式刷】按钮则可以一直应用格式刷功能，直到按 Esc 键或再次单击【格式刷】按钮取消。

说明：使用格式刷功能同样可以复制段落格式，其操作类似于复制字符格式。

4. 清除字符格式

在【开始】选项卡【字体】组中单击【清除格式】按钮 可以将选定文本的所有格式清除，只留下纯文本内容。

说明：使用 Shift+F1 组合键，将打开【显示格式】窗口，并在其中显示所选内容的字符格式和段落格式。

3.3.2　段落格式设置

1. 段落及段落格式设置的含义

在 Word 2010 中，段落由段落标记↵标识。键入和编辑文本时，每按一次 Enter 键就插入一个段落标记。段落标记中保存着当前段落的全部格式化信息，如段落对齐、缩进、行距、段落间距等。

段落的格式设置主要包括段落的缩进、行间距、段间距、对齐方式以及对段落的修饰等。

为设置一个段落的格式，先选择该段落，或将插入点置于该段落中任何位置。如果需设置多个段落的格式，则必须先选择这些段落。

2. 设置段落缩进

段落缩进是指将段落中的首行或其他行向两端缩进一段距离，使文档看上去更加清晰美观。在 Word 2010 中，可以设置左缩进、右缩进、首行缩进和悬挂缩进。

- 左缩进。段落的所有行左侧均向右缩进一定的距离。
- 右缩进。段落的所有行右侧均向左缩进一定的距离。

- 首行缩进。段落的第一行向右缩进一定的距离。中文文档一般都采用首行缩进两个汉字。
- 悬挂缩进。除段落的第一行外,其余行均向右缩进一定的距离。这种缩进格式一般用于参考条目、词汇表项目等。

段落各种缩进的例子如图 3.41 所示。

设置段落缩进的方法如下。

方法 1:通过【段落】对话框设置。

单击【开始】选项卡【段落】组中右下角的【对话框启动器】按钮 ,或者在右键快捷菜单中选择【段落】命令,打开如图 3.42 所示的【段落】对话框。在【段落】对话框中的【缩进和间距】选项卡中的【缩进】区单击【左侧】或【右侧】的微调按钮或直接输入调整数量及单位,设置左右缩进的大小;单击【特殊格式】下拉列表设置【首行缩进】或【悬挂缩进】,并在后面设置缩进量。

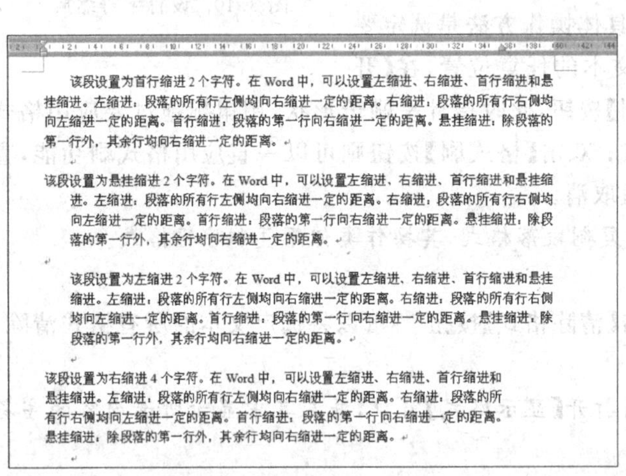

该段设置为首行缩进2个字符。在Word中，可以设置左缩进、右缩进、首行缩进和悬挂缩进。左缩进：段落的所有行左侧均向右缩进一定的距离。右缩进：段落的所有行右侧均向左缩进一定的距离。首行缩进：段落的第一行向右缩进一定的距离。悬挂缩进：除段落的第一行外，其余行均向右缩进一定的距离。

该段设置为悬挂缩进2个字符。在Word中，可以设置左缩进、右缩进、首行缩进和悬挂缩进。左缩进：段落的所有行左侧均向右缩进一定的距离。右缩进：段落的所有行右侧均向左缩进一定的距离。首行缩进：段落的第一行向右缩进一定的距离。悬挂缩进：除段落的第一行外，其余行均向右缩进一定的距离。

该段设置为左缩进2个字符。在Word中，可以设置左缩进、右缩进、首行缩进和悬挂缩进。左缩进：段落的所有行左侧均向右缩进一定的距离。右缩进：段落的所有行右侧均向左缩进一定的距离。首行缩进：段落的第一行向右缩进一定的距离。悬挂缩进：除段落的第一行外，其余行均向右缩进一定的距离。

该段设置为右缩进4个字符。在Word中，可以设置左缩进、右缩进、首行缩进和悬挂缩进。左缩进：段落的所有行左侧均向右缩进一定的距离。右缩进：段落的所有行右侧均向左缩进一定的距离。首行缩进：段落的第一行向右缩进一定的距离。悬挂缩进：除段落的第一行外，其余行均向右缩进一定的距离。

图 3.41 各种缩进方式的效果

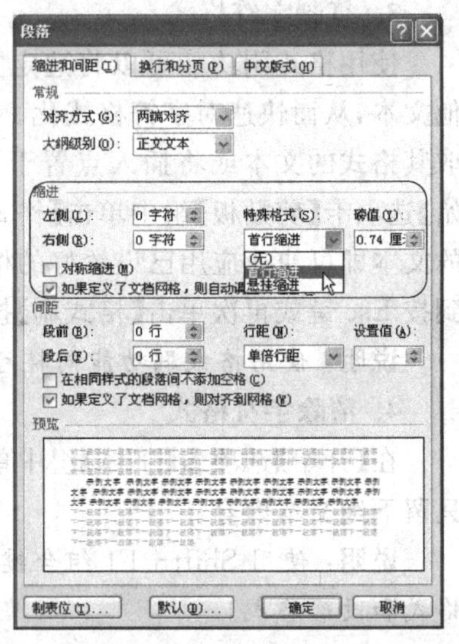

图 3.42 【段落】对话框

方法 2:用标尺设置缩进。

单击垂直滚动条上方的【标尺】按钮,或者在功能区【视图】选项卡【显示/隐藏】组中选择【标尺】复选框,均可显示标尺。然后通过拖动标尺上面各缩进标记来设置段落缩进格式及缩进量,如图 3.43 所示。

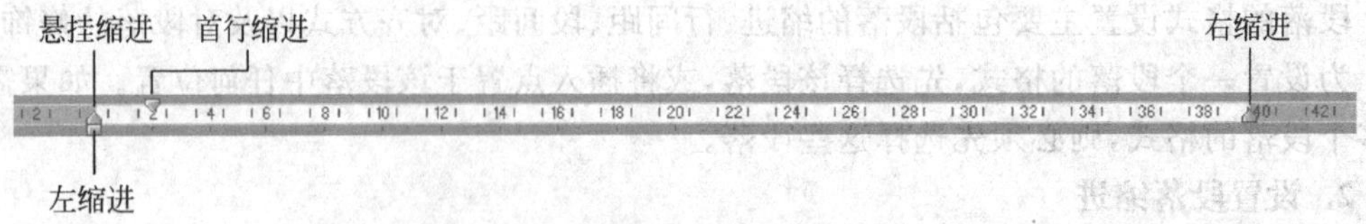

图 3.43 标尺及其上面的缩进标记

说明:*当首行缩进标记位于左缩进标记的右边,段落缩进格式为首行缩进;当首行缩进标记在左缩进标记的左侧时,段落缩进格式为悬挂缩进。*

方法 3：特殊缩进设置。

在每段的最前面按空格键或 Tab 键，把首行缩进标记向右移，也可以达到设置首行缩进的目的。

如果只是增加或减少左缩进的缩进量时，既可以在【段落】对话框中进行设置，也可以通过单击【开始】选项卡【段落】组中的【减少缩进量】按钮 减少缩进量或单击【增加缩进量】按钮 增加缩进量。

如果只调整段落的左、右缩进，可以单击【页面布局】选项卡，然后在如图 3.44 所示的【段落】组中通过【缩进】按钮微调缩进量。

3. 设置行间距和段间距

(1) 设置行间距

行间距是指一个段落内行与行之间的距离。默认情况下，Word 自动设置段落内的行间距为一个行高的距离（即【单倍行距】）。当行中出现有图形，或字体发生变化，Word 即自动调节行高。

人工调节段落内的行间距的方法有两种。

方法 1：在【开始】选项卡【段落】组中单击【行和段落间距】按钮 ，弹出如图 3.45 所示下拉菜单，从中可以快速设置段落的行距。菜单中的数字表示行距的倍数，如 1.0 表示单倍行距，1.5 表示一倍半行距。

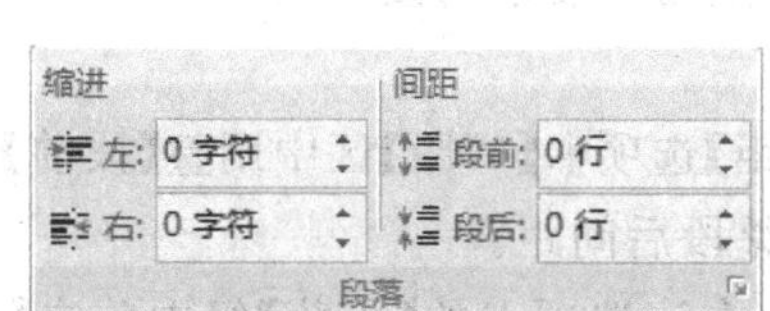

图 3.44 【页面布局】选项卡中的【段落】组

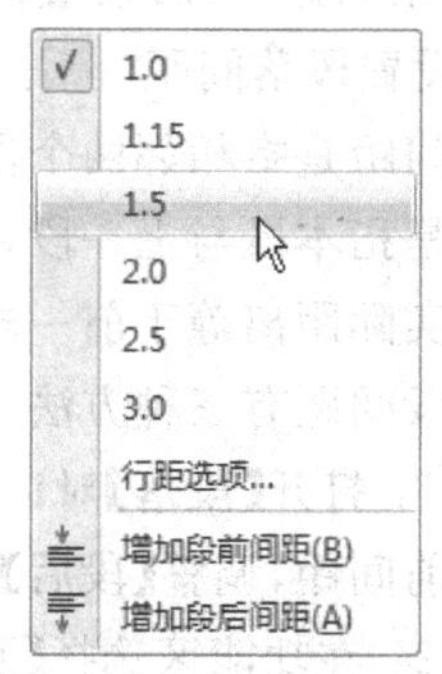

图 3.45 【行和段落间距】下拉列表

方法 2：选定段落后，打开如图 3.46 所示的【段落】对话框，在【缩进和间距】选项卡中取消【如果定义了文档网格，则对齐到网格】选项（否则按所定义网格显示文本），然后单击【行距】下拉列表，从中选择适当的值。其中，行间距有以下几种类型。

- 单倍行距、1.5 倍行距、2 倍行距。行间距为该行最大字体高度的 1 倍、1.5 倍或 2 倍，另外加上一点额外的间距。额外间距值取决于所用的字体。【单倍行距】比按 Enter 键换行生成的空间稍窄。
- 最小值。选择该选项后，在对应的【设置值】框中设置最小行间距值。当出现在该行中的文字或图形超出该距离后，Word 2010 自动扩充其值。
- 固定值。以【设置值】框中指定的值为固定行间距，Word 2010 不进行调节。这种情况下，选定段落中所有行的间距相等。

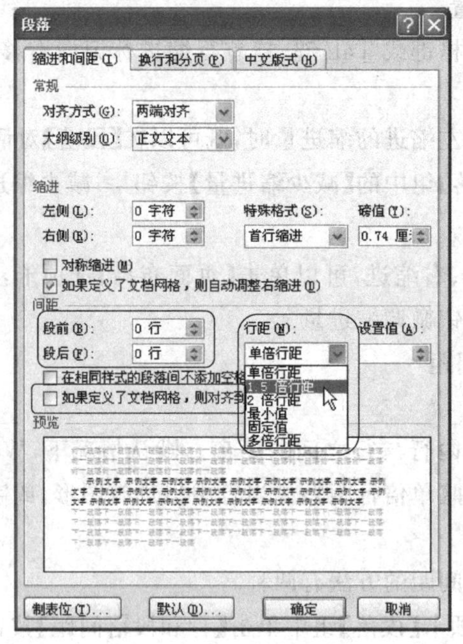

图 3.46 【段落】对话框

- 多倍行距。以【设置值】框设定的值(以行为单位,可为小数)为行间距。

(2) 设置段落间距

段落间距是指相邻两个段落之间的距离。段落间距包括段前间距和段后间距两部分。段前间距是指本段与上一段之间的距离,段后间距是指本段与下一段之间的距离。两个段落之间的实际距离等于前一段落的段后间距加上后一段落的段前间距。

设置段间距有三种方法。

方法 1:打开【段落】对话框,在【缩进和间距】选项卡【间距】区中调整【段前】微调按钮可以调整段前间距,调整【段后】微调按钮可以调整段后间距。

方法 2:在功能区选择【页面布局】选项卡,在该选项卡的【段落】组中单击【段前】或【段后】微调按钮来调整段落间距,如图 3.44 所示。

方法 3:在【开始】选项卡【段落】组中单击【行和段落间距】按钮,弹出如图 3.45 所示下拉菜单,从中可以快速增加段前间距或增加段后间距。

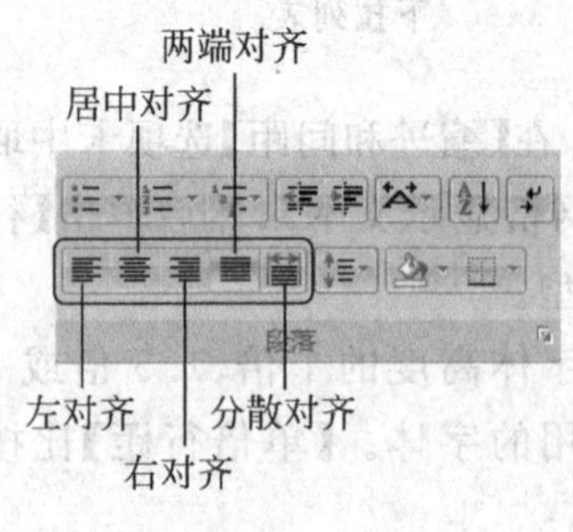

图 3.47 对齐按钮

4. 设置对齐方式

对齐方式在 Word 2010 排版过程中起到了非常重要的作用。通过设置对齐方式,可以使文档看上去更加整齐。在 Word 2010 中,文本对齐的方式有五种:左对齐、居中对齐、右对齐、两端对齐和分散对齐。在【开始】选项卡【段落】组分别用五个按钮来标明它们的功能,如图 3.47 所示。

- 左对齐。段落所有行均向左对齐,右边可以不对齐。
- 居中对齐。使所选段落的文本居中排列。一般用于设置文档标题等。

• 右对齐。将使所选文本右边对齐，左边可以不对齐，一般用于设置文档落款等。

• 两端对齐。将所选段落(除末行外)的每行沿左、右两边对齐，Word 2010 会自动调整字符间的距离。

• 分散对齐。是通过调整字符间距使所选段落各行等宽(包括最后一行)。

另外一种设置对齐方式的方法是：打开【段落】对话框，然后从该对话框中的【缩进和间距】选项卡【常规】区中【对齐方式】下拉列表中选择来完成。

5. 保持段落完整

在默认情况下，Word 2010 会根据页面的大小自动控制段落的分页，但有时会出现在正式排版中不被允许的分页错误，如某段的最后一行出现在下一页的页首或段落标题与下一段正文被分割为两页等。用户可以通过手工添加空行，也可以在【段落】对话框【换行和分页】选项卡中的【分页】区域选择相应选项控制段落的正常分页，如图 3.48 所示。

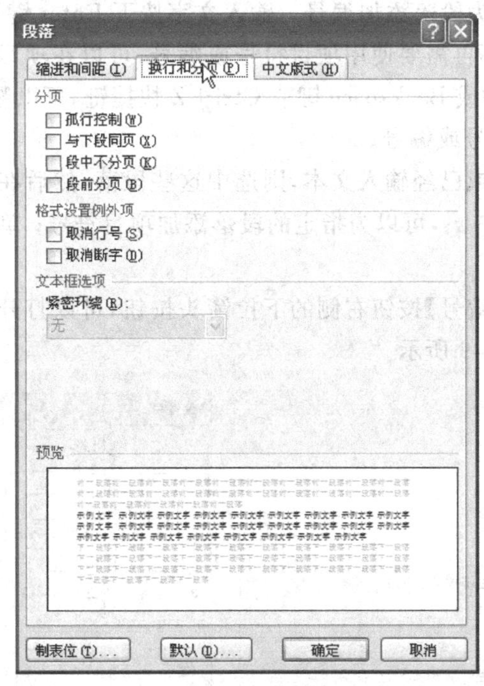

图 3.48 【换行和分页】选项卡

• 【孤行控制】。如果某段落的第一行留在了上一页，或其最后一行进入了下一页，这样的行即所谓的孤行。为防止出现孤行，选中【孤行控制】复选框，此后，在可能发生孤行的情况下，Word 2010 自动调整分页，将整个段落推至下一页。

• 【与下段同页】。有些情况下，要求当前段落与下一段落共处于同一页中。如文章每小节的标题通常应与其下面的段落共处于一页之中，为了使一个表完整地出现在一页之中，也需使该表中每一行(被视为一个独立的段落)共处于同一页之中。为使当前段落与下一段落共处于同一页中，选中【与下段同页】复选框。

• 【段中不分页】。为使一个段落的所有行共处于同一页中，选中【段中不分页】复选框。

• 【段前分页】。有些情况下，要求将当前段落打印在页的开头。如章标题通常应在新页的顶端打印。为将当前段落打印在页的开头，选中【段前分页】复选框。

6. 使用项目符号和编号列表

在文档中经常需要在段落前加些诸如“1.”、“2.”或“★”、“●”之类的符号以使文档的层次分明，条理清楚。对文档设置自动编号和项目符号可以在输入文档之前进行，也可以在输入文档完成后进行。并且在设定完成后，还可以任意对自动编号和项目符号进行修改。

(1) 添加项目符号或编号

添加项目符号或编号可以采取以下几种方法。

方法1：自动添加符号或编号。

在一个段落前，先输入“*”号之后紧跟空格键或Tab键，则Word 2010自动将“*”变成黑色圆点“●”作为段落的项目符号。同理，要想在输入文本时自动添加项目编号，应在输入文本前，首先输入“1.”、“A)”、“(一)”等表示序号的数字符号，再按空格或Tab键，然后输入文字，Word 2010自动为段落添加编号。输入文字按下Enter键后，下一段继续保持项目符号或编号。如果最后不再需要使用项目符号或编号，可以在项目符号或编号后不输入任何文字而是按下Enter键或Backspace键或Ctrl+Z快捷键，可以删除项目符号或编号。

方法2：手动添加符号或编号。

在新起一个段落时，或已经输入文本，则选中这些段落，然后在【开始】选项卡【段落】组中单击【项目符号】按钮，可以为指定的段落添加项目符号；单击【编号】按钮，可以为指定的段落添加编号。

单击【项目符号】或【编号】按钮右侧的下拉箭头按钮，可以打开更多的项目符号或编号让用户进行选择，如图3.49所示。

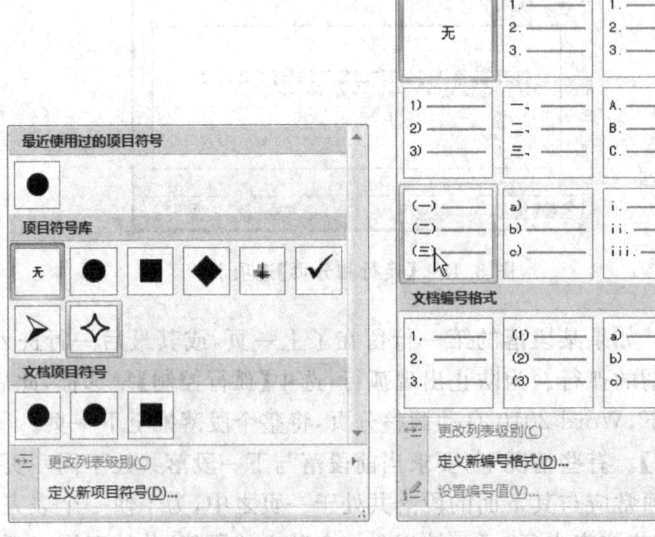

图3.49 更多项目符号或编号选择

(2) 自定义项目符号或编号

系统提供的项目符号和编号只能满足一些基本的应用场合。用户也可以根据自己的需求来定义所需要的项目符号和编号设置。

在图3.49所示的下拉列表中选择【定义新项目符号】命令，打开【定义新项目符号】对话框；选择【定义新编号格式】命令，打开【定义新编号格式】对话框，如图3.50所示。在其中可以自定义项目符号或编号。

说明：*在【定义新编号格式】对话框【编号样式】列表中选择的样式字符会在【编号格式】框中呈灰底表示不可修改或删除，这些字符在正文中会随编号段落的增加自动增加，如字符“一”；在此字符的左右可以添加普通字符，这类字符是固定不变的，如字符“第”和字符“章”，如图3.50所示。*

(3) 设置多级编号

对于类似于图书目录中的“1.1”、“1.1.1”等逐段缩进形式的段落编号，可单击【开始】选项卡【段落】组中的【多级列表】按钮来设置。其操作方法与设置单级项目符号和编号的方法基本一致，只是在输入段落内容时，需要按照相应的缩进格式进行输入。

7. 设置制表位

制表位是用于控制文档在一行内实现多种对齐方式的工具。当按Tab键时，Word 2010在文档插入一个制表位，插入点及其右边的正文移动到下一个制表位之后，可以修改制表位的位置，还可以控制正文在制表位对齐的方式。

(1) 制表位的类型

制表位有五种类型，每种对齐正文的方式不同，图3.51说明了五种制表位对齐的效果。

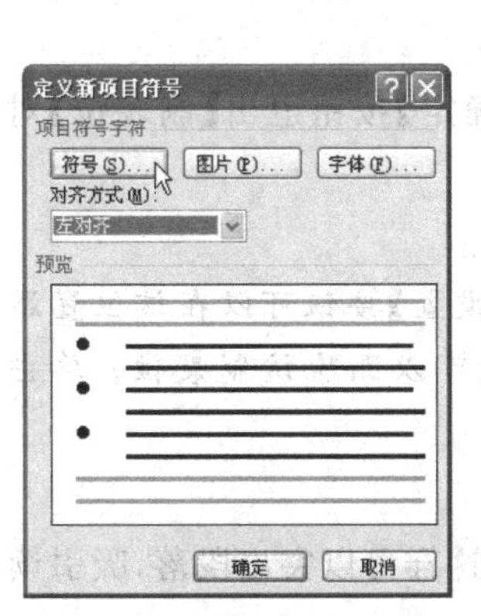

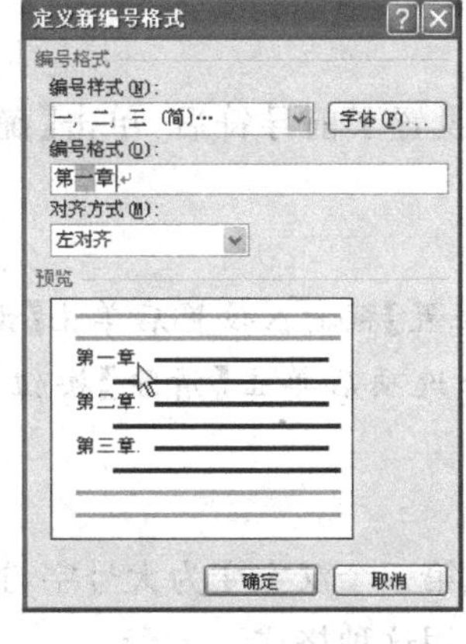

图3.50　自定义项目符号和编号

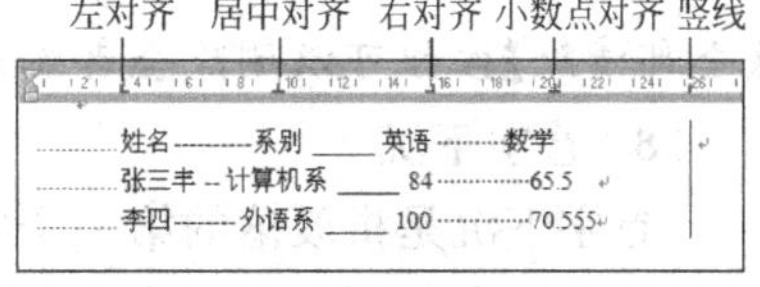

图3.51　制表位对齐方式及其前导符

- 左对齐。正文的左边在制表位对齐，Word 2010的缺省制表位是左对齐的。
- 右对齐。正文的右边在制表位对齐。
- 居中对齐。正文在制表位居中对齐。
- 小数点对齐。小数点在制表位对齐，一般用于对齐数字栏。
- 竖线。竖线制表位不执行制表位位置功能，它用于在文本的相应位置生成一条垂直实线。

(2) 添加制表位

如果在文档不设置任何制表位，Word 2010将使用默认制表位。默认制表位为两个字符。制表位显示在水平标尺上，通常情况下，在标尺上并不显示默认制表位的情况，用户只要按一下 Tab 键,就会自动前进两个字符。

如果默认制表位不合需要,可以定制制表位。操作步骤如下。

步骤 1:打开水平标尺。

步骤 2:用鼠标单击标尺左端的制表符,直到显示想要的制表位类型符号。

步骤 3:将鼠标指针放在标尺上制表位位置后单击,就会添加一个制表位,见图 3.51。对于位置不合适的制表位,用户可以用鼠标左右拖动制表位符号进行调整。对于多余的制表位,用户可以将其拖离标尺即可。

(3) 设置前导符

前导符是指在制表位上的文字与前一个制表位之间的空白位置上添加的符号。设置制表位的前导符操作步骤如下。

步骤 1:双击水平标尺上的制表位符号,或者在【段落】对话框中的【缩进与间距】选项卡中单击【制表位】按钮,均可打开如图 3.52 所示的【制表位】对话框。

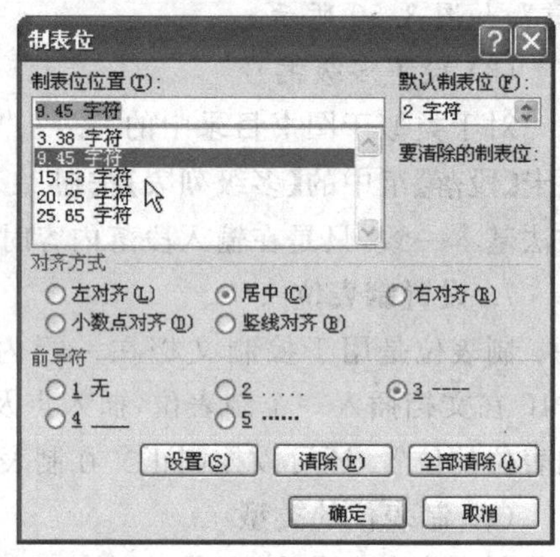

图 3.52 【制表位】对话框

步骤 2:在【制表位位置】列表中选中需要设置前导符的制表位。

步骤 3:在【前导符】区中设置适当的前导符。如果需要,可在【对齐方式】区更改制表位类型。

步骤 4:单击【设置】按钮。

步骤 5:将需要前导符的制表位都设置了前导符后,单击【确定】按钮退出【制表位】对话框。

不同前导符的效果如图 3.51 所示。

说明:在【制表位】对话框【制表位位置】框输入位置后单击【设置】按钮可以在该位置添加制表位;在【制表位】列表中选择一个选项后单击【清除】按钮可以删除该制表位;单击【全部清除】按钮可以删除全部制表位。

8. 首字下沉

首字下沉是指段落的第一个字母或第一个汉字变为大号字,这样可以突出段落,吸引读者的注意。在报纸和书刊上经常看到采用这种格式。

设置首字下沉的操作步骤如下。

步骤 1:把插入点定位于需要设置首字下沉的段落中。如果是段落前几个字符都需要设置首字下沉效果,则需要把这几个字符选中。

步骤 2:执行【插入】→【文本】→【首字下沉】→【下沉】(或【悬挂】)命令即可。

按上述步骤设置的首字下沉,使用的是 Word 2010 的默认方式,即下沉三行、字体与正文一致。如果要设置更多的样式,可以在【首字下沉】下拉菜单中选择【首字下沉选项】命令,打开如图 3.53 所示的【首字下沉】对话框,在【位置】区中选择一种下沉方式,在【字体】下拉列表设置下沉首字的字体,在【下沉行数】框中设置下沉的行数(行数越大则字号越大),在【距正文】框中设置下沉的文字与正文之间的距离,最后单击【确定】按钮即可。

说明:如果要取消首字下沉,可以在【首字下沉】对话框【位置】区中选择【无】即可。

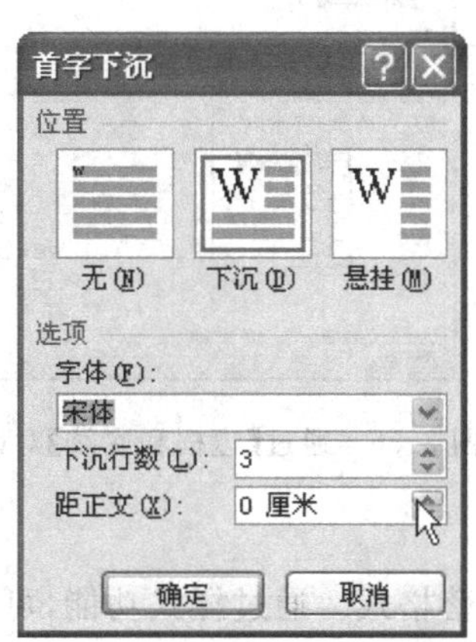

图 3.53 【首字下沉】对话框

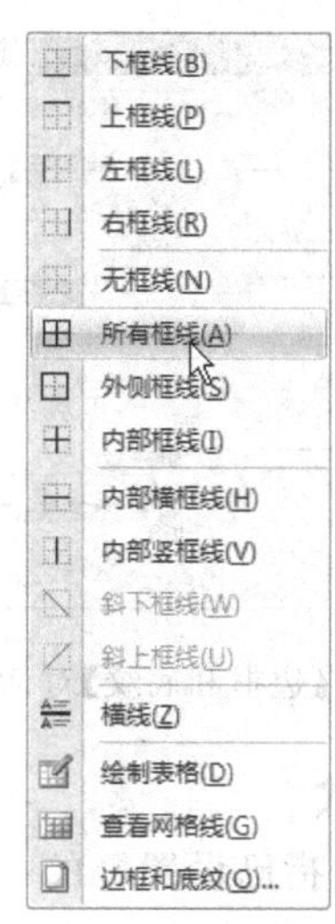

图 3.54 设置边框

9. 设置边框和底纹

可以为字符、段落、表格等内容添加边框和底纹(即背景),以使内容更醒目突出。

添加边框的方法有两种。

方法 1:选定要添加边框的内容后,单击【段落】组的【框线】按钮 右侧的下拉箭头按钮,打开如图 3.54 所示下拉菜单,从中选择【外侧框线】或【所有框线】命令,即可使选定的内容带上边框。

方法 2:在图 3.54 所示的下拉菜单中选择【边框和底纹】命令,打开如图 3.55 所示的【边框和底纹】对话框,选择【边框】选项卡,可以在其中设置更加美观的边框。首先在【设置】区中选择一种边框样式,如方框、阴影、三维等;然后在【样式】列表中选择一种线条样式;在【颜色】面板中选择边框的颜色;在【宽度】下拉列表中选择框线的宽度;在【应用于】列表中选择应用对象,其中【文字】选项表示边框仅应用于选定字符,【段落】选项表示为选定文字所在段落作为整体加上边框;最后单击【确定】按钮加以确认。

说明:*设置字符边框还有另外一种方法,即选定字符后,在【开始】选项卡中单击【字体】组的【字符边框】按钮* A。

给选定内容添加底纹的方法是:在图 3.55 所示的【边框和底纹】对话框选择【底纹】选项卡后,在【填充】下拉列表中选择一种底纹颜色,在【样式】下拉列表中选择一种附加在底纹上的图案样式,在【颜色】下拉列表中选择一种附加在底纹上图案颜色,在【应用于】框中选择应用对象,作这些操作时,窗口右侧会显示预览效果,如图 3.56 所示。设置完毕后单击【确定】按钮加以确认。

说明:*【开始】选项卡【字体】组中的【字符底纹】按钮可为选定字符添加默认的灰色底纹;单击【段落】组中的【底纹】按钮右边的下拉箭头按钮可为选定的字符或表单元格添加其他颜色底纹。*

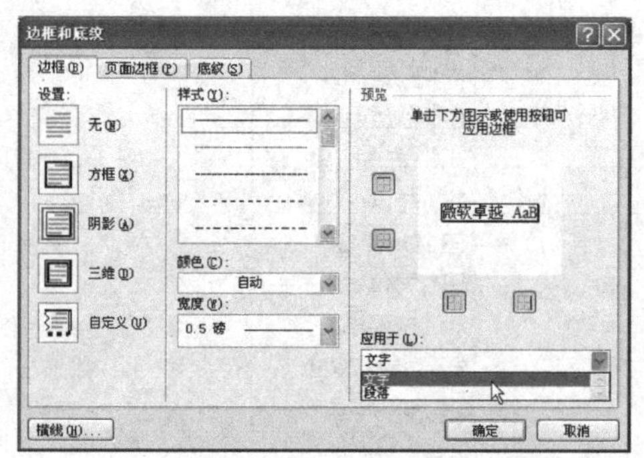

图 3.55 【边框和底纹】对话框

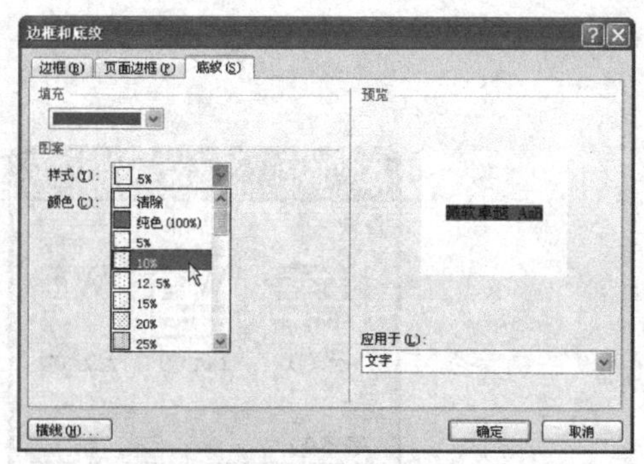

图 3.56 通过【边框和底纹】对话框设置字符底纹

10. 应用样式

所谓样式,是指已设置好的一系列字符或段落格式。通过样式功能,可以快速改变文本的外观,包括字体、段落、制表位和边距等。

(1) 使用内置样式

首先选择需要应用样式的文本,然后在【开始】选项卡【样式】组中【快速样式】区单击所需的样式即可,如图 3.57 所示。默认情况下,【快速样式】区只能显示几个内置样式,单击该区右边的按钮 可以向上滚动样式,单击按钮 可以向下滚动样式,单击按钮 可以打开如图 3.58 所示的样式列表,但该样式列表并未包含所有的样式。单击【样式】组右下角的【对话框启动器】按钮,打开如图 3.59 所示的【样式】窗口,其中显示的是该模板中的样式。

图 3.57 快速样式

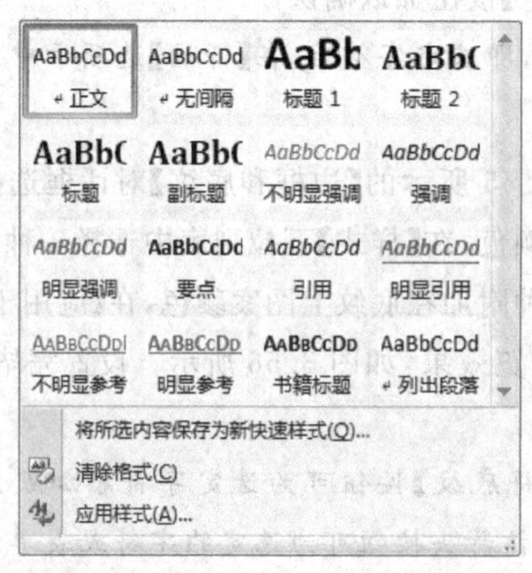

图 3.58 样式列表

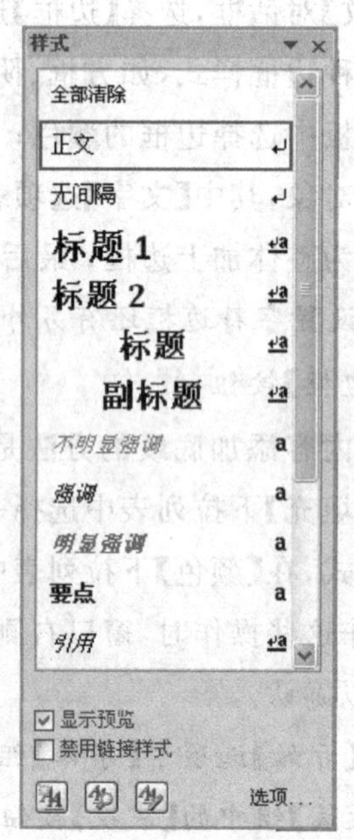

图 3.59 【样式】窗口

对于普通文档来说，样式分为字符样式、段落样式及链接段落和字符样式三种样式，见图 3.59。所谓字符样式，就是只对选定的字符起作用而不对整个段落起作用的样式，在样式名称后有 a 标志的就是字符样式；段落样式以↵为标志，它对整个段落起作用，应用该类样式时，不需选定字符，只需将插入点置于该段落中即可使整个段落使用这种样式；链接段落和字符样式比较特殊，如果在段落中选中字符，则它只对选定的字符起作用，否则对整个段落起作用，它的标志是↵a。

(2) 更改样式集合

在 Word 2010 中，集成了多种默认样式集合。在【开始】选项卡【样式】组中单击【更改样式】按钮，在弹出的下拉菜单指向【样式集】命令，即可从其级联菜单中看到 Word 2010 内置了“Word 2003”、“Word 2010”、“传统”、“典雅”等多种样式集。即使同一种样式，在不同样式集中的具体文字格式也不尽相同，因此用户可以使用不同的样式集设置出不同风格的文档。

(3) 新建样式

尽管 Word 2010 提供了许多样式，但如果内置样式不能满足用户的需求，这时可以创建新的样式，其方法是在如图 3.59 所示的【样式】窗口中单击【新建样式】按钮，打开如图 3.60 所示的【根据格式设置创建新样式】对话框，在该对话框中即可创建用户自己的样式。该对话框中部分项说明如下。

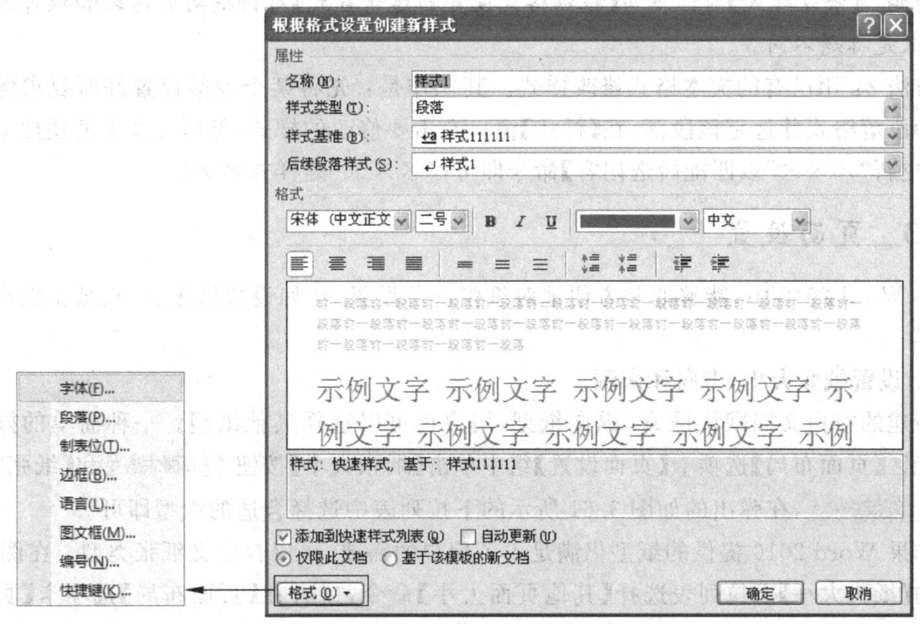

图 3.60 创建新样式

- 【名称】框。用于输入自定义样式名称。
- 【样式类型】框。用于选择样式类型，除了前面介绍的三种类型外，还包括表格类型和列表类型。对话框的内容会随所选样式类型的不同而不同。
- 【样式基准】框。如果是完全新建样式，则选择“(无样式)”，否则选择某一样式后在此基础上进行修改得到新样式。

- 【后续段落样式】框。用于设置后续段落的样式。
- 【格式】区。用于设置常用的字符和段落格式,如字体、字号、对齐方式、行间距等。
- 【预览】区。可在预览区查看所做的格式设置效果,并且在该区下面列出了所设置的格式。
- 【添加到快速样式列表】选项。将所创建的样式添加到快速样式列表中。
- 【自动更新】选项。当更改样式后,自动对文档中应用了此样式的地方进行更新。
- 【仅限此文档】选项。所创建的样式仅限于当前文档中使用。
- 【基于该模板的新文档】选项。所创建的样式能在使用同一模板的新文档中使用。
- 【格式】按钮。用于设置具体的格式,除字体、段落格式外,还可设置制表位、边框和底纹等。

另外一种更简单的方法是:选择已设置好格式的文本或段落,在图3.58所示的菜单中选择【将所选内容保存为新快速样式】命令,在打开的【根据格式设置创建新样式】对话框中的【名称】框输入样式名称后按【确定】按钮即可。

(4) 修改样式

主要有两种方法。

方法1:直接修改样式属性。其操作如下:打开如图3.59所示的【样式】窗口后,右击要修改的样式,在弹出的快捷菜单中选择【修改】命令,打开【修改样式】对话框进行修改即可。

说明:【修改样式】对话框与【根据格式设置创建新样式】对话框两者内容和操作都是一样的,只是标题不同。

方法2:用已有的文本格式修改样式。其操作是:先将某个段落设置好所要求的字符格式和段落格式并选定该段落,在【样式】窗口右击要修改的样式,然后在弹出的快捷菜单中选择【更新"×××"以匹配所选内容】命令即可("×××"是样式名称)。

3.3.3 页面设置

在Word 2010中,能够非常方便地对纸张进行设置,比如设置纸张方向、纸张大小和页边距等。

1. 设置纸张大小、方向和来源

新建的空白文档默认是A4纵向纸型,用户也可以选择其他纸型。一种简单的操作是在功能区【页面布局】选项卡【页面设置】组中单击【纸张大小】按钮 纸张大小 和【纸张方向】按钮 纸张方向 ,在弹出的如图3.61所示的下拉列表中选择合适的纸型即可。

如果Word 2010提供的纸型仍满足不了用户的需要,可以自定义纸张类型。在图3.61所示的【纸张大小】下拉列表选择【其他页面大小】命令,或者在【页面布局】选项卡【页面设置】组中单击右下角的【对话框启动器】按钮 ,都将打开如图3.62所示的【页面设置】对话框。在该对话框的【纸张】选项卡中,用户可以自定义纸张大小和纸张来源,在【页边距】选项卡中,用户可以选择纸张方向。在【应用于】中选择如何应用自定义纸张,其中【整篇文档】选项表示当前的整个文档全部使用这个自定义纸型;【插入点之后】选项表示以文档中的插入点为界,前面的部分仍然沿用原来的纸张设置,而后面的部分将使用新纸型。

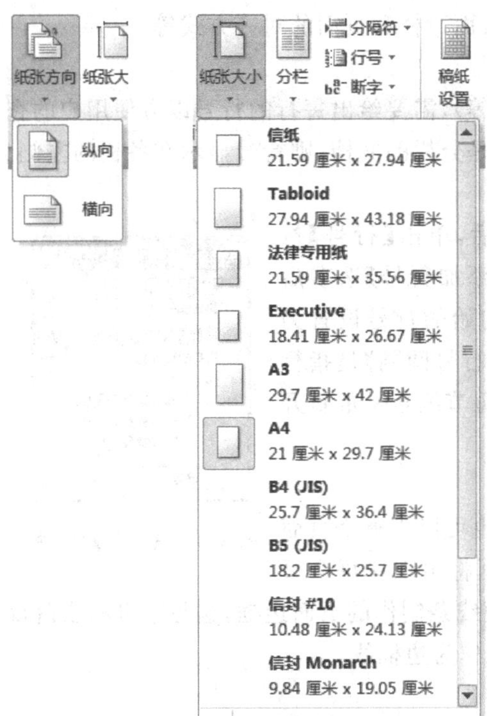

图 3.61　纸型选择列表

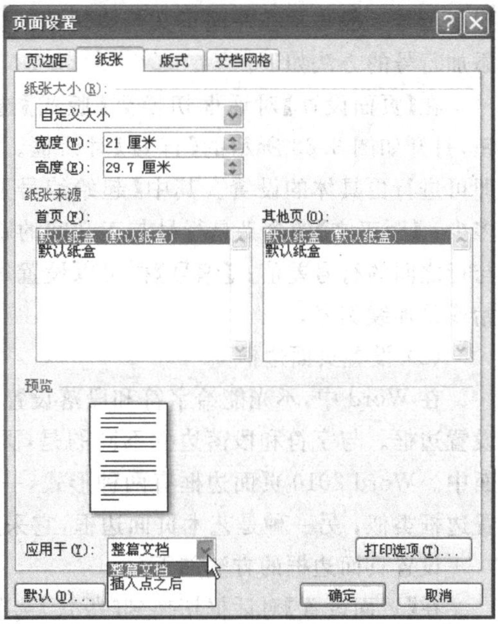

图 3.62　【页面设置】对话框

2. 设置页边距

页边距是指文本编辑区与纸张边缘的距离，即页面四周的空白部分。文本通常出现在页边距以内，而页码、页眉和页脚都打印在页边距上。Word 2010 默认的页边距是在页面的上下空出 2.54 厘米，左右空出 3.17 厘米。不过，在草稿视图中是看不出页边距的，必须进入页面视图才能看见页面四周的空白。

设置页边距有以下几种方法。

方法 1：使用 Word 内置的页边距。执行【页面布局】→【页面设置】→【页边距】→【普通】命令即可。Word 2010 内置的页边距有普通、窄、适中、宽、镜像几种，用户可以根据需要进行选择。

方法 2：使用【页面设置】对话框设置页边距。打开【页面设置】对话框的【页边距】选项卡，在【页边距】相关选项中即可对页边距进行设置。如果要把打印出来的文档装订成册，就需要在页边距内增加额外的位置，以便于装订。装订位置叫做装订线。装订线的设置也是在【页边距】选项卡中进行。

方法 3：使用标尺改变页边距。将文档置为【页面】视图下，把标尺显示出来，用鼠标放在页边距的地方，当鼠标指针变成↔形态或↕形状时，按下并拖动鼠标即可修改页边距。

3. 设置文档网格和页面字数

在 Word 文档中，设置页面的行数及每行的字符数就是设置文档网格。设置文档网格在【页面设置】对话框的【文档网格】选项卡中进行。

4. 版式设置

文档的排版方式还包括是否使用行号、艺术页面边框和页面的对齐方式等。

(1) 使用行号

有些特殊类型的文档(如计算机源代码、清单等),需要给出每行的行号以方便用户的查找。行号一般显示在左面正文与页边之间。如果是分栏的文档,则行号显示在各栏的左侧。添加行号的方法如下。

在【页面设置】对话框切换到【版式】选项卡后,单击【行号】按钮,打开如图3.63所示的【行号】对话框。选中【添加行号】选项后即可进行更具体的设置。其中【起始编号】是指初始的行号设置为多少;【距正文】的含义是行号与正文间的距离;【行号间隔】是指行与行之间的行号差值;【编号】栏可以设置每页或每节编号是重新开始或是连续编号。

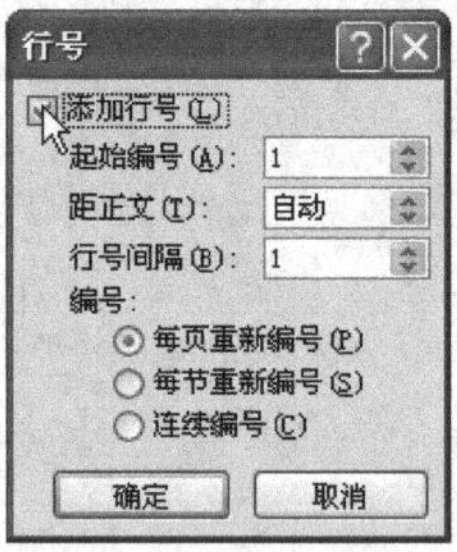

图3.63 【行号】对话框

(2) 设置页面边框

在Word中,不光能给字符和段落设置边框,也可以为整个页面设置边框。与字符和段落边框不同的是,页面边框将出现在每个页面中。Word 2010页面边框有两种形式,一种是用线条制作的页面边框,这与字符和段落设置边框类似;另一种是艺术页面边框,它采用图案作为边框线。

设置页面边框的方法如下。

在【页面设置】对话框切换到【版式】选项卡后,单击【边框】按钮,或在【页面布局】选项卡【页面背景】组中单击【页面边框】按钮 页面边框 ,打开如图3.64所示的【边框和底纹】对话框的【页面边框】选项卡。然后按照设置字符和段落边框的方法进行选项设置。单击【选项】按钮,打开如图3.65所示的【边框和底纹选项】对话框,其中选项说明如下。【边距】区的【上】、【下】、【左】、【右】微调按钮用来设置边框与测量基准的距离,单位是磅。【测量基准】有

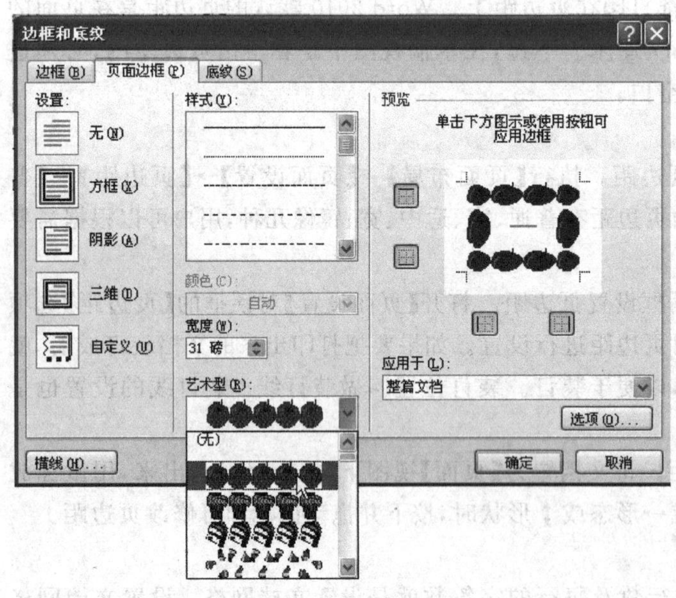

图3.64 设置页面边框

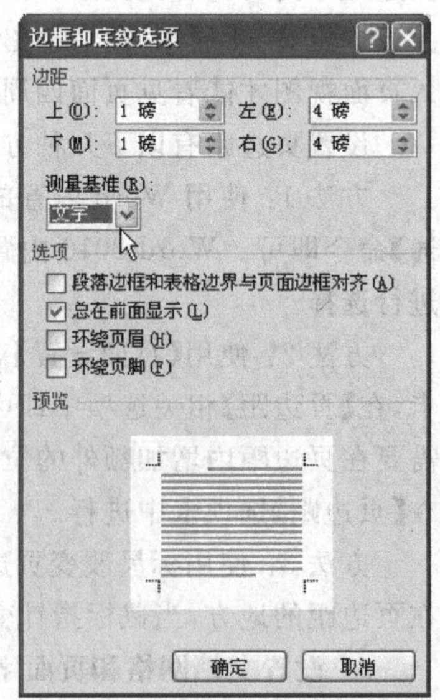

图3.65 设置边框和底纹选项

两个选项，其中【页边】选项将以【页边】基准设置边框的位置；【文字】选项将以版芯为基准设置边框的位置，并且允许用户在【选项】中进行更多设置。【段落边框和表格边界与页面边框对齐】复选框表示如果设置了段落边框，则段落边框的左、右框线与页面边框位置重合，表格的边界也与页面边框位置重合；【环绕页眉】复选框表示页眉中的文字将被包含到页面边框中；【环绕页脚】复选框表示页脚中的文字将被包含到页面边框中；【总在前面显示】复选框表示如果边框线与页眉页脚的文字发生重叠，页面边框将被显示在最前面。

(3) 设置页面的垂直对齐方式

有的实用文档的内容不能占满一页，如请柬，其内容一般打印在页面的中间。这时用上面介绍的段落对齐方法是不够的，因为段落居中对齐只是左右居中。而垂直对齐文本能够解决这个问题。其操作方法如下。

在【页面设置】对话框切换到【版式】选项卡后，用户注意到【页面】区有【垂直对齐方式】选项，页面的垂直对齐方式有四种，顶端对齐、居中、两端对齐和底端对齐，用户根据需要在其中选择一项即可设置文本的垂直对齐方式。

5. 设置页眉和页脚

页眉和页脚是在文档每页顶部和底部的说明性信息。一般来说，页眉是位于上边距与纸张边缘之间的图形或文字，而页脚则是下边距与纸张边缘之间的图形或文字。用户可以在页眉和页脚中插入文本，也可以插入图形，例如页码、日期、文档标题、文件名及文档水印效果等。

页眉和页脚的内容不是随文档输入的，而是专门设置的。在 Word 2010 中，创建和编辑页眉和页脚相关操作非常简单。

(1) 创建页眉和页脚

在功能区选择【插入】选项卡，在【页眉和页脚】组中单击【页眉】按钮，弹出如图 3.66 所示的下拉菜单，用户在 Word 2010 提供的【空白】、【空白三栏】、【边线型】、【传统型】等多种样式中根据自己的需要选择一种页眉即可。插入页脚的操作类似。

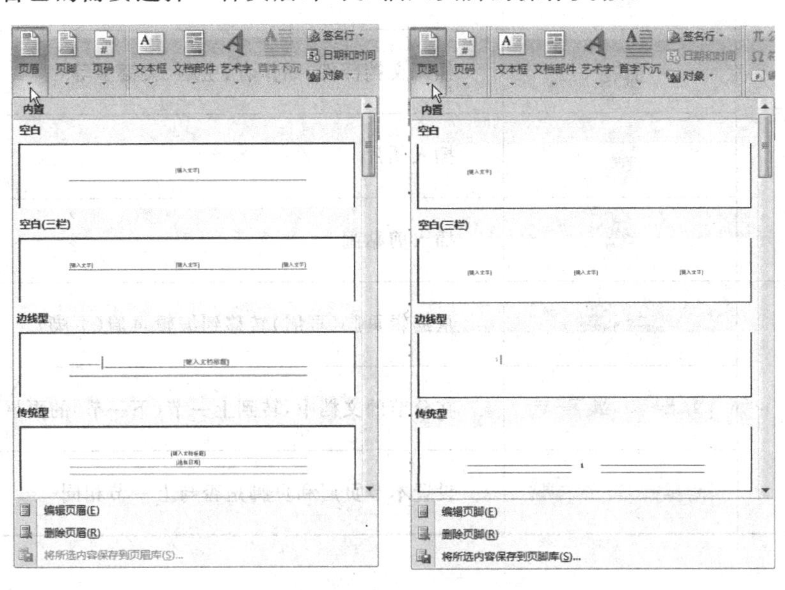

图 3.66　插入页眉和页脚

(2) 编辑页眉和页脚

在插入页眉和页脚之后,Word 会自动进入页眉和页脚编辑状态,此时功能区会增加如图 3.67 所示的【页眉和页脚工具/设计】选项卡。

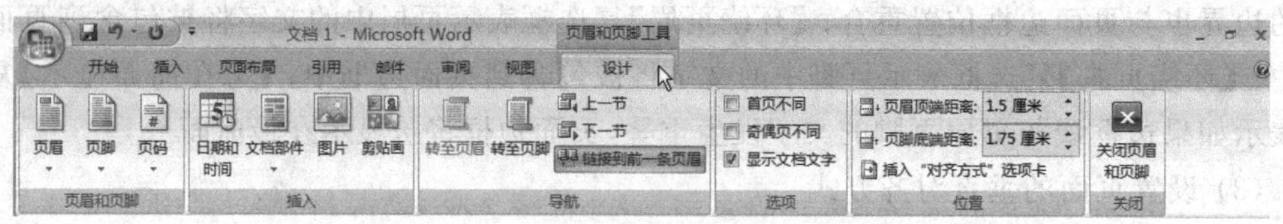

图 3.67 【页眉和页脚工具-设计】选项卡

对于已有的页眉和页脚,如果要再次进行编辑,可以在如图 3.66 所示的下拉菜单中选择【编辑页眉】或【编辑页脚】命令,或者直接双击页眉或页脚,都可以使 Word 2010 处于页眉和页脚编辑状态。

【页眉和页脚工具-设计】选项卡中各按钮的功能如表 3.5 所示。通过这些按钮,用户可以制作出完美的页眉和页脚。

表 3.5 【页眉和页脚工具-设计】选项卡按钮说明

组	按 钮	功 能 说 明
页眉和页脚	页眉	插入页眉,或修改现有页眉的样式
	页脚	插入页脚,或修改现有页脚的样式
	页码	插入页码
插入	日期和时间	插入日期和时间
	文档部件	插入文档部件,如作者、主题、关键字等
	图片	插入图片
	剪贴画	插入剪贴画
导航	转至页眉 转至页脚	从编辑页脚(页眉)转移到编辑页眉(页脚)
	上一节 下一节	在分节的文档中,转到上一节(下一节)的页眉或页脚
	链接到前一条页眉	设置本节页眉和页脚是否与上一节相同

续表

组	按　钮	功能说明
选项	首页不同	设置首页的页眉和页脚是否与其他页相同
	奇偶页不同	设置奇偶页的页眉和页脚是否相同
	显示文档文字	设置是否显示文档中的内容
位置	页眉顶端距离: 1.5 厘米	设置页眉离顶端页边的距离
	页脚底端距离: 1.75 厘米	设置页脚离底端页边的距离
	插入"对齐方式"选项卡	设置对齐方式
关闭	关闭页眉和页脚	关闭页眉和页脚编辑状态

(3) 在页眉、页脚中插入内容

当用户进入页眉和页脚编辑状态后，即可在页眉、页脚中添加或修改内容。添加或修改页眉、页脚与在正文中添加或修改操作基本上是相同的。

也可以插入日期和时间。在页眉和页脚插入的日期和时间分为两种：一种是当前的日期和时间，它是把系统当前的日期和时间插入到页眉或页脚中，不会随着时间的变化而变化；另一种是以【域】的方式插入的日期和时间，这种日期和时间，会随着时间的变化而发生变化。

插入日期和时间的操作方法如下。

进入页眉和页脚编辑状态后，定位好插入点，然后在【页眉和页脚工具-设计】选项卡【插入】组中单击【日期和时间】按钮，弹出如图 3.68 所示的【日期和时间】对话框，在左侧选择需要的格式，在右侧根据需要确定是否选择【使用全角字符】和【自动更新】(【自动更新】选项表示以【域】形式插入变化的日期和时间)，设置好后单击【确定】按钮加以确认。

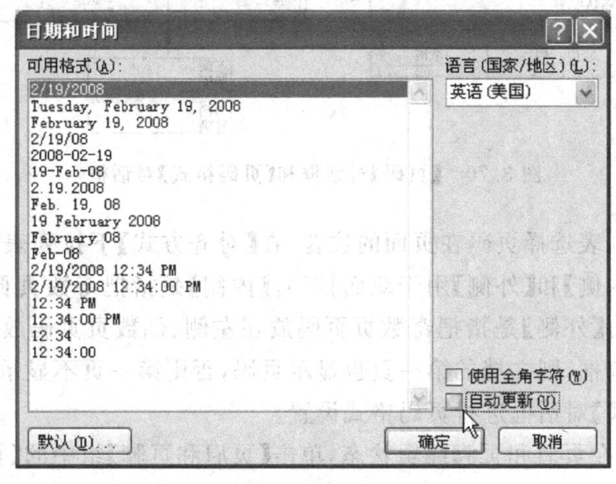

图 3.68　插入日期和时间

插入文档部件。

文档部件主要是文档属性,是指包含在当前文档中的一些属性,如标题、作者、主题、备注等。在【文件】选项卡的【信息】面板的【属性】区可以查看这些信息。在使用文档属性前,可以先对文档属性进行设置。设置方法如下。

在【文件】选项卡的【信息】面板【属性】区单击【属性】右侧的向下箭头按钮,在弹出的下拉列表中选择【显示文档面板】,则会在功能区下方打开如图3.69所示的文档属性窗口。在【文档属性】窗口显示的是必填域,包括【作者】、【标题】、【主题】、【关键词】、【类别】、【状态】和【备注】。

图3.69 【文档属性】窗口

在页眉或页脚要插入这些文档部件时,首先进入页眉和页脚编辑状态,把插入点置于合适的位置,然后单击【插入】组中的【文档部件】按钮,把鼠标指向【文档属性】,从二级菜单中选择需要添加的属性即可。

• 插入页码

在Word 2010中,插入页码的方法有两种。

方法1:按Alt+I+U组合键,打开如图3.70所示的【页码】对话框。

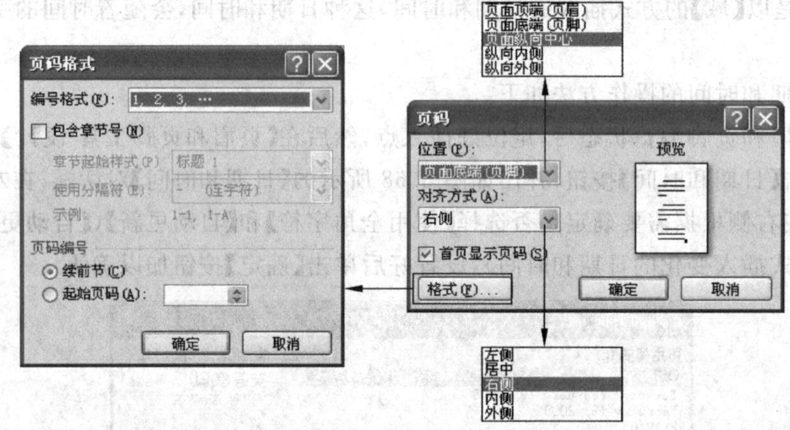

图3.70 【页码】对话框和【页码格式】对话框

在【位置】下拉列表选择页码在页面的位置,在【对齐方式】下拉列表中选择页码在水平方向的位置,其中【内侧】和【外侧】用于双面打印,【内侧】是指把奇数页页码放在右侧、偶数页页码放在左侧;而【外侧】是指把奇数页页码放在左侧、偶数页页码放在右侧。如果选中【首页显示页码】复选框,则文档的第一页也显示页码,否则第一页不显示页码。单击【格式】按钮,打开【页码格式】对话框进行页码格式设置。

方法2:如果是在页眉和页脚编辑状态,单击【页眉和页脚】组中的【页码】按钮;如果是在正文编辑状态,单击【插入】选项卡,然后单击【页眉和页脚】组中的【页码】按钮,都将弹出如图 3.71 所示的下拉菜单。更多格式的页码设置即可在此下拉菜单中完成。

(4) 设置页眉和页脚高度

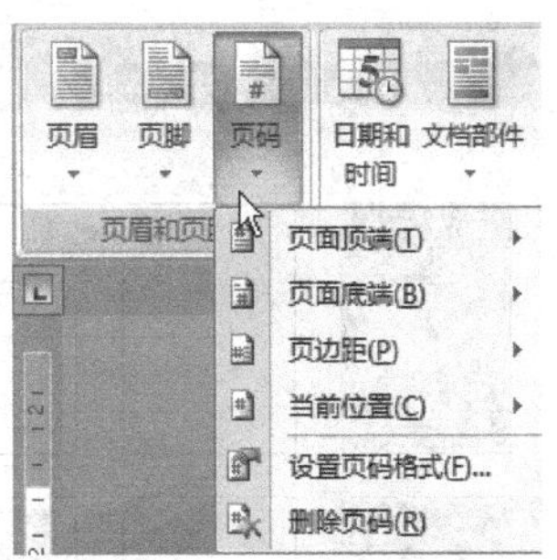

图 3.71 插入页码

进入页眉或页脚编辑状态后，页眉、页脚会用一条虚线将其与正文区域分割开来，这就确定了页眉和页脚的高度。在【页眉和页脚工具-设计】选项卡【位置】组中调整【页眉顶端距离】和【页脚底端距离】的微调按钮即可调整页眉或页脚的高度。如果页眉高度大于上页边距，则会占用正文位置，同时把正文向下挤压；同理，当页脚的高度大于下页边距时，会把正文向上挤压。此外，页眉和页脚的实际高度会因页眉页脚文字的多少、字号等不同而发生变化，当指定的页眉和页脚高度容纳不下其中的文字时，会自动增加。

(5) 设置首页、奇偶页不同页眉、页脚效果

许多文档中要求页眉或页脚对首页、奇页、偶页有不同效果，例如首页作为文档封面、奇数页需要用章名作页眉、偶数页需要用书名作页眉等。要完成这种效果，操作步骤如下。

步骤 1：在任一页中双击页眉，进入页眉、页脚编辑状态。

步骤 2：在【页眉和页脚工具-设计】选项卡【选项】组中选中【首页不同】和【奇偶页不同】选项。

步骤 3：切换到首页页眉或页脚位置并输入首页的页眉、页脚内容。

步骤 4：在【页眉和页脚工具-设计】选项卡【导航】组中单击【下一节】按钮，进入下一个页面(一般首页是奇数页，下一个页面为偶数页)，编辑本页的页眉和页脚。

步骤 5：同步骤 4 编辑下一个页面的页眉和页脚(如果前一步编辑的是偶数页的页眉、页脚，此时将进入奇数页的页眉、页脚)。

(6) 删除页眉分隔线

只要进行过页眉操作，Word 2010 就会在正文与页眉之间插入一条横线，而且无法用常规方法对其进行修改或删除。要删除页眉分隔线，按以下操作进行。

进入页眉和页脚编辑状态，在页眉区输入所需的页眉内容后，将整个段落选中，包括标记段落的回车符，在【开始】选项卡【段落】组中单击【框线】按钮，并在下拉列表中选择【无框线】命令即可。当然，在【边框和底纹】对话框中使用无框线命令也可删除页眉线，其效果是一样的。既然能用无框线的方法消除页眉线，在需要的时候也可以设置框线及底纹。

(7) 自定义页眉和页脚

在 Word 2010 中，不仅为用户提供了多种样式的页眉和页脚，还允许用户自己定义属于自己的页眉和页脚保存在系统中，以便于下次使用。具体方法为：

编辑好页眉或页脚后，选中页眉或页脚的全部内容，然后在图 3.66 所示的下拉菜单中选择【将所选内容保存到页眉库】命令或【将所选内容保存到页脚库】命令即可。

6. 设置封面、页面颜色和水印

(1) 添加封面

Word 2010 已经为用户设计好了多达 19 种封面，用户只需选择合适的封面并添加文字即可。为文档添加封面的操作非常简单，具体操作如下。

在功能区【插入】选项卡【页】组中单击【封面】按钮 封面，将会弹出一个如图 3.72 所

示的封面样式的下拉列表,用户根据需要选择合适的封面样式,然后在添加到文档的封面中输入适当的文字,就生成一个非常漂亮的封面了。

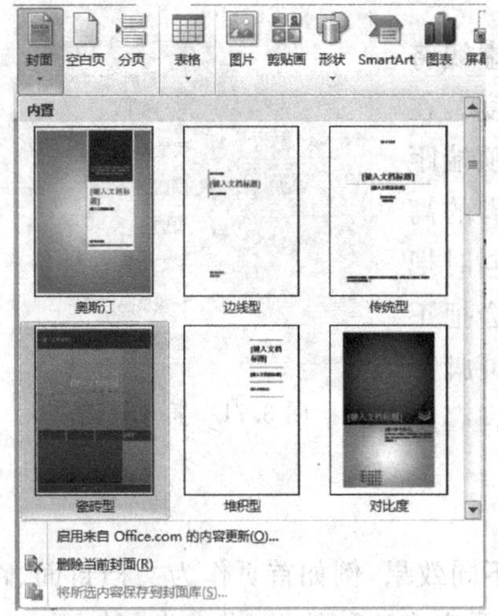

图 3.72 插入封面

如果用户自己有美工基础,也可以把自己设计好的封面保存为封面样式,以方便以后使用。选中要作为封面的页面全部内容,然后在图 3.72 所示的下拉菜单中选择【将所选内容保存到封面库】命令即可。如果对设计好的封面不满意,可以在下拉菜单中选择【删除当前封面】命令。

(2) 设置页面颜色

在默认情况下,Word 页面以白色显示,输入的文字默认是黑色的。如果用户希望改变页面的颜色,可以在【页面布局】选项卡【页面背景】组中单击【页面颜色】按钮 页面颜色 ,在弹出的颜色列表中选择一种颜色,如图 3.73 所示。

选择【填充效果】命令打开【填充效果】对话框,在该对话框可以设置渐变填充页面,或使用图案、纹理甚至用图片填充页面。

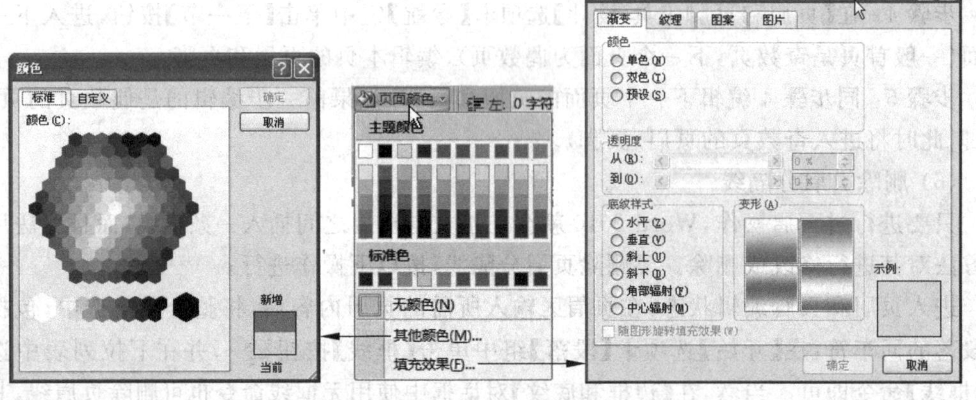

图 3.73 设置页面颜色

默认情况下,页面颜色只是在显示器上显示,但在打印时并不会随之打印出来。如果要把页面颜色也打印出来,用户需要在【Word 选项】对话框左侧单击【显示】选项,然后在右侧的【打印选项】下选中【打印背景色和图像】复选框。

(3) 添加水印

可以在文档的背景添加隐约显示的图像或文字,这种效果称之为水印。添加水印的方法如下。

在功能区【页面布局】选项卡【页面背景】组中单击【水印】按钮 水印 ,会弹出一个如图 3.74 所示的下拉菜单。在下拉菜单中为用户提供了【机密】、【紧急】和【免责声明】三类水印,每类水印提供了四种具体样式,用户根据需要单击选择即可。

如果用户对 Word 2010 提供的几种简单水印不满意，可以自定义水印。方法如下。

在如图 3.74 所示的下拉菜单中选择【自定义水印】命令，打开如图 3.75 所示的【水印】对话框。

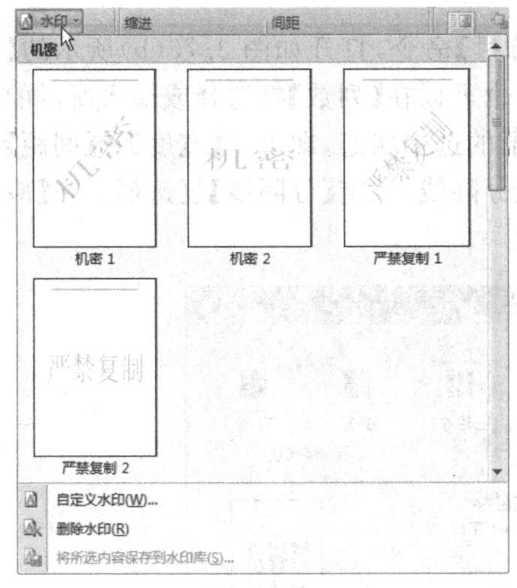

图 3.74　添加水印

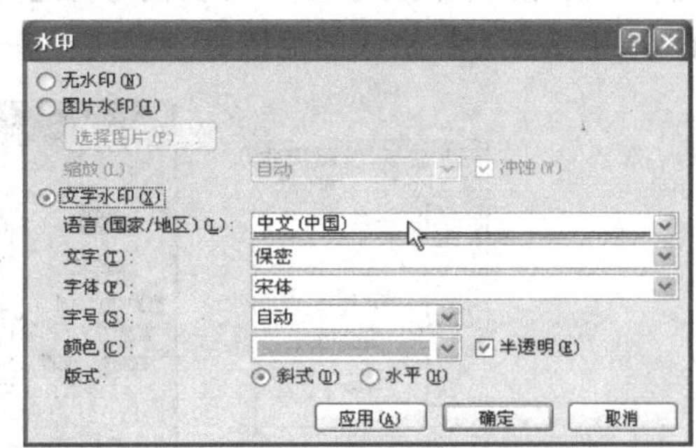

图 3.75　自定义水印

如果使用文字水印，选中【文字水印】选项，然后把【语言(国家/地区)】设置为【中文(中国)】；【文字】栏既可打开下拉列表选择预设的文字，也可直接在其后的文本框输入文字；打开【字体】下拉列表设置字体；打开【字号】下拉列表设置字号；单击【颜色】下拉列表选择合适的颜色；根据需要确定是否选中【半透明】复选框；【版式】有【斜式】和【水平】两种选择。最后单击【应用】按钮或【确定】按钮以应用所设置的水印。

如果想使用图片作为水印，则在【水印】对话框中选中【图片水印】选项，然后单击【选择图片】按钮，在打开的【插入图片】对话框选择合适的图片；在【缩放】栏设置缩放比例；对于水印来说，一般要使用冲蚀效果，从而降低图片的色彩，增加文档的和谐程度，因此一般选中【冲蚀】复选框。最后单击【应用】按钮或【确定】按钮以应用所设置的水印。另外一种自定义水印的方法是在文档中选定文本或图片，然后在图 3.74 所示的下拉菜单中选择【将所选内容保存到水印库】命令，在弹出的对话框中进行保存。以后就可以象使用内置的水印一样来使用。

如果想去掉水印，一种方法是在图 3.75 所示【水印】对话框中选择【无水印】选项。另一种方法是在图 3.74 所示的下拉菜单中选择【删除水印】命令。

7. 分栏

分栏排版是报纸、杂志中常用的排版格式。在【草稿】视图方式下，只能显示单栏文本，如果要查看多栏文本，只能在【页面】视图方式下。

把插入点放在要进行分栏的段落中，或者选定要进行分栏的文本，如果是文档最后一个段落，注意不要选中段落标记。然后按下面方法进行分栏操作。

方法 1：使用【分栏】按钮简单分栏

在功能区【页面布局】选项卡【页面设置】组中单击【分栏】按钮 分栏▾，打开如图 3.76(a)所示的下拉菜单，从中选择相应的栏数即可。其中，【一栏】表示不对文档进行分栏，或取消原来的分栏;【两栏】表示以页面中线为基准,分为左右两栏;【三栏】表示在页面中平均分为左、中、右三栏;【偏左】表示分成两栏,右面的分栏比左面的分栏要宽一些;【偏右】表示分成两栏,左面的分栏比右面的分栏要宽一些。

方法2:使用【分栏】对话框精确分栏

在如图3.76(a)所示的下拉菜单中选择【更多分栏】命令,打开如图3.76(b)所示的【分栏】对话框。在【预设】区域中选择需要的分栏格式,也可以在【列数】框选择或输入所需的栏数。如果要使各分栏不等宽,取消【栏宽相等】复选框的选中状态,即可在【宽度】和【间距】框设置各栏的宽度和间距。如果要在栏与栏之间加上分隔线,选定【分隔线】复选框。在【应用于】列表中选择分栏格式的范围。

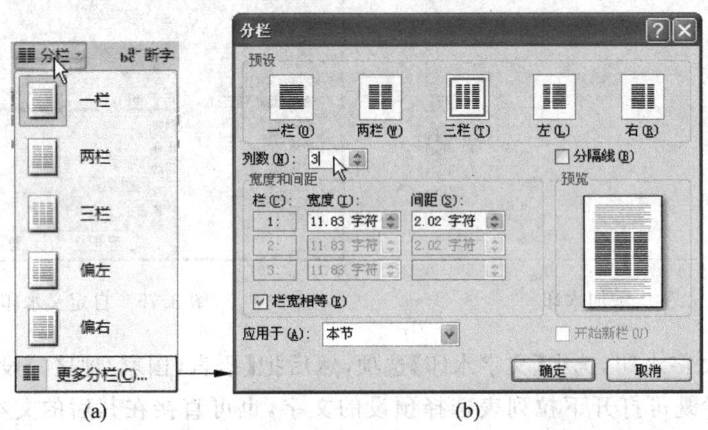

图3.76 分栏操作

8. 将文档分节

(1) 文档中节的作用

"节"指的是文档中具有相同格式的若干页或若干段。通过分节,可以把文档变成几个部分,然后针对每个不同的节设置不同的格式,例如,在编排一本书时,书前面的目录需要用"Ⅰ,Ⅱ,Ⅲ,…"作为页码,正文要用"1,2,3,…"作为页码,此时就需要将目录和正文分为不同的节。节是文档格式化的最大单位。

新文档建立之初并未分节,节是在文档格式化过程中逐渐产生的。节用分节符标识。分节符就是在节的结尾处插入一个标记,表示文档的前面与后面是不同的节。Word 2010将节的所有格式化信息都储存于分节符中。例如,当对文字进行分栏排版后,Word 2010自动在分栏文字前后插入分节符(分栏符)。

在【草稿】视图中,分节符是两条横向平行的圆点虚线。插入不同类型的分节符时,虚线上分别标有【分节符(连续)】、【分节符(下一页)】、【分节符(奇数页)】、【分节符(偶数页)】等字样。

(2) 插入分节符

插入分节符即实现了分节。改变节格式(例如页边距、页的栏数等)时,Word自动在当前段落的前面加上分节符。

用户可根据自己的需要,在文档中任意位置插入分节符,这样的分节符称为人工分节符。插入人工分节符的具体操作方法如下。

先将插入点置于新节预期的开始位置,然后在功能区【页面布局】选项卡【页面设置】组中单击【分隔符】按钮 分隔符 ，打开如图 3.77 所示的下拉菜单，根据需要从中选择一种分节符即可。分节符共有四种类型，具体功能如下。

- 【下一页】。插入一个分节符并分页，新节从下一页开始。
- 【连续】。插入一个分节符，但不分页，新节从同一页开始。
- 【奇数页】。插入一个分节符并分页，新节从下一个奇数页开始。
- 【偶数页】。插入一个分节符并分页，新节从下一个偶数页开始。

(3) 改变分节符类型

对于已经插入的分节符，其类型是确定的。如果发现插入的分节符是错误的，可以对分节符的类型进行修改。修改分节符的方法有两种。

方法 1：删除原分节符，重新插入正确的分节符。这是最简单、最实用的一种方法。但在文档前后节的格式不同时，如果删除分节符，会发生一些意想不到的错误，甚至造成文档的混乱，此时，就需要使用第二种方法。

方法 2：首先把插入点置于要修改的分节符前面的节中，然后打开如图 3.78 所示的【页面设置】对话框的【版式】选项卡，在【节的起始位置】下拉框中的五个选项中选择一项来修改节的类型。

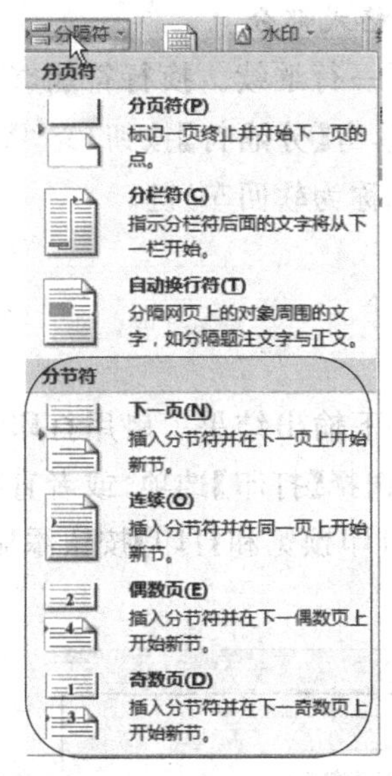

图 3.77　插入分节符

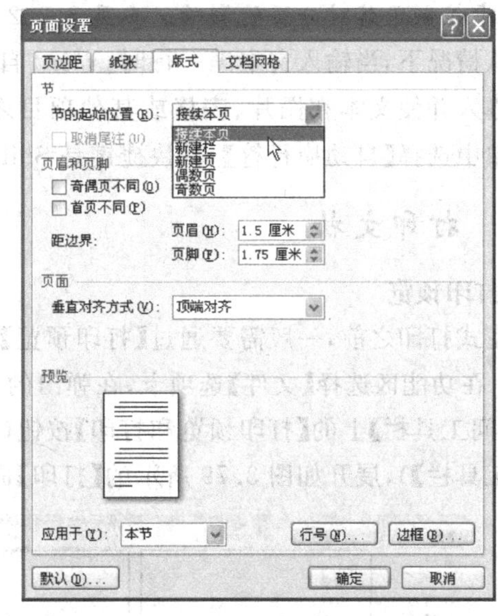

图 3.78　修改分节符的类型

各分节符类型的含义如下。

- 【接续本页】。表示不进行分页，紧接着前一节排版文本，也就是【连续】的分节符。
- 【新建栏】。表示在下一栏的顶端开始显示节中的文本。
- 【新建页】。表示在分节符位置进行分页，并且在下一页顶端开始新节。
- 【偶数页】。表示在下一个偶数页开始新节，一般用于在偶数页开始的章节。
- 【奇数页】。表示在下一个奇数页开始新节，一般用于在奇数页开始的章节。

(4) 删除分节符

如果要删除分节符，需要先把分节符显示出来。单击【草稿】视图按钮切换到草稿视图，或者在【开始】选项卡【段落】组中单击【显示/隐藏编辑标记】按钮，均可显示分节符的标记。选中分节符后，按Delete键就可以删除指定分节符了。如果无法选中分节符，可以把插入点定位在分节符前面，然后按Delete键，同样可以像删除普通字符一样把分节符删掉。在删除分节符的同时，也删除该分节符前面文本的分节格式。该文本将变成下一节的一部分，并采用下一节的格式。所以无论是更改或者是删除分节符，都应按从后往前的顺序来进行。

(5) 其他分隔符

分节符是分隔符的一种。分隔符还包括分页符、分栏符和自动换行符等，下面介绍如何插入分页符。将插入点置于拟插入分页符的位置，然后按下面的方法之一插入分页符。

方法1：按快捷键Ctrl+Enter。

方法2：在【页面布局】选项卡【页面设置】组中单击【分隔符】按钮 分隔符，在弹出的下拉菜单中选择【分页符】。

方法3：在【插入】选项卡【页】组中单击【分页】按钮 分页。

与文本编辑一样，对分页符也可以进行选定、移动、复制和删除等操作。

说明：除了可以人工插入分页符控制分页，还可以利用【段落】对话框中的【换行和分页】选项卡控制段落对分页的影响。参见3.3.2节设置段落格式部分。

默认情况下，当输入文本满一行时，Word自动换行到下一行继续。换行符能够结束当前行的输入并使文本在图片、表格或其他项目之下继续。单击【分隔符】按钮 分隔符，在下拉菜单中选择【自动换行符】，其快捷键是Shift+Enter(也称为软回车)键。

3.3.4 打印文档

1. 打印预览

在正式打印之前，一般需要通过【打印预览】功能查看一下输出结果。启用打印预览的方法是：在功能区选择【文件】选项卡，在弹出的下拉菜单中选择【打印】选项，或者直接单击【快速访问工具栏】上的【打印预览和打印】按钮(需要先将【打印预览和打印】按钮添加到【快速访问工具栏】)，展开如图3.79所示的【打印】面板。

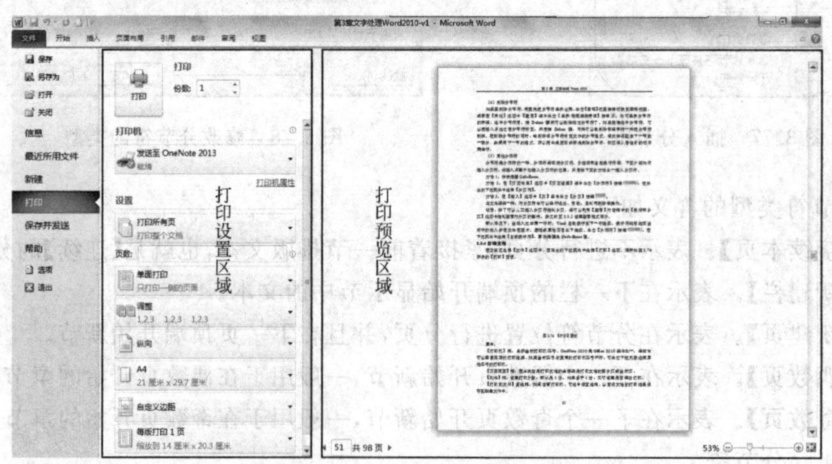

图3.79 【打印】面板

【打印】面板分左右两栏，左边是进行打印设置的区域，右边就是打印预览区域。在该区域可选择预览页面、设置视图大小等预览查看操作，如果通过预览发现内容排版结果不满意，可返回文档重新进行排版操作，如果只是页面设置不满意，可在【打印】面板左边区域进行调整。

2. 打印文档

(1) 快速打印

单击【快速访问工具栏】上的【快速打印】按钮(需要先将【快速打印】按钮添加到【快速访问工具栏】)，如图 3.80 所示，可以直接使用默认选项来打印当前文档。

图 3.80 【快速打印】按钮

(2) 设置打印选项

在【打印】面板的左边区域可以对文档进行打印设置，其中部分控件功能说明如下。

- 【打印】按钮。将指定的内容发送到打印机打印。
- 【份数】框。设置重复打印次数。若打印不止一份，则可在下方的【调整】列表中设置是否逐份打印。
- 【打印机】列表。显示当前打印机型号。OneNote 2010 是 Office 2010 组件之一，通过它可以查看真正的打印结果。如果当前型号与使用的打印机型号不符，可单击下拉列表选择其他型号的打印机。单击【打印机属性】按钮，打开【打印机属性】对话框，设置打印机的各种参数。
- 【打印所有页】列表。在此确定打印的范围及打印的内容。如果在列表中选择【打印自定义范围】选项，则可在下方的【页数】框输入要打印的指定页序号。
- 【单面打印】列表。设置单面打印或手动双面打印。若选择【手动双面打印】选项，则会提示打印第二面重新加载纸张。
- 【调整】列表。可设置成逐份打印或将页面重复打印所设份数后再切换到下一个打印页。
- 【每版打印页数】列表。如果只是看打印小样，则没必要按照设计的纸张大小来打印。用户可在此列表框选择在一张纸上打印多个版面，以减少打印纸张数量。在该列表中的【缩放至纸张大小】的二级列表中，用户可设置缩放打印，以解决实际的打印纸与设计的版面不符的问题。

(3) 设置其他打印选项

打开 Word 选项对话框后，在【显示】选项【打印选项】组中可设置是否打印背景色、隐藏文字、文档属性等内容；在【高级】选项【打印】组中可设置是否在后台打印、逆序打印、草稿打印等打印方式。

3.4 表格与对象处理

3.4.1 创建表格与编辑表格

表格是字处理软件的主要功能之一。Word 2010 表格由水平行和垂直列组成。行列交叉形成的矩形称作单元格，可以在单元格中输入文字、数字和图形等。

1. 新建表格

在制作表格时,通常是先创建一个空白表格,然后再向表格填入内容。Word 也提供了将文字置换成表格的功能。

(1) 新建空白表格

新建一张空白表格的方法有以下几种。

方法1:通过功能区快速新建表格。在【插入】选项卡【表格】组中单击【表格】按钮,弹出一个下拉菜单。该下拉菜单的上方是一个由8行10列方格组成的虚拟表格,用户只要将鼠标在虚拟表格中移动,虚拟表格会以不同的颜色显示,同时会在页面中模拟出此表格的样式。用户根据需要在虚拟表格中单击就可以选定表格的行列值,即在页面中创建了一个空白表格。

方法2:通过【插入表格】对话框新建表格。在【插入】选项卡【表格】组中单击【表格】按钮,在弹出的下拉菜单中单击【插入表格】命令,打开如图3.81所示的【插入表格】对话框,在【列数】和【行数】框设置或输入表格的列和行的数目。最大行数为32 767,最大列数为63。单击【确定】按钮即可创建出一张指定行和列的空白表格。

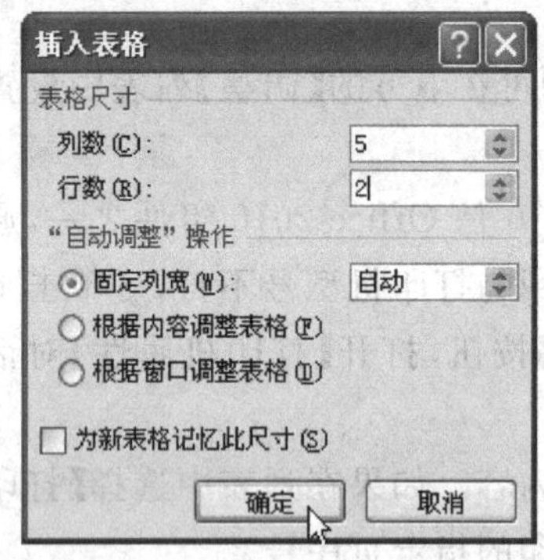

图3.81 【插入表格】对话框

方法3:手绘表格。在【插入】选项卡【表格】组中单击【表格】按钮,在弹出的下拉菜单中单击【绘制表格】命令,鼠标会变成笔的形状,在页面上表格的起始位置按住鼠标左键并拖动,会在页面用笔划出一个虚线框,松开鼠标即可得到一个表格的外框。绘制外框后,在中间可以根据需要绘制出横纵的表线。

方法4:使用快速表格功能,即使用内置表格。

在【插入】选项卡【表格】组中单击【表格】按钮,在弹出的下拉菜单中用鼠标指向【快速表格】,弹出二级下拉菜单,从中选择需要的表格类型,如图3.82所示。

用户也可将文档现有的表格保存成快速表格供以后使用。方法是:选定表格后,从如图3.82所示的二级下拉菜单中选择【将所选内容保存到快速表格库】命令,然后在弹出的对话框中进行保存操作。以后在需要的时候可像内置的快速表格一样用来创建新表格。

(2) 将文字转换成表格

在 Word 2010 中,可将用段落标记、逗号、制表符、空格或其他特定字符作分隔符的文本转化为表格。在将文字转换成表格时,Word 2010 自动将分隔符转换成表格列边框线。

将文字转换成表格的方法是:选定要转换的文字,在【插入】选项卡【表格】组中单击【表格】按钮,在弹出的下拉菜单中选择【文本转换成表格】命令,打开如图3.83所示的【将文字转换成表格】对话框。在对话框指定文字的分隔符和列数,然后单击【确定】按钮即可。

2. 往表格中输入内容

表格建好后,可向表格输入内容。单元格是一个小的文本编辑区,其中文本的键入和编辑操作与 Word 正文编辑区的操作基本相同。在单元格中单击鼠标,可将插入点定位在单元格中;按 Tab 键可使插入点移到右侧的单元格;按 Shift+Tab 快捷键可使插入点移到左侧单元格,并选定其中的文本;也可以使用键盘的方向键移动插入点。

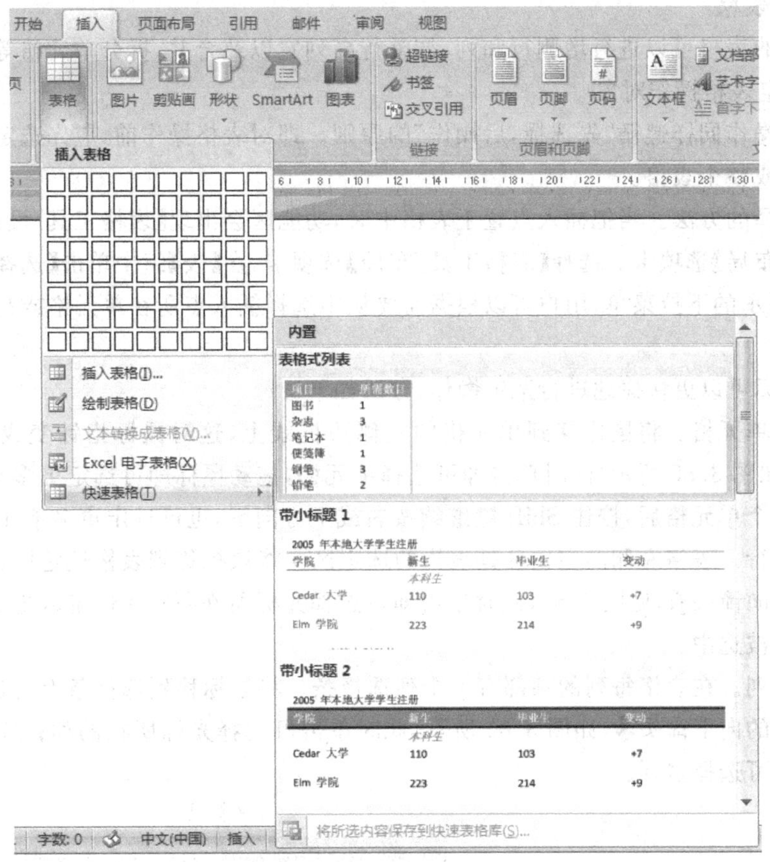

图 3.82　使用快速表格功能插入表格

学号 → 姓名 → 英语 → 数学
101→张三丰→85→76
102→李四→78→85
103→王五→74→80

将文字转换成表格
表格尺寸
列数(C): 4
行数(R): 4
"自动调整"操作
固定列宽(W): 自动
根据内容调整表格(F)
根据窗口调整表格(D)
文字分隔位置
段落标记(P)　逗号(M)　空格(S)
制表符(T)　其他字符(O): ,
确定　取消

学号	姓名	英语	数学
101	张三丰	85	76
102	李四	78	85
103	王五	74	80

图 3.83　将文字转换为表格

3. 编辑表格

对生成的表格可以进行增删行和列、调整行高列宽以及合并、拆分单元格等操作。

(1) 选定表格操作对象

对表格操作同样遵循“先选择,后操作”的原则。即对表格操作前,应先选定要操作的单元格、行、列或整个表格。

菜单选择的方法。当把插入点置于表格中时,功能区会出现【表格工具/设计】选项卡和【表格工具/布局】选项卡。选择【表格工具/布局】选项卡,在【表】组中单击【选择】按钮,弹出如图3.84所示的下拉菜单,用户可以根据需要从中选择插入点所在单元格或是行、列,甚至是整个表格。

通过鼠标可以更快捷地进行选定操作,方法如下。

- 选择单元格。将鼠标移到单元格的左侧边框线上,这时鼠标指针变成实心黑箭头↗,如图3.85所示,此时单击即可选择单元格,拖动鼠标即可选定更多单元格(当选定一个单元格后,按住Shift键继续按右或下方向键,也可选定更多单元格)。
- 选择行。表格左侧的空白区是表格的选定区。将鼠标移到表格选定区,鼠标指针变成右向箭头↗,见图3.85,此时单击即可选择光标所在行;在选定区拖动鼠标,拖过的行被选中。
- 选择列。在表格每列的顶部有一个列选择条。将鼠标移到选择条上,鼠标指针变成黑色的向下箭头⬇,如图3.85所示,此时单击可选择光标所在的列;沿选择条拖动鼠标可选择多列。

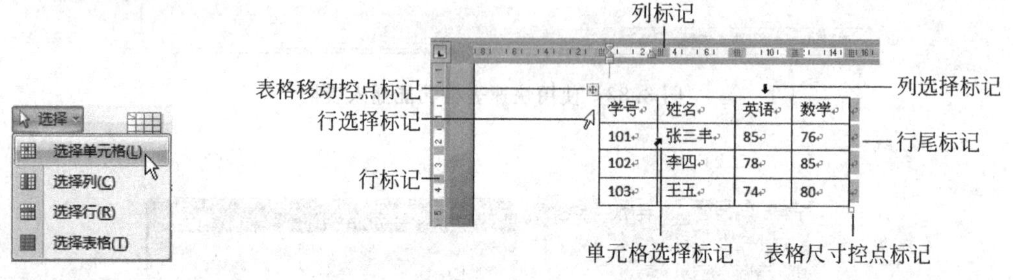

图3.84 表格选择菜单

图3.85 表格标记

- 选择整个表格。将鼠标移到已存在的表格中,表格的左上角会出现表格移动控点标记⊞,如图3.85所示,单击该标记,即可选定整个表格。此外,当选定表格中所有单元格后,也相当于选定了整个表格。

(2) 增删行、列和单元格

- 增加行和列。可以在选定行的上方或下方插入与选定行数相同的新行。方法是:在【表格工具/布局】选项卡【行和列】组中单击【在下方插入】按钮或【在上方插入】按钮,【行和列】组中各按钮如图3.86所示。

同理,可以在选定列的左侧或右侧插入与选定列数相同的列,方法是:在【表格工具/布局】选项卡【行和列】组中单击【在左侧插入】按钮或【在右侧插入】按钮。

说明:也可使用【表格工具/设计】选项卡【绘图边框】组中的【绘制表格】按钮,通过在表格中画线来增加行和列,【绘图边框】组中各按钮如图3.87所示。

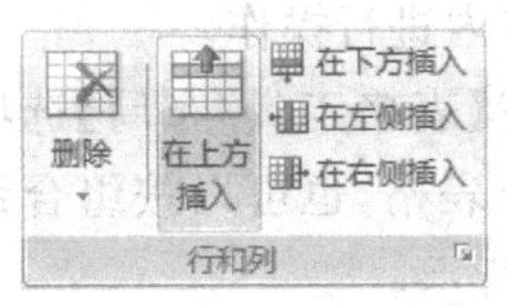

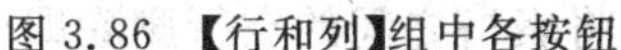
图 3.86 【行和列】组中各按钮

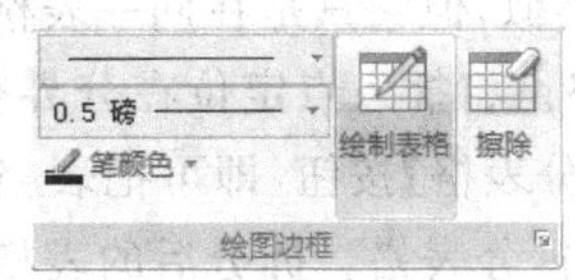

图 3.87 【绘图边框】组中各按钮

另外，在表格上右击，弹出如图 3.88 所示的快捷菜单，从【插入】的二级菜单中也可以选择插入行或列。

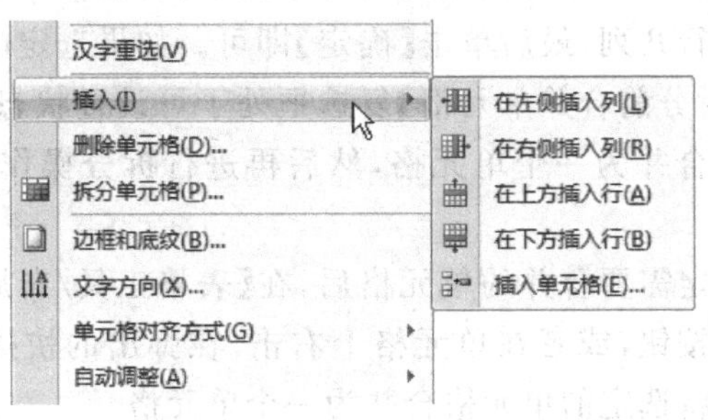

图 3.88 表格右键快捷菜单

如果要在下方快速增加一行，可将插入点定位在行尾标记前，然后按 Enter 键即可。可以将插入点定位在最后一行的最后一个单元格的段落标记前，然后按 Tab 键可在表格的最下面增加行。

- 增加单元格。可以在表格中插入一个或多个单元格。首先选定若干单元格，插入的单元格将占据选定单元格的位置，原选定单元格向下或向右移动。

插入单元格的方法是：在【表格工具/布局】选项卡【行和列】组中单击右下角的【对话框启动器】按钮，弹出如图 3.89 所示的对话框，在该对话框中选择原选定单元格的移动方向。另外，通过该对话框中的【整行插入】和【整列插入】选项也可插入一行或一列。

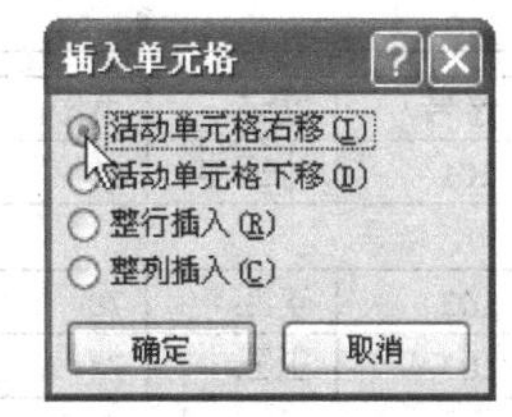

图 3.89 【插入单元格】对话框

说明：也可使用【表格工具/设计】选项卡【绘图边框】组中的【绘制表格】按钮，通过在表格中画线来增加单元格。

- 删除行、列和单元格。在【表格工具/布局】选项卡【行和列】组中单击【删除】按钮，见图 3.86，然后从弹出的二级菜单中选择删除对象。其操作与增加行或列的方法相似。

另外一种删除已选定行、列或单元格的方法是在选定表格内容上右击，在弹出的快捷菜单中选择删除命令。选定表格的内容不同，快捷菜单的删除命令会有所不同。

- 删除整个表格。在【删除】的下拉菜单中选择【删除表格】命令即可删除整个表格。或者单击表格移动控点标记选定整个表格后，按 Backspace 键或 Ctrl＋X 快捷键，也可删除整个表格。

说明：如果选定整个表格后，按 Delete 键并不删除表格，而只是删除表格中的内容。

(3) 拆分和合并表格、单元格

拆分表格是将一个表格分成上下两个表格，合并表格刚好相反。拆分和合并单元格与拆分、合并表格类似,但它只是在同一表格中的单元格内进行操作。

- 拆分表格。将插入点定位在分界行上,然后在【表格工具/布局】选项卡【合并】组中单击【拆分表格】按钮,即可把表格拆分为两个表格,也可以按组合键 Ctrl+Shift+Enter 来拆分表格。拆分后的表格如图 3.90 所示。
- 合并表格。如果要合并上下两个表格,只要将表格之间的空行删除即可。
- 拆分单元格。首先选定要拆分的单元格,然后在【表格工具/布局】选项卡【合并】组中单击【拆分单元格】按钮,或者在单元格上右击,在弹出的快捷菜单中选择【拆分单元格】命令,打开如图 3.91 所示的【拆分单元格】对话框,在该对话框设置要把选定单元格拆分为几行几列,最后单击【确定】即可。如果选定的是一个以上的单元格,该对话框中的【拆分前合并单元格】复选框处于可设置状态,如果选中,表示将选定的几个单元格先合并为一个单元格,然后再进行拆分操作。拆分单元格的效果如图 3.92 所示。
- 合并单元格。选定需要合并的单元格后,在【表格工具/布局】选项卡【合并】组中单击【合并单元格】按钮,或者在单元格上右击,在弹出的快捷菜单中选择【合并单元格】命令,都可以将选定的单元格合并为一个单元格。

另外,在【表格工具/设计】选项卡【绘图边框】组单击【擦除】按钮,则鼠标指针呈像皮状态,此时单击需要合并的单元格之间的框线,即可擦除该框线,也即实现了单元格的合并。

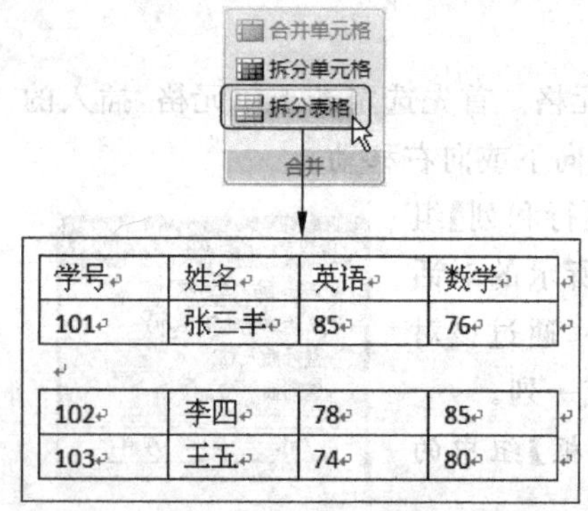

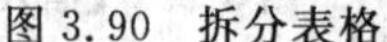

图 3.90 拆分表格

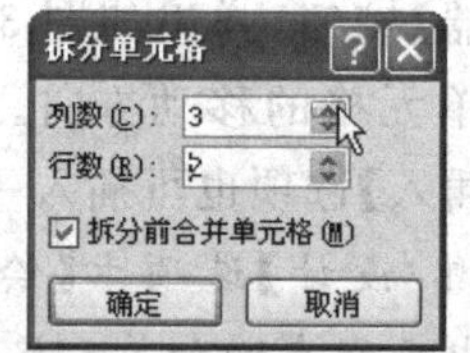

图 3.91 【拆分单元格】对话框

学号	姓名	英语	数学
101	张三丰	85	76
102	李四	78	85
103	王五	74	80

图 3.92 单元格拆分效果

3.4.2 格式化表格

格式化表格包括设置表格文字格式、调整表格列宽和行高、设置文字至表格线的距离、设置表格框线和底纹、设置表格环绕方式等。

(1) 设置表格文字格式

表格中的文本排版操作与普通文档中的文本排版操作基本相同,包括字符、段落、制表位的格式等。下面介绍一些与普通文本排版操作不太相同的地方。

- 设置表格中的文字方向。在表格中的文字可以设置五种文字方向。其设置方法有两种。

方法 1:选定要设置文字方向的表格或单元格,在【页面布局】选项卡【页面设置】组中单击【文字方向】按钮，然后从弹出的下拉菜单选择文字方向即可(分别是水平、垂直、将所有文字旋转 90°、将所有文字旋转 270°和将中文字符旋转 270°)。

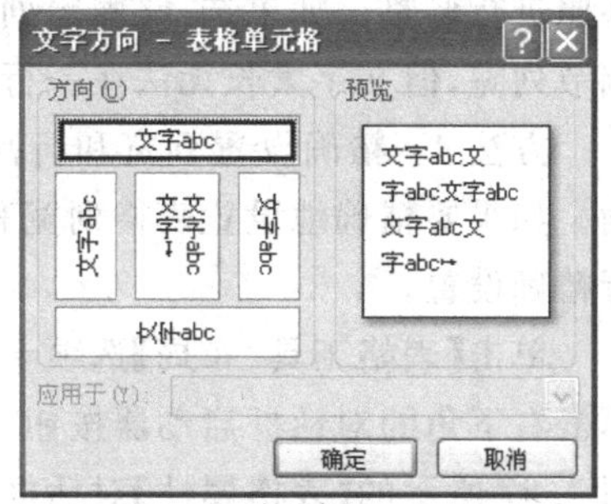

图 3.93 设置文字方向

方法 2：选定的单元格后，在其右键快捷菜单中选择【文字方向】命令，打开如图 3.93 所示的【文字方向—表格单元格】对话框，从中也可以选择合适的文字方向。

对于普通文本来说，主要设置水平方向的对齐方式。但对于单元格中的文字可以设置 9 种对齐方式。即水平方向可以设置左对齐、居中对齐和右对齐 3 种方式，垂直方向可以设置顶部对齐、中部对齐和底部对齐 3 种方式。

设置单元格对齐方式的方法如下：选定需要设置文字对齐方式的单元格，单击【表格工具/布局】选项卡，在【对齐方式】组中可以看到 9 种对齐方式的图标，用户根据需要进行选择即可，如图 3.94 所示。用户也可在右键快捷菜单中指向【单元格对齐方式】，即可从其二级菜单中选择对齐方式，如图 3.95 所示。

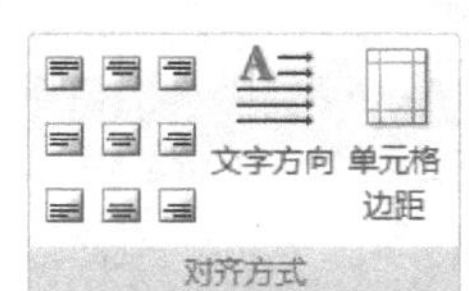

图 3.94 【对齐方式】组

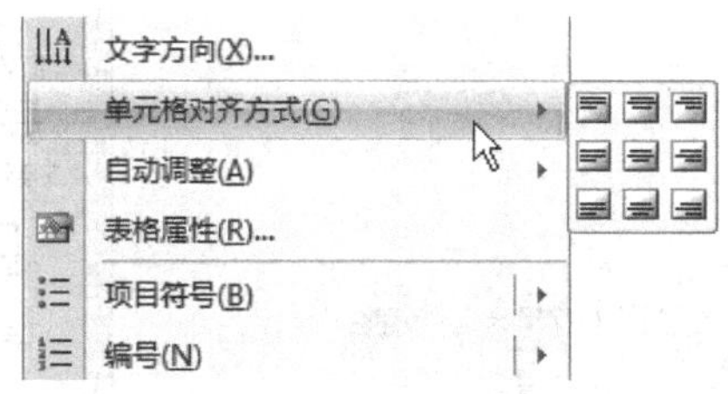

图 3.95 右键快捷菜单中的对齐按钮

(2) 调整表格列宽和行高

Word 提供了许多方法，用于调整表格的列宽和行高。

方法 1：使用表格尺寸控点。利用表格右下角的尺寸控点可以随意地改变表格的行高和列宽。方法是：将鼠标停留在表格中，直到表格的右下角出现表格尺寸控点，见图 3.85，然后将指针移到表格尺寸控点上，这时，鼠标指针变成双向箭头 ↘，向里或向外拖动鼠标即可调整表格尺寸。

方法 2：使用鼠标。将鼠标指针移到表格列边框线上或水平标尺的列标志上，这时，鼠标指针变成水平方向的双向箭头 ⇹ 或 ↔，向左或向右拖动鼠标，可改变列宽。同理，将鼠标移到表格行边框线上或垂直标尺的行标志上，鼠标指针变成垂直方向的双向箭头 ÷ 或 ↕，向上或向下拖动鼠标，可改变行高。

说明：*如果要在水平标尺上显示列宽的数值，可将鼠标移到标尺的列标志上或放在表格框线上，同时按住鼠标左键和 Alt 键，水平标尺上即显示列宽的数值。同理，可在垂直标尺上显示行高值。*

方法 3：使用【自动调整】命令。可根据需要让 Word 2010 自动调整表格的行高和列宽。默认情况下，Word 2010 根据表格中文字的数量自动调整表格列宽。如果发现没有打开此功能，可按下面方法操作：选定表格，在【表格工具/布局】选项卡【单元格大小】组中单击【自动调整】按钮，在弹出的如图 3.96 所示的菜单中选择【根据内容自动调整表格】命令。

如果选择【根据窗口自动调整表格】,也会看到单元格大小能够自动调节,但它以页宽作参照进行调整。如果选择【固定列宽】,那么列宽是固定的,不管输入什么内容,都不会自动调节列宽,但文字太长无法在一行显示时,会自己调整行高。

方法4: 精确设置列宽和行高。用前面的方法调整列宽与行高非常方便,但并不很精确。如果要精确地设置表格列宽和行高,可在【表格属性】对话框或在【单元格大小】组中进行精确设置。

单击【表格工具/布局】选项卡,在【表】组中单击【属性】按钮,或者在【单元格大小】组中单击右下角的对话框启动器按钮,或者在右键快捷菜单中选择【表格属性】命令,都将打开如图3.97所示的【表格属性】对话框。该对话框中的【表格】、【行】、【列】、【单元格】选项卡分别用于设置表格、行高、列宽和单元格的宽度。

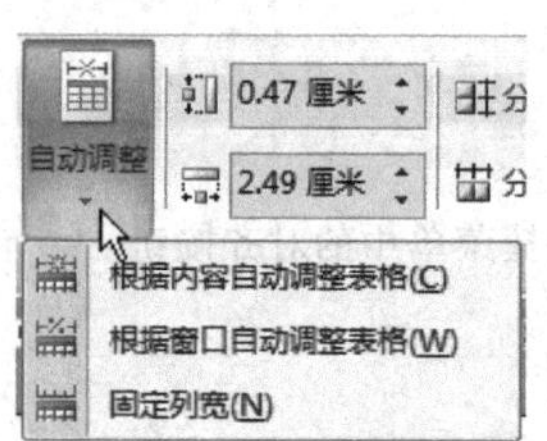

图3.96 【自动调整】菜单

图3.97 【表格属性】对话框

表格宽度、列宽和单元格宽度有两种表示方法,一种是相对于页宽或整个表宽的百分比表示,另一种是用厘米作单位。

行高有两种格式,一种是固定行高,不论行中内容能不能完整显示,都始终保持此高度;另一种是最小行高,如果该行中文字达不到指定的高度,也保持此高度,而一旦行中内容高度超过此设置,就会自动增加行高。

在【表格工具/布局】选项卡【单元格大小】组中通过表格【行高度】框和表格【列宽度】框进行设置,见图3.96。【单元格大小】组中另两个按钮的功能分别是:单击【分布行】按钮可平均表格各行的高度;单击【分布列】按钮则平均表格各列的宽度。

(3) 设置文字至表格线的距离

表格里单元格中文字与表格框线之间一般都会存在一定的距离,而这个距离是可以调整的。调整的方法如下。

把插入点置于表格的任意单元格中,在【表格工具/布局】选项卡【对齐方式】组中单击【单元格边距】按钮,弹出如图3.98所示的【表格选项】对话框。在【表格选项】对话框中,在【上】、【下】、【左】、【右】四个微调框中可以分别调整单元格内文字到上、下、左、右表格框线的距离。

用这种方法调整的是整个表格中文字与表格框线的距离。如果要单独调整某个单元格内文字与框线的距离，则按下面方法进行。

选定需要调整的单元格，按前述方法打开如图 3.97 所示的【表格属性】对话框并选择【单元格】选项卡，在该选项卡单击【选项】按钮，打开如图 3.99 所示的【单元格选项】对话框。在该对话框取消选中【与整张表格相同】复选框后，就可以分别调整指定单元格内文字与上、下、左、右框线之间的距离了。

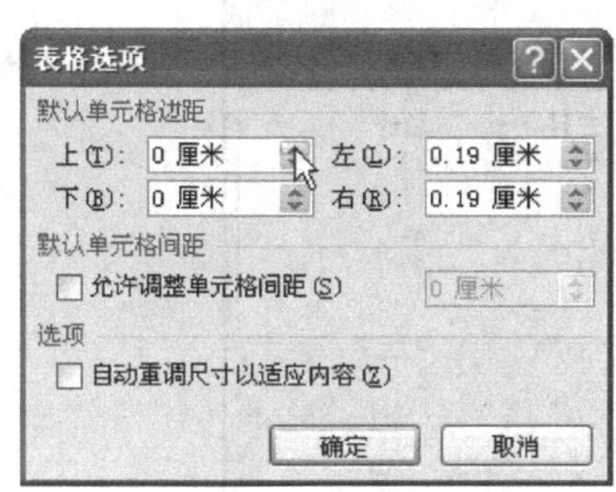

图 3.98　调整单元格边框

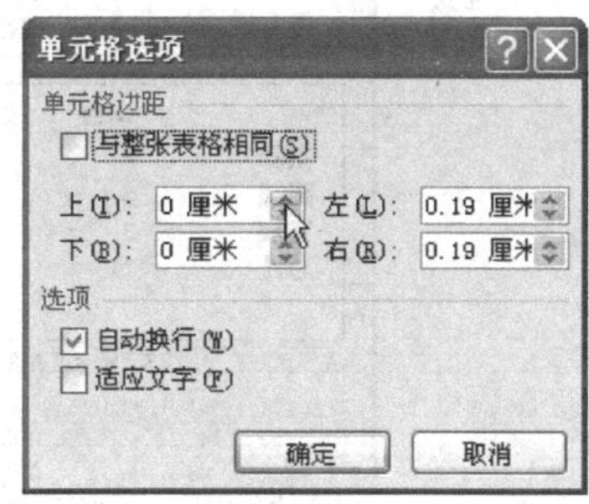

图 3.99　【单元格选项】对话框

(4) 设置表格的边框和底纹

• 自动套用格式

在 Word 2010 中，对于表格的格式功能有了进一步的增强，它不仅提供了 101 种表格格式，同时还允许用户自定义表格格式，而且这项功能使用起来又非常简单，用户在 Word 2010 中，能够非常方便地套用表格格式，制作出非常美观的表格。

套用表格格式的方法如下。

把插入点置于表格中，或者选中表格，然后选择【表格工具/设计】选项卡。该选项卡有三个组，如图 3.100 所示。

左侧为【表格样式选项】组。对于不应用样式的普通表格来说，这些选项没有什么作用，但如果用户选择了某种样式，这些选项就会起到突出指定行或列的作用。如【标题行】选项能将标题行(一般是表格的第一行)以不同的样式(如不同的颜色、不同的字体)进行显示。

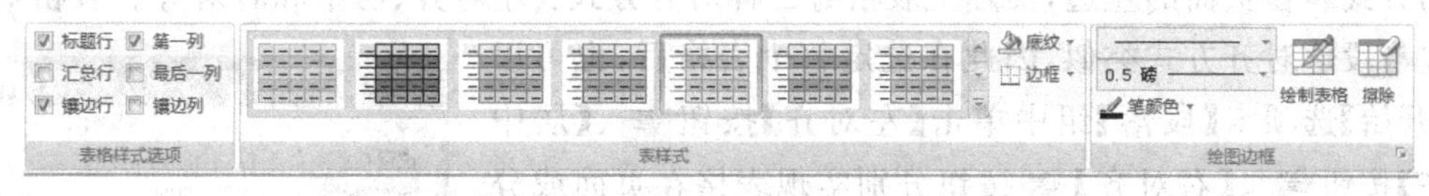

图 3.100　【表格工具/设计】选项卡

中间为【表样式】组。在套用表格格式时，只需要使用【表格样式选项】和【表样式】两个组的功能。【表样式】右侧有一个滚动按钮，上方的 ▲ 按钮可以向上卷动表样式，中间 ▼ 的按钮可以向下卷动表样式，当卷动时，中间的表格样式会逐行显示给用户。单击最下方的 ▼ 按钮，直接打开表样式列表，用户在这里可以非常直观地对表样式进行对比，并挑选合适的样式。

如果 Word 2010 提供的上百种表格样式都不能满足用户的需求，用户可以在表样式下拉列表中选择【新建表格样式】命令,在弹出的如图3.101所示的【根据格式设置创建新样式】对话框里自定义表格样式,参考样式部分。

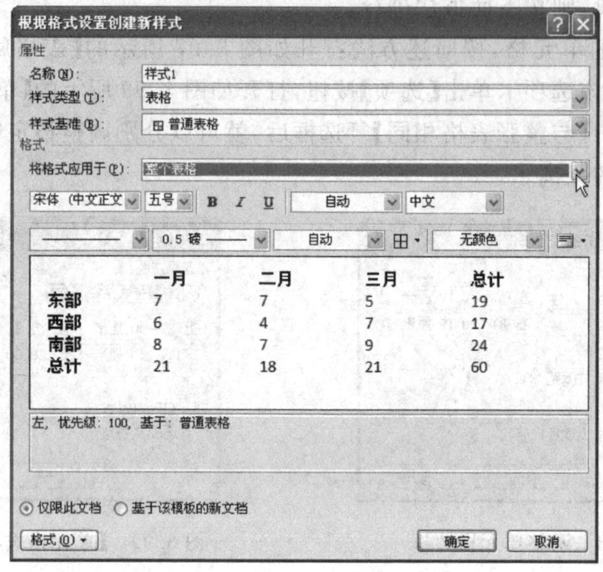

图3.101 创建新样式

- 设置表格的边框和底纹

可以根据需要为表格设计边框和底纹。选择【开始】选项卡【段落】组中有一个【框线】按钮,单击右面的下拉箭头打开下拉列表,从中可以快速设置简单的边框。但更多是通过【边框和底纹】对话框来进行设置。打开【边框和底纹】对话框的方法很多,前面都已经有所介绍,这里不再重复。其实设置表格边框和底纹的操作方法与设置字符边框和底纹、设置段落边框和底纹的方法基本相同,不同之处只是选定的对象不同,边框和底纹的应用对象也不相同。

(5) 设置表格的对齐方式和环绕方式

表格的对齐方式是指表格相对于页面的位置。新建表格不论其宽度是多少,都会按默认的方式靠在页面的左边,实际上表格有三种对齐方式:左对齐、居中和右对齐。表格对齐方式与段落对齐方式类似,因此在选定整个表格后,也可以在【开始】选项卡【段落】组中单击【左对齐】按钮、【居中对齐】按钮、【右对齐】按钮分别实现表格在页面或分栏中的左对齐、居中对齐或右对齐。或者打开【表格属性】对话框【表格】选项卡,在其中的【对齐方式】区设置表格的对齐方式,见图3.97。

表格的环绕方式,是指表格与周围文字的关系,即当表格较小、达不到页面宽度的情况下,在表格的左、右安排文字,以节省版面的做法。在【表格属性】对话框【表格】选项卡进行表格的环绕方式设置,见图3.97。单击【定位】按钮打开如图3.102所示的【表格定位】对话框后可以精确设置

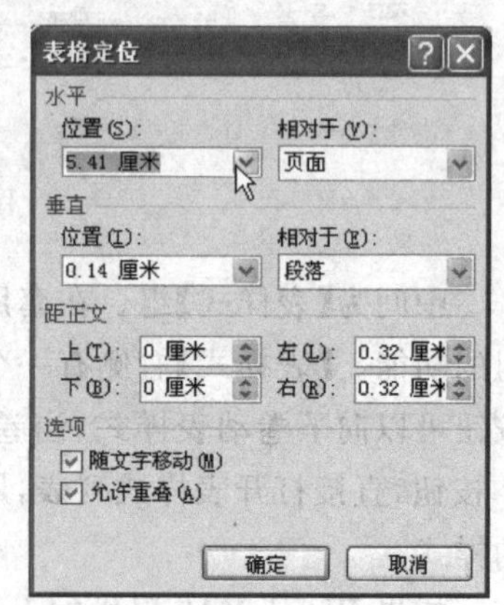

图3.102 【表格定位】对话框

表格与文字的环绕关系。

默认情况下,表格是无文字环绕的。如果将制作好的表格移动到正文文字中,Word 2010 会自动将表格切换成文字环绕。如果是先制作了文字环绕的表格,再录入环绕文字的话,必须注意录入文字的位置,不然容易出错。

3.4.3 表格的简单数据处理

Word 为表格提供了计算和排序功能。

1. 表格的计算

Word 2010 可以对表格内数据进行基本的加、减、乘、除、求平均数、求百分比、求最大值和最小值等运算。在计算公式中用 A,B,C,…代表表格的列;用 1,2,3,…代表表格的行。例如,B3 表示第 2 列第 3 行所在单元格的数据。LEFT 表示此单元格左侧的所有单元格,ABOVE 表示此单元格上方所有单元格,BELOW 和 RIGHT 分别表示下方和右侧,不过用得比较少。

将插入点移到准备显示计算结果的单元格中,在【表格工具/布局】选项卡【数据】组中单击【公式】按钮 fx 公式 ,打开【公式】对话框,如图 3.103 所示。在【粘贴函数】列表框中选择计算函数,在【公式】框显示公式并可对公式进行编辑,在【编号格式】列表框中选择结果显示的格式。

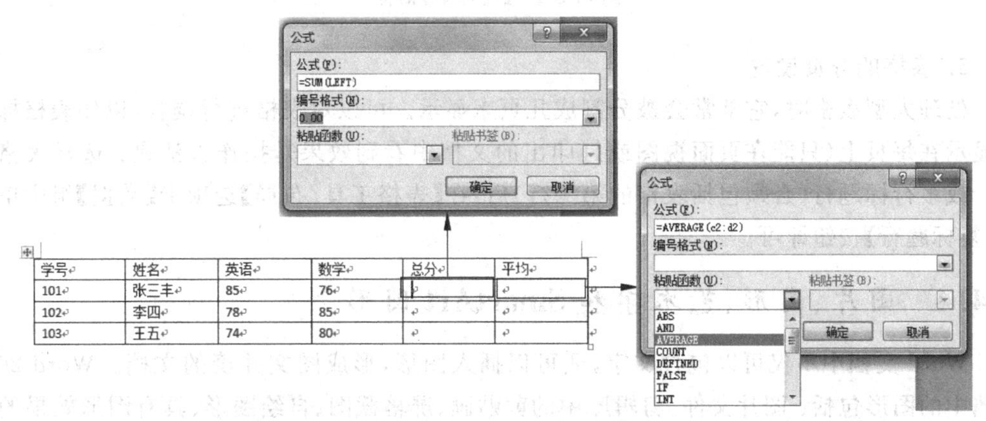

图 3.103 输入公式

如果要将公式复制到其他单元格,可先复制本单元格中的内容,到目标单元格执行粘贴操作,此时新粘贴过来的域并不能正确显示出计算结果,还需选中目标单元格后按 F9 键更新域。实际上,表中数据发生变化,都需要通过按 F9 键更新域。

说明:"张三丰"的"总分"单元格所使用的计算公式为"=SUM(LEFT)",函数参数为"LEFT",因此可将此公式复制到"李四"和"王五"各自的"总分"单元格,完成复制后按 F9 更新计算结果;"张三丰"的"平均"单元格所使用的计算公式为"=AVERAGE(c2:d2)",函数参数为单元格区域"c2:d2",该单元格区域不能随公式改变位置而自动更改,因此不可将该公式复制到"李四"和"王五"各自的"平均"单元格中,需分别在他们各自的"平均"单元格使用公式才能计算出结果。若是涉及大量此类数据计算,建议将表格数据复制到 Excel 工作表去进行计算,完成后再将其复制回Word表格。

2. 表格的排序

可以按照升序或降序规则重新排列表格数据。要进行排序,首先要选定表格,然后在【开始】选项卡【段落】组中或者在【表格工具/布局】选项卡【数据】组中单击【排序】按钮,打开如图3.104所示的【排序】对话框。在【主要关键字】列表框中选择要进行排序的依据列,如选择标题为【学号】的列,即按学号进行排序;在【类型】列表框中选择排序所依据的类型;在【升序】和【降序】中选择排序顺序。如果需要,还可设置次要关键字及第三关键字。

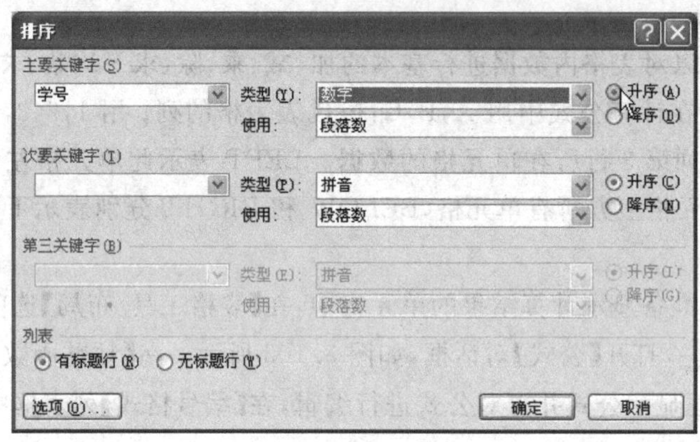

图3.104 【排序】对话框

3. 表格的分页设置

处理大型表格时,它常常会被分割成几页来显示。可以对表格进行调整,以便表格标题能显示在每页上(只能在页面视图或打印出的文档中看到效果),操作方法是:选择表格的一行或多行标题行(必须包括表格的第一行)后,在【表格工具/布局】选项卡【数据】组中单击【重复标题行】按钮即可。

3.4.4 图片、图形、艺术字和SmartArt图形

Word文档中不仅可以包含文字,还可以插入图形,形成图文并茂的文档。Word 2010文档中的图形包括:图片文件、剪辑库中的剪贴画、屏幕截图、自绘图形、具有图形效果的艺术字、SmartArt图形等,这些图形可以插入到Word 2010文档中并对其进行编辑。

1. 插入图片

(1) 插入图片文件

要在文档中插入一张新的图片,可以选择功能区的【插入】选项卡,在【插图】组中单击【图片】按钮,打开如图3.105所示的【插入图片】对话框。Word 2010支持多达23种图片文件格式,其中常用的图片格式为BMP、PNG、JPEG、GIF、TIFF、WMF、EPS等。在【插入图片】对话框可一次选择多个图片文件插入到Word文档中。用户也可以在【我的电脑】打开图片所在的文件夹,然后选定图片文件,将其拖到Word文档中。

(2) 插入剪贴画

要在文档中插入剪贴画,可以在【插入】选项卡【插图】组中单击【剪贴画】按钮,在Word窗口右侧打开如图3.106所示的【剪贴画】窗格。用户可以在【搜索文字】输入栏内输入文字

图 3.105　插入图片

进行搜索,搜索结果将出现在下面的列表中,单击需要的剪贴画,在弹出的菜单中选择【插入】命令,即可把该剪贴画插入文档中。若选中【包括 Office.com 内容】再进行搜索则还将微软官网相关剪贴画一并显示出来,如图 3.106 显示的剪贴画是用"学校"进行搜索的结果,除第一行的图片属于本地剪辑管理器外,其余图片均来自 Office.com 网站。

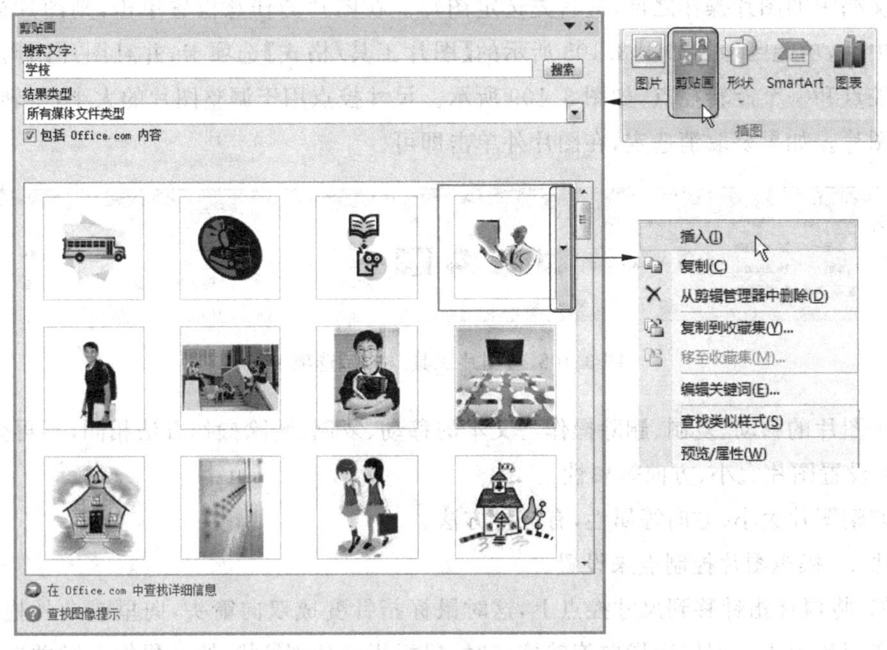

图 3.106　插入剪贴画

(3) 插入屏幕截图

可以通过下面两种方法将屏幕截图插入在文档中。

方法 1:直接从剪贴板插入屏幕截图。

按键盘上的 Print Screen 按键,可把屏幕上当前显示的全部内容抓取到剪贴板中,若仅需当前活动窗口的内容,则按下 Alt+Print Screen 组合键抓取,然后到文档中通过【粘贴】

命令或Ctrl+V快捷键即可将剪贴板中内容粘贴到指定位置。

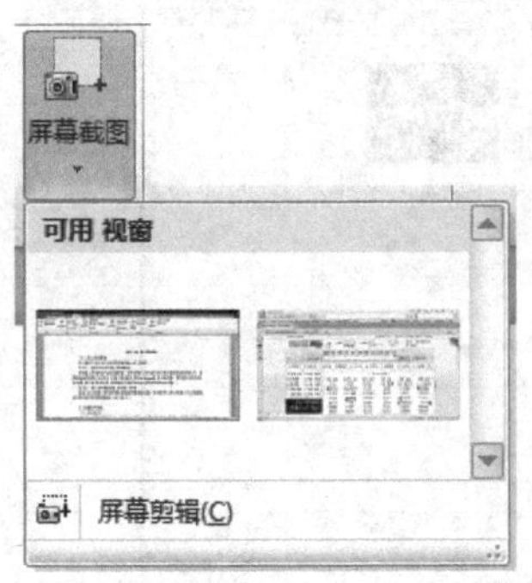

图3.107 【可用视窗】窗口

方法2：通过【屏幕截图】按钮插入图像。

Word 2010提供了非常方便和实用的屏幕截图功能，该功能可以将任何最小化后收藏到任务栏的程序屏幕视图等插入到文档中。

单击【插入】选项卡【插图】组中的【屏幕截图】按钮，弹出如图3.107所示【可用视窗】窗口，其中存放了除当前屏幕外的其他最小化的藏在任务栏中的程序屏幕视图。单击所要插入的屏幕视图即可。

若在【可用视窗】窗口单击【屏幕剪辑】按钮，此时，【可用视窗】窗口中的第一个屏幕被激活且成模糊状，鼠标变成十字光标，将光标移到剪辑的开始位置，按住鼠标左键剪辑图片大小，放开鼠标左键即可完成剪辑并将剪辑插入到文档中。

2. 设置图片格式

(1) 选定图片

对文档中的图片操作之前，应首先选定图片。在图片的任意位置单击，则图片被选中。图片选中后，功能区增加如图3.108所示的【图片工具/格式】选项卡，并且图片四周出现八个尺寸控点和一个旋转控点，如图3.109所示。尺寸控点用于调整图片的大小，旋转控点用于旋转图片。如果要取消选定，在图片外单击即可。

图3.108 【图片工具/格式】选项卡

对于图片的移动、复制、删除操作与文本的移动、复制、删除操作方法相同，不再介绍。

(2) 设置图片大小、方向等属性

要调整图片大小、方向等属性，有三种方法。

方法1：操纵图片控制点来设置。

例如，将鼠标指针移到尺寸控点上，这时鼠标指针变成双向箭头，向里或向外拖动鼠标则可改变图片大小。把鼠标指向旋转控点时，鼠标指针呈现状，按下鼠标左键并绕图片旋转到合适位置后松开鼠标即可作图片旋转操作。这种方法比较方便，但精度不高。

方法2：通过【大小】组和【排列】组各按钮来设置。

在【图片工具/格式】选项卡【大小】组中通过【形状高度】微调框 10.99 厘米 和【形状宽度】微调框 14.65 厘米 可调整图片的高度或宽度。

如果要裁剪图片，在【图片工具/格式】选项卡【大小】组中单击【裁剪】按钮，图片的原尺寸控点位置会出现黑直角或黑短线标志。当把鼠标指向这些标志时，鼠标指针变成裁剪标志，此时按下鼠标并拖动即可完成对图片的裁剪。

如果要旋转图片，在【图片工具/格式】选项卡【排列】组中单击【旋转】按钮，在弹出的如图 3.110 所示的下拉菜单中选择【向右旋转 90°】或【向左旋转 90°】命令，即可将图片右旋或左旋 90°。重复几次即可完成 90°的倍数旋转。

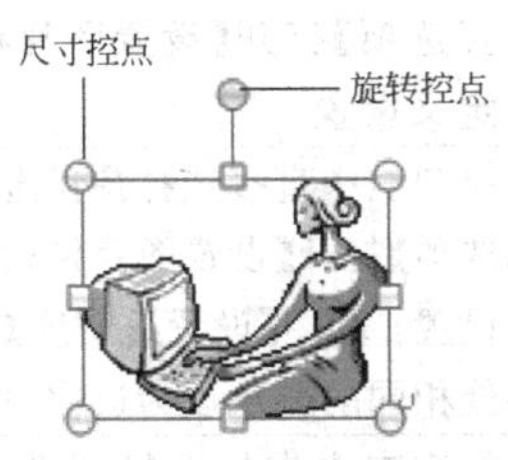

图 3.109　被选中的图片

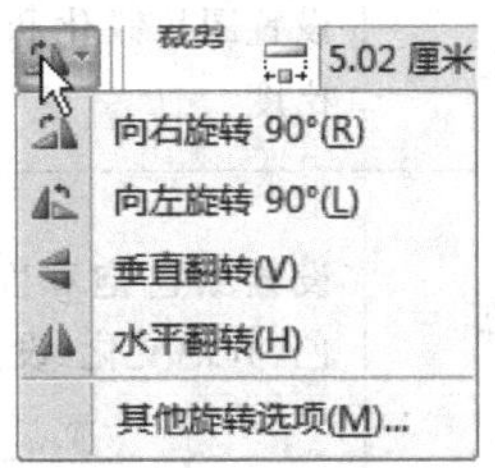

图 3.110　旋转按钮的菜单

如果要镜像图片，在图 3.110 所示的下拉菜单中选择【垂直翻转】命令可制作出图片的垂直镜像；选择【水平翻转】命令即可制作出图片的水平镜像。

方法 3：通过【布局】对话框的【大小】选项卡来设置。

用户也可以在【图片工具/格式】选项卡【大小】组中单击右下角的【对话框启动器】按钮或在右键快捷菜单中选择【大小和位置】命令打开如图 3.111 所示的【布局】对话框，在【大小】选项卡中进行更详细的设置。

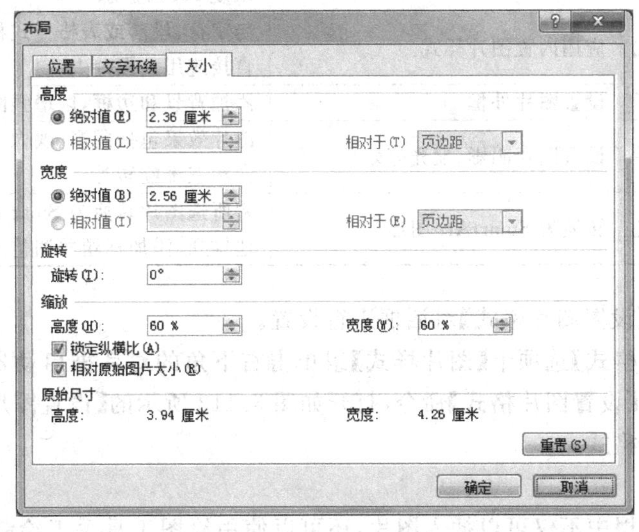

图 3.111　【布局】对话框【大小】选项卡

(3) 设置图片格式

图片格式包括亮度、对比度、着色、形状、背景和边框、图片效果等。设置图片格式的方法有以下两种。

方法 1：通过【调整】组和【图片样式】组各按钮来设置。

【调整】组和【图片样式】组各按钮见图 3.108，其主要按钮的功能如表 3.6 所示。

表 3.6 【调整】组和【图片样式】组主要按钮的功能

组名称	按钮名称	功　能	说　明
调整	删除背景	删除图片主体周围的背景	必要时,可通过标记自定义要保留及要删除的部分
	更正	设置图片锐化和柔化、亮度和对比度	在下拉列表中直接选择预设选项或单击【图片更正选项】打开【设置图片格式】对话框进行自定义设置
	颜色	设置颜色饱和度、色调、重新着色、其他变化、设置透明色	在下拉列表中直接选择预设选项或单击【图片颜色选项】打开【设置图片格式】对话框进行自定义设置;利用【设置透明度】功能,将图片中与某处相同的颜色设为透明(相当于清除)
	艺术效果	将艺术效果添加到图片,以使其更像草图或油画	在下拉列表中直接选择预设选项或单击【艺术效果选项】打开【设置图片格式】对话框进行自定义设置
	压缩图片	压缩文档中的图片以减小其尺寸	可在【压缩图片】对话框设置压缩选项和目标输出
	更改图片	替换图片	打开【插入图片】对话框选择新图片替换该图片,原图片上所设置的格式保留不变
	重设图片	恢复原始状态	【重设图片】取消应用在该图片上的格式设置,【重设图片和大小】取消图片大小的更改,恢复100%显示
图片样式	图片样式	应用内置图片样式	与字符、段落或表格样式相似,设置好格式可直接应用到图片上
	图片边框	设置图片外框	添加背景和边框,以增强图片效果
	图片效果	设置图片阴影、发光等效果	图片效果包括阴影、映像、发光、柔化边缘、棱台和三维旋转等
	图片版式	转换为SmartArt图形	将所选图片转换为SmartArt图形,可以轻松地排列、添加标题并调整图片的大小

方法2:通过【设置图片格式】对话框进行设置。

在【图片工具/格式】选项卡【图片样式】组单击右下角的对话框启动器按钮,或在右键快捷菜单中选择【设置图片格式】命令,打开如图3.112所示的【设置图片格式】对话框,从中可设置图片各种格式。

3. 绘制图形

Word 2010文档中不仅可以插入图片,还可以使用绘图工具手工绘制图形。在绘制图形后,还可对自绘图形进行简单的设置。

(1) 绘制图形

Word 2010为用户提供绘图工具包括线条、矩形、基本形状、箭头、公式形状、流程图、星与旗帜、标注等8类,用户可以通过这8类工具绘制出自己需要的图形。

在Word 2010中绘制图形的步骤如下。

步骤1:在功能区选择【插入】选项卡,单击【插图】组中的【形状】按钮,弹出如图3.113所示的绘图形状样式列表。

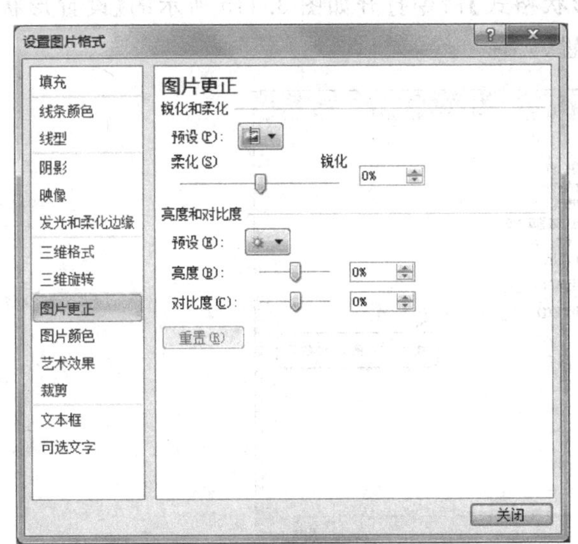

图 3.112 【设置图片格式】对话框

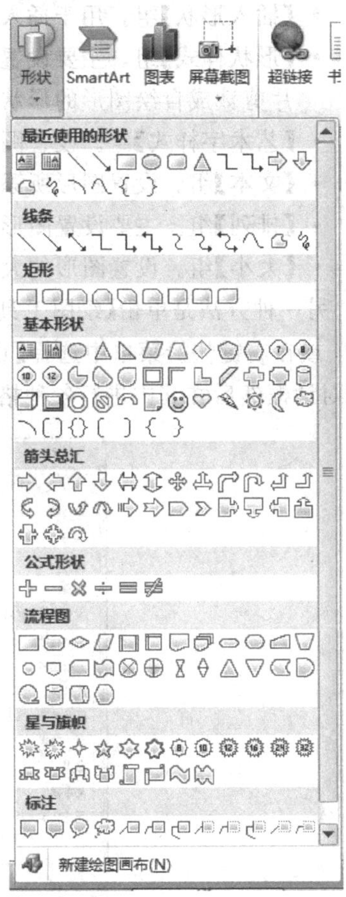

图 3.113 绘图形状样式列表

步骤 2：指向所需类别，然后单击需要使用的形状。

步骤 3：将鼠标移到要绘制图形的位置，此时，鼠标指针变成十字形状，拖动鼠标，则可画出适当大小的图形。如果要保持图形的长宽比例，则在拖动鼠标时按下 Shift 键。

说明：*若要画一组自绘图形，则可通过【新建绘图画布】命令先在文档中绘制一个画布，然后在【绘图工具/格式】选项卡【插入形状】组中选择要插入的图形。或者将各个图形选中后将其进行组合操作成为一个整体。*

(2) 设置绘制图形的格式

对自绘图形的设置，基本上与图片或剪辑画的设置方法相同。

常用方法是通过【绘图工具/格式】选项卡上各按钮进行设置。

当用户插入绘制图形，或者选定绘制的图形时，功能区增加如图 3.114 所示的【绘图工具/格式】选项卡，各组的功能如下。

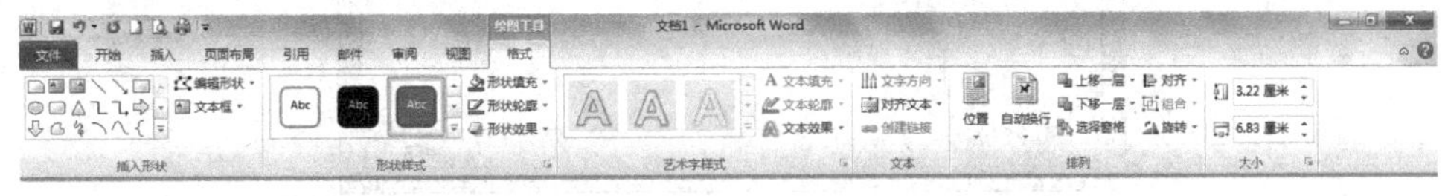

图 3.114 【绘图工具/格式】选项卡

- 【插入形状】组。用于插入新形状、替换形状或编辑修改形状、插入文本框。
- 【形状样式】组。主要设置自绘图形的填充、轮廓和效果。选择用图片填充,可将图片剪裁成自绘图形的形状。
- 【艺术字样式】组。设置图形中所添加文字的艺术效果。
- 【文本】组。设置图形所添加文字的方向、垂直对齐方式和文本链接。
- 【排列】组。主要设置图形位置、叠放次序、对齐方式、图形组合、旋转。
- 【大小】组。设置图形的大小。

另一种方法是单击【绘图工具/格式】选项卡【形状样式】组右下角的【对话框启动器】按钮或在右键快捷菜单中选择【设置形状格式】命令打开如图 3.115 所示的【设置形状格式】对话框然后在其中进行各种格式设置。

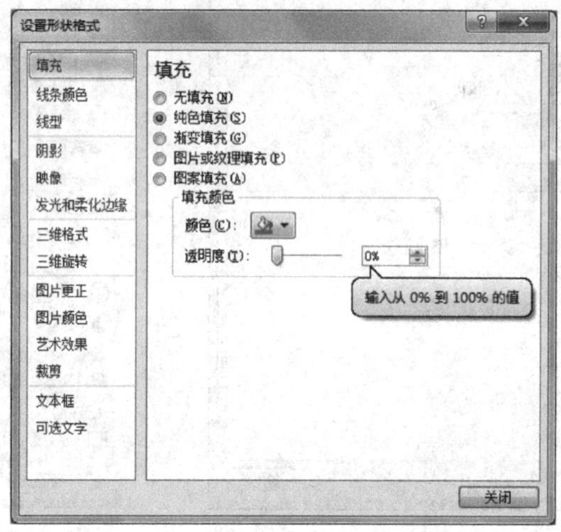

图 3.115 【设置形状格式】对话框

若要对形状中的文本进行设置,可在【绘图工具/格式】选项卡【艺术字样式】组右下角单击【对话框启动器】,打开如图 3.116 所示的【设置文本效果格式】对话框进行设置。

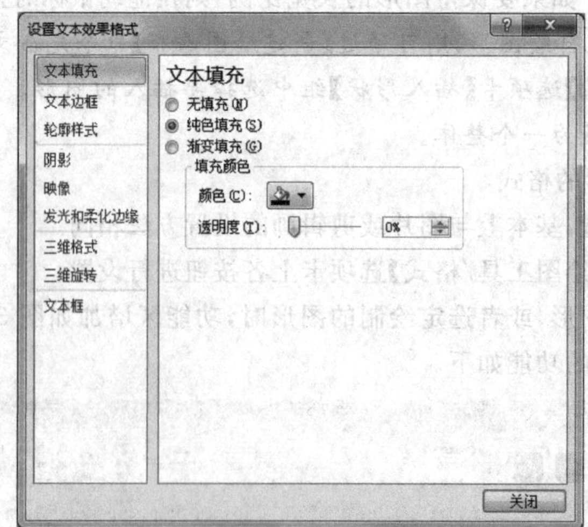

图 3.116 【设置文本效果格式】对话框

(3) 在图形中添加文字

可以在绘制的图形中(除直线)写入文字。方法非常简单，右击图形，在弹出的快捷菜单中选择【添加文字】命令，光标移到形状内，就可以在图形中添加文字。所添加的文字跟文档中其他位置的文字一样，可以设置字符样式及段落样式。还可以通过【绘图工具/格式】选项卡中的【艺术字样式】组和【文本】组按钮(或【设置文本效果格式】对话框)设置其特有格式。

(4) 操作多个图形

• 设置叠放次序

如果在已绘制的图形之上再绘制图形，则产生重叠效果，先绘制的图形在下面，后绘制的图形在上面。用户可以改变图形的前后叠放顺序，方法是：在要改变叠放顺序的图形上右击，在弹出的如图 3.117 所示的快捷菜单中【置于顶层】(或【置于底层】)的二级菜单中选择所需的叠放顺序。

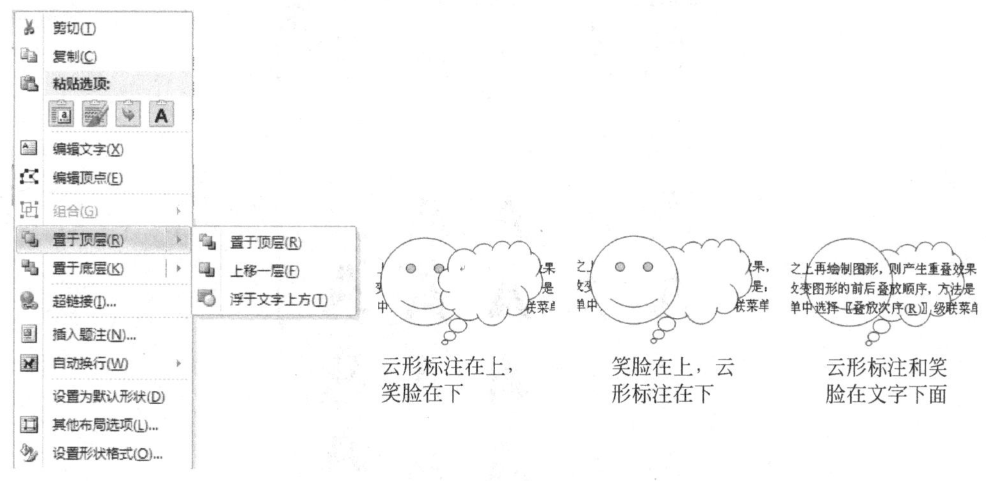

图 3.117　设置图形叠放次序及示例

另外一种方法是：选定图形后，在【绘图工具/格式】选项卡【排列】组中单击【置于顶层】按钮 置于顶层 设置图片置于顶层或单击其右侧的箭头后从下拉菜单中的 3 个选项(【置于顶层】、【上移一层】和【浮于文字上方】)中根据需要进行选择；单击【置于底层】按钮 置于底层 设置图片置于底层或单击其右侧的箭头后从下拉菜单中的 3 个选项(【置于底层】、【下移一层】和【衬于文字下方】)中根据需要进行选择。

• 组合图形

要把多个图形组合成一个图形，需要按住 Ctrl 键或 Shift 键，然后依次单击需要组合的图形。选中全部图形后，用户既可以右击，在弹出的快捷菜单中选择【组合】→【组合】命令，也可以在【绘图工具/格式】选项卡【排列】组中单击【组合】按钮 ，在弹出的下拉菜单中选择【组合】命令。

组合在一起的图形可被视为一个图形，对其进行整体设置；也可以仅对组合中某一个图形单独处理，如删除该图形。

• 对齐图形

如果要对齐图形，需要按住 Ctrl 键或 Shift 键，然后依次单击需要对齐的图形。选中图形后,在【绘图工具/格式】选项卡【排列】组中单击【对齐】按钮,在弹出的下拉菜单中选择所需的对齐方式即可。

4. 插入艺术字

艺术字是具有图形效果的文字,在文档中插入艺术字可以美化文档。

(1) 插入艺术字

插入艺术字的方法非常简单,其操作步骤如下。

步骤1:在功能区选择【插入】选项卡,在【文本】组中单击【艺术字】按钮,弹出如图3.118所示的艺术字样式列表。

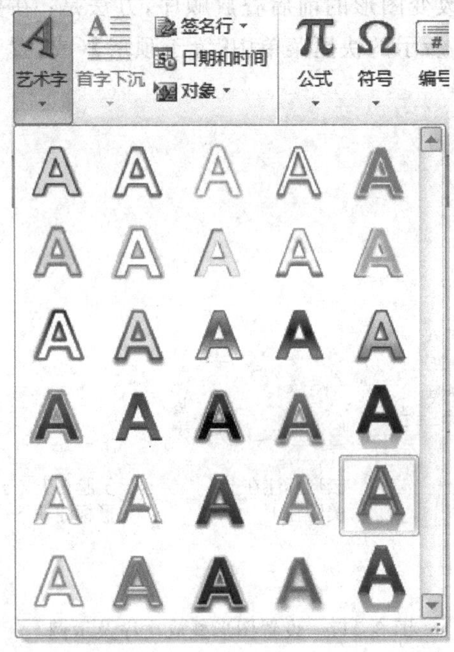

图3.118　艺术字样式列表

步骤2:在列表中单击所需要的样式,随即在文档的光标处插入如图3.119所示的艺术字编辑框。

步骤3:在艺术字编辑框内输入所需文字。

图3.119　艺术字编辑框

(2) 设置艺术字的效果

选中艺术字后在功能区中增加如图3.114所示的【绘图工具/格式】选项卡,用户可以通过此选项卡的各组中按钮对艺术字进行设置。如在【艺术字样式】组选择【文本效果】→【转换】→【弯曲】→【下弧弯】选项，可得到如图 3.120 所示的效果。

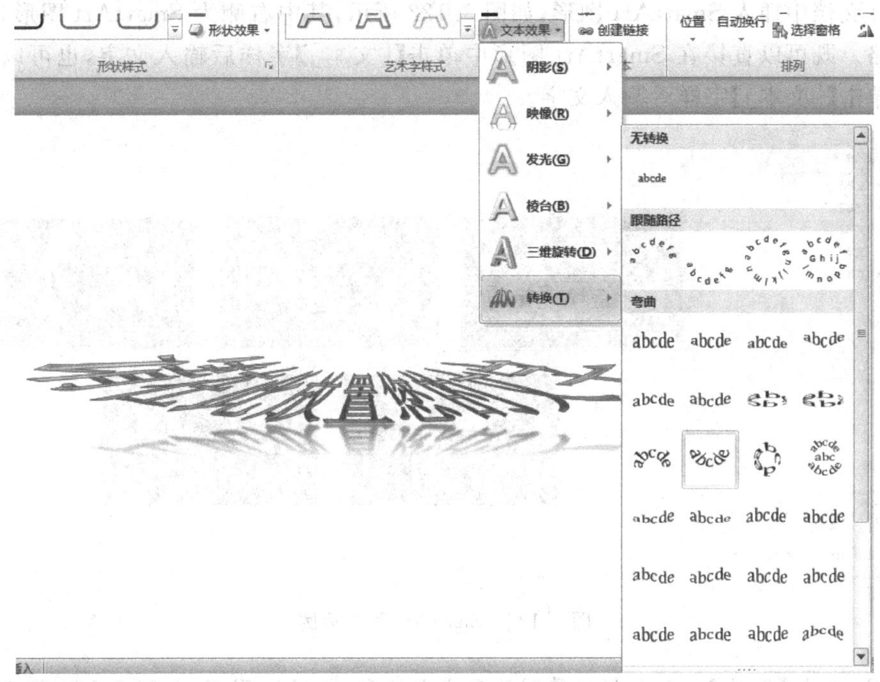

图 3.120　更改艺术字形状

5. SmartArt 图形的插入和编辑

自 Word 2007 开始，就增加了智能图表(SmartArt)工具，它使用户制作出精美的文档图表变得简单易行。

SmartArt 图形主要用于在文档中演示流程、层次结构、循环或者关系。

(1) 插入 SmartArt 图形

具体操作为：在【插入】选项卡【插图】组中单击 SmartArt 按钮，弹出如图 3.121 所示【选择 SmartArt 图形】对话框。

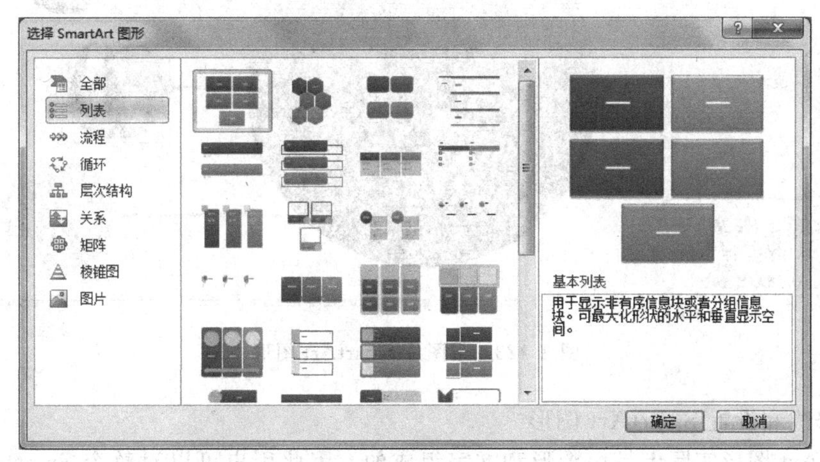

图 3.121　【选择 SmartArt 图形】对话框

在对话框左侧单击所需SmartArt图形类型,在右侧选择具体的图形后,单击【确定】按钮即可在文档中插入SmartArt图形,如图3.122所示,其中右侧为SmartArt图形,左侧为辅助窗格。既可以直接在SmartArt图形中单击【[文本]】字样后输入文字,也可以在辅助窗格中单击【[文本]】字样后输入文字。

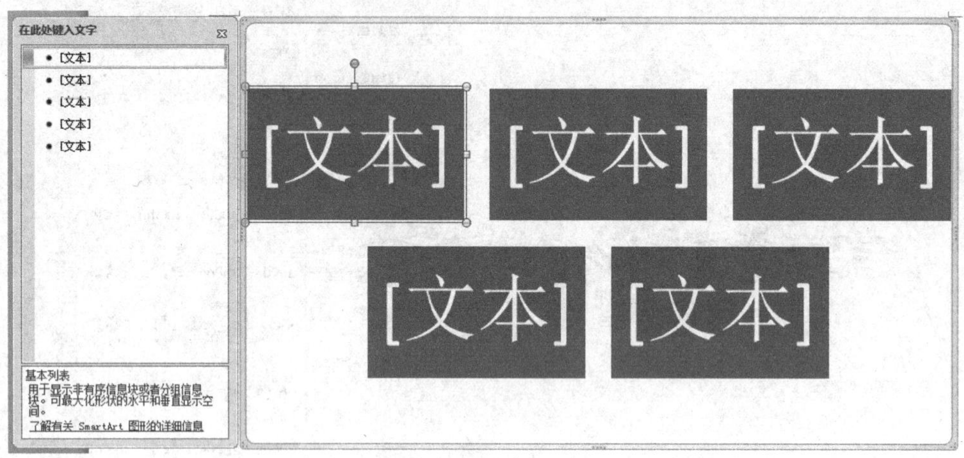

图3.122　SnartArt图形示例

说明:选择【图片】类型也创建带图片和文本的SmartArt图形,如图3.123所示。也可在插入图片后将图片转换为SmartArt图形。

图3.123　带图片SmartArt图形

(2) 修改和设置SmartArt图形

SmartArt图形实际上是由图形和文字组成的。因此用户可以对整个SmartArt图形、文字和构成SmartArt图形的子图形分别进行设置和修改。

选定 SmartArt 图形后，Word 2010 会增加如图 3.124 所示的【SmartArt 工具/设计】和【SmartArt 工具/格式】两个选项卡(若是带图片的 SmartArt 图形，则还增加【图片工具/格式】选项卡，见图 3.123)。

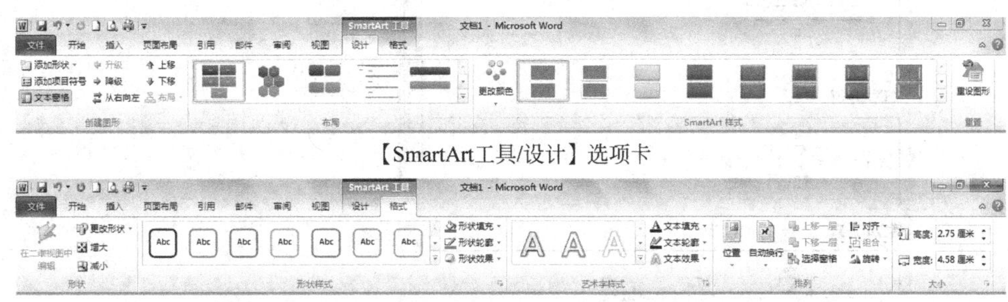

【SmartArt工具/设计】选项卡

【SmartArt工具/格式】选项卡

图 3.124　选定 SmartArt 图形后新增的选项卡

通过【SmartArt 工具/设计】选项卡的各按钮，可以进行以下操作：增加和删除项目、修改 SmartArt 图形的布局(图形类别和形状)、修改 SmartArt 图形颜色、修改 SmartArt 图形样式、恢复 SmartArt 图形原始状态。

通过【SmartArt 工具/格式】选项卡的各按钮，可以进行以下操作：更改 SmartArt 子图形的形状和大小、设置 SmartArt 图形的形状样式(包括样式、填充、轮廓、形状效果)、设置 SmartArt 图形中文字效果、排列 SmartArt 图形(包括位置、叠放次序、文字环绕、组合、旋转等)及设置 SmartArt 图形的宽度和高度。

3.4.5　公式编辑器

利用公式编辑器可以方便地在文档中插入复杂数学公式。Word 2010 的公式编辑器由内置公式、符号和公式结构三部分组成。

内置公式包括二次公式、二项式定理、傅里叶级数、勾股定理、和的展开式、三角恒等式、泰勒展开式和圆的面积等。

符号包括基础数学、希腊字母、字母类符号、运算符、箭头、求反关系运算符、手写体和几何学等几类符号。

公式结构包括分数、上下标、根式、积分、大型运算符、括号、函数、导数符号、极限和对数、运算符和矩阵等。

1. 插入公式

插入公式的操作步骤如下。

步骤 1：在功能区选择【插入】选项卡，在【符号】组中单击【公式】按钮 π公式 右边的下拉箭头，弹出如图 3.125 所示的下拉列表。

步骤 2：如果该下拉列表中的内置公式有所需要的公式，单击即可。

步骤 3：如果内置公式中没有用户需要的公式，则在下拉列表中选择【插入新公式】命令，此时在文档中会插入一个如图 3.126 所示的一个域，同时功能区中出现如图 3.127 所示的【公式工具/设计】选项卡。

步骤 4：通过【公式工具/设计】选项卡内各种工具即可在此输入域中输入公式。

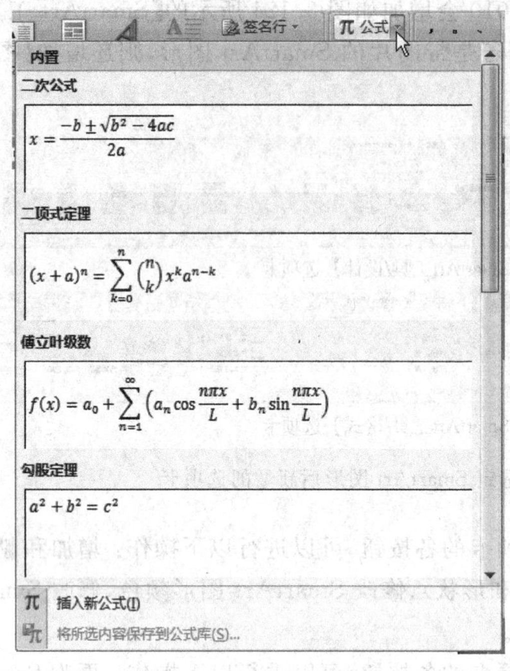

图 3.125　公式菜单

在此处键入公式。

图 3.126　插入公式

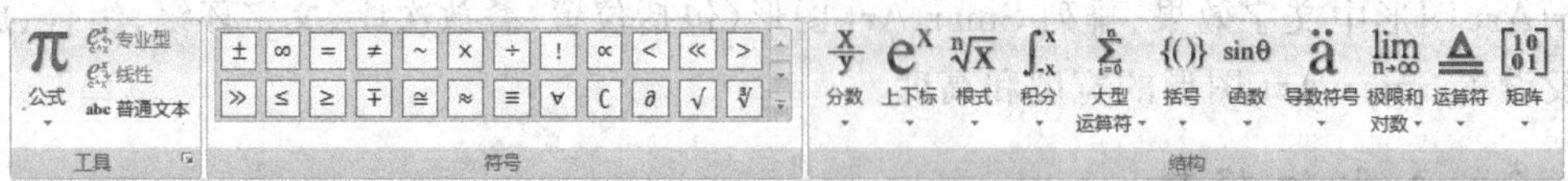

图 3.127　【公式工具/设计】选项卡

2. 编辑公式

任何公式都是由公式结构和字符组成的。公式结构需要由【公式工具/设计】选项卡【结构】组中各按钮输入。公式模板中的虚线框结构称为占位符，如图 3.128 所示。所谓占位符就是先占住一个固定的位置，然后供用户往里面添加具体内容，包括输入文字和继续插入公式结构。要往占位符中输入内容，只需把插入点定位于占位符中，然后即可输入。

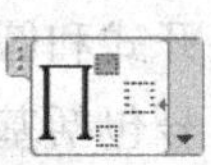

图 3.128　占位符

字符则分普通字符和特殊字符。如果要插入普通字符，包括数字、英文字母、汉字、加减符号等，把插入点定位于公式结构的占位符中，然后直接由键盘输入。如果要插入特殊符号，可以在【公式工具/设计】选项卡【符号】组中选择输入。单击符号列表中的【其他】按钮，打开符号窗口，然后单击左上角的下拉按钮，在弹出的下拉菜单中选择符号所在的类型，如图 3.129 所示，即可转换到该类符号中，用鼠标选取即可输入。

3. 设置公式

对于插入的公式，用户可以设置公式的大小、颜色和位置等。

(1) 设置公式的大小、颜色、边框和底纹等

公式的整体在文档中相当于字符，因此用户可以像为字符设置格式一样为公式设置字号、颜色甚至边框和底纹等，操作方法可参考前面内容。

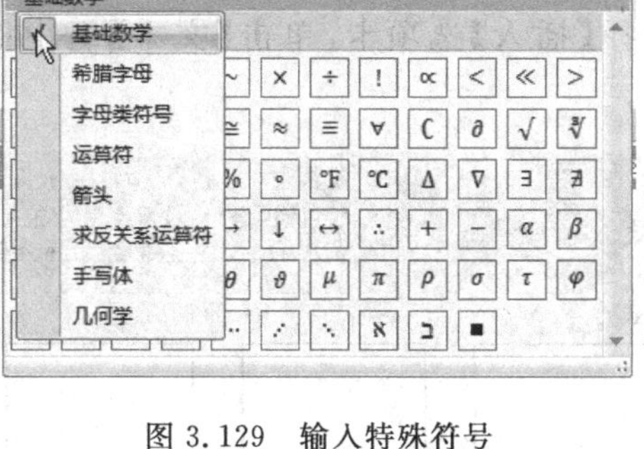

图 3.129　输入特殊符号

(2) 设置公式的样式

Word 2010 制作的公式可以显示为专业样式，也可以显示为线性样式，两种模式的效果如图 3.130 所示。

$$(x+a)^n=\sum_{k=0}^{n}\binom{n}{k}x^k a^{n-k}$$

专业样式

(x + a)^n = ∑_(k = 0)^n▒〖(n¦k) x^k a^(n − k) 〗

线性样式

图 3.130　公式不同样式效果对照

在【公式工具/设计】选项卡【工具】组中单击【专业型】按钮 专业型，可以把线性样式转换为专业型样式；单击【线性】按钮 线性，可以把专业型样式转换为线性样式。或者在右键快捷菜单中选择相应命令进行转换。

(3) 设置公式的排版方式

公式在文档中有两种排版方式，一是【显示】，二是【内嵌】。当设置为【内嵌】时，公式会插入文字之中，随着字符的移动而移动。而设置为【显示】时，则会单独占据一行，且水平居中显示。

修改排版方式的方法：在右键快捷菜单中选择【更改为"内嵌"】命令或【更改为"显示"】命令。

4. 修改公式

对于使用 Word 2010 的公式编辑器编辑建立的公式，用户只需单击该公式，就可进入公式编辑状态，此时用户可以通过【公式工具/设计】选项卡内各组的按钮修改原有的公式，删除不需要的部分，添加新内容。

3.4.6　文本框

文本框实质是一个图形对象。当用户在文档中手工绘制图形并在其中添加文字后，形成的就是文本框。因此，文本框与正文文字的关系是立体的关系，默认是浮于文字表面的，能够相互重叠。

1. 插入文本框

在 Word 2010 中，不但允许用户自己绘制文本框，还为用户准备了 42 种已经设置好的文本框样式。插入文本框的操作步骤如下。

步骤1:在功能区选择【插入】选项卡,单击【文本】组中的【文本框】按钮,打开如图3.131所示的下拉列表。

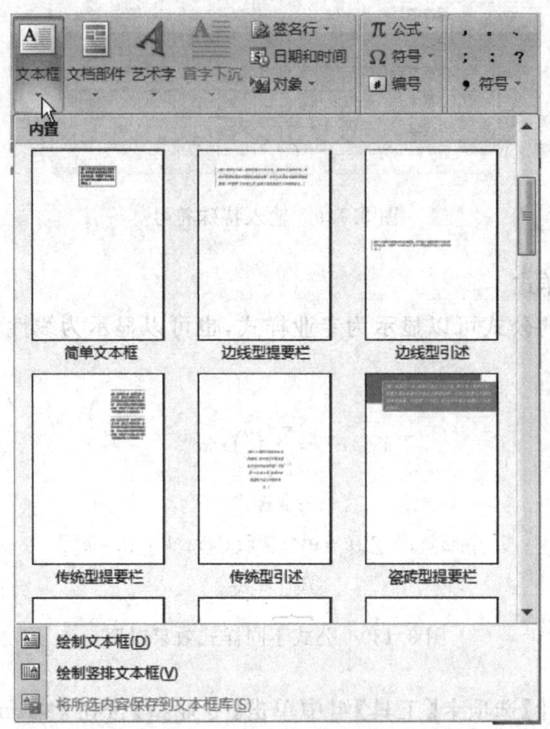

图3.131 文本框菜单

步骤2:在文本框样式中单击合适的样式,即可在文档中插入选定样式的文本框。如果没有合适的样式,可以选择【绘制文本框】或【绘制竖排文本框】命令,此时,鼠标指针变成十字形状,按下鼠标左键并拖动鼠标,即可在文档中绘制文本框。

步骤3:在插入的文本框中输入文字或插入图形。

2. 设置文本框

文本框就是在绘制的图形中添加了文字和图片组成的对象。对文本框中的文字和图片,可以参考前面方法为其设置各种格式,如字符格式、段落格式、图片格式等。而对文本框设置格式与设置用户绘制图形的操作方法基本相同。

选定文本框后,Word在功能区增加【绘图工具/格式】选项卡,用户可通过这个选项卡对文本框进行设置。

3.4.7 实现图文混排

当一篇文档中既有文字,又有图形时,处理图形和文字之间的关系就称为图文混排,也称文字环绕。在Word 2010中,对图片、剪贴画、绘制的图形、文本框、屏幕截图、艺术字、SmartArt图形等,统一了设置环绕的方法。其操作方法是:

右击图形,在快捷菜单中指向【自动换行】命令,或者在【图片工具/格式】选项卡或【绘图工具/格式】选项卡的【排列】组中单击【自动换行】按钮，即可从其二级菜单中选择文字环绕方式，如图 3.132 所示。

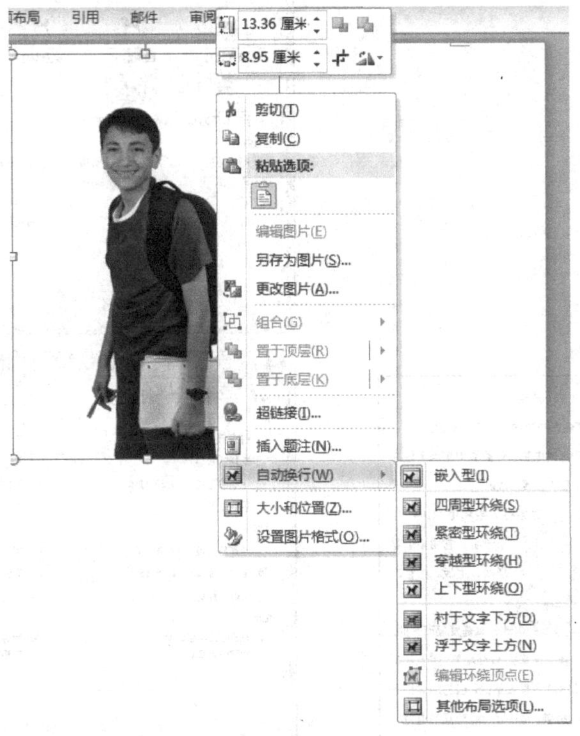

图 3.132　设置图形的文字环绕方式

在 Word 2010 中，图文的混排方式包括嵌入型、四周型环绕、紧密型环绕、衬于文字下方、浮于文字上方、上下型环绕和穿越型环绕七种。

- 嵌入型。图片与文字同等级别，图片随文字内容变化而移动。
- 四周型环绕。文字将环绕在图片的一个想象中的方形边界的四边。
- 紧密型环绕。文字将紧密环绕在图片的实际边缘(而不是图片的想象中的方形边界)的外围。需要时可手工微调环绕顶点。方法是：在【文字环绕】下拉列表中选择【编辑环绕顶点】命令，图片边框变成红色线框，并有一些黑色的顶点，如图 3.133 所示。用鼠标拖动红线框或顶点，即可改变图片顶点的形状，进而改变文字环绕图片的形状。
- 衬于文字下方。图片重叠在文字的下层。
- 浮于文字上方。图片重叠在文字的上层。
- 上下型环绕。文字在图片的顶部换行，在图像的下部重新开始，图片左右两旁无文字环绕。
- 穿越型环绕。与紧密型环绕相似，但可以在图片开放部位穿越。

对于浮动的图片，可以精确设置图片在页面中的位置，方法是：在【自动换行】列表中选择【其他布局选项】命令，打开如图 3.134 所示【布局】对话框，其中【位置】选项卡用于设置图片在页面中的位置，【文字环绕】选项卡用于设置版式及距正文距离等。

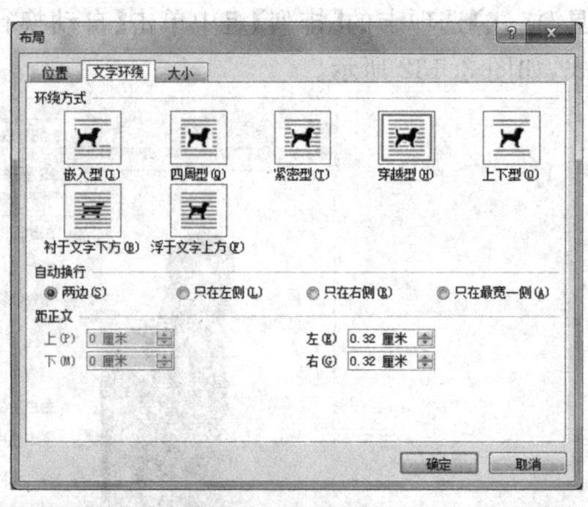

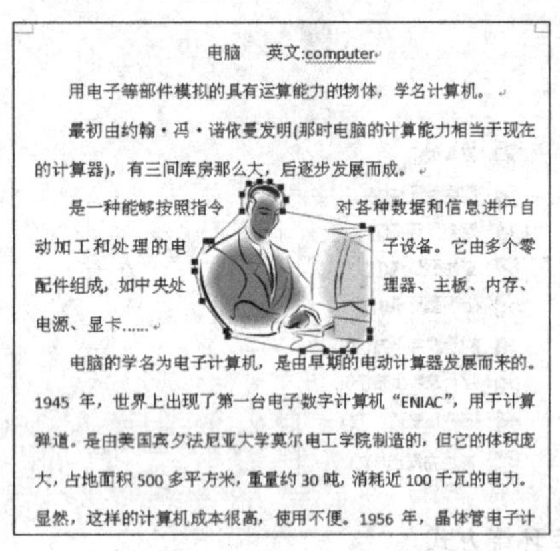

电脑 英文:computer

用电子等部件模拟的具有运算能力的物体，学名计算机。

最初由约翰·冯·诺依曼发明(那时电脑的计算能力相当于现在的计算器)，有三间库房那么大，后逐步发展而成。

是一种能够按照指令对各种数据和信息进行自动加工和处理的电子设备。它由多个零配件组成，如中央处理器、主板、内存、电源、显卡……

电脑的学名为电子计算机，是由早期的电动计算器发展而来的。1945 年，世界上出现了第一台电子数字计算机“ENIAC”，用于计算弹道。是由美国宾夕法尼亚大学莫尔电工学院制造的，但它的体积庞大，占地面积 500 多平方米，重量约 30 吨，消耗近 100 千瓦的电力。显然，这样的计算机成本很高，使用不便。1956 年，晶体管电子计

图 3.133 编辑环绕顶点

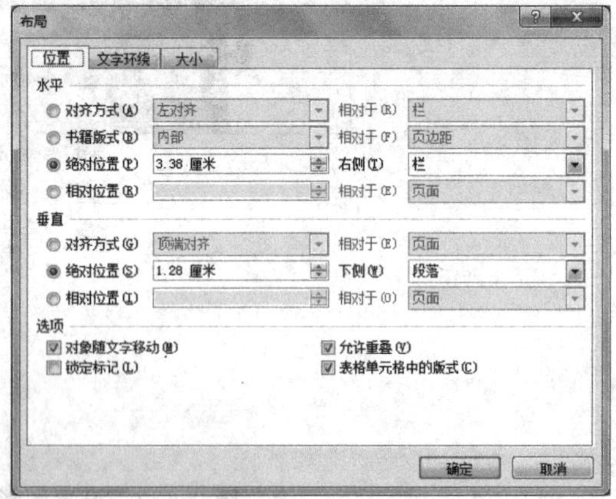

图 3.134 设置图片位置

3.5 长文档的处理

一个包含多个章节的书稿，或者含有多个部分的报告，都可以算作长文档。Word 2010 中的【大纲工具】和【主控文档】是编辑长文档的实用工具。

3.5.1 使用大纲

大纲就是文档中标题的分层结构。Word 的大纲特性是与其内置的标题样式互相交织在一起的。当用户建立一个大纲时，Word 便为每级大纲自动分配合适的标题样式。例如，一级标题使用样式“标题 1”，而如果用户把该标题变为二级，则会自动采用样式“标题 2”。相反，如果在草稿视图或页面视图中，用户对文档设定的是标准标题样式，那么 Word 就会自动地为一个大纲准备文档。所以，如果用户建立文档时使用标准标题样式，就可以通过切换到大纲视图，很容易地构成该文档的大纲。在【视图】选项卡中的【文档视图】组单击【大纲视图】按钮，则进入大纲视图界面。单击右下角的【大纲视图】按钮也可进入大纲视图界面。

当用户进入大纲视图时，会在选项卡添加一个【大纲】选项卡，参见图 3.19。大纲选项卡中各按钮标识及功能如表 3.7 所示。

表 3.7 大纲功能区各按钮的功能

按钮图标	功 能 说 明
	将当前项目提升为大纲的最高级别，即第 1 级
	提升当前项目的大纲级别
正文文本	从下拉列表中选择大纲级别
	降低当前项目的大纲级别
	将当前项目降为大纲最低级别，即降为正文
	在大纲内上移项目，其大纲级别不变
	在大纲内下移项目，其大纲级别不变
	显示标题下方的低层次标题和正文文本
	隐藏标题下方的正文文本，只显示低层次标题（可逐层连续折叠）
显示级别(S):	设置显示级别
显示文本格式	设置是否显示文本的格式
仅显示首行	设置是否只显示每段的首行
显示文档 折叠子文档	在大纲视图和主控文档视图间切换
关闭大纲视图	退出大纲视图模式

1. 建立和显示大纲

在 Word 2010 中，用户可以使用以下三种方法建立文档的大纲。

(1) 使用大纲视图组织新文档

使用大纲视图组织新文档的过程是先输入文档的各级标题，在建立合适的文档组织结构后，再添加详细的正文即可完成文档的编辑。具体的操作步骤如下。

步骤 1：建立新的文档，并切换到大纲视图中。

步骤 2：输入各个标题并按 Enter 键。默认情况下，Word 会自动设为内置标题样式“标题 1”。

步骤 3：如果将标题指定到别的级别并设置相应的标题样式，可以利用【大纲】选项卡【大纲工具】组中的升降级按钮 正文文本 。也可以利用拖动标题前面的符号 或 的方法来实现。如果想将标题降至较低级别，向右拖动符号；如果想将标题升级至较高级别，向左拖动符号。

说明：*如果向上或向下拖动符号，可以实现文档内容的移动，且该标题的从属标题和文字也随之移动。也可以单击【上移】或【下移】按钮 ▲ ▼，把光标所在的段落标题上移或下移一个位置。*

步骤 4：在建立满意的文档组织结构后，切换到草稿视图或页面视图以添加详细的正文内容。

(2) 指定段落的大纲级别

用户如果要在大纲视图或文档结构图中编辑文档,就必须将文档设置为分层结构。用户可以使用两种方法将文档设置为分层结构。一种方法是将文本设置为内置标题样式(标题1到标题9)格式,即上面所介绍的方法;另一种方法是将文本设置为大纲级别段落格式(1级到9级)。

说明:使用大纲级别不会改变文字的显示方式(标题样式设置具体的格式,所以不同级别标题的显示不一样,而大纲级别设置"隐藏"的格式)。

为段落指定大纲级别的步骤如下。

步骤1:在草稿视图或页面视图中,选定要设置大纲级别的段落,注意这些段落应该是正文文字级别,如果是标题级别,要先将其降为正文,再为其指定大纲级别。

步骤2:在【开始】选项卡【段落】组中单击对话框启动器,在弹出的【段落】对话框中选择【缩进和间距】选项卡。

步骤3:在【大纲级别】下拉式列表框中,选择所需的级别。

步骤4:单击【确定】按钮即可。

在为各个段落设置好大纲级别后,切换到大纲视图,即可以看到各段按大纲级别的不同分为不同的层次。

(3) 使用项目符号列表

除了上面介绍的建立大纲的方法之外,用户还可以通过在文档中建立项目符号列表的方法在文档中创建文档大纲。在 Word 中,项目符号列表最多可以有九个级别。

2. 查看文档组织

在大纲视图中,可以将文档大纲折叠起来,仅显示所需标题和正文,而将不需要的标题和正文隐藏起来,这样可以突出文档结构,简化了查看文档的时间;而且还可以在文档中移动和重新组织大块文本。

只有设置了内置标题样式或大纲级别的文本才可以在大纲视图中折叠或展开。

要折叠某一级标题以下的文本,在【大纲】选项卡【大纲工具】组中的【显示级别】下拉列表中选择要显示的最低级别的编号。

如果只折叠某一标题下的子标题或正文,则需将输入光标移到该标题上,单击【折叠】按钮。单击一次,折叠最低的一级标题。

如果要折叠某一标题所有子标题和正文,双击该标题前面的分级显示符号即可。

展开标题下的子标题和正文的方法同折叠的方法类似。要展开并显示所有标题和正文,在【显示级别】下拉列表中选择【所有级别】即可,如果要只显示正文的第一行,则需选中【仅显示首行】复选按钮,此时正文的内容只显示一行,后面用省略号来表示下面还有内容。只显示首行可以快速查看文档结构和内容。

如果要展开并显示某一标题下所有折叠的子标题和正文,双击该标题前面的分组显示符号即可。如果对某一标题上的折叠文本要一次展开一级,只要将光标移到该标题上,然后单击【展开】按钮 + 即可。

3. 打印大纲

在建立文档的大纲后,还可以将文档的大纲打印出来。如果在大纲视图中只显示文档的层次结构，那么打印出来的将是显示出来的文档的层次结构。

要打印大纲，首先应在大纲视图中显示需要打印的标题和正文，然后通过单击已添加到【快速访问工具栏】中的【快速打印】按钮即可。

如果在大纲视图中显示了正文，即使只显示了首行，Word 也将打印全部的正文。

在大纲视图中显示的分页符也将反映在打印结果中。如果不想打印分页符，可以暂时删除分页符后再打印。

3.5.2 使用主控文档

为方便用户制作长文档，Word 2010 提供了主控文档的工具。主控文档包含几个独立的子文档，可以用主控文档控制整篇文章或整本书，而把书的各个章节作为主控文档的子文档。这样，在主控文档中，所有的子文档可以当作一个整体，对其进行查看、组织、设置格式、校对、打印或创建目录等操作。对于每一个子文档，又可以对其进行独立的操作。此外，还可以在网络上建立主控文档，与其他人同时在各自的子文档中进行工作。

1. 创建主控文档

主控文档是子文档的一个“容器”。每一个子文档都是独立存在于磁盘中的文档，它们可以在主控文档中打开，受主控文档控制；也可以单独打开。创建主控文档的步骤如下。

步骤 1：新建一个空文档。

步骤 2：切换到大纲视图模式，在【大纲】选项卡的【主控文档】组中单击【显示文档】按钮，此时【主控文档】组中即可增加一些新按钮，此视图也称为主控视图，如图 3.135 所示。

步骤 3：输入文档的大纲，并用内置的标题样式对各级标题进行格式化。

步骤 4：选定要拆分为子文档的标题和文本。注意，选定内容的第一个标题必须是每个子文档开头要使用的标题级别。例如，所选内容的第一个标题样式是【标题 3】，那么在选定的内容中所有具有【标题 3】样式的段落都将创建一个新的子文档。

步骤 5：在【主控文档】组中单击【创建】按钮，即可将原文档变为主控文档，并为选定内容创建子文档，如图 3.136 所示。可以看到，Word 把每个子文档放在一个虚线框中，并且在虚线框的左上角显示一个子文档图标，子文档之间用分节符隔开。

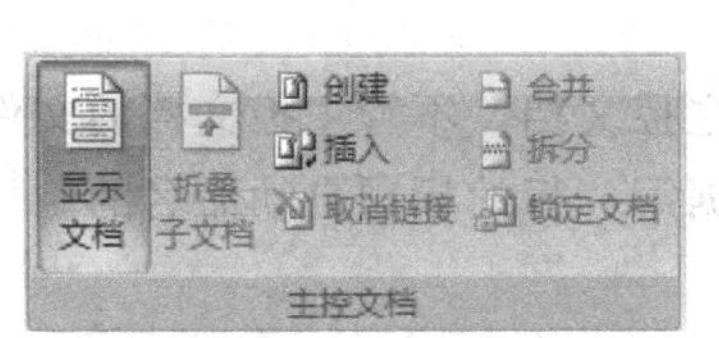

图 3.135 【主控文档】组中的新按钮

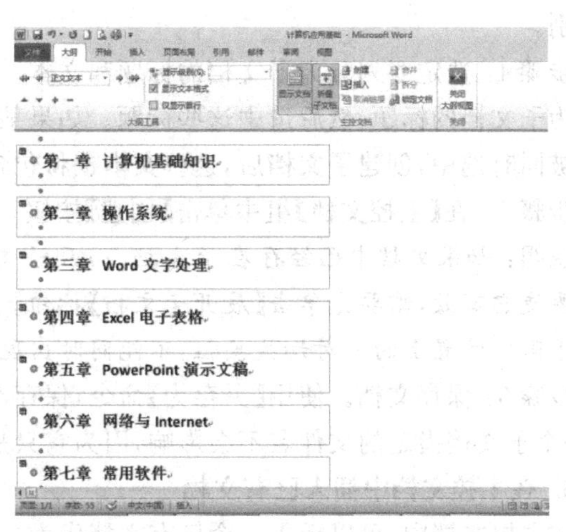

图 3.136 创建主控文档

步骤6：保存文档。Word在保存主控文档的同时，会自动保存创建的子文档，且以相应的样式标题作为文件名保存，如章节标题作为文件名。

说明：如果要查看子文档的名字和保存位置，可以在【主控文档】组中单击【折叠子文档】按钮，这时Word将不再显示子文档的内容，而是以超链接的形式显示出子文档的名称，如图3.137所示。

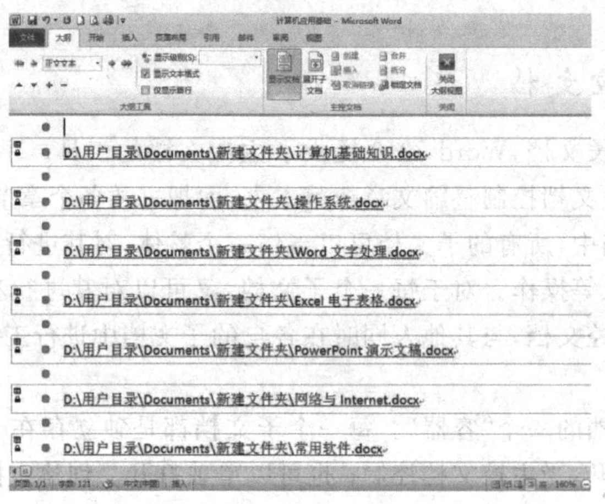

图3.137　显示子文档名称和保存位置

2. 基于现有文档创建主控文档

除了新创建一个主控文档之外，用户还可以将一个现有文档转换为主控文档，这样，用户就可以在以前工作的基础上，用主控文档来组织和管理长文档了。将现有文档转换为主控文档的操作与前面类似，步骤如下。

步骤1：打开要转换的文档。

步骤2：切换到主控视图。

步骤3：建立主控文档的大纲。如果原来的文档使用的是内部的标准样式，Word 2010将根据标题自动建立大纲。如果没有，需要手工为各标题指定标题样式，并设置好相应的大纲级别。

步骤4：选定要划分为子文档的标题和文本。用户可以根据需要折叠标题，只显示需要保存为子文档的标题，然后选中这些标题。如果某些文本包含在一个标题下，那么这些文本也会被同时选中，创建子文档后，这些文本也将包含在这个子文档中。

步骤5：在【主控文档】组中单击【创建】按钮。

说明：如果文档中已经存在子文档，而且子文档处于折叠状态，那么【创建】按钮会无效。要使它有效，需要先单击【展开子文档】按钮。【展开子文档】按钮和【折叠子文档】按钮是处于同一位置上的一对切换按钮，不能同时出现。

步骤6：保存文档。使用【另存为】命令，保存新的主控文档。不管主控文档的文件名如何，每个子文档指定的文件名不会影响，因为它只是根据第一行的标题自动命名的。

3. 在主控文档中插入已有文档

在主控文档中，可以插入一个已有文档作为主控文档的子文档，这样，用户就可以用主控文档将以前编辑好的文档组织起来。例如，作者交来的书稿是以一章作为一个文件的，编辑可以为全书创建一个主控文档，然后将各章的文件作为子文档分别插进去。操作步骤如下。

步骤1：打开主控文档，并切换到主控视图。

步骤2：将光标定位在要添加已有文档的地方，在【主控文档】组中单击【显示文档】按钮，然后单击【插入】按钮，将弹出【插入子文档】对话框。

说明：确保光标的位置在已有的子文档之间。如果定位在某一子文档内，那么插入的文档也会位于这个子文档内。如果子文档处于折叠状态，需单击【主控文档】组中【展开子文档】按钮以激活【插入】按钮。

步骤3：在【插入子文档】对话框找到所要添加的文件，然后单击【打开】按钮。

经过上述操作后，选定的文档就作为子文档插入到主控文档中，用户可以像处理其他子文档一样处理该子文档。

4. 使用主控文档和子文档

在创建主控文档及其子文档之后，用户就可以对它们进行处理，如重新命名、重新排列、删除、设置格式以及打印等。

(1) 展开与折叠子文档

在打开主控文档时，将折叠所有子文档，也就是所有子文档都以超级链接方式出现。按住Ctrl键并单击链接点，就可以单独打开该子文档。要在主控文档中展开所有子文档，可以在【主控文档】组中单击【展开子文档】按钮，文档展开后，原来的按钮将变成【折叠子文档】按钮，再次单击该按钮，子文档又将成为折叠状态。

说明：双击子文档前面的文档图标，Word会单独为该子文档打开一个窗口。

(2) 重命名或移动子文档

每个子文档就是一个单独的Word文档，其名字在创建子文档时自动获得或作为已有文档插入到主控文档时保持原来的名字。如果用户需要将子文档重新命名或移动储存位置，不能用【资源管理器】等程序或DOS命令对子文档重命名或移动子文档，否则，主控文档将找不到该子文档。要重命名或移动子文档，需要在主控文档中进行。其操作步骤如下。

步骤1：打开主控文档，并切换到主控文档显示状态。

步骤2：打开要重新命名的子文档。

步骤3：将子文档更名(或更改保存位置)保存，即执行【另存为】操作。此时会发现在主控文档中原子文档的文件名已经发生改变，而且主控文档保持对子文档的控制。

步骤4：保存主控文档。

完成上述步骤后即可完成对子文档的重命名或移动操作。

在重新命名子文档后，原来子文档的文件仍然以原来的名字保留在原来的位置，并没有改变原来的文件名和路径，Word只是将子文档文件以新的文件名在新的存储空间复制了一份，并将主控文档的控制转移到新命名的文档上。原来的文件可作自由处理，删除或者移动都不影响主控文档。

(3) 重新排列子文档

在主控文档中，子文档是按次序排列的，而且这个次序也是整篇长文档中各部分内容的次序。如果要改变它们的次序，可按如下步骤进行。

步骤 1：在主控文档视图模式下显示主控文档。

步骤 2：单击子文档左上角的文档图标，即可选定整个子文档。

步骤 3：将选定的子文档拖动到新的位置。在拖动过程中，屏幕上会出现一条灰色横线，这条横线所处的位置就是子文档拖动后的位置。将这条横线到达正确位置后松开鼠标即可。

(4) 合并与拆分子文档

合并子文档就是将几个子文档合并为一个子文档，其操作如下。

步骤 1：在主控文档视图模式下打开主控文档。

步骤 2：将要合并的子文档移动到相邻位置。

步骤 3：展开各子文档。

步骤 4：单击需要合并的第一个子文档的图标，按住 Shift 键不放，单击最后一个子文档图标，选中所有要合并的子文档。

步骤 5：在【主控文档】组中单击【合并】按钮即可将它们合并为一个子文档。

在保存主控文档时，合并后的子文档将以第一个子文档的文件名保存，其余子文档并不会自动从磁盘上删除。

拆分子文档是将一个子文档拆分成两个子文档，其操作如下。

步骤 1：在主控文档视图模式下打开主控文档。

步骤 2：展开子文档。

步骤 3：在要拆分的子文档中选定要拆分出去的部分，也可以为其创建一个标题后再选定。

步骤 4：在【主控文档】组中单击【拆分】按钮。被选定的部分将作为一个新的子文档从原来的子文档中分离出来。

在保存主控文档时，Word 将根据子文档标题来创建子文档的文件名。

(5) 锁定子文档

如果多个用户同时对主控文档及其子文档进行操作时，某个用户正在处理其中一个子文档，则该文档对于其他用户呈“锁定”状态，也就是说，在同一时刻，只能由一个用户编辑某个子文档，其他用户只能查看，但不能修改，当该用户关闭了这个子文档后，解除锁定后其他用户才可以进行修改。

在三种情况下，Word 将锁定子文档：一是当其他用户在该子文档上进行工作时；二是该子文档的作者对子文档设置了只读共享选项时；三是子文档存储在某个只读属性的文件夹中时。

在查看展开的子文档时，被锁定的子文档在其左上角的文件图标下方会出现一个锁状标志，同时【主控文档】组中的【锁定文档】按钮呈按下状态。当在独立的窗口打开锁定的子文档时，将在标题上显示“只读”字样。

从安全的角度考虑，用户有时需要手工将子文档设置锁定状态。为子文档设置或解除锁定的操作如下：把光标置于子文档中，在【主控文档】组中单击【锁定文档】按钮即可锁定子文档；如果子文档原来处于锁定状态，则在单击该按钮后将解除锁定状态。实际上，只有手工锁定的子文档能够解锁，自动加锁的子文档无法解锁。

主控文档的加锁与解除与子文档的操作相同。

(6) 删除子文档

如果要在主控文档中删除某个子文档,则可以先选定要删除的子文档,即单击该子文档前面的文件图标,然后按 Delete 键即可。

从主控文档删除的子文档,并没有真的在硬盘上删除,只是从主控文档中删除了这种控制关系,该子文档仍保存在原来的磁盘空间。

(7) 将子文档转换为主控文档的一部分

如果要将子文档的内容放到主控文档中,成为主控文档的一部分,其操作如下。

步骤 1:在主控文档的视图模式下打开主控文档。

步骤 2:展开子文档。

步骤 3:把光标置于要转换为主文档的子文档中。

步骤 4:在【主控文档】组中单击【取消链接】按钮。

当用户把子文档转换为主控文档的一部分时,该子文档文件仍然保存在原来的位置,其内容仍然保存在子文档中。如果需要,可以手工删除该子文档文件。

(8) 设置主控文档格式

前面介绍的设置文档格式的方法同样适用于主控文档。在创建子文档时,Word 2010 通过在子文档的前后插入分节符,将子文档放置在独立的节中。在主控文档中,用户可以改变每个子文档的节的格式设置(如页码、页眉、页边距、分栏等),还可以改变分节符的类型以及在主控文档中添加分节符等。

另外,用户也可以给主控文档和每个子文档使用不同的模板,或在模板中应用不同的设置。当子文档展开作为主控文档的一部分进行查看或打印时,Word 2010 会使用主控文档的模板样式显示子文档。如果要使用其原来的模板样式查看或打印子文档,则应在子文档自己的窗口中打开它。

(9) 打印主控文档

如果要打印整个主控文档,则应先展开主控文档中所包含的子文档并切换到草稿视图,然后按通常方式进行打印即可。

3.5.3 编制目录

目录通常是长文档不可缺少的部分。Word 2010 提供了自动生成目录的功能,使目录的制作变得非常简便,而且在文档发生了改变以后,还可以利用更新目录的功能来适应文档的变化。除了可以创建一般的标题目录外,还可以根据需要创建图表目录以及引文目录等。

1. 创建标题目录

Word 2010 一般是利用标题或者大纲级别来创建目录的。因此,在创建目录之前,应确保希望出现在目录中的标题应用了内置的标题样式(标题 1~标题 9)。也可以应用包含大纲级别的样式或者自定义的样式。如果文档的结构性能比较好,创建出合格的目录就会变得非常快速简便。

(1) 从标题样式创建目录

在文档中全面应用了各级“标题”样式之后,就可以依据标题样式创建目录。其步骤如下。

步骤1：将光标移到要插入目录的位置。一般是创建在该文档的封面之后、正文之前或者结尾位置。

步骤2：在【引用】选项卡【目录】组中单击【目录】按钮，弹出如图3.138所示下拉列表。

步骤3：在列表中，内置了手动目录样式和自动目录样式，其中，手动目录是指由用户自己动手编辑文档的目录，目录项与文档的内容与结构可以不相关；自动目录是指根据文档的层次结构自动创建目录。一般情况下，内置目录样式不能满足用户的需求。因此，需要单击【插入目录】命令来打开【目录】对话框，如图3.139所示。

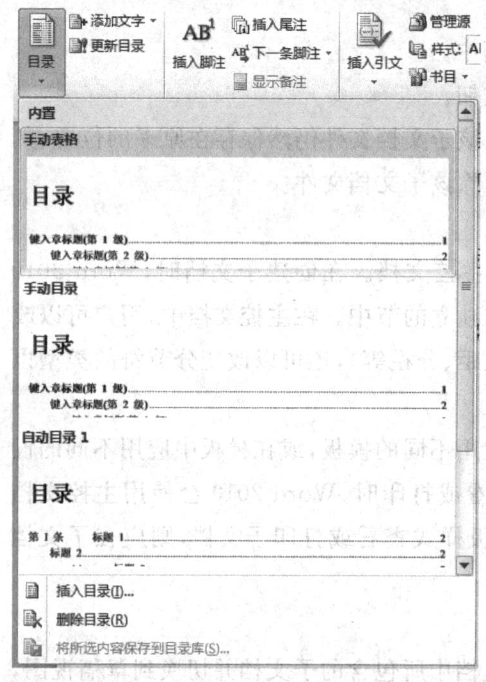

图3.138　目录菜单

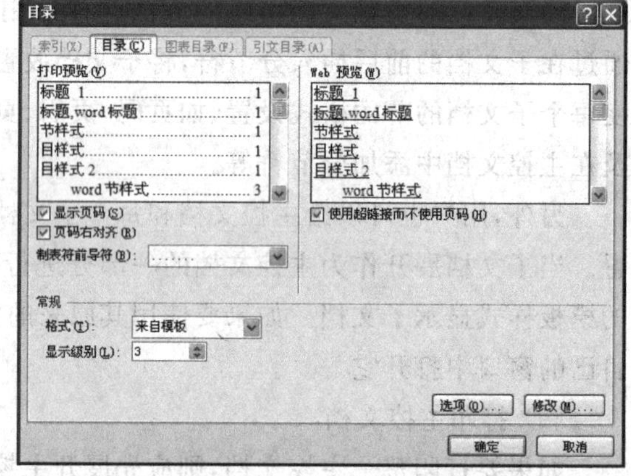

图3.139　【目录】对话框

步骤4：在该对话框中设置所需选项。

步骤5：如果现在生成的目录符合用户的需要，单击【确定】按钮即可。否则，可以单击【选项】按钮打开如图3.140所示的【目录选项】对话框进行下一步的设置。

步骤6：在【目录建自】区域选中【样式】复选框。如果在下面选中【大纲级别】，则将根据样式所使用的大纲级别来规划目录的级别。在右侧通过滑块可以查看到底哪个样式被设置为哪级目录，如果目录设置有误，可以对其进行修改，修改后【大纲级别】选项变灰，即不能再用该选项。设置完毕单击【确定】按钮，返回【目录】对话框。

步骤7：对于目录中每级目录的字体、字号和缩进等格式，也允许用户进行修改。在【目录】对话框单击【修改】按钮，打开如图3.141所示的【样式】对话框。列表中的【目录1】表示1级目录，【目录2】表示2级目录，依此类推。选中需要修改的目录，然后单击【修改】按钮，即可打开【修改样式】对话框(与图3.60所示对话框只有标题不同，操作完全一样)，从中即可修改该标题样式的具体格式。

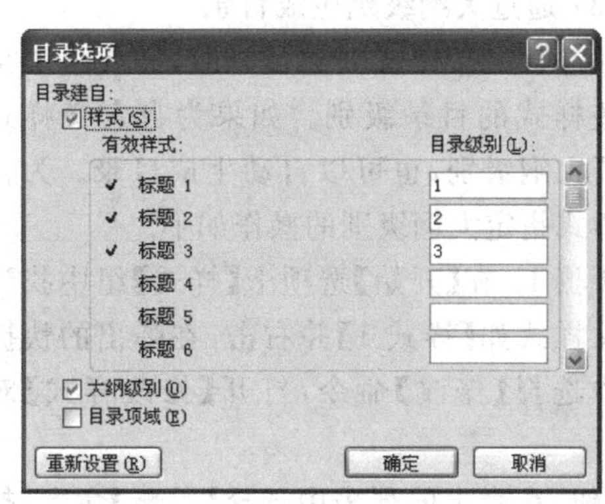

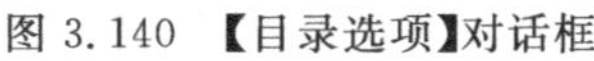

图 3.140 【目录选项】对话框

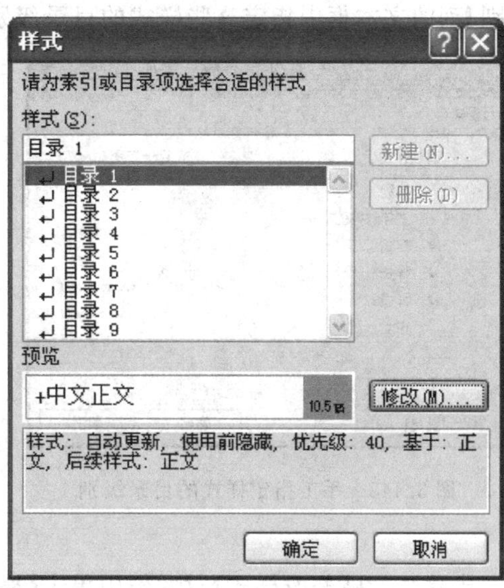

图 3.141 【样式】对话框

步骤 8：全部设置完毕后，在【目录】对话框单击【确定】按钮，即可在光标插入点位置生成该文档的目录，如图 3.142 所示。

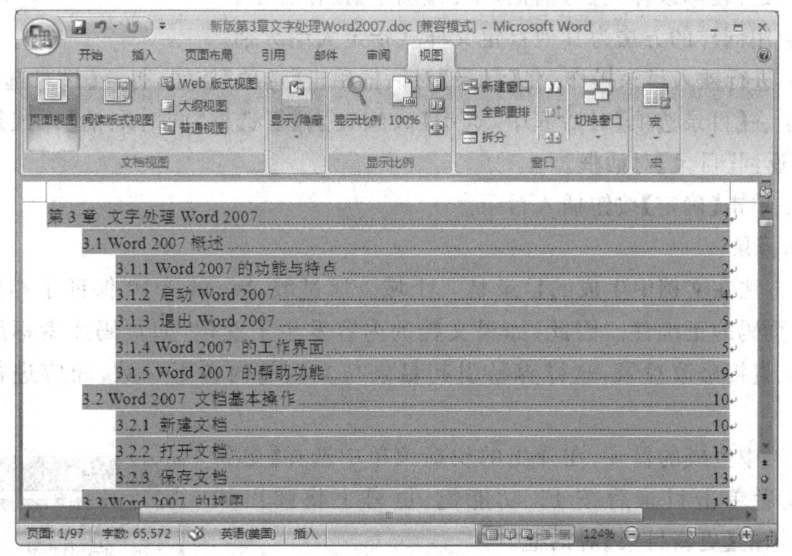

图 3.142 生成的目录

(2) 通过自定义样式创建目录

如果在排版过程中对标题没有使用内置标题样式，而是使用了自定义样式，如【样式 1】、【样式 2】、【样式 3】等，依然可以自动生成该文档的目录。其操作如下。

步骤 1～步骤 4 与上述方法一样。

步骤 5：在【目录】对话框中单击【选项】按钮打开【目录选项】对话框。

步骤 6：在【有效样式】列表中找到使用的样式名称，即用户自定义的样式，然后在【目录级别】列的文本框中指定这些样式的目录级别，如分别为 1、2、3 级，如图 3.143 所示。

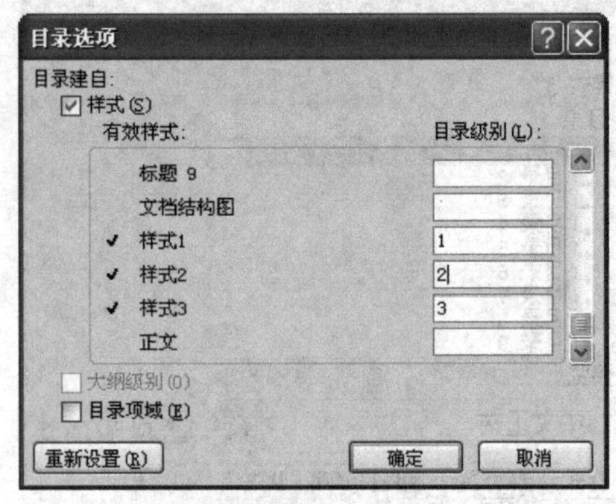

图 3.143　手工指定样式的目录级别

步骤 7：单击【确定】按钮，返回【目录】对话框。

步骤 8：单击【确定】按钮生成目录。

(3) 通过大纲级别生成目录

通过自定义样式创建目录时，需要手工指定这些样式的目录级别。如果为自定义样式指定了大纲级别，也可以自动生成目录。为自定义样式指定大纲级别的操作如下。

步骤 1：在【开始】选项卡【样式】组中找到自定义样式如【样式 1】并右击，在弹出的快捷菜单中选择【修改】命令，打开【修改样式】对话框。

步骤 2：在【修改样式】对话框中单击【格式】按钮，在弹出的列表中选择【段落】命令，打开【段落】对话框。

步骤 3：在【缩进和间距】选项卡【常规】区域，单击【大纲级别】下拉列表，为其设置正确的大纲级别。

步骤 4：返回【修改样式】对话框，单击【确定】按钮退出。

步骤 5：用同样的方法为其他自定义样式指定大纲级别。

步骤 6：进行插入目录操作，在【目录】对话框单击【选项】按钮，打开【目录选项】对话框。

步骤 7：在【目录选项】对话框中，选中【大纲级别】复选框，同时取消【样式】选项，单击【确定】按钮返回【目录】对话框。

步骤 8：单击【确定】按钮插入目录。

2. 更新目录

按上述方法在文档中生成的目录是一个域。通过域，Word 2010 保证了相应标题出现在文档中的页码的正确性。因此，如果文档的内容发生了变化，如页码或者标题发生了变化，不要手工直接修改目录，这样容易引起目录与文档的内容不一致，而应进行更新目录操作。

右击文档中生成的目录，在弹出的快捷菜单中选择【更新域】命令，或者单击目录后按 F9 功能键，屏幕上将弹出如图 3.144 所示的【更新目录】对话框。

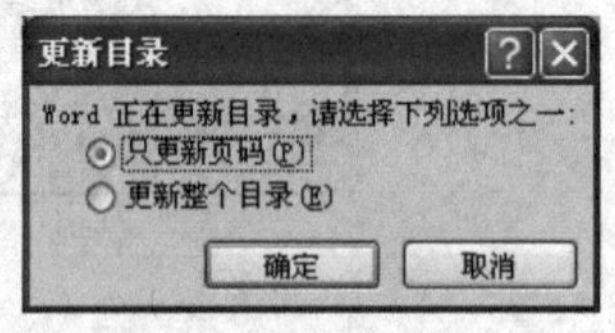

图 3.144　【更新目录】对话框

在【更新目录】对话框中，【只更新页码】选项的作用是：更新目录中的页码，而不更新目录项名称；【更新整个目录】选项既更新目录项名称，又更新页码，实际上是执行重新生成目录的操作，因此，更新的时间会长些，而且用户对目录所做的手工修改或格式设置都会丢失。只有确实修改过文档中的标题名或目录项域后才选中后一选项。

说明：由于目录是一个域，与文档的标题建立的是一个超级链接，因此打印目录时也要求目录能够与原稿文件相链接，否则会在目录的页码部分出现【错误！未定义书签。】的错误提示。如果需要将目录单独保存为一个文档，则需要将目录转换为文本。其方法是：选中文档的目录，按组合键 Ctrl＋Shift＋F9 取消所选内容的超级链接功能。取消了目录的超级链接以后，目录的字符会出现下划线且字体变成一种超级链接的蓝色。

3.5.4 使用题注

题注就是给图片、表格、图表、公式等对象添加的名称和编号。例如，在本书的图片中，就在图片下面输入了图编号和图题，这可以方便读者的查找和阅读。

使用题注功能可以保证长文档中图片、表格或图表等对象能够顺序地自动编号。如果移动、插入或删除带题注的对象时，Word 2010 可以自动更新题注的编号。而且一旦某一对象带有题注，还可以对其进行交叉引用。

1. 添加题注

要给文档中已有的图片、表格、公式加上题注，步骤如下。

步骤 1：选定要添加题注的对象。

步骤 2：在【引用】选项卡上的【题注】组中，单击【插入题注】按钮，打开如图 3.145 所示的【题注】对话框。

步骤 3：在【标签】列表中，选择最能恰当地描述该对象的标签，例如图表或公式。如果列表中未提供正确的标签，可以单击【新建标签】按钮，在弹出的【新建标签】对话框中输入新的标签名后单击【确定】按钮返回【题注】对话框，再在【标签】列表中选择新输入的标签即可。

步骤 4：如果要设置题注的编号格式，请单击【编号】按钮，在弹出的如图 3.146 所示的【题注编号】对话框中可以设置编号格式、是否包含章节号及章节起始样式、分隔符等。单击【确定】按钮返回【题注】对话框。

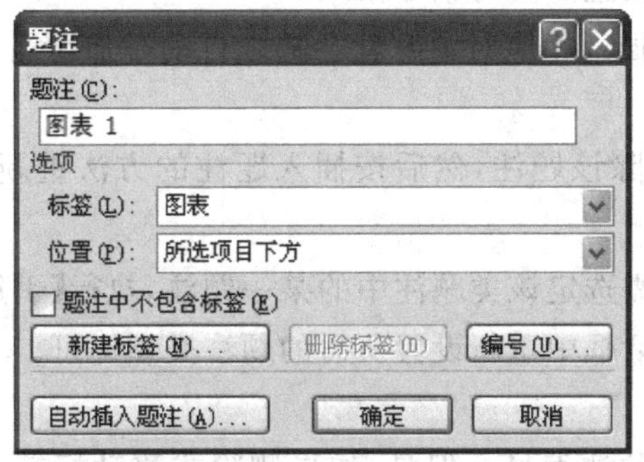

图 3.145 【题注】对话框

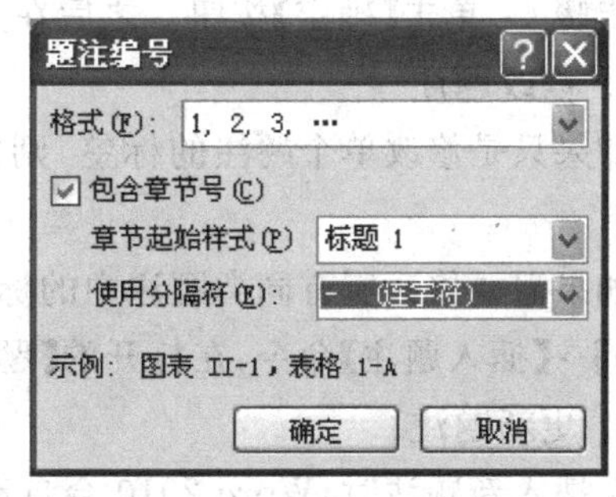

图 3.146 【题注编号】对话框

说明：要使题注中包括章节号，要求章节所用的标题样式必须是独有的。例如，如果章标题使用了【标题 1】样式，那么【标题 1】样式只能用于章标题，而不能用于该文档的其他任何文本中。

步骤 5：在【位置】列表框选择题注的位置，只可选择在对象的上方或下方。

步骤 6：单击【确定】按钮即完成插入题注。

Word 2010 会将题注作为文本插入，但会将连续题注编号作为域插入。对象和题注是分离的。如果您希望能让文本环绕在对象和题注周围，或者希望能够一起移动对象和题注，则需要将对象和题注都插入到文本框中。

2. 自动添加题注

在文档中插入图片、公式或图表等对象时,用户可以为其手工添加题注,也可以实现在插入对象时自动添加题注。其操作步骤如下。

步骤1：在如图3.145所示的【题注】对话框中单击【自动插入题注】按钮,弹出如图3.147所示的【自动插入题注】对话框。

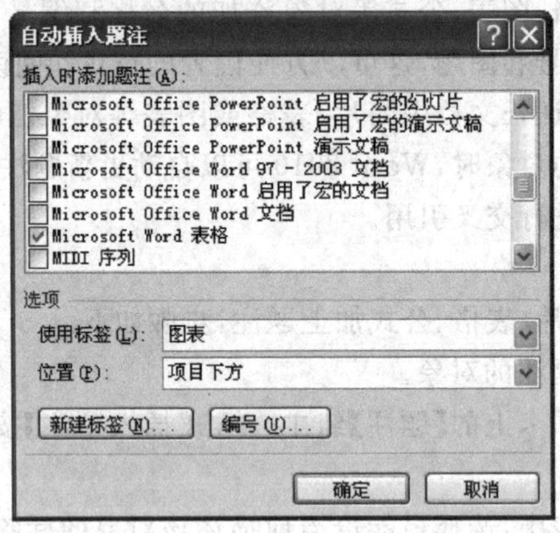

图3.147 【自动插入题注】对话框

步骤2：在【插入时添加题注】列表框中选择要添加题注的对象,并在【使用标签】列表框中选择相应的标签及在【位置】列表框选择合适的位置。

步骤3：如果没有合适的标签选择,可以单击【新建标签】按钮创建新的标签。如果要修改用于题注的编号格式,可以单击【编号】按钮设置需要的编号格式。

步骤4：单击【确定】按钮。之后在文档中插入相应对象时就会随之自动添加题注。

3. 修改题注

如果只是修改单个题注的标签,则需先删除该题注,然后按插入题注的方法重新创建题注。

如果需要修改所有同类题注中的标签,则需选定该类题注中的某一题注,执行【引用】→【题注】→【插入题注】命令,在打开的【题注】对话框中重新设置所需的题注类型即可。

4. 更新题注

在插入新题注时,Word 2010会自动更新题注编号。但是,如果删除或移动标签,则需要手动更新标签。方法如下：选定要更新的标签(如果要更新文档中所有标签,则需选择整个文档),按F9功能键或用鼠标右键单击所选域,然后在弹出的快捷菜单中选择【更新域】命令。

5. 创建图表目录

当文档中插入了大量的图片、表格、公式等对象时,可以给这些对象单独编制一个目录,这个目录就叫图表目录。

图表目录也是一种常用的目录,可以在其中列出图片、表格、公式等对象的说明及它们出现的页码。创建图表目录时要确保文档中要建立图表目录的图片、表格、公式等对象加有题注。创建图表目录的方法可参考标题目录的创建方法。

3.5.5 使用脚注和尾注

脚注和尾注是对文本的补充说明。脚注一般位于页面的底部，所解释的是本页中的内容；尾注一般位于文档的末尾，一般用于列出引文的出处等。

脚注和尾注由两个关联的部分组成，包括注释引用标记和其对应的注释文本。用户可让 Word 自动为标记编号或创建自定义的标记。在添加、删除或移动自动编号的注释时，Word 会对注释引用标记重新编号。

1. 插入脚注和尾注

添加脚注的操作步骤如下。

步骤 1：把光标插入点置于放置注释引用标记的位置。

步骤 2：在功能区【引用】选项卡【脚注】组中单击【插入脚注】按钮。

步骤 3：Word 会自动在页面下方添加脚注区，脚注区与正文区以短横线隔开，在脚注区插入引用标记，并自动把光标定位到脚注区，用户在这里即可输入脚注。

步骤 4：脚注输入完毕，把光标插入点置于下一个放置注释引用标记的位置，继续单击【插入脚注】按钮可以插入下一个脚注。

插入脚注的文档如图 3.148 所示。

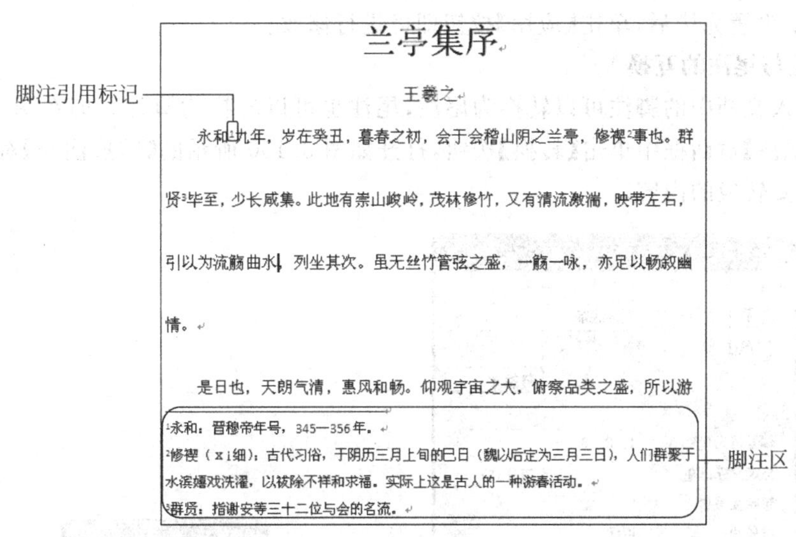

兰亭集序

王羲之

永和[1]九年，岁在癸丑，暮春之初，会于会稽山阴之兰亭，修禊[2]事也。群贤[3]毕至，少长咸集。此地有崇山峻岭，茂林修竹，又有清流激湍，映带左右，引以为流觞曲水，列坐其次。虽无丝竹管弦之盛，一觞一咏，亦足以畅叙幽情。

是日也，天朗气清，惠风和畅。仰观宇宙之大，俯察品类之盛，所以游

[1]永和：晋穆帝年号，345—356 年。

[2]修禊（xì细）：古代习俗，于阴历三月上旬的巳日（魏以后定为三月三日），人们群聚于水滨嬉戏洗濯，以祓除不祥和求福。实际上这是古人的一种游春活动。

[3]群贤：指谢安等三十二位与会的名流。

图 3.148 添加了脚注的文本

添加尾注的操作与添加脚注类似。

2. 查看脚注的注释文本

查阅脚注的注释文本有两种方法。

方法 1：双击文档中的脚注引用标记，即可转到脚注区该脚注的注释文本中。

方法 2：把鼠标移到脚注引用标记停留片刻，系统会显示脚注的内容。

3. 移动、复制和删除脚注

对于已经添加的脚注，如果要进行移动、复制、删除等操作，需要直接对文档中的脚注引用标记进行操作，而无需对注释文本进行操作。

说明：若是进行复制操作,则序号会自动增加。

4. 改变脚注引用及其格式

脚注的注释文本与其他任意文本一样,用户可以改变其字体、字号等格式。

在默认情况下,脚注会以“1,2,3…”之类的格式插入引用标记。如果需要修改引用标记的号码格式,可以打开【脚注和尾注】对话框来进行设置。具体步骤如下。

步骤1：在功能区【引用】选项卡【脚注】组中单击右下角的【对话框启动器】按钮,打开如图3.149所示的【脚注和尾注】对话框。

步骤2：选中【脚注】选项,首先对脚注格式进行修改。在【脚注】后面的下拉列表中有两个选项,当用户选择【页面底端】,则把脚注添加到每页的页面底端,但如果在最后一页同时有脚注和尾注存在,脚注会在尾注下方；当用户选择【文字下方】,则脚注会在尾注上方。

步骤3：选择脚注的编号格式。在【编号格式】下拉列表中,用户可以根据需要修改引用标记的编号格式,也可以单击【符号】按钮设置自定义标记符号。

步骤4：在【起始编号】区直接输入数字或通过右边的微调按钮为脚注设置起始编号。

步骤5：在【编号】下拉列表中,可以选择【每页重新编号】、【每节重新编号】和【连续】3种编号方式中的一种。

步骤6：设置更改的范围。将更改应用于本节或整篇文档。

步骤7：设置完毕后,单击【应用】按钮即可进行修改。

5. 脚注与尾注的互换

已经插入文档中的脚注可以转换为尾注,尾注也可以转换为脚注。即在图3.149所示的【脚注和尾注】对话框中单击【转换】按钮,打开如图3.150所示的【转换注释】对话框,然后从中选择需要转换的内容。

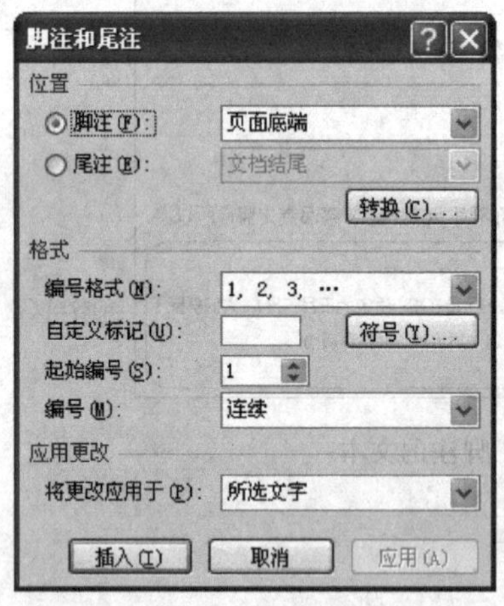

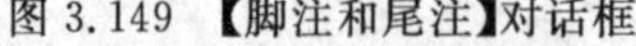
图3.149 【脚注和尾注】对话框

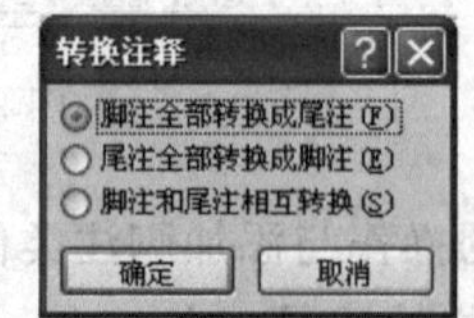

图3.150 【转换注释】对话框

6. 编辑脚注分隔符、延续标记和延续分隔符

脚注分隔符就是脚注区与正文区隔离的短横线。延续标记是指本页脚注放不下时,延续到下一页时的标志。延续分隔符是指脚注延续到下一页,在下一页的脚注区与正文区的分隔标志。Word 2010默认没有设置延续标志,延续分隔线是一条长横线。用户可以手工修改这些标志。其操作如下。

步骤1：将文档视图切换到草稿视图模式。

步骤2：双击某个脚注引用标记，Word 2010会在下方打开一个新窗口，用来显示脚注注释文本。

步骤3：在下方的【脚注】下拉列表中，选择【脚注分隔符】，即可显示脚注分隔符，用户即可对其进行修改。

步骤4：同理，可修改脚注延续分隔符和脚注延续标记。

3.5.6 使用交叉引用

在编写长文档的时候，不可避免地会遇到"有关×××的使用方法，请参阅第×节"之类的内容。交叉引用可以使读者能够尽快地找到想找的内容，也使得整本书的结构更有条理。在长文档处理中，如果采用手工处理交叉引用的内容，既花费大量的时间，又容易出错。如果使用Word 2010的交叉引用功能，Word 2010会自动确定引用的页码、编号等内容，在文稿修改后可以通过自动更新，使其说明的内容与所指的位置相符。

实际上，交叉引用就是在文档的一个位置引用文档另一位置的内容。用户既可以在同一篇文档中使用交叉引用，也可以在主控文档中任意引用子文档的内容。如果以超级链接形式插入交叉引用，则读者在阅读文档时，可以通过单击交叉引用直接查看所引用的内容。

1. 创建交叉引用

交叉引用包括两种类型的文本：用户输入的文本和Word插入的交叉引用信息。例如，交叉引用"参阅3.5.2"中，"参阅"是用户输入的引导文本，紧随其后的"3.5.2"便是交叉引用信息。

创建交叉引用的步骤如下。

步骤1：在文档中输入交叉引用开头的引导文本，如"参阅"、"有关×××的详细情况，请参见×××"等。

步骤2：在功能区【引用】选项卡【题注】组中单击【交叉引用】按钮，打开如图3.151所示的【交叉引用】对话框。

步骤3：在【引用类型】下拉列表中选择需要的类型，如【标题】。如果文档存在该类型的项目，那么它会出现在下面的列表中供用户选择。

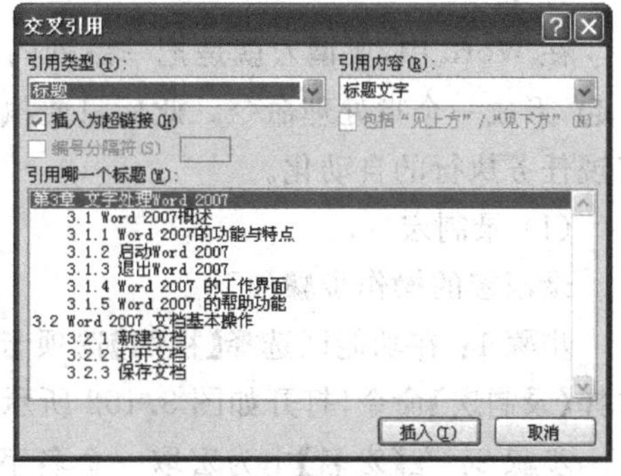

图3.151 【交叉引用】对话框

说明：Word根据引用类型来建立交叉引用。引用类型有多种选择，包括编号项、标题、书签、脚注、尾注、表格、公式和图表等。使用不同引用类型时，能够引用的内容会发生不同的变化，常用的有以下几项。

- 【页码】。插入选定内容所在的页码。
- 【段落或标题编号】。段落或标题编号是以多级符号列表为准的。在插入段落或者标题编号交叉引用时，Word 2010可显示段落或标题编号及其在多级符号列表中的相对位置。
- 【见上方/见下方】。根据与引用项目的相对位置，插入文字"见上方"或"见下方"。

• 【标题文字】。插入标题中的文字内容。

• 【整项题注】。插入整项题注的内容,包括标签、编号和题注文字。

步骤4：在【引用内容】列表框中选择相应要插入的信息,如【标题文字】。

步骤5：在【引用哪一个×××】下面选择相应合适的项目,×××表示引用的类型。

步骤6：要使读者能够直接跳转到引用的项目,需要选中【插入为超链接】复选框,否则将直接插入选中项目的内容。

步骤7：取消【包括"见上方"/"见下方"】复选框。选中该选项表示Word 2010将根据与引用项目的相对位置,将文字"见上方"或"见下方"添加到交叉引用中。

步骤8：单击【插入】按钮即可插入一个交叉引用。

2. 修改交叉引用

如果要修改引导文本,在文档中直接修改即可,将不对交叉引用造成什么影响。

如果要修改交叉引用的信息,需选定文档中的交叉引用信息,按创建的方法打开【交叉引用】对话框后重新进行选择或设置即可。或者可以删除该交叉引用,然后在该位置重新插入正确的交叉引用。

当文档发生变化时,用户需要选中全部内容,然后按F9功能键更新交叉引用,以保证引用内容的正确性。

3.6 高级应用

3.6.1 宏和域

1. 宏

在Word中,所谓宏就是把一系列的击键动作、鼠标单击、双击动作、执行命令等组合在一起,形成一个批处理命令。此后只要执行一下宏,就能重复宏所记录的一系列动作,从而实现任务执行的自动化。

(1) 录制宏

录制宏的操作步骤如下。

步骤1：在功能区选择【视图】选项卡,在【宏】组中单击【宏】按钮,从弹出的下拉列表中选择【录制宏】命令,打开如图3.152所示的【录制宏】对话框。

步骤2：在【宏名】中为宏取一个名字,宏名中不允许用空格,本例采用默认名"宏1"。

步骤3：单击【将宏保存在】下拉列表,指定宏的保存位置。

步骤4：在【说明】文本框输入有关的说明。

步骤5：【将宏指定到】两个按钮用于设置宏的调用方式,一是把宏以按钮的形式放到快速访问工具栏中；二是为宏指定快捷键。

步骤6：不论是把宏放到快速访问工具栏上还是指定快捷键后,都会开始录制宏。此时,用户的所有操作都被宏录制下来。

步骤7：当操作结束,需要停止录制宏时,在【宏】下拉列表中选择【停止录制】命令。

(2) 运行宏

一个宏创建后,可以通过运行宏来执行操作。运行宏有如下方法。

方法1：选定要执行宏的内容，按下宏的快捷键或单击【快速访问工具栏】中的按钮即可开始执行宏。

方法2：在图3.152所示的下拉列表中选择【查看宏】命令，在打开的如图3.153所示的【宏】对话框中选择要运行宏的名称，然后单击【运行】按钮，开始运行录制的宏。

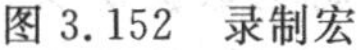

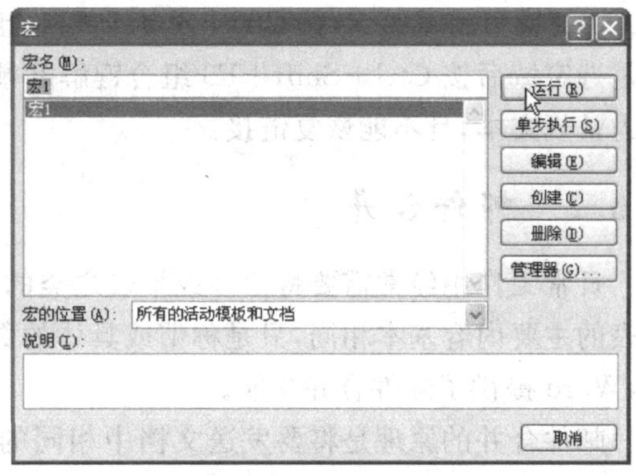

图3.152　录制宏　　　图3.153　【宏】对话框

说明：对于不经常使用的宏，可以将其删除。删除的方法是：在图3.153所示的【宏】对话框中选择要删除的宏名，单击【删除】按钮即可将该宏删除。单击【编辑】按钮可进入VBA编辑器对宏进行编辑修改。单击【创建】按钮可进入VBA编辑器创建新的宏。

2. 域

域是由域代码和域结果组成。域代码是由域特征字符、域类型、域指令和开关组成的字符串。域特征字符是指包围域代码的大括号"{}"，但这个大括号并不是从键盘上直接输入的，而是在插入域的时候自动生成的；域类型就是域的名称；域指令和开关是设定域类型如何工作的指令和开关。域结果是域代码所代表的信息。例如，域代码"{AUTHOR\ * MERGEFORAT}"表示在文档中每个出现此域代码的地方插入作者名字，其中"AUTHOR"是域类型，"\ * MERGEFORAT"是通用域开关，而插入这个域之后真正显示出的作者名字则是域的结果。域的最大优点是可以根据文档的改动或其他因素的变化而自动更新。

(1) 插入域

Word将许多域内置为菜单命令，一般通过菜单命令即可插入域。具体操作是：执行【插入】→【文本】→【文档部件】→【域】命令，打开【域】对话框后，从中选择所需的域即可。

(2) 显示域代码

通常情况下，文档显示的是域结果。如果想要编辑域，需要显示域代码。Word 2010可以在域代码和域结果之间切换，方法是在域上右击，在弹出的快捷菜单中选择【切换域代码】命令，即可把当前域结果切换为域代码。再次使用该命令可以把域代码切换为域结果。用户也可以用快捷键操作。Shift+F9快键键可在指定域中切换，Alt+F9快捷键在所有域中切换。

(3) 更新域和锁定域

域和普通文字不同,其结果是随文档的变化而变化的。有些域能自动更新,而有些域不能自动更新,如要获得最新的信息,就要手工更新域以生成新的域结果。方法是按 F9 键或在右键快捷菜单中选择【更新域】命令。如果要更新文档中的所有域,则应先选定整个文档后再按 F9 键。

有些时候用户可能不希望域被更新,如插入日期域后希望保持为插入时的日期而不随时间的变化而更新。防止更新域的方法有两种:一是暂时锁定某个域。选定域后按 Ctrl+F11 快捷键可将域锁定,按 Ctrl+Shift+F11 组合键可解除锁定;二是解除域的链接。其方法是选定域后按 Ctrl+Shift+F9 组合键解除域的链接。解除了某个域的链接后,其域结果成为常规文本,且不能恢复链接。

3.6.2 邮件合并

日常工作中经常需要将信件或报表之类的内容发送给不同的单位或个人,这些信件或报表的主要内容基本相同,只是称谓或具体的数据等有所不同。为了减少重复工作、提高效率,Word 提供了邮件合并功能。

邮件合并的原理是将要发送文档中相同的重复部分保存为一个文档,称为主文档;将不同的部分,如收件人的姓名、邮编、地址等保存为另一个文档,称为数据源文档;最后将两个文档进行合并,即用数据源文档的具体信息替换主文档中的合并域,从而生成大量用户所需的信件或报表等。

邮件合并操作是在【邮件】选项卡通过各组中的按钮或菜单命令完成,如图 3.154 所示。

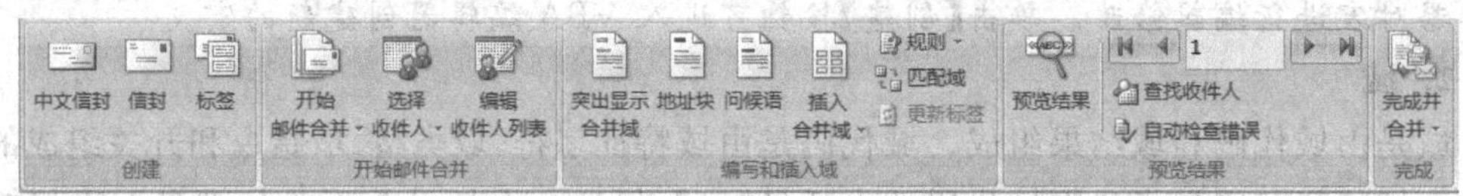

图 3.154 【邮件】选项卡

邮件合并主要是以下六个步骤。

步骤 1:选择邮件合并的文档类型。

步骤 2:创建主文档,并输入文档中的共有的内容。

步骤 3:创建或打开数据源文档,存放信件或报表中变化的信息。

步骤 4:在主文档中插入合并域,以此代表信件或报表中的变化的内容。

步骤 5:预览合并结果。

步骤 6:执行合并操作,用数据源文档的具体数据替换主文档中的合并域,生成一个合并文档或将合并结果打印输出。

1. 选择邮件合并的文档类型

在【邮件】选项卡【开始邮件合并】组中单击【开始邮件合并】按钮,在弹出的下拉列表中选择【邮件合并分步向导】命令,即在 Word 2010 窗口右侧打开如图 3.155 所示【邮件合并】窗口。

向导的第一步是选择邮件合并文档类型,有【信函】、【电子邮件】、【信封】、【标签】和【目录】五个类型，用户根据实际情况选择所需类型后单击窗口下面的【下一步：正在启动文档】进入向导的第二步即选择主文档。

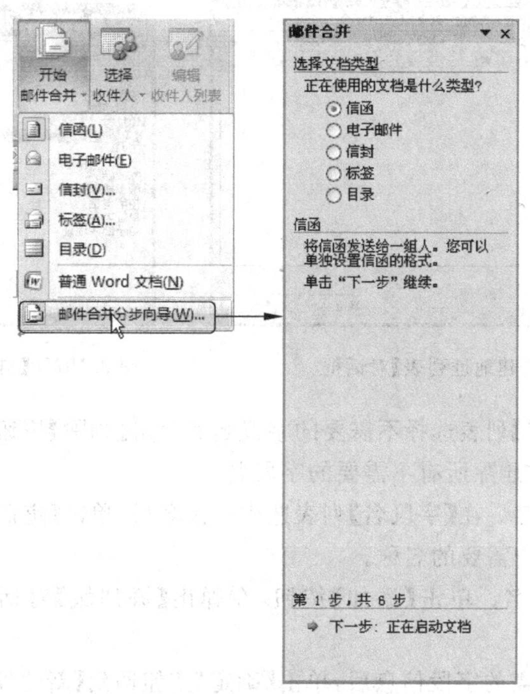

图 3.155 【邮件合并】向导窗口

2. 创建主文档

用户可以使用当前文档作为主文档，也可以从模板中选择，还可以将已有文档作为主文档。此时，用户可以在指定的主文档中输入共有内容，也可以暂时不输入，待插入合并域时再输入。

3. 创建或打开数据源文档

向导的第三步是选择收件人即创建数据源或选择数据源。数据源又叫收件人列表。实际上，数据源中保存的可能不仅仅包括收件人信息，还有可能包括其他信息。数据源的数据按记录存放，每个记录由若干数据域组成，例如，录取通知书的数据域包括姓名、学院和专业等。

对于 Word 2010 的邮件合并功能来说，数据源的存在方式很多。一是用 Word 2010 新建收件人列表来创建数据源；二是通过 Word 表格来制作数据源；三是用 Excel 表格制作数据源；四是使用 Outlook 或 Outlook Express 的通信录来制作数据源；五是用指定格式的文本文件保存数据源。

下面介绍如何用 Word 2010 自建数据源。

步骤 1：在向导第三步窗口选择【键入新列表】后单击【创建】按钮或执行【邮件】→【开始邮件合并】→【选择收件人】→【键入新列表】命令，弹出如图 3.156 所示的【新建地址列表】对话框。列表中的信息包括职务、名字、姓氏等 13 项内容，用户可以根据需要进行修改或增、删项目。

步骤2：单击【自定义列】按钮，打开如图3.157所示的【自定义地址列表】对话框。

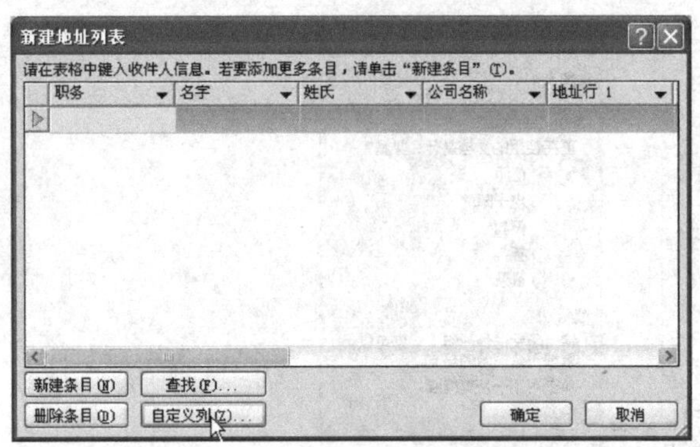

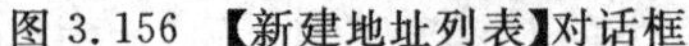

图3.156 【新建地址列表】对话框

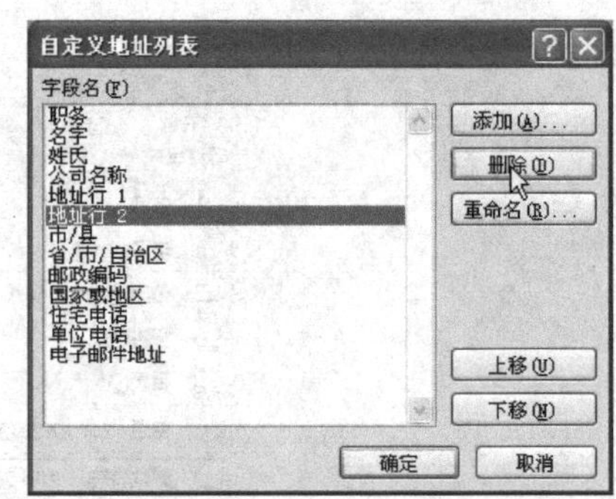

图3.157 【自定义地址列表】对话框

步骤3：在【字段名】列表选择不需要的字段名后单击【删除】按钮，在弹出的确认对话框确认删除。重复该操作删除所有不需要的字段名。

步骤4：修改字段名。在【字段名】列表选中字段名后，单击【重命名】按钮，在弹出【重命名域】对话框中输入用户需要的名称。

步骤5：添加字段名。单击【添加】按钮，在弹出【添加域】对话框中输入用户需要的名称。

步骤6：定义好所需的字段信息后，单击【确定】按钮回到【新建地址列表】对话框。

步骤7：在【新建地址列表】对话框中，根据字段名输入相关信息。单击【新建条目】按钮可以增加一条新记录。单击【删除条目】按钮可以删除选定的记录。

步骤8：当数据录入完毕后，单击【确定】按钮会弹出【保存通信录】对话框，该对话框类似于【另存为】对话框，实际上，这一步就是进行文件的保存操作，因此可参考文档保存操作，输入文件名、选择保存位置(建议将数据源保存在默认位置)后单击【保存】按钮即可。

4. 添加邮件合并域

数据源文档已经创建完毕，现在可以在主文档中输入共有内容和插入邮件合并域。插入合并域的操作方法如下。

把插入点定位在需要合并域的位置，在【邮件】选项卡【编写和插入域】组中单击【插入合并域】按钮，从弹出的下拉列表中选择所需的字段名。或者在向导第四步窗口选择需要的字段名，如图3.158所示。

5. 预览结果

在设置好主文档、添加了数据源、插入了合并域后，便可以将主文档和数据源合并起来，以生成所需要的内容。在生成文档之前，可以通过预览功能在屏幕上查看目的文档。方法是在【邮件】选项卡【预览结果】组中单击【预览结果】按钮，或者在向导窗口进入第五步进行预览。

在预览邮件合并时，只是显示主文档和数据源的某一条数据记录相结合而产生的文档，此时，可以在【预览结果】组或向导第五步窗口选择数据源中的记录，如图3.159所示。

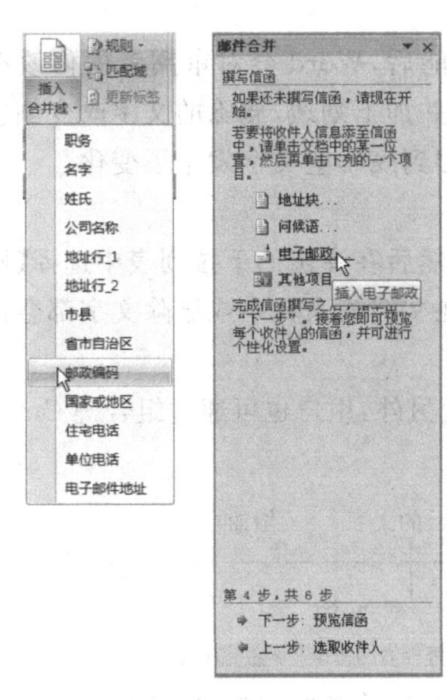
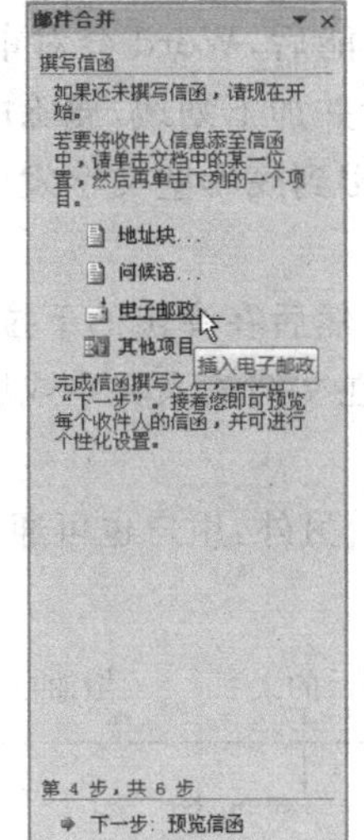

图 3.158　插入合并域

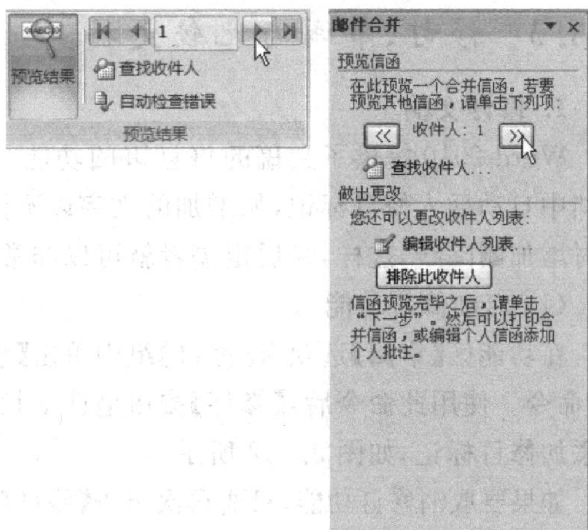

图 3.159　预览结果与选择记录

逐条查看预览结果比较麻烦，Word 2010 提供了自动检查错误功能。在【预览结果】组中单击【自动检查错误】按钮，弹出如图 3.160 所示的【检查并报告错误】对话框，选中【模拟合并，同时在新文档中报告错误】选项并按【确定】按钮，Word 2010 会模拟合并并检查错误。

6. 完成邮件合并

确保合并域的格式符合要求并且没有错误后，即可进行邮件合并。在进行邮件合并时，有 3 个选项，如图 3.161 所示。一是合并到文档中；二是直接把合并的结果用打印机打印出来；三是以电子邮件的形式发送出去。

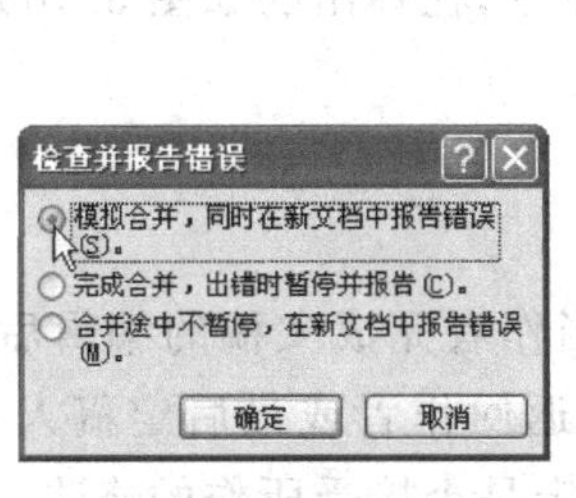

图 3.160　检查错误

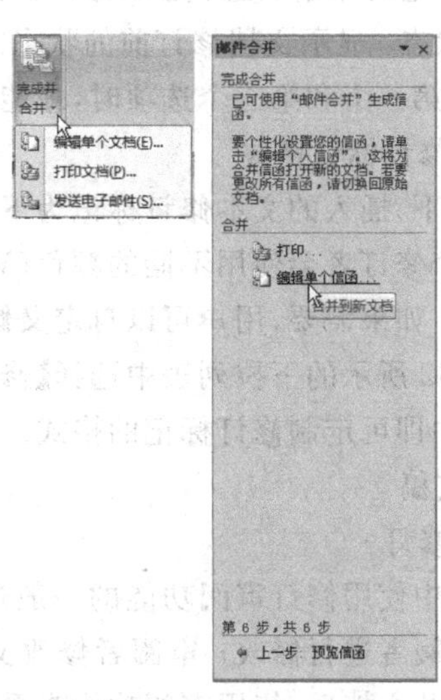

图 3.161　执行合并操作

3.6.3 修订、审阅与比较文档

1. 修订文稿

Word 2010 提供了文稿的修订审阅功能。启用此功能后,Word 会对审阅者的修改在文档中自动插入修订标记,如增加的文字以不同颜色显示并加下划线,删除的文字改变颜色同时增加删除线,这样,最后定稿者就可以非常清楚地看出到底哪些文字发生了变化。

(1) 启动修订功能

在功能区【审阅】选项卡【修订】组中单击【修订】按钮,然后在弹出的下拉列表中选择【修订】命令。使用此命令后,【修订】按钮呈选中状态。此时在文档输入文字或删除文字都会自动添加修订标记,如图 3.162 所示。

如果要取消修订功能,只要再次单击【修订】按钮即可。另外,用户也可通过组合键 Ctrl+Shift+E 快速启动或取消修订功能。

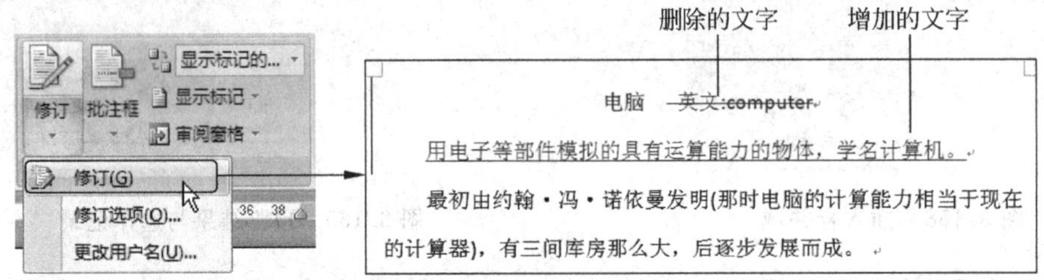

图 3.162 启用修订功能与修订效果

(2) 突出显示修订

在启动了修订模式后,用户可以显示文档的不同状态。在【修订】组中单击【显示标记的】按钮,在下拉列表中即可选择想显示的文档状态。各选项含义如下。

- 显示标记的最终状态:显示所有修订的最终状态。
- 最终状态:显示文档修订后的状态。
- 显示标记的原始状态:显示修订标记的原始状态。
- 原始状态:显示文档修订前的状态。

只有选中第一个和第三个选项时,才能在文档中看到修订标记。

(3) 更改修订标记格式

通常情况下,插入的文本修订标记为下划线,删除的文本标记是删除线。当有更多人参与修订时,每个修订者会使用不同的颜色(Word 只提供了八种颜色,超过八人,则循环使用这八种颜色)。如果需要,用户可以自定义修订标记的显示效果。

在图 3.162 所示的下拉列表中选择【修订选项】命令,在弹出的如图 3.163 所示的【修订选项】对话框中即可定制修订标记的格式。

2. 审阅文稿

(1) 审阅修订

在工作组中使用修订审阅功能的一般过程是:当作者完成文稿的编辑后,将文档副本发送给其他审阅者进行修改;审阅者修改文稿,然后返回作者或最后定稿人;作者或定稿人收到修改后的文档后,使用审阅功能查看修改并决定是否接受所作的修改。

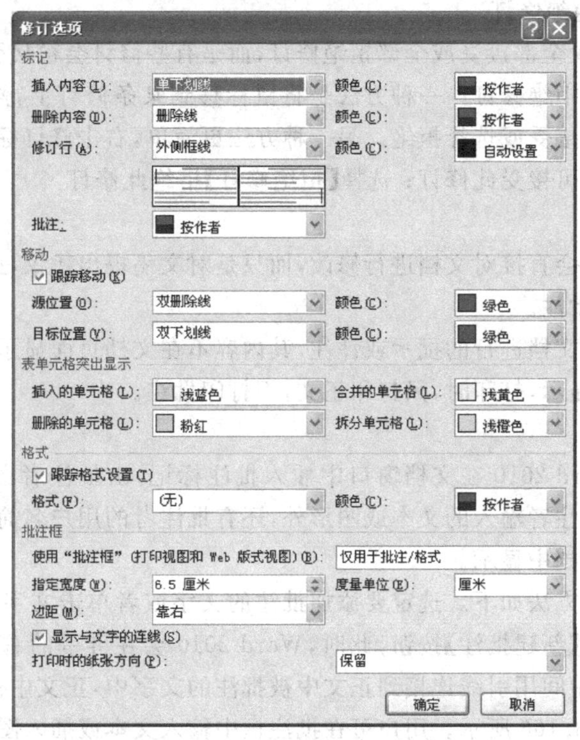

图 3.163　自定义修订标记的格式

在默认情况下,Word 将显示所有审阅者的修订标记,不同审阅者的修订通过不同颜色显示。用鼠标移向修订标记时,会显示一个浮动窗口,浮动窗口会显示出审阅者、修订时间、修订内容等修订信息,如图 3.164 所示。如果没有显示,用户可以在【修订】组中单击【显示标记】按钮,在下拉列表中指向【审阅者】并从其二级菜单中选择要显示的审阅者。

(2) 接受或拒绝修订

定稿人在收到被审阅的文稿后,有两种选择:一是接受审阅者的修订;二是拒绝审阅者的修订。如果接受审阅者的修订,则可把文稿保存为审阅者修改后的状态;如果拒绝审阅者的修订,则会把文稿保存为未经修订的状态。

• 接受或拒绝所有修订

按前面的方法将所有审阅者的修订或某个审阅者的修订显示出来,在【审阅】选项卡【更改】组中单击【接受】按钮并从下拉列表中选择接受选项;单击【拒绝】按钮并从下拉列表中选择拒绝选项,如图 3.165 所示。

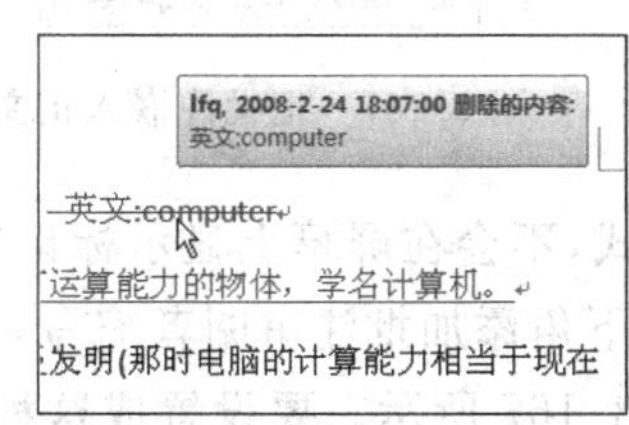

图 3.164　显示修订信息

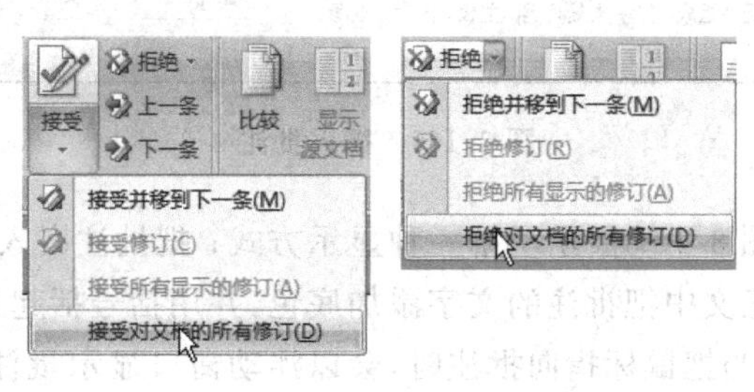

图 3.165　接受或拒绝所有修订

• 逐条接受或拒绝修订

实际工作中,很少全部接受或全部拒绝修订,而是有些修订会被接受,有些修订被拒绝,因此需要逐条接受或拒绝修订。一种方法是将鼠标移到某条修订上,然后在如图3.165所示的下拉列表中选择接受或选择拒绝。另一种方法更简单,右击修订标记,在快捷菜单中选择【接受修订】命令即可接受此修订;选择【拒绝修订】拒绝此修订。

3. 使用批注

有时候审阅者不会直接对文档进行修改,而只是对文稿提出建议,此时用修订功能就不太合适,而应该使用批注。

批注是审阅者对文档进行的批示或评注,其内容不在文档页面显示,而是在批注窗口中查看,不影响正文的显示,打印时,只打印正文,不打印批注。

(1) 插入批注

插入批注时,Word 2010在文档窗口中插入批注标记,由批注者在批注框输入批注内容。批注内容除了批注者输入的文本或图形外,还有批注者的用户名简写和批注编号,并用隐藏文字的方式在文档中显示。

插入批注的操作方法如下。选定要添加批注的文字或者单击文字的末尾,在【审阅】选项卡【批注】组中单击【新建批注】按钮,此时,Word 2010会在屏幕的右侧建立一个标记区,并建立一个批注框,中间用引线连接到正文中被批注的文字中,正文中被批注的文字也会被中括号括起来,如图3.166所示。用户可在批注框中输入文本或插入图片。

(2) 查找和定位批注

利用【开始】选项卡的【编辑】组中的【查找】按钮弹出【查找和替换】对话框的【定位】选项卡,可以帮助用户快速定位到批注。另外也可以通过【审阅】选项卡【批注】组中的【上一条】、【下一条】按钮逐条定位和查看批注。

(3) 查阅批注内容

批注有三种显示方式。一是默认在屏幕右侧的标记区显示;二是把批注嵌入正文;三是打开审阅窗格。

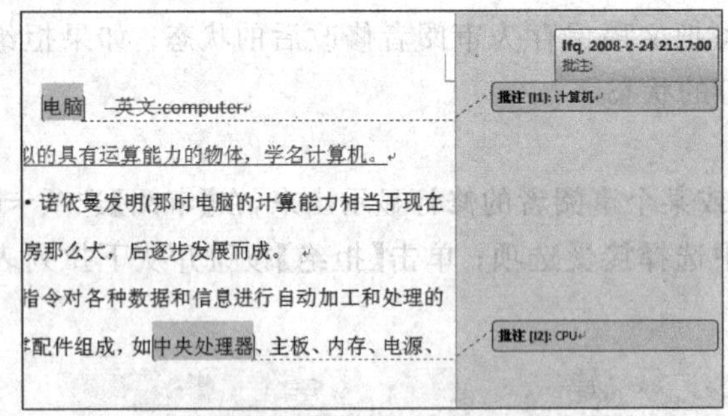

图3.166 插入批注

图3.167 把批注嵌入正文

图3.166展示了第一种显示方式;把批注嵌入正文方式,不会在屏幕上显示标记区,而是在正文中把批注的文字添加底色,并用括号括起来,在右下角添加批注审阅者缩写和批注编号,当把鼠标指向批注时,会以浮动窗口显示批注,如图3.167所示。要设置成这种显示方式,其操作如下。在【审阅】选项卡【修订】组【显示标记】按钮的下拉列表中执行【批注框】→

【以嵌入方式显示所有修订】命令；审阅窗格是位于 Word 2010 工作区中被分割出来的一个窗口，有垂直窗格和水平窗格两种格式，利用【审阅】选项卡【修订】组中的【审阅窗格】按钮将其打开，如图 3.168 所示。打开审阅窗格后，所有的修订和批注都会一条一条显示在审阅窗格中。用鼠标定位审阅窗格上的某个修订或批注项上时，正文会自动定位到文中的相应位置。

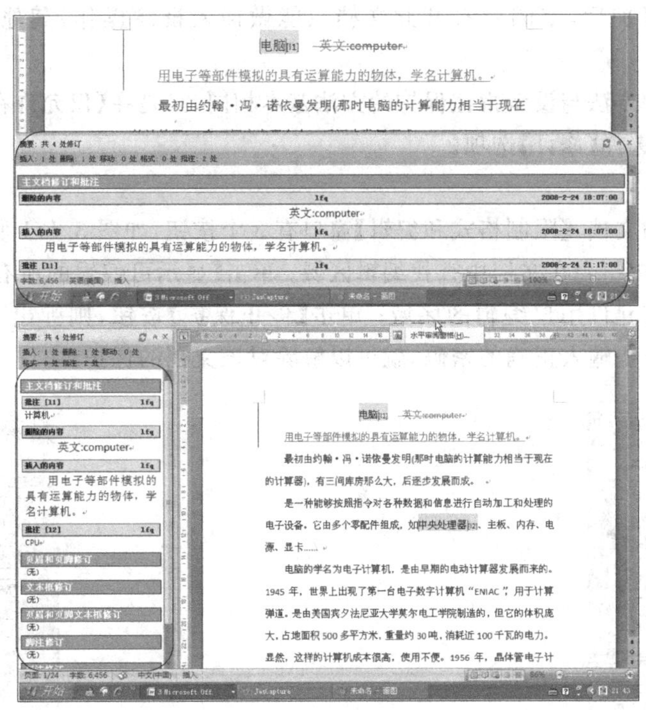

图 3.168 审阅窗格

(4) 修改或删除批注

根据批注显示方法不同，编辑批注的方法也不同。

• 修改批注

如果批注显示在标记区，可以把插入点直接置于批注中进行编辑修改。

如果打开了审阅窗格，可以把插入点直接置于审阅窗格的批注中进行编辑修改。

如果批注嵌入在正文中，可以右击批注，然后在快捷菜单中选择【编辑批注】命令即可打开审阅窗格，用户即可编辑该批注。

• 删除批注

右击批注，然后在快捷菜单中选择【删除批注】命令即可删除该批注。或者在【审阅】选项卡【批注】组中单击【删除】按钮，在下拉菜单中如果选择【删除】命令可删除当前批注；如果选择【删除所有显示的批注】命令可删除当前所有显示出来的批注；如果选择【删除文档中的所有批注】命令则不论该批注是否显示，都会删除该文档中所有的批注。

4. 在修订和批注时保护文档

在多用户联合工作，并要进行修订和批注时，对原文档的保护显得非常重要。可以通过设置批注保护和修订保护来保护原始文档。

(1) 批注保护和修订保护

在【审阅】选项卡【保护】组中单击【限制编辑】按钮，这时在 Word 2010 窗口右侧打开如图 3.169 所示的【限制格式和编辑】窗格。

选中【仅允许在文档中进行此类编辑】复选框，然后在下拉列表选择【批注】选项，单击【是，启动强制保护】按钮，在弹出的如图 3.170 所示的【启动强制保护】对话框中设置保护密码。设置了批注保护后，审阅者打开此文档只能做插入批注操作，其他任何操作都无法进行。

设置修订保护方法与设置批注保护的方法基本相同，只是在【仅允许在文档中进行此类编辑】下拉列表中选择【修订】选项。

(2) 解除保护

打开被保护的文档，【限制格式和编辑】窗口有 3 个按钮，如图 3.171 所示，单击【查找下一个可编辑区域】按钮会在文档中查找编辑区域；单击【显示可编辑的所有区域】按钮，可以在文档中显示所有允许用户编辑的区域；单击【停止保护】按钮，则弹出一个【取消保护文档】对话框，用户只要输入正确的密码，就可以解除对该文档的保护。

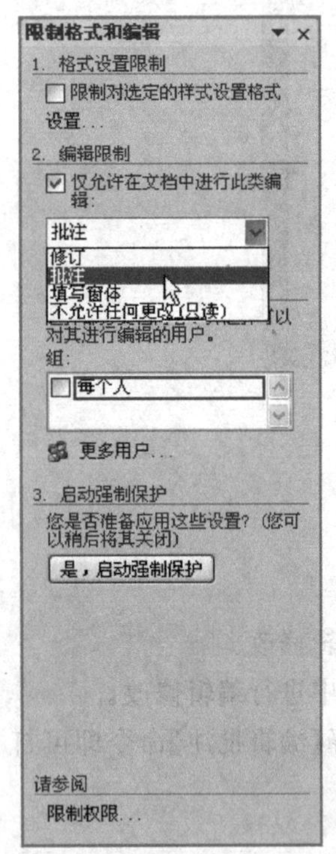

图 3.169 限制格式和编辑

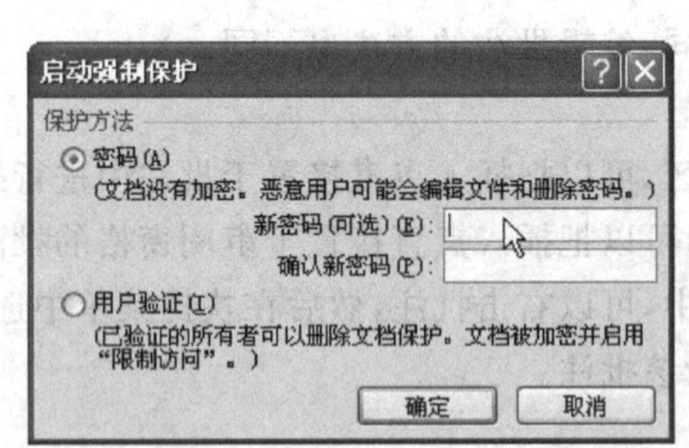

图 3.170 【启动强制保护】对话框

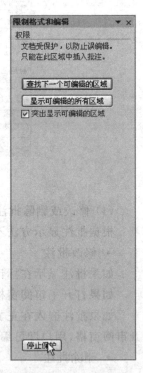

图 3.171 停止保护

5. 比较文档

对于开启了修订功能的文档，可以非常简单地知道审阅者到底做了哪些修订或修改。如果没有开启修订功能，又对文档做了修改，如何知道到底修改了哪些内容呢？Word 2010 提供了比较文档功能，能通过对原始文档和修改后的文档进行比较自动生成一个修订文档，达到作者与审阅者之间进行沟通的目的。

比较文档的操作方法如下。

在【审阅】选项卡【比较】组中单击【比较】按钮，在下拉菜单中选择【比较】命令，打开如图 3.172 所示的【比较文档】对话框。单击【原文档】下拉列表，选择原始文档，或者单击【原文档】右侧的按钮，在【打开】对话框找到原文档；单击【修订的文档】下拉列表选择其他审阅者修改的文档，或者单击【修订的文档】右侧的按钮，在【打开】对话框找到修改的文档。如果需要，可以单击【更多】按钮设置比较选项。

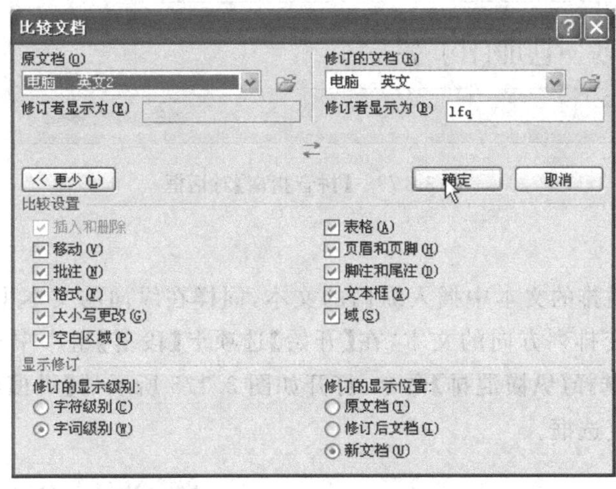

图 3.172 【比较文档】对话框

默认情况下，Word 2010 会把比较结果放在新文档中，然后同时在 Word 2010 窗口中开启三个窗口，分别是比较的文档、原文档和修改的文档。在比较的文档中，审阅者做出的修改会用修订标记标识出来。

6. 合并修订

合并修订是指将所有审阅者的修订放在同一个文档中。这样作者或定稿者对文档作最后处理时就方便简捷了。在 Word 2010 中，通过合并文档操作来完成合并修订。合并文档的操作与前面介绍的比较文档非常类似。只是在【审阅】选项卡【比较】组中单击【比较】按钮后在弹出的下拉列表中选择的是【合并】命令，打开【合并文档】对话框。此后操作可参考比较文档操作。

3.6.4 中文版式功能

1. 拼音指南

该功能可以为文档中的汉字标注拼音，用来帮助用户识别不认识的字，或者用来撰写特殊文稿。方法是选定需要注音的汉字，在【开始】选项卡【字体】组中单击【拼音指南】按钮，打开如图 3.173 所示的【拼音指南】对话框，在其中设置拼音的对齐方式、字体、字号等。

2. 带圈字符

该功能可以给单个汉字或两个英文字母添加圆圈、正方形、三角形和菱形的外框。方法是选定要带圈的文字(单个汉字或两个英文字母)，在【开始】选项卡【字体】组中单击【带圈字符】按钮，打开如图 3.174 所示的【带圈字符】对话框，在其中设置带圈文字、外框及样式。

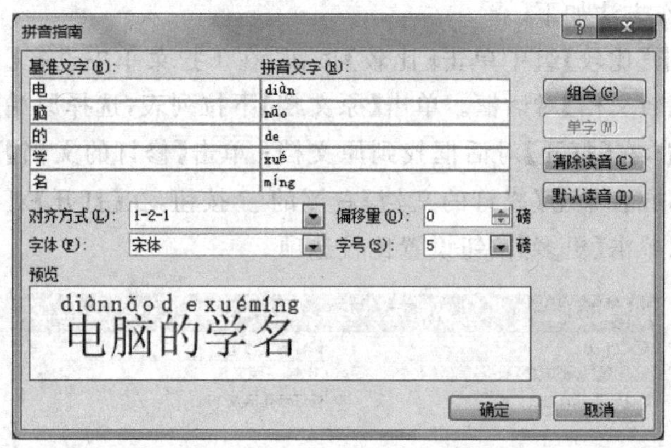

图 3.173 【拼音指南】对话框

3. 纵横混排

该功能可以在横排的文本中插入纵向的文本,同样在纵向的文本中插入横排的文本。方法是选定需要改变排列方向的文本,在【开始】选项卡【段落】组中单击【中文版式】按钮,在下拉列表中选择【纵横混排】命令,打开如图 3.175 所示的【纵横混排】对话框,在其中选择【适应行宽】复选框。

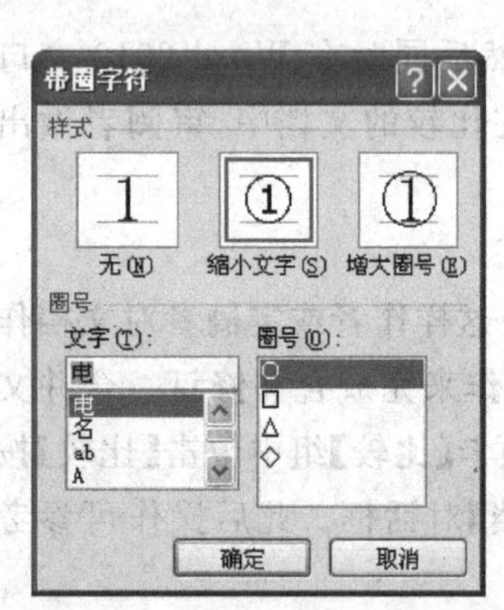

图 3.174 【带圈字符】对话框

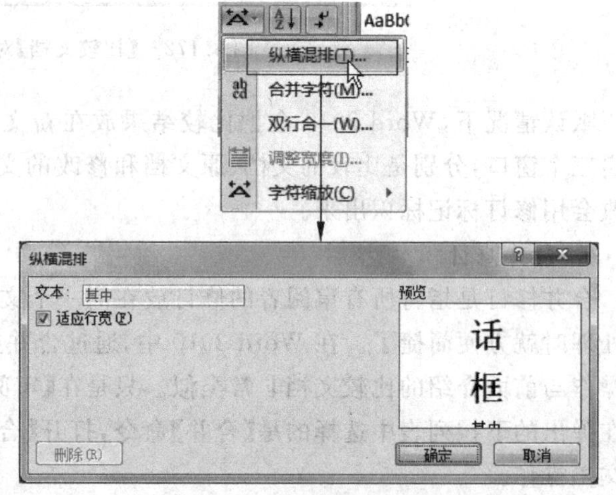

图 3.175 【纵横混排】对话框

4. 合并字符

该功能可以将最多 6 个字符分两行合并为一个字符。方法是选定需要改变合并的字符,在【开始】选项卡【段落】组中单击【中文版式】按钮,在下拉列表中选择【合并字符】命令,打开如图 3.176 所示的【合并字符】对话框,在其中设置字体、字号等。

5. 双行合一

该功能可以把两行字并为一行字显示。方法是选定需要双行排列的字符,在【开始】选项卡【段落】组中单击【中文版式】按钮,在下拉列表中选择【双行合一】命令,打开如图 3.177 所示的【双行合一】对话框,在其中设置字体、字号等。

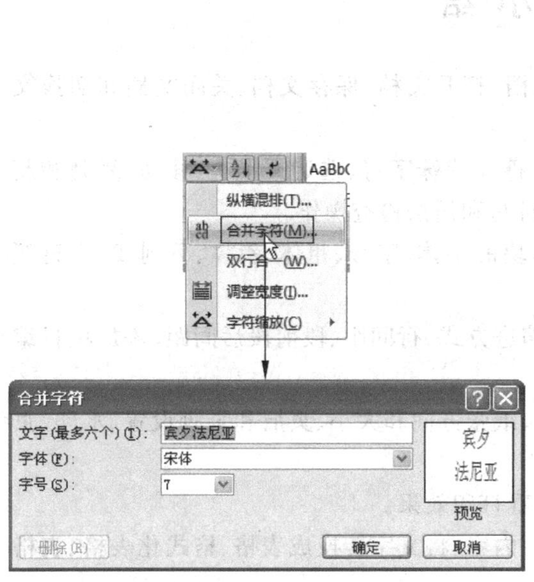

图 3.176 【合并字符】对话框

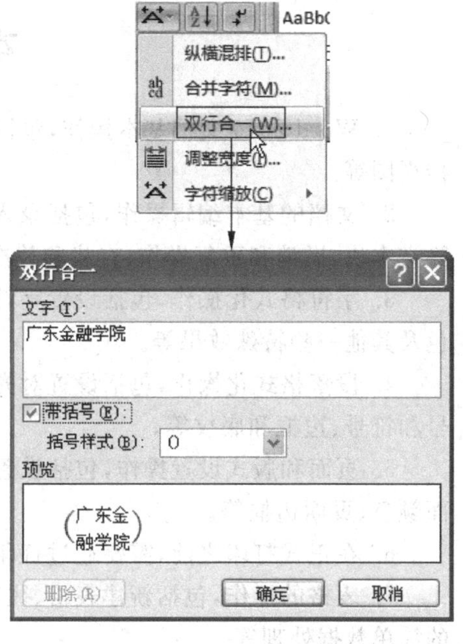

图 3.177 【双行合一】对话框

6. 简繁转换

该功能不单是简单地将简体字转换为繁体字或将繁体字转换为简体字，同时还能将简体和繁体中称呼不同的词组转换过来。如简体字的【内存】，转换成繁体字则为【記憶體】。要实现简繁转换，方法是选定需要转换的字符，在【审阅】选项卡【中文简繁转换】组中单击【繁转简】按钮 能将繁体转为简体，单击【简转繁】按钮 能将简体转为繁体，单击【简繁转换】按钮 打开如图 3.178 所示的【中文简繁转换】对话框进行设置。

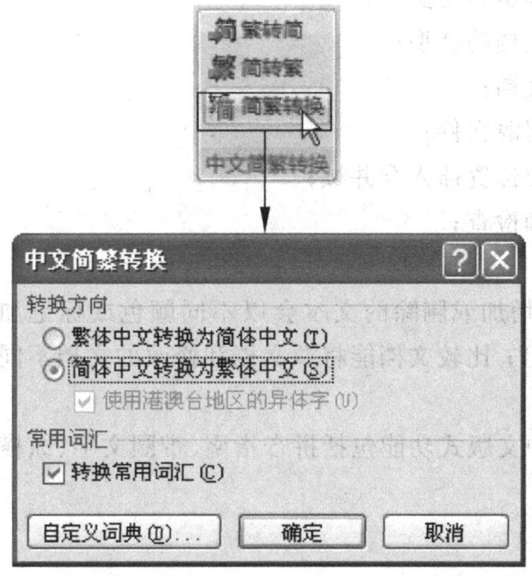

图 3.178 【中文简繁转换】对话框

本章小结

1. Word 2010 文档基本操作,包括新建文档、打开文档、保存文档、关闭文档和切换文档视图等。

2. 文档的基本编辑操作,包括录入普通字符和特殊字符、选定文本块、移动、复制和删除文本块、撤消和重复操作、查找和替换操作、拼写和语法检查操作。

3. 字符格式化操作,包括设置字符或文本块的字体、字号、粗体、斜体、下划线、字符颜色及其他一些特殊效果等。

4. 段落格式化操作,包括设置对齐方式、缩进方式、行间距、段前段后间距、添加项目编号和符号、边框和底纹等。

5. 页面和版式设置操作,包括设置页边框、纸张方向和大小、页眉和页脚设置、水印、页面颜色、页面边框等。

6. 在正式打印之前,需要通过打印预览查看打印效果。

7. 表格的操作,包括新建表格、往表格填写内容、将文字转换成表格、格式化表格、表格的简单数据处理等。

8. 插入图片、图形、艺术字、SmartArt 图形、文本框和图文框、公式等对象及其设置。

9. 使用主控文档和子文档协同编辑长文档操作。

10. 通过大纲功能创建、查看、修改长文档的大纲结构。

11. 对长文档编制目录,以方便用户查看相关部分的内容。

12. 对文档中的图片、表格、公式插入题注以方便对相关对象的管理。

13. 通过插入脚注和尾注的方法,对文档中需要说明的内容加以注释。

14. 通过插入交叉引用的方法,解决主控文档与子文档或同一文档中的相互引用问题。

15. 邮件合并的操作步骤主要是:

(1) 选择邮件合并文档的类型;

(2) 创建或选择主文档;

(3) 创建或选择数据源文件;

(4) 在主文档中相应位置插入合并域;

(5) 合并前的预览和检查;

(6) 合成合并操作。

16. 在修订文档时,增加或删除的文本会以不同颜色或标记加以标识;审阅文档时可选择接受修订或拒绝修订;比较文档能将源文档和修改的文档不同的部分以修订的方式显示出来。

17. Word 2010 的中文版式功能包括拼音指南、带圈文字、纵横混排、合并字符、双行合一、简繁转换等。

第4章 电子表格软件 Excel 2010

Excel 2010 是功能强大的电子表格制作软件，它和 Word、PowerPoint、Access 等组件一起，构成了 Office 办公软件的完整体系。

本章主要内容：

- Excel 2010 概述
- Excel 2010 的基本操作
- Excel 2010 工作表的格式化
- Excel 2010 公式和函数
- Excel 2010 创建图表
- Excel 2010 数据管理
- 页面设置与打印

通过本章的学习，要求掌握 Excel 2010 的常用功能，包括电子表格的制作、排版以及利用公式与函数对表格中的数据进行计算，创建、编辑和修饰图表，进行数据整理以及数据透视表(图)的操作。

4.1 Excel 2010 概述

Excel 2010 不仅具有强大的数据组织、计算、分析和统计功能，还可以通过图表、图形等多种形式形象地显示处理结果，能够方便地与 Office 2010 其他组件相互调用数据，实现资源共享。

4.1.1 Excel 2010 启动与退出

1. 启动 Excel 2010 的常用方法

方法 1：从【开始】菜单启动。选择【开始】→【所有程序】→Microsoft Office→Microsoft Excel 2010 命令。

方法 2：直接启动文档。在驱动器、文件夹或桌面上双击任何 Excel 2010 文件或快捷方式；也可以选择【开始】→【文档】命令，在子菜单中选择要打开的 Excel 文件。

启动成功，屏幕上会出现如图 4.1 所示的 Excel 2010 窗口。

2. 退出 Excel 2010 的方法

方法 1：单击【文件】选项卡，在弹出的下拉列表中单击右下角的【退出】按钮。

方法 2：单击 Excel 2010 窗口标题栏最右端的【关闭】按钮。

方法 3：在 Excel 2010 窗口标题栏的空白处右击，在弹出的快捷菜单中，选择【关闭】选项。

方法4：按 Alt+F4 快捷键。

4.1.2 Excel 2010 的工作界面

在 Excel 2010 窗口中,包括快速访问工具栏、标题栏、Office 助手、功能区、工作表编辑区和工作表标签等元素。

1. 标题栏

标题栏位于窗口的顶部,包括控制菜单、【快速访问工具栏】、工作簿名和【最小化】、【最大化/还原】和【关闭】按钮等。【快速访问工具栏】中包含【保存】、【撤消】、【恢复】、【打开】和【自定义快速访问工具栏】等按钮。【文件】选项卡包含与文件操作相关的命令,相当于 Excel 2007 版本的 Office 按钮和 Excel 2003 版本的【文件】菜单。

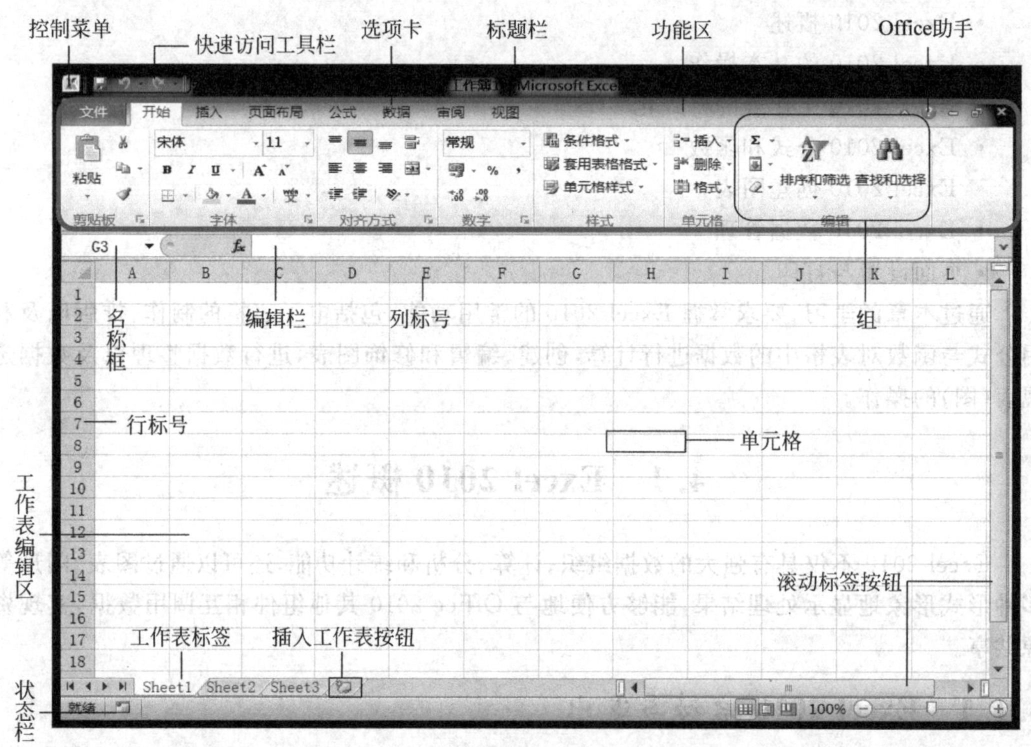

图 4.1 Excel 2010 窗口的组成

2. 功能区

Excel 2010 使用功能区将相关的命令和功能组合在一起,并划分为【文件】、【开始】、【插入】、【页面布局】、【公式】、【数据】、【审阅】和【视图】等不同的选项卡,如图 4.2 所示。可使用 Ctrl+F1 快捷键切换是否显示功能区；也可使用鼠标双击选项卡的名称来隐藏功能区,然后单击选项卡名称则显示功能区。在隐藏的功能区后,还可单击快速访问工具栏右边的下拉按钮,在弹出的菜单中取消【功能区最小化】选项。每个选项卡又分为若干个组,每个组中又包含若干个命令按钮。同时,一些命令按钮旁有下拉箭头,含有相关的功能选项。

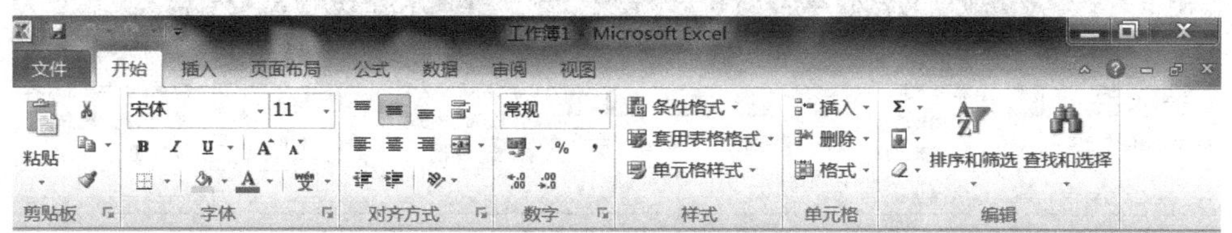

图 4.2　功能区及【开始】选项卡内的各组

3. 菜单选项卡

菜单选项卡(简称选项卡)位于标题栏的下方。标准的选项卡有【文件】、【开始】、【插入】、【页面布局】、【公式】、【数据】、【审阅】和【视图】等,默认为【开始】选项卡。单击选项卡名,可以在不同的选项卡间切换。图 4.3～图 4.8 是各选项卡的界面。

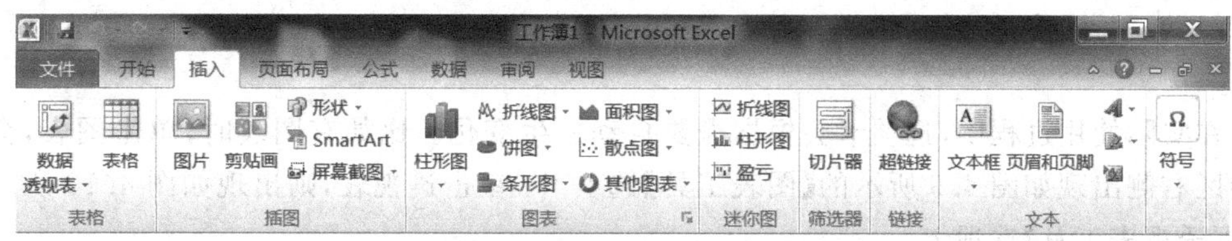

图 4.3　【插入】选项卡及相关各组

图 4.4　【页面布局】选项卡及相关各组

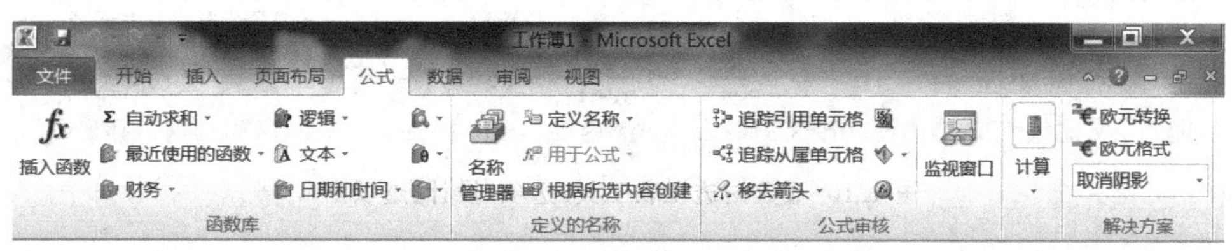

图 4.5　【公式】选项卡及相关各组

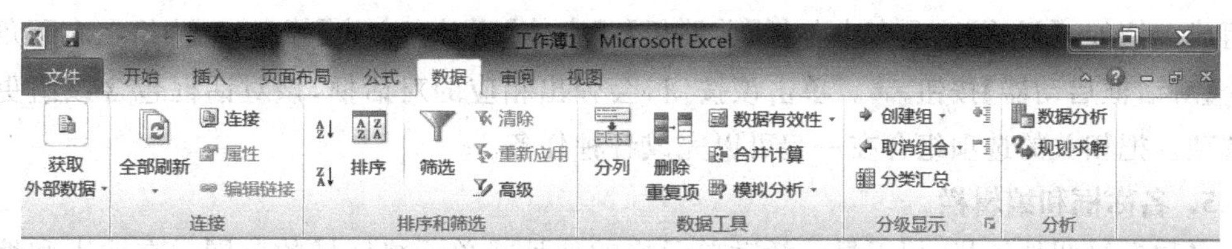

图 4.6　【数据】选项卡及相关各组

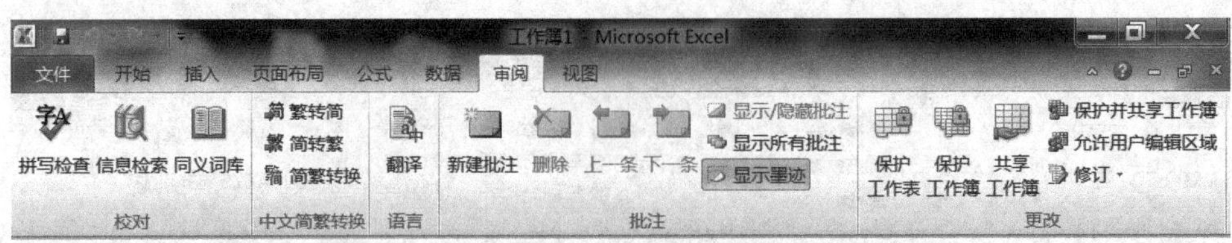

图 4.7 【审阅】选项卡及相关各组

图 4.8 【视图】选项卡及相关各组

在实际使用过程中,选项卡会根据需要自动发生变化。比如有图表时,单击图表,会在功能区右侧出现如图 4.9 所示的【图表工具】选项卡;单击透视表,则出现如图 4.10 所示的【数据透视表工具】选项卡。

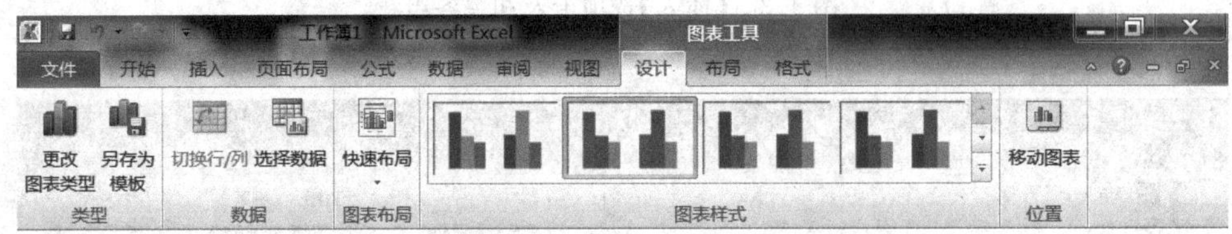

图 4.9 【图表工具/设计/布局/格式】选项卡

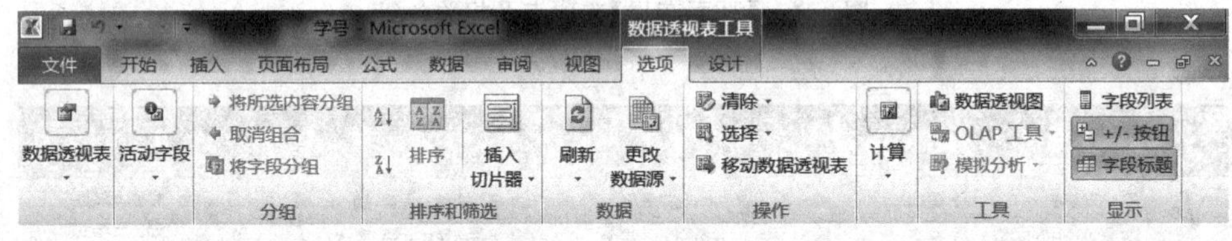

图 4.10 【数据透视表工具/选项/设计】选项卡

4. 组

组位于每个选项卡内部。每一选项卡包含了若干个组,每一组由一系列的相关命令按钮组成。例如,【开始】选项卡中包括【剪贴板】、【字体】、【对齐方式】等组,某些组在右下角有一个【对话框启动器】按钮 。单击该按钮,会弹出相应的对话框,该对话框包含该组更多的选项。把相关的选项组合在一起可以完成各种任务。

5. 名称框和编辑栏

名称框又叫地址栏,用于显示活动单元格的地址或单元格区域的范围。在输入和编辑活动单元格的数据时地址栏右侧出现按钮 × ✓ fx ,用于编辑活动单元格的数据。例如,若确认数据的输入则单击√按钮,若取消输入的数据则单击×按钮,若要向单元格插入函数则

单击 f_x 按钮。编辑栏主要用来编辑活动单元格的数据，也可以显示活动单元格的数据或函数。在 Excel 2010 中移动鼠标到 ✕ 左侧 • 的上，鼠标指针会变成↔形状，此时拖动鼠标可以改变名称框和编辑栏的大小。

6. 工作表编辑区

工作表编辑区是供使用者完成工作的区域，表格及其数据处理的一切工作都在这里进行。

7. 工作表标签栏

工作表标签栏显示工作表名称。单击不同的工作表标签，将激活相应的工作表，激活的工作表称为当前工作表(或称活动工作表)，还可以通过滚动标签按钮(位于工作表标签左侧)来显示在屏幕内看不见的工作表标签。

4.1.3 Excel 基本概念和视图

1. 工作簿

工作簿(Book)就是 Excel 文件，是存储数据、公式以及数据格式化等信息的文件，在 Excel 中处理的各种数据最终都是以工作簿文件的形式存储在磁盘上。Excel 2010 文件默认的扩展名是.xlsx。

当每次启动 Excel 后，它都会自动地产生一个空工作簿。默认的工作簿文件名为“工作簿 1”，工作簿名显示在标题栏上。用户可以随时新建多个工作簿，也可以打开一个或多个工作簿，在存储文件时，可以改用方便识别有具体含义的文件名。一个工作簿可以包括多个工作表，Excel 2010 已突破 255 个工作表限制。当新建一个 Excel 工作簿时，默认包含三张工作表：Sheet1、Sheet2 和 Sheet3。工作簿和工作表之间的关系就像账本和账页之间的关系。一个工作簿所包含的工作表均以标签的形式排列在工作表标签栏上，只要单击工作表标签，对应的工作表就会被激活，从后台显示到屏幕上，成为当前工作表。

2. 工作表

工作表(Sheet)也称电子表格，是 Excel 存储和处理数据最重要的部分，其中包含排列成行和列的单元格。工作表是工作簿的一部分。要对工作表进行操作，必须先打开该工作表所在的工作簿。工作簿一旦打开，它所包含的工作表就一同打开。

3. 单元格

单元格(Cell)就是工作表中行和列交叉的部分，是工作表最基本的数据单元，也是电子表格软件处理数据的最小单位。为准确表示单元格的位置，每个单元格都有一个固定的地址与之对应，称作单元格名称或单元格地址。单元格的名称由列标号和行标号来标识，列标在前，行号在后。工作表的行以数字表示，从 1 开始，列以英文字母表示，从 A 开始。例如，第 5 行第 3 列的单元格名称或者称单元格地址是“C5”。

Excel 2010 每个工作表中最多有 1 048 576 行和 16 384 列。在所有的单元格中，只有一个单元格是活动单元格(也称当前单元格)，活动单元格是指正在使用的单元格，用黑色边框显示。用户只能在活动单元格中输入或修改数据。

4. 单元格区域

单元格区域指的是单个的单元格，或者是由多个单元格组成的区域，或者是整行、整列等构成的区域。一般比较常用的单元格区域是指一组相邻单元格组成的矩形区域，其表示方法一般由该区域的左上角单元格地址、冒号和右下角单元格地址组成(只要用矩形区域对角线开始和结束的单元格地址并用冒号分隔,就可以表示该矩形区域,但习惯上采用“左上角:右下角”的表示方式)。例如,C5:E8 表示的是以 C5 为左上角,E8 为右下角的矩形区域。

5. 选择单元格及单元格区域

“先选定,后操作”是 Excel 的重要工作方式。当需要对单元格或单元格区域进行操作时,首先要选定待操作区域。

(1) 选中一个单元格

将鼠标指针移动到待选中的单元格,单击即可选中该单元格,被选中的单元格四周出现黑框,并且单元格的地址出现在名称框中,内容则显示在编辑栏中。

(2) 选中相邻的单元格区域

选择待选中单元格区域的某单元格,然后按住鼠标左键并拖动到单元格区域对角线的单元格后释放鼠标左键,即可选中相邻的单元格区域。也可以先单击待选中区域某单元格后,按住 Shift 键不放,然后单击对角线上的最后一个单元格。

(3) 选中不相邻的单元格区域

选中一个单元格区域,然后按住 Ctrl 键不放再选择其他的单元格区域,即可选中不相邻的单元格区域。

(4) 选中整行或整列

将鼠标指针移动到要选中行的行号处单击鼠标即可选中整行;将鼠标指针移动到要选中列的列标处单击鼠标即可选中整列。

(5) 选中所有单元格

单击工作表左上角的行号和列标交叉处的全选按钮 ,即选中整张工作表。

6. 视图

视图是 Excel 2010 文档在计算机屏幕上的显示方式。从图 4.8【视图】选项卡中可以看到,Excel 2010 包含【普通】、【页面布局】、【分页预览】、【自定义视图】和【全屏显示】等视图方式,不同的视图方式适用于不同的情况。

(1) 普通视图

普通视图是 Excel 的默认视图方式,主要用于数据输入与筛选、制作图表和设置格式等操作。

(2) 页面布局视图

选择【视图】选项卡【工作簿视图】组的【页面布局】按钮,可以切换到页面布局视图。通过该视图可以查看文档的打印外观,包括文档的开始位置和结束位置、页眉和页脚等。在该视图中,还可以设置页眉页脚效果、通过标尺调整页边距等。

(3) 分页预览视图

选择【视图】选项卡【工作簿视图】组的【分页预览】按钮,可以切换到分页预览视图。在该视图方式下,看到的表格效果以打印预览方式显示,并且可以对单元格的数据进行编辑。

注意:【普通】视图、【页面布局】视图、【分页预览】视图在状态栏右侧有视图按钮 ,单击相应的按钮可快速进入相应的视图显示方式。

(4) 自定义视图

选择【视图】选项卡【工作簿视图】组的【自定义视图】按钮，可以设置用户定义的个性视图效果，比如为不同的打印设置保存不同的视图。可以在自定义视图列表中选择该视图，将其应用于文档中。

(5) 全屏显示

选择【视图】选项卡【工作簿视图】组的【全屏显示】按钮，可以切换到全屏显示视图。在该视图方式下，只显示工作表区，这样可以在显示器上显示尽可能多的表格内容，按 Esc 键退出该视图方式。

除了直接选择不同的视图显示之外，在 Excel 2010 中还可以对同一个文档打开多个窗口，这样可以将两个窗口调整为不同的大小，从而在编辑时可以同时看到局部和整体的效果。

选择【视图】选项卡【窗口】组的【拆分】按钮，可以将编辑区拆分为上下左右 4 个部分。查看大型电子表格时，使用该方式十分方便。退出该视图方式，只需再次单击【拆分】按钮即可。

4.1.4 主题和样式

在 Excel 2010 中，可以通过应用主题和使用特定样式在工作表中快速设置数据格式。主题是一组预定义的颜色、字体、线条和填充效果，可应用于整个工作簿或特定对象，例如图表或单元格区域。应用 Excel 2010 提供的预定义主题，可以通过指定主题元素来创建自定义的主题。在【页面布局】选项卡的【主题】组中设置主题。

样式是基于主题的预定义格式，可应用它来更改 Excel 2010 的表格、图表、数据透视表、形状或图的外观等。若内置的预定义样式不能满足实际需要，可以自定义样式。对于图表来说，可以从多个预定义样式中进行选择，但不能创建自己的图表样式。Excel 2010 也包括预定义的单元格样式，可以应用于单个的单元格或单元格区域，有些样式独立于文档主题。在【开始】选项卡的【样式】组中设置样式。

4.1.5 使用 Excel 2010 的帮助功能

在使用 Excel 2010 时若出现问题，可以借助 Excel 2010 提供的帮助功能尝试解决。

按 F1 键或单击功能区中右上角的【帮助】按钮，打开如图 4.11 所示【Excel 帮助】窗口，在文本框中输入要搜索的内容，本图要搜索的内容为“合并单元格”。然后单击【搜索】按钮，即可在下面显示搜索到的结果。

若需要按照目录系统性地查看帮助内容，则可以单击该窗口中的【显示目录】按钮，通过目录的方式查看帮助内容。

默认打开的 Excel 帮助是安装 Excel 2010 自带的，可以单击窗口右下角的【脱机】按钮，在弹出的菜单中选择【显示来自 Office Online 的菜单项】命令，在 Internet 中查看 Excel 帮助内容。

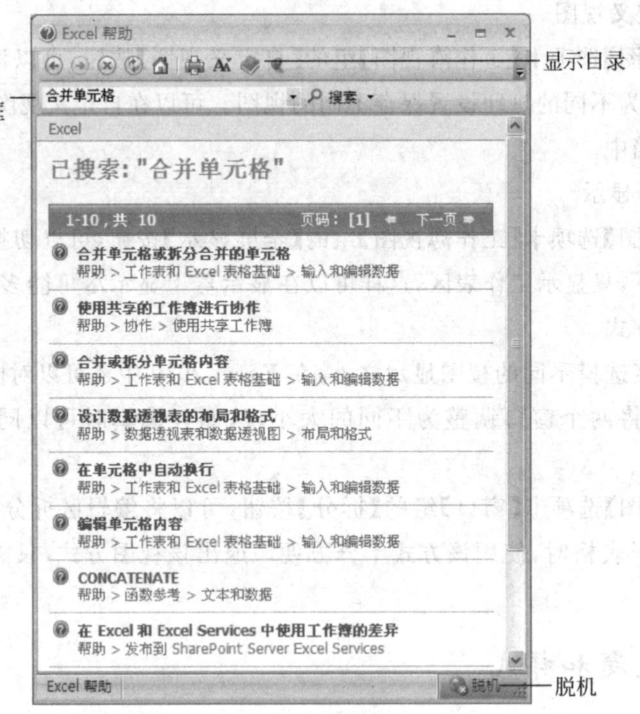

图 4.11 【Excel 帮助】窗口

4.2 Excel 2010 的基本操作

4.2.1 工作簿基本操作

工作簿是 Excel 管理数据的文件单位,相当于人们日常工作中的"账簿",它以独立的文件形式存储在外存储器中。例如,一个高校的辅导员管理了 2014 级 5 个班,他就可以为每个班建立一个成绩表,每个成绩表相当于账簿中的"一页"。成绩表 Sheet1 中保存一班的学生成绩,Sheet2 中保存二班的学生成绩……,Sheet5 中保存五班的学生成绩,然后把这些表存放在一个工作簿——"2014 级学生成绩表"中,如图 4.12 所示。

注意:外存储器上只保存工作簿,工作表只能包含于工作簿中,不能以独立的文件形式存在。

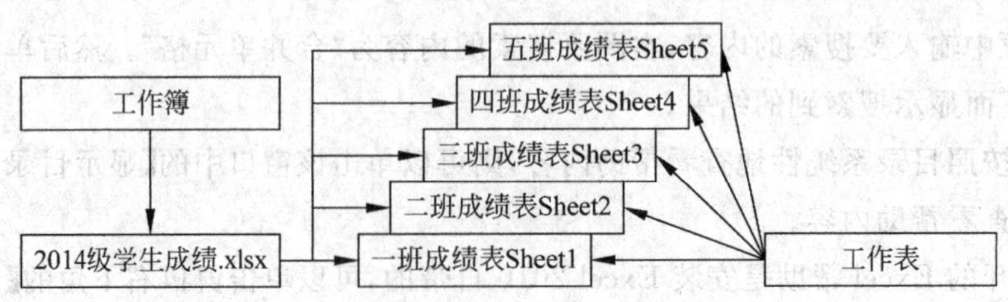

图 4.12 工作簿与工作表

(1) 新建 Excel 工作簿

启动 Excel 2010 时，Excel 会自动建立名为“工作簿 1”的空白工作簿。用户也可以根据实际需要，创建新工作簿。

单击【文件】选项卡，在弹出的下拉菜单中选择【新建】选项，弹出如图 4.13 所示的对话框。在“可用模板”区域中，双击【空白工作簿】按钮，或单击【空白工作簿】按钮后，单击【创建】按钮，则新建名为“工作簿 1”的空白工作簿。

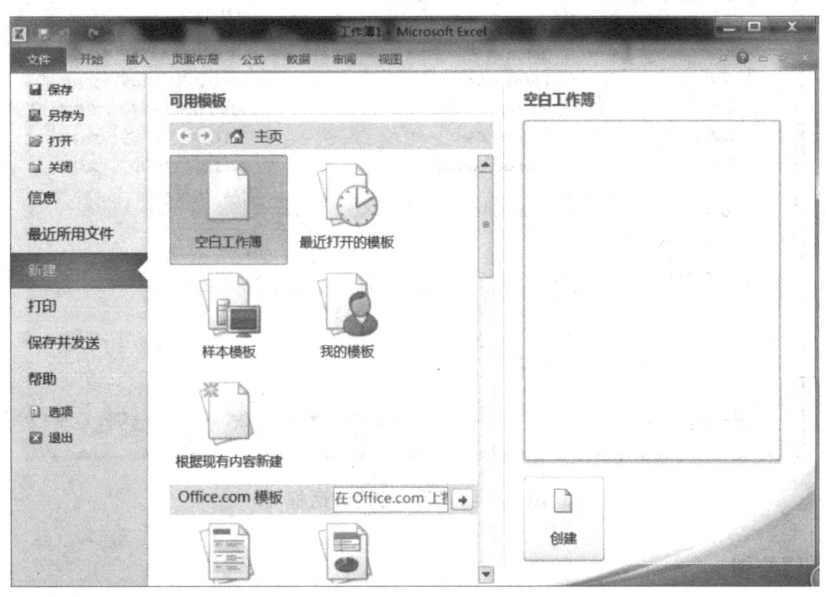

图 4.13 创建工作簿对话框

(2) 保存工作簿

保存 Excel 2010 工作簿和保存 Word 2010 文档十分相似，也按保存新文件和保存旧文件两种情况来处理。

单击【文件】选项卡，弹出如图 4.13 所示的窗口。若首次保存文件或者为防止正在编辑的数据丢失而在原保存位置进行的多次保存，可单击【保存】选项或按快速访问工具栏中的【保存】按钮；若想在其他位置保存已保存过的工作簿，则单击【另存为】命令按钮。单击【保存】按钮(首次保存)或单击【另存为】按钮，都会弹出如图 4.14 所示的【另存为】对话框。在保存位置下拉列表中选择要保存的文件夹，在【文件名】框中将默认文件名“工作簿 1”更改为具体文件名，保持【保存类型】框中默认的“Excel 工作簿”不变，最后单击【保存】按钮。

(3) 打开 Excel 工作簿

有多种方法可以打开一个已存在的 Excel 工作簿，常用的打开工作簿的方法如下。

方法 1：单击【文件】选项卡，在下拉菜单中选择【打开】选项，在弹出的【打开】对话框中，找到所需的 Excel 文件并双击它。

方法 2：在【我的电脑】或者【资源管理器】中找到需要打开的工作簿，双击也可将其打开。

(4) 关闭工作簿

单击【文件】选项卡，在下拉菜单中选择【关闭】选项。或单击 Excel 2010 工作簿窗口右

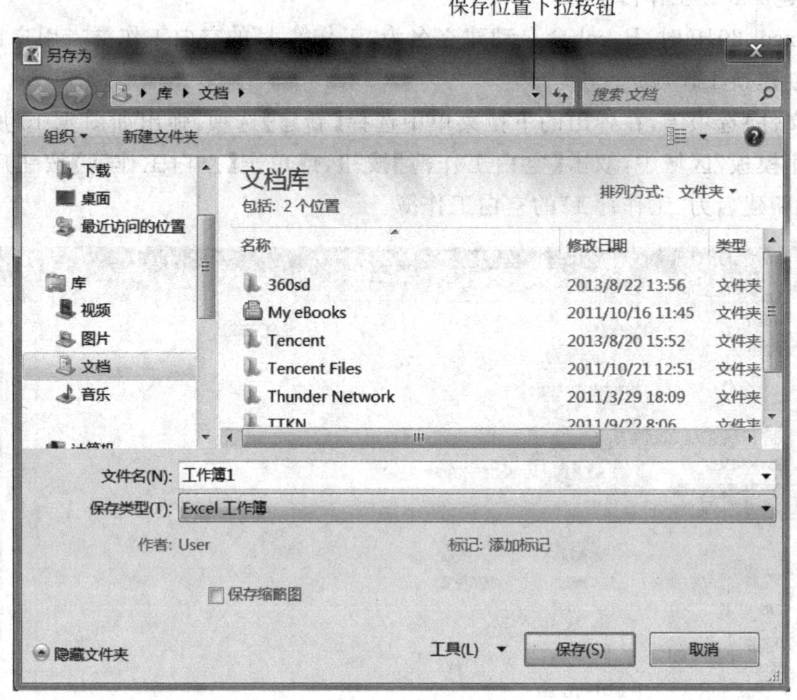

图 4.14 【另存为】对话框

上角的【关闭】按钮。

注意:关闭工作簿只针对当前工作簿,并没有关闭 Excel 2010 应用程序和其他工作簿。

4.2.2 输入数据

Excel 2010 的数据输入方法很简单:选定要输入数据的单元格,从键盘上输入数据后按 Enter 键。默认的情况下,本列的下一单元格将成为活动单元格,也可用方向键或鼠标选择下一个要输入数据的单元格。当光标离开输入数据的单元格时,数据输入就完成了。使用键盘在工作表中移动光标时,键盘相关键与相应动作如表 4.1 所示。

表 4.1 按键及其动作

按　键	动　作
↑↓←→	向上、下、左、右移动一个单元格
Home	移至当前行的第 A 列
PageUp	向上滚动一屏
PageDown	向下滚动一屏
Ctrl+Home	移至单元格 A1
Ctrl+End	移至工作表数据区的最后一个单元格(注意:不是工作表本身)
Ctrl+↑	若光标在工作表数据区,则移至光标所在列的工作表数据区第一行;若光标在工作表数据区的第一行或工作表数据区上面,则移到光标所在列的工作表的第一行

续表

按　键	动　作
Ctrl+↓	若光标在工作表数据区,则移至光标所在列的工作表数据区的最后一行;若光标在工作表数据区的最后一行或工作表数据区下面,则移到光标所在列的工作表的最后一行(1 048 576 行)
Ctrl+←	若光标在工作表数据区,则移至光标所在行的工作表数据区的第一列;若光标在工作表数据区的第一列或工作表数据区左侧,则移到光标所在行的工作表的第一列
Ctrl+→	若光标在工作表数据区,则移至光标所在行的工作表数据区的最后一列;若光标在工作表数据区的最后一列或工作表数据区右侧,则移到光标所在行的工作表的最后一列(XFD 列)
Alt+PageUp	向左滚动一屏
Alt+PageDown	向右滚动一屏
Enter	移至当前单元格的下一个单元格
Tab	右移一个单元格
Shift+Tab	左移一个单元格

单元格中的数据类型包括数值型、文本型(又称为字符型)、日期时间型以及逻辑型等。在输入数据时,要注意不同类型数据的输入方法。

1. 字符型数据

在 Excel 2010 中,字符型数据包括汉字、英文字母、空格等,每个单元格最多可容纳 32 767 个字符。默认情况下,字符数据自动沿单元格左边对齐。当输入的字符串超出了当前单元格的宽度时,如果右边相邻单元格里没有数据,那么字符串会往右延伸显示;如果右边单元格有数据,超出的那部分数据就会隐藏起来,只有把单元格的宽度变大后才能显示出来。

如果要输入的字符串全部由数字组成,如邮政编码、电话号码、存折帐号等,为了避免 Excel 2010 把它按数值型数据处理,在输入时可以先输一个英文单引号“'”,再接着输入具体的数字。例如,要在单元格中输入电话号码“02064016633”,先连续输入“'02064016633”,然后按回车键,这样出现在单元格里的就是“02064016633”,并自动左对齐。

输入字符串时若第一个字符是“=”或英文的单引号“'”,也要先输入一个英文单引号“'”,然后再输入“=”或英文的单引号“'”。

注意: *不要因为看到输入的内容已到达该单元格的右边界了,就把后面的内容输入到右边的单元格中,这样会给单元格数据的格式化及数据的计算和分析带来麻烦。*

2. 数值型数据

数值型数据除包括数字 0~9 组成的数字串外,还包括+,-,E,e,$,%及小数点“.”和千分位号“,”等特殊符号。数值的前面可以添加“$”或“¥”,计算时它不影响数据值。数据的后面可加%表示除 100,如“67%”表示“0.67”。数值型数据在单元格中默认的对齐方式是右对齐。

输入正数时,前面的“+”可以省略,输入负数时,应在负数前输入减号“-”,或将其置于括号()中。如-8 或(8)。

输入分数时,应在分数前输入 0 及一个空格,如分数 1/3 应输入“0 1/3”。如直接输入“1/3”或“01/3”,则系统将把它视作日期,认为是 1 月 3 日。同理对带分数的输入,也是先输入整数部分及一个空格,然后再输入分数部分,如“3 2/3”表示 $3\frac{2}{3}$。

输入纯小数时,可省略小数点前面的0,如“0.98”可输入为“.98”。

说明:当输入一个较长的数字时,若单元格显示“########”则意味着列宽不够,不能正常显示该数,当增大列宽之后,就可以正常显示整个数字。

3. 日期和时间型数据的输入

一般情况下,日期的年、月、日之间用“/”或“-”分隔,输入:年/月/日或年-月-日。在编辑栏中总是以“年-月-日”形式显示,在单元格中的默认显示格式为:年-月-日。时间的时、分、秒之间用冒号分隔,如8:30:45。日期、时间在单元格中默认的对齐方式是靠右对齐。如果输入的形式有误,或者日期、时间超过了范围,则所输入的内容被判断为字符型数据,则单元格对齐方式是左对齐。若要在单元格中同时输入日期和时间,日期和时间之间应该用空格隔开。

按Ctrl+;快捷键可输入当前的系统日期,按Ctrl+Shift+;组合键可输入当前的系统时间。

4. 公式型数据的输入

公式型数据是通过公式计算而产生的数据。公式的输入方法是单击要输入公式的单元格,然后输入等号“=”,接着在等号的右边输入有关的公式内容。例如,要在B3单元格中计算5!,输入的方法是单击B3单元格,在B3单元格中输入“=5*4*3*2*1”,按Enter键,在单元格B3中就会显示120,这就是该公式的计算结果。

说明:表格中的计算结果是由单元格内的公式实时计算出来的,因此,在公式的数据源发生改变时,计算结果会立即更新,使计算结果反映数据源的变化。

5. 数据的自动输入

为了快速输入数据,Excel 2010具有自动重复数据和自动填充数据功能。

(1) 自动重复数据。如果在单元格中输入的前几个字符与该列中已有的项相匹配,Excel会自动输入其余的字符(仅针对包含文字或文字与数字组合的项,只包含数字、日期或时间的项不能自动完成)。若要接受建议的项,按Enter键确认,自动完成的项完全采用已有项的大小写格式;若不想采用自动提供的字符,则继续键入需要输入的字符;若要删除自动提供的字符,则按Backspace键。

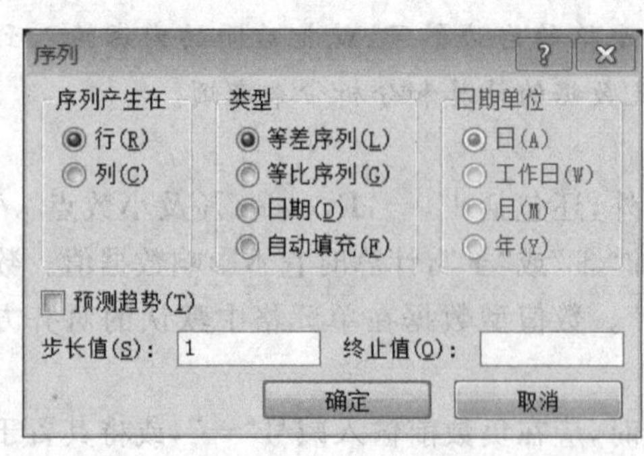

图4.15 【序列】对话框

(2) 产生一个数据序列。在选定的单元格上输入初值,在【开始】选项卡的【编辑】组中,单击【填充】按钮,在列表中选择【系列】命令,弹出如图4.15所示的【序列】对话框。在【序列产生在】区域中,选择按行或列方向填充,在【类型】区域中,选择按等差序列或等比序列填充,在【步长值】文本框中,可输入公差或公比值,在【终止值】文本框中可输入一个序列的终值不能超过的数值,然后单击【确定】按钮。

(3) 同时向多个单元格输入相同的数据。先选取需要输入相同数据的单元格区域,之后在活动单元格输入数据，然后同时按 Ctrl+Enter 快捷键。如在活动单元格输入"语文"后按 Ctrl+Enter 快捷键，此时所选单元格会同时显示"语文"。

(4) 自动填充数据。单击初始值所在的单元格，将鼠标移动到填充柄上(填充柄是选定单元格或单元格区域右下角的小黑方块。将鼠标指向填充柄时，鼠标指针变为黑十字)，按住鼠标左键拖动到所需的位置，松开鼠标，所经过的单元格都被填充了数据。向上、下、左、右拖动鼠标均可。

自动填充有以下几种情况：初始值为纯字符或纯数值时，填充相当于复制；初始值为文本型数字或字符与数字混合内容时，填充时字符保持不变，数字递增，如初始值为 N1，则填充后为 N2，N3，……。

(5) 自动序列填充数据。使用 Excel 2010 录入数据时，经常会需要输入一系列具有相同特征的数据，若初始值为 Excel 2010 预设的自动填充序列中的一个选项时，则按预设序列填充。例如，初始值为一月，则自动填充二月，三月，……。若不是 Excel 2010 预设的自动填充序列，则可以将需自动填加序列的内容添加到填充序列列表中，以方便以后使用。用户自定义自动填充序列的方法如下。

单击【文件】选项卡的【选项】按钮，打开如图 4.16 所示的【Excel 选项】对话框。单击左侧的【高级】项，然后在右侧区域内选择【编辑自定义列表】按钮，打开【自定义序列】对话框。在【输入序列】列表下方输入要创建的自动填充序列。比如图 4.17 所示的"语文，数学，英语，历史，地理，政治，物理，化学，生物"，单击【添加】按钮，则新的自定义填充序列"语文，数学，英语，历史，地理，政治，物理，化学，生物"(逗号应为英文符号)出现在左侧【自定义序列】列表的最下方，单击【确定】按钮，关闭对话框。当然，还可以从当前工作表中导入一个自定义的自动填充序列。

图 4.16 【Excel 选项】对话框

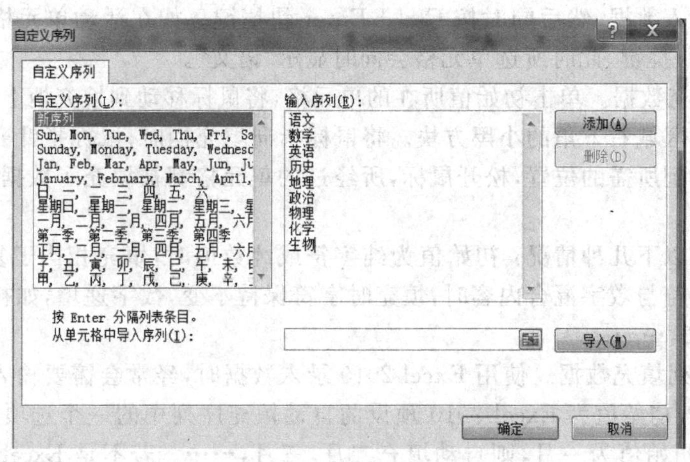

图 4.17 【自定义序列】对话框

(6) Excel 2010 中快速输入具有部分相同特征的数据。如果要输入一些相同特征的数据,比如学生的学号、准考证号、单位的职称证书号等,它们都是前面几位相同,只是后面的数字不一样。这时可以只输后面几位,前面相同的几位让计算机自动填充。比如一个区域的身份证号码前面的 6 位数是 230103,可以用两种方法自动填充。

方法 1:从 A1 单元格开始在 A 列的各单元格中输入身份证号码后面 12 位数字,所有的数据输入完毕后,在 B1 单元格中输入公式“=230103&A1”然后按 Enter 键,这样 B1 单元格的数据在 A1 的基础上就自动加上了 230103。然后双击 B1 单元格的填充柄(或者向下拉填充柄),瞬间 A 列数据全部加上了 230103 放入 B 列相应的单元格中,至此所有的数据都改好了。

方法 2:选定要输入共同特征数据的单元格区域,单击鼠标右键,在弹出的快捷菜单中选择【设置单元格格式】命令,打开如图 4.18 所示【设置单元格格式】对话框;也可选择【开始】选项卡【单元格】组中的【格式】按钮,选择【设置单元格格式】选项。选择【数字】选项卡,选中【分类】下面的【自定义】选项,然后在【类型】下面的文本框中输入 230103000000000000(注意:后面有几位不同的数据就补几个 0),单击【确定】按钮。之后,在单元格中只需输入后几位数字,如“2301031234567890XX”只要输入“1234567890XX”,系统就会自动在数据前面添加“230103”。

6. Excel 2010 数据有效性

在 Excel 2010 中录入大量数据时,比如学生的各科成绩、职员的工资等,使用数据有效性设置可以减少录入时的错误。在创建电子表格的过程中,有些单元格的数据没有限制,而有些单元格在输入数据时,要限制在一定的有效范围内输入。符合限制条件的数据称为有效数据。

(1) 设置有效数据。设置数据输入的有效范围的操作步骤如下。

步骤 1:选定需设置数据输入有效范围的单元格或单元格区域。

步骤 2:在【数据】选项卡的【数据工具】组中,单击【数据有效性】按钮 数据有效性 ,弹出如图 4.19 所示的【数据有效性】对话框。

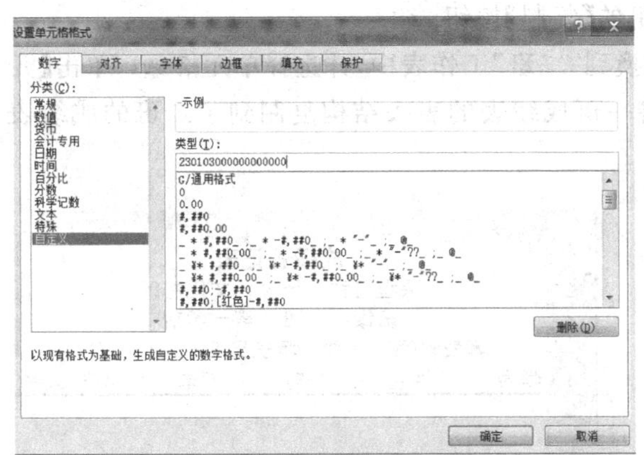

图 4.18 【设置单元格格式】对话框

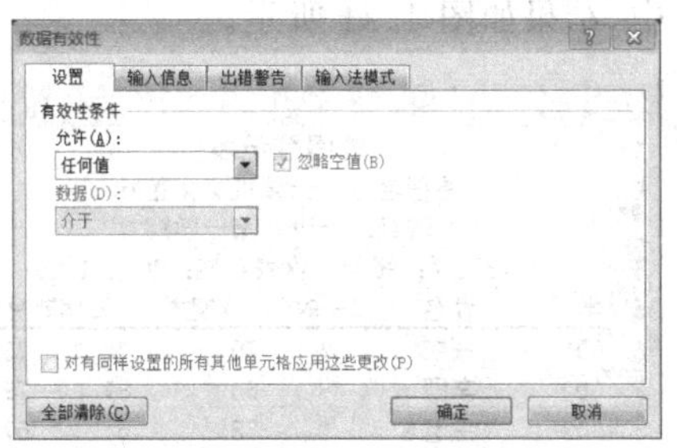

图 4.19 【数据有效性】对话框

步骤 3：单击【设置】选项卡，在【允许】下拉列表框中，选择有效数据的类型(如整数)。

步骤 4：在【数据】下拉列表框中，选择所需的操作符，如【介于】、【大于】等，然后，在【最小值】和【最大值】数值框中输入下限、上限(例如，“介于”、“1”、“100”)，单击【确定】按钮。

(2) 有效数据的检查。有效数据设置完成后，当输入的数据不在有效范围时，系统根据【出错警告】选项卡中设置的“错误信息”，自动显示错误提示。

4.2.3 编辑单元格

1. 单元格内容的简单编辑

要编辑单元格内容，可以双击该单元格，也可以单击该单元格，然后在编辑栏中编辑内容。按 Backspace 键，则删除插入点之前的字符；按 Delete 键，则删除插入点之后的字符。系统默认的输入模式是“插入模式”，因此若要插入字符可单击要插入字符的位置，然后键入新字符；要替换选定字符，则先选定字符，然后键入新字符。若要将“插入模式”更改为“改写模式”以便于键入时用新字符替换现有字符，可以按 Insert 键进行切换。

2. 单元格的复制或移动

可以使用鼠标或键盘完成单元格的复制或移动。

(1) 使用鼠标。选择要复制或移动的单元格区域，在【开始】选项卡的【剪贴板】组中，若要复制则单击【复制】按钮，若要移动则单击【剪切】按钮，然后选择粘贴区域的左上角单元格，在【开始】选项卡的【剪贴板】组中，单击【粘贴】按钮。

(2) 使用键盘。选择要复制或移动的单元格区域，按 Ctrl+C 快捷键或 Ctrl+X 快捷键直接复制或剪切。然后选择粘贴区域的左上角单元格，按 Ctrl+V 快捷键完成单元格区域的复制或移动。

例如，不同工作表中如有相同的数据可以采用复制的方法产生。前面所提到的 5 个班的成绩表问题，由于每个班所开设的课程都一样，所以只需为“一班”建立如图 4.20 所示的表头就行了，其余班级的成绩表头可以复制然后进行微小改动即可。建立 5 个班的成绩表结构的操作步骤如下。

步骤 1：建立“一班”的成绩表，建立表头并输入学生成绩，然后选中“一班”成绩表的表头(即选中区域 A1:E5)，如图 4.20 所示。

步骤 2：单击【开始】选项卡【剪贴板】组的【复制】按钮。

步骤 3：单击“二班”的工作表标签，切换到“二班”工作表中，并选择单元格 A1，单击【开始】选项卡【剪贴板】组的【粘贴】按钮，就将一班成绩表的表头结构复制到了二班的成绩表中，结果如图 4.21 所示。

	A	B	C	D	E
1	成绩登记表				
2	课程名称：计算机文化基础				
3	班级：一班　第一学期				
4	填表教师：张帅　填表日期：2014/1/25				
5	学号	姓名	平时	期末	学期总评
6	001	张三	70	76	73.6
7	002	李四	65	87	78.2
8	003	王五	85	56	67.6
9	004	赵六	90	72	79.2
10					

1班　2班　3班　4班

就绪

图 4.20　一班的成绩表

	A	B	C	D	E
1	成绩登记表				
2	课程名称：计算机文化基础				
3	班级：一班　第一学期				
4	填表教师：张帅　填表日期：2014/1/25				
5	学号	姓名	平时	期末	学期总评
6					
7					
8					
9					
10					

1班　2班　3班　4班

图 4.21　从一班复制过来的表头

说明：进行【复制】或【剪切】操作后，所选区域的周围将出现“蚂蚁线”，此时才可以进行粘贴操作。按 Esc 键可以去掉“蚂蚁线”，但此时则不能进行粘贴操作。

3. 清除单元格内容和删除单元格

(1) 清除单元格的内容。当发现单元格的内容不再需要或有错误时，可首先选中这些单元格，然后按键盘上的 Delete 键就可清除选中单元格中的内容。

(2) 删除单元格。删除单元格或单元格区域与清除是不同的，清除仅仅是把原单元格中的内容去掉，而删除则把内容与单元格本身都挖掉，挖掉后原单元格就不存在了，它所在的位置由它下边或者右边的邻近单元格移动过来代替它。

例如，在图 4.22 中，从张三开始的成绩就错位了，他的成绩应是 95 分，李四的成绩应是 64 分，其余人的成绩应依次上移。解决的办法是，把张三所对应的“计算机文化基础”成绩 56 分的 B2 单元格删除。操作方法是：单击 B2 单元格，在【开始】选项卡的【单元格】组中，单击【删除】按钮，或单击【删除】按钮右侧的向下箭头，选择下拉列表中的【删除单元格】命令，在弹出的如图 4.23 所示的对话框中选择【下方单元格上移】单选按钮，最后单击【确定】按钮。

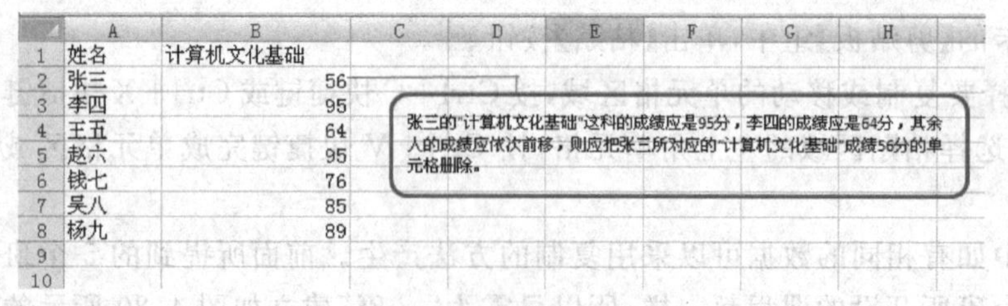

	A	B
1	姓名	计算机文化基础
2	张三	56
3	李四	95
4	王五	64
5	赵六	95
6	钱七	76
7	吴八	85
8	杨九	89
9		
10		

图 4.22　删除单元格

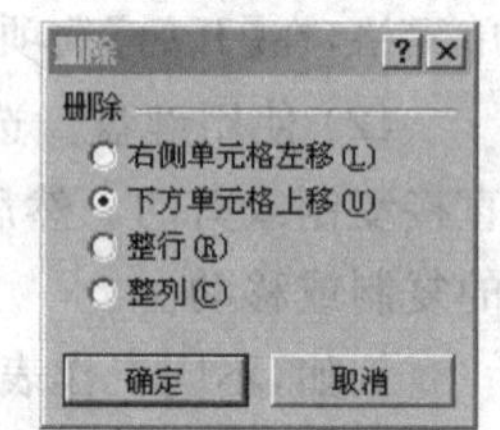

图 4.23　【删除】对话框

4. 插入单元格

有时候需要在某个单元格的位置插入一个单元格。如在前面所举的例子中，张三的成绩漏输入了，而把李四的成绩当成了张三的成绩，王五的成绩又当成了李四的成绩，以后的依次类推。这时只要在张三的成绩处插入一新的单元格，其余的依次下移即可。操作的方法类似删除的方法，只是选择【插入】命令而不是选择【删除】命令。

5. 合并单元格

并非所有的表格都是由长短相同的横、竖网格线所组成，有时需要大小不同的网格构成日常工作表，如图 4.20 中的标题就可以合并为一个较大的单元格。在 Excel 中，这样的表格可以通过合并单元格来完成。合并单元格是指把两个或多个单元格组合成一个单元格。

图 4.20 的表头可通过单元格的合并来完成，其操作方法如下。

步骤 1：在 A1 单元格输入“成绩登记表”，在 A2 单元格中输入“课程名称：计算机文化基础”，在 A3 单元格中输入“班级　一班　第一学期”，在 A4 单元格输入“填表教师：张帅　填表日期：2014/1/25”。

步骤 2：选中 A1:E1 单元格区域，在【开始】选项卡的【对齐方式】组中，单击【合并后居中】按钮；或者在【开始】选项卡的【单元格】组中，单击【格式】命令的下拉箭头，在下拉列表中选择【设置单元格格式】命令，当弹出如图 4.24 所示的【设置单元格格式】对话框后，在该对话框【对齐】选项卡的【文本控制】中选中【合并单元格】复选框，在【水平对齐】下拉列表中选择【居中】。

用同样的操作方法可以分别合并 A2:E2、A3:E3 和 A4:E4 单元格区域为一个单元格。

步骤 3：在【开始】选项卡的【字体】组中完成表头文字的设置，详细操作将在工作表的格式化中介绍。

如果要取消单元格的合并，只需要选择该单元格，单击图 4.24 中的【合并单元格】复选框，取消选中状态；或再次单击【合并后居中】按钮，将它还原成合并前的状态。

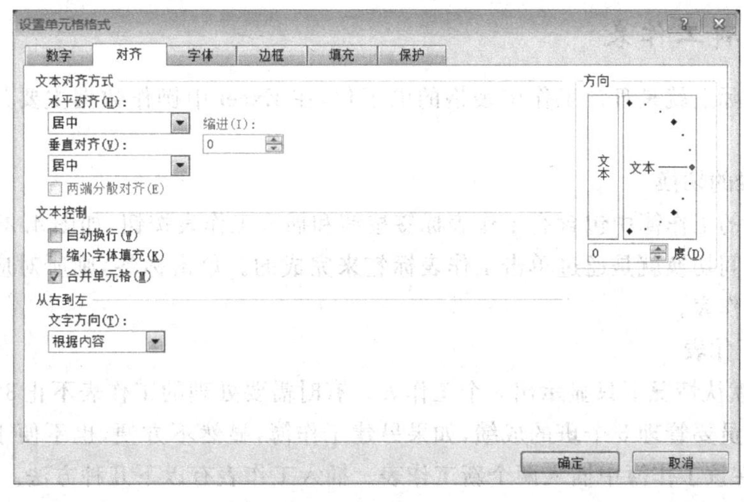

图 4.24 【设置单元格格式】对话框

6. Excel 2010 中撤消、恢复或重复操作

在 Excel 2010 中，可以撤消和恢复多达 100 项操作。

撤消的操作步骤是：单击【快速访问工具栏】上的【撤消】按钮，则撤消最近一次的操作。要同时撤消多项操作，可单击【撤消】按钮旁的箭头，从列表中选择要撤消的操作步骤后单击即可，Excel 将撤消所有选中的操作。

恢复撤消的操作是：单击【快速访问工具栏】的【恢复】按钮 即可。

4.2.4 编辑行与列

对工作表行、列操作除了前面讲过的选择行、列操作，还有删除行、列，插入行、列及调整行高和列宽等操作。

1. 删除行、列的操作

选中要删除的行或列，在【开始】选项卡的【单元格】组中，单击【删除】按钮 。

2. 插入行、列的操作

在插入的行或列前选中要插入的行或列的数目，在【开始】选项卡的【单元格】组，单击【插入】按钮 ，则系统将在选中行前增加选中目的新行或在选中列左侧增加选中数目的新列。

提示：选中的行数或列数就是插入的行数或列数。

3. 调整行高

选中要调整行高的行中任一单元格，在【开始】选项卡上的【单元格】组中单击【格式】按钮 右侧的下拉箭头，在弹出的下拉列表中选择【行高】命令，在弹出的【行高】对话框中输入新的行高数值。此外还有一种更为直观的方法，把鼠标移到要调整行高的行号下边的表格线上，当鼠标变成上下箭头时，拖动鼠标就可改变该行的行高。

4. 调整列宽

单元格预设8个字符的宽度，当输入的字符超过8个字符时，可调整单元格的列宽以显示出单元格的所有内容。调整列宽的方法与调整行高的方法相似。

4.2.5 编辑工作表

工作表实际上就是日常工作中表格的电子化，在Excel中操作数据主要是通过工作表进行的。

1. 工作表的切换

一个打开的工作簿中包含有工作表标签按钮和插入工作表按钮，如图4.25所示。在不同的工作表之间切换就是通过单击工作表标签来完成的。单击标签，则所对应的工作表就会成为活动工作表。

2. 插入工作表

Excel在默认情况下只显示出3个工作表。有时需要处理的工作表不止3个，如前面提到的一个辅导员要管理5个班的成绩，如果另建工作簿，显然不方便，也不便于成绩的统一管理，最好是在该工作簿中插入两个新工作表。插入工作表有以下几种方法。

方法1：在现有工作表的末尾插入新工作表，则单击如图4.25所示屏幕底部的【插入工作表】按钮。

图4.25 工作表标签

方法 2：在当前工作表之前插入新工作表。在【开始】选项卡的【单元格】组中，单击【插入】按钮，在弹出的下拉列表中单击【插入工作表】项，则插入一个新的工作表。

方法 3：右击工作表的标签，在弹出的如图 4.26 所示的快捷菜单中单击【插入】命令，在弹出的如图 4.27 所示的【插入】对话框的【常用】选项卡中，单击【工作表】选项，然后单击【确定】按钮。

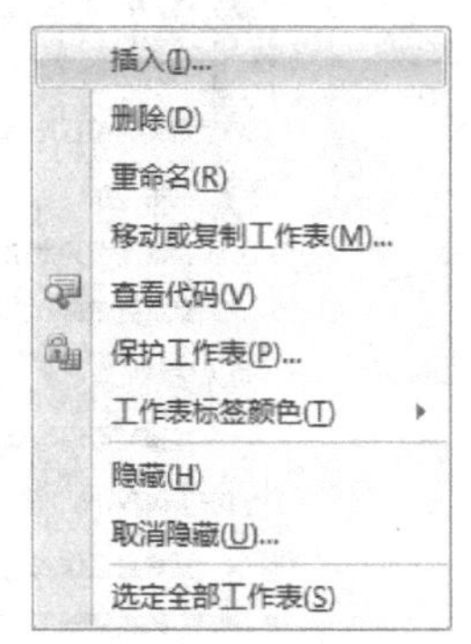

图 4.26　工作表快捷菜单

3. 删除工作表

单击要删除的工作表标签，在【开始】选项卡的【单元格】组中，单击【删除】按钮。或右击工作表标签，在弹出的如图 4.26 所示的下拉列表中单击【删除】命令。

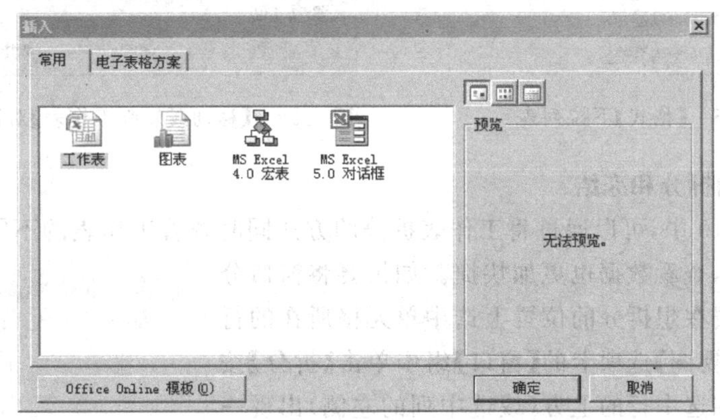

图 4.27　【插入】对话框【常用】选项卡

4. 重命名工作表

方法 1：右击要重命名的工作表标签，在弹出的如图 4.26 所示的快捷菜单中单击【重命名】命令，在反白显示的工作表标签中输入新工作表名称即可。

方法 2：双击要重命名的工作表标签，工作表标签以反白显示，之后输入新工作表名称，按 Enter 键，被选中的工作表就被重新命名了。

5. 工作表的移动与复制

在工作簿的实际编辑过程中，为了节省时间，提高编辑的效率，用户经常需要移动和复制工作表。工作表的移动和复制可以在同一工作簿内部进行，也可以在不同的工作簿之间进行。

选择要移动或复制的工作表，在【开始】选项卡的【单元格】组中，单击【格式】按钮 格式，弹出如图 4.28 所示的下拉列表，在【组织工作表】选项组中单击【移动或复制工作表】命令，或者右击选定的工作表标签，然后在图 4.26 所示的快捷菜单上选择【移动或复制工作表】命令，均会弹出如图 4.29 所示的【移动或复制工作表】对话框。在该对话框中首先在【工作簿】下拉列表中选择目标工作簿，然后在【下列选定工作表之前】列表框中选择一个放置位置，若要复制工作表，还要选中【建立副本】复选框，单击【确定】按钮完成移动或复制工作表操作。

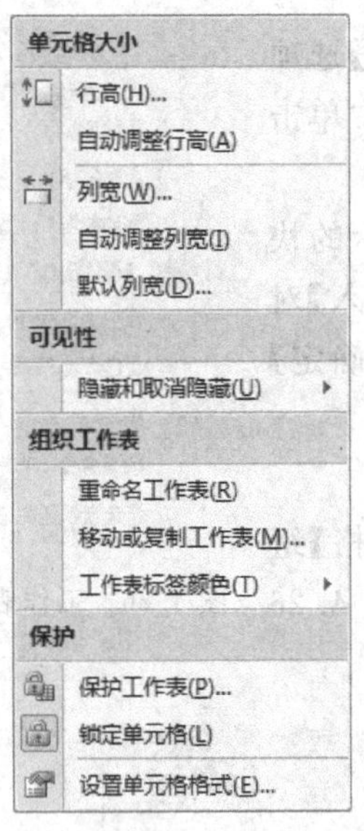

图 4.28 【格式】下拉列表

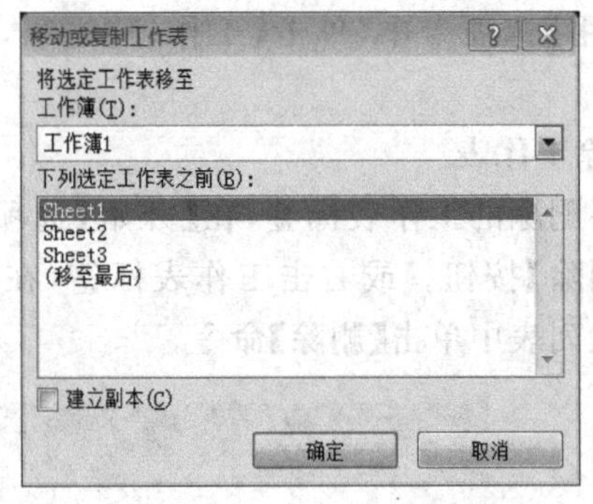

图 4.29 【移动或复制工作表】对话框

6. 工作表的拆分和冻结

在 Excel 2010 中,可以通过将工作表拆分的方式同时查看工作表的不同部分。这个方法操作起来简单,查看数据也更加快捷。如果要将窗口分成两个部分,只要在想拆分的位置上选中单元格所在的行(或列),然后在【视图】选项卡的【窗口】组中单击【拆分】按钮,则工作表会在选中行的上方(或选中列的左侧)出现一个拆分线,即工作表已经被拆分,拖动垂直滚动条或水平滚动条,可以看到两个部分的记录会同步运动,这样就能够很方便地查看工作表两个部分的数据了。也可以拖动如图 4.30 所示的横向拆分按钮和纵向拆分按钮进行拆分。将鼠标指针指向横向或纵向拆分按钮,然后按下鼠标左键将拆分按钮拖到需要的位置后释放鼠标,即可完成对窗口的横向或纵向拆分。

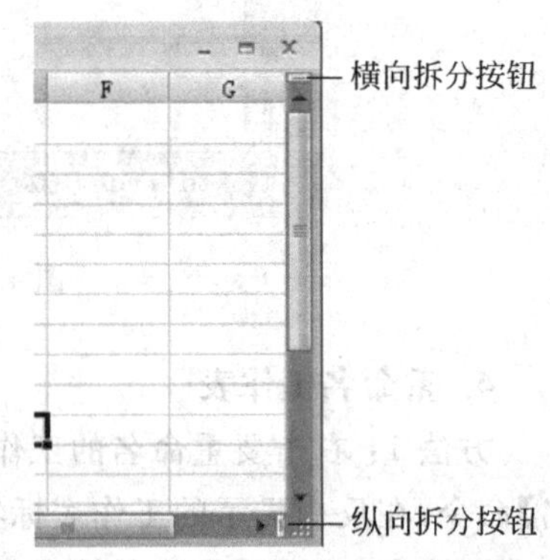

图 4.30 横向、纵向拆分按钮位置

若要取消拆分,只需再次单击【窗口】组的【拆分】按钮,或在拆分线上双击鼠标即可。

在查看工作表数据的时候,经常希望一些行或列可以一直显示在页面中,而不要随着滚动条的滚动而隐藏,这可以通过冻结部分窗格的方法来实现。在【视图】选项卡的【窗口】组中单击【冻结窗格】按钮,在下拉列表中选择【冻结拆分窗格】命令,即可将工作表的拆分冻结。如果想重新拆分,则再次在功能区的【视图】选项卡【窗口】组中的【冻结窗格】下拉列表中选择【冻结拆分窗格】。另外,还可以冻结首行或首列。

4.3 Excel 2010 工作表的格式化

所谓工作表的格式化,就是对工作表进行修饰。Excel 2010 的每一个单元格都可以看成是 Word 2007 的文档编辑区。所以对 Word 2007 文档进行的格式化操作方法,很多适用于 Excel 2010 单元格。工作表的修饰包括设置单元格的格式、设置单元格区域的对齐方式、设置单元格区域的边框和底纹以及使用自动套用格式等。

4.3.1 设置单元格格式

当向单元格输入一个数据时，这个数据可能不会以输入时的数值出现在工作表中，比如，输入 9/10，结果显示为 9 月 10 日。这是因为 Excel 2010 把所有的数字和日期都以数字形式保存，而在屏幕上显示的数字或日期都被“穿”上了一件“数据格式外衣”。Excel 2010 对单元格及数据的格式设置既有本身数据格式的特点，又和 Word 2010 的文字格式设置相似。

Excel 提供了大量的数据格式，并将它们分成常规、数值、货币、日期、特殊、自定义等格式，如图 4.31 所示。如果不做设置，输入时使用默认的“常规”单元格格式。

1. 字符格式的设置

单元格中文本的格式包括字体、字号、字形、加粗、倾斜和下划线、字体颜色等。其设置方法与 Word 2007 中对文本的设置方法相同。

2. 数字格式的设置

方法 1：使用数字格式按钮。

选择要设置格式的单元格，在【开始】选项卡的【数字】组中，单击【常规】按钮右侧的下拉箭头，会出现如图 4.31 所示格式选项，可以根据需要选择格式。利用【数字】组中【常规】按钮下面的图标按钮可以快速地对所选单元格进行数字格式设置，各图标的含义如下。

图 4.31 【常规】按钮下拉箭头各图标

- 会计数字格式。单击【会计数字格式】按钮，被选定的单元格区域中的数据前会显示人民币符号“¥”，单击【会计数字格式】按钮右侧的下拉箭头，可选择各国家的货币符号。
- 百分比样式。单击【百分比】按钮 %，被选定的单元格区域中的数据以百分数的形式显示。
- 千位分隔样式。单击【千位分隔样式】按钮 ,，被选定的单元格区域中的数据加入千分位分隔号。

- 增加小数位数。单击【增加小数位数】按钮 一次,选定单元格区域中数据的小数位增加一位。
- 减少小数位数。单击【减少小数位数】按钮 一次,选定单元格区域中数据的小数位减少一位。

方法 2:使用【数字】选项卡。

选择要设置的单元格,在【开始】选项卡的【数字】组中,单击右下角的【对话框启动器】按钮 ,弹出如图 4.32 所示的【设置单元格格式】对话框。用户可以根据需要在【数字】选项卡中选取所需要的数字格式,然后单击【确定】按钮。

方法 3:自定义数字格式。

在 Excel 中还可以根据需要自己定义数据格式。当 Excel 自带的数字格式无法描述实际的数据时,就可通过自定义格式来设计如何显示数字、文本、日期等格式。创建自定义格式时最多指定四种格式,其书写形式是:

正数格式;负数格式;零值格式;文本格式

不同的部分之间用分号";"分隔,如果要跳过某一部分定义,那么该部分应以分号结束。例如,要创建一个不定义负数格式的自定义格式,其余三部分的书写顺序为:

正数格式;;零值格式;文本格式

创建自定义数字格式的步骤如下。

在图 4.32 所示的【设置单元格格式】对话框中,选择【数字】选项卡,在【分类】框中,选择【自定义】选项,如图 4.33 所示。单击【类型】列表框中的一种数字格式,该格式将出现在【类型】框下面的编辑框中,用户可根据需要插入或删除一些格式符号来定义自己的数字格式,然后单击【确定】按钮完成数字格式定义。

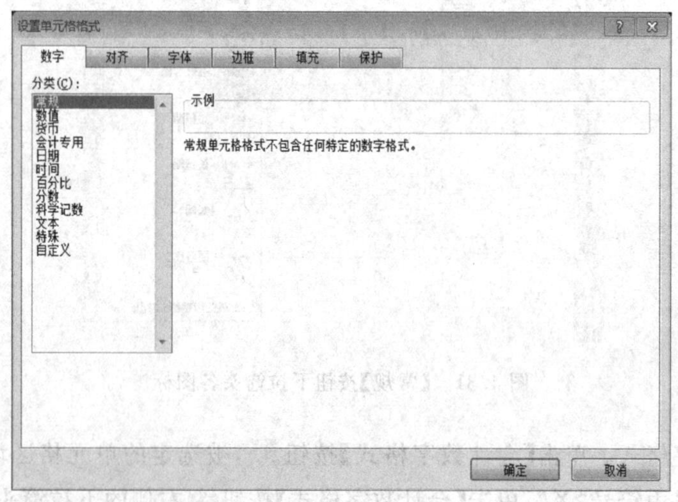

图 4.32 【设置单元格格式】对话框【数字】选项卡

一旦创建了自定义的数字格式,该格式将一直被保存在工作簿中,并且能像其他 Excel 自带格式一样被使用,直到该格式被删除。

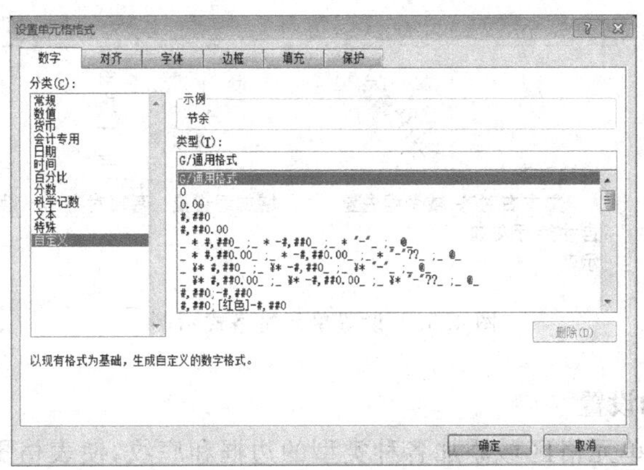

图 4.33　自定义数字格式

3. 对齐格式的设置

对齐格式是指单元格的内容显示时相对于单元格上下左右边框的位置。选择要设置对齐方式的单元格或单元格区域，在如图 4.34 所示的【开始】选项卡的【对齐方式】组中完成对齐方式的设置。

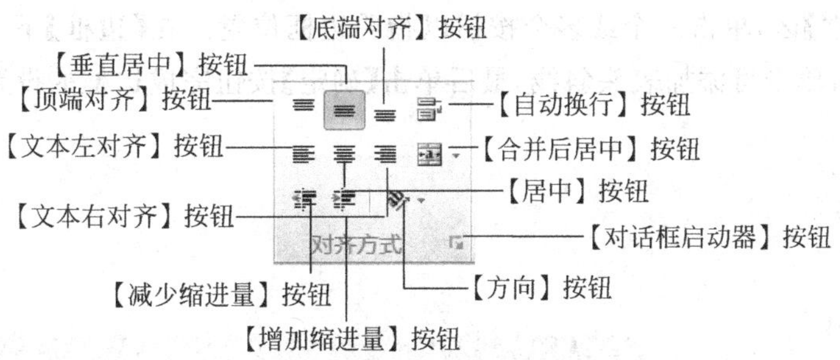

图 4.34　【对齐方式】组各按钮

也可以单击【对齐方式】组右下角的【对话框启动器】按钮，显示如图 4.35 所示的【设置单元格格式】对话框，并在【对齐】选项卡中进行精确设置。设置示例如图 4.36 所示。

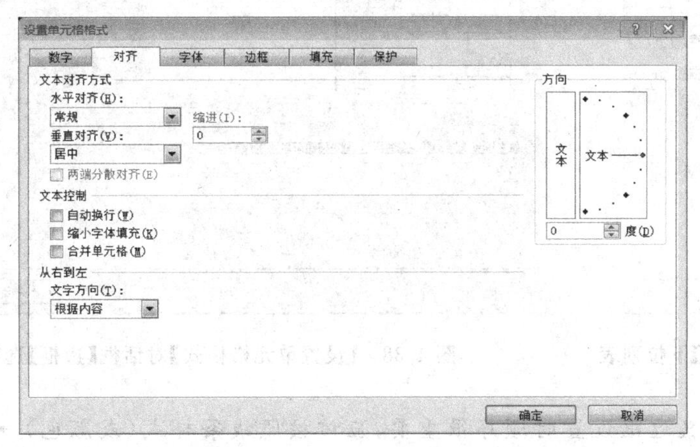

图 4.35　【设置单元格格式】对话框【对齐】选项卡

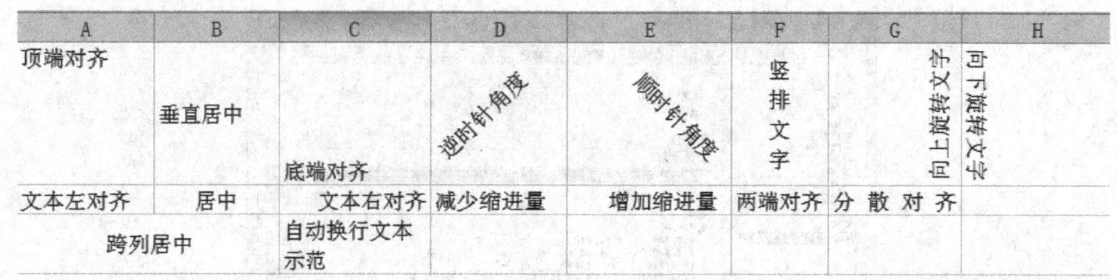

A
B
C
D
E
F
G
H
顶端对齐
垂直居中
底端对齐
逆时针角度
顺时针角度
竖排文字
向上旋转文字
向下旋转文字
文本左对齐
居中
文本右对齐
减少缩进量
增加缩进量
两端对齐
分 散 对 齐
跨列居中
自动换行文本示范

图 4.36　设置单元格格式示例

4. 边框和底纹的设置

可以为单元格或单元格区域添加各种类型的边框和底纹,使表格更加清晰明了。

(1) 边框的设置

选定要添加边框的单元格或单元格区域,在【开始】选项卡的【字体】组中,单击【边框】按钮右侧的向下箭头,出现如图 4.37 所示的【边框】下拉列表,然后单击所需的边框样式,可以快速地完成边框的设置。

如果要应用自定义的边框样式或斜向边框,可选择【其他边框】命令,弹出如图 4.38 所示的【设置单元格格式】对话框,当前默认为【边框】选项卡。选择所需的线条样式和颜色。在【预置】或【边框】区,单击一个或多个按钮以指明边框位置。在【边框】下方有两个斜向边框按钮◸和◹,单击可添加表头斜线,最后单击【确定】按钮完成边框的设置。

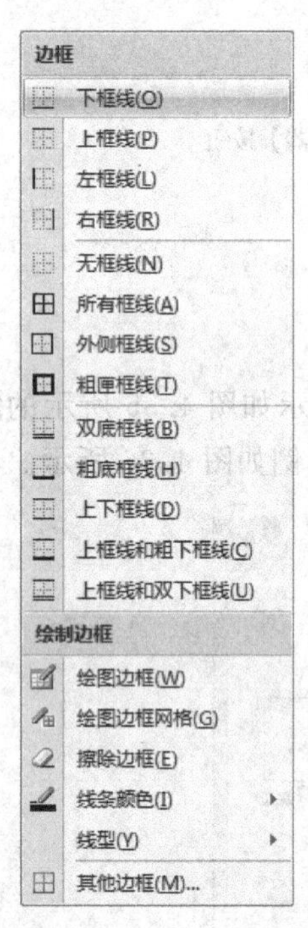

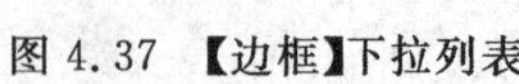
图 4.37　【边框】下拉列表

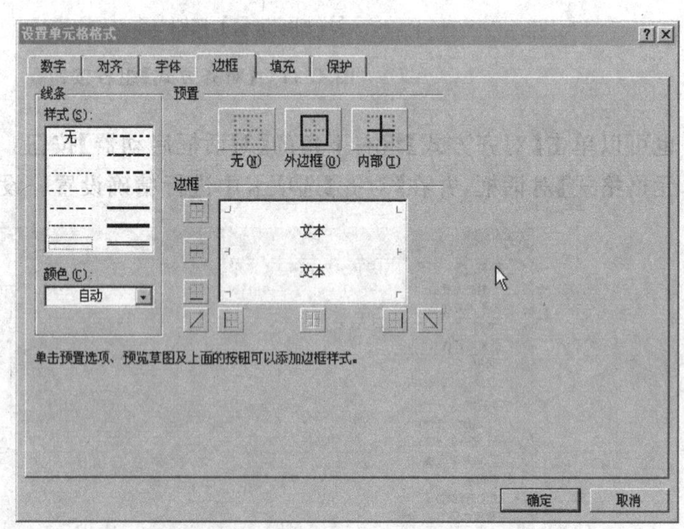

图 4.38　【设置单元格格式】对话框【边框】选项卡

注意：自定义边框设置时顺序很重要,应该按照线条样式(或颜色)→【预置】(或【边框】)→【确定】的顺序。

要删除单元格或单元格区域的边框，则先选定要删除边框的单元格或单元格区域，然后在图 4.37 所示的下拉列表中选择【无框线】按钮 ，或在【设置单元格格式】对话框的【边框】选项卡的【预置】区单击【无】按钮 。

(2) 背景色或底纹的设置

选择要添加底纹的单元格或单元格区域，在【开始】选项卡的【字体】组中，单击右下角的【对话框启动器】按钮 ，选择如图 4.39 所示的【填充】选项卡，可以更精确地设置背景色和底纹，说明如下。

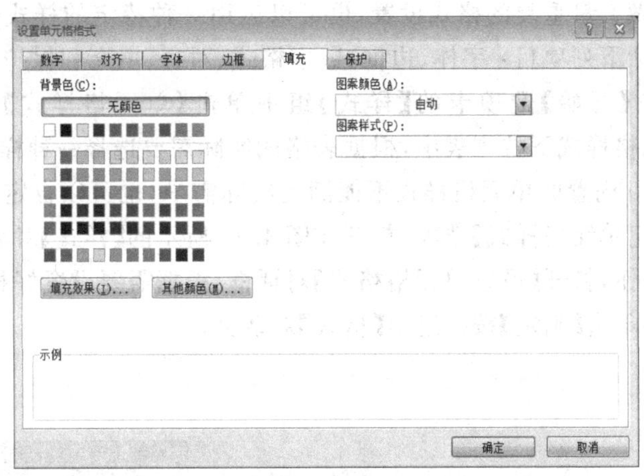

图 4.39 【设置单元格格式】对话框【填充】选项卡

- 在【背景色】选项中单击想要使用的背景色，然后单击【确定】按钮完成背景色的设置。这样的设置和【开始】选项卡的【字体】组中单击填充按钮 所产生的设置效果相同。
- 单击【填充效果】按钮，弹出如图 4.40 所示【填充效果】对话框，然后在【填充效果】对话框中的【渐变】区中选择需要设置的颜色，在【底纹样式】区中选择一种样式，最后单击【确定】按钮完成底纹的设置。

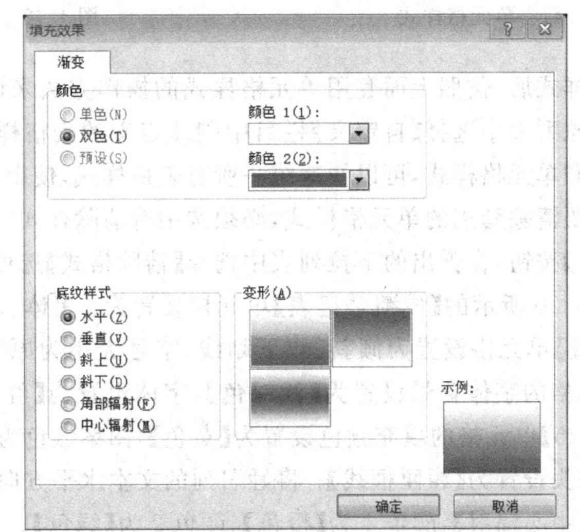

图 4.40 【填充效果】对话框

• 要使用包含两种颜色的图案设置底纹,可以在【图案颜色】下拉列表中选择另一种颜色,然后在【图案样式】下拉列表中选择图案样式。

若要删除单元格或单元格区域的底纹,则选择含有填充颜色或填充图案的单元格,在【开始】选项卡的【字体】组中,单击【填充颜色】右边的下拉箭头,然后选择【无填充颜色】选项。

5. 套用单元格样式

"单元格样式"提供对单元格创建和应用样式的功能。"单元格样式"可以创建风格一致的文档而不需要去做大量重复的格式设置,也可以运用一种特定的样式快速改变所有单元格的格式。样式包括下列项目:字体、边框、数字格式、对齐、填充和保护。选中需要设置格式的单元格区域,在【开始】选项卡的【样式】组中单击【单元格样式】按钮,在弹出的如图 4.41 所示的单元格样式下拉列表中,根据表格的实际需要选择一种样式,单击即可。

如果 Excel 2010 内置的单元格样式不能满足实际需求,也可以自定义单元格样式。在图 4.41 中选择【新建单元格样式】选项,打开如图 4.42 所示的【样式】对话框,输入一个样式名称,单击【格式】按钮,打开【设置单元格格式】对话框,根据需要设置好相应的格式后,单击【确定】按钮返回,再单击【确定】按钮退出【格式】对话框。

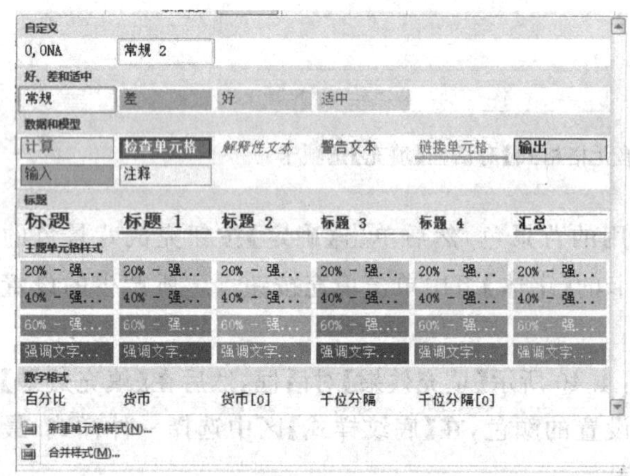

图 4.41 单元格样式

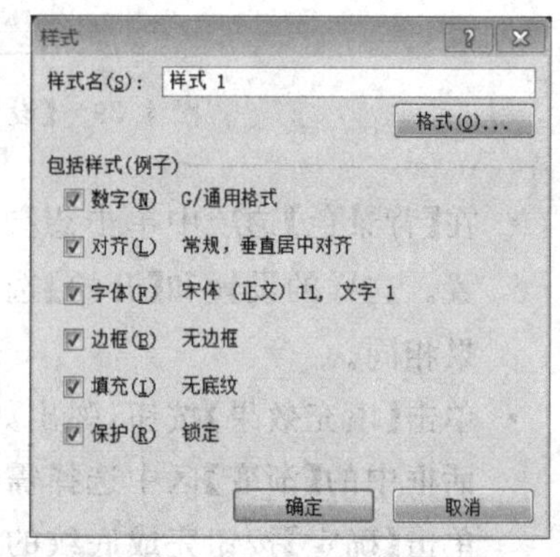

图 4.42 【样式】对话框

自定义好单元格样式后,仿照上面套用单元格样式的操作方法来设置选中单元格的样式。在单元格样式下拉列表中选择【自定义】栏目中刚才定义的表格样式,单击即可。利用内置或自定义的表格和单元格样式,可以快速统一所有表格样式,使得制作和打印出来的表格统一、规范。同样,要清除套用的单元格样式,必须选中待清除样式的单元格区域,然后单击【编辑】组中的【清除】按钮,在弹出的下拉列表中选择【清除格式】选项。

【例 4.1】 将图 4.20 所示的【成绩登记表】单元格设置为:黑体、18 号字、加粗;【课程名称:计算机文化基础】单元格设置为倾斜、双下划线,字号大小为原字号大小+2;【班级一班 第一学期】单元格的字体背景设置为【浅绿色】,字体设置为【红色】;【填表教师:张帅填表日期:2014/1/25】单元格的填充颜色设置为【黄色】,图案颜色为【绿色】,图案样式为【12.5%灰色】,并将表头设置为【粗匣框线】;将姓名列的文本水平方向居中对齐,并设置填充效果的底纹样式为【中心辐射】,颜色 1 为【橙色】,颜色 2 为【绿色】。具体操作步骤如下。

步骤 1：单击【成绩登记表】单元格，在【开始】选项卡的【字体】组中，单击【字体】下拉列表右侧的下拉箭头，在弹出的列表中选择【黑体】。单击【字号】下拉列表右侧的下拉箭头，在弹出的列表中选择 18。单击【加粗】按钮 **B** 完成单元格的【成绩登记表】的设置。

步骤 2：单击【课程名称：计算机文化基础】单元格，在【开始】选项卡的【字体】组中，单击【倾斜】按钮 *I*，单击【下划线】按钮 U 右侧的下拉箭头，在弹出的下拉列表中选择【双下划线】，单击二次【增大字号】按钮 A，将字号在原字号大小基础上+2。

步骤 3：单击【班级一班　第一　学期】单元格，在【开始】选项卡的【字体】组中，单击【字体颜色】按钮 A 右侧的下拉箭头，在下拉列表框的【标准色】中选择【红色】，单击【填充颜色】按钮旁边的下拉箭头，在下拉列表框的【标准色】中选择【浅绿】色。

步骤 4：单击【填表教师：张帅　填表日期：2014/1/25】单元格，在【开始】选项卡的【字体】组中，单击右下角的【对话框启动器】按钮，在弹出的【设置单元格格式】对话框中单击【填充】选项卡，选择背景色为【黄色】，图案颜色为【绿色】，图案样式为【12.5%灰色】。

步骤 5：选择 A1:E4 单元格区域，在【开始】选项卡的【字体】组中，单击【边框】按钮右侧的下拉箭头，在下拉列表框中选择【粗匣框线】。

步骤 6：选择 B5:B9 单元格，在【开始】选项卡的【对齐方式】组中单击【居中】按钮，在【开始】选项卡的【字体】组中，单击右下角的【对话框启动器】按钮，在弹出的【设置单元格格式】对话框中单击【填充】选项卡，然后单击【填充效果】按钮 填充效果(I)...，选择填充效果的底纹样式为【中心辐射】，颜色 1 为【橙色】，颜色 2 为【绿色】，然后单击【确定】按钮。

最终设置文本格式的效果如图 4.43 所示。

【例 4.2】 将图 4.43 所示的【成绩登记表】中 C6 单元格设置成会计数字格式，D6 单元格设置成百分比，C7 单元格的 65 更改为 6500 并设置千位分隔样式，D7 单元格增加二位小数位数，C8 单元格设置为短日期格式，D8 单元格设置成科学计数，然后重新设置成【常规】格式。具体操作如下。

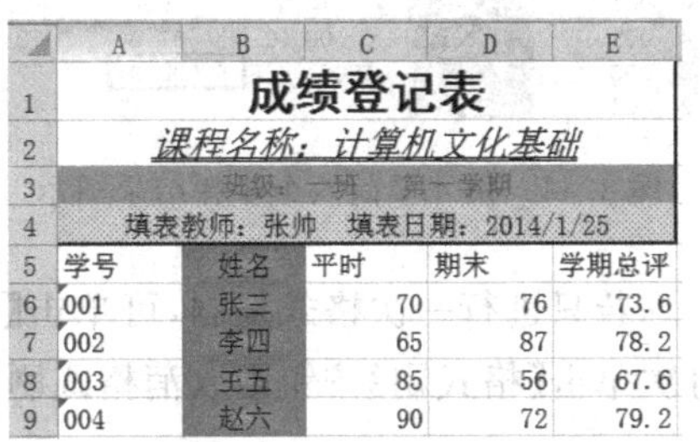

	A	B	C	D	E
1	成绩登记表				
2	课程名称：计算机文化基础				
3	班级：一班　第一学期				
4	填表教师：张帅　填表日期：2014/1/25				
5	学号	姓名	平时	期末	学期总评
6	001	张三	70	76	73.6
7	002	李四	65	87	78.2
8	003	王五	85	56	67.6
9	004	赵六	90	72	79.2

图 4.43　例 4.1 最终效果图

步骤 1：选定 C6 单元格，在【开始】选项卡的【数字】组中，单击【会计数字格式】按钮。

步骤 2：选定 D6 单元格，在【开始】选项卡的【数字】组中，单击【百分比样式】按钮 %。

步骤 3：选定 C7 单元格，重新输入数据 6500；在【开始】选项卡的【数字】组中，单击【千位分隔样式】按钮 ,。

步骤 4：选定 D7 单元格，在【开始】选项卡的【数字】组中，单击【增加小数位数】按钮二次。

步骤 5：选定 C8 单元格，在【开始】选项卡的【数字】组中，单击【常规】框 常规 后的下拉按钮，在下拉列表中选择【短日期】。

步骤 6：选定 D8 单元格，在【开始】选项卡的【数字】组中，单击右下角的【对话框启动器】按钮，在【设置单元格格式】对话框的【数字】选项卡的【分类】区中选择【科学记数】，然后单击【确定】按钮。设置后的结果如 4.44 所示。

步骤7：取消前面的设置，即将C6:D8单元格区域还原为【常规】格式，则选择C6:D8单元格区域，在【开始】选项卡的【数字】组中，单击【常规】按钮 常规 右侧下拉箭头，选择【常规】选项。

说明：取消格式设置的操作一般是再次选择要取消格式设置的单元格或单元格区域，重新设置成默认格式，也就是说取消格式设置的步骤和进行格式设置的步骤一样。如上题要取消数字格式设置则在【开始】选项卡的【数字】组中选择【常规】项，重新设置为默认格式。此处也可按数次撤消按钮撤消设置的格式。

前面的两个例题是对单元格格式设置的具体应用，在实践中还有一个非常有用的工具可以快速地设置单元格格式。这个工具就是格式刷。

6. 格式刷

如果要多次设置相同的格式，也就是复制格式，那么可以使用【开始】选项卡【剪贴板】组中的【格式刷】按钮。如将图4.44中C6单元格的会计数字格式应用于其他数字单元格区域。其操作方法是选择C6单元格，在【开始】选项卡的【剪贴板】组中，双击【格式刷】按钮，然后在C6:E9单元格区域拖动鼠标，鼠标经过的单元格区域的格式即刻变为会计数字格式，如图4.45所示。

	A	B	C	D	E
1	成绩登记表				
2	课程名称：计算机文化基础				
3	班级：一班　第一学期				
4	填表教师：张帅　填表日期：2014/1/25				
5	学号	姓名	平时	期末	学期总评
6	001	张三	¥　70.00	7600%	73.6
7	002	李四	6,500.00	87.00	2652.2
8	003	王五	1900/3/25	5.60E+01	67.6
9	004	赵六	90	72	79.2

图4.44　例4.2前六个步骤结果图示

	A	B	C	D	E
1	成绩登记表				
2	课程名称：计算机文化基础				
3	班级：一班　第一学期				
4	填表教师：张帅　填表日期：2014/1/25				
5	学号	姓名	平时	期末	学期总评
6	001	张三	¥　70.00	¥76.00	¥　73.60
7	002	李四	¥　6,500.00	¥87.00	¥　2,652.20
8	003	王五	¥　85.00	¥56.00	¥　67.60
9	004	赵六	¥　90.00	¥72.00	¥　79.20

图4.45　使用格式刷复制会计格式的效果

若只进行一次格式复制，可单击【格式刷】按钮；多次复制格式，则双击【格式刷】按钮。再次单击【格式刷】按钮则取消格式刷。

4.3.2　使用套用表格格式

Excel 2010提供了许多预定义的表样式(或快速样式)，所谓样式，就是Excel已经制作好的表格格式。如果对所建工作表没有特殊的格式要求，可以使用Excel提供的预定义的表样式，使用这些样式，可快速套用表格式，节省格式化工作表的时间。如果预定义的表样式不能满足需要，可以创建并应用自定义的表样式。

1. 套用表格格式

在工作表中，选择要套用表格样式的单元格区域；在【开始】选项卡的【样式】组中，单击【套用表格格式】按钮，弹出如图4.46所示的包含有【浅色】、【中等深浅】或【深色】分组的表样式，单击要使用的表样式，弹出如图4.47所示的【套用表格式】对话框，可以单击对话框折叠按钮来折叠/展开对话框(对话框折叠后，对话框折叠按钮就变成对话框展开按钮)，然后在数据表中利用鼠标进行拖动对所选单元格区域进行再次确认，最后单击【确定】按钮完成表样式快速设置。

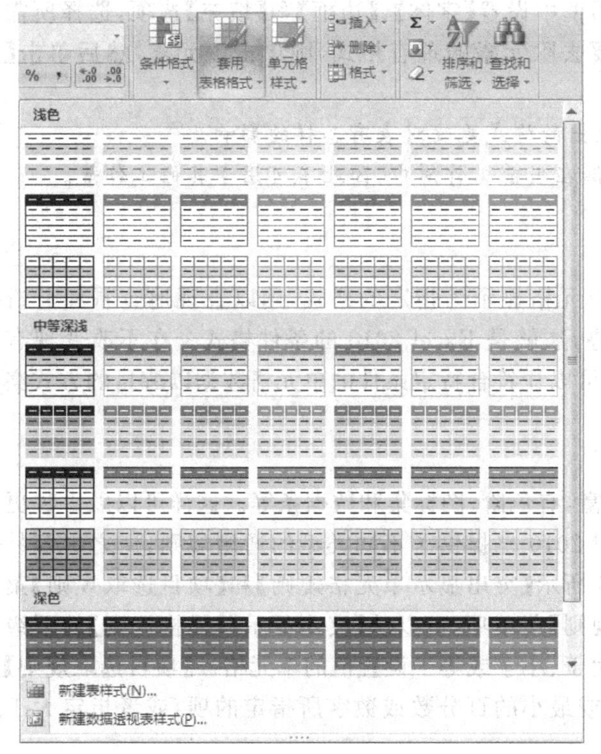

图 4.46　表样式

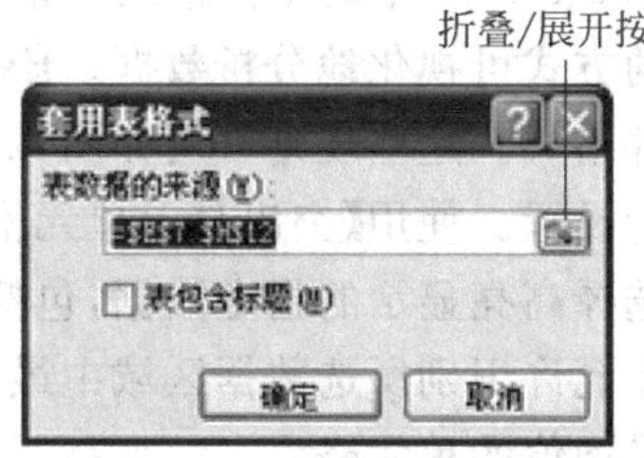

图 4.47　【套用表格式】对话框

2. 更改表样式

若将已有表样式的表更改成其他的表样式，则选择已应用表样式的表，此时会显示如图 4.48 所示【表工具/设计】选项卡。单击【表格样式】组中【其他】按钮，会弹出和图 4.46 相似的包含有【浅色】、【中等深浅】或【深色】的表样式，根据需要选择相应的样式即可完成表样式更改。

通过【表工具/设计】选项卡的【表格样式选项】组对已经套用表样式的工作表进行修饰。

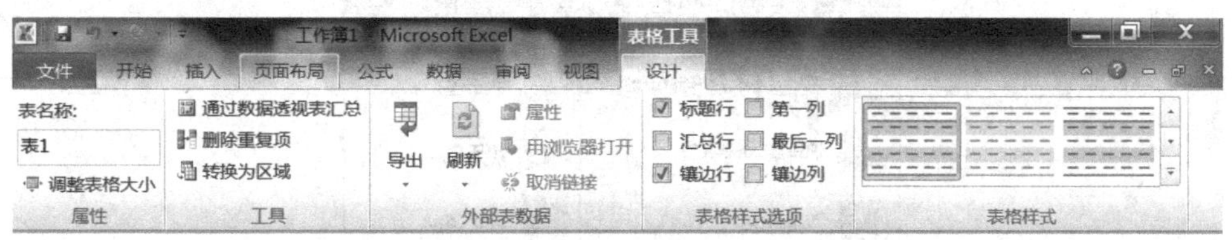

图 4.48　【表工具/设计】选项卡

3. 创建或删除自定义的表样式

如果系统预定义的表样式不能满足需要，还可以创建并应用自定义的表样式。在【开始】选项卡的【样式】组中，单击【套用表格式】按钮。或者选择现有的表以显示【表工具】选项卡，然后在【表工具/设计】选项卡的【表格样式】组中，单击【其他】按钮，弹出如图 4.46 所示的样式列表。单击【新建表样式】命令，在弹出的【新建表快速样式】对话框的【名称】框中，键入新表样式的名称，在【表元素】框中，若要设置元素的格式，单击该元素，然后单击【格式】

按钮,在弹出的【设置单元格格式】对话框中设置【字体】、【边框】和【填充】选项,选择所需的格式选项,然后单击【确定】按钮；若要去除元素的现有格式,则单击该元素,然后单击【清除】按钮。

提示：在【预览】下,可以查看所做出的格式更改对表有怎样的影响。

注意：创建的自定义表样式只存储在当前工作簿中,因此不可用于其他工作簿。

4.3.3 条件格式

当单元格符合某个条件时,可将单元格显示为指定的格式,用以直观地查看和分析数据、发现关键问题以及识别模式和趋势,这就是 Excel 2010 的条件格式。在不改变现有排序、也不做筛选的情况下,用条件格式可以让符合特定条件的单元格数据以醒目的方式突出显示出来。

1. 丰富的 Excel 2010 条件格式

Excel 2010 中的条件格式非常丰富,有色阶、图标集和数据条等。这样可以以一种更易理解的方式可视化地分析数据。Excel 2010 也提供了不同类型的通用规则,使之更容易创建条件格式。这些规则可用如图 4.49 所示【突出显示单元格规则】和【项目选取规则】菜单项进行设置。使用【突出显示单元格规则】菜单项,可以从【突出显示单元格规则】的下级菜单中选择高亮显示的指定数据,包括大于、小于或等于设置值的单元格。【项目选取规则】菜单项中允许识别所选数据区域中最大或最小的百分数或数字所指定的项,或者指定大于或小于平均值的单元格。

2. 条件格式规则的优先级

通过使用【条件格式规则管理器】对话框,可以在工作簿中创建、编辑、删除和查看所有条件格式规则。

在图 4.49 中选择【管理规则】选项,弹出如图 4.50 所示的【条件格式规则管理器】对话框。当两个或更多个条件格式规则应用于一个单元格区域时,将按其在此对话框中列出的优先级顺序执行这些规则。

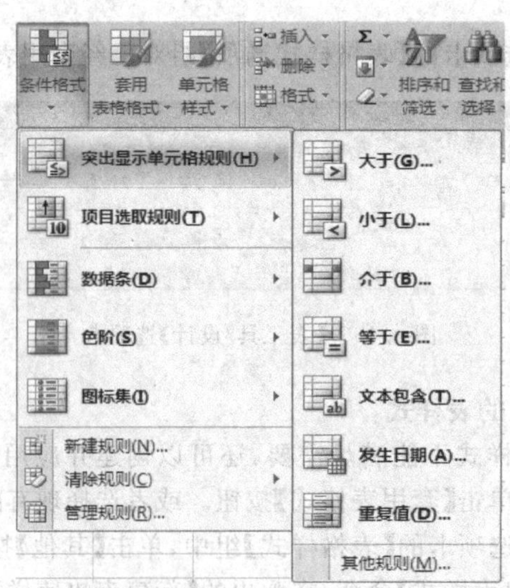

图 4.49 【突出显示单元格规则】和【项目选取规则】菜单项

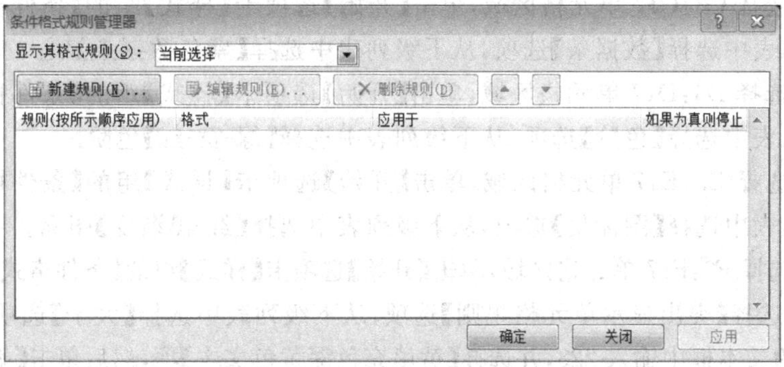

图 4.50 【条件格式规则管理器】对话框

列表中较高处规则的优先级高于列表中较低处的规则。默认情况下，新规则总是添加到列表的顶部，因此具有较高的优先级。当然，可以使用对话框中的【上移】和【下移】按钮更改优先级顺序。

对于一个单元格区域，可以有多个条件为真的条件格式规则。这些规则可能冲突，也可能不冲突。

- 规则不冲突。如果规则不冲突，两个规则都得到应用。例如，如果一个规则将单元格格式设置为字体加粗，而另一个规则将同一个单元格的格式设置为红色，则该单元格格式设置为字体加粗且为红色。
- 规则冲突。如果规则冲突，则应用优先级较高的规则。例如，一个规则将单元格字体颜色设置为红色，而另一个规则将单元格字体颜色设置为绿色。只能应用其中优先级较高的规则。

【例 4.3】 假设图 4.51 是某校 2014 级高三(一)班文科的高考成绩表，使用 Excel 2010 的【条件格式】将 C 列的语文成绩设置成【紫色数据条】；将 D 列的数学成绩设置成【绿-黄-红】色阶；将 E 列的英语成绩设置成【红-黑渐变】图标集；将 F 列的文科综合成绩【大于 228 的单元格】设置为【黄填充色深黄色文本】；将 G 列的总分【高于平均值的单元格】设置为【浅红填充色深红色文本】，其具体步骤如下。

	A	B	C	D	E	F	G
1	2014级高三（一）班（文科）高考成绩表						
2	学号	姓名	语文	数学	英语	文科综合	总分
3	2014001	王汉轩	124	109	98	245	576
4	2014002	李鹏	92	85	98	205	480
5	2014003	张兰	112	123	101	198	534
6	2014004	阿兰朵	134	79	119	236	568
7	2014005	陈虚荣	103	125	105	201	534
8	2014006	赵丽荣	128	134	126	258	646
9	2014007	马未来	119	128	132	233	612
10	2014008	吴敌	124	88	106	256	574
11	2014009	方亚红	112	126	124	203	565
12	2014010	张兰香	89	136	97	216	538
13	2014011	刘晓白	98	120	90	201	509
14	2014012	孙正	89	95	126	209	519
15	2014013	王春秋	103	116	109	219	547
16	2014014	郝仁	108	106	107	238	559
17	2014015	周峰	116	106	109	221	552

图 4.51 例 4.3 的原始数据

步骤1：选择C3:C17单元格区域，单击【开始】选项卡【样式】组的【条件格式】按钮，在弹出的下拉列表中选择【数据条】选项，从下级列表中选择【紫色数据条】项。

步骤2：选择D3:D17单元格区域，单击【开始】选项卡【样式】组的【条件格式】按钮，在弹出的下拉列表中选择【色阶】选项，从下级列表中选择【绿-黄-红】色阶。

步骤3：选择E3:E17单元格区域，单击【开始】选项卡【样式】组的【条件格式】按钮，在弹出的下拉列表中选择【图标集】选项，从下级列表中选择【红-黑渐变】图标。

步骤4：选择F3:F17单元格区域，单击【开始】选项卡【样式】组的【条件格式】按钮，在弹出的下拉列表中选择【突出显示单元格规则】选项，从下级列表中选择【大于】选项，在弹出的如图4.52所示的文本框中输入228，并选择【黄填充色深黄色文本】项，然后单击【确定】按钮。

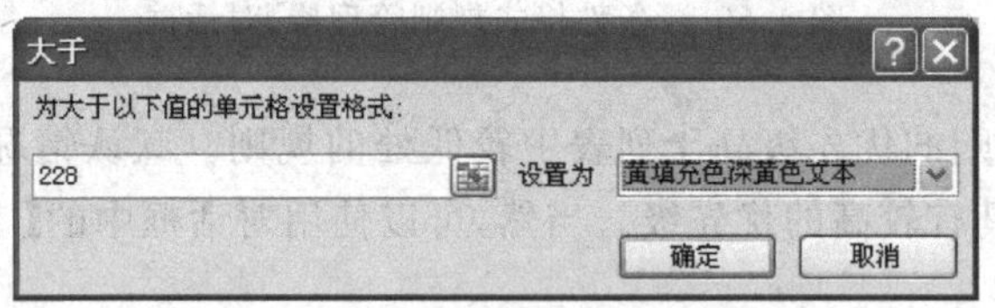

图4.52 【突出显示单元格规则】中的【大于】对话框

步骤5：选择G3:G17单元格区域，单击【开始】选项卡【样式】组的【条件格式】按钮，在弹出的下拉列表中选择【项目选取规则】选项，从下级列表中选择【高于平均值】选项，在弹出的如图4.53所示的【高于平均值】对话框中选择【浅红填充色深红色文本】选项，最后单击【确定】按钮。

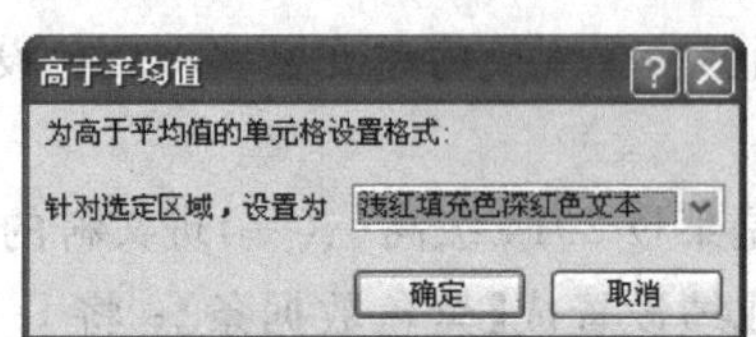

图4.53 【项目选取规则】中的【高于平均值】对话框

最终的效果如图4.54所示。

4.3.4 设置工作表边框与背景

1. 添加或删除工作表背景

选择要添加背景的工作表。在【页面布局】选项卡的【页面设置】组中，单击【背景】按钮，弹出【工作表背景】对话框，选择要用作工作表背景的图片，然后单击【插入】按钮。

若要删除工作表的背景图片，可再次在【页面布局】选项卡的【页面设置】组中，单击【背景】按钮，即可删除工作表背景。

说明：工作表背景不能被打印，也不会保存在单个工作表中或保存在另存为网页的项目列表中。由于不能打印工作表背景，因此不能将其用作水印。但是，通过在页眉或页脚中插入图形，可以创造出水印的效果。

	A	B	C	D	E	F	G
1	2014级高三（一）班（文科）高考成绩表						
2	学号	姓名	语文	数学	英语	文科综合	总分
3	2014001	王汉轩	124	109	98	245	576
4	2014002	李鹏	92	85	98	205	480
5	2014003	张兰	112	123	101	198	534
6	2014004	阿兰朵	134	79	119	236	568
7	2014005	陈虚荣	103	125	105	201	534
8	2014006	赵丽荣	128	134	126	258	646
9	2014007	马未来	119	128	132	233	612
10	2014008	吴敌	124	88	106	256	574
11	2014009	方亚红	112	126	124	203	565
12	2014010	张兰香	89	136	97	216	538
13	2014011	刘晓白	98	120	90	201	509
14	2014012	孙正	89	95	126	209	519
15	2014013	王春秋	103	116	109	219	547
16	2014014	郝仁	108	106	107	238	559
17	2014015	周峰	116	106	109	221	552

图 4.54　例 4.3 结果图

2. 在工作表中创造水印效果

若要给图 4.55 所示的工作表创造水印效果，操作方法是选择图 4.55 所示的工作表，在【插入】选项卡的【文本】组中，单击【页眉和页脚】按钮，弹出【页眉和页脚工具/设计】选项卡。页眉区由左、中、右三个区域框组成，选择其中一个页眉区域框，单击【页眉和页脚元素】组中的【图片】按钮，在弹出的【插入图片】对话框中选择要插入的图片文件，然后单击【插入】按钮将其插入工作表中，也可通过双击图片文件的方式将图片文件插入到工作表中。此时在插入图片文件的页眉区域框中会显示【&[图片]】，单击工作表中任一单元格返回到工作表中，就创造出工作表的水印效果。

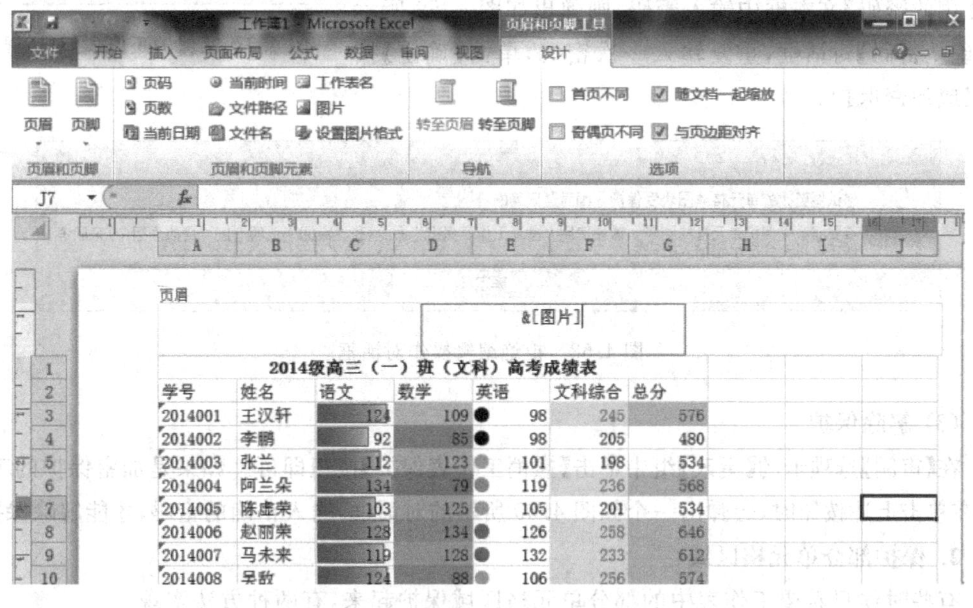

图 4.55　【页眉页脚工具/设计】选项卡

要更换作为水印图片文件,可在【页眉和页脚元素】组中选择【&[图片]】,单击【图片】按钮,弹出如图4.56所示的图片文件替换对话框,单击【替换】按钮则重新更换其他图片文件,要删除图形,则选择【&[图片]】,然后按Delete键即可。

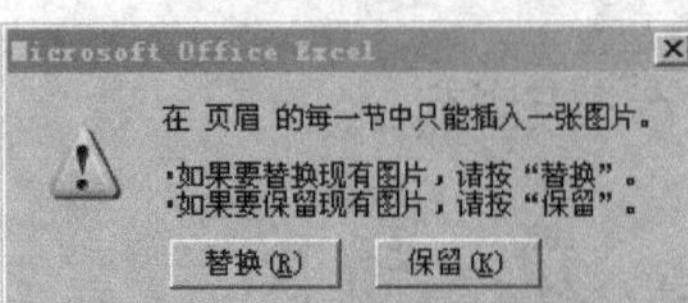

图4.56 图片文件替换对话框

要调整图形大小或缩放图形,单击【页眉和页脚元素】组中的【设置图片格式】按钮,在弹出的【设置图片格式】对话框中选择【大小】选项卡设置所需选项。

4.3.5 工作表的保护

当把工作表制作好后分发给别人浏览时,不希望别人编辑工作表中的数据。此时可以用保护工作表的方法来实现。

1. 保护整个工作表

(1) 一般保护

打开需要保护的工作表,在【审阅】选项卡的【更改】组中单击【保护工作表】按钮,打开如图4.57所示【保护工作表】对话框。在该对话框中选择【保护工作表及锁定的单元格内容】复选项后,单击【确定】按钮,则工作表被保护。如果想编辑工作表中的内容,Excel 2010会弹出如图4.58所示的拒绝编辑操作对话框,拒绝编辑操作。

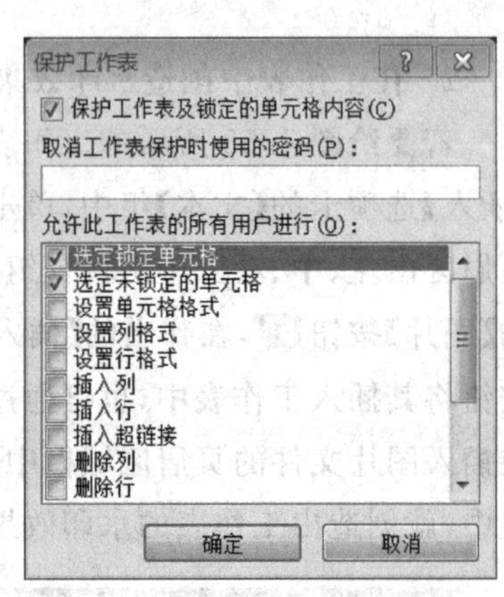

图4.57 【保护工作表】对话框

(2) 加密保护

若想加密保护,则在图4.57所示的【取消工作表保护时使用的密码】文本框中输入密码,则弹出如图4.59所示的【确认密码】对话框,重复输入一次密码,单击【确定】按钮完成加密保护。

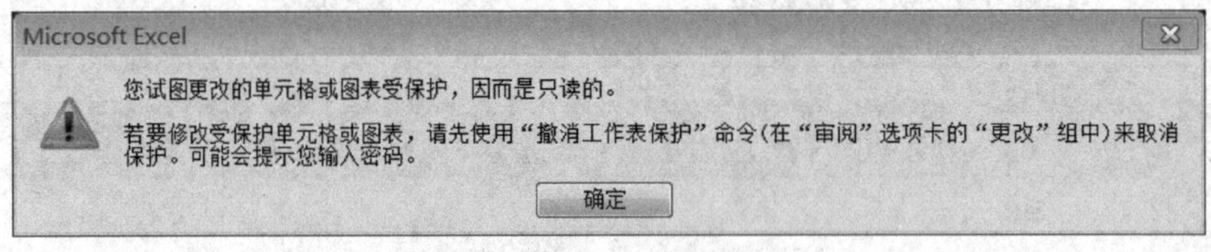

图4.58 拒绝编辑操作对话框

(3) 解除保护

在【审阅】选项卡的【更改】组中单击【撤消工作表保护】按钮即可。如果是加密保护的工作表,在单击上述按钮时,会弹出一个如图4.60所示的对话框,输入正确的密码,才能解除保护。

2. 保护部分单元格区域

有些时候只希望工作表中的部分单元格区域保护起来,有两种方法实现。

方法一。

步骤1:选择工作表,打开【设置单元格格式】对话框,切换到【保护】选项卡,取消【锁定】

复选框的选中状态(默认情况下,【锁定】复选项是选中的),单击【确定】按钮返回,如图 4.61 所示。

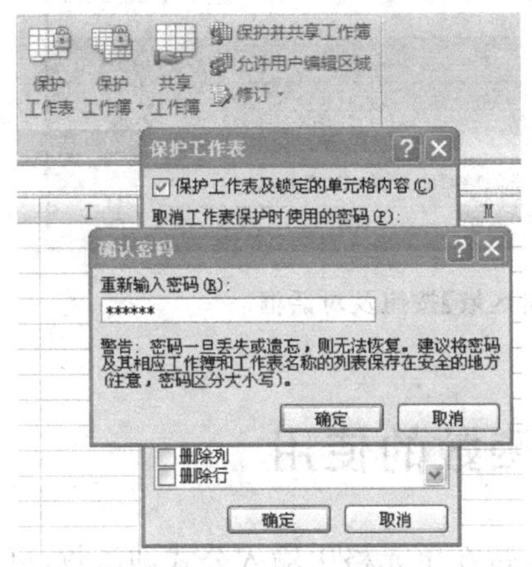

图 4.59 【确认密码】对话框

图 4.60 【撤消工作表保护】对话框

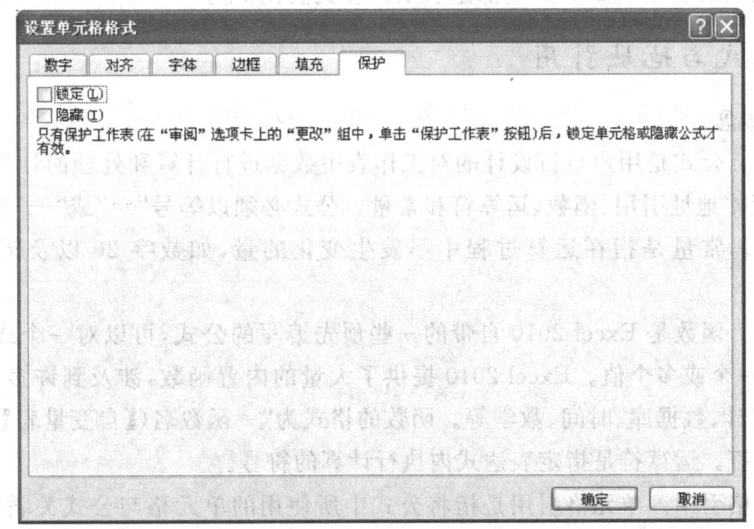

图 4.61 【设置单元格格式】对话框中的【保护】选项卡

步骤 2:再次选择工作表中需要保护的单元格区域,打开【设置单元格格式】对话框,切换到【保护】选项卡,选中【锁定】复选框,单击【确定】返回。然后再重复"(2)加密保护"的操作。

方法二。在 Excel 2010 主界面中单击【审阅】选项卡中的【允许用户编辑区域】按钮,打开一个与之同名的对话框,如图 4.62 所示,单击其中的【新建】按钮,弹出【新区域】对话框,选择【允许用户编辑区域】并进行密码等设置。最后单击【审阅】选项卡的【保护工作表】按钮。这样,尽管对工作表进行了保护操作,但是,解除锁定的单元格区域仍然可以编辑,而锁定的单元格区域就不能编辑了。

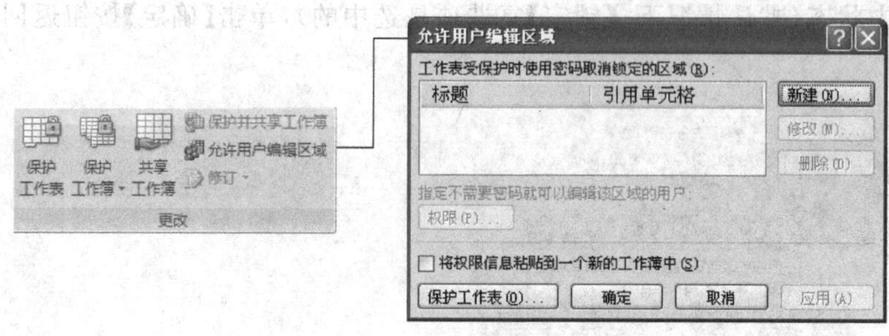

图 4.62 【允许用户编辑区域】按钮及对话框

4.4 公式与函数的使用

Excel 2010 的强大功能还体现在计算上,通过在单元格中输入公式和函数,可以对表中数据进行求和、汇总、求平均值甚至更复杂的运算,Excel 工作表中的数据修改后,公式或函数的计算结果也会自动更新。这些都是手工计算无法比拟的。

4.4.1 公式与地址引用

1. 基本概念

(1) 公式。公式是用户自行设计的对工作表中数据进行计算和处理的计算式。公式中一般包含单元格地址引用、函数、运算符和常量。公式必须以等号“=”或“+”号开头。

(2) 常量。常量是指在运算过程中不发生变化的量,如数字 20 以及圆周率等都是常量。

(3) 函数。函数是 Excel 2010 自带的一些预先编写的公式,可以对一个或多个值执行运算,并返回一个或多个值。Excel 2010 提供了大量的内置函数,涉及到许多工作领域,如财务、工程、统计、数据库、时间、数学等。函数的格式为“=函数名(【自变量表】)”。

(4) 运算符。运算符是指定表达式内执行计算的符号。

(5) 单元格引用。单元格引用是指将公式中所使用的单元格与公式关联在一起,公式可以自动调用单元格的值进行运算。通过正确的单元格引用生成公式,用户可以在单元格中输入任意数据,公式会按照运算规则自动进行运算。公式的灵活性是通过单元格引用来实现的。

2. 单元格引用的类型及其应用

单元格的引用分为相对引用、绝对引用和混合引用三种。单元格引用主要用于公式复制,下面分别介绍这三种引用。

(1) 相对引用

相对引用也称为相对地址,Excel 默认为相对引用,它用列标号与行标号直接表示单元格。如 A2,B5,D8 等都是相对引用。如果某个单元格内的公式被复制到另一个单元格时,原单元格内公式中的地址在新单元格中需要发生相应的变化,就可以用相对引用来实现。例如,有一个“学生成绩表”如图 4.63 所示。“总分”一列的数据还没有计算出来,这列数据应该是C列、D列和E列的对应数值的总和。其计算过程如下。

单击F2单元格,输入计算总分的公式"=C2+D2+E2"按Enter键则F2单元格中就会显示出C2、D2、E2三个单元格相加的结果值为179。

注意:①公式中的双引号是一种提示符,输入时不要把引号当成公式的一部分输入单元格中;②不要输入C2单元格中的数值"63",而是输入C2。输入时既可以在等号后直接输入C2,也可以输入等号后单击C2单元格。

在F2单元格的公式中用到了C2、D2、E2,它们就是相对引用。相对引用的好处就是在复制公式时,Excel能够根据被复制公式所发生的单元格位置移动,自动更新公式中的单元格引用位置,使公式能够适应发生的位置变化,找到正确的单元格引用。在图4.63中,将F2单元格中的公式复制到F3单元格,F3单元格的公式就会自动变成"=C3+D3+E3",复制到F4单元格中F4单元格的公式就会自动变成"=C4+D4+E4"……依此类推。利用相对引用复制公式的方法,可以快速而准确地计算出其他人的总分。

F2 =C2+D2+E2

	A	B	C	D	E	F
1	学号	姓名	微机基础	大学英语	高数	总分
2	320001	张三	63	58	58	179
3	320002	李四	25	96	87	208
4	320003	王五	85	58	75	218
5	320004	陈六	65	64	65	194
6	320005	赵七	35	58	45	138
7	320006	杨八	48	98	35	181
8	320007	刘九	92	25	53	170
9	320008	何十	52	65	86	203
10	320009	钱一	85	54	64	203
11	320010	周三	45	58	59	162

①F2单元格中输入如下公式"=C2+D2+E2"
②向下拖动F2单元格右下角的填充柄,直到F11单元格

图4.63 学生成绩表

(2) 绝对引用

在表示单元格的列标号与行标号前面加"$"符号的单元格名称就称为单元格绝对引用。绝对引用也称为绝对地址,它的最大特点是在操作过程中,公式中的绝对引用的单元格地址始终保持不变。在公式中相对地址与绝对地址可以混合使用。例如,图4.64是广州某些商场某个时间销售LG空调的数据,现在要计算各商场的销售总额,销售总额=销售数量×单价。其计算方法如下。

C3 =$E$1*B3

	A	B	C	D	E
1	LG空调广州地区各商场销售情况			单价	7654
2	商场名	数量	总额		
3	天河城	123	941442		
4	广百	112			
5	国美	213			
6	苏宁	231			
7					

填充柄

图4.64 广州地区各商场LG销售情况

在单元格C3中输入公式"=$E$1*B3",E1是单价,B3是数量,这样就把天河城的销售总额计算出来了;拖动C3单元格的填充柄将C3复制到C4、C5、C6中,则各商场的销售总额也快速而准确地计算出来了。

如果在单元格C3里输入公式"=E1*B3",就不能采用复制公式的方法计算其他商场

的销售总额。因为 E1 和 B3 是相对引用,当把它复制到单元格 C4 时,C4 单元格的公式就变成了"=E2 * B4",这显然是错误的。$E$1 表示不管公式被复制到哪个单元格,都引用单元格 E1 中的数据进行计算,它的位置不发生移动,这就是绝对引用的意义。

(3) 混合引用

混合引用是指公式中单元格引用地址中的行是绝对引用、列是相对引用,或行是相对引用、列是绝对引用,混合引用也称为混合地址。例如:$B2 就是混合引用,它的列是绝对引用,而行是相对引用。下面以如图 4.65 所示工作表数据为例来介绍混合引用的应用。该工作表中灰色底纹单元格区域数据是某商场的原始数据。从表中可以看出:某种商品无论哪个季度的销售额,其单价一列是不能变化的。若在 D2 单元格中使用公式"=$B2 * C2"则 D2 单元格的值是 3496,该值是自行车一季度的销售额。拖动 D2 单元格的填充柄至 D8 单元格,则 D3:D8 单元格区域依次复制 D2 单元格公式为:"=$B3 * C3"、"=$B4 * C4"、…、"=$B8 * C8",而 D3:D8 单元格区域的内容则依次为 10080、79800、…、839500。

D2　=$B2*C2

	A	B	C	D	E	F	G	H
1	产品	单价	一季度销售量	一季度销售额	二季度销售量	二季度销售额	三季度销售量	三季度销售额
2	自行车	152	23	3496	35	5320	90	13680
3	手表	180	56	10080	55	9900	80	14400
4	冰箱	2100	38	79800	65	136500	70	147000
5	彩电	2580	39	100620	455	1173900	50	129000
6	影碟机	950	100	95000	213	202350	40	38000
7	照相机	3890	50	194500	100	389000	70	272300
8	手机	2300	365	839500	200	460000	50	115000

图 4.65　混合引用用例图

若将 D2 单元格的公式复制到 F2 单元格(注意:因 E 列数据不参与复制公式,所以此时复制公式不能用拖动填充柄的方法,而应使用【复制】和【粘贴】的命令),则 F2 单元格中的公式为"=$B2 * E2",即 B 列不变但行号随之变化,公式的结果就是自行车第二季度的销售额 5320。拖动 F2 单元格的填充柄至 F8 单元格,计算出第二季度各种商品的销售额。

若将 D2 单元格公式复制到 H2 单元格,则 H2 单元格中的公式为"=$B2 * G2",即 B 列不变但行号随之变化,拖动 H2 单元格的填充柄至 H8 单元格,则计算出第三季度各种商品的销售额。利用混合引用和公式复制的方法,可以快速而准确地计算出各季度各种商品的销售额。这就是混合引用的实际意义。

说明: 按 F4 键可在相对引用、绝对引用和混合引用等不同的引用方式之间循环切换。

3. 运算符的种类

在 Excel 2010 中有算术运算符、比较运算符、文本连接运算符和单元格引用运算符等类型。

(1) 算术运算符

算术运算符包括+(加号)、-(减号)、*(星号表示乘)、/(左斜杠表示除)、%(百分号)和乘幂^或 ** (乘幂)等。算术运算的结果为一个数值。

(2) 比较运算符

比较运算符包括=(等于)、>(大于)、<(小于)、>=(大于等于)、<=(小于等于)、<>(不等于)。比较运算符用来比较两个值的大小或是否相等,结果为逻辑值 TRUE(真)或 FALSE(假)。

(3) 文本连接运算符

文本连接运算符"&"是用来连接两个或多个字符串,结果生成一个新的字符串。例如,A1单元格的内容是"办公软件",B1单元格的内容是"Excel 2010",则"=A1&B1"公式返回的结果是"办公软件 Excel 2010"。

(4) 单元格引用运算符

单元格引用运算符包括冒号(:)、逗号(,)和空格(␣)三种。

- 冒号(:)是区域运算符,表示一个单元格区域,是对两个引用以及两个引用之间的所有单元格进行引用。例如 B5:B15。
- 逗号(,)是并集运算符,表示包含几个单元格区域的所有单元格。例如:"B5:B15,D5:D15"表示包含这两个区域的所有单元格。
- 空格(␣)是交集运算符(␣符号为书写方便而使用,在屏幕显示为空白),表示几个单元格区域重叠的那些单元格。例如,"B2:D3␣C1:C4"(这两个单元格区域的公共单元格为 C2 和 C3)的运算结果为 C2:C3。

(5) 运算的顺序

执行计算的顺序会影响公式的运算结果。因此,了解如何确定计算顺序以及如何更改顺序以获得所需结果非常重要。

- 算顺序。Excel 2010 中的公式始终以等号"="或"+"开头,等号或加号后面是参与计算的元素(即操作数),各操作数之间由运算符连接。Excel 2010 按照公式中每个运算符的特定顺序从左到右依次计算。
- 运算符优先级。所谓运算符的优先级就是指不同种类的运算符计算的先后顺序。如果一个公式中有若干个不同优先级的运算符,则按表 4.2 所示的运算符及优先级从上到下的顺序进行运算,如果一个公式中的若干个运算符具有相同的优先级,则从左到右依次计算。

表 4.2 Excel 2010 的运算符及优先级

运 算 符	说 明
:,空格	引用运算运算符,同一级
−	负数
%	百分比
^	乘方
* /	乘和除,同一级
+ −	加和减,同一级
&	连接两个文本字符串
= < > <= >= <>	比较运算符,同一级

- 使用括号。若要更改运算的顺序,可将公式中先要运算的部分用一对括号括起来。例如,公式"= 5+2*3"的结果是 11,因为 Excel 2010 先进行乘法运算后进行加法运算,如果用括号将其更改为"=(5+2)*3",将先求出 5 加 2 之和,再用结果乘以 3 得 21。在公式"=(B4+25)/SUM(D5:F5)"中,前面的括号强制先计算 B4+25 的

结果,然后再除以单元格 D5、E5 和 F5 中各值之和,前后两个括号的意义不一样,前者用来改变运算顺序,而后者是函数的组成部分。

4.4.2 Excel 2010 函数概述

强大的函数功能把 Excel 2010 与普通表格区分开来,普通电子表格如 Word 中的表格只能完成一般的表格制作功能,进行很简单的数据处理,如排序、求和等。Excel 2010 提供了大量的内置函数,涉及到许多工作领域,如财务、工程、统计、数据库、时间、数学等。此外,用户还可以利用 VBA 编写自定义函数,以完成特定的需要。

函数通过接收自变量(自变量也称参数),并对它所接收的参数进行相关的运算,最后返回计算结果。在大多数情况下,函数的计算结果是数值,但也可以返回文本、引用、逻辑值或工作表的信息。表 4.3 给出了 Excel 2010 提供的函数类别。

表 4.3 Excel 2010 的函数类别

分　类	功 能 简 介
数据库函数	对数据表中的数据进行分类、查找、计算等
日期与时间函数	对公式中所涉及的日期和时间进行计算、修改及格式化处理
工程函数	用于工程数据分析与处理
信息函数	对单元格或公式中的数据类型进行判定
财务函数	进行财务分析及财务数据的计算
逻辑函数	进行逻辑判定、条件检查
统计函数	对工作表数据进行统计、分析
查找与引用函数	在工作表中查找特定的数据或引用公式中的特定信息
文本函数	对公式、单元格中的字符、文本进行格式化或运算
数学与三角函数	进行数学计算,如随机数、三角函数、最大值、矩阵运算等
多维数据集函数	针对多维数据进行的操作,是 Excel 2010 新增函数类别
用户定义函数	用户用 VBA 编写,用于完成特定功能的函数
兼容性函数	Excel 2010 相比以前版本改进的函数

1. 函数调用

在公式中可以调用 Excel 2010 提供的内置函数,调用函数要遵守 Excel 2010 对于函数所制定的规则,否则就会产生语法错误。调用函数时所遵守的 Excel 2010 规则称为函数调用的语法。

(1) 函数的语法

Excel 2010 的函数结构大致可分为函数名和参数表两部分,如下所示。

```
函数名(参数 1,参数 2,参数 3,…)
```

“函数名”表明函数要执行的运算。“函数名”后用圆括号括起来的是参数表,也就是自变量表。参数表说明函数使用的单元格或数值,参数可以是数字、文本、形如 TRUE 或 FALSE 的逻辑值、数组以及单元格或单元格区域的引用等。给定的参数必须能产生有效的值。

例如:AVERAGE(A1:B10),该函数的含义是计算 A1:B10 单元格区域中所有数据的平均值,其中的 AVERAGE 是函数名,A1:B10 单元格区域是参数,它必须出现在括号内。

函数的参数可以是常量、公式或其他函数。当函数的参数表中又包括另外的函数时，则称为函数的嵌套调用。不同函数所需要的参数是不同的，有的函数需要一个参数，有的需要2个参数，多的可达30个参数，也有的函数不需要参数。没有参数的函数称为无参函数。

无参函数的调用形式为：

函数名()

无参函数名后的圆括号是必需的。如圆周率PI函数，其值为3.14159，它的调用形式为：PI()。

注意：在Excel中输入函数时，要用圆括号把参数括起来，左括号标记参数的开始且必须立即跟在函数名的后面。如果在函数名与左括号之间插入了一个空格或者其他字符，Excel会显示一个出错信息"#NAME?"。显然，Excel把函数名当成了没有定义的名字，因此出错。

(2) 函数调用

在公式或表达式中应用函数就称为函数的调用。函数调用有几种方式。

- 在公式中直接调用函数。如果函数以公式的形式出现，则在函数名称前面输入等号"="或加号"+"。
- 在表达式中调用函数。除了在公式中直接调用函数外，也可以在表达式中调用函数。例如，求区域A1:A5的平均值与区域B1:B5的总和之和，然后再除以10，把计算结果放在单元格C2中，则可在单元格C2中输入公式"=(AVERAGE(A1:A5)+SUM(B1:B5))/10"。
- 函数的嵌套调用。在一个函数中调用另一个函数，就是函数的嵌套调用，例如："=IF(AVERAGE(F2: F5)>50,SUM(G2:G5),0)"就是一个函数的嵌套调用公式。整个公式的意义是：求出F2:F5单元格区域的平均值，如果该区域的平均值大于50，公式的最后结果就是G2:G5单元格区域的数值总和，如果F2:F5单元格区域的平均值小于或等于50，则公式的最后结果为0。

2. 函数输入

在Excel 2010中的公式或表达式中输入函数有以下几种方法。

(1) 直接输入

如果知道函数名及函数的参数，就可在公式或表达式中直接输入数据。可以在单元格中输入，也可以在公式编辑栏中输入。这是最常用的输入函数的方法。

(2) 公式记忆式键入

在Excel 2010中输入函数，只需要输入函数的前几个字母，便会列出以此字母打头的一些函数名称。比如，想要根据学生成绩进行排名，在Excel 2010中可以使用RAND.AVG函数，则只要在单元格中输入"=ra"如图4.66所示，就可以在下拉列表中选择需要的函数RANK.AVG。

图4.66　公式记忆式键入RANK.AVG截图

注意：图4.66列表中最后一个函数RANK的标识中除了"fx"以外，还会有黄色三角形的"!"符号，这种标识表明RANK函数可与Excel 2007及更早版本兼容。也就是说，这种黄色三角形的函数在Excel 2010中已经有了新的名称。

(3) 使用函数向导

Excel 提供了几百个函数,每个函数又允许使用多个参数。要记住所有函数的名字、参数及用法是很困难的。当知道函数的类别以及需要计算的问题,或者知道函数的名字,但不知道函数所需要的参数时,可以使用函数向导来完成函数的输入。通过函数向导,可以知道函数需要的各个参数及参数的类型,方便地输入那些并不熟悉的函数,下面举例说明。

【例4.4】 计算8个月付清的年利率为10%的30000元贷款的月支付额,把计算结果保存在C3单元格中。假设用户知道使用PMT函数可以完成这项计算工作,但不知道它有哪些参数。在这种情况下,使用函数向导就再简单不过了。其操作方法如下。

步骤1:单击C3单元格,在【公式】选项卡的【函数库】组中,单击【插入函数】按钮,弹出如图4.67所示的【插入函数】对话框。或直接单击编辑栏左侧的按钮 *fx*,也可弹出【插入函数】对话框。

说明:Excel根据函数的功能,把它们分成了大约13个类别,这些类别如表4.3所示。在插入函数时,首先从图4.67的【或选择类别】下拉列表中选择所需要的函数类别,然后从【选择函数】列表框中选择需要的函数名。

步骤2:在图4.67中的【或选择类别】下拉列表中选择【财务】函数,在【选择函数】的列表中选择PMT,然后单击【确定】按钮,系统将弹出PMT函数的向导,如图4.68所示。该对话框中给出了PMT函数的各个参数,参数下面的文字是各个参数意义的解释。

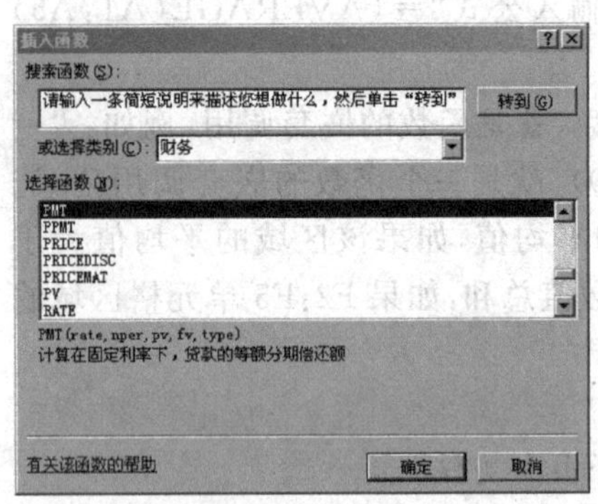

图4.67 插入函数列表框

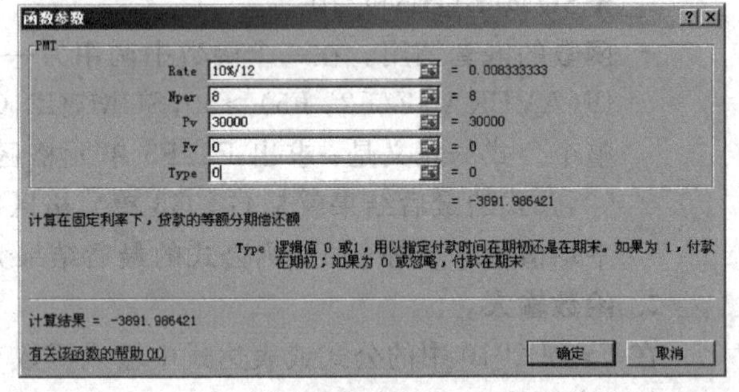

图4.68 PMT函数向导

步骤3:在Rate(每期利率,年利率为10%,所以每个月的利率为10%/12)文本框中输入10%/12,在Nper(付款期数)文本框中输入8,在Pv(贷款总额)文本框中输入30000。本例中,Fv为未来值,或在最后一次付款后希望得到的现金余额,如果省略Fv,则假设其值为零。Type为付款类型(0表示期末付款,1表示期初付款),默认值为0。

步骤4:当输入参数Rate,Nper和Pv后,单击【确定】按钮,系统将公式"=PMT(10%/12,8,30000)"插入到C3单元格中,最后在此单元格中显示该公式的计算结果-3,891.99。

说明:函数PMT(Rate,Nper,Pv,Fv,Type)可以基于固定利率及等额分期付款方式返回贷款的每期付款额。其中参数Rate表示贷款利率;参数Nper为该项贷款的付款期数;参数Pv为现值或一系列未来付款的当前值的累积和,也称为本金;参数Fv为未来值,或在最后一次付款后希望得到的现金金额;参数Type为数字1或0,用于指定各期的付款时间是在期初还是在期末。

4.4.3 公式与函数的应用

1. 公式与函数的应用实例

【例 4.5】 以图 4.70 工作表为例，工作表中灰色底纹部分是原始数据。利用公式和函数将工资表补充完全。

(1) 计算应发工资，应发工资＝基本工资＋职称补贴。可用复制公式的方法产生。其操作步骤如下。

步骤 1：在单元格 K3 中输入公式“＝G3＋H3”按 Enter 键后，K3 中的总额就计算出来了。

步骤 2：用鼠标拖动单元格 K3 右下角的填充柄到单元格 K22。

步骤 3：释放鼠标后，鼠标所拖过的单元格的应发工资全部计算出来了。

(2) 计算税费。个人所得税超过当月收入 2400 元以上按 5%征收。可用 IF 函数并复制公式的方法产生。其操作步骤如下。

步骤 1：在单元格 A24 输入“附：个人所得税超过当月收入 2400 以上按 5%征收”，在单元格 F24 输入 2400，在单元格 G24 输入 5%。

步骤 2：在单元格 J3 中或编辑栏中输入函数“＝IF(G3＋H3＞2400,((G3＋H3)－$F$24)＊$G$24,0)”。

步骤 3：拖动单元格 J3 的填充柄到单元格 J22，释放鼠标后，鼠标所拖过的单元格的税费全部计算出来了。

(3) 计算扣除。可用 SUM 函数和复制公式的方法得出，扣除＝税费＋水电费。其操作步骤如下。

步骤 1：选定要输入函数的单元格 L3。

步骤 2：在【公式】选项卡的【函数库】组中单击【插入函数】按钮 fx。

步骤 3：在弹出的【插入函数】对话框中选择要插入的函数 SUM，然后单击【确定】按钮。

步骤 4：在弹出的【函数参数】对话框中，指定函数的参数范围，单击 Number1 文本框后的对话框折叠按钮将该对话框折叠，此时对话框折叠按钮变成对话框展开按钮，然后在工作表中用鼠标拖动选择参数区域。之后再单击对话框展开按钮，还原对话框，则选中的区域 I3:J3 出现在相应的文本框中，然后单击【确定】按钮，如图 4.69 所示。

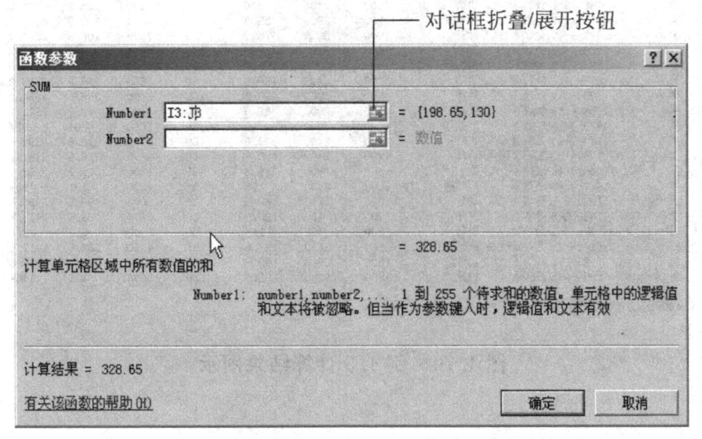

图 4.69 函数参数对话框

步骤 5：拖动单元格 L3 的填充柄到单元格 L22。

步骤 6：释放鼠标后，鼠标所拖过的单元格的扣除全部计算出来了。

(4) 计算实发工资。实发工资＝应发工资－扣除。可用复制公式的方法产生。其操作步骤如下。

步骤 1：在单元格 M3 中输入公式"＝K3－L3"按 Enter 键后，M3 中的实发工资就计算出来了。

步骤 2：拖动单元格 M3 的填充柄到单元格 M22。

步骤 3：释放鼠标后，鼠标所拖过的单元格的实发工资全部计算出来了。

(5) 计算基本工资总计。可用自动求和按钮和复制公式的方法产生。其操作步骤如下。

步骤 1：选定单元格 G23。

步骤 2：在【公式】选项卡的【函数库】组中单击【自动求和】按钮 Σ 自动求和 ，选中所选数据的范围，按 Enter 键或单击【确认】按钮即求出基本工资总额。

(6) 利用 RANK. AVG() 函数将图 4.70 工作表中的水电费数值从多到少进行排序。并计算每位职工的现在年龄。具体操作步骤如下。

步骤 1：在单元格 N3 中输入公式"＝RANK. AVG(I3，$I$3：$I$22，0)"后按 Enter 键，在单元格 N3 中显示 4，表示：001 编号的职工水电费在 20 名职工中缴费数排名第四。

步骤 2：用鼠标拖动单元格 N3 的填充柄到单元格 N22，完成图 4.70 工资表中水电费数值的排序。

步骤 3：选定图 4.70 工作表单元格区域 O3：O22，在【开始】选项卡的【单元格】组中单击【格式】按钮，在弹出的下拉列表中选择【设置单元格格式】选项，弹出【设置单元格格式】对话框，选择【数字】选项卡中【数值】项，设置小数位数为 0，然后单击【确定】按钮。

步骤 4：选定单元格 O3，输入公式"＝YEAR(NOW())-YEAR(D3)"后按 Enter 键。

步骤 5：拖动单元格 O3 的填充柄到单元格 O22，计算每位职工的现在年龄。

完成操作后可显示如图 4.70 所示的结果。

	A	B	C	D	E	F	G	H	I	J	K	L	M	N	O
1							某学院职工工资表								
2	职工编号	姓名	性别	出生日期	所在部门	职称	基本工资	职称补贴	水电费	税费	应发工资	扣除	实发工资	水电费排序	年龄
3	001	杜永宁	男	1942-6-8	计科系	教授	1800	3200	198.65	130	5000	328.65	4671.35	4	68
4	002	王传华	男	1960-2-6	计科系	讲师	1200	2400	65.8	60	3600	125.8	3474.2	17	50
5	003	殷楠	女	1961-12-8	金融系	副教授	1500	2800	58.9	95	4300	153.9	4146.1	18	49
6	004	冯刚	男	1972-8-29	金融系	助教	1000	2000	75.8	30	3000	105.8	2894.2	15	38
7	005	朱小梅	女	1950-3-26	会计系	教授	1800	3200	165	130	5000	295	4705	8	60
8	006	王玲玲	女	1966-5-9	会计系	副教授	1500	2800	158.4	95	4300	253.4	4046.6	12	44
9	007	于洋	男	1972-2-16	保险系	讲师	1200	2400	186.8	60	3600	246.8	3353.2	6	38
10	008	王雷	男	1956-6-1	保险系	教授	1800	3200	235.8	130	5000	365.8	4634.2	1	54
11	009	陈勇强	男	1983-4-18	传媒系	助教	1000	2000	58.9	30	3000	88.9	2911.1	18	27
12	010	杨明悦	男	1979-3-15	传媒系	助教	1000	2000	36	30	3000	66	2934	20	31
13	011	刘鹏飞	男	1970-2-19	工商管理系	讲师	1200	2400	158.6	60	3600	218.6	3381.4	11	40
14	012	褚彤彤	女	1967-1-9	工商管理系	讲师	1200	2400	158.9	60	3600	218.9	3381.1	10	43
15	013	刘朝阳	男	1960-10-10	法律系	副教授	1500	2800	216.3	95	4300	311.3	3988.7	2	50
16	014	应少聪	男	1967-2-16	法律系	副教授	1500	2800	96	95	4300	191	4109	14	43
17	015	毕宏涛	男	1980-8-8	计科系	助教	1000	2000	68.5	30	3000	98.5	2901.5	16	30
18	016	宫文玲	女	1966-6-6	数学系	讲师	1200	2400	126.3	60	3600	186.3	3413.7	13	44
19	017	单立国	男	1970-3-2	公共管理系	讲师	1200	2400	159	60	3600	219	3381	9	40
20	018	简洁东	男	1964-10-25	公共管理系	副教授	1500	2800	187.6	95	4300	282.6	4017.4	5	46
21	019	方恒定	男	1965-1-3	外语系	副教授	1500	2800	168.2	95	4300	263.2	4036.8	7	45
22	020	邓小强	男	1956-9-5	外语系	教授	1800	3200	206	130	5000	336	4664	3	54
23															
24	所得税超过当月收入2400元以上按5%征收					2400	5%								
25															

图 4.70 例 4.5 计算结果图示

2. 在工作表之间引用数据

在实际运用表格时,有些数据保存在多个不同的工作表(簿)中,这就需要在 Excel 中进行工作表间的函数和公式的运算。

在公式中可以直接引用另一个工作表中的单元格。其格式为:

工作表标签名!单元格引用

比如在 Sheet1 工作表中的某单元格中输入公式"=Sheet2! B3+5",其中的 B3 是指工作表 Sheet2 中的 B3 单元格。若公式是"=B3+5",则 B3 就是当前工作表中的 B3 单元格。若在一个工作簿引用另一个工作簿中的单元格,其格式为:

【工作簿名】工作表名!单元格引用

在 Book1.xlsx 工作簿的 Sheet1 工作表的单元格 A3 中输入公式"=[Book2]Sheet1!$A$1",这里的"$A$1"是另一个工作簿 Book2.xlsx 的工作表 Sheet1 中的单元格 A1。

3. 数组公式及其应用

数组是有序数据的集合。在 Excel 2010 中,可以把一个单元格区域称为一个数组。如果要同时对一组或两组以上的数据进行计算,计算的结果可能是一个,也可能是多个,这种情况只有数组公式才能处理。

数组公式可以对两组或两组以上的数据(两个或两个以上的单元格区域)同时进行计算。在数组公式中使用的数据称为数组参数,数组参数可以是一个数据区域,也可以是数组常量。

说明:在普通公式中,可输入包含数值的单元格引用,或数值本身,其中该数值与单元格引用被称为常量(不会发生变化的值。例如,数字 988 以及文本"数学成绩"都是常量,表达式以及表达式产生的值都不是常量)。同样,在数组公式中也可输入数组引用,或包含在单元格中的数值数组,其中该数值数组和数组引用被称为数组常量。

如果需要建立数组公式进行批量数据的处理,其操作步骤如下。

步骤 1:选中保存计算结果的单元格或单元格区域。

步骤 2:输入公式的内容。

步骤 3:公式输入完成后,按 Ctrl+Shift+Enter 组合键。

【例 4.6】 某茶叶店经销多种茶叶,已知各种茶叶的单价以及 12 月份各种茶叶的销量如图 4.71 所示,计算各种茶叶的销售额。销售额=产品单价(元/市斤)*销售数量。

	A	B	C	D	E
1	东方茶叶店12月份销售表				
2	品名	产品单价(元/市斤)	销售数量	销售额	
3	特级茉莉花	180	10	1800	
4	一级茉莉花	150	35	5250	
5	二级茉莉花	120	73	8760	
6	三级茉莉花	80	27	2160	
7	居家绿茶	210	4	840	
8	云雾茶	198	76	15048	
9	碧螺春	250	24	6000	
10	竹叶青	220	89	19580	
11					

图 4.71 例 4.6 用数组公式计算销售总额

运用数组公式计算图 4.71 中的销售额较为简便。其操作步骤如下。

步骤1：输入除销售额之外的其余数据。

步骤2：选中单元格区域D3:D10。

步骤3：输入公式"＝B3:B10＊C3:C10"。

步骤4：按Ctrl＋Shift＋Enter组合键。

4.4.4 Excel 2010 常见错误信息

在公式和函数运算中经常会出现一些错误，表4.4给出了常见的错误及产生的原因。如果公式不能正确计算出结果，Excel将在公式或函数所在的单元格显示一个错误值。例如，在需要数值的公式中使用文本、删除了被公式引用的单元格，或者使用了其宽度不足以显示结果的单元格时，都将产生错误值。

错误值可能不是由公式本身产生的。例如，如果公式产生"＃N/A"或"＃VALUE!"错误，说明公式所引用的单元格可能含有错误。因此，即使是同一个错误值，错误原因也可能有多种，需要作仔细的分析。

表4.4 Excel公式错误信息表

错误值	错误原因
＃＃＃＃＃	单元格所含数字、日期或时间比单元格宽，或者单元格的日期、时间公式产生了一个负值，就会产生＃＃＃＃＃错误。可以加宽对应的单元格宽度，使单元格中的所有数据都显示出来
＃VALUE!	①在需要数字或逻辑值时输入了文本，Excel不能将文本转换为正确的数据类型；②输入或编辑数组公式时按了Enter键；③把单元格引用、公式或函数作为数组常量输入；④把一个数值区域赋给了只需要单一参数的运算符或函数，如在单元格B1中输入公式"＝SIN(A1:A5)"就会产生错误
＃DIV/0!	①输入的公式包含明显的除数0(零)；②公式中的除数使用了指向空单元格或包含零值的单元格引用(如果运算对象是空白单元格，Excel将此空值解释为零值)
＃NAME?	①在公式中输入文本时没有使用双引号，Excel将其解释为名字，但这些名字没有定义；②函数名拼写错误；③删除了公式中使用的名字，或者在公式中使用了未定义的名字；④名字拼写有错
＃N/A	①内部函数或自定义工作表函数中缺少一个或多个参数；②在数组公式中，所有参数的行数或列数与包含数组公式的区域的行数或列数不一致；③在没有排序的数据表中使用了VLOOKUP，HLOOKUP或MATCH函数查找数值
＃REF!	删除了公式中所引用的单元格区域
＃NUM!	①由公式产生的数值太大或太小，Excel不能表示；②在需要数值参数的函数中使用了非数值参数
＃NULL!	使用了不正确的区域运算符或不正确的单元格引用

4.5 Excel 2010 图表制作与编辑

图表就是将表格数据以图的形式表达出来。在Excel 2010中创建图表既快速又简便。Excel 2010提供了各种图表类型供创建图表时选择。

4.5.1 认识 Excel 图表

认识图表，了解图表的有关术语和图表的组成部分，是正确使用图表的前提。图 4.72 所示是 2010 年某商场销售空调、冰箱数据的折线图，它是一个简单的 Excel 图表，而绘图区、图表区数据点等则是图表对象。

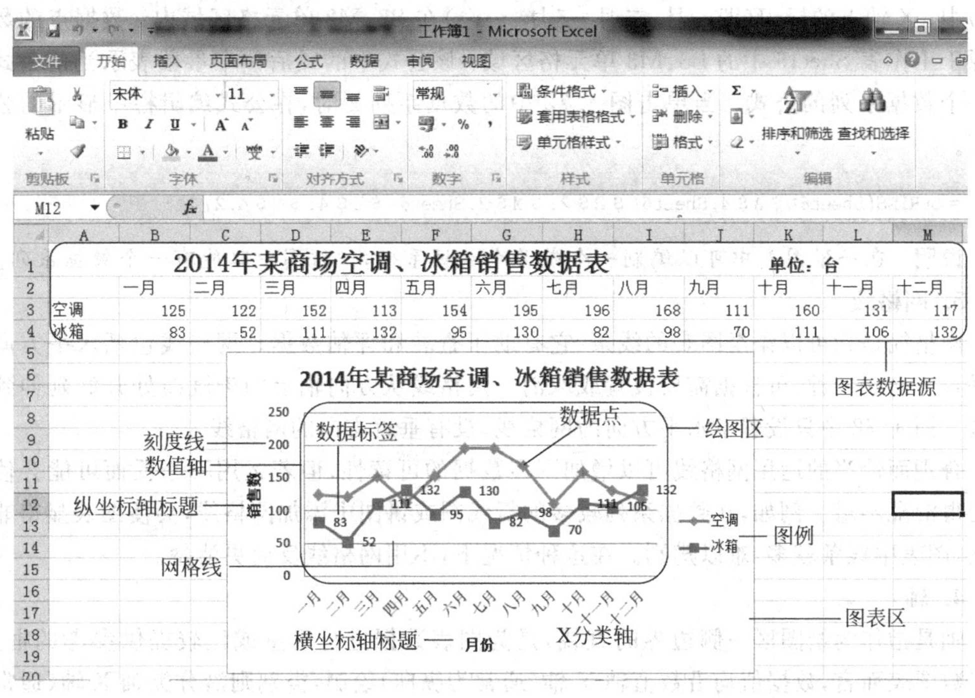

图 4.72 图表各对象示例

1. 数据点

在 Excel 中，图表与源数据表是不可分割的，没有源数据表就没有图表，图表其实是工作表中数据的图形化。数据点又称为数据标记，一个数据点在本质上就是源工作表中一个单元格的数据值的图形表示。图 4.72 中共有 24 个数据点，每一个点对应一个单元格中的数据，表示某商场某月空调或冰箱的销售量。

数据点在不同的图表类型中可能表现为不同的形状，如条形图中的一个柱形或锥形、折线图中的一个点、面积图中的一块不规则区域等。

2. 数据系列

绘制在图表中的一组相关数据点就是一个数据系列。图表中的每一数据系列都具有特定的颜色或图案，并在图表的图例中进行描述。

图 4.72 中有两条折线，每条折线表示一个数据系列。数据系列 1 表示空调的销售情况，数据系列 2 表示冰箱的销售情况。

在图表中，当单击某一数据系列时，就可以看到构成该数据系列的一个公式。例如，单击图 4.72 中的数据系列 1，在公式编辑栏将显示公式：

```
= SERIES(Sheet6! $A$3,Sheet6! $B$2:$M$2,Sheet6! $B$3:$M$3,1)
```

这个公式代表数据系列1的数据来源,它的工作表名是Sheet6(本例数据所在的工作表名为Sheet6)。其中,第一个参数"Sheet6! $A$3"是该系列的图例说明,第二个参数"Sheet6! $B$2:$M$2"是X轴上的各分类名,第三个参数"Sheet6! $B$3:$M$3"是该系列的各个数据点值对应的单元格,第四个参数"1"是表示该数据系列的编号。整个公式说明该数据系列的图例在Sheet6工作表的$A$3单元格(单元格A3中的内容是"空调")中;X轴上的标识(即一月、二月、三月、……)在B2:M2单元格区域内;数据点的数据来源于工作表Sheet6中的B3:M3单元格区域;该公式中的最后一个参数表示当前公式是第一个数据系列的公式。当单击图4.72中的数据系列2时,在公式编辑栏中显示的公式如下。

```
= SERIES(Sheet6! $A$4,Sheet6! $B$2:$M$2,Sheet6! $B$4:$M$4,2)
```

说明:在一张图表中可以编制一个或多个数据系列,但饼图中只能有一个数据系列。

3. 网格线

网格线是指可以添至图表的线条,它有助于查看和评估数据。网格线包括水平方向线和垂直方向线两种,可根据需要设置或取消。网格线从方向轴上的刻度线处开始延伸到绘图区。图4.72中只设置了水平方向的网格线,没有垂直方向的网格线。

合理而恰当的运用网格线可以增加图表数据的可读性,但若运用不当反而可能会使图表变得混乱不堪。例如,在数据系列较多的折线图或饼图中添加网格线,会使图表显得非常复杂,图表中线条较多,难以辨别。在这种情况下,不用网格线反而更清楚。

4. 轴

轴是指作为绘图区一侧边界的直线,是为图表数据进行度量或比较提供参考的框架。对多数图表而言,数据值均沿数值轴Y轴(通常为纵向)绘制,类别则沿分类轴X轴(通常为横向)绘制。大多数图表都有两条轴,一条是X轴(也叫分类轴),另一条是Y轴(也叫数值轴)。三维图表还含有Z轴(Z轴是在竖起方向上与X轴和Y轴所决定平面相垂直的轴)。

5. 刻度线与刻度线标志

刻度线是与轴交叉的起度量作用的短线,类似于尺子上的刻度。刻度线标志用于标明图表中的类别、数值或数据系列。刻度线标志来自于创建图表的数据表中的单元格。在图4.72中,水平方向上有12个刻度,分别表示一月至十二月。

6. 误差线

误差线是表示与数据系列中每个数据标记都相关的潜在的错误或不确定程度的图形线,可以向二维面积图、条形图、柱形图、折线图、XY散点图和气泡图中的数据系列添加Y误差线。XY散点图和气泡图还可以显示X误差线。

7. 图例

图例用于说明每个数据系列中的数据点所采用的图形标识,它可能是一个方框、一个圆形、一个小三角形或其他小图块。例如在图4.72中,棱形表示空调,方块表示冰箱。根据图例的标识,在图4.72中,棱形所在的折线表示空调的销售情况,方块所在的折线表示冰箱的销售情况。

8. 图表中的标题

标题用于表明图表或分类的内容。一般来说,用于表明图表内容的标题位于图表的顶部。如图 4.72 中“2014 年某商场空调、冰箱销售数据表”就是该图的图表标题；用于表明分类的标题一般位于每条轴线的旁边，如图 4.72 中的“月份”和“销售数”。

9. 图表区

整个图表及其全部对象。

10. 绘图区

绘图区是指通过轴来界定的区域，包括所有数据系列、分类名、刻度线标志和坐标轴标题等。

4.5.2 图表类型

Excel 2010 提供了柱状图、折线图、饼图、面积图、散点图、股价图、曲面图、圆环图、气泡图和雷达图等图表类型，每个类型还有很多子类型。此外 Excel 2010 新增迷你图功能，迷你图是绘制在单元格中的一个微型图表，用迷你图可以直观地反映数据系列的变化趋势。Excel 2010 提供了三种形式的迷你图，即“折线迷你图”、“柱形迷你图”和“盈亏迷你图”。

1. 嵌入式图表和图表工作表

嵌入式图表是把图表直接插入到数据所在的工作表中，主要用于说明数据与工作表的关系，用图表来说明和解释工作表中的数据，具有很强的说明力；图表工作表是把图表和与之相关的源数据表分开存放，图表放在一个独立的工作表中，用于创建图表的数据表则存于另一个工作表中。图表工作表适用于只需要图表的场合，在这种情况下，输入工作表数据的目的是为了建立一张图表，在最后的文档中只需要这张图表。

2. 常用的 Excel 2010 图表类型

不同的图表类型有不同的特点和用途，在实际使用过程中，具体采用哪种类型的图表要根据实际情况确定。

(1) 面积图

面积图用于显示不同数据系列之间的对比关系，同时也显示各数据系列与整体的比例关系，尤其强调随时间的变化幅度，图 4.73(a)就是面积图的样例。

(2) 柱形图

柱形图就是人们常说的直方图，常用来表示不同项目之间的比较结果，也可以用来对比数据在一段时间内的变化情况，图 4.73(b)就是柱形图的样例。

(3) 条形图

条形图显示了各个项目之间的比较情况，纵轴表示分类，横轴表示值。它主要强调各个值之间的比较，并不太关心时间的变化情况。图 4.73(c)就是条形图的样例。

(4) 折线图

折线图强调数据的发展趋势。虽然面积图也与时间趋势相关，但两者仍有区别，面积图可表示各数据系列的总和，折线图则只能表示数据随时间而产生的变化情况。折线图的分类轴几乎总是表现为时间，如年、季度、月份、日期等。

(5) 饼图

饼图强调总体与部分的关系，常用于表示各组成部分在总体中所占的百分比，图 4.73(d)就是饼图的样例。

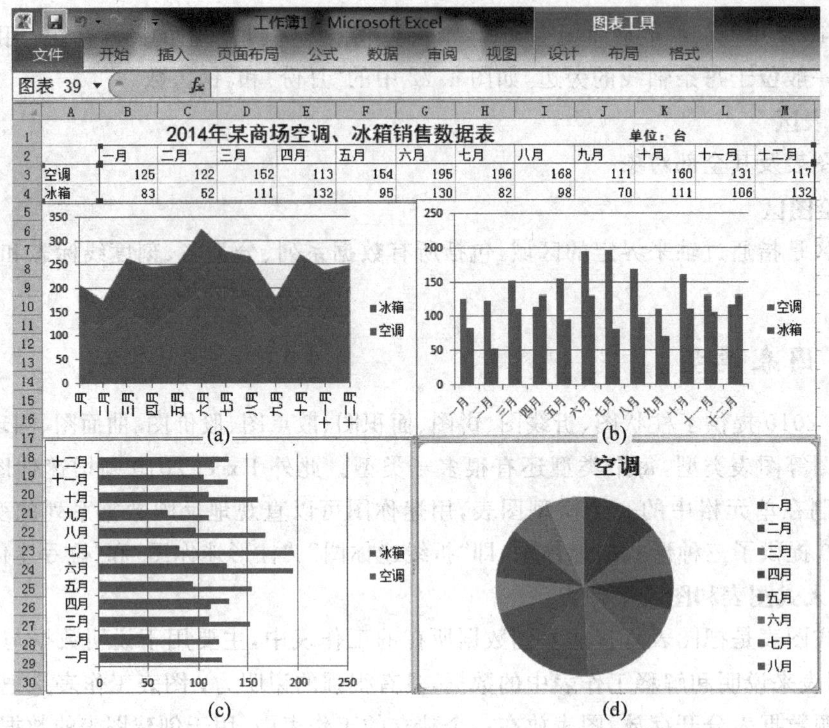

图 4.73　图表的类型

4.5.3　图表制作与编辑

1. 创建图表

不管是嵌入式图表，还是图表工作表，它们的建立过程基本相同。下面举例说明。

【例 4.7】 用柱形图表示图 4.70 中的“实发工资”，具体操作步骤如下。

步骤 1：选定 B2:B22 单元格区域，按住 Ctrl 键，再次拖动鼠标选定 M2:M22 单元格区域。

步骤 2：在如图 4.74 所示的【插入】选项卡的【图表】组中，单击【柱形图】按钮，弹出如图 4.75 所示的柱形图子类型列表，单击【簇状柱形图】类型图标按钮，也可以单击【图表】组的【对话框启动器】按钮，弹出如图 4.76 所示的【插入图表】对话框，该对话框左窗格列出的是图表类型，右窗格里是相应的子类型，用户可以从中进行选择。本例中选择【簇状柱形图】图标按钮，然后单击【确认】按钮。簇状柱形图表就嵌入当前工作表中，如图 4.77 所示。

提示： 当鼠标指针停留在任何图表类型或图表子类型上时，屏幕将提示显示图表类型的名称。

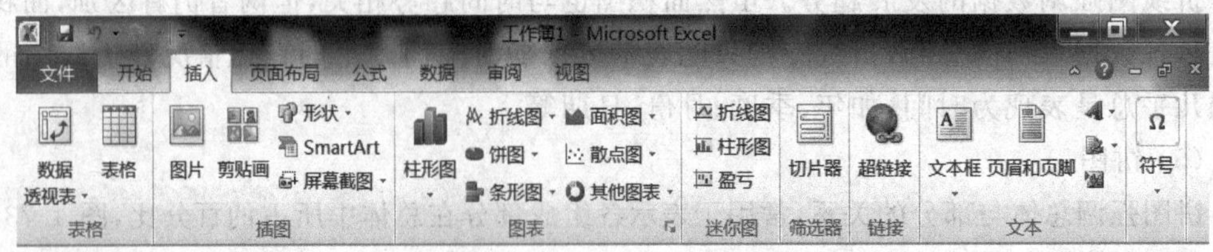

图 4.74　【插入】选项卡

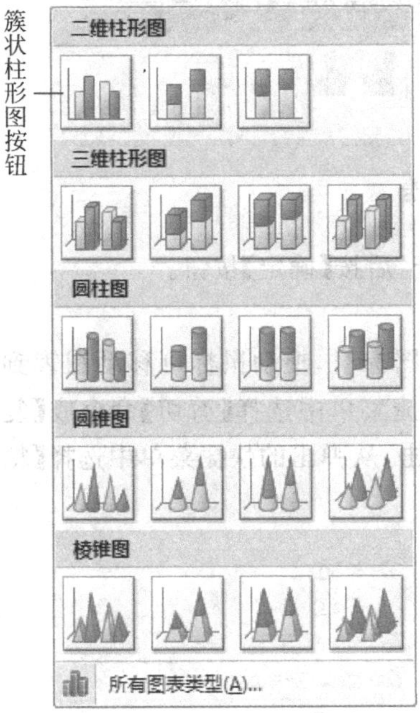

图 4.75　柱形图子类型列表

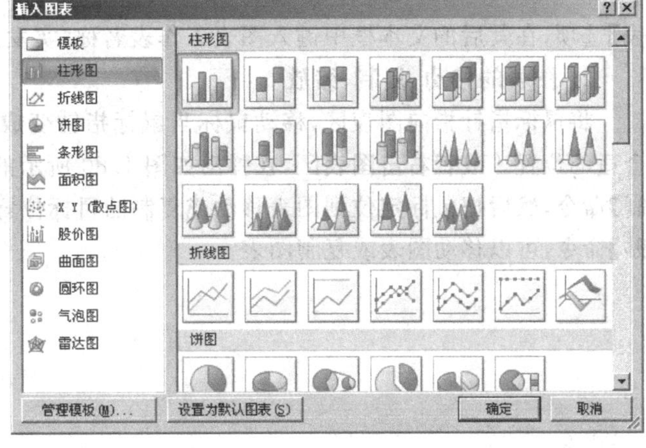

图 4.76　【插入图表】对话框

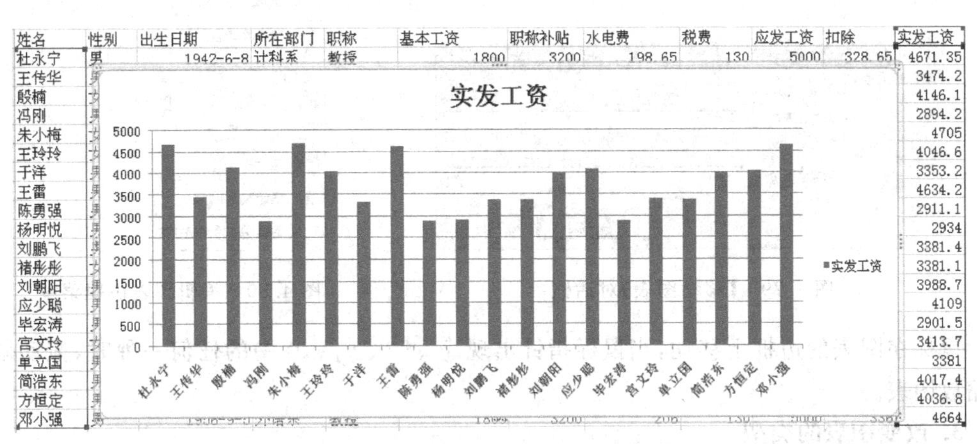

图 4.77　例 4.7 簇状柱形图

建立完图表或者单击图表，在 Excel 2010 功能区的选项卡中会自动弹出【图表工具/设计】、【图表工具/布局】和【图表工具/格式】三个选项卡，如图 4.78 所示的是【图表工具/设计】选项卡及各组按钮。使用这三个选项卡中的按钮用于编辑和修饰图表。例如，使用【图表工具/设计】选项卡可以更改按行或列显示数据系列，更改图表的源数据，更改图表的位置，更改图表类型，将图表保存为模板或选择预定义布局和格式选项等；使用【图表工具/布局】选项卡可以更改图表对象(如图表标题和数据标签)的显示，在图表上添加文本框和图片等；可以使用【图表工具/格式】选项卡添加填充颜色、更改线型或应用特殊效果等。

如果要将例 4.7 的图表创建为图表工作表，则选定图表并在【图表工具/设计】选项卡的【位置】组中，单击【移动图表】按钮，弹出如图 4.79 所示的【移动图表】对话框，选择【新工作

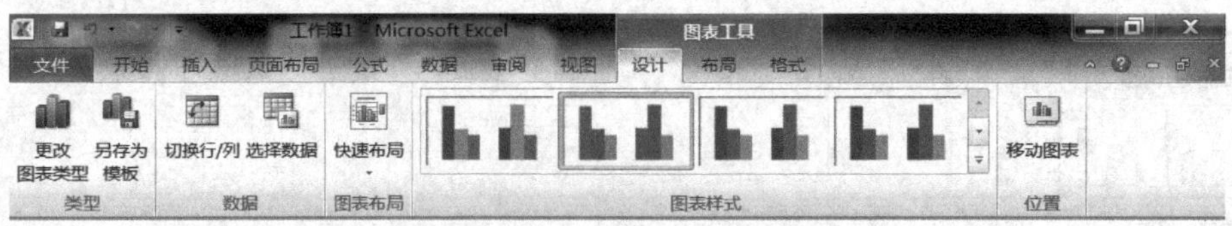

图 4.78 【图表工具/设计】选项卡

表】选项，在其后的文本框中键入图表工作表名称“实发工资”后按【确定】按钮。

2. 图表的移动、复制、缩放

将鼠标指针指向图表区，移动鼠标当鼠标指针变成✥图标时，拖动鼠标可移动图表到合适的位置。或者右击图表区，在弹出如图 4.80 所示的快捷菜单中选择【剪切】命令或【复制】命令，然后把鼠标定位到图表移动或复制的目标位置右击，从弹出的快捷菜单中选择【粘贴】命令，可以移动图表或复制图表。

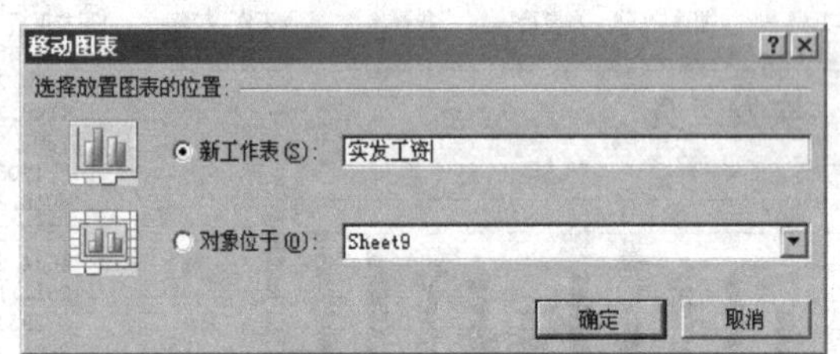

图 4.79 【移动图表】对话框

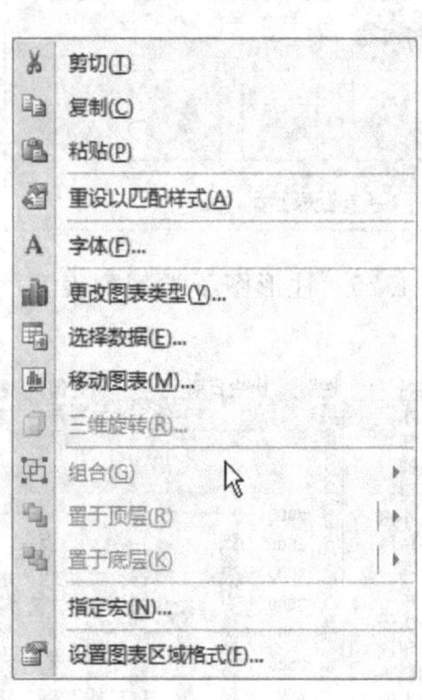

图 4.80 编辑图表快捷菜单

鼠标在图表的边框上移动，当鼠标指针出现↕、↔、⤡、⤢中的任何一种时，拖动鼠标可缩放图表。

3. 改变图表的类型

对于大多数二维图表，可以更改整个图表的图表类型以赋予其完全不同的外观，也可以为任何单个数据系列选择另一种图表类型，使图表转换为组合图表。对于气泡图和大多数三维图表，只能更改整个图表的图表类型。

【例 4.8】 更改例 4.7 中的柱形图为饼图，具体操作步骤如下。

步骤 1：单击如图 4.77 所示的图表区或绘图区，显示【图表工具】选项卡。

步骤 2：在【图表工具/设计】选项卡中，单击【类型】组中的【更改图表类型】按钮，弹出与图 4.76 几乎相同的【更改图表类型】对话框。

步骤 3：在左侧的【图表类型】列表框中选择【饼图】项，然后在右侧的【图表子类型】中单击【饼图】图标按钮，再单击【确定】按钮则显示如图 4.81 所示的图表。

另一种改变图表类型的方法是右击图表区，在弹出的如图 4.80 所示的快捷菜单中选择【更改图表类型】选项，弹出【更改图表类型】对话框，选择需要的类型，单击【确定】按钮。

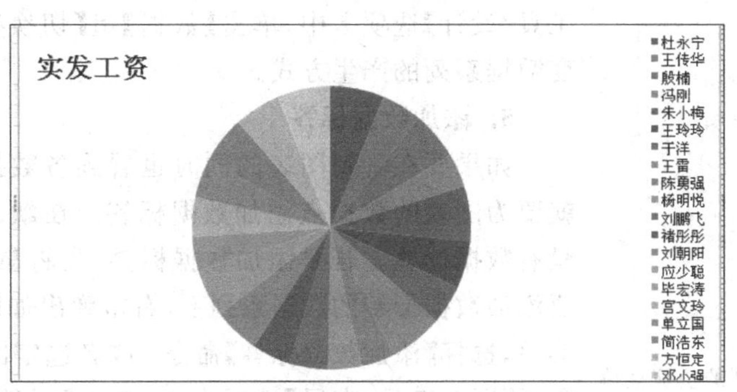

图 4.81　例 4.8 实发工资饼图

4. 数据系列的增、删、改操作

Excel 允许修改图表的数据源、在图表中添加或删除数据系列、重新设置数据系列产生的行、列方式。这项功能使图表的修改非常灵活，只需要对已制作好的图表的数据源进行修改就能够得到新的图表。

(1) 添加数据系列

先选定要添加数据系列的图表，选择【图表工具/设计】选项卡，单击【数据】组中【选择数据】按钮，弹出如图 4.82 所示的【选择数据源】对话框，在文本框中单击【添加】按钮 添加(A)，弹出如图 4.83 所示的【编辑数据系列】对话框，在【系列名称】和【系列值】文本框中输入要添加的数据系列名称和值，也可以单击对话框的【折叠/展开】按钮，拖动鼠标在工作表里选定数据区域。选定后再单击对话框的【折叠/展开】按钮返回到【选择数据源】对话框，单击【确定】按钮即可。

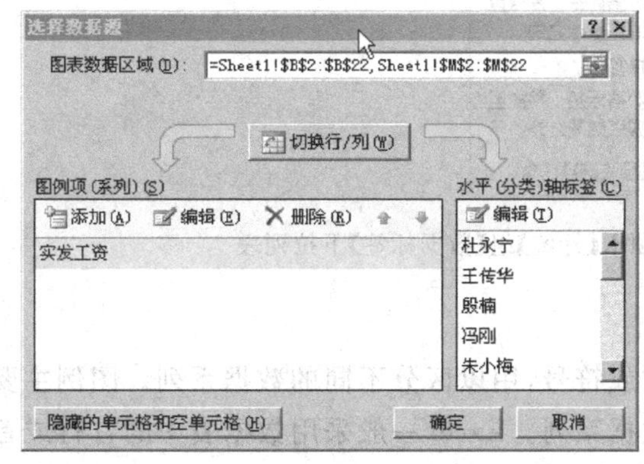

图 4.82　【选择数据源】对话框

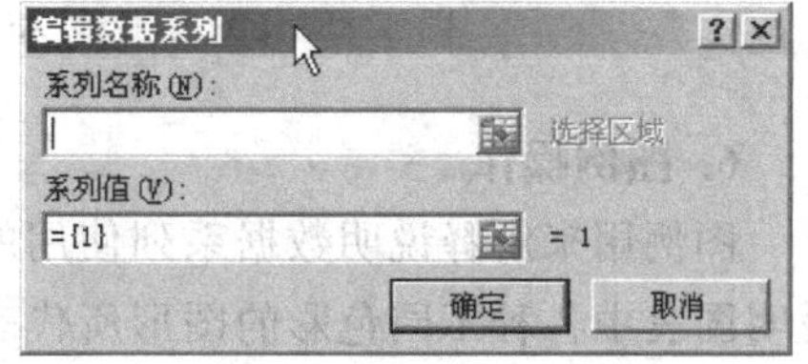

图 4.83　【编辑数据系列】对话框

(2) 删除数据系列

右击图表中要删除的数据系列，在弹出的快捷菜单中选择【删除】命令。数据系列被删除后并不影响工作表的相应数据，反之若把工作表中的相关数据删除了，则图表中对应的数据系列也自然地被删除。

(3) 修改数据系列的产生方式

数据系列一般按列产生，但也可以按行的方式产生图表，其方法是先选定图表，在【图表工具/设计】选项卡中,单击【数据】组【切换行/列】按钮,即改变数据系列的产生方式。

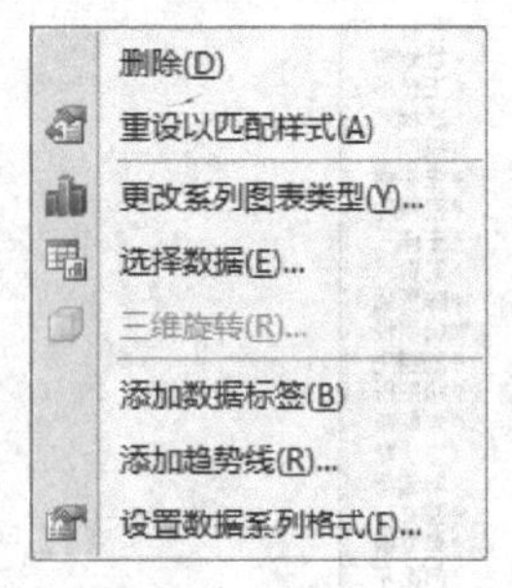

图 4.84　数据系列的快捷菜单

5. 添加数据标签

如果要在看到图表的同时也看到各数据点所代表的值,就要为图表的数据点添加数据标签。在默认状态下,图表中没有数据标签。若要添加数据标签,先将鼠标移动到图表中要添加数据标签的数据系列上,右击弹出如图 4.84 所示快捷菜单,选择【添加数据标签】命令;或者选定图表,在如图 4.85 所示【图表工具/布局】选项卡中,单击【标签】组中的【数据标签】按钮,在弹出的下拉列表中进行添加数据标签设置。

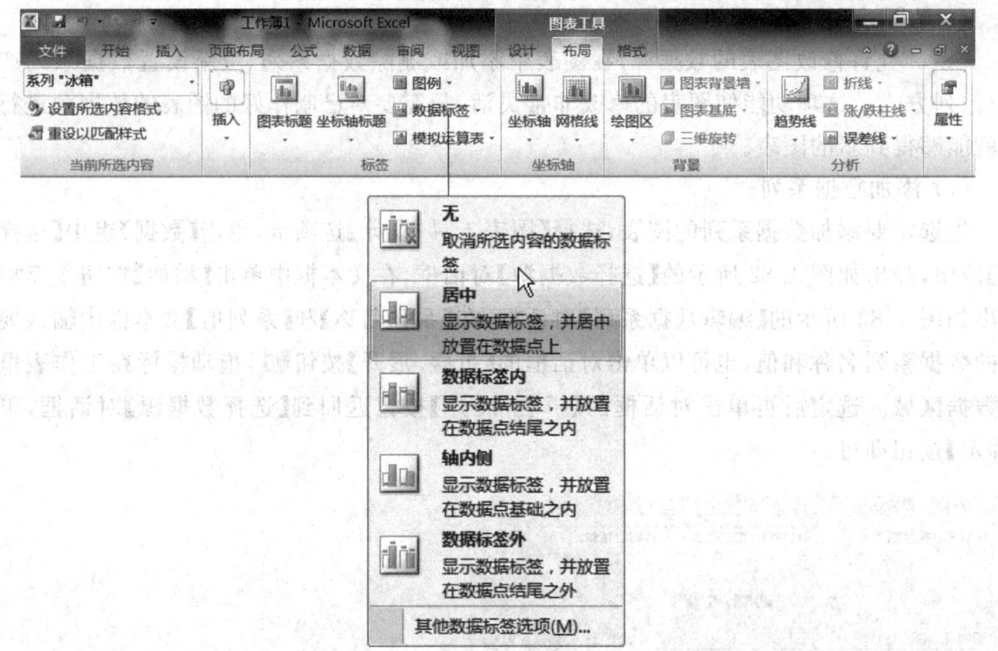

图 4.85　【图表工具/布局】选项卡【标签】组【数据标签】下拉列表

6. 图例操作

图例用来解释说明数据系列使用的标志或符号,用以区分不同的数据系列。图例主要说明图表中各种不同色彩的图形所代表的数据系列。Excel 一般采用数据表中的首行或首列文本(与图表数据系列的行、列方式有关)作为图例。

由于各种原因,有的图表需要添加图例,有的图表需要删除图例,有的图表需要修改图例的显示位置等。这些操作都非常简单,方法是先选定图表,在【图表工具/布局】选项卡中单击【标签】组中的【图例】按钮,在下拉列表中进行添加、删除或修改图例显示位置等操作。

7. 单元格与数据点值的修改

在 Excel 2010 中,工作表单元格中的数据与图表中的对应数据点是相互关联的,在任何时候,图表都是工作表数据的真实反映。单元格中的数据发生变化后,图表中与此单元格相关联的数据点也会立即随之发生变化。

8. 设置或取消网格线

图表的网格线分为主网格线和次网格线。网格线让人更易看清数据点的数值大小。设置或取消网格线的操作也比较简单，方法是首先选定图表，然后在【图表工具/布局】选项卡的【坐标轴】组中，单击【网格线】按钮，在下拉列表中进行网格线的设置或取消。

【例 4.9】 将例 4.8 的饼图转变为例 4.7 的柱形图，添加“应发工资”数据系列，并为“应发工资”系列添加数据标签。将图表的标题名更改为“某学院职工工资表”。

步骤 1：选定例 4.8 的饼图，若没有关闭 Excel 工作簿，可多次按撤消按钮 恢复到例 4.7 的柱形图，否则按例 4.8 中更改图表类型的步骤将图表更改为柱形图。

步骤 2：单击【图表工具/设计】选项卡，在【数据】组中单击【选择数据】按钮，弹出图 4.82 所示的【选择数据源】对话框，单击添加按钮 添加(A)，弹出图 4.83 所示【编辑数据系列】对话框，在【系列名称】和【系列值】分别输入【应发工资】和【=Sheet1！ $K$3：$K$22】(本例工作表名称为 Sheet1)，单击【确定】按钮。

步骤 3：右击图表的“应发工资”数据系列，弹出快捷菜单，选择【添加数据标签】选项。

步骤 4：单击图表标题“实发工资”，再次单击进入编辑状态，将“实发工资”改为“某学院职工工资表”。完成后的图表如图 4.86 所示。

说明：如果没有图表标题，可单击【图表工具/布局】选项卡中【标签】组中的【图表标题】按钮选择图表标题的位置，然后输入标题内容。

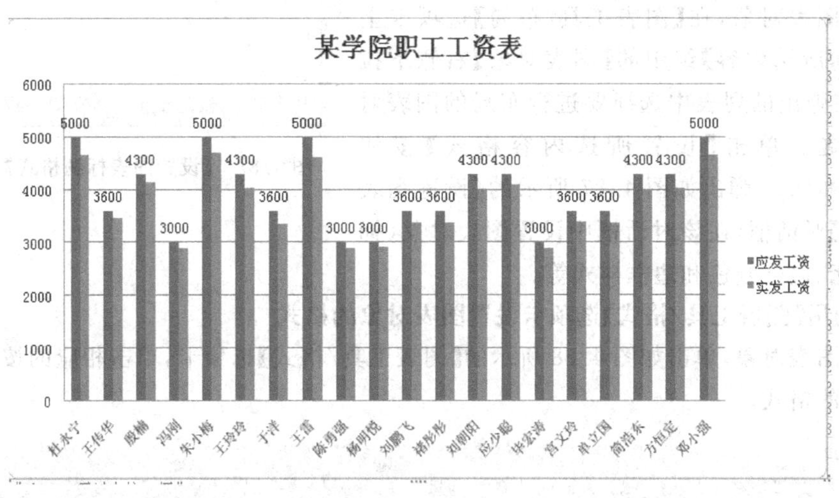

图 4.86　例 4.9 职工应发工资和实发工资柱形图

4.5.4　图表的修饰

所谓图表的修饰，就是对图表中各对象进行格式化。如添加或删除图例、设置标题、填充图表区域的色彩、添加背景图案、设置字体大小、设置坐标轴格式等。

对图表进行格式化，最简单的操作方法就是将鼠标移动到要进行格式化的对象上，如图表区、绘图区、数据系列、图例、坐标轴、刻度线等，右击该对象弹出快捷菜单，快捷菜单中的选项会因对象不同而有所不同。利用快捷菜单可以选择不同的修饰功能。值得一提的是，右击需要字体格式化的对象时，都会在以往常见的快捷菜单上方出现“浮动工具栏”，利用它可以快速地完成图表对象字体的格式化。

1. 利用 Excel 2010 的预定义图表样式格式化图表

Excel 2010 预定义了许多图表样式,预定义图表样式就是已经完成格式化的图表。利用预定义图表样式可以快速地完成简单的图表修饰。

选定已创建的图表,在【图表工具/设计】选项卡的【图表样式】组中会显示已创建图表类型的图表样式。单击某个图表样式就完成选定图表的修饰。要浏览所有预定义图表样式,单击该组右侧的【其他】按钮,在弹出的图表样式列表中选择相应的图表样式即可。

2. 利用 Excel 2010 图表布局格式化图表

所谓布局,就是对 Excel 2010 图表对象进行全面的安排。其实是从整体的角度对图表进行格式化。利用 Excel 2010 预定义图表布局可以从整体上格式化图表。

首先选中图表,在【图表工具/设计】选项卡的【图表布局】组中单击要使用的图表布局。若要浏览所有可用的布局,则单击该组右侧的【其他】按钮,从弹出的列表中选择相应的图表布局即可。

3. 设置图表对象的填充、边框颜色和边框样式

单击图表对象,在【图表工具/布局】选项卡上单击【当前所选内容】组中的【图表对象】右侧下拉按钮,在弹出的列表中选择要进行布局的图表对象,如标题。单击【设置所选内容格式】按钮 设置所选内容格式 ,弹出如图 4.87 所示的【设置图表标题格式】对话框,在该对话框中设置图表对象(标题)的填充、边框颜色和边框样式等。

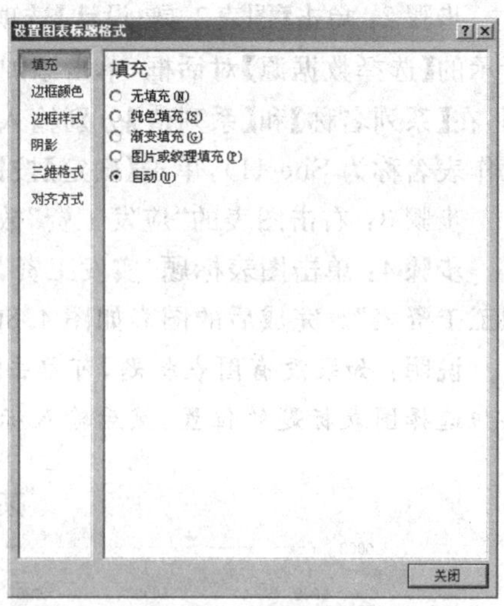

图 4.87 【设置图表标题格式】对话框

4. 利用【图表工具/格式】选项卡设置图表对象的格式

选定图表对象,单击如图 4.88 所示的【图表工具/格式】选项卡,单击相应的按钮可设置图表对象的格式。

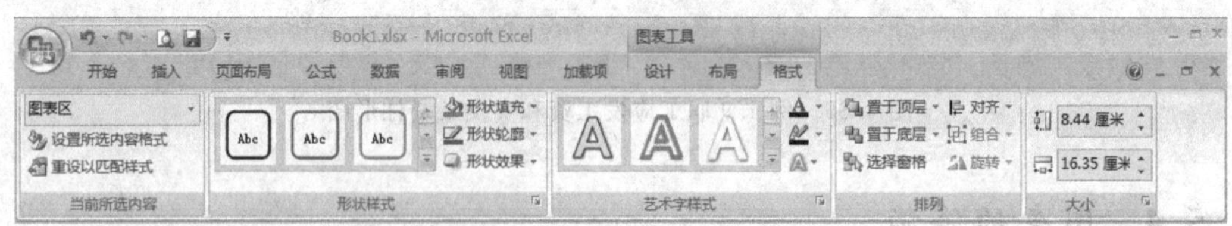

图 4.88 【图表工具/格式】选项卡

5. 修改坐标轴刻度

默认情况下,Excel 2010 根据数据源自动确定坐标轴的最小和最大刻度值,用户也可以根据需要自定义坐标轴的刻度。若需要自定义坐标轴刻度,先选定图表,然后选择【图表工具/格式】选项卡,在【当前所选内容】组中,单击【图表对象】框旁边的箭头,在弹出的列表中选择【垂直(值)轴】或【水平(分类)轴】,然后再单击【设置所选内容格式】按钮,弹出如图 4.89 所示的【设置坐标轴格式】对话框,用户可以根据需要在该对话框中改变坐标轴刻度。

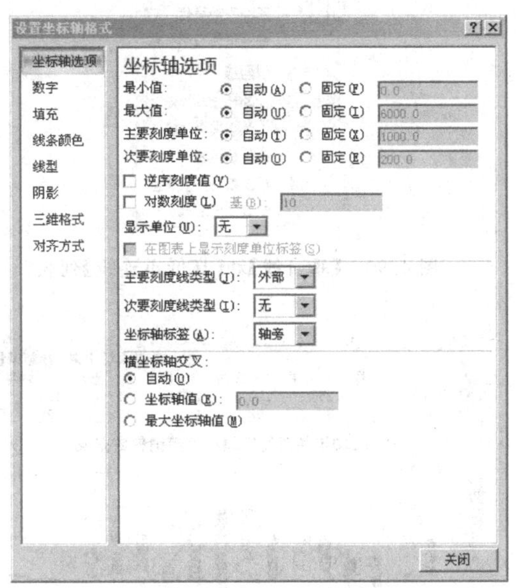

图 4.89 【设置坐标轴格式】对话框

6. 数据系列的格式化

Excel 2010 可以为数据系列设置边框、图案和颜色,也可以为某些类型图表的数据系列添加系列线、误差线、垂直线、高低点和涨跌柱线等,通过增加的误差线、高低点或涨跌柱线来增强数据的表现形式。

涨跌柱线是具有两个以上数据系列的折线图中的条形柱,可以清晰地指明初始数据系列和终止数据系列中数据点之间的差别。Excel 2010 自动用白色柱来表示终止数据系列中的数据点大于初始数据系列中的数据点,而黑色柱则表示终止数据系列中的数据点小于初始数据系列中的数据点。涨跌柱线常用于在股票图表中的开盘价和收盘价之间画一个矩形,创建开盘——最高价——最低价图表。

系列线是在二维堆积条形图和柱形图中,每个数据系列里连接数据标记的线条。垂直线是在折线图和面积图中,从数据点到分类轴(X 轴)的垂直线,尤其在面积图中可以清楚地表示一个数据标记结束且另一个数据标记开始的位置。高低点连接线是在二维折线图里,每个分类中从最高值到最低值之间的连线,可以表示数值变化的范围。

在一个已经建立好的图表中添加涨跌柱线、垂直线、系列线或高低点连线非常简单。

【例 4.10】 给图 4.72 中的折线图表添加涨跌线、垂直线和高低点连线。具体操作如下。

步骤 1:单击图表,在【图表工具/布局】选项卡的【分析】组中单击【涨/跌柱线】按钮 涨/跌柱线▾,在弹出的下拉列表中选择【涨/跌柱线】命令,完成添加涨跌线的操作,如图 4.92(a)所示。

步骤 2:重新以图 4.72 的数据绘制折线图。在【图表工具/布局】选项卡的【分析】组中单击【折线】按钮 折线▾,弹出如图 4.90 所示的下拉列表,选择【垂直线】命令完成添加垂直线的操作,如图 4.92(b)所示。

步骤 3:重新以图 4.72 的数据绘制折线图。在图 4.90 所示的下拉列表中选择【高低点连线】完成添加高低点连线的操作,如图 4.92(c)所示。

步骤 4:重新以图 4.72 的数据绘制二维堆积条形图。在【图表工具/布局】选项卡的【分析】组中单击【折线】按钮 折线▾,弹出如图 4.91 所示的下拉列表,选择【系列线】命令即可完成添加系列线的操作,如图 4.92(d)所示。

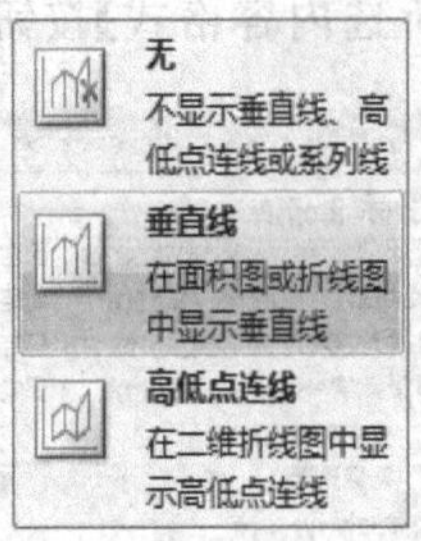

图 4.90 【垂直线】和【高低点连线】列表

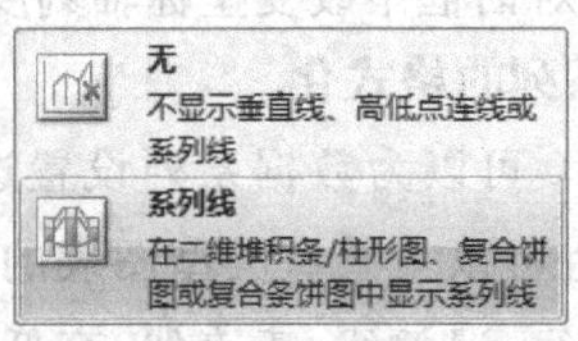

图 4.91 【系列线】列表

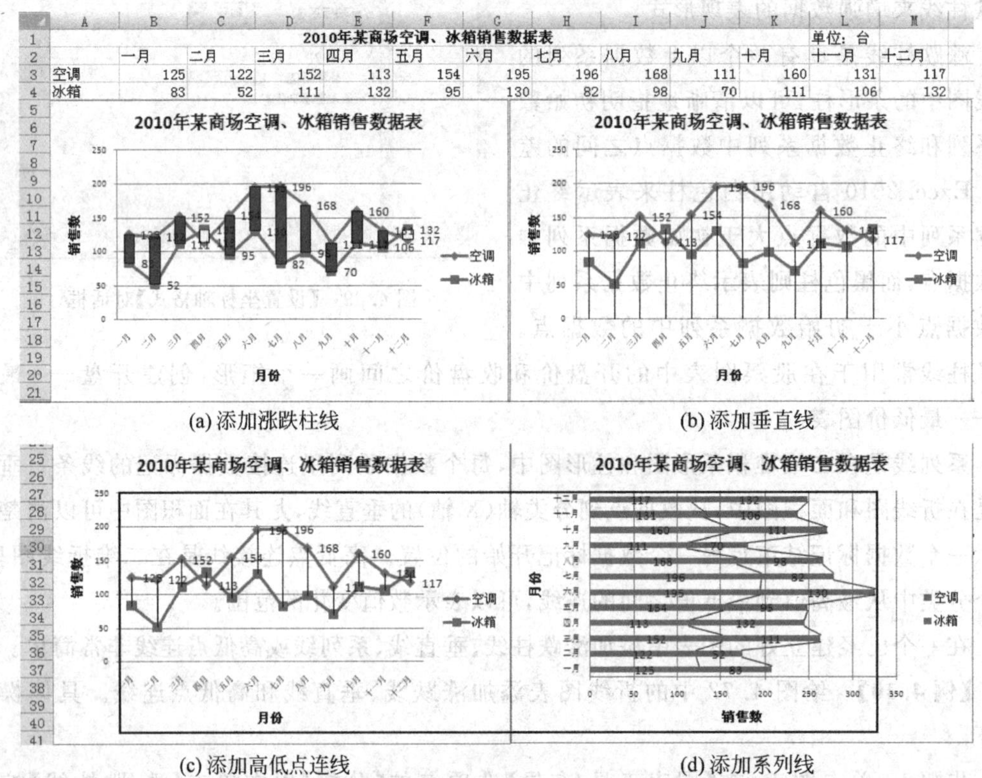

	一月	二月	三月	四月	五月	六月	七月	八月	九月	十月	十一月	十二月
空调	125	122	152	113	154	195	196	168	111	160	131	117
冰箱	83	52	111	132	95	130	82	98	70	111	106	132

(a) 添加涨跌柱线　(b) 添加垂直线

(c) 添加高低点连线　(d) 添加系列线

图 4.92 添加涨跌柱线、垂直线、高低点连线和系列线的结果图示

4.6 Excel 2010 数据管理与数据透视表

Excel 2010 具有强大的数据管理功能，能够对工作表中的数据进行排序、筛选、分类汇总等操作；数据透视表具有强大的数据分析与数据重组能力，为工作表数据重组、报表制作以及信息分析等提供了强大的支持。

4.6.1 数据清单的概念

要使用 Excel 2010 的数据管理功能，首先必须将表格创建为数据清单。在 Excel 2010

中，数据清单是一种特殊的表格，其特殊性在于此类表格至少由两个必备部分构成：表结构和纯数据。表结构为数据清单中第一行的栏目标题，Excel 2010 将利用这些标题名对数据进行排序、筛选、分类汇总等。纯数据部分则是 Excel 2010 实施管理功能的对象，该部分不允许有非法数据内容出现。图 4.93 所示的就是一个数据清单。要正确创建数据清单，应遵守以下的准则。

表结构即栏目标题+纯数据＝数据清单

某学院职工工资表

职工编号	姓名	性别	出生日期	所在部门	职称	基本工资	职称补贴	水电费	税费	应发工资	扣除	实发工资	水电费排序	年龄
001	杜永宁	男	1942-6-8	计科系	教授	1800	3200	198.65	130	5000	328.65	4671.35	4	68
002	王传华	男	1960-2-6	计科系	讲师	1200	2400	65.8	60	3600	125.8	3474.2	17	58
003	殷楠	女	1961-12-8	金融系	副教授	1500	2800	58.9	95	4300	153.9	4146.1	18	49
004	冯刚	男	1972-8-29	金融系	助教	1000	2000	75.8	30	3000	105.8	2894.2	15	38
005	朱小梅	女	1950-3-26	会计系	教授	1800	3200	165	130	5000	295	4705	8	60
006	王玲玲	女	1966-5-9	会计系	副教授	1500	2800	158.4	95	4300	253.4	4046.6	12	44
007	于洋	男	1972-2-16	保险系	讲师	1200	2400	186.8	60	3600	246.8	3353.2	6	38
008	王雷	男	1956-6-1	保险系	教授	1800	3200	235.8	130	5000	365.8	4634.2	1	54
009	陈勇强	男	1983-4-18	传媒系	助教	1000	2000	58.9	30	3000	88.9	2911.1	18	27
010	杨明悦	男	1979-3-15	传媒系	助教	1000	2000	36	30	3000	66	2934	20	31
011	刘鹏飞	男	1970-2-19	工商管理系	讲师	1200	2400	158.6	60	3600	218.6	3381.4	11	40
012	褚彤彤	女	1967-1-9	工商管理系	讲师	1200	2400	158.9	60	3600	218.9	3381.1	10	43
013	刘朝阳	男	1960-10-10	法律系	副教授	1500	2800	216.3	95	4300	311.3	3988.7	2	50
014	应少聪	男	1967-2-16	法律系	副教授	1500	2800	96	95	4300	191	4109	14	43
015	毕宏涛	男	1980-8-8	计科系	助教	1000	2000	68.5	30	3000	98.5	2901.5	16	30
016	宫文玲	女	1966-6-6	数学系	讲师	1200	2400	126.3	60	3600	186.3	3413.7	13	44
017	单立国	男	1970-3-2	公共管理系	讲师	1200	2400	159	60	3600	219	3381	9	40
018	简洁东	男	1964-10-25	公共管理系	副教授	1500	2800	187.6	95	4300	282.6	4017.4	5	46
019	方恒定	男	1965-1-3	外语系	副教授	1500	2800	168.2	95	4300	263.2	4036.8	7	45
020	邓小强	男	1956-9-5	外语系	教授	1800	3200	206	130	5000	336	4664	3	54

图 4.93　数据清单图示

(1) 避免在一张工作表中建立多个数据清单，如果在工作表中还有其他数据，要与数据清单之间留出空行和空列，数据清单中列称为字段、行称为记录。

(2) 数据清单是一片连续的数据区域，避免存在空行和空列。

(3) 在数据清单的第一行里创建列标题，即栏目标题，也称为字段名，列标题使用的各种格式应与清单中其他数据有所区别。

(4) 列标题名唯一且该列数据的数据类型和格式应完全相同。

(5) 单元格中数据的对齐方式要求用【开始】选项卡的【对齐方式】组的各种命令按钮来设置，不要用输入空格的方法调整。

数据清单的具体创建操作同普通表格的创建完全相同。首先，根据数据清单内容创建表结构(第一行的列标题)，然后在表结构的下面输入数据，完成创建工作。

4.6.2 数据排序

排序是对数据进行重新组织安排的一种方式，在 Excel 2010 中可以按汉字、字母、数字、日期或指定顺序对数据表进行排序。

1. 排序规则

排序有升序和降序两种方式。所谓升序，就是按从小到大的顺序排列数据，如数字按 0,1,2,…,9 的顺序排列，字母按 A,B,…,Z 和 a,b,…,z 的顺序排列等。降序则反之。按升序排序时，不同类型的数据在 Excel 2010 中的次序如下：数字→字母→逻辑值→错误值→空格，同种类型数据的排序规则如下。

(1) 数字从最小的负数到最大的正数的顺序进行排序。

(2) 字母按照英文字典中的先后顺序排列，即按 A～Z 和 a～z 的次序排列。在对文本进行排序时，Excel 2010 从左到右一个字符一个字符地进行排序比较，若两个文本的第一个字符相同就比较第二个字符,若第二个也相同就比较第三个,依次类推。一旦比较出大小,就不再比较后面的字符。例如,要求按升序排列文本"A100"和"A1",因第一、二字符都相同,所以要比较它们的第三个字符,因A100第三个字符是0,而A1没有第三个字符,所以A100比A1更大,则两文本按升序排序为:A1,A100。

特殊符号以及包括数字的文本,升序按如下次序排列。

0~9(空格)!" # $ % & ( ) * , . / : ; ? @ [\ ] ^ _ ' { | } ~ + ＜ ＝ ＞ A~Z a~z

注意:在排序过程中,撇号(')和连字符(-)会被忽略。但例外情况是:如果两个字符串除了连字符不同外其余都相同,则带连字符的文本排在后面。

说明:字母在排序时是否区分大小写,可根据需要进行设置,在Excel 2010默认排序方式下,英文字母是不区分大写和小写的。

(3) 逻辑值。在逻辑值中,FALSE(相当于0)排在TRUE(相当于1)之前。

(4) 错误值和空格。所有错误值的优先级相同,空格始终排在最后。

(5) 汉字。汉字有两种排序方式:一是根据汉语拼音的字典顺序进行升序或降序排列;二是按笔画排序,以笔画的多少作为排序依据。

2. 简单排序

简单排序的操作是先单击要排序的字段列中的任一单元格,再在【开始】选项卡的【编辑】组中,单击【排序和筛选】按钮,然后在弹出的下拉列表中选择【升序】或【降序】按钮;或在【数据】选项卡的【排序和筛选】组中,单击【升序】排序按钮或【降序】排序按钮。

注意:不能选中单元格区域后,进行简单排序操作。因为这样操作的结果只对所选择的区域中的数据进行排序,而不是对整个数据清单进行排序,因而破坏了整个数据清单中的数据关系。

3. 复杂排序

复杂排序就是将数据清单按关键字值的顺序进行排列。在Excel 2010中提供了多个关键字段进行排序,即在【排序】对话框中单击【添加条件】按钮,可以添加任意多个关键字段。按三个以上关键字段进行排序的准则是先对最低级别的关键字进行排序,然后对级别较高一些的关键字进行排序,最后才对最高级别的关键字进行排序。例如,要对A,B,C,D,E,F六个数据列进行排序,第一关键字段是A列,第二关键字段是B列……第六关键字段是F列。要完成上述的排序任务,需要进行两次排序操作。即第一次操作的关键字指定为D(1),E(2),F(3)(括号内表示关键字顺序);第二次操作的关键字指定为A(1),B(2),C(3)(括号内表示关键字顺序)。经过这两次排序后,数据表中的数据就按A,B,C,D,E,F六列依次排序。

复杂排序的操作是先选择要排序的字段列中的任一单元格,在【数据】选项卡的【排序和筛选】组中,单击【排序】按钮;或在【开始】选项卡的【编辑】组中,单击【排序和筛选】按钮,在弹出的下拉列表中选择【自定义排序】选项,则弹出如图4.94所示的【排序】对话框。在该对话框的【列】区主要关键字后的下拉列表中选择,本例的主要关键字为"所在部门",选择主关键字的"排序依据"为数据,"次序"为升序,然后单击【添加条件】按钮即可。若需要可进一步设定次要关键字的排序依据和次序,设置完后,单击【确定】按钮即可。

【排序】对话框右上角的☑数据包含标题(H)复选框说明在排序过程中,是否将数据清单中的第

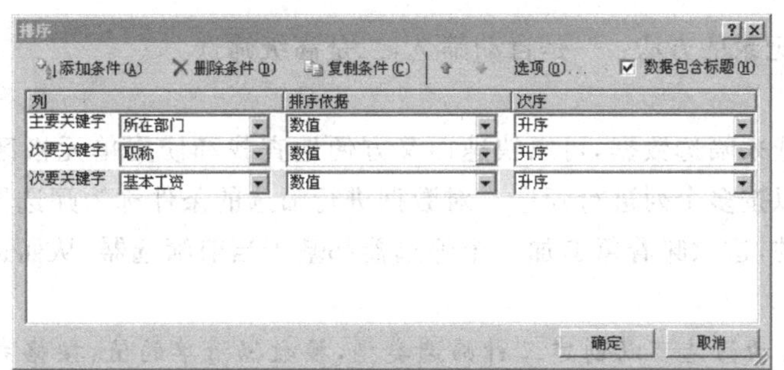

图 4.94 【排序】对话框

一行即栏目标题参加排序，如果选定复选框，则第一行栏目标题参加排序，否则的话，第一行栏目标题不参加排序。

复杂排序还可以按单元格颜色、字体颜色或图标进行排序。

使用关键字时，要根据需要来选择一个或多个关键字，排序的数据区域也要进行选择，一般应该是整个数据清单作为进行排序的区域。若排序的结果和预期的不同，应该检查排序数据的类型。在排序过程中如果发生问题，此时可通过撤消按钮 来快速恢复数据的原来顺序，但有时完全没有办法进行恢复。为了保证排序的结果完全能够恢复，在实际操作过程中，排序前首先在数据清单中增加一个字段，该字段的内容就是输入该行的行号，当不满意排序结果而又无法恢复时，可以将该列作为关键字进行递增排序，以恢复初始表序。在排序满意后可将增加的列删除。如还不能恢复，可关闭文件但不要保存修改。

【例 4.11】 将图 4.93 中工作表按"实发工资"字段进行降序排序，具体操作步骤如下。

步骤 1：单击数据清单中"实发工资"列中任一单元格。

步骤 2：在【数据】选项卡的【排序和筛选】组中，单击【降序】排序按钮完成按"实发工资"由高到低的排序，排序结果如图 4.95 所示。

"筛选" 按钮

	A	B	C	D	E	F	G	H	I	J	K	L	M	N	O
1	某学院职工工资表														
2	职工编号	姓名	性别	出生日期	所在部门	职称	基本工资	职称补贴	水电费	税费	应发工资	扣除	实发工资	水电费排名	年龄
3	005	朱小梅	女	1950-3-26	会计系	教授	1800	3200	165	130	5000	295	4705	8	60
4	001	杜永宁	男	1942-6-8	计科系	教授	1800	3200	198.65	130	5000	328.65	4671.35	4	68
5	020	邓小强	男	1956-9-5	外语系	教授	1800	3200	206	130	5000	336	4664	3	54
6	008	王雷	男	1956-6-1	保险系	教授	1800	3200	235.8	130	5000	365.8	4634.2	1	54
7	003	殷楠	女	1961-12-8	金融系	副教授	1500	2800	58.9	95	4300	153.9	4146.1	18	49
8	014	应少聪	男	1967-2-16	法律系	副教授	1500	2800	96	95	4300	191	4109	14	43
9	006	王玲玲	女	1966-5-9	会计系	副教授	1500	2800	158.4	95	4300	253.4	4046.6	12	44
10	019	方恒定	男	1965-1-3	外语系	副教授	1500	2800	168.2	95	4300	263.2	4036.8	7	45
11	018	简洁东	男	1964-10-25	公共管理系	副教授	1500	2800	187.6	95	4300	282.6	4017.4	5	46
12	013	刘朝阳	男	1960-10-10	法律系	副教授	1500	2800	216.3	95	4300	311.3	3988.7	2	50
13	002	王传华	男	1960-2-6	计科系	讲师	1200	2400	65.8	60	3600	125.8	3474.2	17	50
14	016	宫文玲	女	1966-6-6	数学系	讲师	1200	2400	126.3	60	3600	186.3	3413.7	13	44
15	011	刘鹏飞	男	1970-2-19	工商管理系	讲师	1200	2400	158.6	60	3600	218.6	3381.4	11	40
16	012	褚彤彤	女	1967-1-9	工商管理系	讲师	1200	2400	158.9	60	3600	218.9	3381.1	10	43
17	017	单立国	男	1970-3-2	公共管理系	讲师	1200	2400	159	60	3600	219	3381	9	40
18	007	于洋	男	1972-2-16	保险系	讲师	1200	2400	186.8	60	3600	246.8	3353.2	6	38
19	010	杨明悦	男	1979-3-15	传媒系	助教	1000	2000	36	30	3000	66	2934	20	31
20	009	陈勇强	男	1983-4-18	传媒系	助教	1000	2000	58.9	30	3000	88.9	2911.1	18	27
21	015	毕宏涛	男	1980-8-8	计科系	助教	1000	2000	68.5	30	3000	98.5	2901.5	16	30
22	004	冯刚	男	1972-8-29	金融系	助教	1000	2000	75.8	30	3000	105.8	2894.2	15	38

图 4.95 按"实发工资"降序排序和【筛选】按钮图示

4.6.3 数据筛选

数据筛选是从数据清单中提取出满足某种条件的记录，不满足条件的数据只是暂时被隐藏起来(并未真正被删除掉)，一旦筛选条件被撤消，被隐藏的数据又重新出现。Excel

2010有两种筛选记录的方法：一是自动筛选，二是高级筛选。

1. 自动筛选

使用自动筛选来筛选数据，可以快速而又方便地查找和使用单元格区域或数据清单中数据的子集。可以按多个列进行筛选。对数据进行筛选的条件称为筛选器。自动筛选功能的筛选器是累加的，这意味着每追加一个筛选器都基于当前筛选器，从而进一步减少了数据的子集。

注意：使用自动筛选可以创建三种筛选类型，按数据清单的值、按格式或按条件。对于每个单元格区域或数据清单来说，这三种筛选类型是互斥的。例如，不能既按单元格颜色又按数据值进行筛选，只能在两者中任选其一；不能既按图标又按自定义条件进行筛选，只能在两者中任选其一。

自动筛选提供了快速筛选工作表数据的功能，只需通过简单的操作就能够筛选出需要的数据。

【例4.12】 用自动筛选功能查找图4.93所示的工作表中性别为"女"的记录，并在此基础上筛选出"实发工资"大于4000元的记录。操作步骤如下。

步骤1：单击数据清单的任一单元格。

步骤2：在【开始】选项卡的【编辑】组中，单击【排序和筛选】组中的【筛选】命令；或在【数据】选项卡的【排序和筛选】组中，单击【筛选】按钮。

步骤3：此时会在工作表的每一字段名旁边显示一个【筛选】按钮，如图4.95所示。

步骤4：单击【性别】旁的【筛选】箭头，在弹出的如图4.96所示的下拉列表框中，选择【女】复选框，然后单击【确定】按钮，则所有女生的记录就会显示出来，且【性别】旁的【筛选】按钮变成筛选后的图标标志。

步骤5：单击"实发工资"旁的【筛选】箭头，选择【数字筛选】中的【大于】选项，弹出如图4.97所示的【自定义自动筛选方式】对话框，在"实发工资"下面的下拉列表中选择【大于】项并在右侧的组合框中输入4000后单击【确定】按钮，则"实发工资"旁的【筛选】箭头更改为，经过二次筛选功能就查找出如图4.98所示的"实发工资"大于4000元的女性教师的记录。

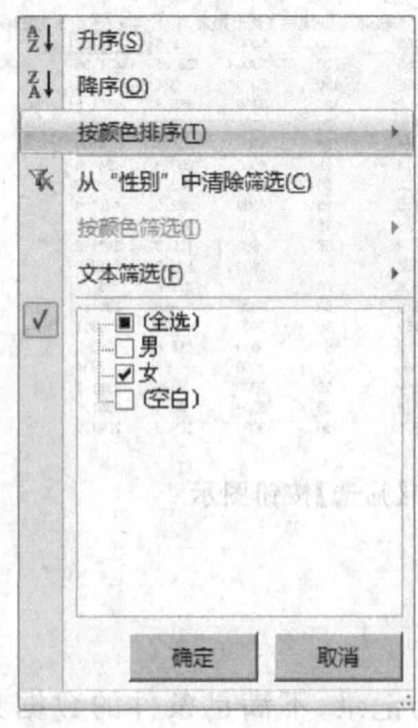

图4.96 【筛选】下拉列表

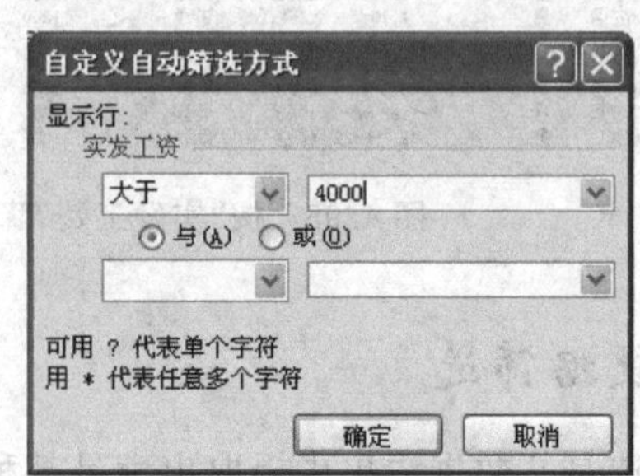

图4.97 【自定义自动筛选方式】对话框

	A	B	C	D	E	F	G	H	I	J	K	L	M	N	O
1	某学院职工工资表														
2	职工编号	姓名	性别	出生日期	所在部门	职称	基本工资	职称补贴	水电费	税费	应发工资	扣除	实发工资	水电费排序	年龄
3	005	朱小梅	女	1950-3-26	会计系	教授	1800	3200	165	130	5000	295	4705	8	60
7	003	殷楠	女	1961-12-8	金融系	副教授	1500	2800	58.9	95	4300	153.9	4146.1	18	49
9	006	王玲玲	女	1966-5-9	会计系	副教授	1500	2800	158.4	95	4300	253.4	4046.6	12	44

图 4.98　筛选出“实发工资”大于 4000 的女性教师

要取消【自动筛选】操作，即取消【筛选】箭头，可以在【数据】选项卡的【排序和筛选】组中，单击【筛选】按钮；或在【开始】选项卡的【编辑】组中，单击【排序和筛选】按钮，然后在下拉列表中单击【筛选】命令，即可取消自动筛选。

2. 高级筛选

自动筛选很难完成条件较复杂或筛选字段较多的数据筛选。如图 4.93 中的工作表字段很多，如果超过两个以上的字段有筛选条件要求，用自动筛选就要每个字段逐一设置。如果使用高级筛选就可以利用条件区域方便地设置条件一次性完成筛选。

在进行高级筛选之前，必须建立一个条件区域，条件区域用于定义筛选必须满足的条件。条件区域的首行必须包含一个或多个与数据清单完全相同的列标题。

在单元格或单元格区域中建立的条件称为条件区域，建立条件区域是进行高级筛选的首要前提。条件区域可以构建在数据清单外的任何位置，要求条件区域与数据清单之间必须至少有一空行或一空列。

条件区域的构造规则是：不在同一行的条件表示“或”(OR)，即只要其中某一个字段的条件成立，则整个条件就成立；同一行中的条件表示“与”(AND)，即必须所有条件都成立，则整个条件才成立。

【例 4.13】 查找在图 4.93 所示的工作表中“实发工资”和“应发工资”都大于 3500 元的记录，其操作步骤如下。

步骤 1：单击需要进行筛选的数据清单。

步骤 2：按筛选条件在 A26:B27 单元格区域建立如图 4.99 所示的条件区域。

	A	B	C	D	E	F	G	H	I	J	K	L	M	N	O
1	某学院职工工资表														
2	职工编号	姓名	性别	出生日期	所在部门	职称	基本工资	职称补贴	水电费	税费	应发工资	扣除	实发工资	水电费排序	年龄
3	001	杜永宁	男	1942-6-8	计科系	教授	1800	3200	198.65	130	5000	328.65	4671.35	4	68
4	002	王传华	男	1960-2-6	计科系	讲师	1200	2400	85.8	60	3600	125.8	3474.2	17	50
5	003	殷楠	女	1961-12-8	金融系	副教授	1500	2800	58.9	95	4300	153.9	4146.1	18	49
6	004	冯刚	男	1972-8-29	金融系	助教	1000	2000	75.8	30	3000	105.8	2894.2	15	38
7	005	朱小梅	女	1950-3-26	会计系	教授	1800	3200	165	130	5000	295	4705	8	60
8	006	王玲玲	女	1966-5-9	会计系	副教授	1500	2800	158.4	95	4300	253.4	4046.6	12	44
9	007	于洋	男	1972-2-16	保险系	讲师	1200	2400	186.8	60	3600	246.8	3353.2	6	38
10	008	王雷	男	1956-6-1	保险系	教授	1800	3200	235.8	130	5000	365.8	4634.2	1	54
11	009	陈勇强	男	1983-4-18	传媒系	助教	1000	2000	58.9	30	3000	88.9	2911.1	18	27
12	010	杨明悦	男	1979-3-15	传媒系	助教	1000	2000	36	30	3000	66	2934	20	31
13	011	刘鹏飞	男	1970-2-19	工商管理系	讲师	1200	2400	158.6	60	3600	218.6	3381.4	11	40
14	012	褚彤彤	女	1967-1-9	工商管理系	讲师	1200	2400	158.9	60	3600	218.9	3381.1	10	43
15	013	刘朝阳	男	1960-10-10	法律系	副教授	1500	2800	216.3	95	4300	311.3	3988.7	2	50
16	014	应少聪	男	1967-2-16	法律系	副教授	1500	2800	96	95	4300	191	4109	14	43
17	015	毕宏涛	男	1980-6-8	计科系	助教	1000	2000	68.5	30	3000	98.5	2901.5	16	30
18	016	宫文玲	女	1966-6-6	数学系	讲师	1200	2400	126.3	60	3600	186.3	3413.7	13	44
19	017	单立国	男	1970-3-2	公共管理系	讲师	1200	2400	159	60	3600	219	3381	9	40
20	018	简洁东	男	1964-10-25	公共管理系	副教授	1500	2800	187.6	95	4300	282.6	4017.4	5	46
21	019	方恒定	男	1965-1-3	外语系	副教授	1500	2800	168.2	95	4300	263.2	4036.8	7	45
22	020	邓小强	男	1956-9-5	外语系	教授	1800	3200	206	130	5000	336	4664	3	54
23															
24	所得税超过当月收入2400元以上按5%征收					2400	5%								
25															
26	应发工资	实发工资													
27	>3500	>3500													
29	职工编号	姓名	性别	出生日期	所在部门	职称	基本工资	职称补贴	水电费	税费	应发工资	扣除	实发工资	水电费排序	年龄
30	001	杜永宁	男	1942-6-8	计科系	教授	1800	3200	198.65	130	5000	328.65	4671.35	4	68
31	003	殷楠	女	1961-12-8	金融系	副教授	1500	2800	58.9	95	4300	153.9	4146.1	18	49
32	005	朱小梅	女	1950-3-26	会计系	教授	1800	3200	165	130	5000	295	4705	8	60
33	006	王玲玲	女	1966-5-9	会计系	副教授	1500	2800	158.4	95	4300	253.4	4046.6	12	44
34	008	王雷	男	1956-6-1	保险系	教授	1800	3200	235.8	130	5000	365.8	4634.2	1	54
35	013	刘朝阳	男	1960-10-10	法律系	副教授	1500	2800	216.3	95	4300	311.3	3988.7	2	50
36	014	应少聪	男	1967-2-16	法律系	副教授	1500	2800	96	95	4300	191	4109	14	43
37	018	简洁东	男	1964-10-25	公共管理系	副教授	1500	2800	187.6	95	4300	282.6	4017.4	5	46
38	019	方恒定	男	1965-1-3	外语系	副教授	1500	2800	168.2	95	4300	263.2	4036.8	7	45
39	020	邓小强	男	1956-9-5	外语系	教授	1800	3200	206	130	5000	336	4664	3	54

条件区域

图 4.99　高级筛选“与”条件区域的设置及筛选结果

步骤3：在【数据】选项卡上的【排序和筛选】组中，单击【高级】按钮 高级 ，弹出【高级筛选】对话框，如图4.100所示。

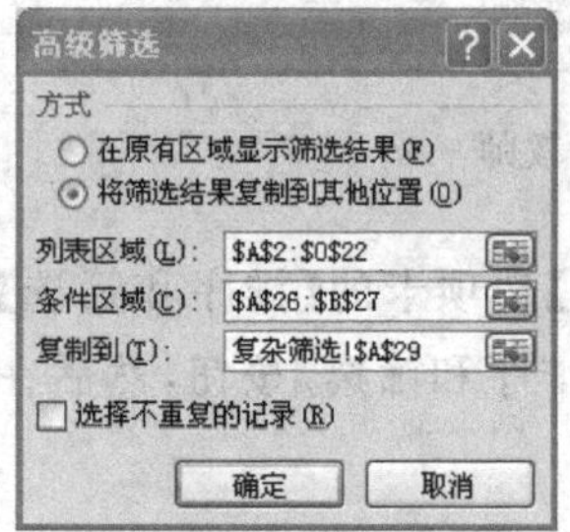

图4.100 【高级筛选】对话框

步骤4：在该对话框的【方式】选项组中，选择【将筛选结果复制到其他位置】单选项，在【列表区域】框中输入数据区域范围(既可以直接输入，也可以利用对话框折叠按钮用鼠标拖动的方式选定输入)；用同样的方法在【条件区域】框中输入条件区域范围，并在【复制到】框中输入放置筛选结果区域的左上角单元格地址。

步骤5：单击【确定】按钮。

经过高级筛选后的"实发工资"和"应发工资"都大于3500元的记录按图4.100所示的"复制到"条件，显示在A29:O39单元格区域中。

【例4.14】 查找图4.93中"实发工资"大于3500或"应发工资"大于3500元的记录，其操作步骤同例4.13，所不同的是条件区域的设置。因为两个条件只要有一个满足，整个条件就成立。所以条件区域的构建及筛选结果如图4.101所示。

26	应发工资	实发工资													
27	>3500														
28		>3500													
29															
30	职工编号	姓名	性别	出生日期	所在部门	职称	基本工资	职称补贴	水电费	税费	应发工资	扣除	实发工资	水电费排序	年龄
31	001	杜永宁	男	1942-6-8	计科系	教授	1800	3200	198.65	130	5000	328.65	4671.35	4	68
32	002	王传华	男	1960-2-6	计科系	讲师	1200	2400	65.8	60	3600	125.8	3474.2	17	50
33	003	殷楠	女	1961-12-8	金融系	副教授	1500	2800	58.9	95	4300	153.9	4146.1	18	49
34	005	朱小梅	女	1950-3-26	会计系	教授	1800	3200	165	130	5000	295	4705	8	60
35	006	王玲玲	女	1966-5-9	会计系	副教授	1500	2800	158.4	95	4300	253.4	4046.6	12	44
36	007	于洋	男	1972-2-16	保险系	讲师	1200	2400	186.8	60	3600	246.8	3353.2	6	38
37	008	王雷	男	1956-6-1	保险系	教授	1800	3200	235.8	130	5000	365.8	4634.2	1	54
38	011	刘鹏飞	男	1970-2-19	工商管理系	讲师	1200	2400	158.6	60	3600	218.6	3381.4	11	40
39	012	褚彤彤	女	1967-1-9	工商管理系	讲师	1200	2400	158.9	60	3600	218.9	3381.1	10	43
40	013	刘朝阳	男	1960-10-10	法律系	副教授	1500	2800	216.3	95	4300	311.3	3988.7	2	50
41	014	应少聪	男	1967-2-16	法律系	副教授	1500	2800	96	95	4300	191	4109	14	43
42	016	宫文玲	女	1966-6-6	数学系	讲师	1200	2400	126.3	60	3600	186.3	3413.7	13	44
43	017	单立国	男	1970-3-2	公共管理系	讲师	1200	2400	159	60	3600	219	3381	9	40
44	018	简洁东	男	1964-10-25	公共管理系	副教授	1500	2800	187.6	95	4300	282.6	4017.4	5	46
45	019	方恒定	男	1965-1-3	外语系	副教授	1500	2800	168.2	95	4300	263.2	4036.8	7	45
46	020	邓小强	男	1956-9-5	外语系	教授	1800	3200	206	130	5000	336	4664	3	54

"或"条件区域

图4.101 "或"条件区域设置及筛选结果

4.6.4 数据分类汇总

分类汇总就是先将数据按某一字段分类(排序)，这是对数据进行分类汇总的前提。然后，对各类数据字段进行数值汇总统计(如求和、平均值、最大值、最小值、统计个数等)。

分类汇总采用分级显示的方式显示工作表数据，它可以收缩或展开工作表的数据行(或列)，可快速创建各种汇总报告。分级显示可以汇总整个工作表或其中选定的一部分。分类汇总的数据可以打印出来，也可以用图表直观形象地表现出来。

1. 建立分类汇总

【例4.15】 以图4.93工作表为例，按"所在部门"进行分类，并汇总每个部门的"实发工资"总额。具体操作步骤如下。

步骤1：对工作表以"所在部门"字段进行升序排序。

步骤2：选择数据清单中任意单元格，在【数据】选项卡的【分级显示】组中，单击【分类汇总】按钮，弹出如图4.102所示的【分类汇总】对话框。

步骤3：在【分类汇总】对话框的【分类字段】下拉列表框中选择分类字段，本例选择"所在部门”。

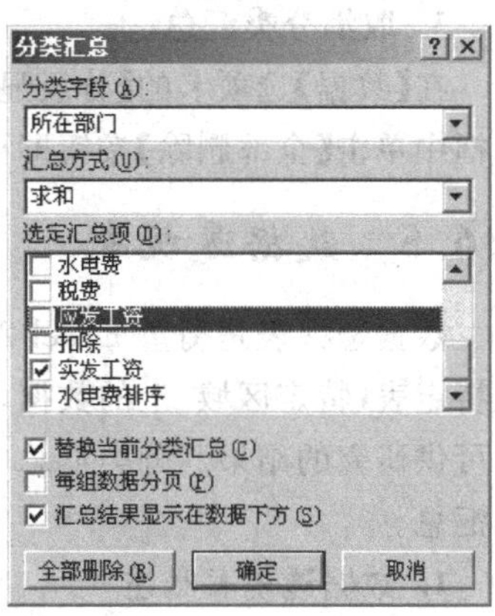

图 4.102 【分类汇总】对话框

步骤 4：在【汇总方式】下拉列表框中选择汇总方式，本例选择“求和”。

步骤 5：在【选定汇总项】列表框中选择汇总的字段，本例选择“实发工资”。

步骤 6：若需要替换任何现存的分类汇总，选中【替换当前分类汇总】复选框；若需要在每组分类之前插入分页符，则选中【每组数据分页】复选框；若选中【汇总结果显示在数据下方】复选框，则在数据清单下方显示分类汇总结果，否则，汇总结果显示在数据清单上方。

步骤 7：单击【确定】按钮。则分类汇总的结果如图 4.103 所示。

某学院职工工资表

	A	B	C	D	E	F	G	H	I	J	K	L	M	N	O
2	职工编号	姓名	性别	出生日期	所在部门	职称	基本工资	职称补贴	水电费	税费	应发工资	扣除	实发工资	水电费排序	年龄
3	007	于洋	男	1972-2-16	保险系	讲师	1200	2400	186.8	60	3600	246.8	3353.2	6	38
4	008	王雷	男	1956-6-1	保险系	教授	1800	3200	235.8	130	5000	365.8	4634.2	1	54
5					保险系 汇总								7987.4		
6	009	陈勇强	男	1983-4-18	传媒系	助教	1000	2000	58.9	30	3000	88.9	2911.1	18	27
7	010	杨明悦	男	1979-3-15	传媒系	助教	1000	2000	36	30	3000	66	2934	20	31
8					传媒系 汇总								5845.1		
9	013	刘朝阳	男	1960-10-10	法律系	副教授	1500	2800	216.3	95	4300	311.3	3988.7	2	50
10	014	应少聪	男	1967-2-16	法律系	副教授	1500	2800	96	95	4300	191	4109	14	43
11					法律系 汇总								8097.7		
12	011	刘鹏飞	男	1970-2-19	工商管理系	讲师	1200	2400	158.6	60	3600	218.6	3381.4	11	40
13	012	褚彤彤	女	1967-1-9	工商管理系	讲师	1200	2400	158.9	60	3600	218.9	3381.1	10	43
14					工商管理系 汇总								6762.5		
15	017	单立国	男	1970-3-2	公共管理系	讲师	1200	2400	159	60	3600	219	3381	9	40
16	018	简洁东	男	1964-10-25	公共管理系	副教授	1500	2800	187.6	95	4300	282.6	4017.4	5	46
17					公共管理系 汇总								7398.4		
18	005	朱小梅	女	1950-3-26	会计系	教授	1800	3200	165	130	5000	295	4705	8	60
19	006	王玲玲	女	1966-5-9	会计系	副教授	1500	2800	158.4	95	4300	253.4	4046.6	12	44
20					会计系 汇总								8751.6		
21	001	杜永宁	男	1942-6-8	计科系	教授	1800	3200	198.65	130	5000	328.65	4671.35	4	68
22	002	王传华	男	1960-2-6	计科系	讲师	1200	2400	65.8	60	3600	125.8	3474.2	17	50
23	015	毕宏涛	男	1980-8-8	计科系	助教	1000	2000	68.5	30	3000	98.5	2901.5	16	30
24					计科系 汇总								11047.05		
25	003	殷楠	女	1961-12-8	金融系	副教授	1500	2800	58.9	95	4300	153.9	4146.1	18	49
26	004	冯刚	男	1972-8-29	金融系	助教	1000	2000	75.8	30	3000	105.8	2894.2	15	38
27					金融系 汇总								7040.3		
28	016	宫文玲	女	1966-6-6	数学系	讲师	1200	2400	126.3	60	3600	186.3	3413.7	13	44
29					数学系 汇总								3413.7		
30	019	方恒定	男	1965-1-3	外语系	副教授	1500	2800	168.2	95	4300	263.2	4036.8	7	45
31	020	邓小强	男	1956-9-5	外语系	教授	1800	3200	206	130	5000	336	4664	3	54
32					外语系 汇总								8700.8		
33					总计								75044.55		

图 4.103 “所在部门”字段将“应发工资”字段的内容分类汇总的结果

2. 分级显示数据

在图 4.103 左上角有 1 2 3 按钮，是行的分级显示。可以控制分类汇总分级显示数据，分级显示可以隐藏数据表中的若干行/列，只显示指定的行/列数据。分级显示通常用于隐藏数据表的明细数据行/列，而只显示汇总行/列。在【数据】选项卡的【分级显示】组中，单击【组合】按钮的下拉按钮，选择【自动建立分级显示】进行行或列的显示/隐藏操作。

(1) 单击层次按钮 1，只显示“总计”结果，不显示表的明细数据和分类汇总结果。

(2) 单击层次按钮 2，只显示“分类汇总”结果和“总计”结果，不显示表的明细数据。

(3) 单击层次按钮 3，显示全部表的明细数据和“总计”及“分类汇总”结果。

(4) 在数据清单的左侧，有显示明细数据按钮＋和隐藏明细数据按钮－。＋按钮表示该层明细数据没有展开。单击＋按钮可显示出明细数据，同时＋按钮变为－按钮；单击－按钮可隐藏由该行(或列)各层所指定的明细数据，同时－按钮变为＋按钮。这样就可以将十分复杂的清单转变成为可展开不同层次的汇总表格。

3. 取消分类汇总

在【数据】选项卡的【分级显示】组中,单击【分类汇总】按钮,在如图 4.102【分类汇总】对话框中单击【全部删除】按钮即可取消分类汇总。

4.6.5 数据透视表

数据透视表是衡量 Excel 2010 应用熟练程度的指标。透视表功能就是可以通过放置在特定表(特定区域)上的数据,拨开它们看似无关的组合得到某些内在的联系,从而得到某些可供研究的结果。分类汇总一般以一个字段进行分类。数据透视表则适合多个字段的分类汇总。

1. 数据透视表概述

数据透视表是 Excel 2010 中功能十分强大的数据分析工具,用它可以快速形成能够进行交互的报表,在报表中不仅可以分类汇总、比较大量的数据,还可以随时选择其中页、行和列中的不同元素,以快速查看源数据的不同统计结果。同时还可以随意显示和打印出所需区域的明细数据,从而使得分析、组织复杂的数据更加快捷和有效。数据透视表是一种多维式表格,一般由页字段、页字段项、数据字段、数据项、行字段、列字段、数字区域等组成,如图 4.104 所示。

(1) 页字段。页字段是指被分配到页或筛选方向上的字段。页字段允许筛选整个数据透视表,显示单个项或所有项的数据。如图 4.104 中【时间】就是页字段。通过使用【时间】字段,用户可以只显示某一个季度的汇总数据,如果单击页字段的其他项,整个数据透视表报表都会发生变化,以便只显示与该项关联的汇总数据。

(2) 页字段项。页字段列表中每一项即为页字段项。通过单击页字段右侧的下拉按钮,用户可以选择该页字段的某个项。如图 4.104 中的【全部】右侧的下拉按钮,单击可选"第一季度"、"第二季度"等。与行字段和列字段不同的是,页字段每次只能选择一个项。而行字段和列字段可以每次选择一项或者多项。

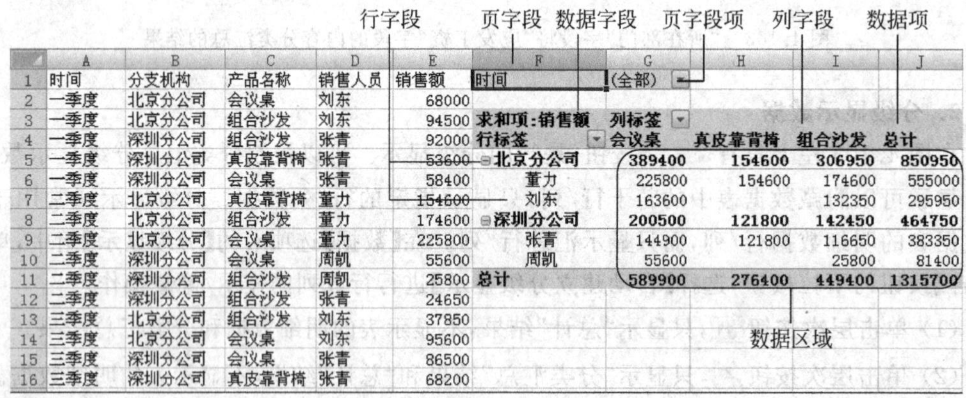

	A	B	C	D	E	F	G	H	I	J
1	时间	分支机构	产品名称	销售人员	销售额	时间	(全部)			
2	一季度	北京分公司	会议桌	刘东	68000					
3	一季度	北京分公司	组合沙发	刘东	94500	求和项:销售额	列标签			
4	一季度	深圳分公司	组合沙发	张青	92000	行标签	会议桌	真皮靠背椅	组合沙发	总计
5	一季度	深圳分公司	真皮靠背椅	张青	53600	北京分公司	389400	154600	306950	850950
6	一季度	深圳分公司	会议桌	张青	58400	董力	225800	154600	174600	555000
7	二季度	北京分公司	真皮靠背椅	董力	154600	刘东	163600		132350	295950
8	二季度	北京分公司	组合沙发	董力	174600	深圳分公司	200500	121800	142450	464750
9	二季度	北京分公司	会议桌	董力	225800	张青	144900	121800	116650	383350
10	二季度	深圳分公司	会议桌	周凯	55600	周凯	55600		25800	81400
11	二季度	深圳分公司	组合沙发	周凯	25800	总计	589900	276400	449400	1315700
12	二季度	深圳分公司	组合沙发	张青	24650					
13	三季度	北京分公司	组合沙发	刘东	37850					
14	三季度	北京分公司	会议桌	刘东	95600					
15	三季度	深圳分公司	会议桌	张青	86500					
16	三季度	深圳分公司	真皮靠背椅	张青	68200					

图 4.104　数据透视表组成元素

(3) 数据字段。数据字段是指汇总数据清单所指定的数值型字段。数据字段提供要汇总的数据值。如果报表有多个数据字段,则报表中会出现名称为【数据】的字段按钮,用来访问所有数据字段。

(4) 数据项。数据透视表中的各个数据。

(5) 行字段。在数据透视表中被指定为行方向的源数据表或工作表中的字段。

(6) 列字段。在数据透视表中被指定为列方向的源数据表或工作表中的字段。

(7) 数据区域。数据区是指数据透视表报表中包含汇总数据的部分。数据区中的单元格显示了行和列字段中各项的汇总数据。数据区的每个值都代表了源数据或行中的一项数据的汇总。

Excel 2010 利用数据透视表工具,可以任意从多个角度对数据进行高效的分析、汇总以及筛选,而且能够非常方便地将数据透视表转换为专业的数据透视图。如果对工作表的数据进行汇总比较,尤其是在数据量较大的工作表中进行数据的多种对比分析时,应该使用数据透视表。数据透视表也能完成排序、分类汇总和计数统计方面的功能。

2. 建立数据透视表

尽管数据透视表的功能非常强大,但是创建的过程却非常简单。

步骤 1: 单击工作表数据清单中任意单元格,或者选中整个数据区域。

步骤 2: 选择【插入】选项卡,在【表】组中单击【数据透视表】按钮。

步骤 3: 在弹出如图 4.105 所示的【创建数据透视表】对话框中,【请选择要分析的数据】项已经自动选中了光标所处位置的整个连续数据区域,也可以在此对话框中重新选择想要分析的数据区域。【选择放置数据透视表位置】项可以选择在新的工作表中创建数据透视表,也可以将数据透视表放置在当前的工作表中。

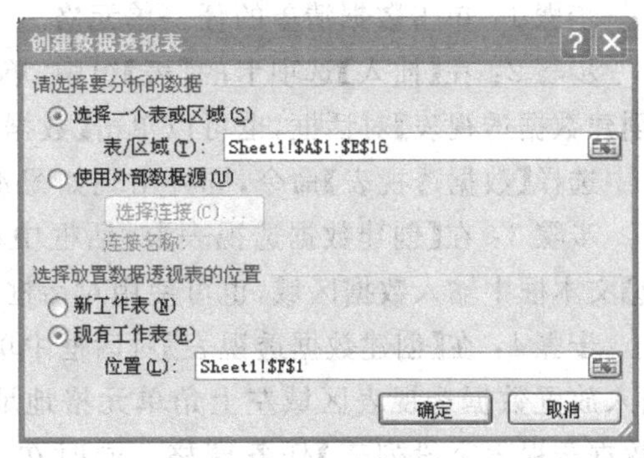

图 4.105 【创建数据透视表】对话框

步骤 4: 单击【确定】按钮,Excel 2010 自动创建了一个空的数据透视表,如图 4.106 所示。

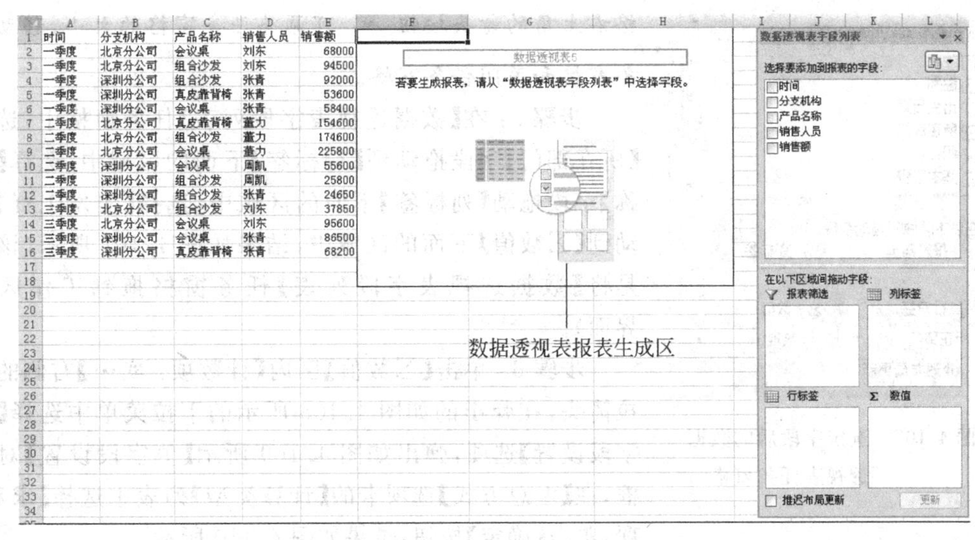

图 4.106 数据透视表图示

左边为数据透视表的报表生成区域,它会随着选择的字段不同而自动更新;右侧为【数据透视表字段列表】任务窗格。创建数据透视表后,可以使用【数据透视表字段列表】任务窗格来添加字段。如果要更改数据透视表,可以使用该字段列表任务窗格来重新排列和删除字段。默认情况下,数据透视表字段列表任务窗格显示两部分,上方的字段部分用于添加和删除字段,下方的布局部分有四个区域用于重新排列和重新定位字段,其中【报表筛选】、【列标签】、【行标签】区域用于放置分类的字段,【数值】区域放置数据汇总字段。将字段拖动到数据透视表区域中时,左侧会自动生成数据透视表报表。

将希望按行显示的字段拖动到【行标签】区域,则此字段中的每类将成为一行。同样,将希望按列显示的字段拖动到【列标签】区域,则此字段中的每类将成为一列,将字段拖动到【数值】区域,则会自动计算此字段的汇总信息(如求和、计数、平均值、方差等等),【报表筛选】则可以根据选取的字段对报表实现筛选。

【例 4.16】 利用 Excel 2010 数据透视表工具,对图 4.93 所示的"某学院职工工资表"数据清单的数据进行了分析,快速得到各系部各职称人员的"实发工资"的汇总情况。具体操作步骤如下。

步骤 1:单击数据清单的任一单元格。

步骤 2:在【插入】选项卡的【表】组中,单击【数据透视表】按钮,弹出如图 4.105 所示的【创建数据透视表】对话框,也可以单击【数据透视表】按钮右侧的下拉箭头,在弹出的下拉列表中选择【数据透视表】命令,同样出现如图 4.105 所示的【创建数据透视表】对话框。

步骤 3:在【创建数据透视表】对话框中单击【选择一个表或区域】单选按钮,在【表/区域】文本框中输入数据区域,也可使用对话框折叠按钮用鼠标选定。

步骤 4:在【创建数据透视表】对话框中单击【现有工作表】单选按钮,在【位置】文本框中输入放置数据透视表区域左上角单元格地址,然后单击【确定】命令,弹出类似图 4.106 的【数据透视表字段列表】任务窗格。同时在 Excel 2010 功能区弹出【数据透视表工具】选项卡。

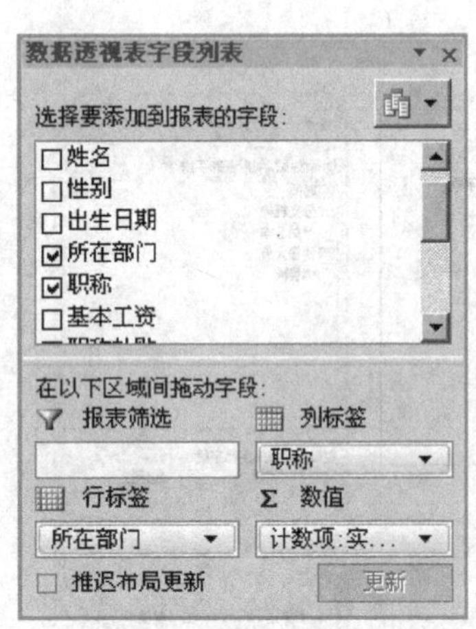

图 4.107 选定字段后的数据透视表任务窗格

提示:任务窗格是展现系统功能的窗口,使用任务窗格右上角的箭头按钮 ▼ 可调整任务窗格的大小、移动任务窗格和关闭任务窗格。

步骤 5:在【数据透视表字段列表】任务窗格中,选择【所在部门】字段拖动到【行标签】下面的区域中,选择【职称】字段拖动【列标签】下面的区域中,选择【实发工资】拖动到【∑数值】下面的区域中,结果如图 4.107 所示(该图是将【数据透视表字段列表】任务窗格拖到工作区的界面)。

步骤 6:单击【∑数值】区内【计数项:实…】右侧的下拉箭头,在弹出的如图 4.108 所示的下拉菜单中选择【值字段设置】选项,弹出如图 4.109 所示【值字段设置】对话框,在【汇总方式】选项卡的【计算类型】列表中选择【求和】项,单击【确定】按钮,结果如图 4.110 所示。

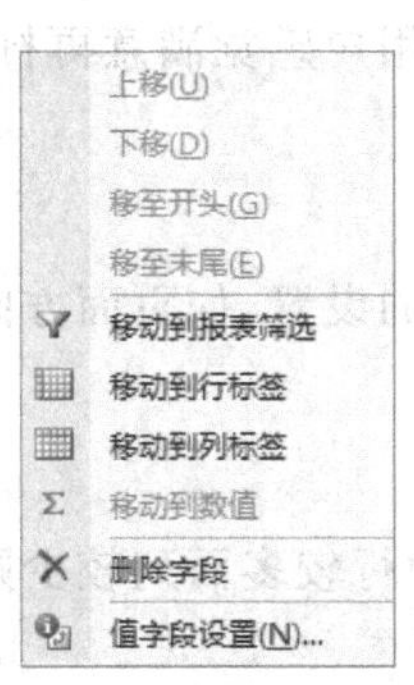

图 4.108 选定字段的下拉菜单

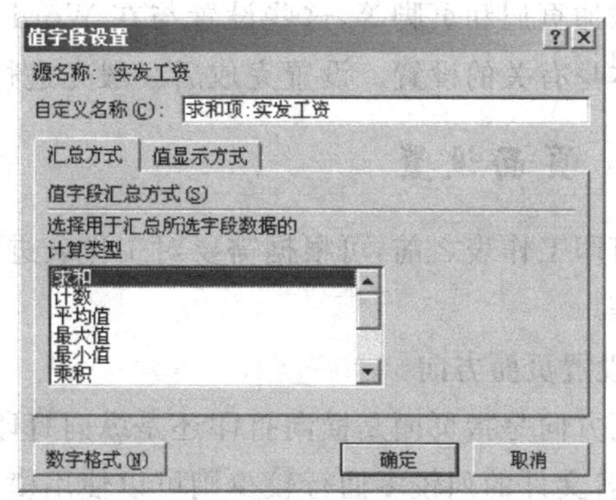

图 4.109 【值字段设置】对话框

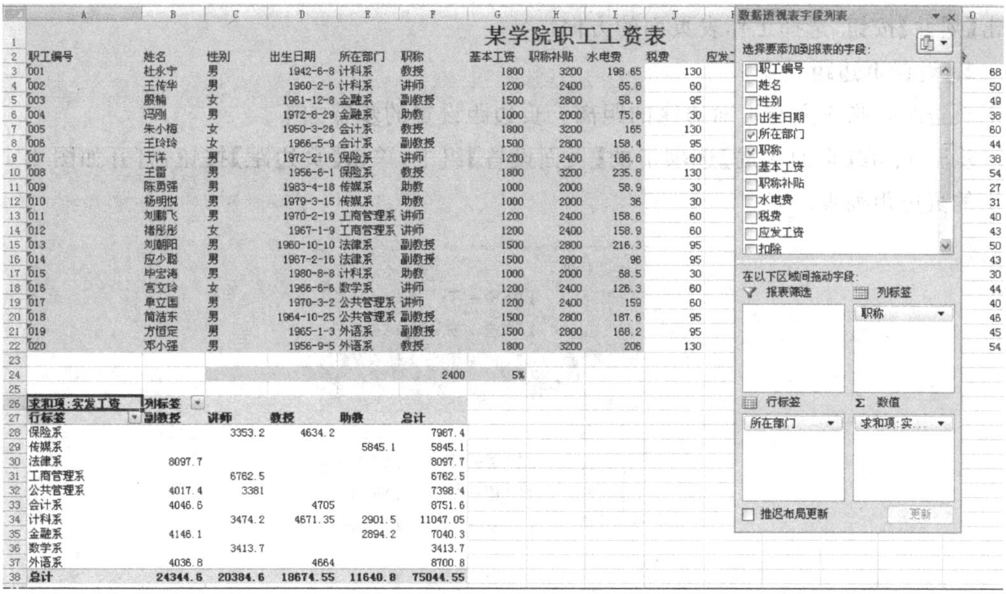

图 4.110 以“职称”分类建立“所在部门”的“实发工资”总和数据透视

若要删除数据透视表的某个字段，可在图 4.107【数据透视表字段列表】任务窗格中选定要删除的字段拖到区域外，或单击图 4.108 中的【删除字段】命令。若要删除整个数据透视表，则选定数据透视表，在【数据透视表工具/选项】选项卡的【操作】组中单击【清除】按钮，在弹出的下拉列表中选择【全部清除】命令即可。

可以使用【数据透视表工具/选项】选项卡和【数据透视表工具/设计】选项卡的各组功能，对数据透视表进行编辑、修饰等操作。

4.7 Excel 2010 页面设置和打印

当建立好工作表或图表之后，一般需要打印出来，在打印之前需要为打印文稿做一些必要的设置。如设置页面(纸张大小、方向等)、设置页边距(页边大小和页眉页脚在页面中的位置)、添加页眉和页脚等,这些设置与在 Word 2007 中的基本类似,除此之外还有一些与工作表本身有关的设置。设置完成后一般先进行打印预览,用户感觉满意再打印输出。

4.7.1 页面设置

在打印工作表之前,可根据需要对工作表进行一些必要的设置,如页面方向、纸张大小、页边距等。

1. 设置页面方向

页面方向是指页面是横向打印还是纵向打印。若文件的行较多而列较少则可以使用纵向打印,若文件的列较多而行较少则可以使用横向打印。

在【页面布局】选项卡的【页面设置】组中,单击【纸张方向】按钮,根据需要选择工作表页面的方向。也可以单击【文件】选项卡,选择【打印】选项,在弹出的【打印内容】对话框中单击【属性】按钮,选择工作表页面的方向。

2. 设置页边距

页边距是指正文与页面边缘的距离。页边距设置的步骤如下。

步骤1:在【页面布局】选项卡的【页面设置】组中,单击【页边距】按钮,打开如图4.111所示的页边距列表。

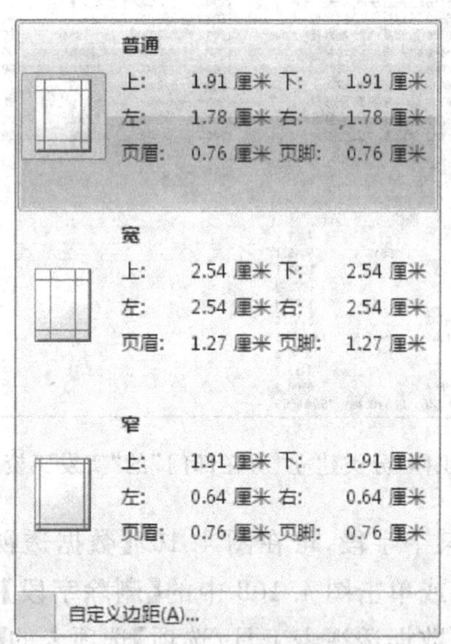

图4.111 设置页边距

步骤2:选择【自定义边距】选项,打开【页面设置】对话框,在该对话框中的【页边距】选项卡上,设置页面的上、下、左、右边距大小,如图4.112所示。

3. 设置纸张大小

设置纸张的大小就是设置以多大的纸张进行打印,如A3、A4等。在【页面布局】选项卡的【页面设置】组中,单击【纸张大小】按钮,打开如图4.113所示的纸张大小选项,用鼠标单击选择所需纸张大小即可。

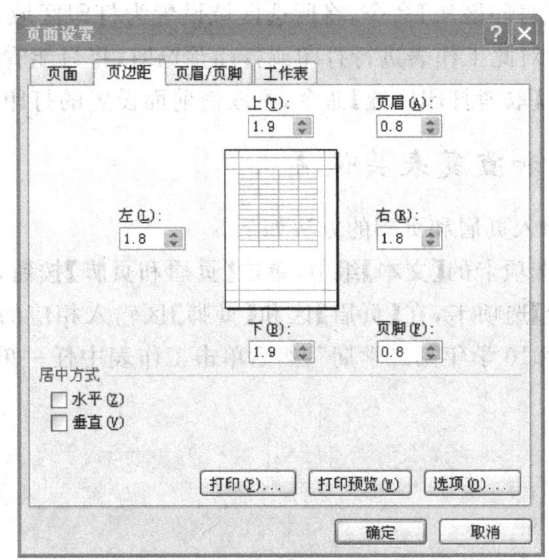

图 4.112 【页面设置】对话框

4. 设置打印区域

正常情况打印工作表时,会将整个工作表都打印输出。有时,只需要打印工作表中的某一部分,其他单元格的数据不要求(或不能)打印输出。这时,可通过设置打印区域来完成该功能,具体操作步骤如下。

步骤 1:在工作表中选择需要打印输出的单元格区域。

步骤 2:在【页面布局】选项卡的【页面设置】组中,单击【打印区域】按钮,打开如图 4.114 所示的下拉列表。

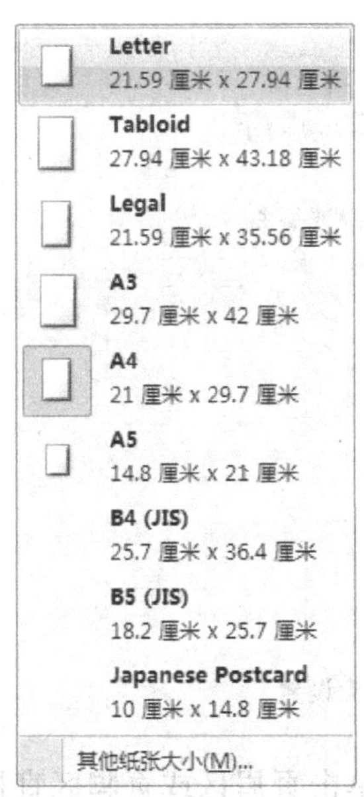

图 4.113 【纸张大小】选项

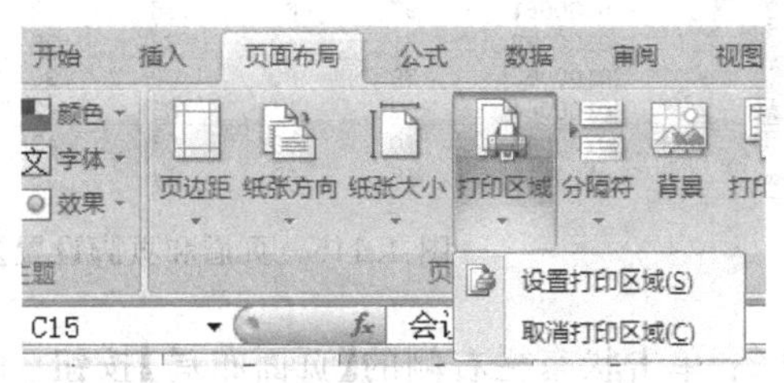

图 4.114 【打印区域】下拉列表

步骤3：选择【设置打印区域】命令，将所选区域设置为打印区域，这时该区域周边将出现一个虚线边框。以后对此工作表进行打印或打印预览时，将只能看到打印区域内的数据。

单击图4.114所示【取消打印区域】命令，可取消前面设置的打印区域。

4.7.2 页眉页脚和重复表头设置

在Excel 2010中插入页眉和页脚的方法如下。

方法1：在【插入】选项卡的【文本】组中，单击【页眉和页脚】按钮，弹出如图4.115所示【页眉和页脚工具/设计】选项卡，在【页眉】区和【页脚】区输入相应的页眉和页脚。本例在【页眉】区输入"2009—2010学年第二学期"，然后单击工作表中任一单元格即退出页眉页脚编辑状态。

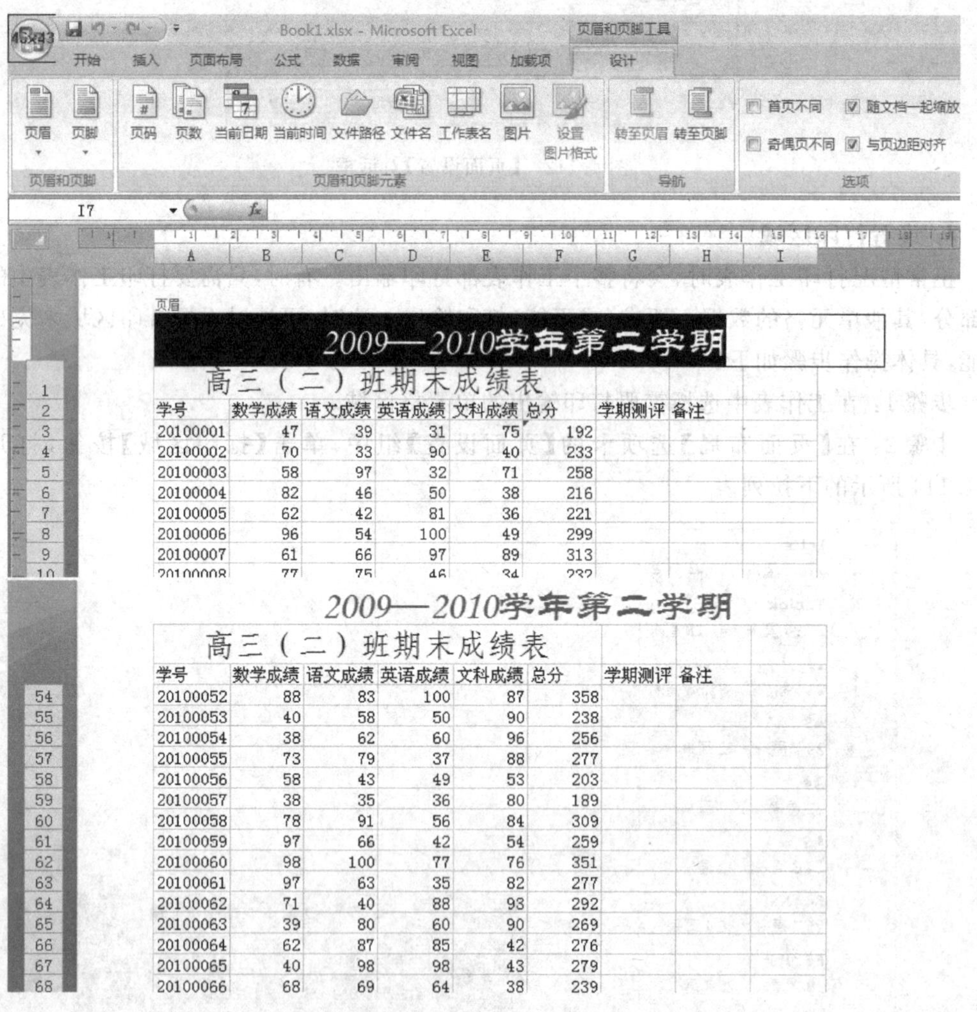

图4.115 页眉和页脚设置及打印表头设置

方法2：单击状态栏右侧的【页面布局】按钮，然后单击页眉区或页脚区直接插入页眉和页脚。同时弹出【页眉和页脚工具/设计】选项卡。

图4.115中高三(二)班学生成绩数据较多，必须多页打印，而每页都需要表头。重复打印

表头的操作是在【页面布局】选项卡的【页面设置】组中，单击【打印标题】按钮，弹出如图 4.116 所示【页面设置】对话框，选择【工作表】选项卡，在【顶端标题行】中输入或按【展开/折叠】按钮选择本例标题，然后按【确定】按钮。这样，输出每页的学生成绩单时，表头就自动打印。

4.7.3 打印预览与打印

单击【文件】选项卡，在弹出的下拉的菜单中单击【打印】菜单，即会显示【打印预览】界面，在预览中，可以配置所有类型的打印设置。例如，副本份数、打印机、页面范围、单面打印/双面打印、纵向、页面大小。

注意：*无论是打印预览还是打印，确定后都会在表格中出现虚线框，提示打印页的边界。去掉其虚线框的方法是：单击【文件】选项卡，在弹出的下拉菜单中单击【选项】按钮，在【高级】选项中找到【此工作表的显示】选项，去掉【显示分页符】复选框前面的复选命令，最后单击【确定】按钮即可。*

Excel 2010 的打印界面非常直观，可以在窗口右侧查看打印效果的同时更改设置。打印界面如图 4.117 所示。

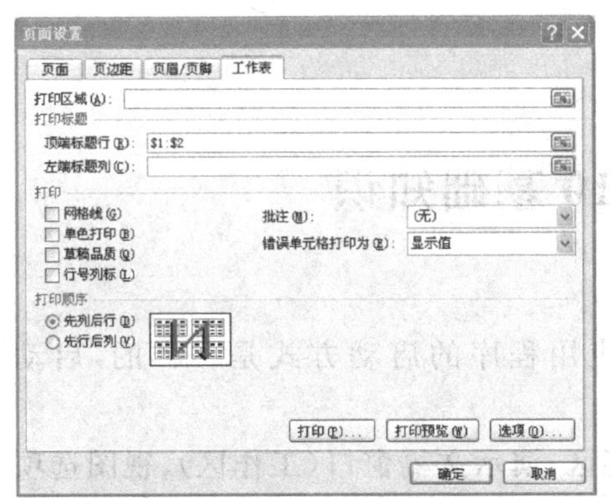

图 4.116 【页面设置】对话框

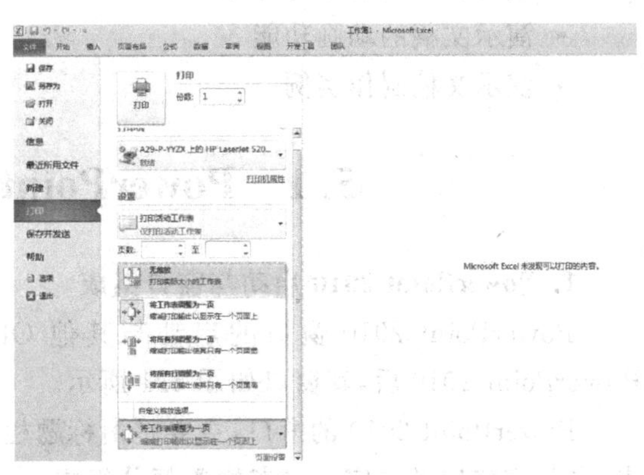

图 4.117 【打印内容】对话框

本章小结

本章是以用户使用 Excel 2010 一般要经过的步骤来展开内容的。

1. Excel 2010 的基本概念和基本操作。包括创建工作簿(或打开已存在的工作簿)，Excel 2010 启动和退出，Excel 2010 窗口的组成，Excel 2010 的基本概念和基本操作，数据的输入、编辑和修饰数据。

2. Excel 2010 工作表的编辑与格式化。包括工作表以及单元格和单元格区域的编辑和格式化。

3. Excel 2010 公式与函数的使用。包括公式与函数的基本概念以及常用函数的使用。

4. Excel 2010 图表的制作与编辑。包括图表的基本概念，图表的制作、编辑、修饰。

5. Excel 2010 数据管理与透视表。包括数据的排序、筛选、分类汇总操作，数据透视表的创建、编辑。

6. Excel 2010 页面设置和打印。包括 Excel 2010 页面设置和打印的基本操作。

第5章 演示软件 PowerPoint 2010

PowerPoint 2010 是 Office 2010 中的一个应用软件，主要用于幻灯片制作和演示。PowerPoint 2010 被广泛应用于教学、学术讲座、技术交流、论文答辩、产品介绍和新闻发布等。

本章主要内容：

- PowerPoint 2010 基础知识
- 演示文稿的制作与编辑
- 演示文稿的设计与母版
- 演示文稿的动画功能
- 演示文稿制作实例

5.1 PowerPoint 2010 基础知识

1. PowerPoint 2010 启动与窗口组成

PowerPoint 2010 窗口的启动与其他 Office 应用程序的启动方式是一样的，启动 PowerPoint 2010 后，其窗口如图 5.1 所示。

PowerPoint 2010 的窗口，主要是由标题栏、功能区、演示文稿窗口（工作区）、视图选项卡、备注窗格以及自定义状态栏等部分组成。

(1) 标题栏

标题栏位于窗口的顶部，包括【文件】选项卡、【快速访问工具栏】、演示文稿名、【最小化】、【最大化/还原】和【关闭】等按钮。

(2) 功能区

PowerPoint 2010 的功能区将相关的命令和功能组合在一起，并划分为【开始】、【插入】、【设计】、【切换】、【动画】、【幻灯片放映】、【审阅】、【视图】等不同的选项卡。每个选项卡由功能相关的若干组组成，每个组又由若干命令按钮组成。

(3) 演示文稿窗口

在应用程序窗口的中间是演示文稿窗口，是加工、制作演示文稿的区域。

(4) 视图选项卡

视图选项卡包含【幻灯片】和【大纲】两个选项卡，显示在演示文稿窗口的左侧。

(5) 备注窗格

使用备注窗格可编写关于该幻灯片的备注。

(6) 自定义状态栏

右击状态栏，选中所需选项，可自定义状态栏的内容。

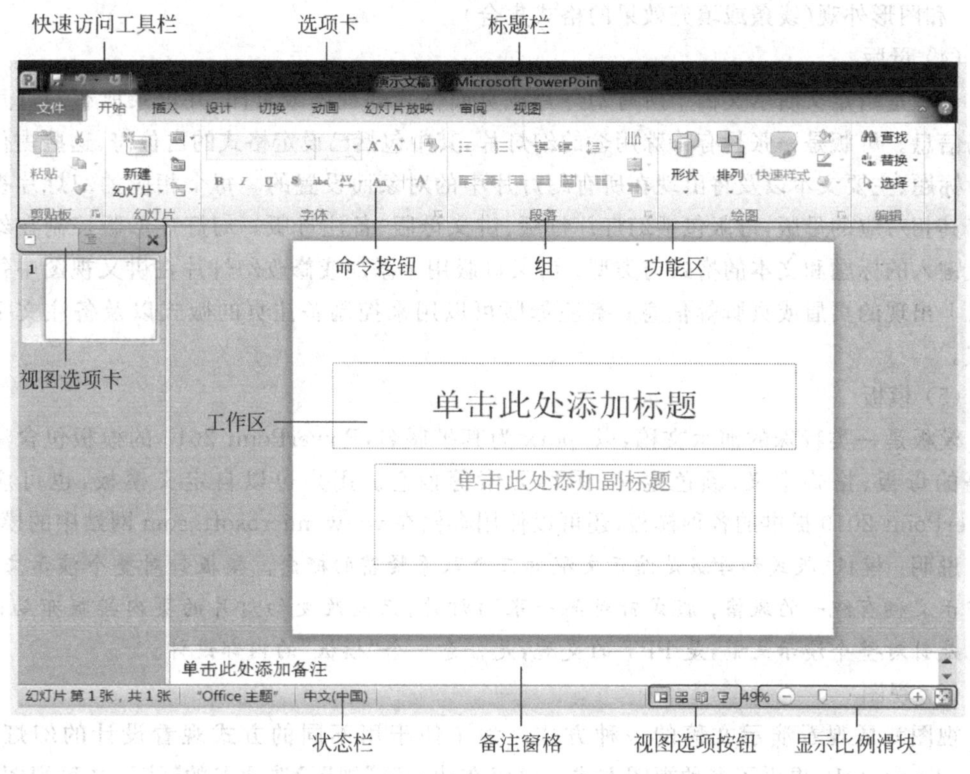

图 5.1 PowerPoint 2010 窗口

2. PowerPoint 2010 基本概念

(1) 演示文稿和幻灯片

利用 PowerPoint 2010 制作的“演示文稿”通常就保存在一个文件里,称之为演示文稿,文件的扩展名为.pptx。一个演示文稿是由若干张“幻灯片”组成的。这里“幻灯片”一词只是用来形象地描绘文稿里的组成形式,实际上它是一个“视觉形象页”。制作的演示文稿可能只保存在机器里用于演示,或是打印在纸张上,或是复印到透明胶片上,并不一定需要制成实际的幻灯片。

(2) 版式与占位符

演示文稿的每一张幻灯片是由若干“对象”组成,如文字、表格、图形、图片、图表、组织结构图、声音、动画等。版式实际上是这些“对象”在幻灯片上的排列方式。在 PowerPoint 2010 中,如果在演示文稿中插入新的幻灯片,系统会为当前插入的幻灯片自动分配一个版式,也可以在【开始】选项卡的【幻灯片】组中,单击【版式】按钮 版式 右侧的下拉按钮,在下拉列表中选择一种版式。

占位符是指应用版式创建新幻灯片时出现的虚线方框,类似于文本框。框内可以放置文字、表格、图表和图片等对象。在占位符中一般会有提示文字,例如“单击此处添加标题”、“单击此处添加文本”或“单击图标添加内容”等,当在占位符中输入内容时,相应的提示文字被替换。

(3) 主题

一组统一的设计元素,包含颜色(配色方案的集合)、字体(标题文字和正文文字的格式集合)和图形外观(线条或填充效果的格式集合)。

(4) 母版

母版是指定义演示文稿中所有幻灯片或页面格式的视图或页面,并记录所有幻灯片的布局信息。母版是一张具有特殊用途的幻灯片,其中包括已设定格式的占位符,这些占位符是为标题、主要文本以及将出现在所有幻灯片中的对象而设置的。每个相应的幻灯片视图都有其相对应的母版,母版包括幻灯片母版、讲义母版、备注母版。幻灯片母版控制在幻灯片上键入的标题和文本的格式与类型;讲义母版用于添加或修改幻灯片在讲义视图中每页讲义上出现的页眉或页脚等信息;备注母版可以用来控制备注页的版式以及备注文字的格式。

(5) 模板

模板是一类特殊的演示文稿,以.potx为其扩展名,PowerPoint 2010的模板包含演示文稿的母板、格式定义、颜色定义、图形元素等信息。用户可以自定义模板,也可应用PowerPoint 2010提供的各种模板,还可以使用存储在www.microsoft.com网站中的模板。

说明:模板、版式和母版是演示文稿的三个联系紧密的概念。模板针对整个演示文稿,使演示文稿有统一的风格;版式针对某一张幻灯片,只能改变幻灯片的页内排版布局;母版也是针对整个演示文稿,是PPT的灵魂,是任意一个"模板"的内部设计。

(6) 视图

视图就是观看演示文稿的一种方式。为了便于用不同的方式观看设计的幻灯片,PowerPoint 2010提供了多种视图方式。可以在功能区【视图】选项卡的【演示文稿视图】组中选择不同的视图,也可以单击状态栏的视图快捷按钮切换不同的视图。

3. PowerPoint 2010的基本操作

(1) 创建演示文稿

启动PowerPoint 2010时,会自动建立名为"演示文稿1"的空白演示文稿。还可以根据需要,创建新的演示文稿。单击【文件】选项卡选择【新建】选项,弹出如图5.2所示的【新建演示文稿】对话框,在【可用的模板和主题】区域中,双击【空白演示文稿】按钮,或选择【空白演示文稿】图标按钮(系统默认此按钮),单击【创建】按钮,则新建名为"演示文稿2"的空白演示文稿;也可以选择系统的【可用的模板和主题】创建其他模板的演示文稿。

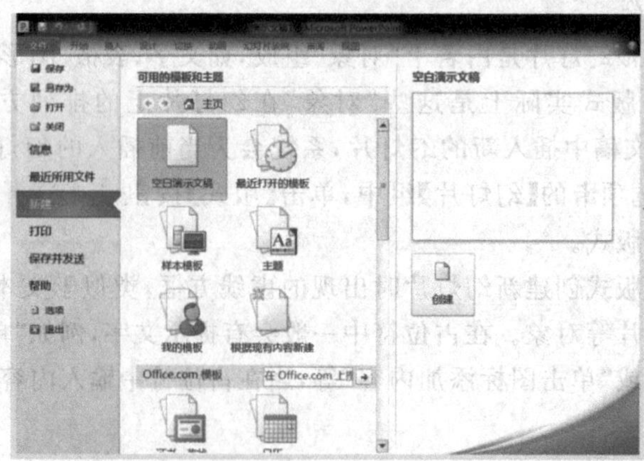

图5.2 【新建演示文稿】对话框

(2) 保存和打开演示文稿

单击【文件】选项卡，选择【保存】或【另存为】选项，在弹出的【另存为】对话框中，确定保存位置、文件名和文件类型，然后单击【确定】按钮，就可以保存演示文稿。

单击【文件】选项卡，选择【打开】选项，在弹出的【打开】对话框中，确定查找范围、文件名和文件类型，就可以打开演示文稿。

(3) 退出 PowerPoint 2010

单击【文件】选项卡，在其下拉菜单中单击【退出】按钮，或单击窗口右上角的【关闭】按钮都可以退出 PowerPoint 2010。而单击【文件】选项卡，在下拉列表中选择【关闭】选项只是关闭演示文稿，并没有退出 PowerPoint 2010 应用程序。

5.2 演示文稿的制作与编辑

创建完成的演示文稿只是空演示文稿或定义好主题或模板的演示文稿，要想得到更具有独特风格的演示文稿，还要进行进一步的制作。

1. 选择幻灯片版式

版式是指幻灯片上标题、副标题、文本、列表、图片和图表等元素的排列方式，也就是说幻灯片版式用于排列幻灯片的内容。版式中包含不同类型的占位符和占位符排列方式，可以支持不同类型的内容。在【开始】选项卡的【幻灯片】组中，单击【新建幻灯片】下拉按钮，弹出如图 5.3 所示【Office 主题】列表框，用户可以从中选择所需的幻灯片版式。默认的幻灯片版式为【标题和内容】版式，它含有两个占位符，一个用于幻灯片标题，另一个是包含文本和多个图标的通用占位符。在通常情况下，新添加的幻灯片将与它前面的那一张幻灯片采用相同的版式。

PowerPoint 2010 版式库中有 11 种版式，如图 5.3 所示。根据需要可应用于不同的幻灯片中，可以在插入幻灯片时更改幻灯片版式，也可以选择已创建好的幻灯片，然后在【开始】选项卡的【幻灯片】组中，单击【版式】按钮 版式 更改幻灯片的版式。若不需要用版式库内的版式，可选择版式库中的【空白】版式。

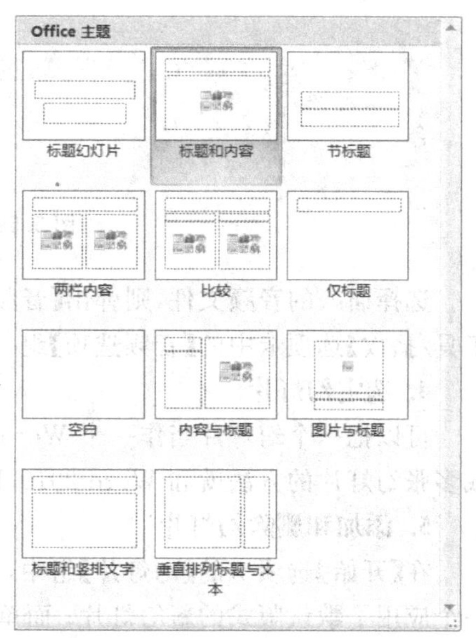

图 5.3 PowerPoint 2010 版式

2. 文字的输入

幻灯片的占位符中一般会有提示文字，例如【单击此处添加标题】、【单击此处添加文本】或【单击图标添加内容】等。在虚线框中单击激活文本框，就可以在其中输入文字。若要在幻灯片空白处输入文本，首先要插入文本框，然后在文本框中输入文字。

单击【开始】选项卡【字体】组中的各按钮可以更改字符格式，单击【开始】选项卡【段落】组中的各命令按钮可以更改段落格式。操作方法与Word 2010基本相同。

3. 图片、表格、图表、媒体剪辑、剪贴画、SmartArt图形的插入

在PowerPoint 2010中,图片、表格、图表、媒体剪辑、剪贴画、SmartArt图形的插入方法和Word 2010基本一样。可单击幻灯片通用占位符中如图5.4所示的相应图标,在弹出的对话框中选择相应图片、表格、图表、媒体剪辑、剪贴画,即完成插入工作。

说明:SmartArt图形是信息和观赏的视觉表示形式,SmartArt图形和其他功能如"主题"组合,只需单击几下鼠标,即可创建具有设计师水准的插图。

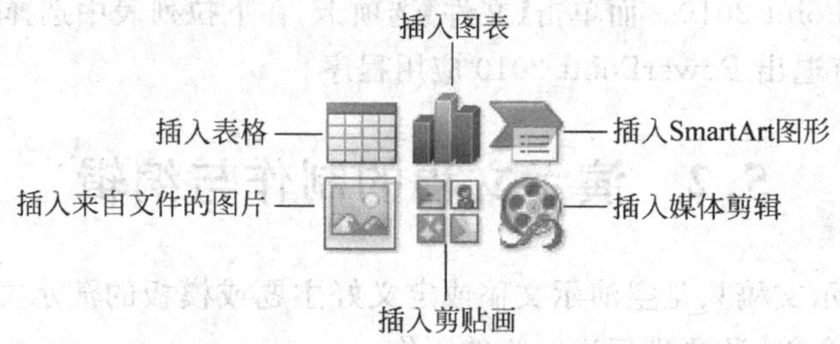

图5.4　PowerPoint 2010插入对象相应图标

PowerPoint 2010提供了一个功能强大的媒体剪辑库,可以在演示文稿中插入声音、视频等多媒体对象,从而制作出有声有色的幻灯片。若插入声音,可单击【插入】选项卡【媒体】组中的【音频】下拉列表选择插入的声音类型,如图5.5所示。

图5.5　添加"音频文件"操作

选择插入的音频文件,则弹出【音频工具/格式】和【音频工具/播放】选项卡,选择【音频工具/播放】选项卡中的【音频选项】组,可以设置音频的播放起止时间等。

4. 选定幻灯片

可以把一个幻灯片当作一个Word文档或Excel的一个单元格,这样选定一张幻灯片或多张幻灯片的方法就和Word 2010、Excel 2010一样。

5. 添加和删除幻灯片

在【开始】选项卡的【幻灯片】组中,单击【新建幻灯片】按钮,就会在当前幻灯片后面添加一个应用了默认版式的新幻灯片;而单击【新建幻灯片】按钮中的下拉按钮或单击【幻灯片版式】版式按钮,从弹出的【Office主题】下拉列表中选择一种版式,可在当前幻灯片后面添加一个应用了所选版式的幻灯片。若在窗口左侧的【视图选项卡】中右击要在其后插入幻灯片的缩略图,在弹出的快捷菜单中选择【新建幻灯片】命令可快速插入一个幻灯片。在窗口左侧的【视图选项卡】中右击要删除幻灯片的缩略图，在弹出的快捷菜单中选择【删除幻灯片】命令均可删除幻灯片。

6. 移动和复制幻灯片

在窗口右侧的【视图选项卡】中，右击要移动或复制幻灯片的缩略图，在弹出的快捷菜单中选择【剪切】或【复制】，移动鼠标到要移动和复制的目标位置，右击然后从快捷菜单中选择【粘贴】命令。在浏览视图和普通视图下，单击【开始】选项卡【剪贴板】组里的【剪贴】或【复制】按钮，也能移动或复制幻灯片。

5.3 演示文稿的设计与母版

1. 修改幻灯片的背景色

选定要改变背景的一张或多张幻灯片，单击【设计】选项卡【背景】组的【对话框启动器】按钮，在弹出的如图 5.6 所示的【设置背景格式】对话框中进行设置后，单击【关闭】按钮。若单击【重置背景】按钮则重新设置幻灯片背景。

若想将背景应用于整个演示文稿，则单击【全部应用】按钮。

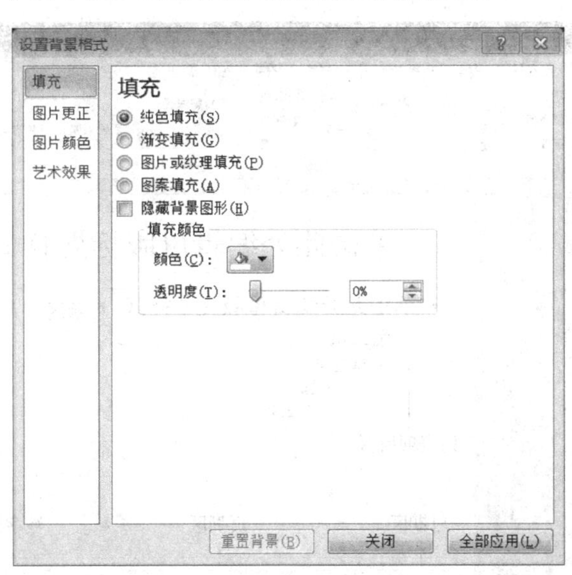

图 5.6 【设置背景格式】对话框

2. 应用主题

在【设计】选项卡的【主题】组中，单击【其他】按钮，弹出如图 5.7 所示【所有主题】列表。右击需要选择的主题，在弹出的如图 5.8 所示的快捷菜单中，选择有关的操作，如【应用于所有幻灯片】或【应用于选定幻灯片】选项完成应用主题的操作。

3. 制作幻灯片母版、讲义母版和备注母版

幻灯片母版可以控制演示文稿的全部幻灯片的字体格式、图片、背景和某些特殊效果，在幻灯片母版上设置的字体格式、背景色和插入的图片将在演示文稿的每一张幻灯片上反映出来。在 PowerPoint 2010 中有幻灯片母版、讲义母版和备注母版。

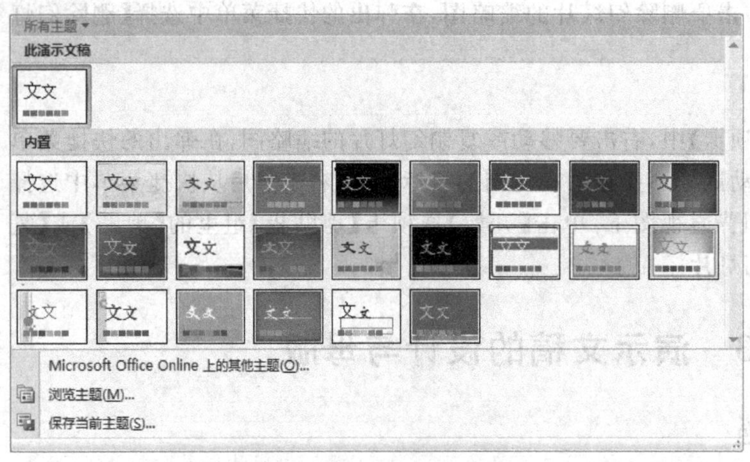

图 5.7 【所有主题】列表

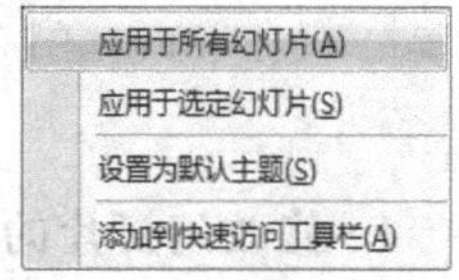

图 5.8 应用主题快捷菜单

创建幻灯片母版首先单击【视图】选项卡，在【母版视图】组中单击【幻灯片母版】按钮，弹出如图 5.9 所示的幻灯片母版编辑工作窗口，并在功能区弹出【幻灯片母版】选项卡。

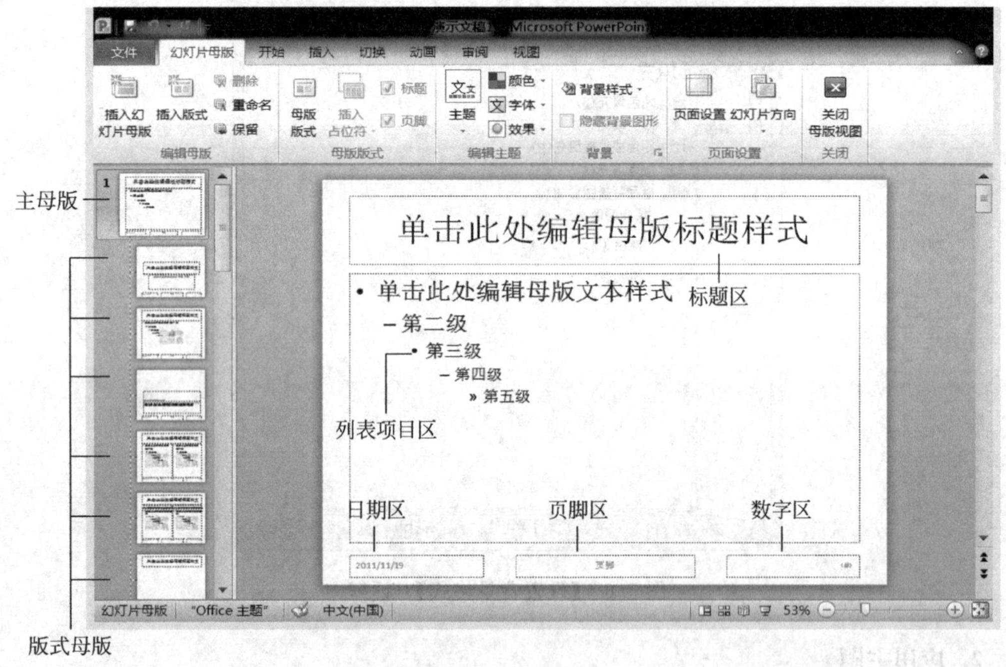

图 5.9 幻灯片母版

幻灯片母版视图左侧窗格是默认的幻灯片“主母版”与“版式母版”的缩略图。幻灯片“主母版”表现为较大的幻灯片图像，相关的版式母版位于其下。“主母版”是对演示文稿中幻灯片的共性设置，“版式母版”则是对演示文稿中幻灯片个性的设置，版式母版共有 11 种，分别对应于幻灯片的 11 种版式。“主母版”能影响所有“版式母版”，如有统一的内容、图片、背景和格式，可直接在“主母版”中设置，其他“版式母版”会自动与之一致。统一的格式设置完成后在【幻灯片母版】选项卡的【关闭】组中，单击【关闭母版视图】按钮，返回幻灯片视图。

用改变母版的样式来控制幻灯片的相关样式是一种很方便快捷的方法，如果经常要使用相同的样式来制作演示文稿，可以考虑把更改后的母版保存为模板，以后在制作演示文稿时只要使用相应的模板文件就可以了。

将母版保存为模板的方法：在完成对母版的相关格式等的更改之后，单击【文件】选项卡，依次选择【另存为】→【其他格式】选项。在【保存类型】列表中选择【PowerPoint 模板(＊.potx)】；在【文件名】框中输入模板文件名，如“模板 1”；扩展名使用默认的扩展名.potx，最后在弹出的【另存为】对话框中单击【保存】按钮。

将母版保存为模板之后，以后制作演示文稿时，通过下面的方法就可以使用这个设计模板。启动 PowerPoint 2010 后，首先单击【文件】选项卡，然后选择【新建】命令，在【可用的模板和主题】中选择【我的模板】选项，在列表中选择【模板 1】，然后按【确定】按钮。

如果在编辑演示文稿过程中使用模板，可以单击【设计】选项卡的【主题】组的【其他】按钮，在列表中选择【浏览主题】来选择模板。

5.4 演示文稿的动画功能

在 PowerPoint 2010 中，用户可以为演示文稿中的文本或多媒体对象添加特殊的视觉效果或声音效果，例如使文字逐字飞入演示文稿，或在显示图片时自动播放声音等。也可以为幻灯片中的文字、图形、声音、表格、图表等对象设置动画效果，例如改变所选对象的大小、形状、颜色和字体，选择进入、强调、退出和动作路径等方式。PowerPoint 2010 的动画功能包括幻灯片设置切换动画的方法和为对象设置动画。

1. 设置幻灯片的切换效果

幻灯片切换效果是指一张幻灯片如何从屏幕上消失，以及另一张幻灯如何显示在屏幕上的方式。幻灯片切换方式可以简单地以一个幻灯片代替另一个幻灯片，也可以使幻灯片以特殊的效果出现在屏幕上。可以为一组幻灯片设置同一种切换方式，也可以为每张幻灯片设置不同的切换方式。

设置幻灯片切换方式的方法是选定一张或多张幻灯片，在【切换】选项卡的【切换到此幻灯片】组中，单击【其他】按钮 ，打开如图 5.10 所示的幻灯片切换动画效果列表。幻灯片切换动画效果包含细微型、华丽型、动态内容等三类共 34 个动画。选择 34 个动画，单击【切换到此幻灯片】组【效果选项】下拉列表，可以更详细地设置 34 个动画的效果。

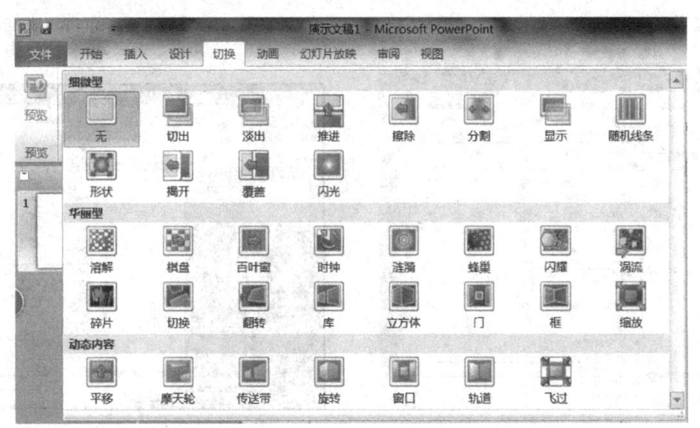

图 5.10　幻灯片切换效果列表

选择【切换】选项卡的【计时】组中,【声音】、【持续时间】和【换片方式】,则为幻灯片切换时的声音效果、换片的时间以及换片方式。

2. 自定义动画

自定义动画是指为幻灯片的文本、形状、声音、图像、图表和其他对象设置动画效果,这样设置可以突出重点、控制信息的流程,并提高演示文稿的趣味性。赋予它们进入、退出、大小或颜色变化甚至移动等视觉效果。具体有以下四种自定义动画效果。

(1)【进入】效果。单击【动画】选项卡【高级动画】组的【添加动画】下拉列表,选择【进入】或【更多进入效果】,如图5.11所示,它定义对象进入时的动画效果。

(2)【强调】效果。单击【动画】选项卡【高级动画】组的【添加动画】下拉列表,选择【强调】或【更多强调效果】,如图5.12所示。强调效果有"脉冲"、"彩色脉冲"、"跷跷板"等多种特色动画效果。

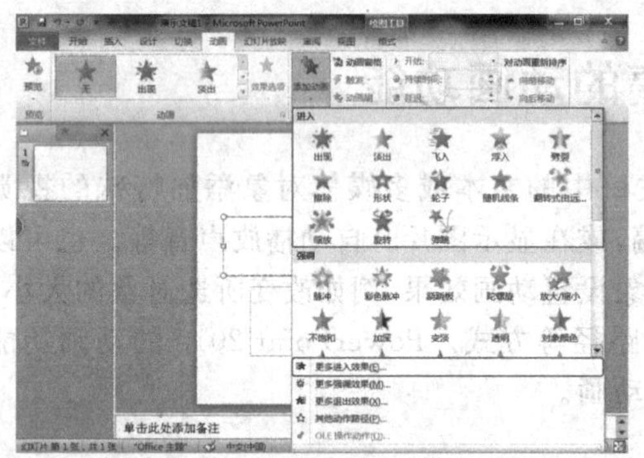

图5.11 自定义动画【进入】效果列表

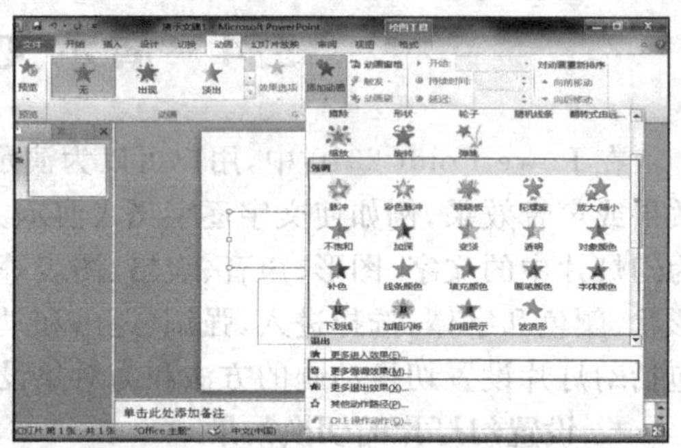

图5.12 自定义动画【强调】效果列表

(3)【退出】效果。单击【动画】选项卡【高级动画】组的【添加动画】下拉列表,选择【退出】或【更多退出效果】,如图5.13所示。这个自定义动画效果与【进入】相反。它定义对象退出时所表现的动画形式,如让对象飞出幻灯片、从视图中消失或者从幻灯片旋出等。

(4)【动作路径】效果。单击【动画】选项卡【高级动画】组的【添加动画】下拉列表,选择【动作路径】或【其他动作路径】,如图5.14所示。这个自定义动画效果根据形状或者直线、曲线的路径来展示对象游走的路径,使用这些效果可以使对象上下移动、左右移动或者沿着星形或圆形图案移动。

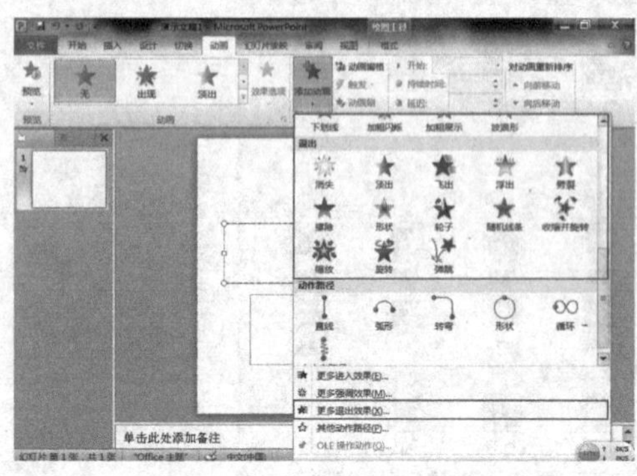

图5.13 自定义动画【退出】效果列表

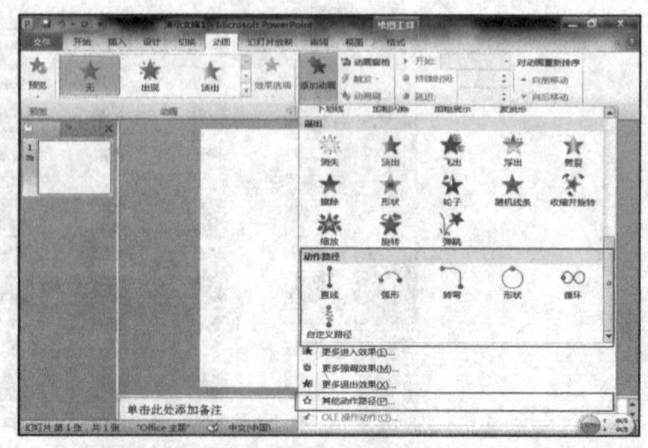

图5.14 自定义动画【动作路径】效果

用户自定义动画，可以单独使用以上任何一种动画，也可以将多种效果组合在一起。还可以对自定义动画设置出现的顺序以及开始时间，延时或者持续动画时间等。

5.5 演示文稿的放映与打印输出

创建演示文稿的目的是为了放映和演示幻灯片。除了要在创建演示文稿的过程中做好整体规划，精益求精，以获得出色的视觉效果外，在放映过程中的设置也很重要。

1. 隐藏幻灯片

被隐藏的幻灯片只是在放映时不放映，在其他视图下仍然能看到。隐藏幻灯片和恢复幻灯片的操作是一样的。

选择要隐藏的一张幻灯片或多张幻灯片，单击【幻灯片放映】选项卡【设置】组的【隐藏幻灯片】按钮即可，如图 5.15 所示。被隐藏的幻灯片在右窗格的缩略图的编号上加一方框，演示文稿播放时不会播放被隐藏的幻灯片。若要取消被隐藏的幻灯片，只需选定该幻灯片后再次单击【隐藏幻灯片】按钮即可。或在【视图】选项卡中右击要隐藏的幻灯片从下拉菜单中选择【隐藏幻灯片】选项。

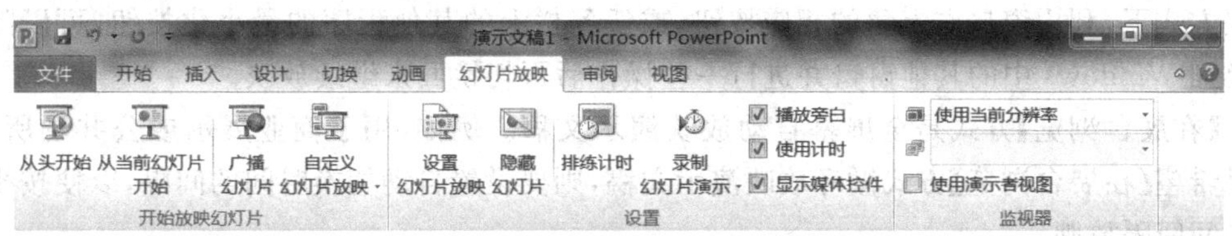

图 5.15 【幻灯片放映】选项卡

2. 选择放映方式与放映

在图 5.15 所示的【幻灯片放映】选项卡的【设置】组中，单击【设置幻灯片放映】按钮，弹出如图 5.16 所示的【设置放映方式】对话框。下面对该对话框中的主要选项加以介绍。

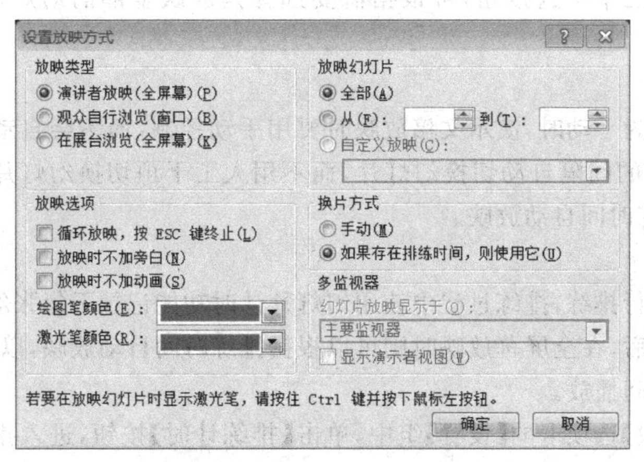

图 5.16 【设置放映方式】对话框

(1) 放映类型

演示文稿有三种放映类型：【演讲者放映】方式、【观众自行浏览】方式和【在展台浏览】

方式。

【演讲者放映】方式以全屏幕方式显示幻灯片,是默认的放映方式。放映时允许用绘图笔(鼠标)在幻灯片上随意画线和写字等。单击状态栏右侧的播放按钮 或单击【幻灯片放映】选项卡【开始放映幻灯片】组的【从当前幻灯片开始】按钮,则从当前幻灯片开始放映。按F5键或单击【幻灯片放映】选项卡【开始放映幻灯片】组的【从头开始】按钮,则从第一张幻灯片开始放映。在放映过程中,单击鼠标、或按空格键、或按Enter键、或按PageDn键放映下一张幻灯片。单击Backspace键、或按PageUp键、或右击鼠标选择【上一张】命令放映上一张幻灯片。

右击鼠标在弹出的快捷菜单中选择【定位至幻灯片】命令,然后在二级菜单中单击要放映的幻灯片可放映指定的幻灯片。

如果放映到某个幻灯片时需要用"笔"在幻灯片上做标记讲解,则右击鼠标在弹出的快捷菜单中选择【指针选项】,在二级菜单中选择【画笔】,然后就可以随意在幻灯片上用鼠标写字和画线。如果要改变笔的颜色,则在【指针选项】中选择【墨迹颜色】,选择一种颜色即可。

停止放映则按Esc键或右击幻灯片选择【结束放映】命令。

【观众自行浏览】方式是以窗口方式显示演示文稿。放映时能看到【任务栏】等,在这种放映方式下,利用窗口右上角的相应按钮,或任务栏上的其他程序的最小化按钮,可以随时切换到Windows中的其他窗口并进行一些操作后再切换回来继续放映。

【在展台浏览】方式是全屏幕自动放映演示文稿。例如,用于商业展示或公共场所等。如果希望【在展台浏览】方式循环放映演示文稿,则要设置自动切换时间的间隔,以便按指定的时间间隔放映。

(2) 放映选项

放映选项下有三个复选按钮,即【循环放映,按Esc键终止】、【放映时不加旁白】和【放映时不加动画】等,可根据情况选一个或多个。

(3) 放映幻灯片

放映幻灯片有三个单选按钮,可根据需要选择是放映全部的幻灯片还是放映部分幻灯片。

(4) 换片方式

换片方式设置为手动时,演示文稿放映时要用手动控制,而不会自动放映,否则演示文稿放映时可按设定的间隔自动切换幻灯片,而不用人工干预切换幻灯片,如果存在排练时间,则按设定的排练时间自动放映。

3. 排练计时

对演示文稿进行排练,排练过程中使用幻灯片计时功能记录下每张幻灯片的放映时间,经过排练计时设置后,在全屏幕放映时则可以根据排练时间自动放映,以确保演示文稿自动播放时按特定的时间播放。

在【幻灯片放映】选项卡的【设置】组中,单击【排练计时】按钮,进入排练计时状态,这时在屏幕左上角弹出如图5.17所示的【录制】工具栏。

演示文稿排练结束后,弹出如图5.18所示的消息框,询问是否需要保留设定演示文稿排练时间,如需要则单击【是】按钮,这时视图方式自动切换到【幻灯片浏览】视图显示演示文稿,每张幻灯片下都显示有该幻灯片的播放时间。

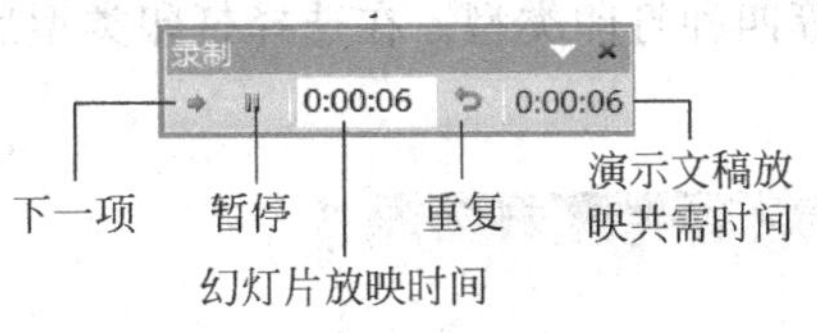

图 5.17 【录制】工具栏

图 5.18 消息框

4. 打印预览和打印输出

在【设计】选项卡的【页面设置】组中，单击【页面设置】按钮，弹出如图 5.19 所示的【页面设置】对话框，可以设置【幻灯片大小】、【打印方向】、【幻灯片编号起始值】等。

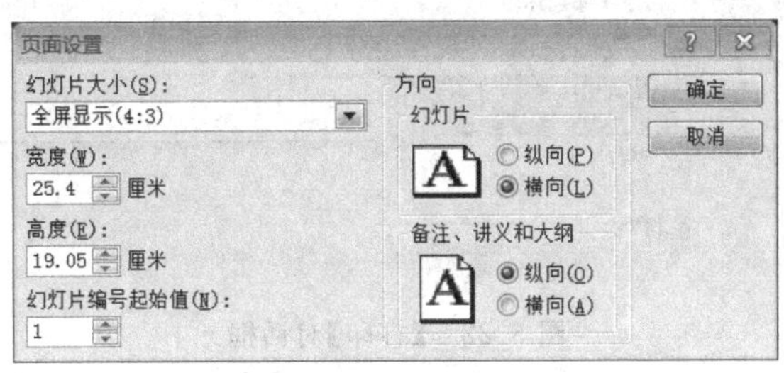

图 5.19 【页面设置】对话框

由于大多数幻灯片的内容与背景是彩色的，用单色打印机打印时很难区分各种颜色，可能是一团漆黑，因此最好先用“单色”观看打印效果后再打印。

设置幻灯片为“单色”的方法：单击【视图】选项卡【颜色/灰度】组的【灰度】按钮或【黑白模式】按钮，则观看的幻灯片为非彩色，此时弹出如图 5.20 所示的【灰度】选项卡或如图 5.21 所示【黑白模式】选项卡。用户可以利用这两种选项卡进行相应“单色”的设置。

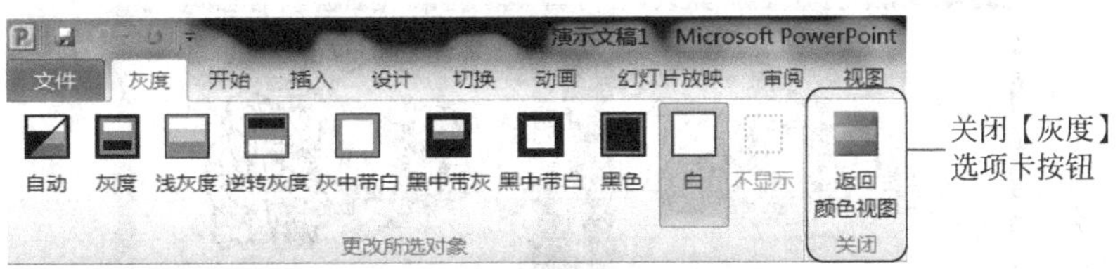

图 5.20 【灰度】选项卡

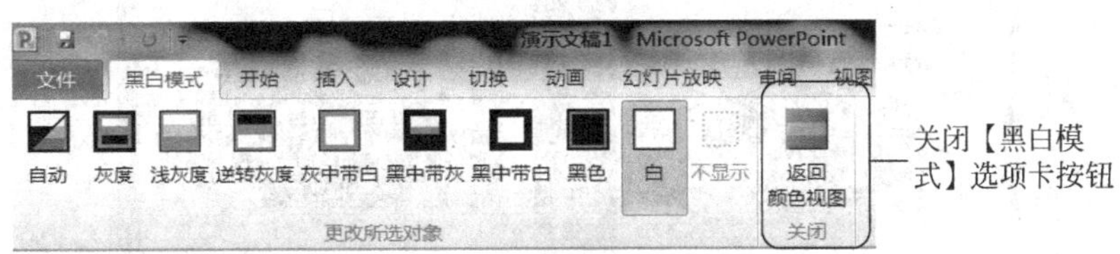

图 5.21 【黑白模式】选项卡

也可以在打印面板中选择【颜色】设置【灰度】和【黑白模式】。

打印演示文稿时，可以选择不同的打印方式。在【文件】选项卡中选择【打印】，如图 5.22 所示，可以设置打印的份数。单击【整页幻灯片】右侧的下拉箭头，弹出【打印版式】面板，可以设置打印的范围,以及幻灯片、讲义、备注页和大纲等四种打印类型。在选择打印类型后,还可以选择每页打印几张幻灯片的内容。

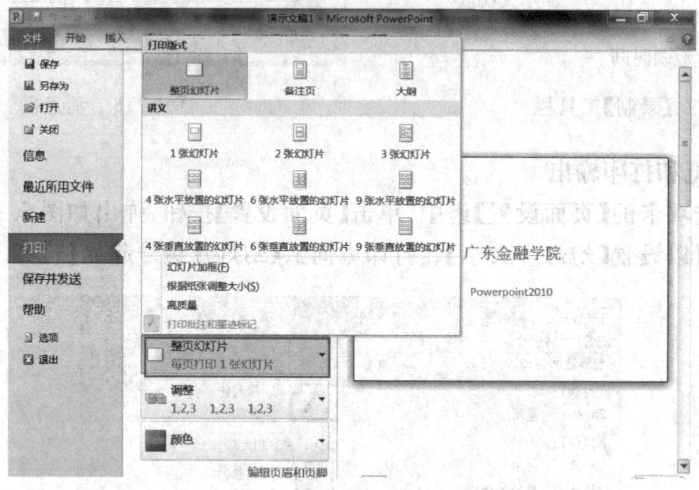

图 5.22 【打印】对话框

5.6 演示文稿制作实例

制作演示文稿一般要经过创建编辑演示文稿、插入编辑修饰文本、插入编辑修饰图片和声音等多媒体对象、设置放映方式以及统一演示文稿外观等过程。

【例 5.1】 制作图 5.23 中的四张幻灯片并给这四张幻灯片制作相同的母版。

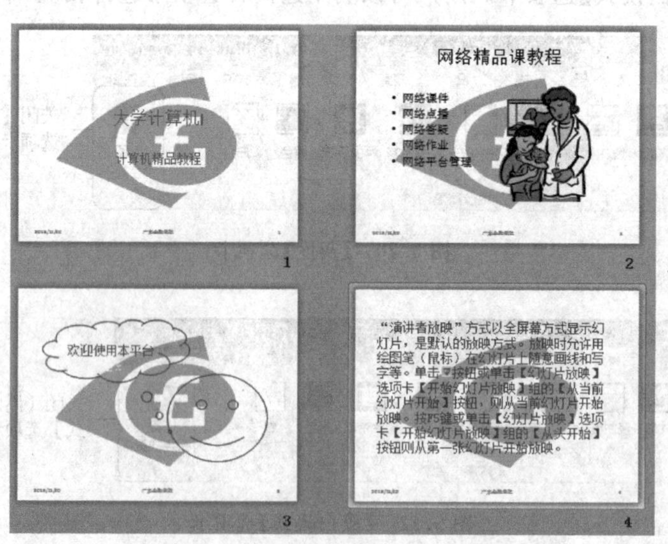

图 5.23 第 1 张到第 4 张幻灯片内容

具体操作步骤如下。

步骤 1:启动 PowerPoint 2010,在弹出的如图 5.2 的【新建演示文稿】对话框中选择【空白演示文稿】按钮,单击【创建】按钮。

步骤 2：在默认的【标题幻灯片】版式中,单击【单击此处添加标题】占位符,在【插入】选择卡的【文本】组中,单击【艺术字】按钮,在弹出的下拉列表中选择一种艺术字样式,并输入"大学计算机Ⅰ"字符,然后进行必要的艺术字修饰。

步骤 3：单击【单击此处添加副标题】占位符,并输入"网络精品课教程"字符。

步骤 4：在【开始】选择卡的【幻灯片】组中,单击【新建幻灯片】按钮中的向下箭头,选择【两栏内容】版式插入第二张幻灯片。

步骤 5：在第二张幻灯片中,单击【单击此处添加标题】占位符,输入"网络精品课程"内容；单击标题下面左侧的【单击此处添加文本】占位符输入其他文本内容；单击右侧【单击此处添加文本】占位符,在【插入】选择卡的【图像】组中,单击【剪贴画】按钮,或直接单击图 5.4 所示的插入剪贴画按钮,在弹出的【剪贴画】任务窗格中搜索关键词"宠物",选择第 2 个幻灯片所示的剪贴画并插入,并进行适当的修饰。

步骤 6：在【开始】选择卡的【幻灯片】组中,单击【新建幻灯片】的下拉按钮,在下拉列表中选择【空白】版式插入第三张幻灯片。

步骤 7：在【插入】选择卡的【插图】组中,单击【形状】按钮,选择第三个幻灯片所需要的形状,并输入文字。

步骤 8：在【开始】选择卡的【幻灯片】组中,单击【新建幻灯片】按钮中的下拉按钮,在下拉列表中选择【标题和内容】版式插入第四张幻灯片,右击【单击此处添加标题】占位符,选择【剪切】命令删除【单击此处添加标题】占位符。

步骤 9：单击第四张幻灯片的【单击此处添加文本】占位符,输入图 5.23 所示的第四张幻灯片的内容。并对文本进行修饰。

步骤 10：在【视图】选择卡的【母版视图】组中,单击【幻灯片母版】按钮,弹出如图 5.9 所示的【幻灯片母版】界面。

步骤 11：在左窗格选中【幻灯片主母版】,在【插入】选择卡的【图像】组中,单击【剪贴画】按钮,插入某一个【剪贴画】并将其【重新着色】设置为【冲蚀】,在右窗格选中【页脚】区输入"广东金融学院",最后在【幻灯片母版】选项卡中单击【关闭母版视图】按钮,完成演示文稿整体外观的设置。

注意：检查【插入】选项卡【页眉和页脚】对话框中的【日期和时间】、【幻灯片编号】和【页脚】是否勾选。

步骤 12：分别选定四张幻灯片,设置自定义动画效果。在【动画】选项卡的【高级动画】组中,单击【添加动画】按钮,根据自己的喜好完成四张幻灯片的动画效果设置。

步骤 13：在【幻灯片放映】选项卡的【开始放映幻灯片】组中,单击【从头开始】按钮完成演示文稿的放映。

说明：自定义动画效果可以根据需要按照 5.4 节介绍的步骤设定。

Word 文档与 PowerPoint 演示文稿的文本传输。在 Word 中可以将 Word 文档发送给 PowerPoint 演示文稿。相反,在 PowerPoint 中也可以将演示文稿发送给 Word 文档,转化成的 Word 文档既可以是幻灯片形式,也可以是文本形式。

【例 5.2】 将图 5.23 所示的演示文稿发送到 Word 文档中。操作步骤如下。

步骤 1：单击【文件】选项卡,在弹出图 5.24 所示的菜单中选择【保存并发布】选项,并选择【创建讲义】选项,单击【创建讲义】按钮,弹出如图 5.25 所示的【发送到 Microsoft Word】对话框。

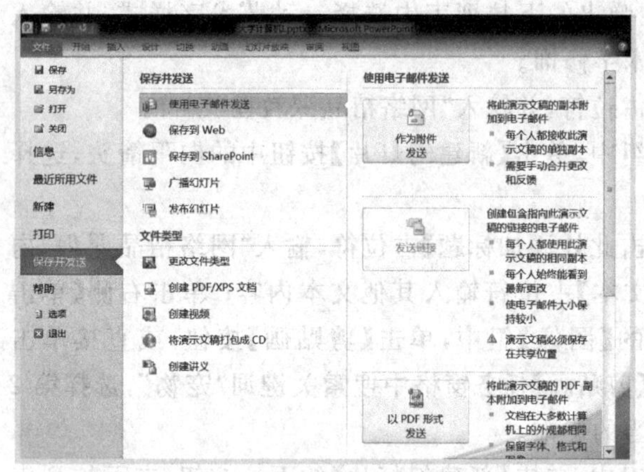

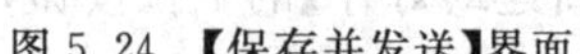
图 5.24 【保存并发送】界面

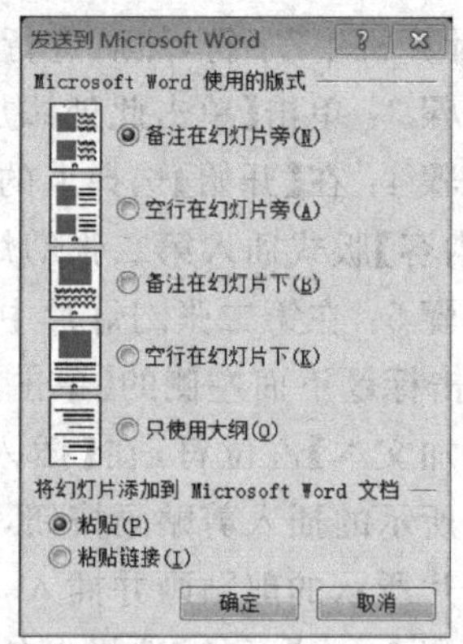

图 5.25 【发送到 Microsoft Word】对话框

步骤 2:在【发送到 Microsoft Word】对话框中有【备注在幻灯片旁】、【空行在幻灯片旁】、【备注在幻灯片下】、【空行在幻灯片下】和【只使用大纲】等单项按钮,用来设置演示文稿发送到 Word 后的幻灯片形式。若选中【只使用大纲】,则当前演示文稿的所有幻灯片中的文字以文本的形式发送到 Word 文档中,否则以幻灯片形式发送到 Word 文档中。本例选择【只使用大纲】单选按钮,单击【确定】按钮。系统自动启动 Word,并将演示文稿中的字符转换到 Word 文档中,编辑保存即可。

本章小结

1. PowerPoint 2010 主要包括的基本概念有幻灯片、演示文稿、模板、母版等。

2. PowerPoint 2010 演示文稿的制作方法及制作流程,主要有如何插入文本、图片、表格和图表等对象,如何插入幻灯片、编辑幻灯片等。

3. PowerPoint 2010 演示文稿的格式化与动画效果设置中格式化部分和 Word 2007、Excel 2007 相似,而 PowerPoint 2010 的动画效果设置为用户提供了生动、互动而实用的信息交流方式。

4. PowerPoint 2010 演示文稿的放映和打印输出给用户提供了多种放映方式,打印参数的设置也为用户提供了多张幻灯片打印方式。

第6章 计算机网络与Internet

21世纪是计算机网络的世纪，其应用领域已渗透到社会的各个方面，尤其是Internet的出现和应用，使得计算机网络越来越普及。计算机网络是计算机技术和通信技术紧密结合的产物，它涉及到通信与计算机两个领域。

本章主要内容：

- 介绍计算机网络的基本概念及其发展
- 介绍网络体系结构、IP地址和域名以及它们在Internet中的作用
- 介绍Web的概念以及Internet Explorer 8的基本使用方法
- 介绍电子邮件服务概念以及使用Outlook接收、发送和管理电子邮件
- 介绍文件传输服务概念以及使用Internet Explorer和Windows资源管理器访问FTP服务器并传输文件

6.1 计算机网络及其发展

6.1.1 计算机网络概述

1. 什么是计算机网络

计算机网络就是把分布在不同地点的具有独立功能的计算机系统，通过通信设备和线路，利用通信手段连接在一起，在网络软件的支持下进行数据通信，实现资源共享的系统。从上述定义可以看出，计算机网络包含以下几方面的含义。

一是网络连接的对象是两台或两台以上的计算机（通常还有终端）系统。连接到网络上的每台计算机都是一台独立的系统，它可以独立工作，例如，可以对它进行启动、运行和停机等。二是计算机间可以相互通信，但必须依赖一条通道，即传输介质，它可以是同轴电缆、双绞线或光纤等有限传输介质，也可以是微波、红外线或卫星等无线介质。三是计算机直接的信息交换，必须有某种约定和规则，这就是协议。这些协议可由硬件或网络软件来完成。四是计算机网络的基本功能是资源共享。资源共享主要包括硬件资源共享和软件资源共享。

2. 计算机网络的分类

计算机网络种类繁多，按照不同的分类标准，可以有多种分类方法，但一般来讲，人们用得最多的是按网络的覆盖范围来分类。可以划分成局域网、城域网和广域网。

（1）局域网

局域网（Local Area Network，LAN）是指在有限的地理区域内构成的计算机网络，覆盖范围一般不超过10公里，一般分布在一个办公室、一幢大楼或一个校园内，用于连接个人计算机、工作站和各类外围设备以实现资源共享和信息交换。它的特点是：通信距离短、延迟

小、数据输送速度快、传输可靠。

(2) 城域网

城域网(Metropolitan Area Network,MAN)所采用的技术基本上与局域网相类似,只是规模上要大一些。城域网既可以覆盖相距不远的几栋办公楼,也可以覆盖一个城市。

(3) 广域网

广域网(Wide Area Network,WAN)是一种跨地区的数据通信网络,如跨越国界、洲界,甚至全球范围。它的特点是:传输速率比较低、网络结构复杂、传输线路种类比较少。

局域网是组成其他两种类型网络的基础,城域网一般都加入了广域网。为了简明起见,也可把计算机网络分为局域网和广域网两类。

6.1.2 Internet 简介

1. Internet 的由来

Internet 起源于美国的 ARPAnet(阿帕网)。20 世纪 60 年代,美国国防部的高级研究计划署(ARPA)决定建立 ARPAnet,把美国重要的军事基地及研究中心的计算机用通信线路连接起来。此后,ARPAnet 不断发展和完善,特别是开发研制了互联网通信协议 TCP/IP,实现了与多种其他网络及主机互联,形成了网际网,即由网络构成的网络——Internet(因特网)。

1986 年,在美国科学基金(National Science Foundation,NSF)和 ARPA 的资助和支持下建立了 NSFnet 网。很多大学、政府科研机构甚至私营的科研机构都纷纷将自己的局域网并入 NSFnet 网,于是 NSFnet 取代了 ARPAnet 而成为 Internet 的骨干网。

随着 Internet 的迅速发展,美国的商业企业开始向用户提供 Internet 的联网服务。1991 年,这些企业组成了"商用 Internet 协会"。商界的介入,进一步发挥了 Internet 在通信、资料检索、客户服务等方面的巨大潜力,也给 Internet 带来了新的飞跃。

自 1983 年 Internet 建成后,与它联网的计算机和网络猛增。由于越来越多计算机的加入,Internet 上的资源变得越来越丰富。到今天,Internet 已超出一般计算机网络的概念,不仅仅是传输信息的媒体,而且是一个全球规模的信息服务系统。

2. Internet 在中国

我国于 1994 年 5 月正式接通 Internet,之后 Internet 在中国的发展也异常迅速。到 1996 年,中国的 Internet 已经形成了中国科技网(CSTnet)、中国教育和科研网(CERnet)、中国公用互联网(Chinanet)和中国金桥信息网(CGBnet)四大主流体系。后来,又有三大互联网络相继建成,它们是联通网(UNInet)、中国网通公司网(CNCnet)和中国移动互联网(CMnet)。

CERnet 是由国家教育部主持建设和管理的全国性教育和科研计算机互联网,其主要服务对象是全国教育部门的广大师生。CERnet 分四级管理,分别是全国网络中心、地区网络中心和地区主节点、省教育科研网和校园网。CERnet 全国网络中心设在清华大学,负责全国主干网的运行管理。地区网络中心和地区主节点分别设在清华大学、北京大学、北京邮电大学、上海交通大学、西安交通大学、华中科技大学、华南理工大学、电子科技大学、东南大学、东北大学等 10 所高校,负责地区网的运行管理和规划建设。地区网络中心作为主网节点实现本地区高校校园网与 CERnet 的联网,并提供技术支持和服务。CERnet 所有主干网节点之间都采用公用数字数据网(DDN)实现连接,并通过多条国际专线连入 Internet。

6.2　网络参考模型与协议

计算机网络系统是由网络硬件和网络软件组成的。网络硬件是计算机网络系统的物质基础，主要包括传输介质、网络连接设备和主机设备三大部分。传输介质就是网络连接设备间的中间介质，也是网络中传输信息的载体。主机设备简称为主机，一般分为服务器和客户机（或称为工作站）。服务器是为网络提供资源的基本设备，按其功能可分为文件服务器、域名服务器、打印服务器和通信服务器等。客户机是具有独立处理能力的计算机，是用户向服务器申请服务的终端设备，用户可以在工作站上处理日常工作，并随时向服务器索取各种信息及数据，请求服务器提供各种服务（如传输文件服务，文件打印服务等）。网络软件按其功能可以划分为数据通信软件、网络操作系统和网络应用软件。数据通信软件是指按着网络协议的要求完成通信功能的软件。网络操作系统是指能够控制和管理网络资源的操作系统。网络应用软件是指网络能够为用户提供各种服务的软件（如网络安全软件、视频点播、远程教学和远程医疗等）。

6.2.1　网络体系结构

在计算机网络中，为了使不同类型的计算机、不同的操作系统之间能够正确地进行通信和数据交换，针对通信过程中的各种问题，制定了通信双方必须共同遵守的规则、标准和约定，如通信过程中的同步方式、数据格式、编码等。这些规则、标准和约定称为网络协议。

1. ISO/OSI 参考模型

国际标准化组织（ISO）发布了开放系统互连参考模型（Open System Interconnection，OSI），以实现开放系统环境中的互连性、互操作性和应用的可移植性。ISO 将整个通信功能划分为七个层次，如图 6.1 所示。

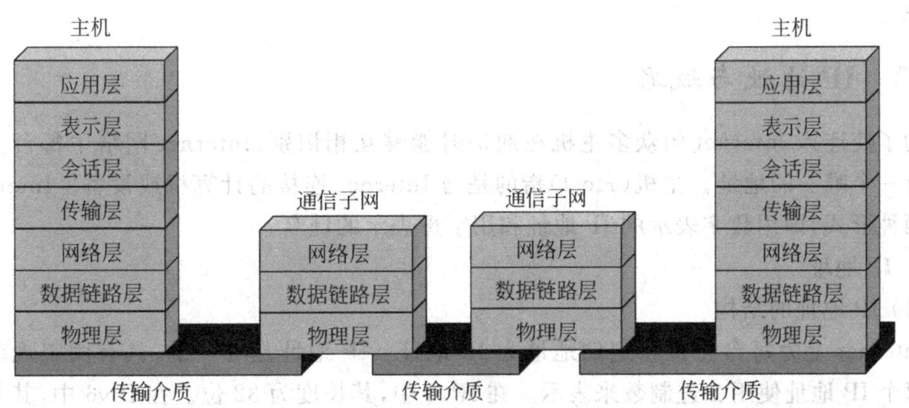

图 6.1　OSI 参考模型结构

OSI 模型描述了信息流自上而下通过源设备的七个层次，再经过传输介质，然后自下而上穿过目标设备的七层模型。模型的最底层是物理层，信息交换体现为直接相连的两台计算机之间无结构的比特流传输。物理层以上的各层所交换的信息便有了一定的逻辑结构，越往上逻辑结构越复杂，也越接近用户真正需要的形式。信息交换在底层由硬件实现，而到了高层,则由软件实现。例如,通信线路及网卡就是承担物理层和数据链路层两层协议所规定的功能。

2. TCP/IP参考模型与协议

TCP/IP是美国国防部为ARPAnet网络开发的网络体系结构,用于将不同的通信网络无缝链接,后来的Internet也使用该模型。

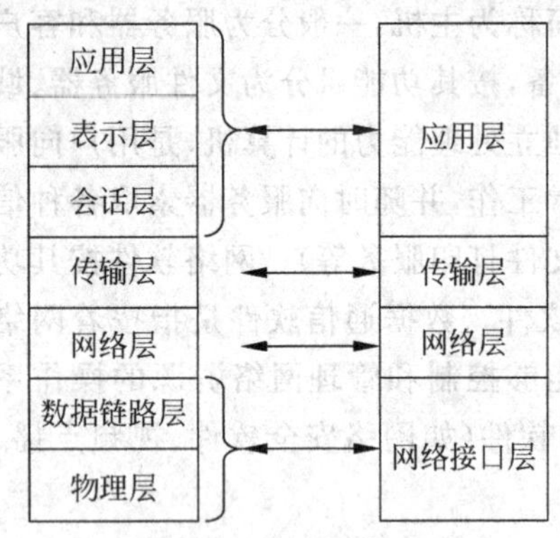

图6.2 TCP/IP参考模型与OSI模型的对应关系

TCP/IP是一组用于实现网络互联的通信协议,是一个Internet协议族。Internet网络体系结构以TCP/IP为核心,TCP/IP协议族包括了ARP、RARP、IP、ICMP、TCP、UDP、HTTP、FTP、SMTP、Telnet、DNS等许多协议,这些协议合称为TCP/IP协议。

从协议分层方面来看,TCP/IP参考模型分为四个层次:网络接口层、网络层、传输层、与应用层。TCP/IP参考模型与OSI模型的对应关系如图6.2所示。

在TCP/IP参考模型中各层的主要功能如下。

(1) 网络接口层是TCP/IP的最低层,负责接收IP数据报并通过网络发送,或者从网络上接收物理帧,提取出IP数据报,交给网络层。

(2) 网络层负责不同网络或同一网络中计算机之间的通信。网络层的核心是IP协议,所以网络层又称为IP层。

(3) 传输层负责应用进程之间的端到端通信。定义了两种协议,传输控制协议TCP与用户数据报协议UDP。

(4) 应用层包括了所有的高层协议,并且不断有新的协议加入。应用层协议负责将网络传输的内容转化成我们能够识别的信息。主要有:HTTP、FTP、SMTP、SNNP、Telnet、DNS等。

6.2.2 IP地址与域名

为了使连入Internet的众多主机在通信时能够互相识别,Internet网络中每台主机都必须有一个唯一的地址。主机(Host)指的是与Internet连接的计算机或设备。Internet地址分两种形式,即用数字表示的IP地址和用字母表示的域名。

1. IP地址

(1) IP地址的结构

Internet上为每台主机指定的地址为IP地址。IP地址是唯一的,具有固定规范的格式。每个IP地址使用二进制数来表示。在IPv4中,其长度为32位。在IPv6中,其长度为128位。这里以IPv4进行介绍。

IPv4中IP地址分为4段,每段8位。为了便于表达和识别,IP地址是以十进制表示的,每段的8位二进制数用一个十进制数表示,因此每段所能表示的十进制数最大不超过255,每个十进制数用“.”隔开,所以这种表示方式又称为点分十进制,如图6.3所示。

(2) IP地址的分类

IP地址由两部分组成,一部分为网络号,另一部分为主机号。网络号标识的是Internet

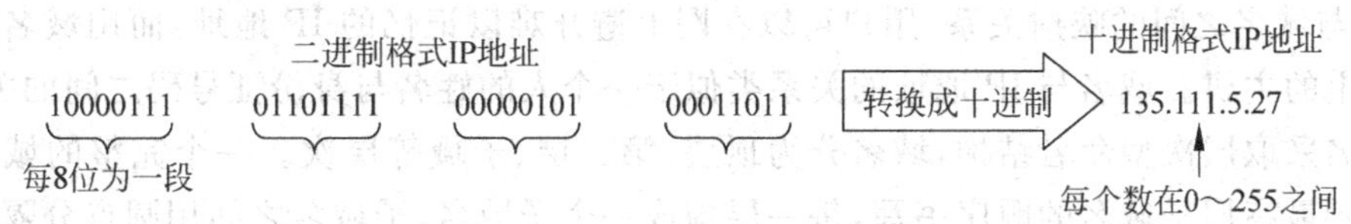

图 6.3　IP 地址结构

上的一个子网，而主机号标识的是子网中的某台主机。就如同电话号码包括区号和号码一样，区号标识电话所在的地区，号码标识具体的某台电话机。IP 地址根据网络号和主机号的情况又可以分为 A、B、C、D、E 共 5 类，如图 6.4 所示。

A 类 IP 地址的最高位为 0，其前 8 位为网络号，后 24 位为主机号。因此，在 Internet 中，最多可有 126 个 A 类地址，一个 A 类地址最多可容纳 $2^{24}-2$（约 1600 万）台主机，因为 IP 地址全为 0 保留为表示当前主机，把全 1 保留为表示当前子网的广播地址。

B 类 IP 地址的前 16 位为网络号，且前两位为 10，后 16 位为主机号。B 类地址的第一个十进制整数的值在 128～191 之间。因此，在 Internet 中，最多可有 2^{14} 个 B 类地址，一个 B 类地址最多可容纳 $2^{16}-2$ 台主机，其中 172.16.0.0 和 172.31.255.255 保留。

	0 1 2 3 4 5 6 7 8 16 24 31		
A 类	0	网络号(1～126)	主机号
B 类	1 0	网络号(128～191)	主机号
C 类	1 1 0	网络号(192～223)	主机号
D 类	1 1 1 0	网络标识(224～239)	组播地址
E 类	1 1 1 1	网络标识(240～247)	保留为今后使用

图 6.4　IP 地址的分类

C 类 IP 地址的前 24 位为网络号，且前三位分别为 110，最后 8 位为主机号。C 类地址的第一个整数值在 192～223 之间。因此，在 Internet 中，共有 2^{21} 个 C 类地址，一个 C 类网络最多可容纳 $2^{8}-2$ 即 254 台主机。

D 类 IP 地址的第一段数字范围为 224～239，E 类 IP 地址的第一段数字范围为 240～247，这两类地址都作为保留地址。

说明：全 0 和全 1 的 IP 地址有特殊的意义，全为 0 的 IP 地址表示本网络或本主机；全为 1 的 IP 地址表示一个广播地址，代表网络中的所有主机。

2. 子网掩码

子网掩码用于分离出 IP 地址的网络号和主机号，也用来判别两台通信的主机是位于本地网上还是位于远程网上。子网掩码的表示类似 IP 地址的表示，也是 32 位二进制数，前若干位为 1，其余位为 0，通常也用“.”隔开的四段十进制数表示。

子网掩码中为“1”的部分，表示在 IP 地址相应位的数字是网络号的数字，而为“0”的部分，表示 IP 地址相应位置的数字是主机号的数字。

3. 域名系统

(1) 域名

在 Internet 上，对于以数字形式表示的主机 IP 地址，人们记忆起来是十分困难的。因此，Internet 还采用以文字形式命名的地址即域名来表示每台主机。通过为每台主机建立

IP地址与域名之间的映射关系,用户可以在网上避开难以记忆的IP地址,而用域名来唯一标记网上的主机。域名与IP地址的关系类似于一个人的姓名与身份证号码之间的关系。

域名采取层次型命名结构,域名分为顶层、第二层、子域等层次。一个完整的域名是按最底层到最高层子域名的顺序书写,每一层构成一个子域名,子域名之间用圆点分隔。各级自左向右越来越高,最左边的是机器名。域名的组成如下。

计算机主机名.子域名.子域名.顶级域名

例如,www.tsinghua.edu.cn是清华大学的域名,它表示清华大学的一台www服务器。其中www为服务器名,tsinghua为清华大学域名,edu为教育机构域名,cn为中国国家域名。

在域名的层次结构中,顶级域名是由Internet中央管理机构命名,也称为一级域名,例如cn为中国的顶级域名。cn域名由中国互联网信息中心(CNNIC)管理,由该机构负责分配二级子域名。常见的顶级域名有代表机构组织域名,如com(商业机构)、edu(教育机构)、gov(政府部门)、mil(军事部门)、net(网络服务机构)、org(非商业性组织)。代表国家或地区域名,如:cn代表中国、hk代表中国香港、au代表澳大利亚等。

(2) 域名申请

中国互联网络信息中心(CNNIC)负责运行和管理我国顶级域名,并为全球用户提供不间断的二级域名注册,域名解析和查询服务。2003年3月17日,cn二级域名注册正式开通。域名注册申请人可以直接向CNNIC办理域名注册申请的有关事宜,也可以委托网络服务单位代为办理。域名实际上就是某个单位在Internet上的名称,所以域名的组成要便于记忆,容易查找,能够给人留下深刻印象。

(3) 域名解析过程

域名是由域名系统(DNS)管理。由于在网络通信上传输的信息只能使用IP地址,不能用域名,因此,用户所使用的域名需要翻译成IP地址。这个翻译过程由Internet上称为域名服务器(DNS Server)的计算机来完成。它是一个基于客户/服务器模式的数据库,在这个数据库中,每个主机的域名和IP地址是一一对应的,用户只要输入要查询的域名,即可查找到对应的IP地址。

当需要将一个主机域名翻译为IP地址时,就会向域名服务器发出将域名转换成IP地址的请求;如果域名服务器查到域名后,将对应的IP地址返回;如果域名服务器不能回答该请求,则此域名服务器就向根域名服务器发出解析请求,根域名服务器就会找到下面的所有二级域名的域名服务器,这样以此类推,一直向下解析,直到查询到所请求的域名。

6.3 连接Internet

6.3.1 Internet接入方式

接入Internet的方式多种多样,一般都是通过Internet服务提供商(Internet Service Provider,ISP)提供接入Internet方法。下面介绍几种目前常用的接入方式。

(1) 局域网接入

一般单位的局域网都已接入Internet,局域网用户即可通过局域网接入Internet。局域网接入传输容量较大,可提供高速、高效、安全、稳定的网络连接。现在许多住宅小区也可以利用局域网提供宽带接入。

(2) ADSL 接入

非对称数字用户线路(Asymmetric Digital Subscriber Line,ADSL)是一种高速通信技术。上网同时可以打电话,互不影响,而且上网时不需要另交电话费。安装 ADSL 也极其方便快捷,只需在现有电话线上安装 ADSL Modem,而用户现有线路不需改动即可使用。

(3) VDSL 接入

甚高速数字用户环路(Very-high-bit-rate Digital Subscriber Loop,VDSL)是利用中国电信深入千家万户的电话网络形成的网络构造,骨干网络采用中国电信遍布全城全国的光纤传输,因此信息传递快速可靠安全。简单地说,VDSL 就是 ADSL 的快速版本。

(4) CATV 接入

它利用现成的有线电视(CATV)网进行数据传输,它是比较成熟的技术。随着有线电视网的发展壮大和人们生活质量的不断提高,通过 Cable Modem 利用有线电视网访问 Internet 已成为越来越受业界关注的一种高速接入方式。

(5) 光纤接入

光纤接入是指以光纤作为传输媒体,主要技术是光波传输技术,是为了满足高速宽带业务以及双向宽带业务的需要。光纤是宽带网络中多种传输媒介中最理想的一种,它的特点是传输容量大,传输质量好,损耗小,中继距离长等。

(6) 无线接入技术

随着 Internet 以及无线通信技术的迅速普及,使用手机、移动电脑等随时随地上网已成为移动用户迫切的需求,随之而来的是各种使用无线通信线路上网技术的出现。

6.3.2 在 Windows 7 系统中 TCP/IP 配置

1. 在 Windows 7 系统中配置 TCP/IP 协议

一般来说,将计算机接入到 Internet 后,会自动为该连接绑定 TCP/IP 协议的。但也可以对 TCP/IP 协议进行配置,其操作步骤如下。

步骤 1:执行【开始】→【控制面板】→【网络与 Internet】→【网络和共享中心】→【本地连接】命令。

步骤 2:双击【本地连接】选项,在弹出的【本地连接 状态】对话框单击【属性】按钮,打开如图 6.5 所示【本地连接 属性】对话框。

步骤 3:在图 6.5 中选择【Internet 协议版本 4(TCP/IPv4)】选项,然后单击【属性】按钮,弹出如图 6.6 所示【Internet 协议版本 4(TCP/IPv4)属性】对话框。

步骤 4:配置 TCP/IP 协议有两种方法。

方法 1:手工设置。

在图 6.6 中选中【使用下面的 IP 地址】单选按钮,在【IP 地址】后面的框中输入分配给本机的 IP 地址(如 192.168.1.3)并输入【子网掩码】(如 255.255.255.0),然后输入系统管理员提供给用户的【默认网关】的 IP 地址(如 192.168.1.254)。

选中【使用下面的 DNS 服务器地址】单选按钮,然后在【首选 DNS 服务器】后面的框中输入 ISP 提供的 DNS 服务器地址,如 202.96.128.166,在【备用 DNS 服务器】后面的框中输入备用的 DNS 服务地址,如 192.168.1.254,配置结果如图 6.6 所示。

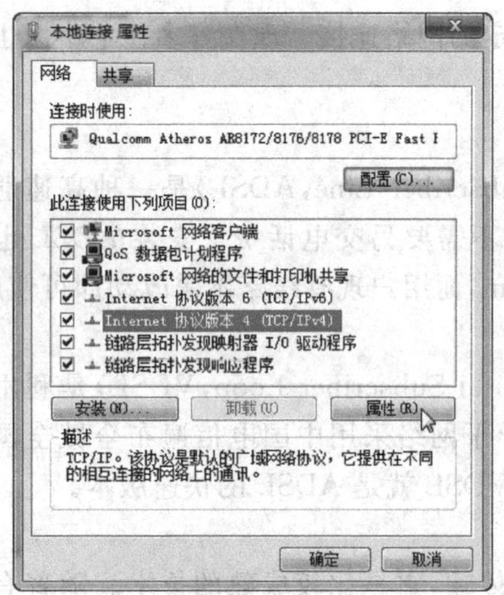

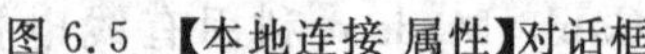
图 6.5 【本地连接 属性】对话框

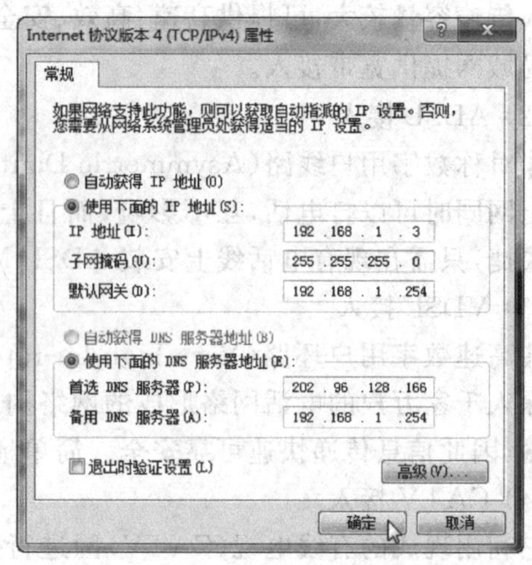

图 6.6 手工设置 TCP/IP

方法 2：通过动态主机配置协议(DHCP)服务器自动获得 TCP/IP。

动态主机配置协议(Dynamic Host Configuration Protocol,DHCP)是 TCP/IP 协议簇中的一种,主要是 ISP 用来给网络客户机分配动态的 IP 地址。这些被分配的 IP 地址都是 ISP 的动态主机配置协议服务器预先保留的,并且,当客户机断开与服务器的连接后,IP 地址将被释放以便 ISP 的动态主机配置协议服务器重新分配给其他客户机。设置 IP 地址的具体方法为：选中【自动获得 IP 地址】单选按钮,然后选中【自动获得 DNS 服务器地址】单选按钮。配置结果见图 6.7 所示。

步骤 5：单击【确定】按钮即可。

2. 在命令提示符窗口下查看 TCP/IP 配置

对于已配置完成的 TCP/IP 协议,可以使用如下的方法进行查看。

步骤 1：执行【开始】→【所有程序】→【附件】→【命令提示符】命令,出现【管理员：命令提示符】窗口。

步骤 2：在【管理员：命令提示符】窗口的命令行中输入 ipconfig /all,即可显示有关 TCP/IP 配置的情况,如图 6.8 所示。

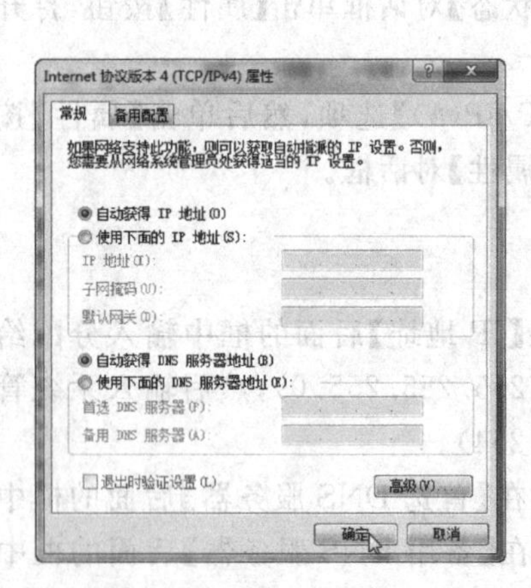

图 6.7 自动获得 TCP/IP

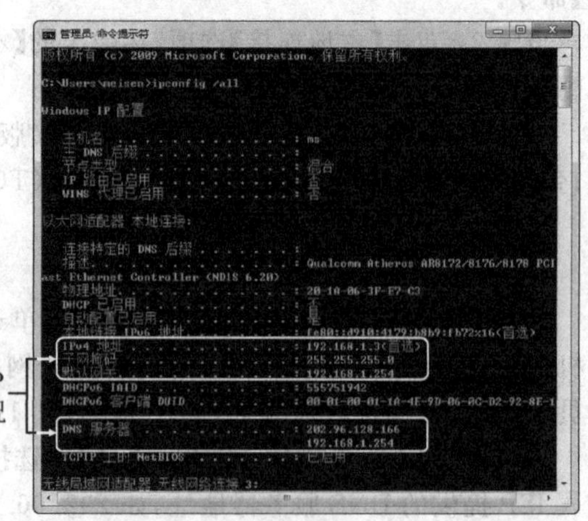

图 6.8 查看 IP 设置

6.4 Web 服务

万维网(World Wide Web,WWW)是在 Internet 上运行的全球性分布式信息系统的简称。由于它支持文本、图像、声音、影像等数据类型,并且使用超文本、超链接技术把全球范围内的信息链接在一起。这种服务涉及到各个行业,是目前 Internet 上业务量最大的一类服务,也是最方便和最受用户欢迎的信息浏览方式。

6.4.1 Web 基础知识

1. 超文本和超链接的概念

超文本是一种通过文本之间的链接将多个独立的文本组合起来的一种格式。在浏览超文本时,看到的是文本信息本身,同时文本中含有一些“热点”,选中这些“热点”又可以浏览到其他的超文本。这样的“热点”就是超文本中的超链接。

2. Web 页面

阅读超文本不能使用普通的文本编辑程序,而要在专门的程序(如 Internet Explorer)中进行浏览,这类程序统称为浏览器。万维网中,在浏览器环境下的超文本就是通常所说的 Web 页面。

3. 统一资源定位器

统一资源定位器(Uniform Resource Locator,URL)是指专为标识 Internet 网上资源位置而设的一种编址方式。它规定了信息资源在网络中存放地点的统一格式,URL 的一般格式如下。

协议://主机名/路径/文件名

协议: 协议是指数据的传输方式,如超文本传输协议(http),文件传输协议(ftp)等。

主机名: 指主机的地址,可以是 IP 地址,也可以是域名。

路径: 指信息资源在主机上的路径。

例如,http://www.microsoft.com/zh-cn/default.aspx 是微软公司中国站点主页的 URL,其中“http”代表超文本传输协议,“www.microsoft.com”是微软公司网站 Web 服务器的域名,“/zh-cn/”是路径,“default.aspx”是文件名。

4. Web 的工作原理

Web 服务采用客户/服务器模式,Internet 中的一些计算机专门发布 Web 信息,这些计算机上运行的是 WWW 服务程序,用超文本标记语言(HTML)写出的超文本文档都存放在这些计算机上,这样的计算机被称为 Web 服务器。同时,在用户的客户机上,运行专门进行 Web 页面浏览的客户程序,如 Internet Explorer。客户程序向服务程序发出请求,服务程序响应客户程序的请求,把服务器上的 HTML 文档通过 Internet 传送到客户机,客户机接收后通过客户程序以 Web 页面的格式显示文档。

6.4.2 Internet Explorer 8 浏览器

Internet Explorer(简称 IE)是由微软公司开发的 Web 浏览器,IE8 是新发布版本。IE8 更加快捷、简单和安全,提供了一个面向网络服务的窗口,特别是,IE8 的新特性和功能让用户能够以更快捷、更简单、更安全的方式浏览网页。

启动IE8后,可以看到IE8继承了IE7更侧重于新外观、选项卡浏览、更容易搜索、更可靠的安全性等性能的外观,如图6.9所示。因此IE8的一些操作也基本与IE7一致。

图6.9　使用IE8浏览器

在IE8中选择某个选项卡,然后在地址栏输入要浏览网页的网址,例如输入www.baidu.com,即可在该选项卡中打开该网页了。

6.4.3　Internet Explorer 8的常见操作

1. 选项卡式浏览

选项卡式浏览允许在一个浏览器窗口中管理多个网页。要在IE8中创建或打开选项卡,只需单击选项卡右边的【新建选项卡】按钮,或右击网页中的任意超链接,然后在弹出的如图6.10所示的快捷菜单中选择【在新选项卡中打开】命令。

在图6.9所示窗口中单击不同的选项卡可以在一个窗口中从一个网页切换到另一个网页。可以右击选项卡,在弹出的如图6.11所示的捷菜单中选择对选项卡进行操作的有关命令。

IE8使用名为"快速导航选项卡"的功能来管理多个选项卡。快速导航选项卡允许在一个窗口中查看所有在选项卡中打开的网页的缩略图。单击选项卡左侧的【快速导航选项卡】按钮(该按钮只有当选项卡多于一个时才会出现),便可以查看所有打开的选项卡,如图6.12所示。在【快速导航选项卡】视图中,只需单击选项卡缩略图便可查看该选项卡。单击缩略图最右侧角的关闭按钮,即可关闭该选项卡。

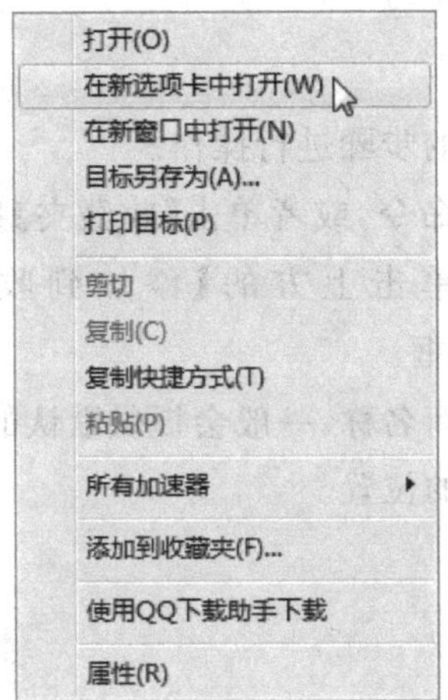

图 6.10　右击网页超链接的快捷菜单

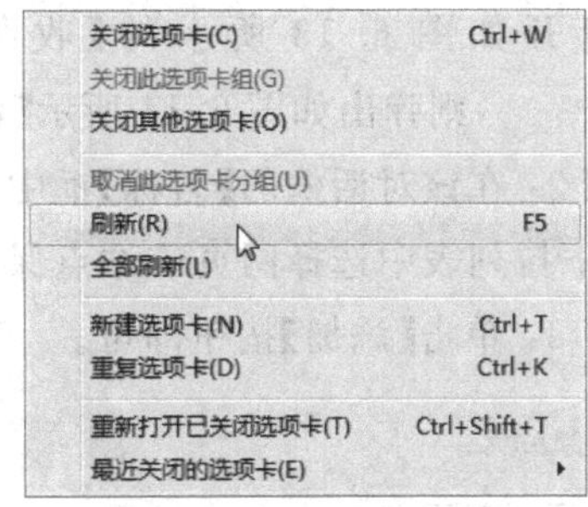

图 6.11　右击选项卡的快捷菜

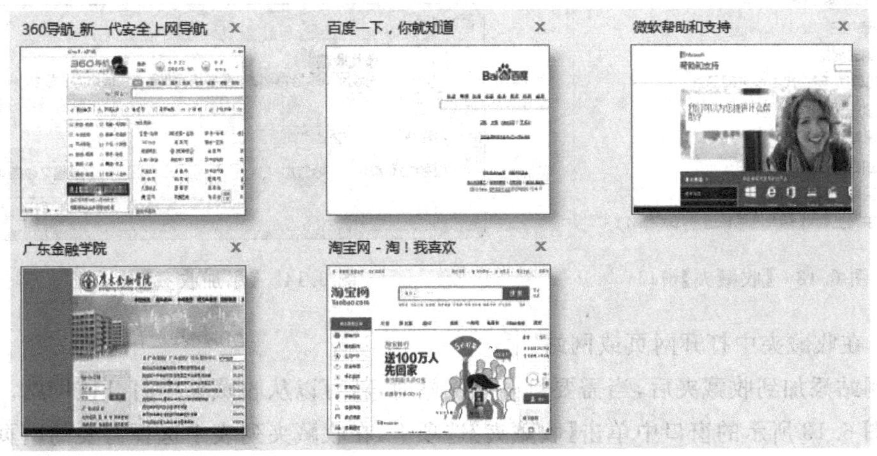

图 6.12　快速导航选项卡视图

2. 使用收藏夹

(1) 收藏中心

Internet Explorer 8 提供了一个收藏中心，它的功能是帮助管理收藏夹、RSS 源和历史记录等功能。

① 收藏夹是指向经常访问的网页的链接。通过将网页添加到收藏夹列表，只需单击该网页的名称即可转到该网页，而不必输入其地址。

② 源也称为 RSS(Real Simple Syndication)源、XML 源、"综合内容"或 Web 源，它包含网站发布的经常更新的内容。通常将其用于新闻和博客网站，但是也可用于分发其他类型的数字内容，包括图片、音频和视频。

③ 历史记录是指在浏览 Web 网页时，Internet Explorer 会存储有关曾经访问过网站的网址。

这里主要介绍收藏夹的使用，包括将网页或站点链接添加到收藏夹、在收藏夹中打开网站和收藏夹的管理等操作。

(2) 将网页或站点添加到收藏夹

要将网页或站点添加到收藏夹中,可以按照下面的步骤进行操作。

步骤1:选择【收藏夹】菜单中的【添加到收藏夹】命令,或者单击【收藏夹】按钮,然后在打开如图6.13所示的【收藏夹】窗口中单击上方的【添加到收藏夹】按钮,则弹出如图6.14所示【添加收藏】对话框。

步骤2:在该对话框的【名称】框中输入该网页的新名称,一般会提供默认的名称,在【创建位置】下拉列表中选择网页或站点保存在收藏夹中的位置。

步骤3:单击【添加】按钮即可。

图6.13 【收藏夹】窗口

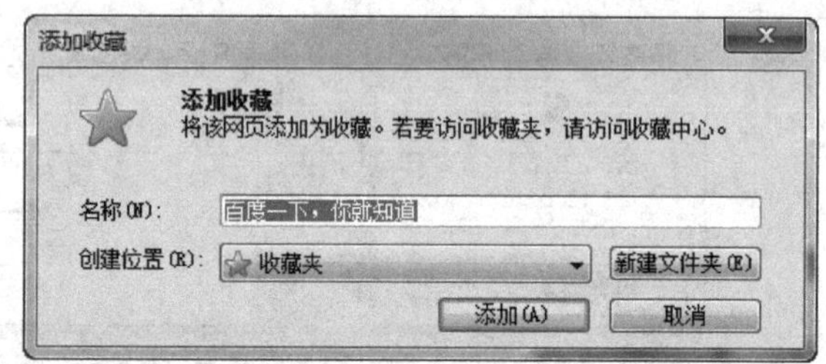

图6.14 【添加收藏】对话框

(3) 在收藏夹中打开网页或网站

将网站添加到收藏夹后,当需要打开该网站时,就可以从收藏夹中打开该网站。操作方法是在图6.13所示的窗口中单击【收藏夹】选项卡,在收藏夹列表中选择需要的网页或站点即可打开该网站。

(4) 整理收藏夹

如果要整理和组织收藏夹,可以按照下面的步骤进行操作。

步骤1:选择【收藏夹】菜单中的【整理收藏夹】命令,弹出如图6.15所示的【整理收藏夹】对话框。

步骤2:在该对话框中单击【新建文件夹】按钮,并且输入文件夹名。例如,创建一个名为【娱乐休闲】的文件夹来存储与娱乐休闲有关的网页或网站。

步骤3:将列表的中网页或网站快捷方式拖到合适的文件夹中。如果因为快捷方式或文件夹太多而导致无法拖动,也可以单击【移动】按钮,在打开的【浏览文件夹】对话框中选择合适的文件夹。

步骤4:单击【关闭】按钮即完成操作。

也可以单击【删除】按钮删除选中的文件夹或网站快捷方式。

3. 即时搜索

即时搜索(Instant Search Engine)有区别于传统搜索,传统搜索利用爬虫技术收集各个网页，更新到数据库中，搜索引擎检索信息需要一段时间，而即时搜索是指搜索引擎通过检索各种网站发布的公共信息，实现信息发布和信息收录同步，即时呈现用户检索的最新信息。

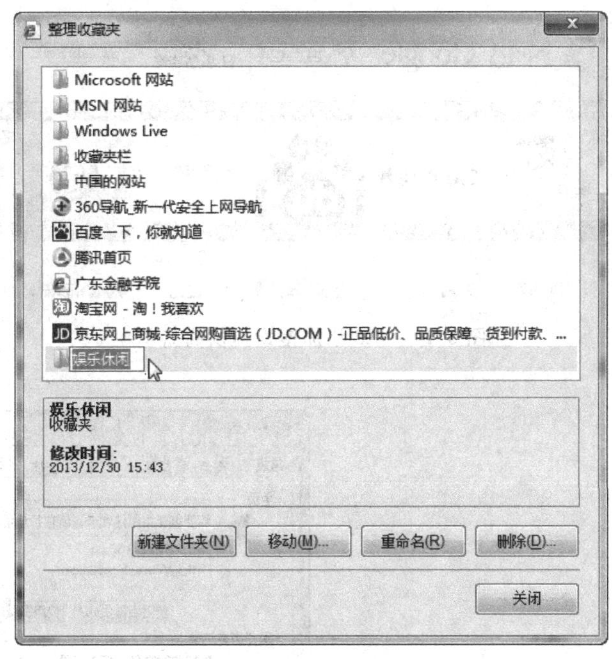

图 6.15 【整理收藏夹】对话框

(1) 使用即时搜索

在【地址栏】右边的【即时搜索】框中输入需要搜索的内容，单击搜索按钮 即调用相应的搜索提供程序进行搜索。

(2) 添加其他的搜索提供程序

可以将其他的搜索提供程序的 Web 搜索添加到工具栏的搜索框中，操作步骤如下。

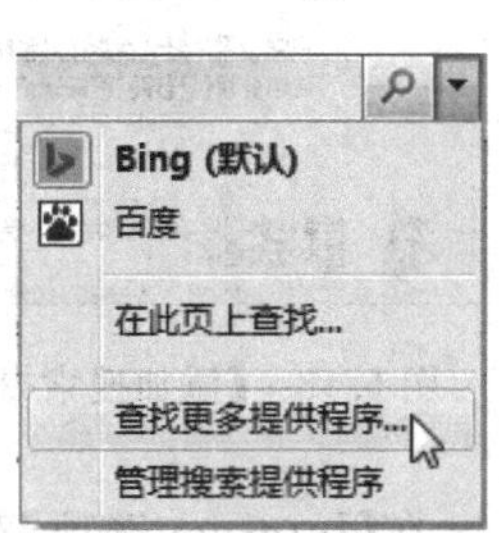

图 6.16 搜索下拉列表

步骤 1：单击【搜索】按钮 右边的下拉按钮，弹出如图 6.16 所示的下拉列表。

步骤 2：选择【查找更多提供程序】命令，IE8 窗口中列出了可供添加的搜索提供商名单，如图 6.17 所示。

步骤 3：单击选中的搜索提供商上的【添加到 Internet Explorer】链接 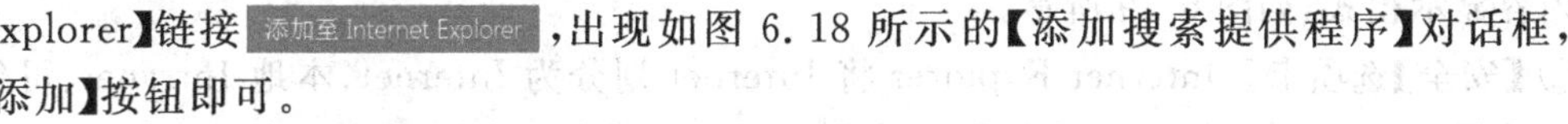

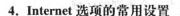

，出现如图 6.18 所示的【添加搜索提供程序】对话框，单击【添加】按钮即可。

4. Internet 选项的常用设置

(1) Internet 选项

用户可以根据自己的喜爱对 IE8 选项进行设置，以适应自己的要求。

首先选择【工具】菜单中的【Internet 选项】命令，弹出如图 6.19 所示【Internet 选项】对话框。

图 6.17　IE8 添加搜索提供商名单

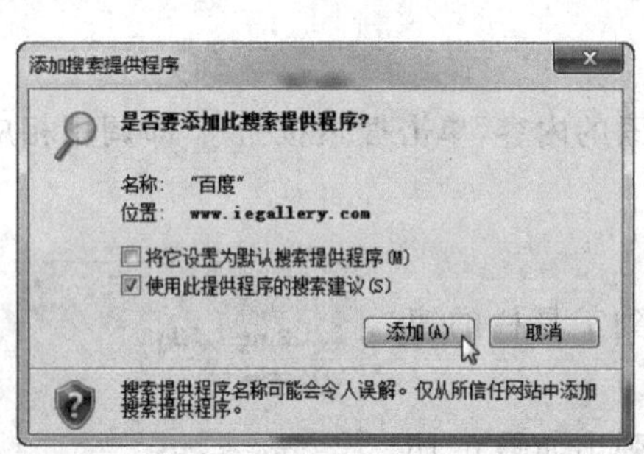

图 6.18　【添加搜索提供程序】对话框

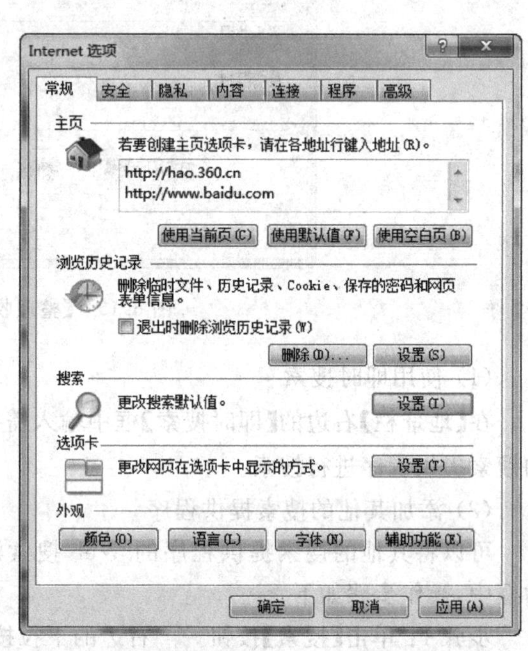

图 6.19　【Internet 选项】对话框

在【Internet 选项】对话框中各个选项卡的功能如下。

①【常规】选项卡。该选项卡是最常用的,它主要用于调整 Internet Explorer 页面的外观和内容显示模式,如图 6.19 所示。

②【安全】选项卡。Internet Explorer 将 Internet 划分为 Internet、本地 Intranet、可信站点和受限站点四个区域,以便能够将网站分配到具有适当安全级别的区域。

③【隐私】选项卡。Internet Explorer 提供了多种功能保护隐私并使计算机和个人可识别信息更加安全。隐私功能可以保护个人可识别信息,包含有帮助查看当前网站如何使用个人可识别信息,以及允许设置指定隐私来决定是否允许网站将 Cookie(Cookie 是某些网站为了辨别用户身份、进行用户身份跟踪而储存在用户本地机上的数据,这些数据通常经

过加密)保存在计算机上。

④【内容】选项卡。可以更改 Internet Explorer 显示屏幕内容的方式以及 Internet Explorer 如何使用证书、自动完成和源(RSS 源)。

⑤【连接】选项卡。该选项主要用于更改 Internet 和网络设置,可以进行代理服务器的设置。

⑥【程序】选项卡。通过使用 Internet Explorer 的程序设置,可以更改默认的 Web 浏览器和网页编辑器,以及管理 Internet Explorer 加载项。

⑦【高级】选项卡。包含按类别组织的各种 Internet Explorer 选项的设置。其中大部分设置可在 Internet Explorer 中的其他位置进行更改。

(2) 设置主页

主页是每次打开 Internet Explorer 时最先显示的页面。一般会将主页设置为频繁查看的网页。

设置主页的方法为:在图 6.19 所示【常规】选项卡的【主页】区的输入框中输入相应网站的 URL 地址,可以在输入框中输入多个网址,这样每次启动 IE 时,就会打开多个选项卡,每个选项卡分别显示一个网址的网页。在图 6.19 中就设置了两个主页,因此每次启动 IE 时打开两个选项卡,分别显示 360 导航网站主页和百度网站主页。

也可以在【主页】区中选择【使用当前页】按钮,将当前选项卡中的网址作为主页,或者选择【使用默认值】按钮,将主页恢复成 IE8 的默认主页,或者选择【使用空白页】按钮,将空白页设置为主页。

(3) 删除历史记录

IE8 会把你访问过的每一个网页、图像、媒体和其他信息都以副本形式保存为临时文件,用户可以清除这些临时文件。

操作方法是在图 6.19 所示【常规】选项卡中,单击【浏览历史记录】区中的【删除】按钮就可以删除临时文件,包括历史记录、表单数据和密码等。

(4) 打开或关闭弹出窗口阻止程序

弹出窗口通常在访问网站时随即打开,并且通常是由广告商创建的。弹出窗口阻止程序能够限制或阻止大多数弹出窗口。

打开或关闭弹出窗口阻止程序的方法有两种。

方法 1:在图 6.19 中单击【隐私】选项卡,然后在【弹出窗口阻止程序】区中选中【打开弹出窗口阻止程序】复选框,则表示启用弹出窗口阻止程序,否则表示关闭弹出窗口阻止程序,最后单击【确定】或者【应用】按钮保存设置。

方法 2:选择【工具】菜单中的【弹出窗口阻止程序】命令。如果之前没有启用弹出窗口阻止程序,则【弹出窗口阻止程序】的下一级菜单中出现【启用弹出窗口阻止程序】选项,单击该选项完成启用操作;如果之前已经启用弹出窗口阻止程序,则【弹出窗口阻止程序】的下一级菜单中出现【关闭弹出窗口阻止程序】选项,单击该选项完成关闭操作。

如果启用弹出窗口阻止程序,遇到有弹出窗口的网页,则在选项卡的下面出现提示信息框,单击该信息框,弹出快捷菜单,可进行相关设置,如图 6.20 所示。

(5) 加快网页下载速度

如果用户希望能够尽快看到网页中的文字内容,同时对网页中的图片、动画等多媒体信

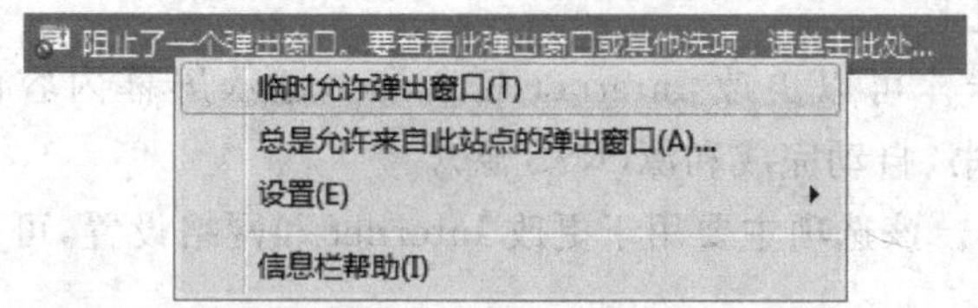

图 6.20　阻止弹出窗口提示信息

息不作要求，则可以采用如下操作方法。

在图 6.19 中单击【高级】选项卡，在如图 6.21 所示窗口的【设置】列表中取消【多媒体】栏中的【显示图片】、【在网页中播放动画】、【在网页中播放声音】和【智能图像抖动】等选项，则可以加快网页下载速度，此时，网页将不再显示图片和播放有关动画和声音。

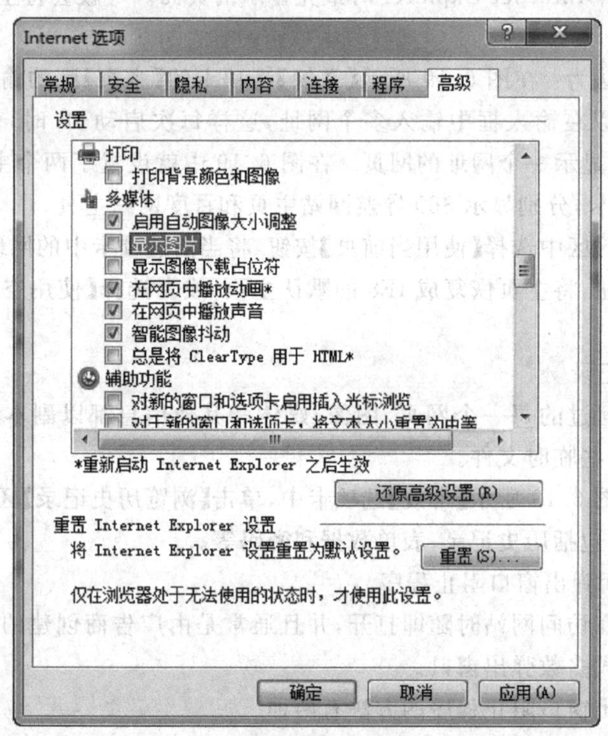

图 6.21　【Internet 选项】对话框【高级】选项卡

6.4.4　Internet Explorer 新技术和功能

1. 收藏夹栏

收藏夹栏不但可托管收藏夹链接，还可以托管源和网页快讯。可以将链接从地址栏或网页拖到收藏夹栏，以便单击即可获得收藏夹信息。还可以在收藏夹栏上重新安排项目，或将其整理到文件夹中。并且，可以使用源和网页快讯的新功能来检查收藏网站上的内容更新，无须离开当前页面。

(1) 将网页添加到收藏夹栏

选择希望添加到收藏夹栏的网页后，下列几种方法均可实现将网页添加到收藏夹栏。

方法 1：单击【添加到收藏夹栏】按钮。

方法 2：将网页图标从地址栏拖到收藏夹栏。

方法 3：将网页上的链接拖到收藏夹栏。

此时在【添加到收藏夹栏】按钮右边出现添加的网页连接，如图 6.22 所示。

(2) 整理收藏夹栏

可以通过拖动收藏夹栏中的链接和其他项目来重新排列这些链接和项目，也可以创建文件夹，然后整理收藏夹栏的链接和其他项目，其操作步骤如下。

步骤 1：右击收藏夹栏上的链接，打开如图 6.23 所示的快捷菜单。

步骤 2：在快捷菜单中选择【新建文件夹】命令，然后为文件夹命名。再将收藏夹栏上的有关链接拖放到该文件夹中。

也可以在快捷菜单中选择【删除】来删除该链接。

图 6.22　将网页添加到收藏夹栏

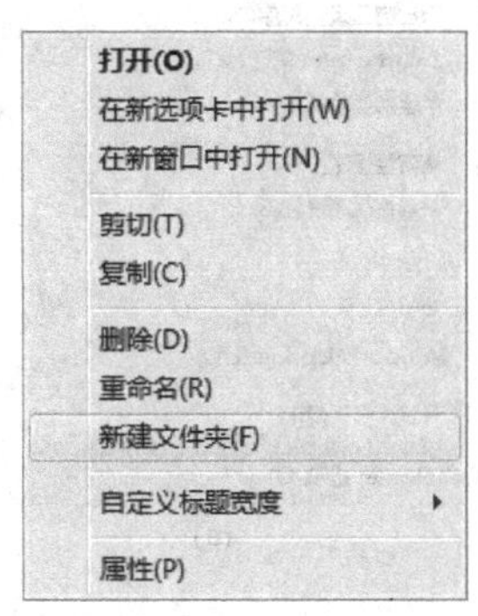

图 6.23　收藏夹栏的快捷菜单

2. InPrivate 模式

InPrivate 模式是 IE8 为了保护用户上网浏览、购物时的个人隐私安全，新增的一个安全模块。它包含了 InPrivate 浏览和 InPrivate 筛选两类功能，前者能让用户在浏览网站时不在电脑里留下历史记录，后者能让网站无法跟踪用户的浏览活动。InPrivate 浏览可以帮助用户避免 IE 存储浏览会话数据，包括 Cookie、Internet 临时文件、历史记录以及其他数据，同时默认情况下将禁用工具栏，大大增强了上网的安全性。

(1) 使用 InPrivate 浏览

启用 InPrivate 浏览的方法有三种。

方法 1：在 IE8 中单击【新建选项卡】按钮，创建一个【新建选项卡】，然后在【新建选项卡】窗口中选择【使用 InPrivate 浏览器】或【打开 InPrivae 浏览窗口】选项。

方法 2：选择【工具】菜单中的【InPrivate 浏览】命令，如图 6.24(a)所示。

方法 3：选择工具栏中的【安全】按钮，在打开如图 6.24(b)所示的下拉列表中选择【InPrivate 浏览】选项。

进入 InPrivate 模式后，将会看到如图 6.25 所示的地址栏。操作方式与非 InPrivate 模式没有太多的差异。

(2) 打开和关闭 InPrivate 筛选

许多网页中含有正在访问的网站以外的网站内容，例如广告、地图或 Web 分析工具等。

提供这些内容的网站被称为内容提供商或第三方网站。这些内容提供商会收集用户访问网站的信息,而InPrivate筛选有助于防止网站的内容提供商收集有关用户访问的网站的信息。默认情况下,InPrivate筛选将分析用户所访问的网站和这些网站所使用的内容提供商,但不会自动阻止它们。用户可以选择允许或阻止由InPrivate筛选标识为接收浏览信息的任何内容提供商。也可以让InPrivate筛选自动阻止任何内容提供商,或者关闭InPrivate筛选。

(a)

(b)

图 6.24 选择使用InPrivate

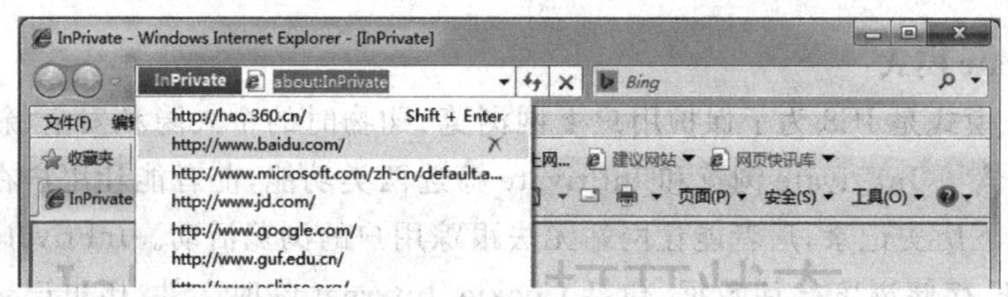

图 6.25 InPrivate浏览模式下的地址列表

首次打开InPrivate筛选,执行以下操作步骤。

步骤1:在图6.24中选择【InPrivate筛选】选项,则弹出如图6.26所示的【InPrivate筛选】对话框。

步骤2:单击对话框中的【帮我阻止】自动阻止网站,或者单击【让我来选择哪些提供商接收我的信息】,以选择要阻止或允许的内容。

如果InPrivate筛选已经打开,则在图6.24中InPrivate筛选选项标志为选中状态,如果要关闭InPrivate筛选,则再次选择该选项取消选中标志即可。

(3) 设置InPrivate筛选

设置InPrivate筛选的步骤如下。

步骤1:在图6.24中单击【InPrivate筛选设置】选项,弹出如图6.27所示【InPrivate筛选设置】对话框。

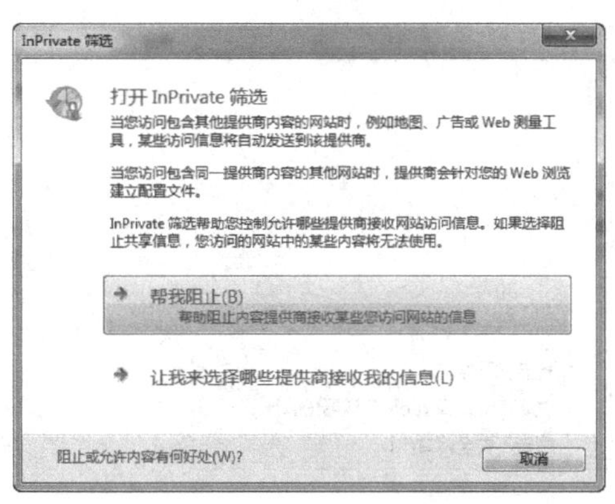

图 6.26 【InPrivate 筛选】对话框

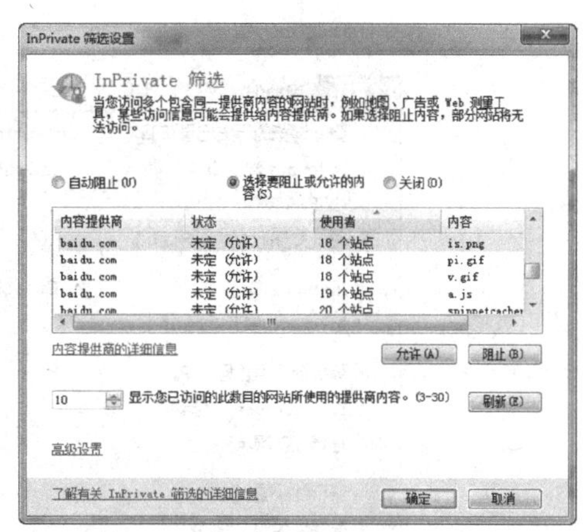

图 6.27 【InPrivate 筛选设置】对话框

步骤 2：在对话框中提供【自动阻止】、【选择要阻止或允许的内容】和【关闭】三个单选按钮。如果要浏览器自动阻止，则选择【自动阻止】单选按钮；如果要手动阻止网站，则选择【选择要阻止或允许的内容】单选按钮；要关闭 InPrivate 筛选功能，请选项【关闭】单选按钮。

步骤 3：如果选择【选择要阻止或允许的内容】，还需要设置对话框列表中各项具体筛选内容为允许还是阻止，并在【显示您已访问的此数目的网站所使用的提供商内容】前面的框中设置访问次数值。

步骤 4：最后单击【确定】按钮完成设置。

3. SmartScreen 筛选

在 IE8 上，是非常重视安全性的，除了新增了一个 InPrivate 模式，还新增了一个【SmartScreen 筛选】功能。这个功能将帮助用户更好地避免不安全网站的攻击，防范恶意软件的威胁，让用户的数据、隐私和个人信息更加安全。

使用 SmartScreen 筛选器的操作步骤如下。

步骤 1：选择菜单栏的【工具】→【SmartScreen 筛选器】→【检查此网站】命令(如图 6.28(a)所示)或者单击工具栏【安全】→【SmartScreen 筛选器】→【检查此网站】选项(如图 6.28(b)所示)，则弹出一个如图 6.29 所示【SmartScreen 筛选器】对话框。

在该对话框中提示用户【SmartScreen 筛选】会把当前网站的地址发送到 Microsoft，将网站与已经报告为不安全网站进行核对，以辨别该网站是否存在危险。但该操作不会根据收到的信息识别用户的个人身份，用户可以放心使用。

步骤 2：在【SmartScreen 筛选】对话框中单击【确定】按钮，则浏览器发送网站地址到 Microsoft 进行核对，并将核对的结果在对话框中显示，如图 6.30 所示。

步骤 3：单击【确定】完成操作。

4. 加速器

加速器的作用就是提高这一页面启动的速度。无论浏览哪个网页，IE8 中新增的加速器都可以更快、更轻松地直接调用用户所需要的 Web 服务，而无须打开新的窗口。只要在网页上选中任意文本，使用加速器可直接基于该内容进行搜索、查看地图、发送电子邮件、翻译或更多操作。使用 IE8 的加速器的步骤如下。

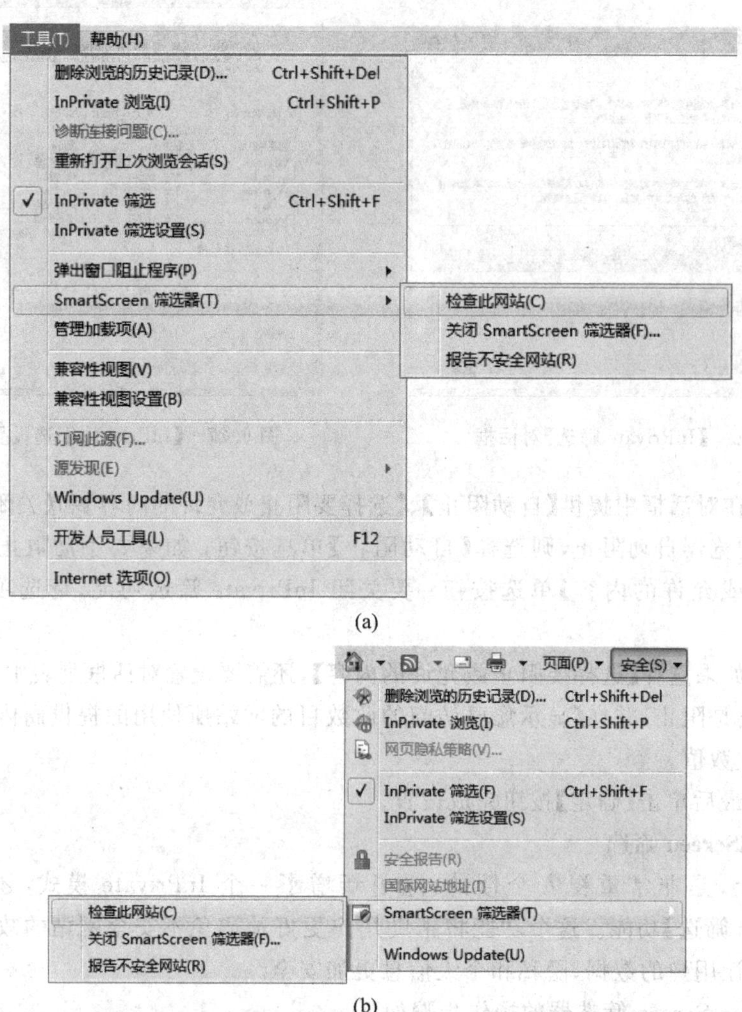

(a)

(b)

图 6.28　通过菜单栏或工具栏使用 SmartScreen 筛选器

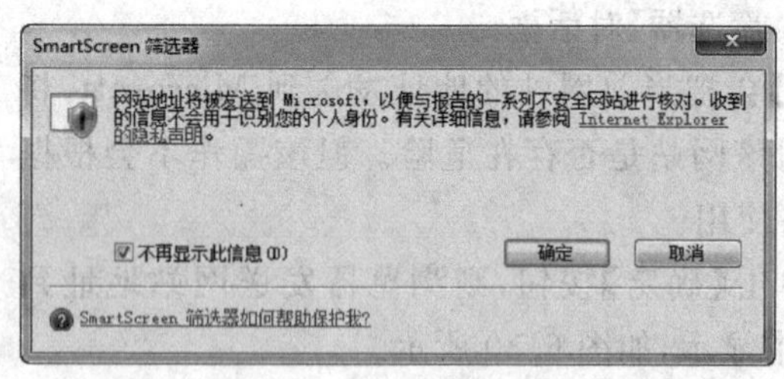

图 6.29　【SmartScreen 筛选器】对话框

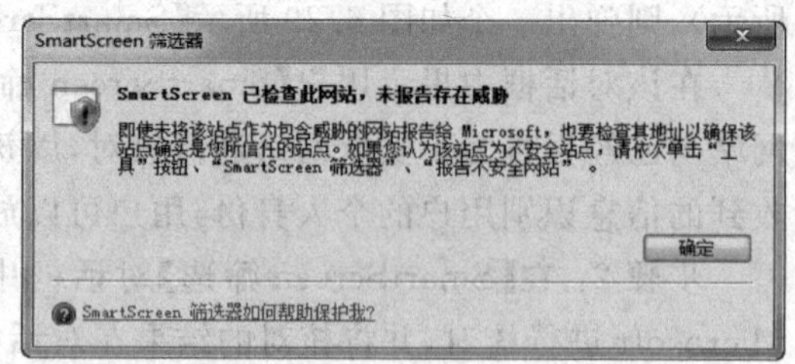

图 6.30　SmartScreen 筛选器检测网站的结果

步骤 1：选择【查看】菜单中的【插入光标浏览】命令，在弹出的【插入光标浏览】对话框中单击【确定】按钮，启用【插入光标浏览】功能。

步骤 2：将光标置于网页中，直接对网页中的文本进行选择，此时在选择文本附近出现【加速器】按钮，单击该按钮打开如图 6.31 所示快捷菜单，在快捷菜单中选择要执行的命令。也可以选择【所有加速器】命令打开下一级菜单，在下一级菜单中选择要执行的命令。

5. 管理加载项

所谓加载项也称为 ActiveX 控件，它是 Microsoft 对一系列策略性面向对象程序技术和工具栏的称呼。IE8 使用【管理加载项】来查看并管理工具栏、搜索提供程序、加速器，以及 InPrivate 筛选列表等。

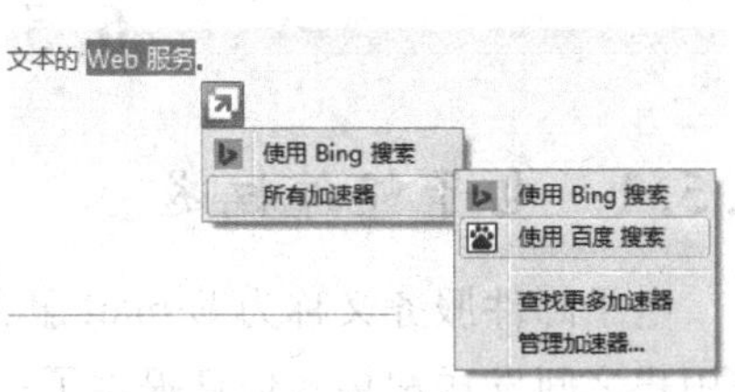

图 6.31　使用加速器

(1) 打开【管理加载项】

打开【管理加载项】的操作方法。执行【工具】菜单中【管理加载项】命令，或者单击工具栏中的【工具】按钮 工具(O)，在下拉列表中选择【管理加载项】选项，弹出如图 6.32 所示的【管理加载项】对话框。该对话框中包括下面几项管理。

① 工具栏和扩展提供查看、启用或禁用工具栏、ActiveX 控件、浏览器助手对象和浏览器扩展。

② 搜索提供程序提供查看、更改默认值，以及添加或删除搜索提供程序。还可以设置防止程序更改默认搜索提供程序。

③ 加速器提供查看、更改默认值，以及添加或删除加速器。

④ InPrivate 筛选列表查看状态并管理被阻止的网站的列表。

(2) 使用【管理加载项】

操作方法为：在图 6.32 所示对话框的左边选择加载项类型，然后在右边的列表中选择具体加载项，再对该加载项进行有关操作。

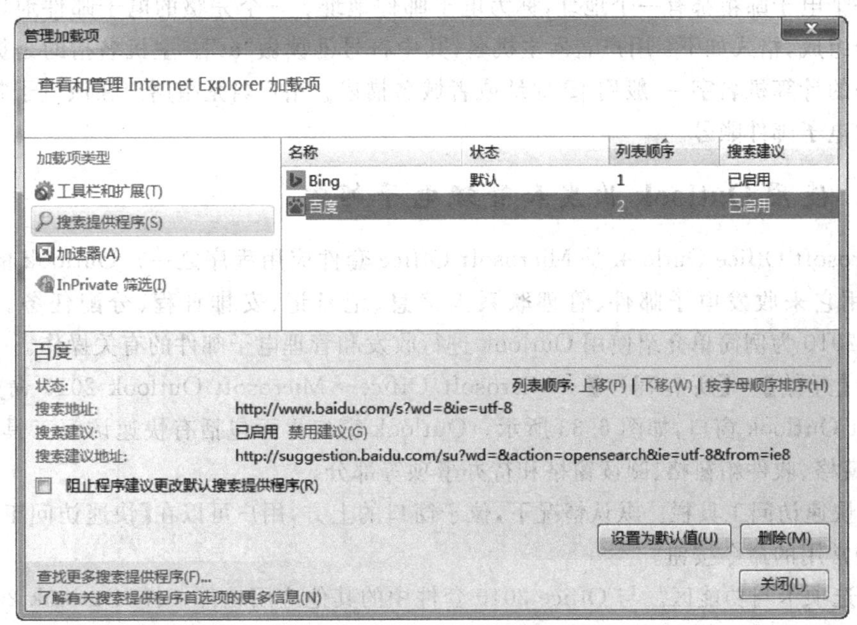

图 6.32　【管理加载项】对话框

6.5 电子邮件服务

6.5.1 电子邮件概述

电子邮件服务又称为E-mail服务,是目前Internet上使用最频繁的一种服务,它为网络用户之间发送和接收信息提供了一种快捷的现代化通信手段。

电子邮件的发送和接收与邮政系统的邮寄包裹很相似。当邮寄一个包裹时,首先要找到邮局,在填写完收件人姓名、地址等之后,包裹就寄出并送到收件人所在地的邮局,那么对方取包裹的时候就必须去这个邮局才能取出。同样地,当发送电子邮件时,首先要由用户纂写好电子邮件,然后由邮件发送服务器发出,并根据收信人的地址查找对方的邮件接收服务器而将这封信发送到该服务器上,收信人要收取邮件也只能访问这个服务器才能完成。

邮件服务器构成了电子邮件系统的核心,它的作用与邮局相似。一方面邮件服务器负责接收用户书写的邮件,并根据收件人地址发送到对方的邮件服务器中;另一方面,它负责接收由其他邮件服务器发来的邮件,并根据收件人地址发到相应的电子邮箱中。

如果使用电子邮件服务,首先要拥有一个电子邮箱。电子邮箱,也称为电子邮件账户,是由提供电子邮件服务的机构为用户建立的。当用户向提供电子邮件服务的机构申请时,机构会在邮件服务器上建立用户的电子邮件账户,包括用户名和密码。电子邮箱可以自动接收向该电子邮箱发送的电子邮件。如果要查看该电子邮箱中电子邮件内容或者处理电子邮件,则必须输入正确的电子邮箱用户名和密码。

每一个电子邮箱都有一个地址,称为电子邮件地址。一个完整的电子邮件地址由以下两个部分组成,格式如下:用户名@主机名,其中符号@读做“at”。主机名指的是提供电子邮件服务的计算机名字,一般用IP地址或者域名描述。用户名是指用户在该电子邮件系统中建立的电子邮件账号。

6.5.2 使用Outlook收发和管理电子邮件

Microsoft Office Outlook是Microsoft Office套件应用程序之一。Outlook的功能很多,可以用它来收发电子邮件、管理联系人信息、记日记、安排日程、分配任务。下面以Outlook 2010为例简单介绍使用Outlook进行收发和管理电子邮件的有关操作。

执行【开始】→【所有程序】→Microsoft Office→Microsoft Outlook 2010命令,启动Microsoft Outlook窗口,如图6.33所示。Outlook窗口界面包括有快速访问工具栏、功能区、导航窗格、收件箱窗格、阅读窗格和待办事项等部分。

(1) 快速访问工具栏。默认情况下,位于窗口的上方,用户可以在【快速访问工具栏】上放置一些常用的命令按钮。

(2) 选项卡与功能区。与Office 2010套件中的其他应用软件一样,Outlook 2010也是用功能区取代传统的菜单和工具栏。功能区包含了选项卡、组和按钮。

(3) 导航窗格。可以在各功能中快速切换,如邮件账户、日历、联系人和任务等,单击窗格右上角的【最小化导航窗格】图标 < 或者【展开导航窗格】图标 > 可进行折叠/展开的操作。

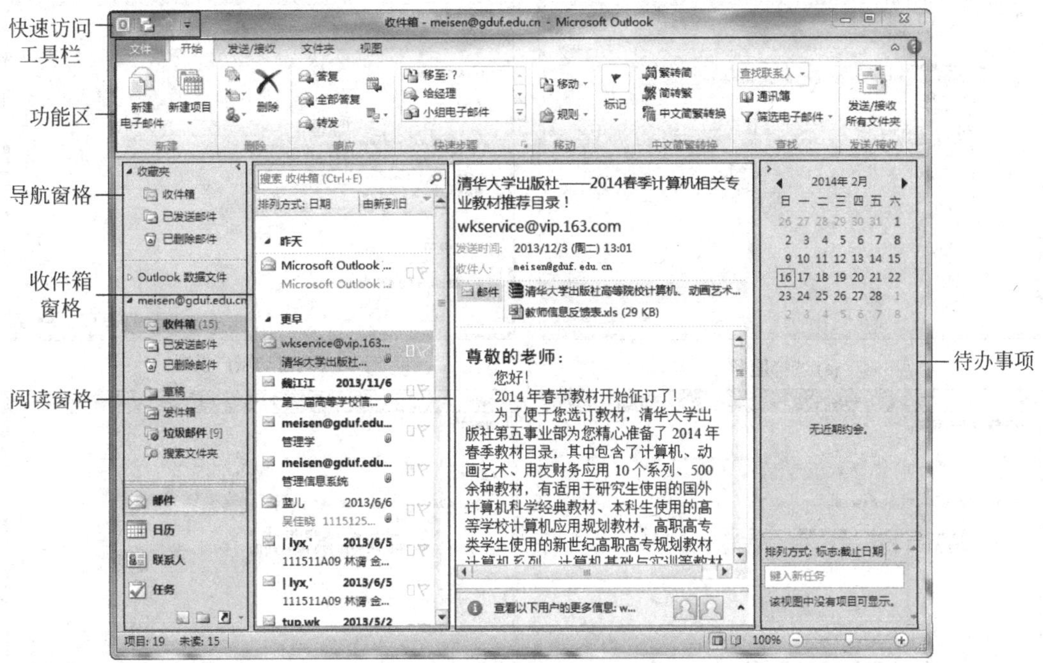

图 6.33　Microsoft Outlook 窗口

(4) 收件箱窗格主要是用来存放邮件，也可以对邮件进行收取、处理、分类等多种操作。

(5) 阅读窗格主要用于阅读邮件内容。单击【收件箱】窗格里的某个邮件，邮件的内容会出现在阅读窗格。

(6) 待办事项为用户提供按日历进行设定今后活动、约会等任务，并进行提醒等。

1. 创建和管理邮件账户

(1) 创建邮件账户

在使用 Microsoft Outlook 收发电子邮件之前，必须创建一个邮件账户。创建一个邮件账户需要事先知道所使用的邮件服务器的类型(POP3、IMAP)、账户名和密码，以及接收邮件服务器的名称、POP3 发送邮件服务器的名称。创建方法如下。

步骤 1：选择 Microsoft Outlook 窗口中的【文件】菜单中的【信息】命令，然后在右侧单击【添加账户】按钮，弹出如图 6.34(a)所示【添加新账户】对话框。

步骤 2：在图 6.34(a)的对话框中选择【电子邮件账户】单选按钮，然后单击【下一步】按钮，进入自动账号设置界面，如图 6.34(b)所示。

步骤 3：依次在图 6.34(b)中的【您的姓名】、【电子邮件地址】、【密码】和【重新键入密码】等输入框中输入相应的信息。然后单击【下一步】按钮，系统将进行联机搜索，配置电子邮件服务器的设置，如图 6.34(c)所示。如果配置成功，出现如图 6.34(d)所示界面。

步骤 4：单击图 6.34(d)中的【完成】按钮，这样就在 Outlook 中成功建立了一个邮件账户。

添加成功的电子邮件账户在【导航窗格】中显示出来。在导航窗格中双击电子邮件账户(例如：meisen@gduf.edu.cn)使其展开后，可以将该账户的所有文件夹在【导航窗格】中列出来，如图 6.35 所示。在默认情况下，Outlook 为每个电子邮件账户下面都设有收件箱、草稿箱、已发送邮件、已删除邮件、发件箱和垃圾邮件等文件夹。

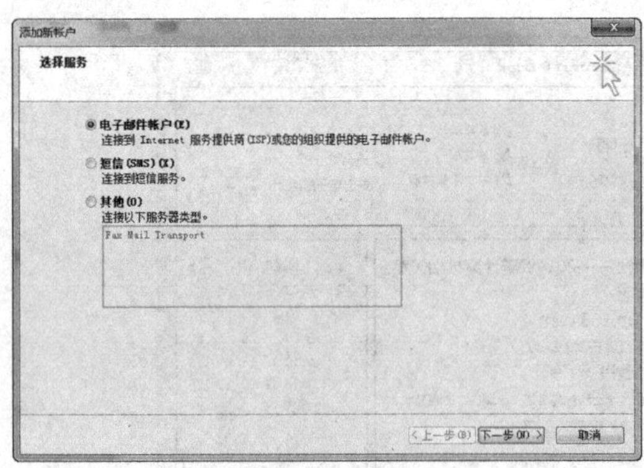

(a) 选择服务

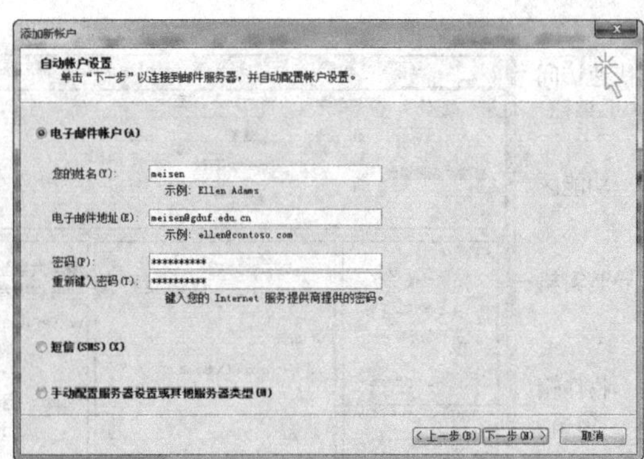

(b) 自动账户设置

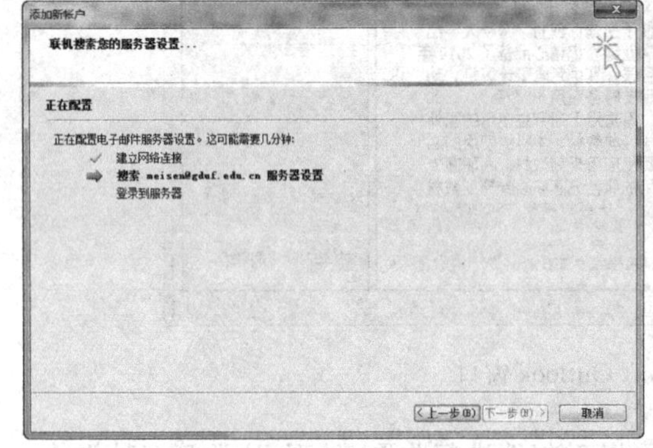

(c) 联机搜索您的服务器设置

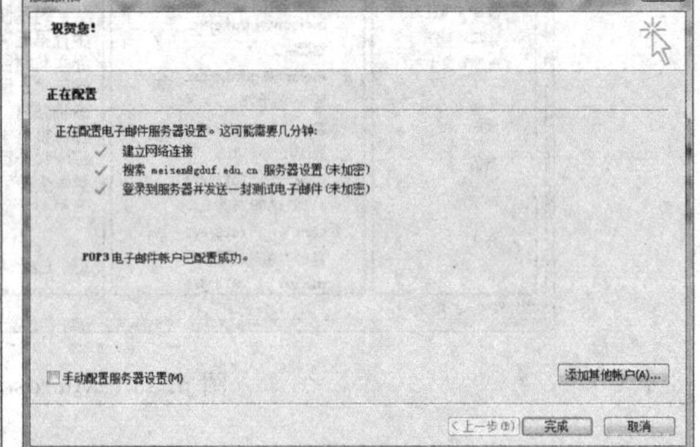

(d) 配置成功

图 6.34　添加新账户对话框

(2) 管理邮件账户

选择 Microsoft Outlook 窗口的【文件】菜单中的【信息】命令,然后在右侧单击【账户设置】按钮,在显示的下拉列表中选择【账户设置】选项,弹出如图 6.36 所示的【账户设置】对话框。

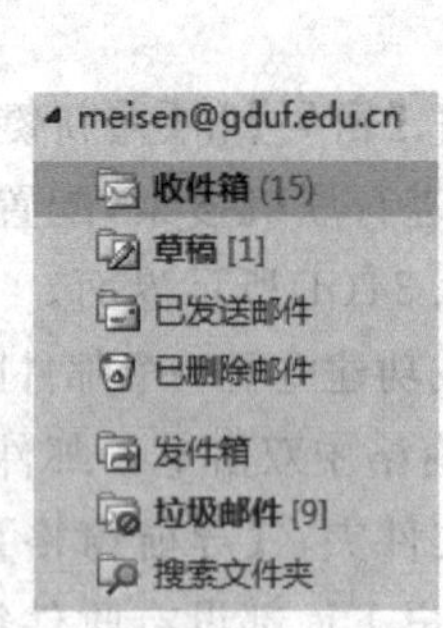

图 6.35　电子邮件账户中的文件夹

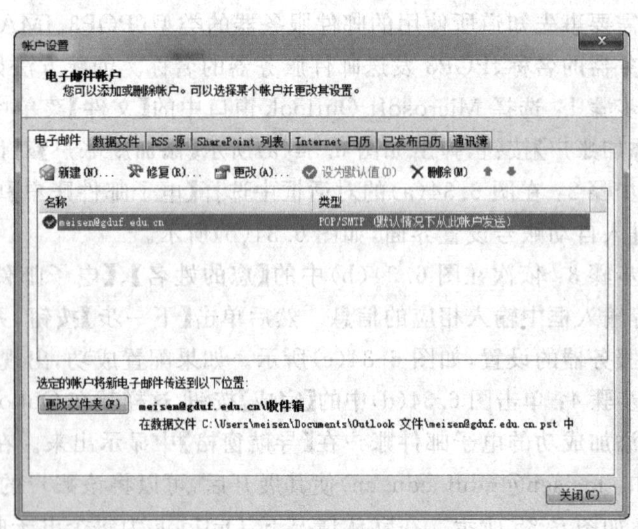

图 6.36　【账户设置】对话框

在【账户设置】对话框的列表中显示出系统中已经存在的电子邮件账户。单击列表上方的 新建(N)... 按钮,可以向系统中添加新的电子邮件账户,其操作与前面介绍的创建邮件账户的操作一致。在【账户设置】对话框的列表中选中电子邮件账户,然后单击 修复(R)... 按钮,可以对该电子邮件账户的姓名、电子邮件地址和密码重新设置。单击 更改(A)... 按钮,可以对该电子邮件账户的用户信息(包括您的姓名和电子邮件地址)、服务器信息(包括账户类型、接收邮件服务器和发送邮件服务器)和登录信息(包括用户名和密码)进行修改设置。单击 删除(M) 按钮,可以删除列表中选中的电子邮件账户。如果系统中存在多个电子邮件账户,单击 设为默认值(D) 按钮,可以将列表中选中的电子邮件账户设置为默认账户。

2. 接收与管理电子邮件

用户在创建并设置完自己的电子邮件账户后,就可以接收和阅读发给自己的电子邮件,并可以根据需要对接收的电子邮件进行管理。

(1) 接收新邮件

一般来说,用户可以通过如下方法来手工接收新邮件。

步骤1:在导航窗格中选择电子邮件账户,例如:meisen@gduf.edu.cn。

步骤2:单击【开始】选项卡的【发送/接收所有文件夹】按钮,或者单击【发送/接收】选项卡的【发送/接收所有文件夹】按钮,弹出如图6.37所示的【Outlook发送/接收进度】对话框。此时,Outlook就会将邮件服务器中的新邮件发送到邮件账户的收件箱内,同时将发件箱内的邮件发送出。

(2) 阅读邮件

当邮件服务器中的邮件发送到邮件账户的收件箱后,就可以阅读邮件内容了。阅读邮件内容的操作如下。

步骤1:首先在导航窗格展开电子邮件账户(例如meisen@gduf.edu.cn)中的所有文件夹,见图6.35,然后单击账户下的【收件箱】文件夹后,就会在【收件箱】窗格的列表中列出所有接收到的邮件,如图6.38所示。

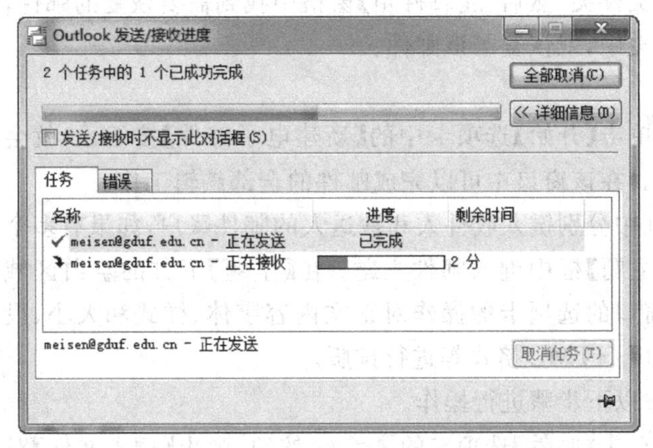

图6.37 【Outlook发送/接收进度】对话框

图6.38 收件箱中的邮件

步骤2:在【收件箱】窗格的列表中单击要阅读的邮件,则该邮件内容在阅读窗格中显示出来,如图6.39所示,显示内容包括邮件标题、发送人、发送时间、收件人和邮件内容等。如果邮件还有附件,则在收件人与邮件内容之间显示附件信息,双击附件,可以阅读或者下载该附件。

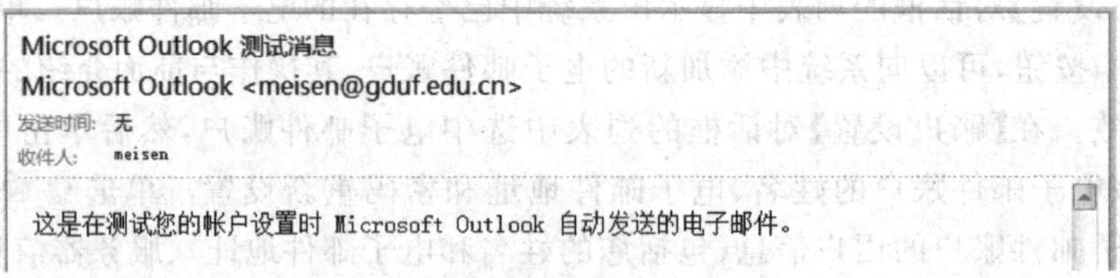

Microsoft Outlook 测试消息
Microsoft Outlook <meisen@gduf.edu.cn>
发送时间: 无
收件人: meisen

这是在测试您的帐户设置时 Microsoft Outlook 自动发送的电子邮件。

图 6.39 邮件内容

(3) 管理邮件

用户可以使用 Outlook 来查找邮件、删除邮件。

① 查找邮件。使用 Outlook 的查找邮件功能,可以快速、方便地找到自己需要的邮件。要查找电子邮件,可以按照以下方法进行操作。

在【收件箱】窗格上方的【搜索】输入框 中输入查找条件,然后按回车键,则系统立即进行查找,并且在【收件箱】窗格的列表中列出符合条件的邮件。

② 删除邮件。当某些接收的邮件已经没有保存价值的时候,需要将这些邮件从收件箱中删除,其操作方法如下。

在【收件箱】窗格中选中要删除的邮件,然后再单击【开始】选项卡中的 按钮,就可以删除该邮件。

将邮件从收件箱中删除,实际上是将邮件从【收件箱】文件夹中转移到【已删除邮件】中,如果要将邮件彻底删除,还需要在【导航窗格】中单击该电子邮件账户的【已删除邮件】文件夹,然后在【收件箱】窗格中选中需要彻底删除的电子邮件,再单击【开始】选项卡中的 按钮,此时可以将该邮件彻底删除。

也可以将【已删除邮件】文件夹中的邮件恢复到该电子账户的其他文件夹中去,其操作是在【导航窗格】中单击【已删除邮件】文件夹,然后在【收件箱】窗格中找到需要恢复的邮件,再将其拖回到该电子账户指定的文件夹中,就恢复了该邮件。

(4) 新建和发送电子邮件

在 Outlook 中,要新建邮件,可以单击【开始】选项卡中的【新建电子邮件】按钮 ,就会打开一个【邮件】窗口,如图 6.40 所示。在该窗口中可以完成邮件的全部编辑工作。

在图 6.40 的【收件人】和【抄送】框中分别键入收件人和抄送人的邮件账户,如果有多个账户,则用英文逗号或分号隔开;在【主题】框中键入邮件主题;在【主题】下方的空白区域中输入邮件正文内容,并且可以通过窗口的选项卡的操作对正文内容字体、样式和大小、段落格式、编号或项目符号列表,以及使用 HTML 格式等进行排版。

如果要在邮件中添加附件,可以按以下步骤进行操作。

步骤 1: 在图 6.40 所示的窗口中单击【邮件】选项卡的 附加文件 按钮,弹出【插入文件】对话框,如图 6.41 所示。

步骤 2: 在对话框中找到要附加的文件,然后单击【插入】按钮,将文件作为邮件的附件添加进来。

当邮件创建完成后,单击图 6.40 中的【发送】按钮 ,则将邮件发送给收件人。如果新建的邮件暂时不发送出去，可以单击图中【保存】按钮，将邮件保存在该电子邮件账户的【草稿】文件夹中。

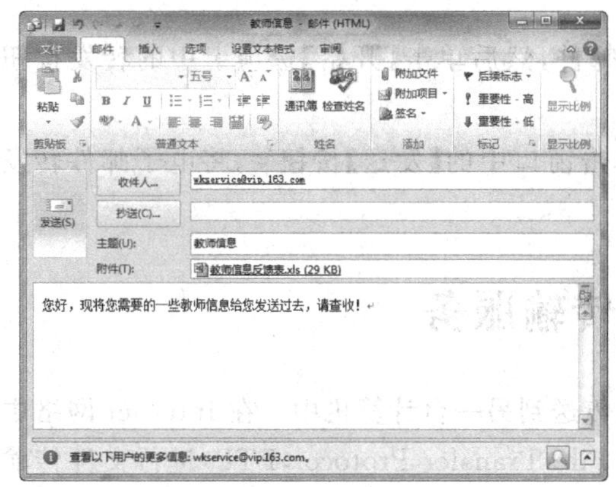

图 6.40 【邮件】窗口

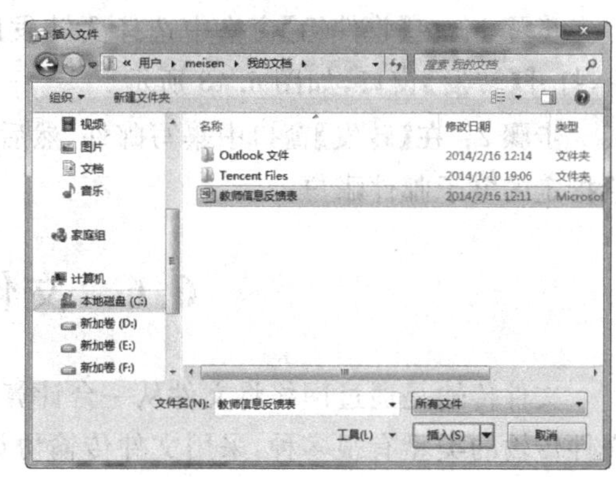

图 6.41 【插入文件】对话框

(5) 答复与转发邮件

① 答复邮件。所谓答复邮件，是指用户在接收到其他人发送的邮件后，再给他们发送邮件，进行答复。使用 Outlook 的答复功能，可以不必输入邮件的收件人和主题，系统会根据接收的邮件信息自动填写这些内容，并且主题内容会是原主题内容前面添加“答复:”标志。在默认情况下，答复邮件时，系统会将原邮件内容包含在新邮件中。

要答复邮件可以按以下步骤进行操作。

步骤 1：在【收件箱】窗格中选择要答复的邮件，然后单击【开始】选项卡中的【答复】按钮，打开【答复】窗口，如图 6.42 所示。

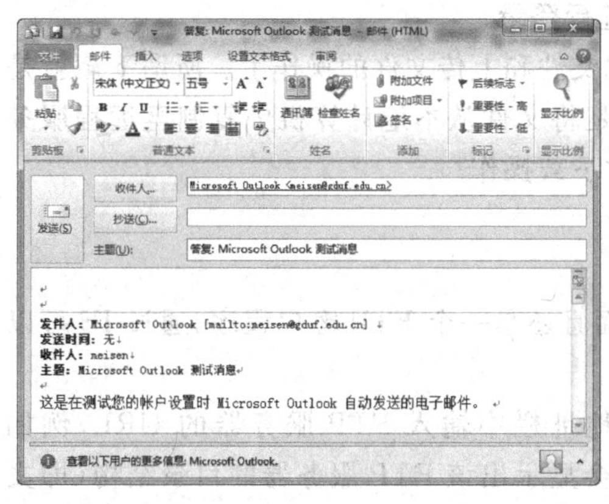

图 6.42 【答复】窗口

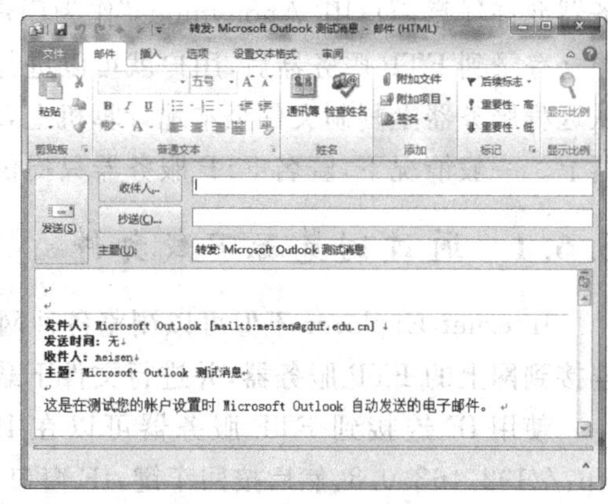

图 6.43 转发窗口

步骤 2：在【答复】窗口中纂写邮件，然后单击窗口中的【发送】按钮，将答复的电子邮件发送给对方。

② 转发邮件。所谓转发邮件，是指用户将接收到别人的邮件发送给第三方。使用 Outlook 的转发功能，可以不必输入邮件的主题，系统会根据接收的邮件信息自动填写这些内容，并且主题内容会是原主题内容前面添加“转发:”标志，如果有附件，系统同样会将附件

添加进来,在默认情况下系统会将原邮件内容包含在新邮件中。但是,用户需要填写邮件的收件人邮件账户。

要转发邮件可以按以下步骤进行操作。

步骤1:在【收件箱】窗格中选择要转发的邮件,然后单击【开始】选项卡中的转发按钮,打开【转发】窗口,如图6.43所示。

步骤2:在【转发】窗口中纂写邮件,然后单击窗口中的【发送】按钮,将电子邮件转发给指定的电子邮件账户。

6.6 文件传输服务

文件传输是通过网络将文件从一台计算机传送到另一台计算机中。在Internet网络中文件传输的类型有很多种,采用文件传输协议(File Transfer Protocol,FTP)进行文件传输在Internet上广泛使用。采用FTP传输文件时,不需要对文件进行复杂的转换,因此FTP比任何其他方法交换数据都要快得多。使用FTP可以传输多种类型的文件,例如文本文件、图像文件、声音文件、数据压缩文件等。

文件传输服务是一种实时的联机服务。在进行文件传输服务时,首先要登录到远程计算机上,登录后可以进行与文件查询、文件传输相关的操作。在Internet网上有一类计算机,它们提供存储空间,并依照FTP协议提供服务,这类计算机称为FTP服务器。用户需要本地计算机上的FTP客户程序,才能连接FTP服务器,并进行文件传输。

FTP服务器可以分为两种类型:普通FTP服务器和匿名(Anonymous)FTP服务器。普通FTP服务器向特定用户提供文件传输功能,用户要想访问这类FTP服务器,首先要获得一个合法的账号,登录时输入正确的用户名和密码后,才能取得访问权。而匿名FTP服务器允许任意用户用"Anonymous"作为用户名进行登录。

登录到FTP服务器后,用户就可以进行下载文件和上传文件的操作了。所谓下载就是从远程服务器上复制文件至本地计算机上,上传是将文件从本地计算机中复制至远程服务器上。一般情况下,匿名FTP服务器只提供文件下载操作。

6.6.1 通过浏览器下载文件

Internet Explorer不但可以浏览各种网页,而且还是一个FTP客户程序,通过IE可以连接到网上的FTP服务器,并进行文件下载。

使用IE连接到FTP服务器可以在IE的地址栏中输入FTP服务器的URL,例如ftp://192.168.0.8,然后按回车键,IE窗口中就会显示出该FTP服务器的目录结构(即文件夹和文件),如图6.44所示。

其中,双击某个目录名,可以进入下一级目录。如果想下载某个目录下的文件时,只需双击该文件,弹出【文件下载】对话框,在对话框中单击【保存】按钮,如图6.45所示。

在随之弹出的【另存为】对话框中选择要保存文件的位置和文件名,再单击【保存】按钮即可,如图6.46所示。

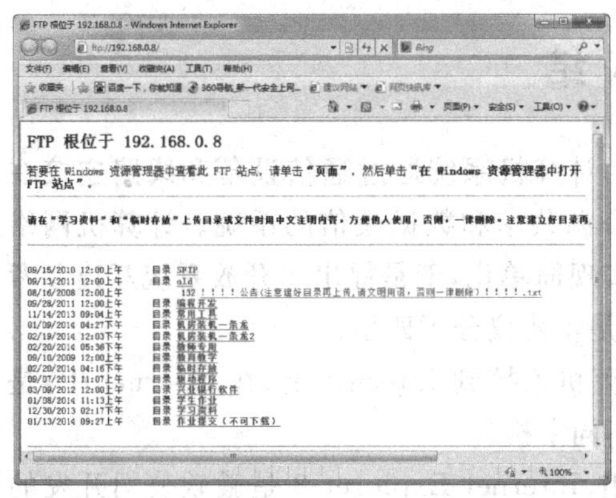

图 6.44　使用 IE 访问 FTP 服务器

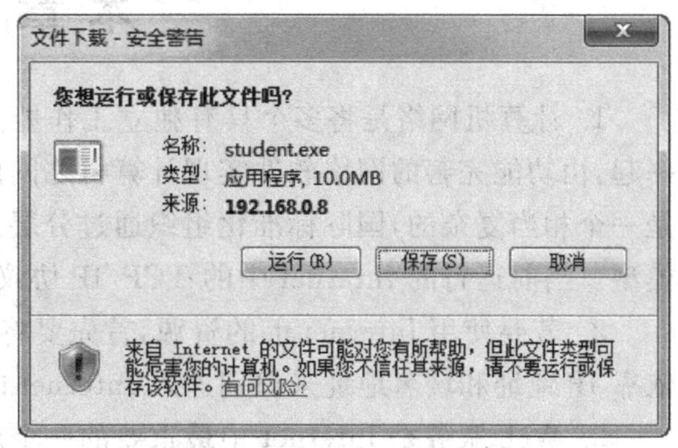

图 6.45　【文件下载】对话框

6.6.2　通过 Windows 资源管理器访问文件

使用 Internet Explorer 8 或更高版本的浏览器访问 FTP 服务器时，主要采用列表形式显示 FTP 服务器中的内容，这种方式对于文件夹的下载操作非常不方便。除了通过 IE 可以很容易地连接到网上的 FTP 服务器外，还可以使用 Windows 资源管理器访问 FTP 服务器。在 Windows 资源管理中访问 FTP 服务器的操作有以下两种方式。

(1) 首先用 IE 浏览器连接 FTP 服务器，然后在图 6.44 中单击【查看】菜单的【在 Windows 资源管理器中打开 FTP 站点】命令或者单击工具栏中【页面】按钮，在显示的列表中单击【在 Windows 资源管理器打开 FTP 站点】命令，即可实现在 Windows 资源管理中访问 FTP 服务器，如图 6.47 所示。

(2) 在 Windows 资源管理的地址栏中输入 FTP 服务器的 URL，例如 ftp://192.168.0.8，然后按回车键即可。

图 6.46　【另存为】对话框

图 6.47　使用 Windows 资源管理器访问 FTP

在 Windows 资源管理器中访问 FTP 服务器后，可以像操作本地计算机中的文件或文件夹一样，使用复制、粘贴等操作完成从服务器中下载文件或文件夹的操作。

本章小结

1. 计算机网络是将多个具有独立工作能力的计算机系统通过通信设备和线路连接在一起，由功能完善的网络软件实现计算机之间的资源共享和数据通信的系统。计算机网络是一个相当复杂的，国际标准化组织通过分层来实现简单化，于是提出了开放系统互连参考模型。当前运行的 Internet 中的 TCP/IP 协议也是将协议分了四层。

2. 若要使用 Internet 上的资源，首先要将计算机连接到 Internet 上，在 Internet 中，是依靠 IP 地址和域名地址来识别连入 Internet 的不同主机。

3. Web 服务是 Internet 中最重要的一个应用，Internet Explorer 8 是微软公司开发的功能强大的 Web 浏览器。

4. 电子邮件服务是 Internet 用户之间发送和接收信息的一种快捷通信手段，Microsoft Outlook 是 Microsoft Office 套件中以收发和管理电子邮件为核心的应用程序。

5. 文件传输服务是一种实时的联机服务。FTP 是 TCP/IP 协议组中的协议之一，是 Internet 文件传输的基础，用户可以通过 IE 浏览器或者 Windows 资源管理器访问 FTP 服务器。

第7章 常用工具软件

随着计算机及网络得到迅速的普及，当今计算机已经成为人们生活、学习和工作的重要工具。对于开始使用计算机及网络的人们来说，以较快的方式获得计算机常用软件的基本常识和基本使用方法已经成为一种需要。

本章主要内容：

- 介绍360安全卫士的常用操作方法
- 介绍会声会影视频编辑软件的常用操作方法
- 数据恢复工具EasyRecovery的使用方法

7.1 360安全卫士

由于计算机网络的开放性、互联性等特征，使得网络完全面临着各种计算机病毒和黑客攻击，它们利用网络中的漏洞，盗取用户密码，非法访问计算机中的信息资源，窃取机密信息，破坏计算机系统。

360安全卫士是当前功能强、效果好、深受用户欢迎的上网必备安全软件。目前木马威胁之大已远超病毒，360安全卫士运用云安全技术，在杀木马、打补丁、保护隐私、保护网银和游戏的账号、密码安全等方面表现出色。360安全卫士查杀速度比传统的杀毒软件快，同时还可以优化系统性能，大大加快电脑运行速度。

7.1.1 360安全卫士简介

要想使用360安全卫士软件，首先要将该软件安装在计算机上。登录360安全卫士的官方网站http://www.360.cn/，即可找到该软件下载链接，下载该软件后，运行完成安装即可。

安装完成后，在Windows的消息通知区域中将出现360安全卫士图标，单击该图标，将打开360安全卫士的用户界面，如图7.1所示。

它的功能模块分为：常用、木马防火墙、杀毒、网盾、防盗号和软件管家六大类。这里我们主要介绍增强系统防护、查杀木马病毒和优化系统性能等常用操作。

7.1.2 360安全卫士常用操作

1. 电脑体检

顾名思义，电脑体检就是对计算机进行安全方面的检查，检测包括木马病毒、系统漏洞、恶意插件等安全问题，以判断计算机的安全状况。启动360安全卫士的默认界面就是该功

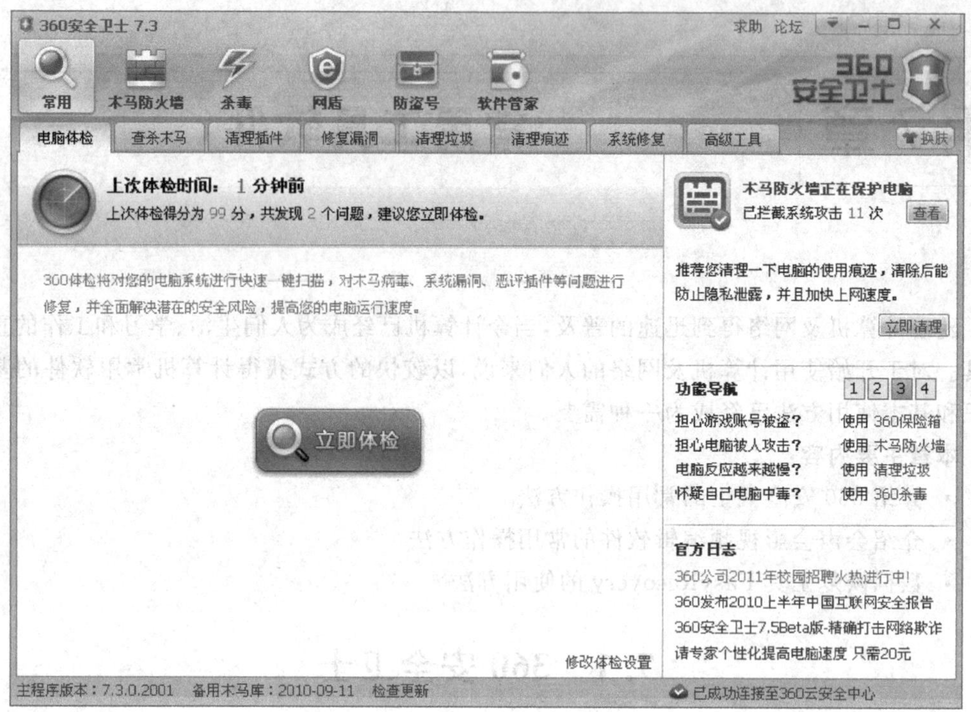

图 7.1 360 安全卫士

能界面，如图 7.1 所示。

单击图 7.1 中的【立即体检】按钮，360 安全卫士对计算机系统进行快速扫描。体检完成后出现如图 7.2 所示界面，体检结果包括体检得分及建议，同时在其下面给出危险项目、优化项目和安全项目等内容。体检得分越高表示系统越安全，并且在体检得分下面会给出计算机安全的评价和建议，可以根据其建议来提高计算机安全设置。危险项目中给出了目前计算机中存在的具体隐患和问题，单击其后面的按钮可以对每个具体的问题进行处理。优化项目中列出了推荐修复和优化的项目，单击其后面的按钮可以进行相应处理。安全项目列出了计算机中已经设置好的一些安全措施。

2. 增强系统安全防护

360 安全卫士通过木马防火墙、清除系统非法插件、修复系统漏洞、清理使用痕迹和系统修复等方法提升系统的安全。

(1) 木马防火墙

木马病毒通常利用系统漏洞，通过网页、U 盘和局域网等传播途径入侵到用户的电脑中，木马防火墙是帮助用户发现并修复系统漏洞，阻挡木马入侵系统。

单击【木马防火墙】按钮，打开如图 7.3 所示【360 木马防火墙】的操作界面。界面包括系统防护、应用防护、设置、信任列表、阻止列表和查看历史等选项卡，界面的默认选项是系统防护。一般地，只需在系统防护选项卡中开启有关防火墙就可以了。

在系统防护中，有网页防火墙、漏洞防火墙、U 盘防火墙、驱动防火墙、进程防火墙、文件防火墙、注册表防火墙和 ARP 防火墙等防护内容。

网页防火墙能够实时拦截网页中的木马和病毒，防范账号被盗，网购被欺诈等；漏洞防

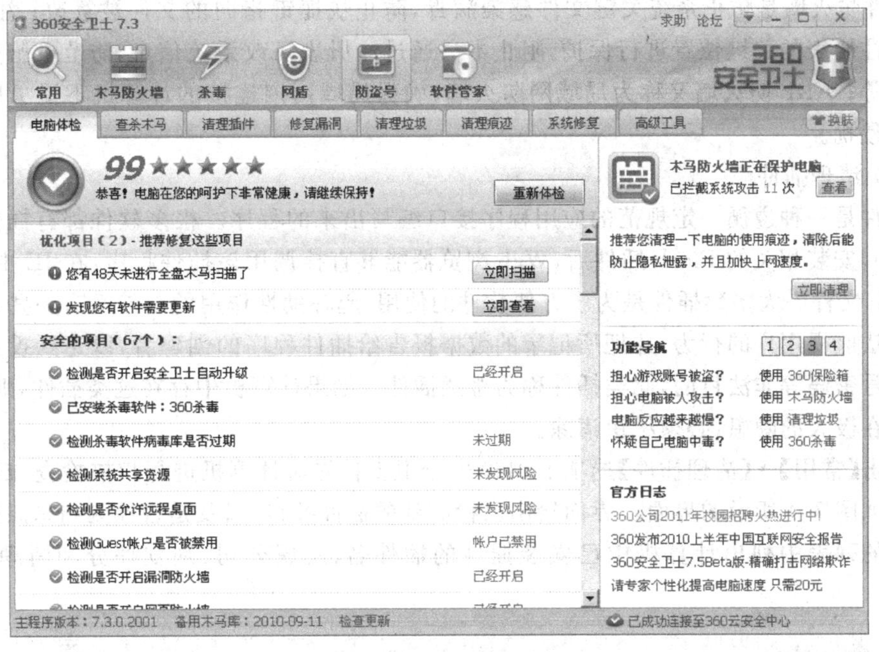

图 7.2　电脑体检结果

图 7.3　木马防火墙

火墙能够自动监测系统补丁、第三方软件漏洞，第一时间发现并提醒修复系统漏洞，阻挡木马入侵系统；U 盘防火墙能够阻止 U 盘中的病毒和木马的运行，保护电脑安全；驱动防火墙是从系统底层阻断木马程序，加强系统内核防护，防范驱动木马导致安全软件失效、电脑蓝屏等问题；进程防火墙拦截可疑进程在系统中创建，阻止木马病毒运行，防范账号隐私被盗；文件防火墙是防止系统关键文件感染病毒，防止快捷键指向的文件被篡改；注册表防火墙对注册表的关键位置进行保护，阻止木马通过注册表篡改系统信息，防范电脑变慢，上网异常等；ARP防火墙又称为局域网防火墙，确保局域网内连接的计算机不受ARP病毒攻击的侵扰。

(2) 清理插件

插件是一种遵循一定规范的应用程序接口编写出来的程序。很多软件都有插件，例如在IE中，安装相关的Flash插件后，Web浏览器能够直接调用该插件程序，在IE中直接播放Flash文件。大多数插件是为了方便软件的使用，起辅助性作用的。然而有一些插件，它们会非法监视用户的行为，并把所记录的数据报告给插件程序的创建者，以达到投放广告、盗取账号密码等非法目的，此类插件称为恶意插件。如果计算机中存在这类插件，则计算机安全存在极大的隐患，必须尽快清除。

单击【常用】→【清理插件】选项卡，360安全卫士首先对计算机进行扫描检查，扫描完成后出现如图7.4所示的界面。界面给出已检测到的插件数目，以及是否检测到恶意插件，并在下面的列表中列出计算机中已安装插件的插件名、所属公司、网友评分和清理建议等信息。

图7.4　清理插件

如果要清理插件，首先在列表中将该插件名称前面的复选按钮置于选中状态，将所有需要清理的插件都选中后，再单击【立即清理】按钮 立即清理 ，360安全卫士将自动完成选中插件的清理工作。

(3) 修复漏洞

软件漏洞是指计算机软件、协议在开发实现过程中存在的缺陷，这些缺陷可能导致其他用户在未被系统管理员授权的情况下非法访问或攻击系统。几乎所有的软件产品都难以避免地存在各种各样的缺陷问题，通常情况下，软件产品提供商将不断发布补丁程序修正这些被发现的软件缺陷问题。

补丁并不是安装得越多越好。如果安装了不需要安装的补丁，不但浪费系统资源，还有可能导致系统崩溃。360 漏洞修复会根据您电脑环境的情况智能安装补丁，节省系统资源，保证电脑安全。

单击【常用】→【修复漏洞】选项卡，360 安全卫士首先对计算机进行扫描检查，扫描完成后出现如图 7.5 所示界面。界面给出已检测到的漏洞数目、高危漏洞情况以及修复建议，并在下面的列表中将补丁分成必须修复补丁、功能性更新补丁和不推荐安装补丁三种类型，列表中包括了补丁类型、补丁名称、补丁描述、发布日期和状态等信息。

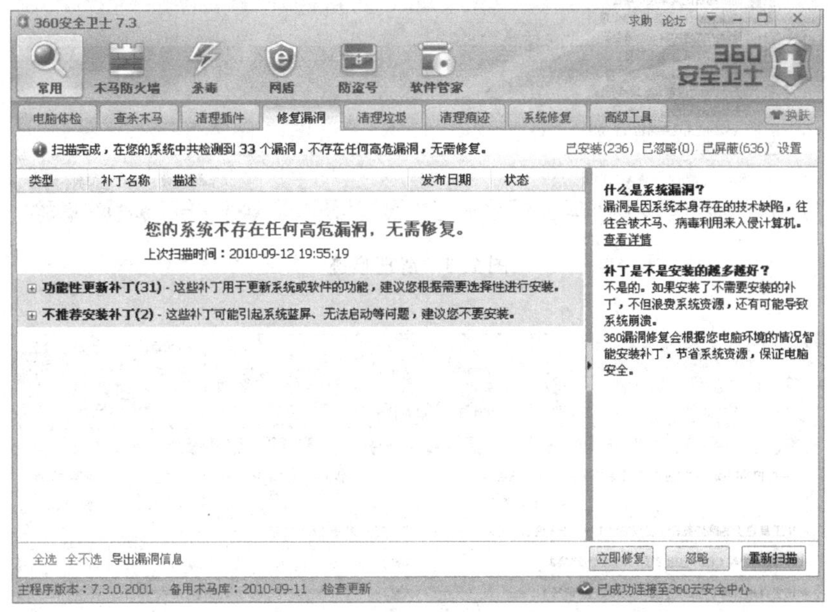

图 7.5 修复漏洞

如果要修复漏洞，首先在列表中将补丁名称前面的复选框置于选中状态，然后单击【立即修复】按钮，360 安全卫士将自动完成选中补丁的安装，从而修复相应漏洞。

(4) 清理痕迹

一些软件运行时，系统会保留它的使用痕迹记录，例如上网历史痕迹，在系统中就会保留，有些痕迹可能包含了个人信息，像这种痕迹应及时进行清理以保护个人隐私，保证系统安全。

单击【常用】→【清理痕迹】选项卡，出现如图 7.6 所示界面。界面中列出了可清理痕迹的项目列表。选中需要清理痕迹的项目前面的复选按钮(也可以在界面的左下角单击全选、全不选和推荐选项进行选择)，然后单击【开始扫描】按钮，程序进行扫描。扫描完成后，程序给出发现可清理项目的个数，占用磁盘空间的大小，以及是否需要清理的建议，并在下面的列表中列出项目中出现可清理痕迹文件个数及占用空间大小。

在列表中，选中需要清理的项目前面的复选框，然后单击界面右下角的【立即清理】按钮，程序开始对选中项目的痕迹进行清理，释放相应的存储空间。此外，在界面的左下方还有一个【恢复注册表】选项，单击该选项可以将注册表恢复到默认状态。

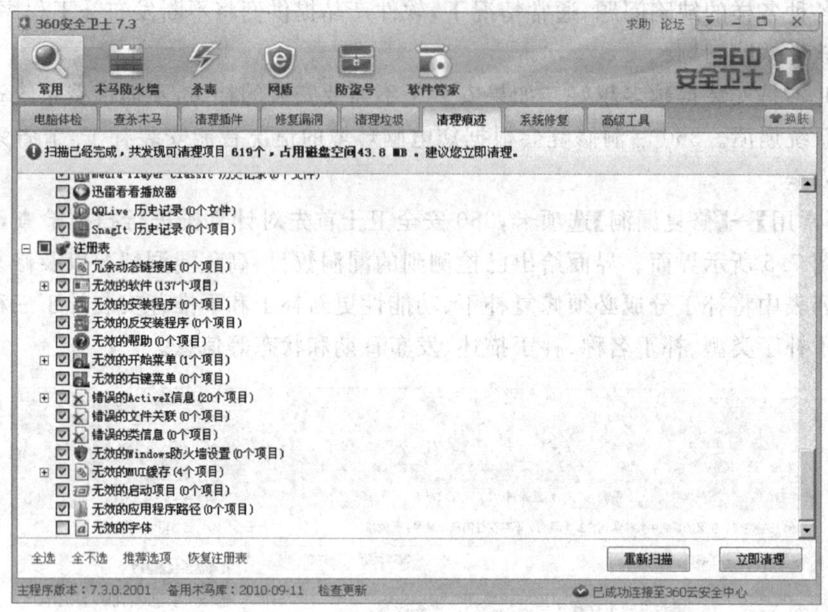

图 7.6 清理痕迹

图 7.7 系统修复

(5) 系统修复

系统修复是对计算机系统进行全方位的检测与修复。

单击【常用】→【系统修复】选项卡，程序首先对系统进行扫描，扫描完成后出现如图 7.7 所示界面。界面给出扫描结果，并且下面的列表中将检测项目分成各种类型，列表给出了检测项目、安全级别和修复方式等信息。

在列表中选择项目，单击其后面的修复方式可对该项目进行相应的处理。也可以将列表中项目前面的复选按钮置于选中状态，然后单击【设为信任】按钮 设为信任 ，对选中项目进行信任设定。单击【一键修复】按钮 一键修复 ，让软件自动对计算机系统进行全面修复。

3. 查杀木马病毒

360 安全卫士采用了云查杀引擎和智能加速等技术，因此其杀毒速度比普通杀毒软件要快数倍；查杀木马的同时修复被木马破坏的系统设置，大大简化了用户的操作。

360 安全卫士的查杀木马操作比较简单，单击【常用】→【查杀木马】选项卡，出现如图 7.8(a)所示界面。界面的左侧包括快速扫描、全盘扫描和自定义扫描三项，右侧是文件恢复区、已信任文件和云安全计划三个选项。快速扫描和全盘扫描无需设置，单击后自动开始；选择自定义扫描后，可根据需要设置扫描区域。快速扫描主要是对系统内存、系统启动对象等关键位置进行扫描，其扫描速度比较快。全盘扫描则对系统内存、启动对象以及全部磁盘进行扫描，是对系统进行全面的检查，其扫描的速度比较慢。自定义扫描可以根据需要指定要扫描的范围，可设定的范围包括：系统启动项、系统内存、丢失的系统文件、系统插件与 IE 设置、系统设置、常用软件、磁盘和文件夹等。

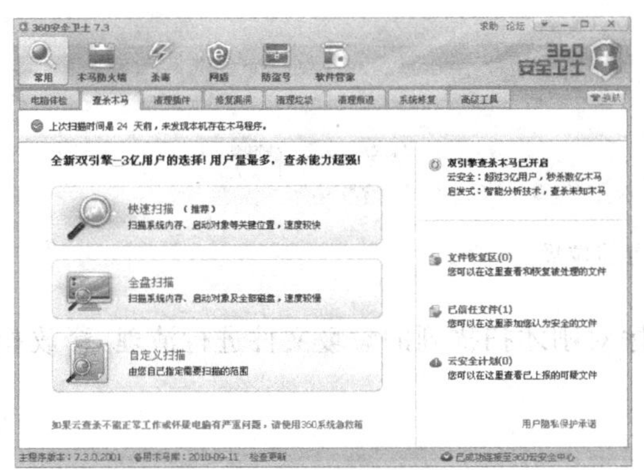

(a) 查杀木马

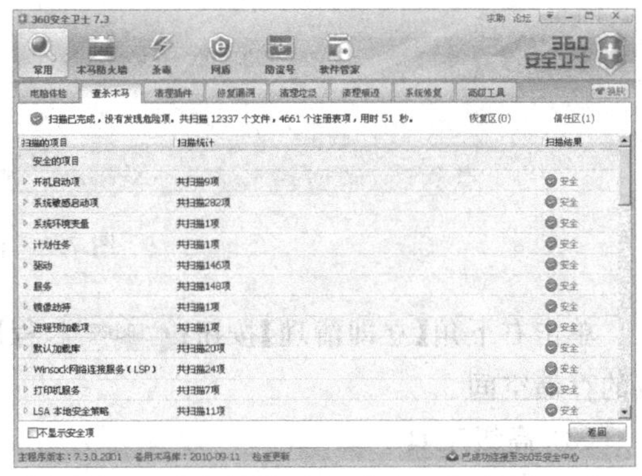

(b) 扫描结果

图 7.8　木马云查杀

选择扫描方式开始进行扫描，扫描结束后出现图 7.8(b)所示的扫描结果。如果没有发现木马，则在扫描结果中显示【没有发现危险项】；如果发现了木马，则在扫描结果中列出所有木马，并给出处理建议。选择需要清除的木马，单击【立即清理】按钮，程序完成对木马的清除工作。

4. 优化系统性能

360 安全卫士可以通过清理垃圾文件和高级工具中的相关操作释放磁盘空间，提高系统运行速度等，从而提升系统性能。

(1) 清理垃圾

系统运行时会产生一些临时文件，比如 tmp 文件、gid 文件(临时帮助文件)和 prv 文件(错误日志文件)等。有些临时文件会自动删除，而有些临时文件却不自动删除，此时，这些临时文件就成了没用的文件了。清理系统中的没用文件，可以释放被占用的磁盘空间，使系统运行更流畅。

单击【常用】→【清理垃圾】选项卡,出现如图7.9所示界面。界面中列出了能够进行清理垃圾的项目列表。用户在列表中选择需要进行清理的项目,然后单击【开始扫描】按钮 开始扫描 ,软件首先对选择的项目进行扫描,检测项目中存在的垃圾文件,扫描完成后,给出扫描结果,并针对下面列表中的每一项都列出了垃圾文件个数及占用空间大小。

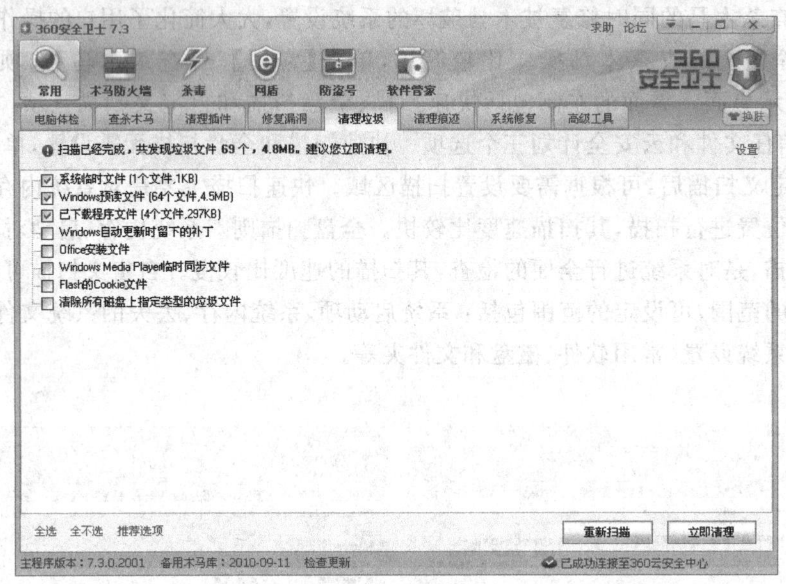

图7.9 清理垃圾

单击右下角【立即清理】按钮 立即清理 ,程序对刚才扫描到的垃圾文件进行清理,释放相应的存储空间。

(2) 高级工具

360安全卫士的【高级工具】中还集成了不少功能强大的小工具,帮助用户更好地解决系统的一些问题。这里介绍一键优化、开机加速和系统服务状态等操作。

单击【常用】→【高级工具】选项卡,出现如图7.10所示的界面。界面显示360安全卫士提供的各种高级管理选项,其中第一和第二项就分别是开机加速和系统服务状态。单击【开机加速】或者【系统服务状态】按钮,都将弹出如图7.11所示【开机加速】窗口,窗口中的前三个选项卡分别是一键优化、启动项和服务。

在【开机加速】窗口中,单击【一键优化】选项卡,然后单击【立即优化】按钮 立即优化 ,则软件自动对系统进行优化处理,优化完成后给出重启系统的提醒。

单击【启动项】选项卡,窗口中列出计算机在开机时启动的相关程序,并对每个程序是否需要开机启动提供了建议,以及当前是否为开机启动状态。单击其后面【禁止启动】按钮 禁止启动 可以使该程序在开机时不启动,单击其后面【恢复启动】按钮 恢复启动 可以使该程序在开机时启动。

单击【服务】选项卡,窗口中列出计算机在开机时启动的相关服务,其操作与启动项相似。

图 7.10 高级工具

图 7.11 【开机加速】窗口

7.2 会声会影视频编辑软件

会声会影是一套操作简单、功能强大的专为个人及家庭所设计的视频剪辑软件。用户可以轻松体验快速操作自己的影视作品。软件采用制作向导模式，只要三个步骤就可快速制作出完美影视作品。

7.2.1 会声会影简介

要想使用会声会影软件,首先要将该软件安装在计算机上。登录其官方网站 http://www.corel.com/下载该软件,目前的版本是会声会影 X3。软件安装后,可以采用如下方法启动软件。

选择【开始】→【所有程序】→Corel VideoStudio Pro X3→Corel VideoStudio Pro X3 命令,出现会声会影软件主界面窗口,如图 7.12 所示。该界面中各区域的功能如下。

图 7.12 会声会影主界面

【步骤面板】 包含视频制作中捕获、编辑和分享三个步骤按钮。

【编辑工具栏】 包含了编辑步骤中各种类型的素材之间快速切换的选项,这里的素材类型包括视频、转场、标题、图形、滤镜和音频等,如图 7.13 所示。

【画廊】 列出存放各种类型素材的文件夹列表,这种文件夹称为库文件夹,位于素材库的上方。

【素材库】 存储和组织所有媒体素材,包括:视频素材、视频滤镜、音频素材、静态图像、转场效果、音乐文件、标题和色彩素材。

【浏览窗口】 显示当前的素材、视频滤镜、效果或标题等效果的窗口。

【导览面板】 提供一些用于回放和精确修整素材的按钮,如图 7.14 所示。

【选项面板】 包含相关的设置和相应按钮,以及可用于自定义所选素材设置的其他信息。此面板随着正在执行的步骤和具体操作的不同其内容也不同。

【时间轴】 显示项目中包括的所有素材、标题和效果。在时间轴中包含了视频轨、覆叠轨、标题轨、声音轨和音乐轨等。

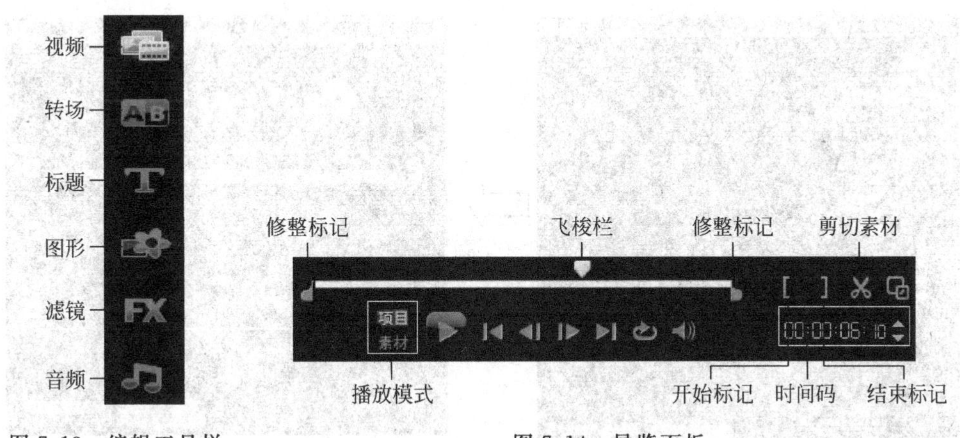

图 7.13　编辑工具栏

图 7.14　导览面板

在运行会声会影时，会自动创建一个新项目以供开始制作视频作品，也可以选择【文件】菜单的【新建项目】命令，创建一个新的项目。创建了项目后，就可以进行视频制作了。使用会声会影进行视频制作，主要包括捕获、编辑和分享三个步骤，其中编辑步骤又包括了视频编辑、转场、覆叠、标题和音频等操作。接下来，依次介绍这些操作。

7.2.2　素材的捕获与管理

1. 素材的捕获

影片制作的核心是素材，有了好的素材才能制作出好的作品。会声会影中的素材包括图片、声音、动画、视频等。素材可以通过 DV、摄像机、数码相机以及其他移动设备等进行捕获，也可以直接从计算机的硬盘中进行导入。

单击步骤面板的【捕获】按钮，则在【选项面板】中列出【捕获视频】、【DV 快速扫描】、【从数字媒体导入】和【从移动媒体导入】等选项，根据具体情况选择捕获或导入的方式。这里介绍【从数字媒体导入】的操作步骤。

步骤 1：单击【从数字媒体导入】，弹出如图 7.15(a)所示的【选取导入源文件夹】对话框。

步骤 2：在该对话框的树形文件夹中选中素材所在的文件夹，然后单击【确定】按钮，转入图 7.15(b)所示的【从数字媒体导入】对话框，该对话框用来对选择的文件夹进行编辑操作。

步骤 3：在【从数字媒体导入】对话框中可以单击【选取“导入源文件夹”】按钮，选择其他文件夹。单击或按钮排列文件夹之间的顺序。单击按钮删除左侧选中的文件夹。单击【起始】按钮进入如图 7.15(c)所示的对话框。

步骤 4：在图 7.15(c)中选中需要导入的素材(选中的素材在项目的左上方的框中标记为√)，可以选择多个项目。单击【开始导入】按钮，将选中的素材导入素材库。完成后出现【导入设置】对话框，如图 7.15(d)所示。

步骤 5：在【导入设置】对话框中设置【导入目标】、【库文件夹】和【插入到时间轴】等内容。最后单击【确定】按钮完成操作。

2. 素材的管理

为了方便素材的使用，软件提供自定义库文件夹，用户可将自己的素材存放在自定义的库文件夹中，以便于对素材的管理。库文件夹的创建和管理的步骤如下。

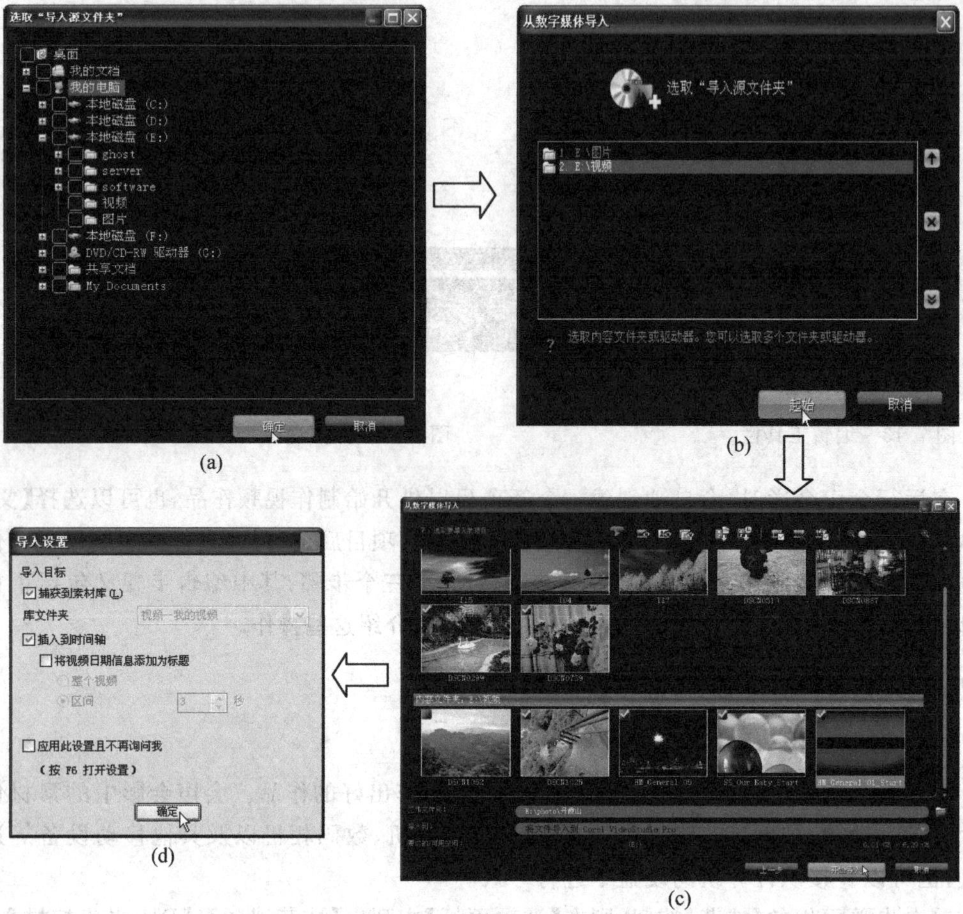

(a) (b) (c) (d)

图 7.15 从数字媒体导入

步骤 1：在主界面中单击【素材库】上方【画廊】的下拉按钮 ▼ ,在打开的列表中选择【库创建者】,弹出【库创建者】对话框,如图 7.16 所示。

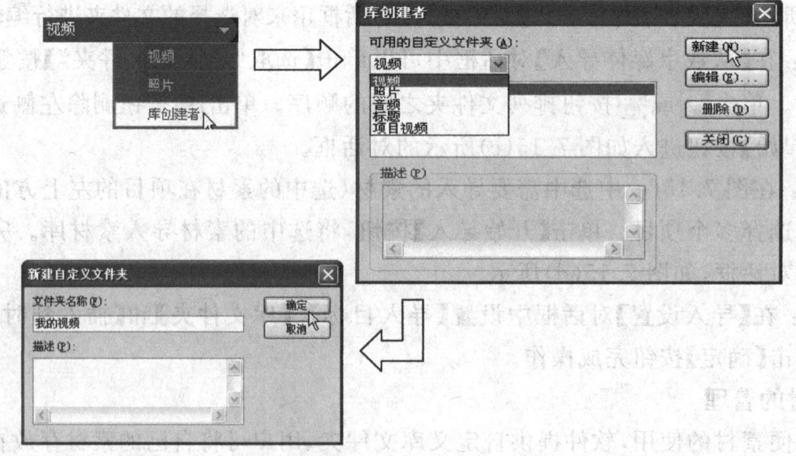

图 7.16 创建库文件夹

步骤 2：在对话框中选择创建文件夹的类型，单击【新建】按钮，弹出【新建自定义文件夹】对话框；也可以对已创建的库文件夹进行编辑或删除。

步骤 3：在对话框的【文件夹名称】框中输入自定义的文件夹名称，在【描述】框中输入对该文件夹的简单描述，最后单击【确定】按钮完成创建，并返回到【库创建者】对话框。

创建好库文件夹后，单击【素材库】上方【画廊】的下拉按钮，在打开的下拉列表选项中可以找到该库文件夹。此时库文件夹中还没有素材。可以通过捕获素材的方法给库文件夹添加素材。

7.2.3 素材编辑

素材编辑是属于编辑步骤的操作之一。在【步骤面板】中单击【编辑】按钮进入编辑步骤。素材编辑可以排列、编辑和修整项目中所用的视频素材，可以对视频进行分割和调整回放速度，还可以对素材的色彩、亮度进行加强，对视频应用滤镜等等。

1. 处理素材

素材是构建项目的基础，处理素材是需要掌握的最重要的技巧。处理素材包括对素材进行修整、设置回放速度、场景分割等。

(1) 将素材添加到【视频轨】

在时间轴的【视频轨】上，可以插入多种类型的素材：视频、图像和色彩等。视频和图像素材可通过下面几种方法添加到【视频轨】上。

方法 1：在【素材库】中选择素材并将它拖到【视频轨】上。按住 Shift 或 Ctrl 键，可以在【素材库】中选取多个素材。

方法 2：右击【素材库】中的素材，然后在弹出的快捷菜单中选择【插入到】→【视频轨】命令。

方法 3：在 Windows 资源管理器中选择一个或多个素材文件，然后将它们拖到【视频轨】上。

色彩素材是可用于标题的单色背景。例如，插入黑色的色彩素材作为片尾鸣谢字幕的背景。将色彩素材添加到【视频轨】的方法如下。

单击【编辑工具栏】的【图形】按钮，然后单击【素材库】上方【画廊】的下拉按钮，在打开的列表中选择【色彩】，最后在【素材库】中选择所需色彩，并将其拖到【视频轨】上。

(2) 回放速度

可以修改视频的回放速度，如将视频设置为慢动作以强调视频中的动作，或设置快速的播放速度，为影片营造滑稽的气氛，操作方法如下。

在【时间轴】上选中视频，然后单击【选项面板】→【视频】→【回放速度】按钮，弹出如图 7.17 所示的【回放速度】对话框。在该对话框的【速度】框中输入回放速度值，或拖动下面的滑块设定回放速度。设置的值越大，素材的播放速度越快。单击【预览】按钮可查看效果，最后单击【确定】按钮完成设置。

(3) 反转视频

反转视频就是从后向前播放视频。在【时间轴】上选中视频，然后选中【选项面板】→【视频】→【反转视频】选项就可以实现视频反转播放。

(4) 修整素材

会声会影可以方便地对视频进行精确到帧的剪辑和修整。修整素材有两种方法。

方法1：选择【时间轴】上的素材，则该素材两端出现黄色的【修整拖柄】，如图7.18所示，拖动拖柄可以缩短素材。在【导览面板】上可反映素材的修整情况。

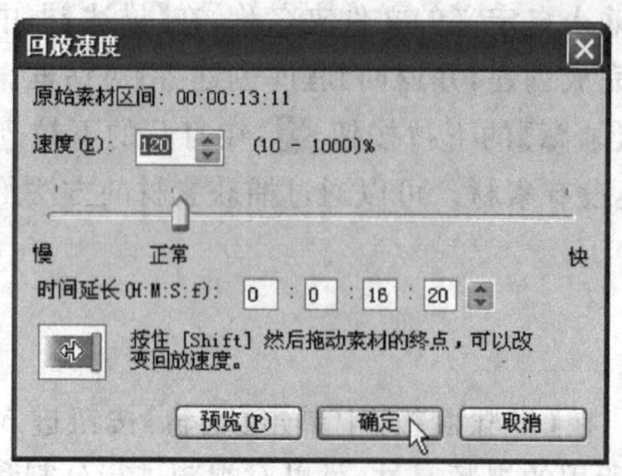

图7.17 【回放速度】对话框

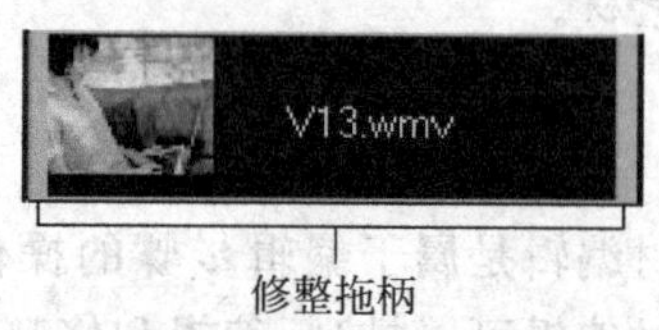

图7.18 在时间轴中修整视频

方法2：选择【时间轴】上的素材，在图7.14所示的【导览面板】上拖动【修整标记】按钮和，可以重新设定素材的开始和结束位置。也可以先将【飞梭栏】依次拖到开始和结束位置，然后单击【开始标记】按钮和【结束标记】按钮重新设定素材的开始和结束位置。

在【导览面板】上拖动【飞梭栏】到要修剪素材的位置，单击【剪切素材】按钮，则在【时间轴】上显示的素材被分割成两部分。如果要删除其中之一，在【时间轴】选中不需要的素材，然后按Delete键即可。

(5) 场景分割

会声会影中的【按场景分割】功能可以检测视频文件中的不同场景，然后将该文件分割成多个素材文件，操作步骤如下。

步骤1：在【时间轴】上选择所捕获的视频，然后单击【选项面板】→【视频】→【按场景分割】按钮，弹出如图7.19所示的【场景】对话框。此时，会声会影已经扫描整个视频文件并列出检测到的所有场景。

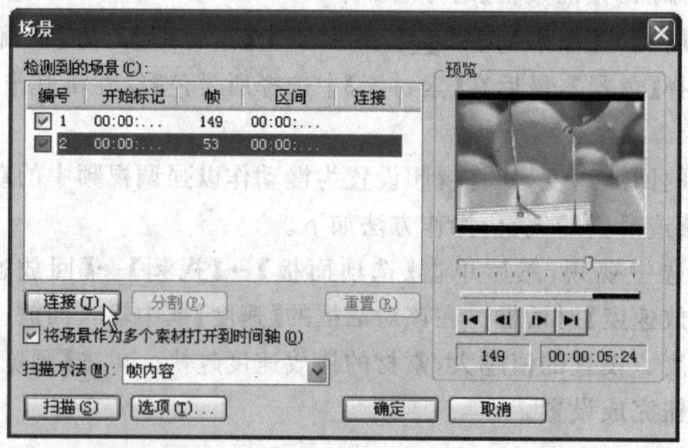

图7.19 【场景】对话框

步骤2：如果需要对视频场景进行重新分割，首先在【扫描方法】后面的下拉列表中选择按帧内容还是按录制时间扫描，然后单击【选项】按钮，在弹出的【场景扫描敏感度】对话框中，拖动滑动条设置敏感度级别(此值越高，场景检测越精确)，最后单击【扫描】按钮，重新扫描整个视频文件并在【检测到的场景】中列出检测到的所有场景。

步骤3：在【检测到的场景】列表中，选择后面的场景，单击【连接】按钮，可以将选中的场景与它前面的场景合并成一个场景。如果列表中存在合并的场景，选中这种场景，单击【分割】按钮，又可以将它分割成多个独立的场景。

步骤4：选中【将场景作为多个素材打开到时间轴】选项，然后单击【确定】按钮，则在时间轴中可以看到刚才的视频文件已经被分割成几个排列在一起的视频文件了。

(6) 多重修整视频

多重修整视频功能是将一个视频分割成多个片段的另一种方法。按场景分割是由程序自动完成的，而使用多重修整视频则可以完全控制要提取的素材，使项目管理更为方便。操作步骤如下。

步骤1：在【时间轴】上选择视频文件，单击【选项面板】→【视频】→【多重修整视频】选项，弹出如图7.20所示的【多重修整视频】对话框。

图7.20 【多重修整视频】对话框

步骤2：拖动【飞梭栏】到达要作为起始帧的视频位置，然后单击【开始标记】按钮设置开始帧。在【精确剪切时间轴】中可以看到每一帧的画面，以帮助精确确定位置。

步骤3：再次拖动【飞梭栏】到要作为终止帧的视频位置，单击【结束标记】按钮设置结束帧。此时，在【修整的视频区间】将新增一个独立视频片段。

步骤4：重复执行步骤2和步骤3，直到标记出要保留或删除的所有片段。

步骤5：单击【确定】按钮，将【修整的视频区间】中显示的所有视频片段插入到【时间轴】上。

(7) 保存修整后的素材

对素材进行修整后，如果希望保存编辑过的素材文件，会声会影将修整后的视频保存到一个新文件中(新文件命名采用原文件加序号的方式)，而不是替换原始文件，为原始文件提供了安全保护措施。

要保存修整后的素材，在【时间轴】或【素材库】中选中素材，单击【文件】→【保存修整后的视频】命令，将修整后的视频以新文件名保存在原来的库文件夹中。

2. 增强素材

会声会影可以通过调整视频或图像素材的当前属性(例如，色彩设置等)，从而提高视频或图像的质量。

(1) 调整色彩和亮度

要调整【时间轴】中的图像和视频的色彩和亮度设置，操作步骤如下。

步骤1：在【时间轴】上选择要调整色彩和亮度的视频或图像素材。

步骤2：单击【选项面板】→【视频】→【色彩校正】选项，此时【选项面板】切换到色彩校正界面，如图7.21所示。

步骤3：将滑动条向右拖可加强素材的色调、饱和度、亮度、对比度或Gamma，在【预览窗口】观看新的设置对图像和视频的影响。

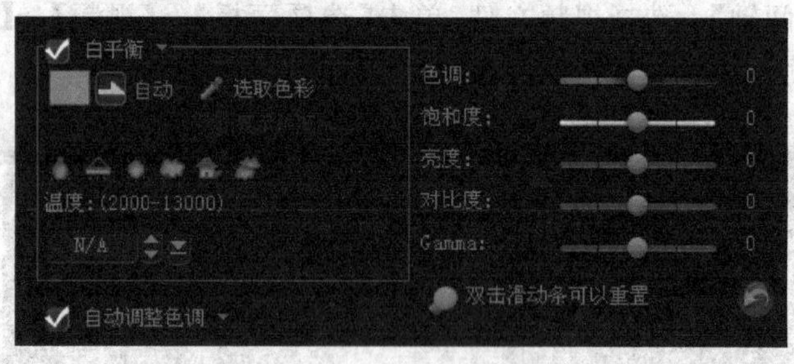

图7.21　色彩校正

(2) 调整白平衡

白平衡可消除由冲突的光源和不正确的相机设置导致的错误色偏，从而恢复图像的自然色温。例如，在图像或视频素材中，白炽灯照射下的物体可能显得过红或过黄。要成功获得其自然效果，需要在图像中确定一个代表白色的参考点。调整白平衡的操作步骤如下。

步骤1：在图7.21中选中【白平衡】选项。

步骤2：确定标识白点的方法。可以使用各选项(自动、选取色彩、白平衡预设或温度)选择白点。

步骤3：在【预览窗口】观看新的设置对图像和视频的影响。

(3) 调整色调

要调整视频或图像素材的色调质量，在如图7.21所示界面中选中【自动调整色调】复选框，通过单击自动调整色调下拉列表，可以指定将素材设置为最亮、较亮、一般、较暗或最暗。

(4) 应用滤镜

滤镜可以应用到素材(视频或图像)，用来改变素材的样式或外观效果。使用滤镜的主要作用有：调整色彩，例如使图像看起来像油画；去除马赛克，去除一些高度压缩的视频中常见的区块斑纹或纹式效果；去除雪花，消除视频中的可见动态雪花噪声；抵消晃动，校正或稳定由于相机摇动造成的不够标准的视频。操作步骤如下。

步骤1：单击【编辑工具栏】的【滤镜】按钮FX，在【画廊】列表中选择滤镜的类型。

步骤2：在【素材库】列出的各种滤镜方式中选择一个滤镜，将该滤镜拖到【时间轴】上需要使用滤镜的素材上。

步骤 3：单击【选项面板】→【属性】选项卡，则选项面板出现如图 7.22 所示界面。

图 7.22　对素材应用滤镜的选项面板

会声会影最多可以向单个素材应用五个滤镜。如果要自定义视频滤镜的属性，可以单击图 7.22 中的【自定义滤镜】按钮。

步骤 4：在【预览窗口】预览应用了视频滤镜的素材的效果。

(5) 调整素材大小和变形素材

其操作步骤为如下。

步骤 1：在图 7.22 中选择【变形素材】复选框，此时在【预览窗口】出现黄色和绿色拖柄(黄色拖柄用于调整素材大小，绿色拖柄用于倾斜素材)，如图 7.23 所示。

图 7.23　选择了【变形素材】的预览窗口

步骤 2：在【预览窗口】中拖动黄色或绿色拖柄，调整素材大小或者改变素材形状。

7.2.4　视频特效

转场效果使影片可以从一个场景平滑地切换为另一个场景。它们可以应用在【时间轴】中的素材之间，它们的属性可以在【选项面板】中修改。有效地使用此功能，可以为影片添加专业化的效果。

1. 添加转场

会声会影的素材库提供了大量的转场效果，可以将它们添加到视频中，其操作步骤如下。

步骤 1：单击【编辑工具栏】的【转场】按钮 AB，然后在【画廊】的下拉列表中选择一个转场类别。此时【素材库】列出该转场类型的各种转场效果。

步骤2：选择一个转场效果并将其拖到【时间轴】上，放在两个素材之间，则此转场效果将进入此位置。

2. 设置转场

可以对添加到【时间轴】的转场进行设置，操作方法为：首先选择在【时间轴】中介于两个素材之间的转场，此时【选项面板】中将显示转场效果的设置选项，如图7.24所示，然后在选项面板中对各个选项进行设置，完成对转场效果的设置。

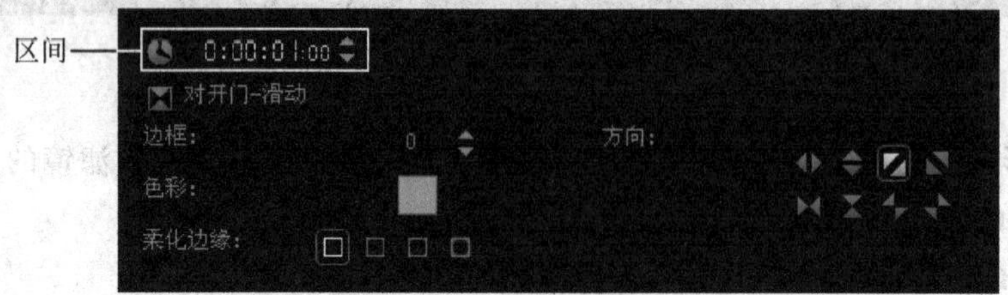

图7.24 转场效果设置的选项面板

在图7.24中，各个选项的作用分别为：【区间】显示在所选素材上应用效果的区间，形式为"小时:分钟:秒:帧"，通过更改时间码值可调整区间；【边框】确定边框的厚度，设置为0表示删除边框；【色彩】确定转场效果的边框的色调；【柔化边缘】指定转场效果与素材的融合程度，增强柔化边缘会产生较平滑的转场，从而实现从一个素材到另一个素材的平滑过渡；【方向】指定转场效果的方向。

3. 将所选转场效果应用于所有素材

通过将所选转场效果应用于所有素材，可以不用将转场效果通过手动添加的方式一个一个添加到时间轴上。其操作方法如下。

单击【编辑工具栏】的【转场】按钮，然后单击【画廊】后面的【对视频轨应用当前效果】按钮或者【对视频轨应用随机效果】按钮，使当前选择的转场效果应用于所有素材或者随机选择转场效果应用于所有素材，然后在对话框中单击【是】按钮完成设定。

7.2.5 覆叠效果

在【时间轴】的【覆叠轨】上添加覆叠素材，与【视频轨】上的视频合并起来，可以创建画中画的效果或添加字幕条来创建更具专业外观的影片作品。

1. 将素材添加到【覆叠轨】上

将视频、图像、色彩、Flash动画等媒体文件拖到【时间轴】的【覆叠轨】上，以将它们作为覆叠素材添加到项目中。这与将素材添加到【视频轨】上的操作相似，这里不再介绍。

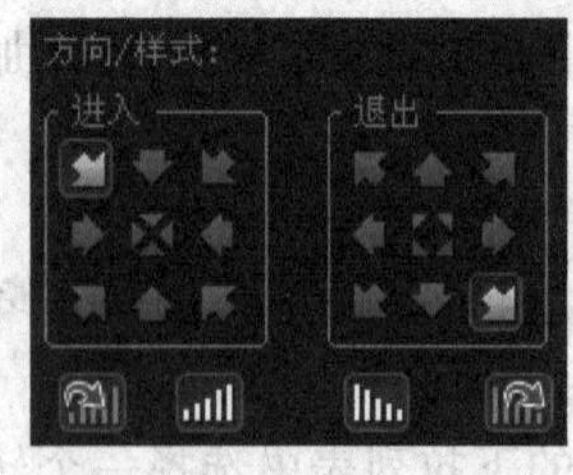

图7.25 【方向/样式】选项

2. 处理覆叠素材

对覆叠素材的处理包括：修整覆叠素材、调整覆叠素材的位置和大小、覆叠素材变形和设置动画等。其中，修整覆叠素材、调整覆叠素材的位置和大小及覆叠素材变形可以参照7.2.3节中素材编辑的有关操作完成，这里主要介绍动画应用。

设置动画：选中【覆叠轨】上覆叠素材后，单击【选项面板】→【属性】选项卡，在如图7.25所示的【方向/样式】的【进入】和【退出】区域中选择覆叠素材进入和退出的方向。此外，选中【进入】下方的选项使素材以旋转的方式进入，选中【退出】下方的选项使素材以旋转的方式退出，选中选项使素材以颜色从浅到正常的方式进入，选中选项使素材以颜色从正常到浅的方式退出。

3. 增强覆叠素材

可以通过应用透明度、边框和滤镜等方法增强覆叠素材，还可以对覆叠素材应用色度键以删除其背景色，并将该素材作为新的背景在视频轨中显示。

在【覆叠轨】上选中覆叠素材，然后单击【选项面板】→【属性】→【遮罩和色度键】选项，此时【选项面板】切换成如图 7.26 所示界面。

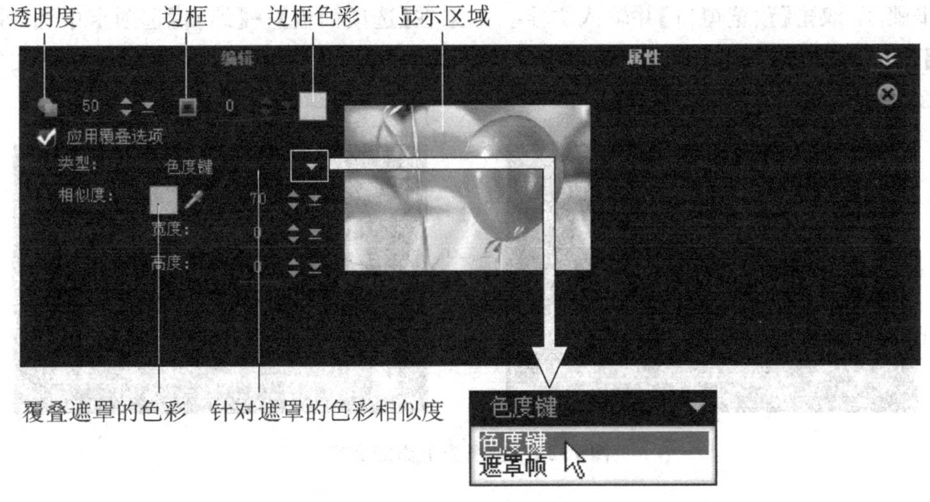

图 7.26 遮罩和色度键选项

设置素材的透明度和边框：在【透明度】框中设置素材的透明度，在【边框】框中设置边框宽度，在【边框色彩】中设定边框的颜色。

对覆叠素材应用色度键：色度键可使素材中的某一特定颜色透明，以便能显示位于下面的素材。其操作方法是：在图 7.26 中选中【应用覆叠选项】复选框，然后在【类型】下拉列表中选择【色度键】，在【覆叠遮罩的色彩】中设定颜色，在其后面的【针对遮罩的色彩相似度】中设定相似度，在【宽度】和【高度】中设定修剪覆叠素材的宽度和高度。

设定遮罩帧：遮罩是一种控制素材透明度的有效方法，可用于在素材中定义将哪些区域变为透明，哪些区域保持不透明。其操作方法是：在图 7.26 中选择【应用覆叠选项】复选框，然后在【类型】右边的下拉列表中选择【遮罩帧】，则在右边的【显示区域】中显示如图 7.27 所示的遮罩帧列表，在列表中选择遮罩帧。可在【预览窗口】看到设置后的效果。

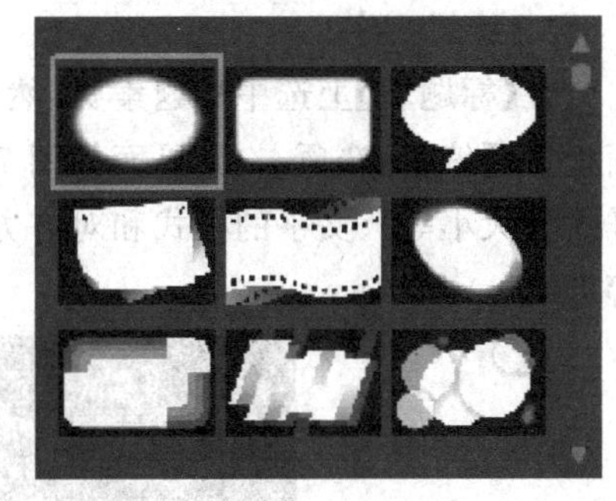

图 7.27 遮罩帧列表

7.2.6 标题

在视频作品中的文字(字幕、开场和结束时的演职员表等等)可使影片更为清晰明了。会声会影可制作出带特殊效果的专业化外观的标题。

1. 添加文字

会声会影允许使用多个文本框和单个文本框来添加文字。使用多个文本框能灵活地将不同文字放置在视频帧的不同位置,并允许安排文字的叠放顺序。添加文字的步骤如下。

步骤1:在【编辑工具栏】选择【标题】按钮 进入标题。

步骤2:在【导览面板】拖动【飞梭栏】 扫描视频,并选取要添加标题的帧。

步骤3:双击【预览窗口】并输入文字。如果在【选项面板】→【编辑】选项卡中选择【多个标题】单选按钮,则双击【预览窗口】中文字框之外的地方,可添加其他文本框及文字,如图7.28所示。

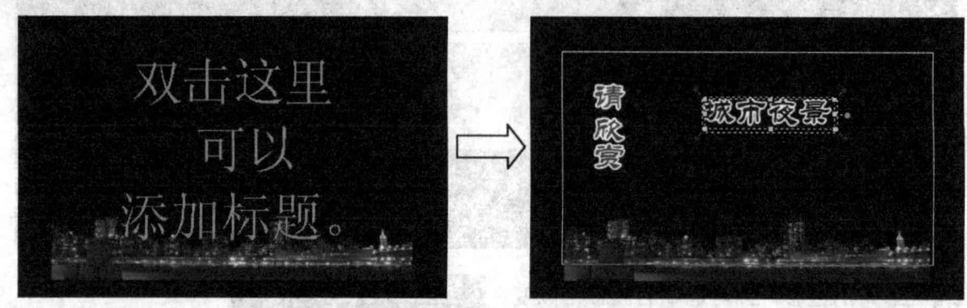

图7.28 在视频上添加文字

步骤4:在【时间轴】的【标题轨】上单击,则将【预览窗口】中的文字以标题形式添加到【标题轨】上。

2. 为项目添加预设的标题

素材库中包含了多个预设的标题,可将它们应用于项目。使用预设的标题的方法是:在【编辑工具栏】选择【标题】按钮 进入标题,在【画廊】的下拉列表中选择标题,然后将预设的标题拖到【标题轨】上。

3. 编辑文字

在【标题轨】上选中标题素材,然后在【预览窗口】中双击需要编辑的文字,再选择【选项面板】→【编辑】选项卡,其界面如图7.29所示,然后在该选项卡中设置文字的属性(如字体、样式和大小等)、文字的样式和对齐方式、添加文字背景,以及对文字添加边框/阴影/透明度等即可。

图7.29 文字设置选项

4. 设置动画

使用会声会影的文字动画工具可以将动画应用到文字上。将动画应用到当前文字的步骤如下。

步骤 1：在【标题轨】上选中标题素材，然后在【预览窗口】中双击需要编辑的文字，再单击【选项面板】→【属性】选项卡，如图 7.30 所示。

步骤 2：单击【动画】单选按钮，再选择【应用】复选框，然后在【选取动画类型】下拉列表中选择类型。

步骤 3：在【动画列表】中选择具体的动画方式。

步骤 4：也可以单击【自定义动画属性】按钮自定义动画的属性。

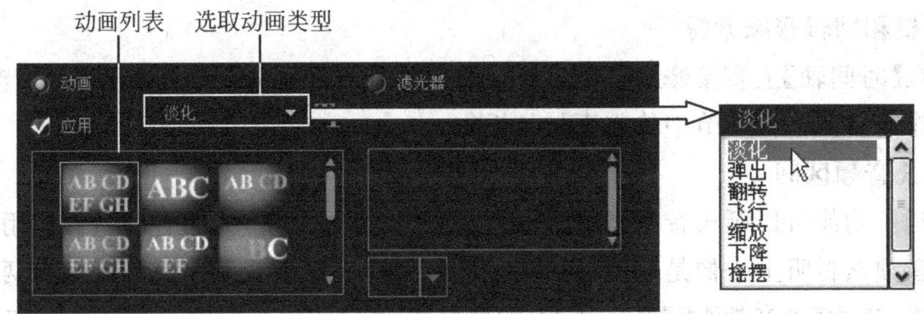

图 7.30 应用动画

7.2.7 音频

声音是视频作品获得成功的元素之一。会声会影能够为项目添加旁白和音乐。在【时间轴】上有两个轨：【声音轨】和【音乐轨】，可以将画外音插入【声音轨】，而将背景音乐或声音效果插入【音乐轨】。

1. 添加音频文件

会声会影提供了单独的【声音轨】和【音乐轨】，但可以将声音和音乐素材插入到任何一种轨上。

单击【编辑工具栏】上的【音频】按钮，然后在【素材库】中选择相应的音频，并拖动到【声音轨】或【音乐轨】上。单击【画廊】后面的【添加】按钮还可向音频素材库中添加音频素材。

2. 添加画外音

有时视频需要使用画外音来解释视频中所发生的事情。会声会影允许自行录制干脆清晰的画外音。添加画外音的步骤如下。

步骤 1：在【导览面板】上将【飞梭栏】移到要插入画外音的视频段的开始位置。

步骤 2：单击【编辑工具栏】上的【音频】按钮，然后单击【选项面板】→【音乐和声音】→【录制画外音】按钮，弹出如图 7.31 所示的【调整音量】对话框。对着话

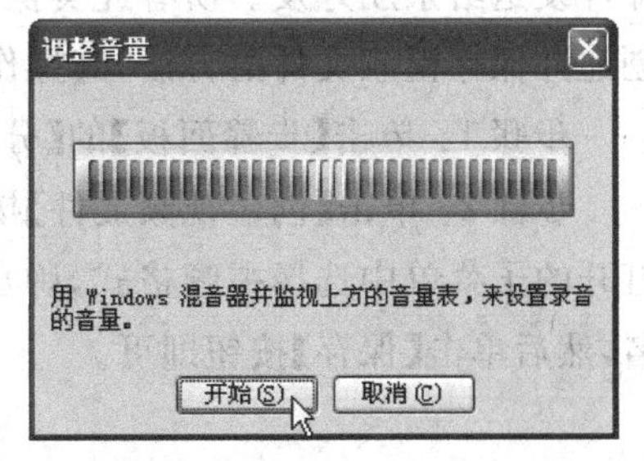

图 7.31 【调整音量】对话框

筒讲话,检查仪表是否有反应。可使用 Windows 混音器调整话筒的音量。

步骤3:单击【调整音量】对话框中的【开始】按钮,进行录音。

步骤4:按下 Esc 键或单击【选项面板】中【停止】按钮结束录音,此时在【声音轨】出现一个画外音素材。

3. 音量控制

在【声音轨】或【音乐轨】上选择音频素材,然后选择【选项面板】→【音乐和声音】选项卡,在【素材音量】框中输入音量的百分比(取值范围为0到100,其中0将使素材完全静音,100将保留原始的录制音量)。也可以单击【素材音量】框后面的按钮,然后拖动滑块来设定音量。

4. 修整和剪辑音频素材

可以在【时间轴】上直接修整音频素材,也可以在【导览面板】实现对音频的修整和剪切。具体的操作请参照7.2.3节中修整素材的操作。

5. 延长音频区间

时间延长功能可以延长音频素材,而不会使其失真。通常,为适合项目而使用时间延长功能将使音频素材听上去像是以更慢的拍子进行播放。延长音频素材的区间有两种方法。

方法1:选中【声音轨】或【音乐轨】上的音频素材,按下 Shift 键后拖动素材两端黄色的修整拖柄,可以延长音频区间。

方法2:选中【声音轨】或【音乐轨】上的音频素材,然后单击【选项面板】→【音乐和声音】→【回放速度】按钮,打开图7.17所示【回放速度】对话框。在【速度】框中输入数值或拖动滑动条,以此改变音频素材的速度(较慢的速度使素材的区间更长,反之更短),最后单击【确定】按钮完成设置。

6. 淡入或淡出

有时需要视频中的音频有淡入/淡出效果,例如开始的背景音乐希望是由弱变强,而结束的背景音乐的音量是由强变弱。

在【声音轨】或【音乐轨】上选择音频素材,然后选择【选项面板】的【音乐和声音】选项卡,选择或选项则将音频素材设定为淡入或淡出效果。

7.2.8 分享

视频项目制作完成后,可将制作好的视频文件作为网页、多媒体贺卡导出,或通过电子邮件发送给亲朋好友。所有此类操作均可在会声会影的“分享”功能中完成。这里主要介绍创建并保存视频文件的方法,其操作步骤如下。

步骤1:单击【步骤面板】的【分享】步骤,则在【选项面板】出现如图7.32所示的界面。

步骤2:单击【创建视频文件】按钮,打开视频模板选择菜单,在菜单中选择视频模板,在打开的子菜单中选择视频格式,弹出【创建视频文件】对话框,在对话框中为视频输入文件名,然后单击【保存】按钮即可。

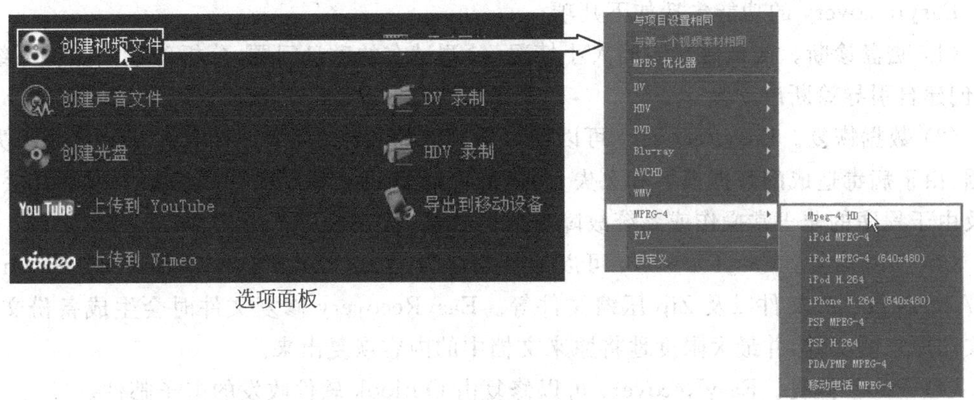

图 7.32　创建视频文件

7.3　数据恢复工具 EasyRecovery

当不小心对硬盘误格式化、错误分区或者错误删除文件(夹)等操作之后,某个(些)数据甚至某个分区或整个硬盘中数据顿时化为灰烬。如果这些数据非常重要、而又没有做相应备份的时候,那么这个损失是非常惨重的。这时可以使用 EasyRecovery 软件帮助恢复丢失的数据以及重建文件系统。EasyRecovery 可以高质量地找回文件。

7.3.1　EasyRecovery 简介

如果已经安装了 EasyRecovery 软件,其启动方法为:单击【开始】→【所有程序】→EasyRecovery Professional→EasyRecovery Professional 项目,出现如图 7.33 所示的界面。

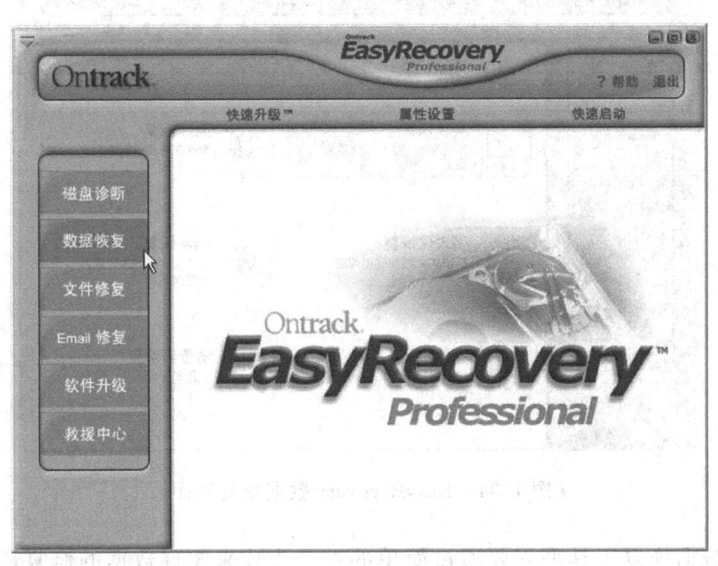

图 7.33　EasyRecovery 主界面

EasyRecovery 的功能包括如下几项。

(1) 磁盘诊断。测试磁盘空间大小情况，检测潜在的磁盘问题，分析磁盘中文件系统结构，创建自引导诊断启动盘。

(2) 数据恢复。EasyRecovery 可以恢复误删除的数据、因格式化或重新分区而丢失的数据、由于病毒造成的数据损坏和丢失、由于断电或瞬间电流冲击造成的数据毁坏和丢失，以及由于程序的非正常操作或系统故障造成的数据毁坏和丢失。

(3) 文件修复。EasyRecovery 可以修复损坏的 Word 文件、Excel 文件、PowerPoint 文件、Access 数据库文件以及 Zip 压缩文件等。EasyRecovery 修复文件时会生成备份文件，不改动原来的文件，并最大限度地将原来文档中的内容恢复出来。

(4) Email 修复。EasyRecovery 可以修复由 Outlook 软件收发的电子邮件。

在这里，主要介绍 EasyRecovery 数据恢复的有关操作。

7.3.2 EasyRecovery 的数据恢复操作

在图 7.33 所示的界面中单击左边【数据恢复】选项，则在窗口右边会出现六种数据恢复工具，如图 7.34 所示，它们分别是：

【高级恢复】 使用高级选项自定义数据恢复功能。

【删除恢复】 查找并恢复已删除的文件。

【格式化恢复】 从一个已格式化的卷中恢复文件。

【Raw 恢复】 对不依赖任何文件系统结构的信息进行恢复。

【继续恢复】 继续一个以前保存的数据恢复进程。

【紧急启动盘】 创建可引导的紧急引导启动盘。

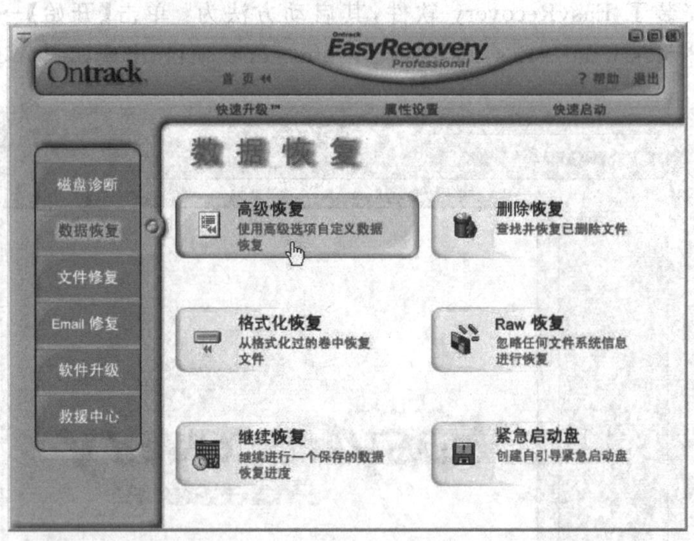

图 7.34 EasyRecovery 数据恢复界面

以上所有数据恢复工具都需要通过简单的六个步骤来实现数据的修复还原。

步骤 1：选择分区。进入数据恢复的第一个窗口就是选择需要操作的分区的窗口，如图 7.35 所示。主窗口中显示了系统中硬盘的分区情况。在窗口左边的驱动器列表中单击选中分区,然后单击【下一步】按钮进入步骤 2。

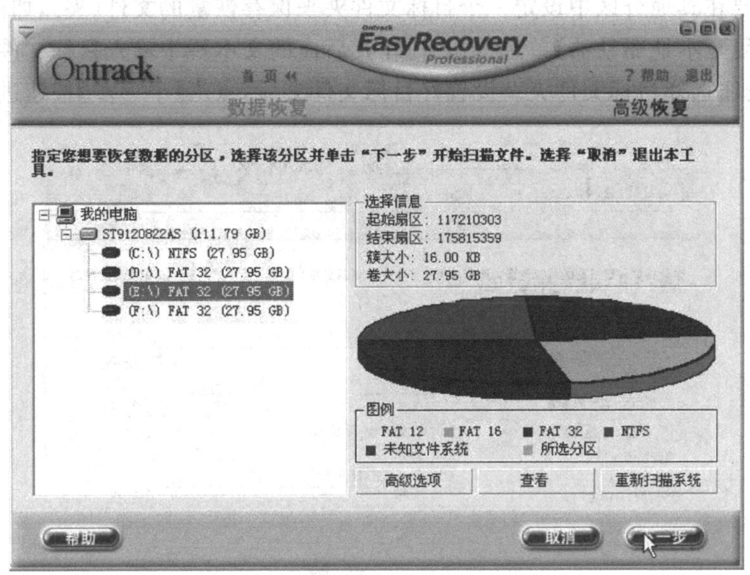

图 7.35　数据恢复的选择分区窗口

步骤 2：扫描文件。一旦选择了需要恢复的分区后,EasyRecovery 将会对系统进行扫描来查找文件,这可能需要一些时间。

步骤 3：标记需要恢复的文件。当扫描文件完成后,主窗口会将可以恢复的文件(夹)显示出来,窗口左边是文件夹和子文件夹,右边是文件。单击右边文件列表框上面相应的名称、大小、日期和条件按钮,可以将文件按照文件名、大小、日期和条件进行排序,如图 7.36 所示。单击选中需要恢复的文件(夹),然后单击【下一步】按钮进入步骤 4。

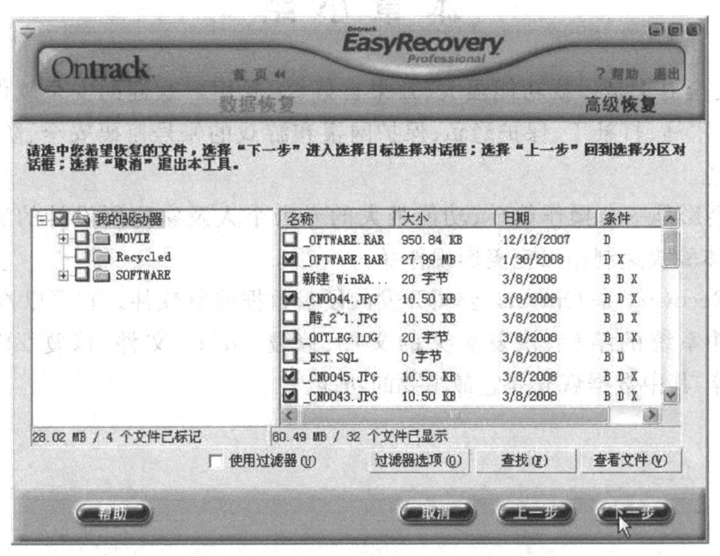

图 7.36　数据恢复的选择文件(夹)窗口

步骤 4：设置目标文件夹。因为 EasyRecovery 不会将恢复的文件(夹)再保存到原来的分区，所以需要在其他分区中设定一个目标文件夹来保存恢复的文件(夹)，如图 7.37 所示。

选中【恢复至本地驱动器】单选按钮后，在其后面的文本栏中输入目标文件夹，或单击其后的【浏览】按钮选择目标文件夹。设置好目标文件夹后，点击【下一步】按钮进入步骤 5。

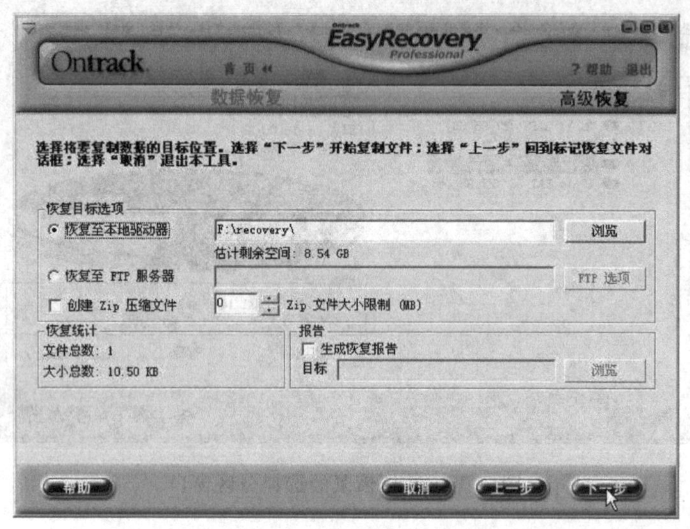

图 7.37　数据恢复的设置目标文件夹窗口

步骤 5：复制数据。将需要恢复的数据复制到目标文件夹中，这可能需要一些时间。

步骤 6：数据恢复报告。一旦数据复制结束，将出现数据恢复报告的信息界面。单击【完成】按钮，则整个操作完成。

本 章 小 结

(1) 360 安全卫士是一款功能强大、效果良好、深受用户欢迎的安全软件，它运用云安全技术，在查杀木马、打补丁、保护隐私、保护网银和游戏的帐号密码安全、防止电脑变肉鸡等方面表现出色。

(2) 会声会影是一套操作简单、功能强大的专为个人及家庭所设计的影片剪辑软件。用户可以轻松体验快速制作出完美影视作品。

(3) EasyRecovery 是 Ontrack 公司开发的硬盘数据修复软件。它可以检测潜在的硬件问题、分析文件系统的结构、恢复丢失的文件、修复 Office 文件、修复 ZIP 文件和修复 Outlook 邮件等，其中数据恢复是它最主要的功能。

参考文献

[1] 陈国君,等.大学计算机基础(上下册)[M].北京:电子工业出版社,2008.

[2] 九州书源.Windows 7 操作详解[M].北京:清华大学出版社,2011.

[3] 吴作顺.Windows 7 体验之路[M].北京:机械工业出版社,2010.

[4] 余婕.Word 2010 办公与排版应用[M].北京:电子工业出版社,2013.

[5] 张帆.中文版 Word 2010 文档处理实用教材[M].北京:清华大学出版社,2013.

[6] 黄立,赵亮.Office 2007 商务办公[M].北京:高等教育出版社,2007.

[7] 黄朝阳.Word 2010 实用技巧大全[M].北京:电子工业出版社,2014.

[8] 张莉,等.大学计算机基础[M].北京:人民邮电出版社,2013.

[9] 张赵管,等.计算机应用基础(Windows 7+Office 2010)[M].天津:南开大学出版社,2013.